plurall

Parabéns!
Agora você faz parte do **Plurall**, a plataforma digital do seu livro didático! Acesse e conheça todos os recursos e funcionalidades disponíveis para as suas aulas digitais.

CB064821

Baixe o aplicativo do **Plurall** para Android e IOS ou acesse **www.plurall.net** e cadastre-se utilizando o seu código de acesso exclusivo:

AASZG6K2U

Este é o seu código de acesso Plurall. Cadastre-se e ative-o para ter acesso aos conteúdos relacionados a esta obra.

@plurallnet
@plurallnetoficial

SOMOS EDUCAÇÃO

OSVALDO DOLCE
JOSÉ NICOLAU POMPEO

FUNDAMENTOS DE MATEMÁTICA ELEMENTAR

Geometria plana

9

1012 exercícios propostos com resposta
385 questões de vestibulares com resposta

9ª edição | São Paulo – 2013

Atual Editora

© Osvaldo Dolce, José Nicolau Pompeo, 2013

Copyright desta edição:
SARAIVA S. A. Livreiros Editores, São Paulo, 2013
Avenida das Nações Unidas, 7221 – 1º Andar – Setor C – Pinheiros – CEP 05425-902
www.editorasaraiva.com.br
Todos os direitos reservados.

Dados Internacionais de Catalogação na Publicação (CIP)
(Câmara Brasileira do Livro, SP, Brasil)

Dolce, Osvaldo

Fundamentos de matemática elementar 9: geometria plana / Osvaldo Dolce, José Nicolau Pompeo. -- 9. ed. -- São Paulo : Atual, 2013.

ISBN 978-85-357-1686-3 (aluno)
ISBN 978-85-357-1687-0 (professor)

1. Matemática (Ensino médio) 2. Matemática (Ensino médio) — Problemas, exercícios etc. 3. Matemática (Vestibular) — Testes I. Pompeo, José Nicolau. II. Título.

12-12853   CDD-510.7

Índice para catálogo sistemático:
1. Matemática: Ensino médio 510.7

Fundamentos de Matemática Elementar — vol. 9

Gerente editorial:	Lauri Cericato
Editor:	José Luiz Carvalho da Cruz
Editores-assistentes:	Fernando Manenti Santos/Guilherme Reghin Gaspar/Juracy Vespucci
Auxiliares de serviços editoriais:	Daniella Haidar Pacifico/Margarete Aparecida de Lima/ Rafael Rabaçallo Ramos/Vanderlei Aparecido Orso
Digitação e cotejo de originais:	Elgo Waeny Pessôa de Mello/Guilherme Reghin Gaspar
Pesquisa iconográfica:	Cristina Akisino (coord.)/Enio Rodrigo Lopes
Revisão:	Pedro Cunha Jr. e Lilian Semenichin (coords.)/Renata Palermo/ Rhennan Santos/Felipe Toledo/Simone Garcia/Tatiana Malheiro/ Fernanda Guerriero
Gerente de arte:	Nair de Medeiros Barbosa
Supervisor de arte:	Antonio Roberto Bressan
Projeto gráfico:	Carlos Magno
Capa:	Homem de Melo & Tróia Design
Imagem de capa:	Virginie Perocheau/PhotoAlto/Getty Images
Diagramação:	TPG
Encarregada de produção e arte:	Grace Alves
Coordenadora de editoração eletrônica:	Silvia Regina E. Almeida
Produção gráfica:	Robson Cacau Alves
Impressão e acabamento:	BMF Gráfica e Editora

729.202.009.003

Apresentação

Fundamentos de Matemática Elementar é uma coleção elaborada com o objetivo de oferecer ao estudante uma visão global da Matemática, no ensino médio. Desenvolvendo os programas em geral adotados nas escolas, a coleção dirige-se aos vestibulandos, aos universitários que necessitam rever a Matemática elementar e também, como é óbvio, àqueles alunos de ensino médio cujo interesse se focaliza em adquirir uma formação mais consistente na área de Matemática.

No desenvolvimento dos capítulos dos livros desta coleção, procuramos seguir uma ordem lógica na apresentação de conceitos e propriedades. Salvo algumas exceções bem conhecidas da Matemática elementar, as proposições e os teoremas estão sempre acompanhados das respectivas demonstrações.

Na estruturação das séries de exercícios, buscamos uma ordenação crescente de dificuldade. Partimos de problemas simples e tentamos chegar a questões que envolvem outros assuntos já vistos, levando o estudante a uma revisão. A sequência do texto sugere uma dosagem para teoria e exercícios. Os exercícios resolvidos, apresentados em meio aos propostos, pretendem sempre dar explicação sobre alguma novidade que aparece. No final de cada volume, o aluno pode encontrar as respostas para os problemas propostos e assim ter seu reforço positivo ou partir à procura do erro cometido.

A última parte de cada volume é constituída por questões de vestibulares, selecionadas dos melhores vestibulares do país e com respostas. Essas questões podem ser usadas para uma revisão da matéria estudada.

Neste volume, abordamos toda a Geometria Plana usualmente tratada nos últimos anos do ensino fundamental. Os primeiros onze capítulos apresentam um estudo posicional das figuras geométricas planas. Os últimos oito capítulos oferecem um tratamento mais métrico a essas figuras, com destaque para os cálculos de perímetros e áreas.

Finalmente, como há sempre uma certa distância entre o anseio dos autores e o valor de sua obra, gostaríamos de receber dos colegas professores uma apreciação sobre este trabalho, notadamente os comentários críticos, os quais agradecemos.

Os autores

Sumário

CAPÍTULO I — Noções e proposições primitivas 1
   I. Noções primitivas 1
   II. Proposições primitivas 2

CAPÍTULO II — Segmento de reta 7
   Conceitos 7

CAPÍTULO III — Ângulos 18
   I. Introdução 18
   II. Definições 20
   III. Congruência e comparação 22
   IV. Ângulo reto, agudo, obtuso — Medida 26

CAPÍTULO IV — Triângulos 35
   I. Conceito — Elementos — Classificação 35
   II. Congruência de triângulos 37
   III. Desigualdades nos triângulos 53
Leitura: Euclides e a geometria dedutiva 58

CAPÍTULO V — Paralelismo 60
   Conceitos e propriedades 60

CAPÍTULO VI — Perpendicularidade 78
   I. Definições — Ângulo reto 78
   II. Existência e unicidade da perpendicular 80
   III. Projeções e distância 83

CAPÍTULO VII — Quadriláteros notáveis 96
   I. Quadrilátero — Definição e elementos 96

II. Quadriláteros notáveis — Definições 97
  III. Propriedades dos trapézios 98
  IV. Propriedades dos paralelogramos 100
  V. Propriedades do retângulo, do losango e do quadrado 104
  VI. Consequências — Bases médias 107

CAPÍTULO VIII — Pontos notáveis do triângulo 119
  I. Baricentro — Medianas 119
  II. Incentro — Bissetrizes internas 121
  III. Circuncentro — Mediatrizes 122
  IV. Ortocentro — Alturas 123
Leitura: Papus: o epílogo da geometria grega 127

CAPÍTULO IX — Polígonos 129
  I. Definições e elementos 129
  II. Diagonais — Ângulos internos — Ângulos externos 133

CAPÍTULO X — Circunferência e círculo 143
  I. Definições — Elementos 143
  II. Posições relativas de reta e circunferência 147
  III. Posições relativas de duas circunferências 151
  IV. Segmentos tangentes — Quadriláteros circunscritíveis 152

CAPÍTULO XI — Ângulos na circunferência 161
  I. Congruência, adição e desigualdade de arcos 161
  II. Ângulo central 162
  III. Ângulo inscrito 163
  IV. Ângulo de segmento ou ângulo semi-inscrito 168

CAPÍTULO XII — Teorema de Tales 177
  I. Teorema de Tales 177
  II. Teorema das bissetrizes 184
Leitura: Legendre: por uma geometria rigorosa e didática 190

CAPÍTULO XIII — Semelhança de triângulos e potência de ponto 192
  I. Semelhança de triângulos 192
  II. Casos ou critérios de semelhança 198
  III. Potência de ponto 207

CAPÍTULO XIV — Triângulos retângulos 214
  I. Relações métricas 214
  II. Aplicações do teorema de Pitágoras 232

CAPÍTULO XV — Triângulos quaisquer 239
  Relações métricas e cálculo de linhas notáveis 239

CAPÍTULO XVI — Polígonos regulares 258
  Conceitos e propriedades 258
Leitura: Hilbert e a formalização da geometria 276

CAPÍTULO XVII — Comprimento da circunferência 278
  Conceitos e propriedades 278

CAPÍTULO XVIII — Equivalência plana 290
  I. Definições 290
  II. Redução de polígonos por equivalência 293

CAPÍTULO XIX — Áreas de superfícies planas 302
  I. Áreas de superfícies planas 302
  II. Áreas de polígonos 305
  III. Expressões da área do triângulo 319
  IV. Área do círculo e de suas partes 327
  V. Razão entre áreas 330

Respostas dos exercícios 351

Questões de vestibulares 374

Respostas das questões de vestibulares 451

Significado das siglas de vestibulares 456

CAPÍTULO I

Noções e proposições primitivas

I. Noções primitivas

1. As **noções** (conceitos, termos, entes) geométricas são estabelecidas por meio de **definição**.

As **noções primitivas** são adotadas sem definição.

Adotaremos sem definir as noções de:

> ponto, reta e plano

De cada um desses entes temos conhecimento intuitivo, decorrente da experiência e da observação.

2. Notação de ponto, reta e plano

Com letras:

Ponto — letras latinas maiúsculas: A, B, C, ...

Reta — letras latinas minúsculas: a, b, c, ...

Plano — letras gregas minúsculas: α, β, γ, ...

NOÇÕES E PROPOSIÇÕES PRIMITIVAS

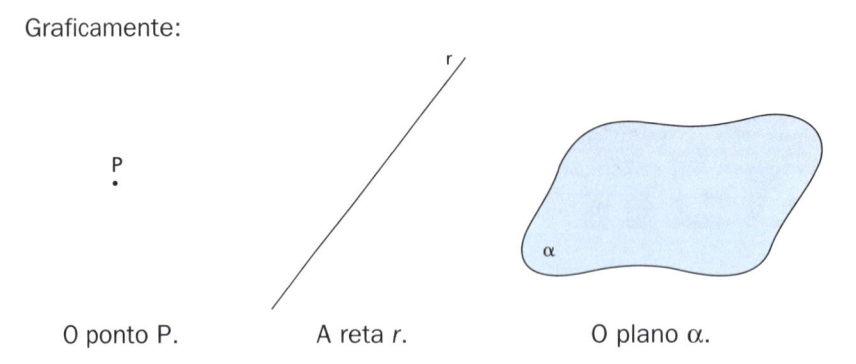

Graficamente:

O ponto P.   A reta r.   O plano α.

II. Proposições primitivas

3. As **proposições** (propriedades, afirmações) geométricas são aceitas mediante **demonstrações**.

As **proposições primitivas** ou **postulados** ou **axiomas** são aceitos sem demonstração.

Iniciaremos a Geometria Plana com alguns postulados relacionando o **ponto**, a **reta** e o **plano**.

4. Postulado da existência

> a) Numa reta, bem como fora dela, há infinitos pontos.
>
> b) Num plano há infinitos pontos.

A expressão "infinitos pontos" tem o significado de "tantos pontos quanto quisermos".

A figura ao lado representa uma reta r e os pontos A, B, P, R, S e M, sendo que:

• A, B e P estão em r, ou seja, a reta r passa por A, B e P, e indicamos

$A \in r, B \in r, P \in r$;

• R, S e M não estão em r, ou seja, r não passa por R, S e M, e indicamos

$R \notin r, S \notin r, M \notin r$.

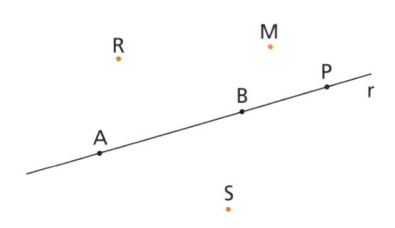

NOÇÕES E PROPOSIÇÕES PRIMITIVAS

5. Posições de dois pontos e de ponto e reta

Dados dois pontos A e B, de duas uma:
ou A e B são coincidentes (é o mesmo ponto, um só ponto, com dois nomes: A e B)
ou A e B são distintos.

Dados um ponto P e uma reta r, de duas uma:
ou o ponto P está na reta r
(a reta r passa por P)
$P \in r$
ou o ponto P não está na reta r
(a reta r não passa por P)
$P \notin r$

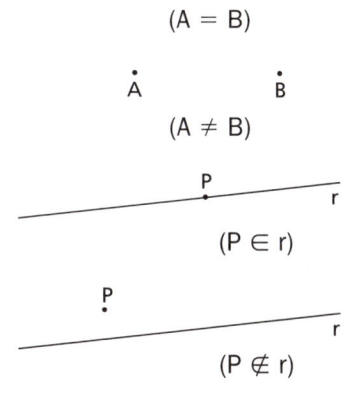

A . B
(A = B)

A   B
(A ≠ B)

P
——————— r
(P ∈ r)

P
——————— r
(P ∉ r)

6. Pontos **colineares** são pontos que pertencem a uma mesma reta.

Os pontos A, B e C são colineares.

Os pontos R, S e T não são colineares.

7. Postulado da determinação

Da reta

> Dois pontos distintos determinam uma única (uma, e uma só) reta que passa por eles.

Os pontos A e B distintos determinam a reta que indicamos por $\overleftrightarrow{AB}$.

$(A \neq B, A \in r, B \in r) \Rightarrow r = \overleftrightarrow{AB}$

A expressão "duas retas coincidentes" é equivalente a "uma única reta".

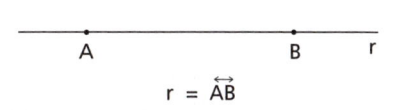

$r = \overleftrightarrow{AB}$

Do plano

> Três pontos não colineares determinam um único plano que passa por eles.

Os pontos A, B e C não colineares determinam um plano α que indicamos por (A, B, C).

O plano α é o único plano que passa por A, B e C.

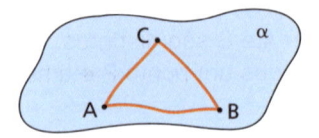

8. Postulado da inclusão

> Se uma reta tem dois pontos distintos num plano, então a reta está contida nesse mesmo plano.

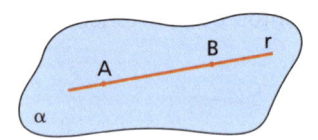

$$\left(A \neq B, r = \overleftrightarrow{AB}, A \in \alpha, B \in \alpha\right) \Rightarrow r \subset \alpha$$

Dados dois pontos distintos A e B de um plano, a reta $r = \overleftrightarrow{AB}$ tem todos os pontos no plano.

9. Pontos **coplanares** são pontos que pertencem a um mesmo plano.
Figura é qualquer conjunto de pontos.
Figura plana é uma figura que tem todos os seus pontos num mesmo plano.
A **Geometria Plana** estuda as figuras planas.

10. Retas concorrentes

Definição

Duas retas são **concorrentes** se, e somente se, elas têm um único ponto comum.

$$r \cap s = \{P\}$$

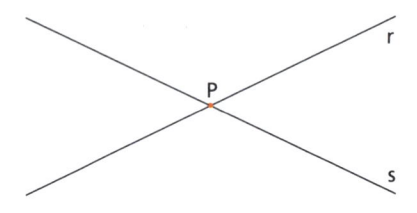

Existência

Usando o postulado da existência (item 4), tomemos uma reta r, um ponto P em r (P ∈ r) e um ponto Q fora de r (Q ∉ r).

Os pontos P e Q são distintos, pois um deles pertence a r e o outro não.

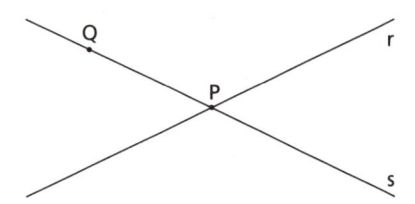

Usando o postulado da determinação da reta (item 7), consideremos a reta s determinada pelos pontos P e Q (s = $\overleftrightarrow{PQ}$).

As retas r e s são distintas, pois se coincidissem o ponto Q estaria em r (e ele foi construído fora de r), e o ponto P pertence às duas.

Logo, r e s são concorrentes.

EXERCÍCIOS

1. Classifique em verdadeiro (V) ou falso (F):
    a) Por um ponto passam infinitas retas.
    b) Por dois pontos distintos passa uma reta.
    c) Uma reta contém dois pontos distintos.
    d) Dois pontos distintos determinam uma e uma só reta.
    e) Por três pontos dados passa uma só reta.

2. Classifique em verdadeiro (V) ou falso (F):
    a) Três pontos distintos são sempre colineares.
    b) Três pontos distintos são sempre coplanares.
    c) Quatro pontos todos distintos determinam duas retas.
    d) Por quatro pontos todos distintos pode passar uma só reta.
    e) Três pontos pertencentes a um plano são sempre colineares.

NOÇÕES E PROPOSIÇÕES PRIMITIVAS

3. Classifique em verdadeiro (V) ou falso (F):
   a) Quaisquer que sejam os pontos A e B, se A é distinto de B, então existe uma reta a tal que $A \in a$ e $B \in a$.
   b) Quaisquer que sejam os pontos P e Q e as retas r e s, se P é distinto de Q, e P e Q pertencem às retas r e s, então $r = s$.
   c) Qualquer que seja uma reta r, existem dois pontos A e B tais que A é distinto de B, com $A \in r$ e $B \in r$.
   d) Se $A = B$, existe uma reta r tal que $A, B \in r$.

4. Usando quatro pontos todos distintos, sendo três deles colineares, quantas retas podemos construir?

5. Classifique em verdadeiro (V) ou falso (F):
   a) Duas retas distintas que têm um ponto comum são concorrentes.
   b) Duas retas concorrentes têm um ponto comum.
   c) Se duas retas distintas têm um ponto comum, então elas possuem um único ponto comum.

CAPÍTULO II

Segmento de reta

Conceitos

11. A noção "estar entre" é uma noção primitiva que obedece aos postulados (ou axiomas) que seguem:

```
•————•————•————
A     P     B
```

Quaisquer que sejam os pontos A, B e P:

1º) Se P está entre A e B, então A, B e P são colineares;

2º) Se P está entre A e B, então A, B e P são distintos dois a dois;

3º) Se P está entre A e B, então A não está entre P e B nem B está entre A e P; e ainda

4º) Quaisquer que sejam os pontos A e B, se A é distinto de B, então existe um ponto P que está entre A e B.

SEGMENTO DE RETA

12. Segmento de reta — definição

> Dados dois pontos distintos, a reunião do conjunto desses dois pontos com o conjunto dos pontos que estão entre eles é um **segmento de reta**.

Assim, dados A e B, A ≠ B, o segmento de reta AB (indicado por $\overline{AB}$) é o que segue:

$\overline{AB}$ = {A, B} ∪ {X | X está entre A e B}

Os pontos A e B são as **extremidades** do segmento $\overline{AB}$ e os pontos que estão entre A e B são pontos **internos** do segmento $\overline{AB}$.

Se os pontos A e B coincidem (A = B), dizemos que o segmento $\overline{AB}$ é um **segmento nulo**.

13. Semirreta — definição

> Dados dois pontos distintos A e B, a reunião do segmento de reta $\overline{AB}$ com o conjunto dos pontos X tais que B está entre A e X é a semirreta AB (indicada por $\overrightarrow{AB}$).

O ponto A é a origem da semirreta $\overrightarrow{AB}$:

$\overrightarrow{AB}$ = $\overline{AB}$ ∪ {X | B está entre A e X}

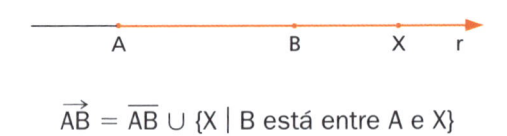

Se A está entre B e C, as semirretas $\overrightarrow{AB}$ e $\overrightarrow{AC}$ são ditas semirretas opostas.

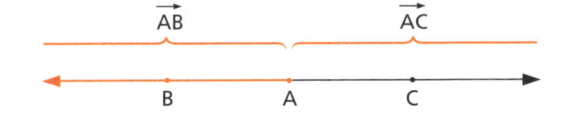

14. Resumo

Considerando dois pontos distintos A e B, temos:

A reta $\overleftrightarrow{AB}$:

O segmento $\overline{AB}$:

A semirreta $\overrightarrow{AB}$ (ou Aa'):

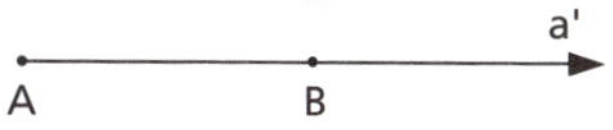

A semirreta oposta a $\overrightarrow{AB}$ (ou semirreta Aa"):

A semirreta $\overrightarrow{BA}$ (ou Ba"):

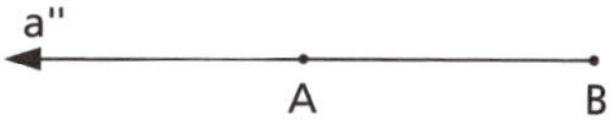

A semirreta oposta a $\overrightarrow{BA}$ (ou semirreta Ba'):

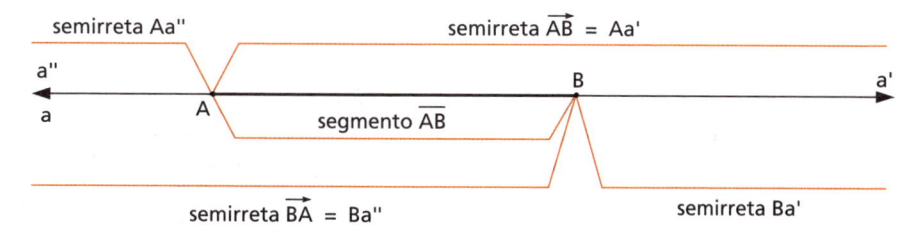

Notamos ainda que: $\overline{AB} = \overrightarrow{AB} \cap \overrightarrow{BA}$.

15. Segmentos consecutivos

Dois segmentos de reta são **consecutivos** se, e somente se, uma extremidade de um deles é também extremidade do outro (uma extremidade de um coincide com uma extremidade do outro).

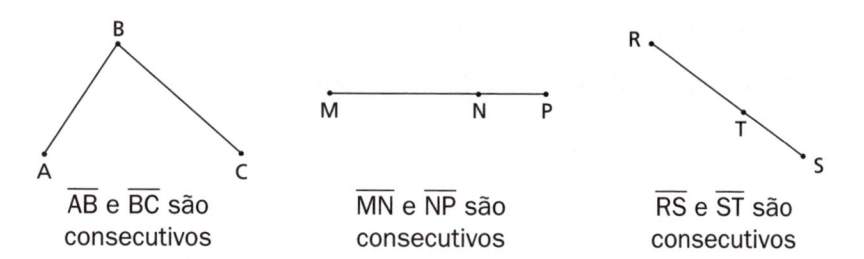

$\overline{AB}$ e $\overline{BC}$ são consecutivos

$\overline{MN}$ e $\overline{NP}$ são consecutivos

$\overline{RS}$ e $\overline{ST}$ são consecutivos

SEGMENTO DE RETA

16. Segmentos colineares

Dois segmentos de reta são **colineares** se, e somente se, estão numa mesma reta.

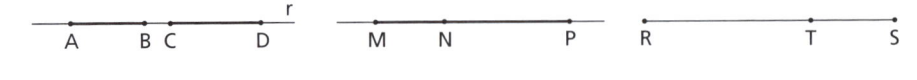

$\overline{AB}$ e $\overline{CD}$ são colineares (não são consecutivos)

$\overline{MN}$ e $\overline{NP}$ são colineares (e consecutivos)

$\overline{RS}$ e $\overline{ST}$ são colineares (e consecutivos)

17. Segmentos adjacentes

Dois segmentos consecutivos e colineares são **adjacentes** se, e somente se, possuem em comum apenas uma extremidade (não têm pontos internos comuns).

$\overline{MN}$ e $\overline{NP}$ são adjacentes (são consecutivos colineares, tendo somente N comum)

$\overline{RS}$ e $\overline{ST}$ não são adjacentes (são consecutivos colineares e além de S têm outros pontos comuns)

$$\overline{MN} \cap \overline{NP} = \{N\}$$

$$\overline{RS} \cap \overline{ST} = \overline{ST}$$

18. Congruência de segmentos

A **congruência** (símbolo: ≡) de segmentos é uma noção primitiva que satisfaz os seguintes postulados:

1º) Reflexiva. Todo segmento é congruente a si mesmo: $\overline{AB} \equiv \overline{AB}$.

2º) Simétrica. Se $\overline{AB} \equiv \overline{CD}$, então $\overline{CD} \equiv \overline{AB}$.

3º) Transitiva. Se $\overline{AB} \equiv \overline{CD}$ e $\overline{CD} \equiv \overline{EF}$, então $\overline{AB} \equiv \overline{EF}$.

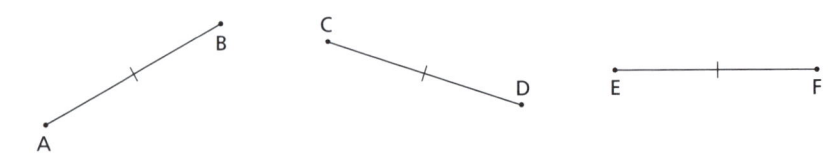

4º) **Postulado do transporte de segmentos**

> Dados um segmento $\overline{AB}$ e uma semirreta de origem A', existe sobre esta semirreta um *único* ponto B' tal que $\overline{A'B'}$ seja congruente a $\overline{AB}$.

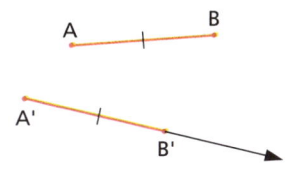

19. Comparação de segmentos

Dados dois segmentos, $\overline{AB}$ e $\overline{CD}$, pelo postulado do transporte, podemos obter na semirreta $\overrightarrow{AB}$ um ponto P tal que $\overline{AP} \equiv \overline{CD}$. Temos três hipóteses a considerar:

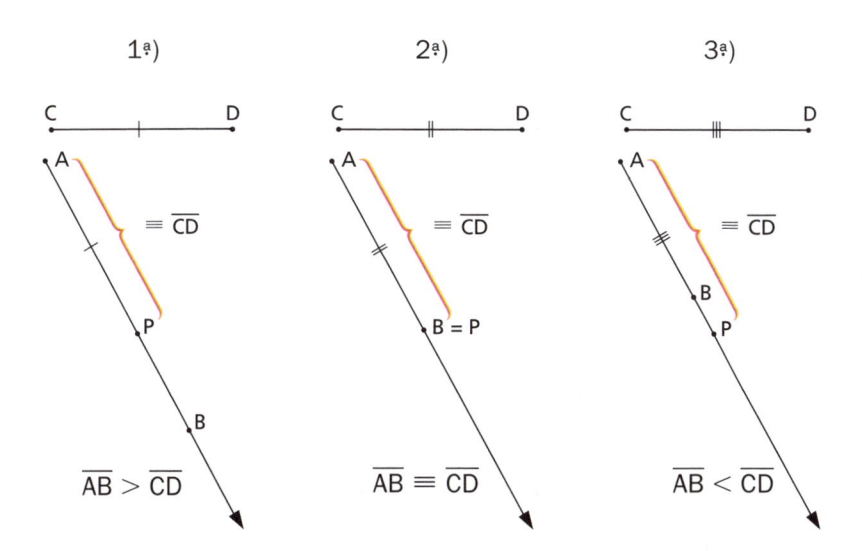

1ª) O ponto P está entre A e B. Neste caso, dizemos que $\overline{AB}$ é **maior** que $\overline{CD}$ $(\overline{AB} > \overline{CD})$.

2ª) O ponto P coincide com B, caso em que $\overline{AB}$ é **congruente** a $\overline{CD}$ $(\overline{AB} \equiv \overline{CD})$.

3ª) O ponto B está entre A e P. Neste caso, dizemos que $\overline{AB}$ é **menor** que $\overline{CD}$ $(\overline{AB} < \overline{CD})$.

9 | Fundamentos de Matemática Elementar

SEGMENTO DE RETA

20. Adição de segmentos

Dados dois segmentos $\overline{AB}$ e $\overline{CD}$, tomando-se numa semirreta qualquer de origem R os segmentos adjacentes $\overline{RP}$ e $\overline{PT}$ tais que

$$\overline{RP} \equiv \overline{AB} \quad \text{e} \quad \overline{PT} \equiv \overline{CD},$$

dizemos que o segmento $\overline{RT}$ é a **soma** de $\overline{AB}$ com $\overline{CD}$.

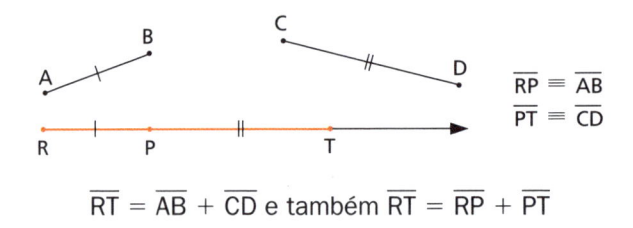

$\overline{RT} = \overline{AB} + \overline{CD}$ e também $\overline{RT} = \overline{RP} + \overline{PT}$

O segmento $\overline{RS}$, que é a soma de *n* segmentos congruentes a $\overline{AB}$, é **múltiplo** de $\overline{AB}$ segundo *n* $\left(\overline{RS} = n \cdot \overline{AB}\right)$. Se $\overline{RS} = n \cdot \overline{AB}$, dizemos que $\overline{AB}$ é **submúltiplo** de $\overline{RS}$ segundo *n*.

$\overline{RS} = 5 \cdot \overline{AB}$

21. Ponto médio de um segmento

Definição

Um ponto M é **ponto médio** do segmento $\overline{AB}$ se, e somente se, M está entre A e B e $\overline{AM} \equiv \overline{MB}$.

$M \in \overline{AB}$ e $\overline{MA} \equiv \overline{MB}$

Unicidade do ponto médio

Se X e Y distintos (X ≠ Y) fossem pontos médios de $\overline{AB}$, teríamos:

$$\overline{AX} \equiv \overline{XB} \quad (1) \quad \text{e} \quad \overline{AY} \equiv \overline{YB} \quad (2)$$

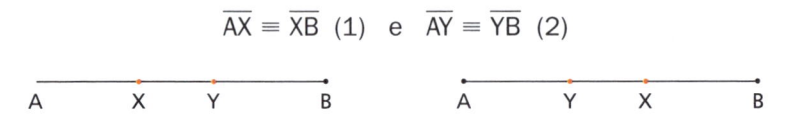

X está entre A e Y $\Rightarrow \overline{AY} > \overline{AX}$
e
Y está entre X e B $\Rightarrow \overline{XB} > \overline{YB}$

$\stackrel{(1)}{\Rightarrow}$ $\overline{AY} > \overline{AX} \equiv \overline{XB} > \overline{YB}$, o que é absurdo, de acordo com (2)

ou

Y está entre A e X $\Rightarrow \overline{AX} > \overline{AY}$
e
X está entre Y e B $\Rightarrow \overline{YB} > \overline{XB}$

$\stackrel{(2)}{\Rightarrow}$ $\overline{AX} > \overline{AY} \equiv \overline{YB} > \overline{XB}$, o que é absurdo, de acordo com (1)

Logo, o ponto médio de $\overline{AB}$ é único.

A **existência** do ponto médio está provada no item 56.

22. Medida de um segmento — comprimento

A medida de um segmento $\overline{AB}$ será indicada por $m(\overline{AB})$ ou simplesmente por AB.

A medida de um segmento (não nulo) é um número real positivo associado ao segmento de forma tal que:

1º) Segmentos **congruentes** têm medidas **iguais** e, reciprocamente, segmentos que têm medidas **iguais** são **congruentes**.

$$\overline{AB} \equiv \overline{CD} \Leftrightarrow m(\overline{AB}) = m(\overline{CD})$$

2º) Se um segmento é maior que outro, sua medida é maior que a deste outro.

$$\overline{AB} > \overline{CD} \Leftrightarrow m(\overline{AB}) > m(\overline{CD})$$

3º) A um **segmento soma** está associada uma medida que é a soma das medidas dos segmentos parcelas.

$$\overline{RS} = \overline{AB} + \overline{CD} \Leftrightarrow m(\overline{RS}) = m(\overline{AB}) + m(\overline{CD})$$

À medida de um segmento dá-se o nome de **comprimento** do segmento.

Em geral, associa-se um número (medida) a um segmento estabelecendo a razão (quociente) entre este segmento e outro segmento tomado como unidade.

O segmento unitário usual é o **metro** (símbolo m). Seus múltiplos — decâmetro (dam), hectômetro (hm) e quilômetro (km) — ou submúltiplos — decímetro (dm), centímetros (cm) e milímetro (mm) — também são utilizados.

23. Nota

A congruência, a desigualdade e a adição de segmentos, aliadas ao postulado de Eudóxio-Arquimedes (Eudóxio: 408-355 a.C.; Arquimedes: 278-212 a.C.), cujo enunciado é:

SEGMENTO DE RETA

"dados dois segmentos, existe sempre um múltiplo de um deles que supera o outro", permitem-nos estabelecer a razão entre dois segmentos quaisquer. Podemos então medir um deles tomando o outro como unidade de comprimento.

24. Distância entre dois pontos

Distância geométrica

Dados dois pontos distintos, A e B, a distância entre A e B (indicada por $d_{A,B}$) é o segmento $\overline{AB}$ ou qualquer segmento congruente a $\overline{AB}$.

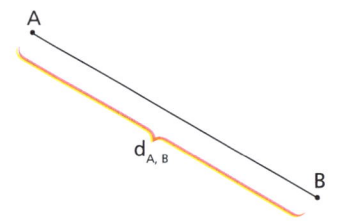

Distância métrica

Dados dois pontos distintos, A e B, a distância entre A e B é a medida (comprimento) do segmento $\overline{AB}$.

Se A e B coincidem, dizemos que a distância geométrica entre A e B é nula e a distância métrica é igual a zero.

EXERCÍCIOS

6. Se o segmento $\overline{AB}$ mede 17 cm, determine o valor de x nos casos:

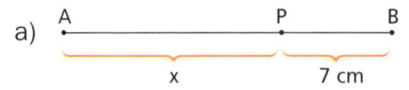

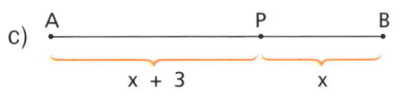

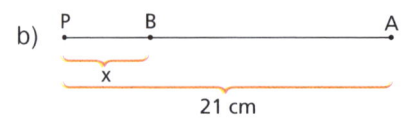

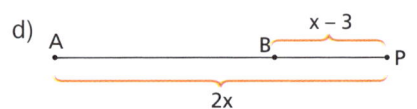

a) A—P—B, x e 7 cm

b) P—B—A, x e 21 cm

c) A—P—B, x + 3 e x

d) A—B—P, 2x e x − 3

SEGMENTO DE RETA

7. Determine x, sendo M ponto médio de $\overline{AB}$:

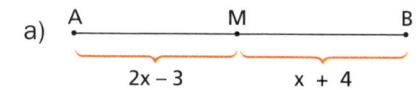

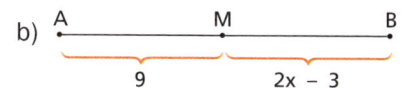

a) A —— M —— B ; 2x − 3 ; x + 4

b) A —— M —— B ; 9 ; 2x − 3

8. Determine PQ, sendo AB = 31:

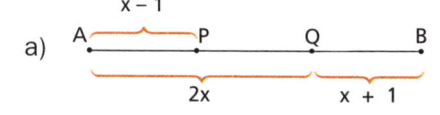

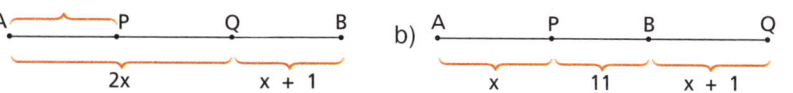

a) A —— P —— Q —— B ; x − 1 ; 2x ; x + 1

b) A —— P —— B —— Q ; x ; 11 ; x + 1

9. Determine AB, sendo M ponto médio de $\overline{AB}$:

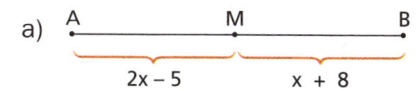

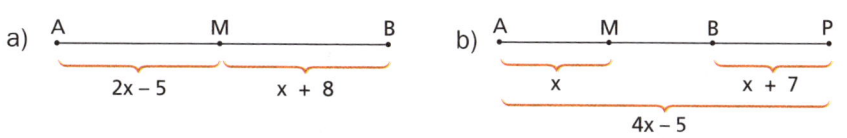

a) A —— M —— B ; 2x − 5 ; x + 8

b) A —— M —— B —— P ; x ; x + 7 ; 4x − 5

10. Quantas semirretas há numa reta, com origem nos quatro pontos A, B, C e D da reta?

11. Quantos segmentos distintos podem determinar três pontos distintos de uma reta?

12. Quantos segmentos passam pelos pontos A e B distintos? Quantos há com extremidades A e B?

13. Classifique em verdadeiro (V) ou falso (F):
   a) Se dois segmentos são consecutivos, então eles são colineares.
   b) Se dois segmentos são colineares, então eles são consecutivos.
   c) Se dois segmentos são adjacentes, então eles são colineares.
   d) Se dois segmentos são colineares, então eles são adjacentes.
   e) Se dois segmentos são adjacentes, então eles são consecutivos.
   f) Se dois segmentos são consecutivos, então eles são adjacentes.

14. O segmento $\overline{AB}$ de uma reta é igual ao quíntuplo do segmento $\overline{CD}$ dessa mesma reta. Determine a medida do segmento $\overline{AB}$, considerando como unidade de medida a quinta parte do segmento $\overline{CD}$.

SEGMENTO DE RETA

15. P, A e B são três pontos distintos de uma reta. Se P está entre A e B, que relação deve ser válida entre os segmentos $\overline{PA}$, $\overline{PB}$ e $\overline{AB}$?

16. P, Q e R são três pontos distintos de uma reta. Se $\overline{PQ}$ é igual ao triplo de $\overline{QR}$ e PR = 32 cm, determine as medidas dos segmentos $\overline{PQ}$ e $\overline{QR}$.

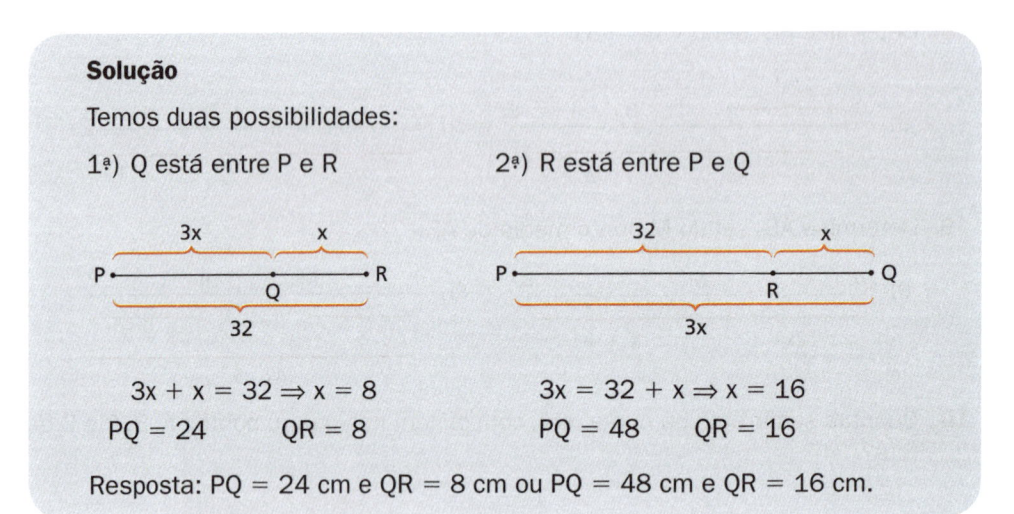

> **Solução**
>
> Temos duas possibilidades:
>
> 1ª) Q está entre P e R   2ª) R está entre P e Q
>
> $3x + x = 32 \Rightarrow x = 8$ $3x = 32 + x \Rightarrow x = 16$
> PQ = 24   QR = 8   PQ = 48   QR = 16
>
> Resposta: PQ = 24 cm e QR = 8 cm ou PQ = 48 cm e QR = 16 cm.

17. Os segmentos $\overline{AB}$ e $\overline{BC}$, $\overline{BC}$ e $\overline{CD}$ são adjacentes, de tal maneira que $\overline{AB}$ é o triplo de $\overline{BC}$, $\overline{BC}$ é o dobro de $\overline{CD}$, e AD = 36 cm. Determine as medidas dos segmentos $\overline{AB}$, $\overline{BC}$ e $\overline{CD}$.

18. Sejam P, A, Q e B pontos dispostos sobre uma reta r, nessa ordem. Se $\overline{PA}$ e $\overline{QB}$ são segmentos congruentes, mostre que $\overline{PQ}$ e $\overline{AB}$ são congruentes.

19. Se A, B e C são pontos colineares, determine AC, sendo AB = 20 cm e BC = 12 cm.

20. $\overline{AB}$ e $\overline{BC}$ são dois segmentos adjacentes. Se $\overline{AB}$ é o quíntuplo de $\overline{BC}$ e AC = 42 cm, determine AB e BC.

21. Sendo $\overline{AB}$ e $\overline{BC}$ segmentos colineares consecutivos, $\overline{AB}$ o quádruplo de $\overline{BC}$ e AC = 45 cm, determine AB e BC.

22. Numa reta r, tomamos os segmentos $\overline{AB}$ e $\overline{BC}$ e um ponto P de modo que $\overline{AB}$ seja o quíntuplo de $\overline{PC}$, $\overline{BC}$ seja o quádruplo de $\overline{PC}$ e AP = 80 cm. Sendo M e N os pontos médios de $\overline{AB}$ e $\overline{BC}$, respectivamente, determine MN.

23. Sejam quatro pontos, A, B, C, D, dispostos sobre uma mesma reta r, nessa ordem, e tais que $\overline{AB}$ e $\overline{CD}$ sejam congruentes. Demonstre que os segmentos $\overline{AD}$ e $\overline{BC}$ têm o mesmo ponto médio.

24. Sejam quatro pontos, A, B, C, D, dispostos sobre uma mesma reta, nessa ordem, e tais que $\overline{AC}$ e $\overline{BD}$ sejam congruentes. Demonstre que os segmentos $\overline{AB}$ e $\overline{CD}$ são congruentes e que os segmentos $\overline{BC}$ e $\overline{AD}$ têm o mesmo ponto médio.

25. Sejam M e N os pontos médios, respectivamente, dos segmentos $\overline{AB}$ e $\overline{BC}$, contidos numa mesma reta, sendo $\overline{AB} \equiv \overline{BC}$, com A ≠ C. Demonstre que $\overline{MN}$ é congruente a $\overline{AB}$.

26. Dados três pontos, A, B, C, sobre uma mesma reta, consideremos M e N os pontos médios dos segmentos $\overline{AB}$ e $\overline{BC}$. Demonstre que $\overline{MN}$ é igual à semissoma ou à semidiferença dos segmentos $\overline{AB}$ e $\overline{BC}$.

27. Seja $\overline{AB}$ um segmento de reta e M o seu ponto médio. Consideremos um ponto P entre os pontos M e B. Demonstre que $\overline{PM}$ é dado pela semidiferença positiva entre $\overline{PA}$ e $\overline{PB}$.

Solução

Indicando a medida de $\overline{AB}$ por 2a e a de $\overline{PM}$ por x, temos:

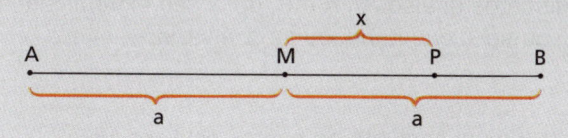

$$\left. \begin{array}{l} PA = a + x \\ PB = a - x \end{array} \right\} \Rightarrow PA - PB = 2x \Rightarrow x = \frac{PA - PB}{2} \Rightarrow PM = \frac{PA - PB}{2}$$

28. Consideremos sobre uma reta r um segmento fixo $\overline{AB}$ e um ponto móvel P. Seja M o ponto médio de $\overline{AP}$ e N o ponto médio de $\overline{BP}$. O que podemos dizer a respeito do segmento $\overline{MN}$?

CAPÍTULO III

Ângulos

I. Introdução

25. Região convexa

Um conjunto de pontos Σ é convexo (ou é uma região convexa) se, e somente se, dois pontos distintos quaisquer, A e B, de Σ são extremidades de um segmento $\overline{AB}$ contido em Σ, ou se Σ é unitário, ou se Σ é vazio.

Exemplos:

1º) Uma reta *r* é um conjunto de pontos convexo, pois

$$\forall A, \forall B, \forall r \left(A \neq B, A \in r, B \in r \Rightarrow \overline{AB} \subset r \right)$$

2º) Um plano α é uma região convexa, pois, se A e B são dois pontos distintos de α, o segmento $\overline{AB}$ está contido em α.

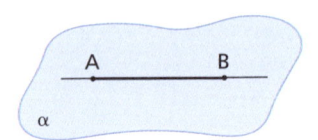

$$\forall A, \forall B, \forall \alpha \left(A \neq B, A \in \alpha, B \in \alpha \Rightarrow \overleftrightarrow{AB} \subset \alpha \Rightarrow \overline{AB} \subset \alpha \right)$$

3º) Um segmento de reta também é uma figura convexa:

$$\forall A, \forall B, \forall \overline{RS} \left(A \neq B, A \in \overline{RS}, B \in \overline{RS} \Rightarrow \overline{AB} \subset \overline{RS} \right)$$

4º) Temos a seguir três figuras ainda não definidas que são convexas:

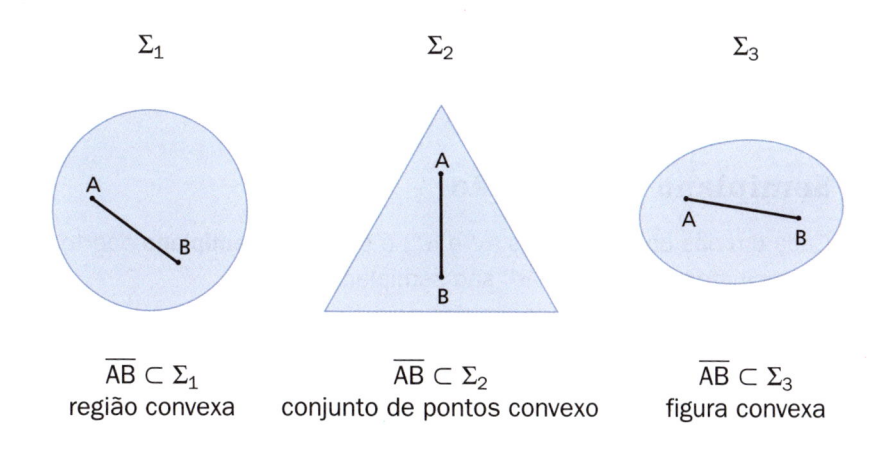

Σ_1 Σ_2 Σ_3

$\overline{AB} \subset \Sigma_1$ $\overline{AB} \subset \Sigma_2$ $\overline{AB} \subset \Sigma_3$
região convexa   conjunto de pontos convexo   figura convexa

26. Se uma região não é convexa, ela é uma região **côncava**.

Exemplos:

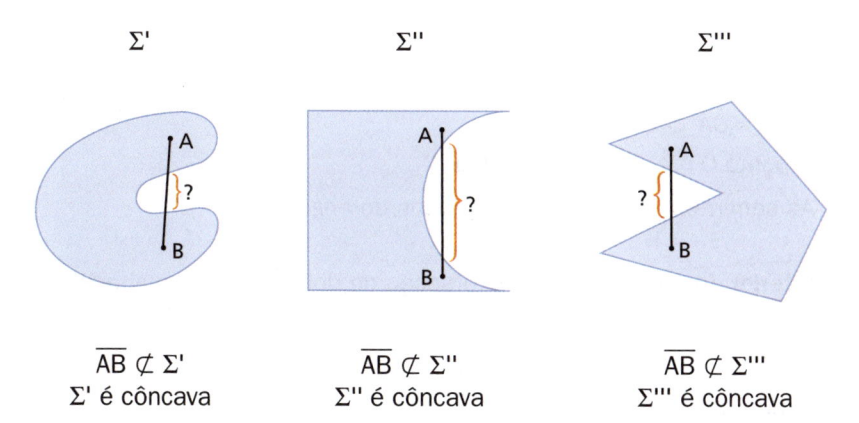

Σ' Σ'' Σ'''

$\overline{AB} \not\subset \Sigma'$ $\overline{AB} \not\subset \Sigma''$ $\overline{AB} \not\subset \Sigma'''$
Σ' é côncava Σ'' é côncava Σ''' é côncava

ÂNGULOS

27. Postulado da separação dos pontos de um plano

Uma reta *r* de um plano α separa este plano em dois conjuntos de pontos, α' e α", tais que:

> a) α' ∩ α" = ∅
> b) α' e α" são convexos.
> c) A ∈ α', B ∈ α" ⟹ $\overline{AB}$ ∩ r ≠ ∅

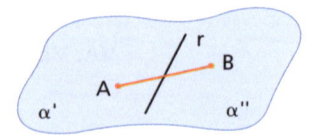

Os pontos de α que não pertencem à reta *r* formam dois conjuntos tais que:
- cada um deles é convexo;
- se A pertence a um deles e B pertence ao outro, então o segmento $\overline{AB}$ intercepta a reta *r*.

28. Semiplano — definição

Cada um dos dois conjuntos (α' e α") é chamado **semiplano** aberto.
Os conjuntos r ∪ α' e r ∪ α" são semiplanos.
A reta *r* é a origem de cada um dos semiplanos.
α' e α" são semiplanos opostos.

II. Definições

29.
Chama-se **ângulo** à reunião de duas semirretas de mesma origem, não contidas numa mesma reta (não colineares).

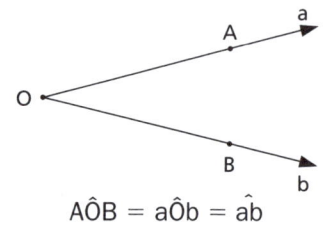

AÔB = $\overrightarrow{OA}$ ∪ $\overrightarrow{OB}$

AÔB = aÔb = âb

O ponto O é o vértice do ângulo.
As semirretas $\overrightarrow{OA}$ e $\overrightarrow{OB}$ são os lados do ângulo.

30.
Interior do ângulo AÔB é a interseção de dois semiplanos abertos, a saber:
- $α_1$, com origem na reta $\overleftrightarrow{OA}$ e que contém o ponto B;
- $β_1$, com origem em $\overleftrightarrow{OB}$ e que contém o ponto A.

Interior de AÔB = $α_1 ∩ β_1$.

O interior de um ângulo é convexo.

Os pontos do interior de um ângulo são pontos **internos** ao ângulo.

A reunião de um ângulo com seu interior é um **setor angular** ou **ângulo completo** e também é conhecido por "ângulo convexo".

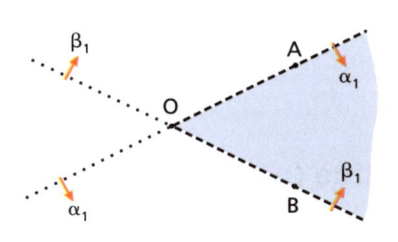

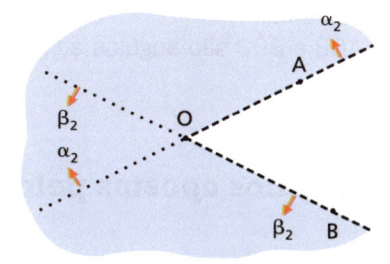

31. Exterior do ângulo AÔB é o conjunto dos pontos que não pertencem nem ao ângulo AÔB nem ao seu interior.

O exterior de AÔB é a reunião de dois semiplanos abertos, a saber:

- α_2, com origem na reta $\overleftrightarrow{OA}$ e que não contém o ponto B (oposto ao α_1);
- β_2, com origem na reta $\overleftrightarrow{OB}$ e que não contém o ponto A (oposto ao β_1).

Exterior de AÔB = $\alpha_2 \cup \beta_2$.

O exterior de um ângulo é côncavo.

Os pontos do exterior de um ângulo são pontos **externos** ao ângulo.

A reunião do ângulo com seu exterior também é conhecida por "ângulo côncavo".

32. Ângulos consecutivos

Dois ângulos são consecutivos se, e somente se, um lado de um deles é também lado do outro (um lado de um deles coincide com um lado do outro).

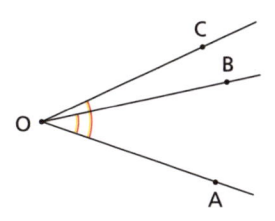

AÔB e AÔC são consecutivos ($\overrightarrow{OA}$ é o lado comum)	AÔC e BÔC são consecutivos ($\overrightarrow{OC}$ é o lado comum)	AÔB e BÔC são consecutivos ($\overrightarrow{OB}$ é o lado comum)

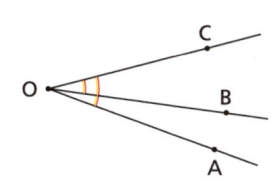

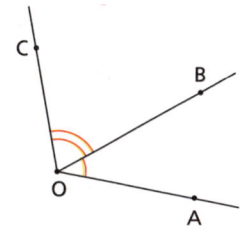

ÂNGULOS

33. Ângulos adjacentes

Dois ângulos consecutivos são adjacentes se, e somente se, não têm pontos internos comuns.

AÔB e BÔC são ângulos adjacentes.

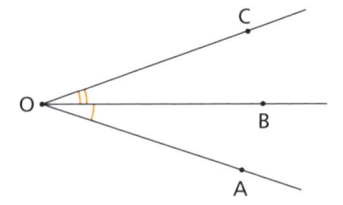

34. Ângulos opostos pelo vértice (o.p.v.)

Dois ângulos são opostos pelo vértice se, e somente se, os lados de um deles são as respectivas semirretas opostas aos lados do outro.

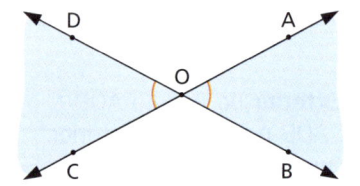

$\left.\begin{array}{l}\overleftrightarrow{OA} \text{ e } \overleftrightarrow{OC} \text{ opostas} \\ \overleftrightarrow{OB} \text{ e } \overleftrightarrow{OD} \text{ opostas}\end{array}\right\} \Rightarrow$ AÔB e CÔD são opostos pelo vértice.

Notemos que duas retas concorrentes determinam dois pares de ângulos opostos pelo vértice.

III. Congruência e comparação

35. A **congruência** (símbolo ≡) entre ângulos é uma noção primitiva que satisfaz os seguintes postulados:

1º) Reflexiva. Todo ângulo é congruente a si mesmo: $a\hat{b} \equiv a\hat{b}$.

2º) Simétrica. Se $a\hat{b} \equiv c\hat{d}$, então $c\hat{d} \equiv a\hat{b}$.

3º) Transitiva. Se $a\hat{b} \equiv c\hat{d}$ e $c\hat{d} \equiv e\hat{f}$, então $a\hat{b} \equiv e\hat{f}$.

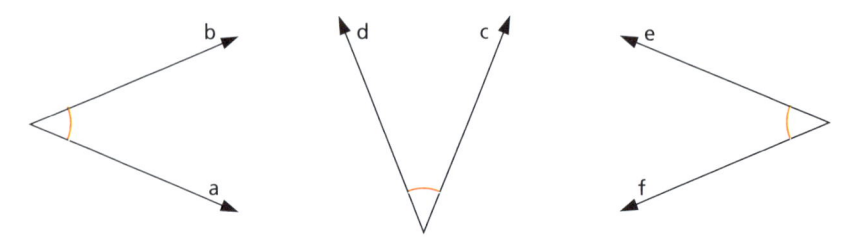

ÂNGULOS

4º) **Postulado do transporte de ângulos**

> Dados um ângulo AÔB e uma semirreta $\overrightarrow{O'A'}$ de um plano, existe sobre este plano, e num dos semiplanos que $\overrightarrow{O'A'}$ permite determinar, uma única semirreta $\overrightarrow{O'B'}$ que forma com $\overrightarrow{O'A'}$ um ângulo A'Ô'B' congruente ao ângulo AÔB.

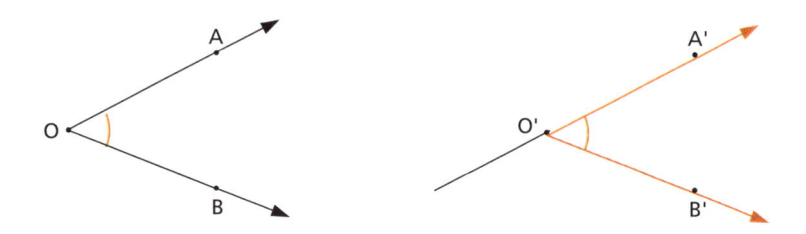

36. Comparação de ângulos

Dados dois ângulos, AÔB (ou aÔb ou âb) e CPD (ou cPd ou ĉd), pelo postulado do transporte podemos obter, no semiplano que tem origem em $\overrightarrow{OA}$ e contém B, uma semirreta $\overrightarrow{OD'}$ (Od' ou d') tal que âd' ≡ ĉd. Temos três hipóteses a considerar:

1ª) âb > ĉd

2ª) âb ≡ ĉd

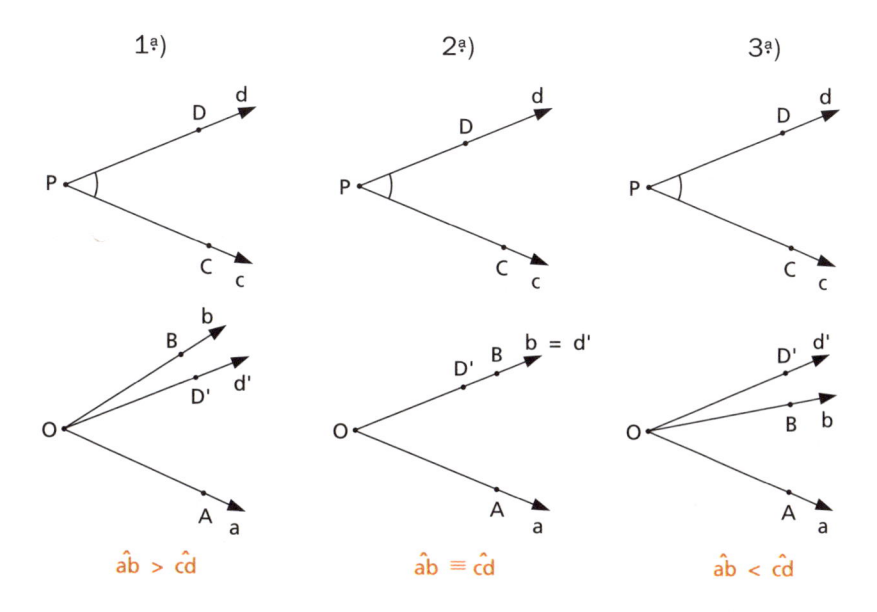

3ª) âb < ĉd

ÂNGULOS

1ª) A semirreta d' é interna a $\hat{ab}$ (d' tem pontos internos a $\hat{ab}$). Neste caso, dizemos que $\hat{ab}$ é maior que $\hat{cd}$ ($\hat{ab} > \hat{cd}$).

2ª) A semirreta d' coincide com b ($\overleftrightarrow{OD'} = \overleftrightarrow{OB}$). Neste caso, $\hat{ab}$ é congruente a $\hat{cd}$ ($\hat{ab} \equiv \hat{cd}$).

3ª) A semirreta d' é externa a $\hat{ab}$. Neste caso, dizemos que $\hat{ab}$ é menor que $\hat{cd}$ ($\hat{ab} < \hat{cd}$).

37. Adição de ângulos

Se a semirreta $\overrightarrow{Ob}$ é interna ao ângulo a$\hat{O}$c, o ângulo a$\hat{O}$c é soma dos ângulos a$\hat{O}$b e b$\hat{O}$c.
$\hat{ac} = \hat{ab} + \hat{bc}$

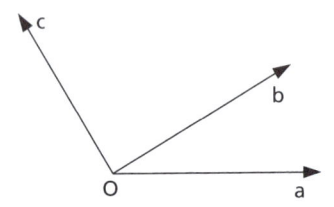

Dados dois ângulos, $\hat{ab}$ e $\hat{cd}$, se existem $\hat{rs} \equiv \hat{ab}$ e $\hat{st} \equiv \hat{cd}$ tais que s é interna a $\hat{rt}$, dizemos que o ângulo $\hat{rt}$ é a **soma** de $\hat{ab}$ e $\hat{cd}$.

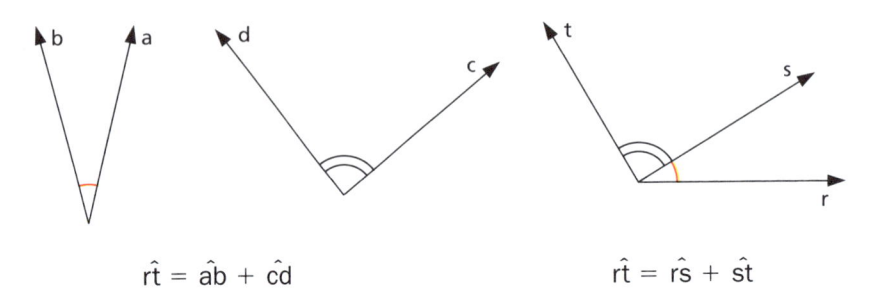

$\hat{rt} = \hat{ab} + \hat{cd}$ $\hat{rt} = \hat{rs} + \hat{st}$

O ângulo $\hat{rs}$ que é soma de n ângulos $\hat{ab}$, se existir, é chamado **múltiplo** de $\hat{ab}$ segundo n ($\hat{rs} = n \cdot \hat{ab}$).

Se $\hat{ab} = n \cdot \hat{cd}$, dizemos que $\hat{cd}$ é **submúltiplo** de $\hat{ab}$ segundo n.

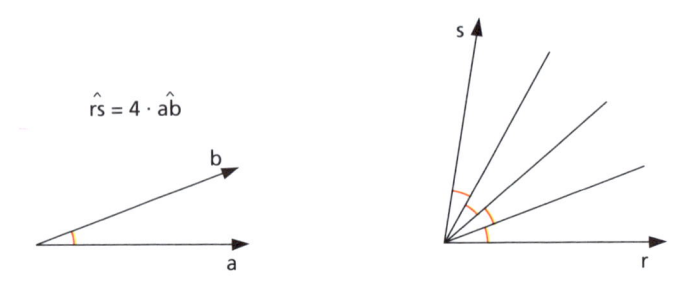

$\hat{rs} = 4 \cdot \hat{ab}$

38. Bissetriz de um ângulo

Definição

Uma semirreta Oc interna a um ângulo aÔb é **bissetriz** do ângulo aÔb se, e somente se, aÔc ≡ bÔc.

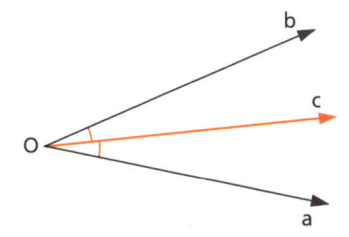

A bissetriz de um ângulo é uma semirreta interna ao ângulo, com origem no vértice do ângulo e que o divide em dois ângulos congruentes.

Unicidade da bissetriz

Se Ox e Oy distintas (Ox ≠ Oy) fossem bissetrizes de aÔb, teríamos:

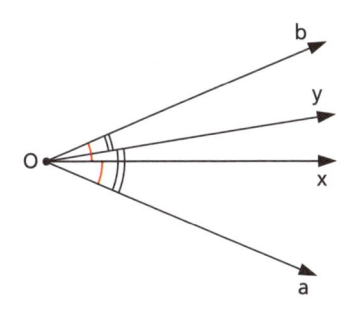

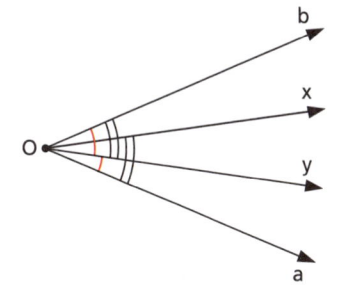

aÔx ≡ bÔx (1)   e   aÔy ≡ bÔy (2)

Ox interna a aÔy ⇒ aŷ > ax̂
e
Oy interna a xÔb ⇒ xb̂ > yb̂
} (1) ⇒ aŷ > ax̂ ≡ xb̂ > yb̂
o que é absurdo, de acordo com (2)

ou

Oy interna a aÔx ⇒ ax̂ > aŷ
e
Ox interna a yÔb ⇒ yb̂ > xb̂
} (2) ⇒ ax̂ > aŷ ≡ yb̂ > xb̂
o que é absurdo, de acordo com (1)

Logo, a bissetriz de um ângulo é única.

A "existência" da bissetriz está provada no item 57.

IV. Ângulo reto, agudo, obtuso — Medida

39. Ângulo suplementar adjacente

Dado o ângulo AÔB, a semirreta $\overleftrightarrow{OC}$ oposta à semirreta $\overleftrightarrow{OA}$ e a semirreta $\overleftrightarrow{OB}$ determinam um ângulo BÔC que se chama **ângulo suplementar adjacente** ou **suplemento adjacente** de AÔB.

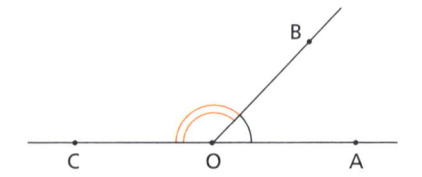

40. Ângulos: reto, agudo, obtuso

Ângulo reto é todo ângulo congruente a seu suplementar adjacente.
Ângulo agudo é um ângulo menor que um ângulo reto.
Ângulo obtuso é um ângulo maior que um ângulo reto.

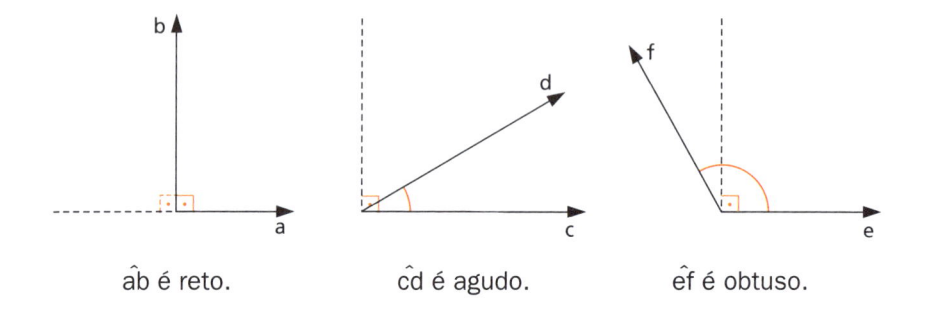

ab̂ é reto.　　　　cd̂ é agudo.　　　　ef̂ é obtuso.

41. Medida de um ângulo — amplitude

A medida de um ângulo AÔB será indicada por m(AÔB).

A medida de um ângulo é um número real positivo associado ao ângulo de forma tal que:

1º) Ângulos **congruentes** têm medidas iguais e, reciprocamente, ângulos que têm medidas iguais são **congruentes**.
AÔB ≡ CP̂D ⇔ m(AÔB) = m(CP̂D)

2º) Se um ângulo é maior que outro, sua medida é maior que a deste outro.
AÔB > CP̂D ⇔ m(AÔB) > m(CP̂D)

3º) A um **ângulo soma** está associada uma medida que é a soma das medidas dos ângulos parcelas.

$$r\hat{t} \equiv a\hat{b} + c\hat{d} \Rightarrow m(r\hat{t}) = m(a\hat{b}) + m(c\hat{d})$$

À medida de um ângulo dá-se o nome de **amplitude** do ângulo.

Em geral, associa-se um número a um ângulo estabelecendo a razão (quociente) entre este ângulo e outro ângulo tomado como unidade.

42. Unidades de medida de ângulos

Ângulo de um grau (1°) é o ângulo submúltiplo segundo 90 (noventa) de um ângulo reto.

$$\text{ângulo de um grau} = \frac{\text{ângulo reto}}{90}$$

Um ângulo reto tem 90 graus (90°).

A medida de um ângulo agudo é menor que 90° (um ângulo agudo tem menos de 90°).

A medida de um ângulo obtuso é maior que 90° (um ângulo obtuso tem mais de 90°).

A medida α de um ângulo é tal que:

$$0° < \alpha < 180°$$

Ângulo de um minuto (1') é o ângulo submúltiplo segundo 60 (sessenta) do ângulo de um grau.

$$1' = \frac{1°}{60}$$

Um grau tem 60 minutos (60').

Ângulo de um segundo (1") é o ângulo submúltiplo segundo 60 (sessenta) do ângulo de um minuto.

$$1" = \frac{1'}{60}$$

Um minuto tem 60 segundos (60").

Ângulo de um grado (1 gr) é o ângulo submúltiplo segundo 100 (cem) de um ângulo reto.

$$\text{ângulo de um grado} = \frac{\text{ângulo reto}}{100}$$

Dos submúltiplos do grado, dois se destacam:
- o centígrado (0,01 gr), também chamado minuto de grado;
- o decimiligrado (0,0001 gr), também chamado segundo de grado.

ÂNGULOS

43. Ângulos complementares e ângulos suplementares

Dois ângulos são **complementares** se, e somente se, a soma de suas medidas é 90°. Um deles é o complemento do outro.

Dois ângulos são **suplementares** se, e somente se, a soma de suas medidas é 180°. Um deles é o suplemento do outro.

44. Ângulo nulo e ângulo raso

Pode-se estender o conceito de ângulo para se ter o **ângulo nulo** (cujos lados são coincidentes) ou o **ângulo raso** (cujos lados são semirretas opostas).

Então, a medida α de um ângulo é tal que

$$0° \leq \alpha \leq 180°$$

EXERCÍCIOS

29. Simplifique as seguintes medidas:
   a) 30°70'
   b) 45°150'
   c) 65°39'123"
   d) 110°58'300"
   e) 30°56'240"

30. Determine as somas:
   a) 30°40' + 15°35'
   b) 10°30'45" + 15°29'20"

31. Determine as diferenças:
   a) 20°50'45" − 5°45'30"
   b) 31°40' − 20°45'
   c) 90°15'20" − 45°30'50"
   d) 90° − 50°30'45"

32. Determine os produtos:
   a) 2 × (10°35'45")
   b) 5 × (6°15'30")

33. Determine as divisões:
   a) (46°48'54") : 2
   b) (31°32'45") : 3
   c) (52°63'42") : 5

34. Determine o valor de x nos casos:

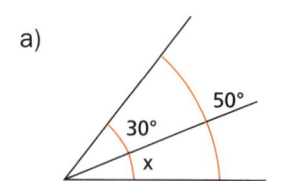

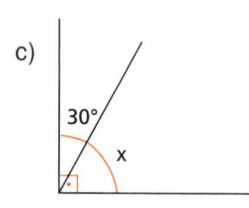

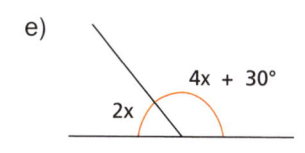

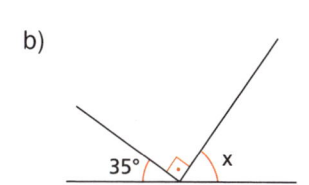

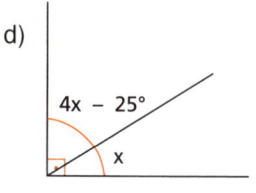

a) [ângulos de 30°, x, 50°]

b) [ângulo de 35°, ângulo reto, x]

c) [ângulo de 30°, x, ângulo reto]

d) [ângulo reto, x, 4x − 25°]

e) [2x, 4x + 30°]

35. Oa e Ob são duas semirretas colineares opostas. Oc é uma semirreta qualquer. Os ângulos aÔc e cÔb são adjacentes? São suplementares?

36. Demonstre as proposições a seguir.

> Se dois ângulos são opostos pelo vértice, então eles são congruentes.

> Dois ângulos o.p.v. são congruentes.

Solução

AÔB e CÔD são o.p.v. $\Rightarrow$ AÔB ≡ CÔD

$\underbrace{}_{\text{Hipótese}}$ $\underbrace{}_{\text{Tese}}$

Demonstração:

Considerando AÔB de medida x e CÔD de medida y opostos pelo vértice e o ângulo BÔC de medida z, temos:

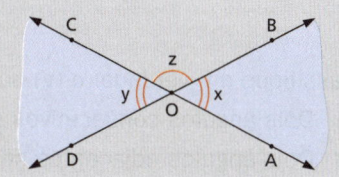

$\left. \begin{array}{l} x + z = 180° \\ y + z = 180° \end{array} \right\} \Rightarrow x = y \Rightarrow $ AÔB ≡ CÔD

ÂNGULOS

37. Determine o valor de x nos casos:

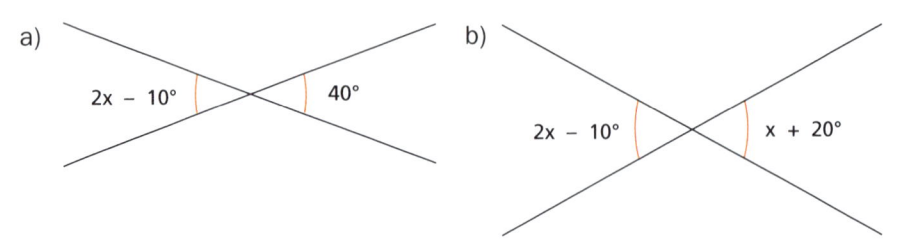

a) 2x − 10°   40°

b) 2x − 10°   x + 20°

38. Determine o valor de α nos casos:

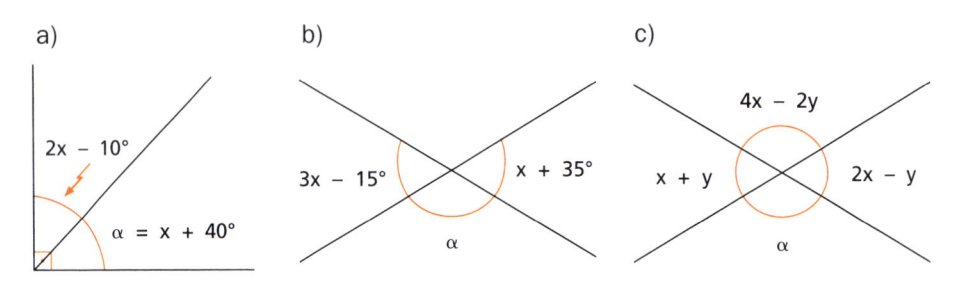

a) 2x − 10°; α = x + 40°

b) 3x − 15°   x + 35°; α

c) 4x − 2y   2x − y; x + y; α

39. Se $\vec{OP}$ é bissetriz de AÔB, determine x nos casos:

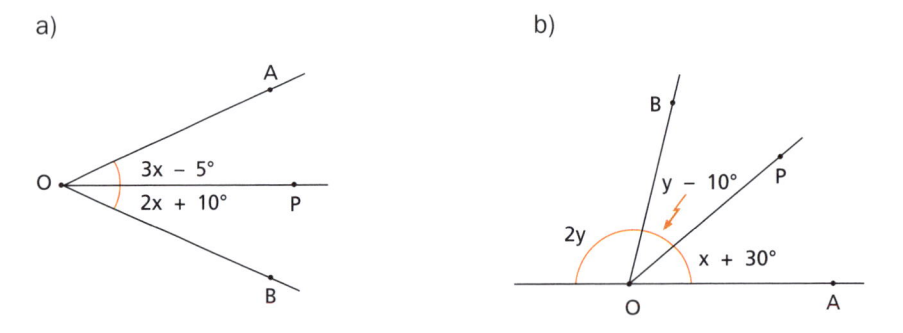

a) 3x − 5°; 2x + 10°

b) y − 10°; x + 30°; 2y

40. Classifique em verdadeiro (V) ou falso (F):
  a) Dois ângulos consecutivos são adjacentes.
  b) Dois ângulos adjacentes são consecutivos.
  c) Dois ângulos adjacentes são opostos pelo vértice.
  d) Dois ângulos opostos pelo vértice são adjacentes.
  e) Dois ângulos opostos pelo vértice são consecutivos.

41. Classifique em verdadeiro (V) ou falso (F):
  a) Dois ângulos suplementares são adjacentes.
  b) Dois ângulos complementares são adjacentes.
  c) Dois ângulos adjacentes são complementares.
  d) Os ângulos de medida 10°, 20° e 60° são complementares.
  e) Os ângulos de medida 30°, 60° e 90° são suplementares.

42. Os ângulos das figuras a seguir são complementares? São adjacentes?

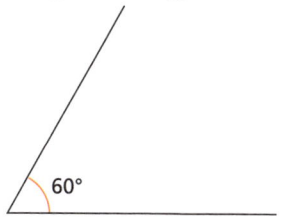

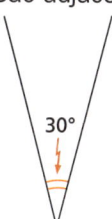

43. Calcule o valor de x no caso abaixo, em que m(rÔs) = 90°.

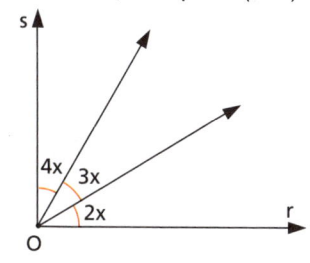

44. A soma de dois ângulos adjacentes é 120°. Calcule a medida de cada ângulo, sabendo que a medida de um deles é a diferença entre o triplo do outro e 40°.

45. Calcule o complemento dos seguintes ângulos:
  a) 25°
  b) 47°
  c) 37°25'

46. Calcule o suplemento dos seguintes ângulos:
  a) 72°
  b) 141°
  c) 93°15'

47. Dado um ângulo de medida x, indique:
  a) seu complemento;
  b) seu suplemento;
  c) o dobro do seu complemento;
  d) a metade de seu suplemento;
  e) o triplo de seu suplemento;
  f) a sétima parte do complemento;
  g) a quinta parte do suplemento;
  h) o complemento da sua terça parte;
  i) o triplo do suplemento da sua quinta parte.

ÂNGULOS

48. Dê a medida do ângulo que vale o dobro do seu complemento.

49. Determine a medida do ângulo igual ao triplo do seu complemento.

50. Calcule o ângulo que vale o quádruplo de seu complemento.

51. Calcule um ângulo, sabendo que um quarto do seu suplemento vale 36°.

52. Qual é a medida do ângulo que excede o seu complemento em 76°?

> **Solução**
>
> ângulo → x   complemento → 90° − x
>
> "Ângulo menos complemento é igual a 76°."
>
> $x - (90° - x) = 76° \Rightarrow 2x = 166° \Rightarrow x = 83°$
>
> Resposta: O ângulo mede 83°.

53. Qual é o ângulo que excede o seu suplemento em 66°?

54. Determine um ângulo, sabendo que o seu suplemento excede o próprio ângulo em 70°.

55. Qual é o ângulo cuja soma com o triplo do seu complemento é 210°?

56. Um ângulo excede o seu complemento em 48°. Determine o suplemento desse ângulo.

57. O suplemento de um ângulo excede este ângulo em 120°. Determine o ângulo.

58. O complemento da terça parte de um ângulo excede o complemento desse ângulo em 30°. Determine o ângulo.

> **Solução**
>
> ângulo → x   complemento do ângulo → 90° − x
>
> complemento da terça parte → $90° - \dfrac{x}{3}$
>
> $\left(90° - \dfrac{x}{3}\right) - (90° - x) = 30° \Rightarrow 2x = 90° \Rightarrow x = 45°$
>
> Resposta: O ângulo mede 45°.

59. O suplemento do triplo do complemento da metade de um ângulo é igual ao triplo do complemento desse ângulo. Determine o ângulo.

60. O suplemento do complemento de um ângulo excede a terça parte do complemento do dobro desse ângulo em 85°. Determine o ângulo.

61. Dois ângulos são suplementares e a razão entre o complemento de um e o suplemento do outro, nessa ordem, é $\frac{1}{8}$. Determine esses ângulos.

> **Solução**
>
> x e y são as medidas dos ângulos.
>
> complemento de um: 90° − x   suplemento do outro: 180° − y
>
> $$\begin{cases} x + y = 180° \\ \dfrac{90° - x}{180° - y} = \dfrac{1}{8} \end{cases} \Rightarrow \begin{cases} y = 180° - x \\ 720° - 8x = 180° - y \end{cases} \Rightarrow \begin{cases} x = 80° \\ y = 100° \end{cases}$$
>
> Resposta: Os ângulos medem 80° e 100°.

62. Dois ângulos estão na relação $\frac{4}{9}$. Sendo 130° sua soma, determine o complemento do menor.

63. Determine dois ângulos suplementares, sabendo que um deles é o triplo do outro.

64. Dois ângulos são suplementares. Um deles é o complemento da quarta parte do outro. Calcule esses ângulos.

65. A razão entre dois ângulos suplementares é igual a $\frac{2}{7}$. Determine o complemento do menor.

66. Determine o complemento de um ângulo, sabendo que a razão entre o ângulo e seu complemento é igual a $\frac{5}{4}$.

67. O complemento de um ângulo está para o seu suplemento como 2 para 7. Calcule a medida do ângulo.

68. O triplo do complemento de um ângulo, aumentado em 50°, é igual ao suplemento do ângulo. Determine a medida do ângulo.

69. Determine as medidas de dois ângulos suplementares, sabendo que o dobro de um deles, somando com a sétima parte do outro, resulta 100°.

70. A soma de um ângulo com a terça parte do seu complemento resulta 46°. Determine o suplemento desse ângulo.

ÂNGULOS

71. Determine dois ângulos complementares tais que o dobro de um, aumentado da terça parte do outro, seja igual a um ângulo reto.

72. Na figura, o ângulo x mede a sexta parte do ângulo y, mais a metade do ângulo z. Calcule o ângulo y.

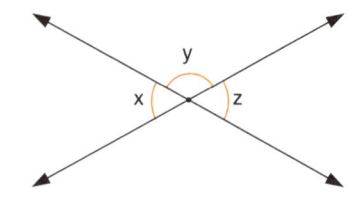

73. Os ângulos α e β são opostos pelo vértice. O primeiro é expresso em graus por 9x − 2 e o segundo por 4x + 8. Determine esses ângulos.

74. Cinco semirretas partem de um mesmo ponto V, fomando cinco ângulos que cobrem todo o plano e são proporcionais aos números 2, 3, 4, 5 e 6. Calcule o maior dos ângulos.

75. Demonstre que as bissetrizes de dois ângulos opostos pelo vértice são semirretas opostas.

76. Demonstre que as bissetrizes de dois ângulos adjacentes e suplementares formam ângulo reto.

Solução

Hipótese

rÔs e sÔt adjacentes e suplementares
Ox e Oy respectivas bissetrizes
$\Rightarrow$ xÔy é reto

Tese

xÔy é reto

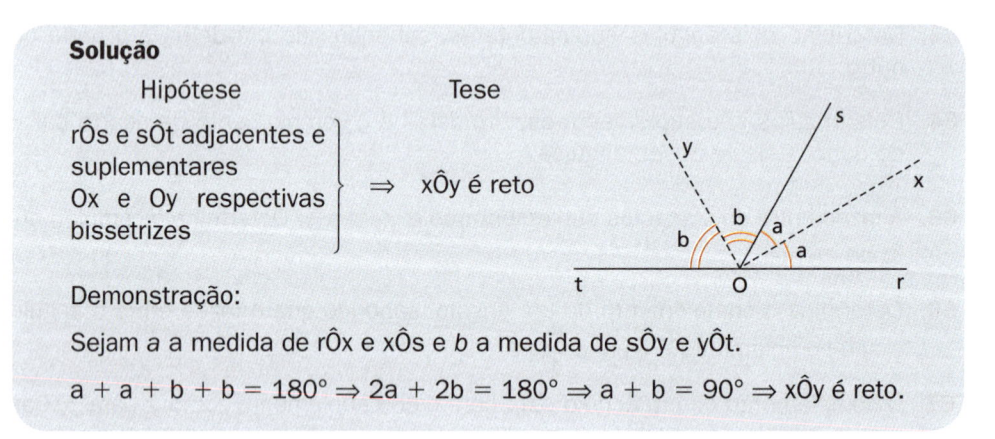

Demonstração:

Sejam a a medida de rÔx e xÔs e b a medida de sÔy e yÔt.

$a + a + b + b = 180° \Rightarrow 2a + 2b = 180° \Rightarrow a + b = 90° \Rightarrow$ xÔy é reto.

77. Demonstre que as bissetrizes de dois ângulos adjacentes e complementares formam um ângulo de 45°.

78. Dois ângulos adjacentes somam 136°. Qual a medida do ângulo formado pelas suas bissetrizes?

79. As bissetrizes de dois ângulos consecutivos formam um ângulo de 52°. Se um deles mede 40°, qual é a medida do outro?

CAPÍTULO IV

Triângulos

I. Conceito — Elementos — Classificação

45. Definição

Dados três pontos, A, B e C, não colineares, à reunião dos segmentos $\overline{AB}$, $\overline{AC}$ e $\overline{BC}$ chama-se **triângulo ABC**.

Indicação:
triângulo ABC = △ABC
△ABC = $\overline{AB} \cup \overline{AC} \cup \overline{BC}$

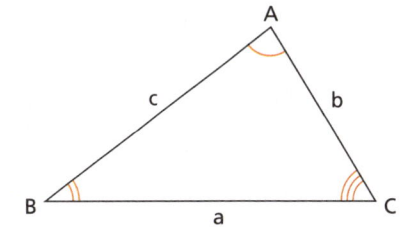

46. Elementos

Vértices: os pontos A, B e C são os **vértices** do △ABC.

Lados: os segmentos $\overline{AB}$ (de medida c), $\overline{AC}$ (de medida b) e $\overline{BC}$ (de medida a) são os **lados** do triângulo.

Ângulos: os ângulos BÂC ou Â, AB̂C ou B̂ e AĈB ou Ĉ são os **ângulos** do △ABC (ou ângulos internos do △ABC).

Diz-se que os lados $\overline{BC}$, $\overline{AC}$ e $\overline{AB}$ e os ângulos Â, B̂ e Ĉ são, respectivamente, **opostos**.

TRIÂNGULOS

47. Interior e exterior

Dado um triângulo ABC, vamos considerar os semiplanos abertos, a saber:

α_1 com origem na reta $\overleftrightarrow{BC}$ e que contém o ponto A,

α_2 oposto a α_1,

β_1 com origem na reta $\overleftrightarrow{AC}$ e que contém o ponto B,

β_2 oposto a β_1,

γ_1 com origem na reta $\overleftrightarrow{AB}$ e que contém o ponto C,

γ_2 oposto a γ_1.

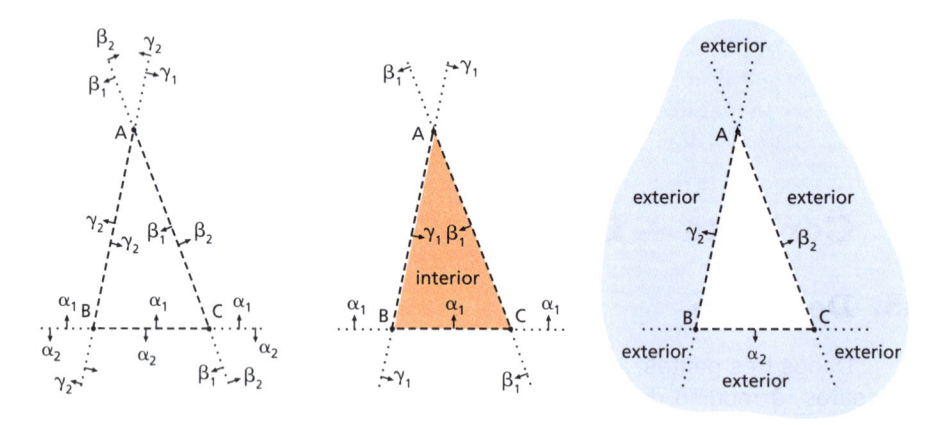

Interior do $\triangle ABC = \alpha_1 \cap \beta_1 \cap \gamma_1$.

O interior de um triângulo é uma região convexa.

Os pontos do interior do $\triangle ABC$ são pontos **internos** ao $\triangle ABC$.

Exterior do $\triangle ABC = \alpha_2 \cup \beta_2 \cup \gamma_2$.

O exterior de um triângulo é uma região côncava.

Os pontos do exterior do $\triangle ABC$ são pontos **externos** ao $\triangle ABC$.

A reunião do triângulo com seu interior é uma **superfície triangular** (ou superfície do triângulo).

48. Classificação

Quanto aos lados, os triângulos se classificam em:
- **equiláteros** se, e somente se, têm os três lados congruentes;
- **isósceles** se, e somente se, têm dois lados congruentes;
- **escalenos** se, e somente se, dois quaisquer lados não são congruentes.

△ABC é equilátero.   △RST é isósceles.   △MNP é escaleno.

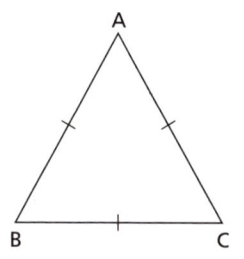

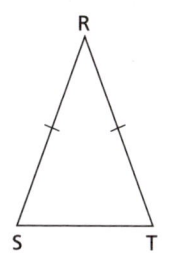

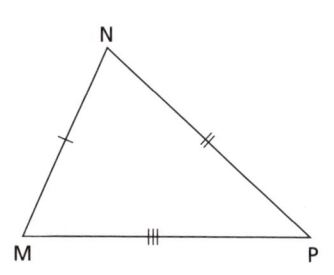

Um triângulo com dois lados congruentes é isósceles; o outro lado é chamado **base** e o ângulo oposto à base é o **ângulo do vértice**.

Notemos que todo triângulo equilátero é também triângulo isósceles.

Quanto aos ângulos, os triângulos se classificam em:
- **retângulos** se, e somente se, têm um ângulo reto;
- **acutângulos** se, e somente se, têm os três ângulos agudos;
- **obtusângulos** se, e somente se, têm um ângulo obtuso.

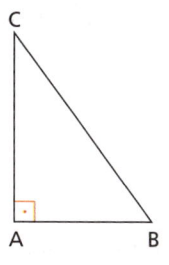

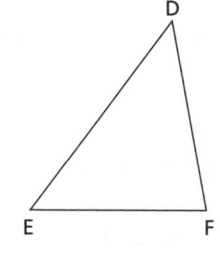

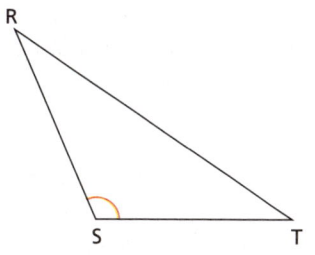

△ABC é retângulo em A.   △DEF é acutângulo.   △RST é obtusângulo em S.

O lado oposto ao ângulo reto de um triângulo retângulo é sua **hipotenusa** e os outros dois são os **catetos** do triângulo.

II. Congruência de triângulos

49. Definição

Um triângulo é congruente (símbolo ≡) a outro se, e somente se, é possível estabelecer uma correspondência entre seus vértices de modo que:

TRIÂNGULOS

- seus lados são ordenadamente congruentes aos lados do outro;
- seus ângulos são ordenadamente congruentes aos ângulos do outro.

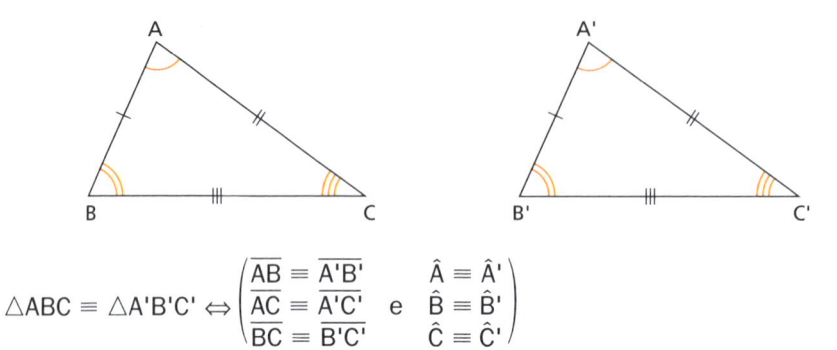

$$\triangle ABC \equiv \triangle A'B'C' \Leftrightarrow \begin{pmatrix} \overline{AB} \equiv \overline{A'B'} & \hat{A} \equiv \hat{A}' \\ \overline{AC} \equiv \overline{A'C'} & e & \hat{B} \equiv \hat{B}' \\ \overline{BC} \equiv \overline{B'C'} & \hat{C} \equiv \hat{C}' \end{pmatrix}$$

A congruência entre triângulos é **reflexiva**, **simétrica** e **transitiva**.

50. Casos de congruência

A definição de congruência de triângulos dá todas as condições que devem ser satisfeitas para que dois triângulos sejam congruentes. Essas condições (seis congruências: três entre lados e três entre ângulos) são totais. Existem "condições mínimas" para que dois triângulos sejam congruentes. São os chamados **casos** ou **critérios** de congruência.

51. 1º caso — LAL — postulado

> Se dois triângulos têm ordenadamente congruentes dois lados e o ângulo compreendido, então eles são congruentes.

Esta proposição é um "postulado" e indica que, se dois triângulos têm ordenadamente congruentes dois lados e o ângulo compreendido, então o lado restante e os dois ângulos restantes também são ordenadamente congruentes.

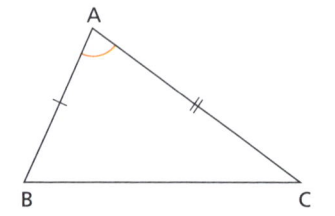

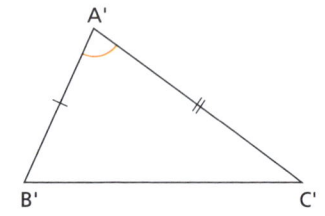

Esquema do 1º caso:

$$\left.\begin{array}{c}\overline{AB} \equiv \overline{A'B'} \\ \hat{A} \equiv \hat{A}' \\ \overline{AC} \equiv \overline{A'C'}\end{array}\right\} \stackrel{LAL}{\Rightarrow} \triangle ABC \equiv \triangle A'B'C' \Rightarrow \begin{cases} \hat{B} \equiv \hat{B}' \\ \overline{BC} \equiv \overline{B'C'} \\ \hat{C} \equiv \hat{C}' \end{cases}$$

52. Teorema do triângulo isósceles

"Se um triângulo tem dois lados congruentes, então os ângulos opostos a esses lados são congruentes."

ou

"Se um triângulo é isósceles, os ângulos da base são congruentes."

ou ainda

"Todo triângulo isósceles é isoângulo."

Hipótese   Tese

$\left(\triangle ABC, \overline{AB} \equiv \overline{AC}\right) \Rightarrow \hat{B} \equiv \hat{C}$

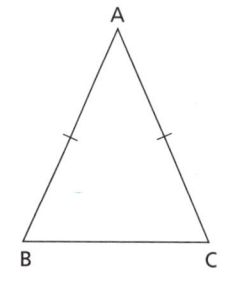

Demonstração:

Consideremos os triângulos ABC e ACB, isto é, associemos a A, B e C, respectivamente, A, C e B.

$$\begin{array}{l}\text{Hipótese} \Rightarrow \\ \\ \text{Hipótese} \Rightarrow\end{array} \left.\begin{array}{c}\overline{AB} \equiv \overline{AC} \\ B\hat{A}C \equiv C\hat{A}B \\ \overline{AC} \equiv \overline{AB}\end{array}\right\} \stackrel{LAL}{\Rightarrow} \triangle ABC \equiv \triangle ACB \Rightarrow \hat{B} \equiv \hat{C}$$

↑ do △ABC   ↑ do △ACB

53. 2º caso — ALA

"Se dois triângulos têm ordenadamente congruentes um lado e os dois ângulos a ele adjacentes, então esses triângulos são congruentes."

TRIÂNGULOS

Os ângulos adjacentes ao lado $\overline{BC}$ são $\hat{B}$ e $\hat{C}$; os adjacentes ao lado $\overline{B'C'}$ são $\hat{B}'$ e $\hat{C}'$.

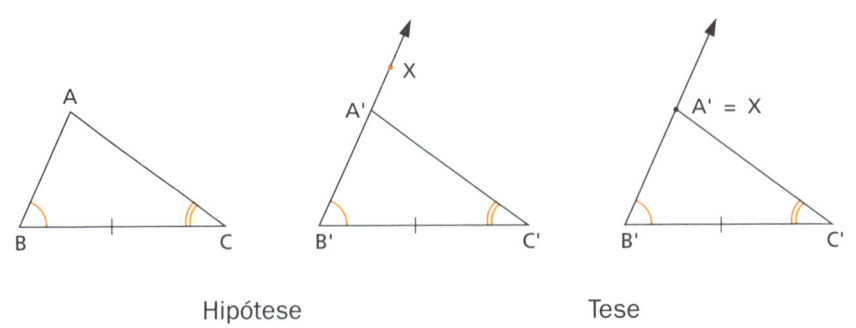

Hipótese   Tese

$(\hat{B} \equiv \hat{B}'\ (1);\ \overline{BC} \equiv \overline{B'C'}\ (2);\ \hat{C} \equiv \hat{C}'\ (3)) \Rightarrow \triangle ABC \equiv \triangle A'B'C'$

Demonstração:

Vamos provar que $\overline{BA} \equiv \overline{B'A'}$, pois com isso recairemos no 1º caso.

Pelo postulado do transporte de segmentos (item 18), obtemos na semirreta $\overrightarrow{B'A'}$ um ponto X tal que $\overline{B'X} \equiv \overline{BA}$ (4).

$\left.\begin{array}{l}(2)\ \overline{BC} \equiv \overline{B'C'} \\ (1)\ \hat{B} \equiv \hat{B}' \\ (4)\ \overline{BA} \equiv \overline{B'X}\end{array}\right\} \stackrel{LAL}{\Rightarrow} \triangle ABC \equiv \triangle XB'C' \Rightarrow B\hat{C}A \equiv B'\hat{C}'X$ (5)

Da hipótese (3) $B\hat{C}A \equiv B'\hat{C}'A'$, com (5) $B\hat{C}A \equiv B'\hat{C}'X$ e com o postulado do transporte de ângulos (item 35), decorre que $\overleftrightarrow{B'A'}$ e $\overleftrightarrow{C'X} = \overleftrightarrow{C'A'}$ interceptam-se num único ponto X = A'.

De X ≡ A', com (4), decorre que $\overline{B'A'} \equiv \overline{BA}$.

Então:

$(\overline{BA} \equiv \overline{B'A'},\ \hat{B} \equiv \hat{B}',\ \overline{BC} \equiv \overline{B'C'}) \stackrel{LAL}{\Rightarrow} \triangle ABC \equiv \triangle A'B'C'$

54. Notas

1ª) Esquema do 2º caso

$\left.\begin{array}{l}\hat{B} \equiv \hat{B}' \\ \overline{BC} \equiv \overline{B'C'} \\ \hat{C} \equiv \hat{C}'\end{array}\right\} \stackrel{ALA}{\Rightarrow} \triangle ABC \equiv \triangle A'B'C' \Rightarrow \left\{\begin{array}{l}\overline{AB} \equiv \overline{A'B'} \\ \hat{A} \equiv \hat{A}' \\ \overline{AC} \equiv \overline{A'C'}\end{array}\right.$

2ª) Com base no 2º caso (ALA), pode-se provar a recíproca do teorema do triângulo isósceles:

"Se um triângulo possui dois ângulos congruentes, então esse triângulo é isósceles."

Considerando um triângulo isósceles ABC de base $\overline{BC}$, basta observar os triângulos ABC e ACB e proceder de modo análogo ao do teorema direto.

55. 3º caso — LLL

Se dois triângulos têm ordenadamente congruentes os três lados, então esses triângulos são congruentes.

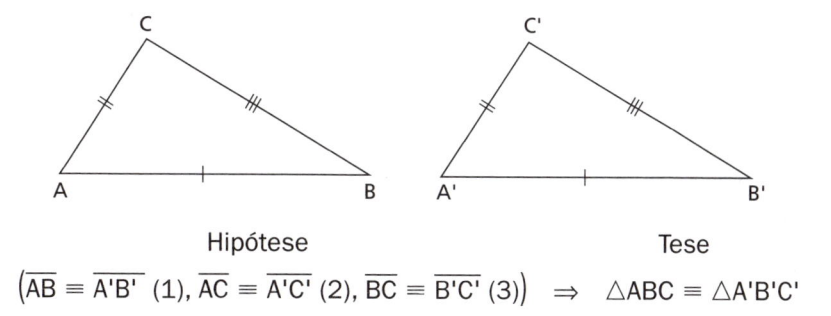

Hipótese

Tese

$\left(\overline{AB} \equiv \overline{A'B'} \ (1), \overline{AC} \equiv \overline{A'C'} \ (2), \overline{BC} \equiv \overline{B'C'} \ (3)\right) \Rightarrow \triangle ABC \equiv \triangle A'B'C'$

Demonstração:

Pelo postulado do transporte de ângulos (item 35) e do transporte de segmentos (item 18), obtemos um ponto X tal que:

$X\hat{A}'B' \equiv C\hat{A}B$ (4)

$\overline{A'X} \equiv \overline{AC}$ (5)

estando X no semiplano oposto ao de C' em relação à reta $\overleftrightarrow{A'B'}$.

De (5) e (2), vem:

$\overline{A'X} \equiv \overline{A'C'}$ (6)

Seja D o ponto de interseção de $\overline{C'X}$ com a reta $\overleftrightarrow{A'B'}$.

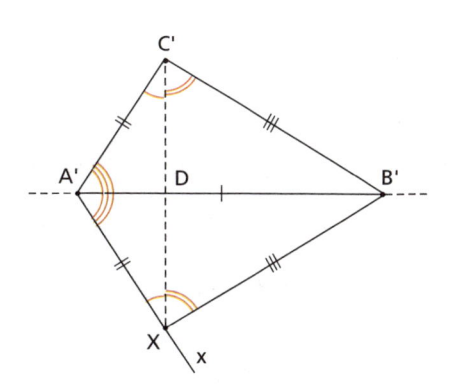

(1), (4), (5) $\overset{LAL}{\Rightarrow}$ △ABC ≡ △A'B'X' (7) ⇒ $\overline{XB'} \equiv \overline{CB}$ $\overset{(3)}{\Rightarrow}$ $\overline{XB'} \equiv \overline{C'B'}$ (8)

(6) ⇒ △A'C'X é isósceles de base $\overline{C'X}$ ⇒ A'ĈX ≡ A'X̂C' (9)

(8) ⇒ △B'C'X é isósceles de base $\overline{C'X}$ ⇒ BĈX ≡ B'X̂C' (10)

Por soma ou diferença de (9) e (10) (conforme D seja interno ou não ao segmento $\overline{A'B'}$), obtemos:

$$A'\hat{C}'B' \equiv A'\hat{X}B' \quad (11)$$

(6), (11), (8) ⇒ △A'B'C' ≡ △A'B'X $\overset{(7)}{\Rightarrow}$ △ABC ≡ △A'B'C'

56. Existência do ponto médio

Dado um segmento de reta $\overline{AB}$, usando os postulados de transporte de ângulos (item 35) e de segmentos (item 18) construímos

$$C\hat{A}B \equiv D\hat{B}A$$
$$\overline{AC} \equiv \overline{DB}$$

com C e D em semiplanos opostos em relação à reta $\overleftrightarrow{AB}$.

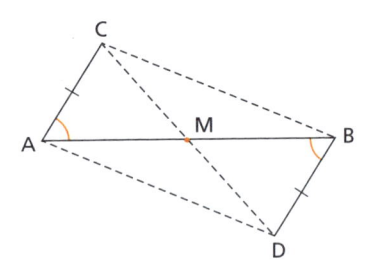

O segmento $\overline{CD}$ intercepta o segmento $\overline{AB}$ num ponto M. Vejamos uma sequência de congruências de triângulos:

△CAB ≡ △DBA (LAL, $\overline{AB}$ é comum)

△CAD ≡ △DBC (ALA, com soma de ângulos ou pelo caso LLL)

△AMD ≡ △BMC (ALA)

Desta última congruência decorre que $\overline{AM} \equiv \overline{BM}$, ou seja, M é o ponto médio de $\overline{AB}$.

57. Existência da bissetriz

Dado um ângulo aÔb, usando o postulado do transporte de segmentos (item 18) obtemos A e A' em Oa e B e B' em Ob tais que:

$$\overline{OA} \equiv \overline{OB} \quad (1)$$
$$\overline{OA'} \equiv \overline{OB'} \quad (2)$$

com $\overline{OA'} > \overline{OA}$ e $\overline{OB'} > \overline{OB}$

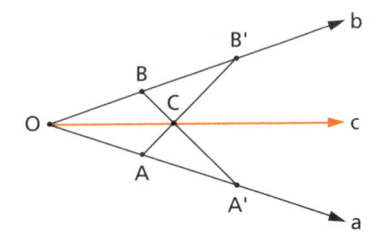

Seja C o ponto de interseção de $\overline{AB'}$ com $\overline{A'B}$ e consideremos a semirreta $\overrightarrow{OC}$ = Oc.

Vejamos uma sequência de congruências de triângulos:

$\triangle AOB' \equiv \triangle BOA'$ (LAL, aÔb (comum))

$\triangle ACA' \equiv \triangle BCB'$ (ALA, ângulos adjacentes suplementares, diferença de segmentos)

$\triangle OAC \equiv \triangle OBC$ (LAL)

Desta última congruência decorre que AÔC ≡ BÔC, ou seja, Oc é bissetriz de aÔb.

58. Mediana de um triângulo — definição

Mediana de um triângulo é um segmento com extremidades num vértice e no ponto médio do lado oposto.

M_1 é o ponto médio do lado $\overline{BC}$.

$\overline{AM_1}$ é a mediana relativa ao lado $\overline{BC}$.

$\overline{AM_1}$ é a mediana relativa ao vértice A.

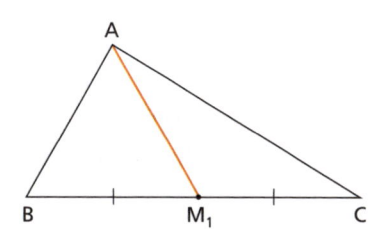

59. Bissetriz interna de um triângulo — definição

Bissetriz interna de um triângulo é o segmento, com extremidades num vértice e no lado oposto, que divide o ângulo desse vértice em dois ângulos congruentes.

$S_1 \in \overline{BC}$, $S_1\hat{A}B \equiv S_1\hat{A}C$

$\overline{AS_1}$ é a bissetriz relativa ao lado $\overline{BC}$.

$\overline{AS_1}$ é a bissetriz relativa ao vértice A.

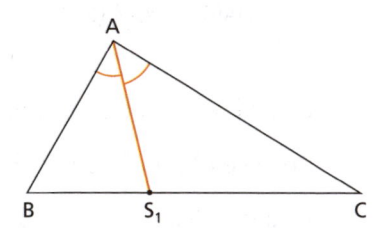

TRIÂNGULOS

60. Teorema do ângulo externo

Dado um △ABC e sendo $\overrightarrow{CX}$ a semirreta oposta à semirreta $\overrightarrow{CB}$, o ângulo

$$ê = A\hat{C}X$$

é o ângulo externo do △ABC adjacente a $\hat{C}$ e não adjacente aos ângulos $\hat{A}$ e $\hat{B}$.

O ângulo ê é o suplementar adjacente de $\hat{C}$.

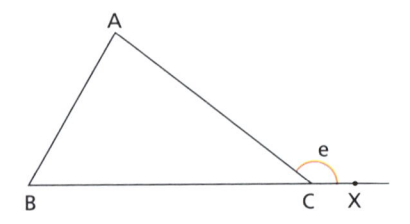

Teorema

> Um ângulo externo de um triângulo é maior que qualquer um dos ângulos internos não adjacentes.

        Hipótese   Tese

(△ABC, ê externo adjacente a $\hat{C}$) ⇒ (ê > $\hat{A}$ e ê > $\hat{B}$)

Demonstração:

Seja M o ponto médio de $\overline{AC}$ e P pertencente à semirreta $\overrightarrow{BM}$ tal que:

$$\overline{BM} \equiv \overline{MP}$$

Pelo caso LAL, △BAM ≡ △PMC e daí:

$$B\hat{A}M \equiv P\hat{C}M \quad (1)$$

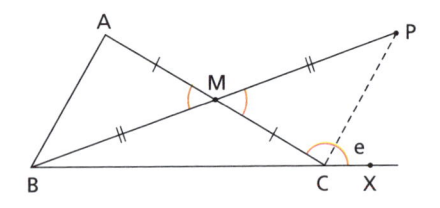

Como P é interno ao ângulo ê = A$\hat{C}$X, vem: ê > P$\hat{C}$M (2).

De (1) e (2), decorre que ê > $\hat{A}$.

Analogamente, tomando o ponto médio de $\overline{BC}$ e usando ângulos opostos pelo vértice, concluímos que:

$$ê > \hat{B}$$

61. 4º caso de congruência — LAA_0

> Se dois triângulos têm ordenadamente congruentes um lado, um ângulo adjacente e o ângulo oposto a esse lado, então esses triângulos são congruentes.

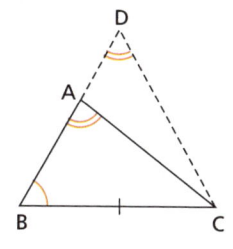

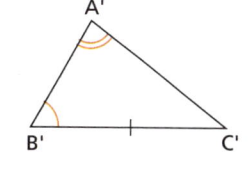

Hipótese
$\overline{BC} \equiv \overline{B'C'}$ (1), $\hat{B} \equiv \hat{B}'$ (2), $\hat{A} \equiv \hat{A}'$ (3) $\Rightarrow$

Tese
$\triangle ABC \equiv \triangle A'B'C'$

Demonstração:

Há três possibilidades para $\overline{AB} \equiv \overline{A'B'}$:

1ª) $\overline{AB} \equiv \overline{A'B'}$ 　　2ª) $\overline{AB} < \overline{A'B'}$ 　　3ª) $\overline{AB} > \overline{A'B'}$

Se a 1ª se verifica, temos:

$(\overline{AB} \equiv \overline{A'B'}, \hat{B} \equiv \hat{B}', \overline{BC} \equiv \overline{B'C'}) \stackrel{LAL}{\Rightarrow} \triangle ABC \equiv \triangle A'B'C'$

Se a 2ª se verificasse, tomando um ponto D na semirreta $\overrightarrow{BA}$ tal que $\overline{BD} = \overline{A'B'}$ (postulado do transporte de segmentos — item 18), teríamos:

$(\overline{DB} \equiv \overline{A'B'}, \hat{B} \equiv \hat{B}', \overline{BC} \equiv \overline{B'C'}) \stackrel{LAL}{\Rightarrow} \triangle ABC \equiv \triangle A'B'C' \Rightarrow \hat{D} \equiv \hat{A} \stackrel{(3)}{\Rightarrow} \hat{A} \equiv \hat{A}'$,

o que é absurdo, de acordo com o teorema do ângulo externo no $\triangle ADC$. Logo, a 2ª possibilidade não se verifica. A 3ª possibilidade também não se verifica, pelo mesmo motivo, com a diferença de que D estaria entre A e B.

Como só pode ocorrer a 1ª possibilidade, temos:

$$\triangle ABC \equiv \triangle A'B'C'$$

62. Caso especial de congruência de triângulos retângulos

> Se dois triângulos retângulos têm ordenadamente congruentes um cateto e a hipotenusa, então esses triângulos são congruentes.

TRIÂNGULOS

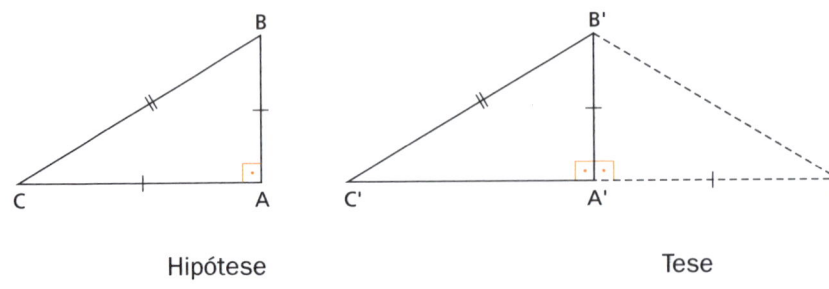

Hipótese   Tese

$\hat{A} \equiv \hat{A}'$ (retos) (1), $\overline{AB} \equiv \overline{A'B'}$ (2), $\overline{BC} \equiv \overline{B'C'}$ (3) $\Rightarrow \triangle ABC \equiv \triangle A'B'C'$

Demonstração:

Tomemos o ponto D na semirreta oposta à semirreta $\overrightarrow{A'C'}$ tal que $\overline{A'D} \equiv \overline{AC}$ (postulado do transporte de segmentos — item 18).

$\left(\overline{AB} \equiv \overline{A'B'}, \hat{A} \equiv \hat{A}', \overline{AC} \equiv \overline{A'D} \right) \stackrel{LAL}{\Rightarrow} \triangle ABC \equiv \triangle A'B'D \Rightarrow \overline{BC} \equiv \overline{B'D}$ (4) e $\hat{C} \equiv \hat{D}$ (5)

(4) e (3) $\Rightarrow \overline{B'C'} \equiv \overline{B'D} \Rightarrow \triangle B'C'D$ é isósceles de base $\overline{C'D} \Rightarrow \hat{C}' \equiv \hat{D}$ (6)

(5) e (6) $\Rightarrow \hat{C} \equiv \hat{C}'$

Considerando agora os triângulos ABC e A'B'C', temos:

$\left(\overline{BC} \equiv \overline{B'C'}, \hat{C} \equiv \hat{C}', \hat{A} \equiv \hat{A}' \right) \stackrel{LAA_o}{\Rightarrow} \triangle ABC \equiv \triangle A'B'C'$

EXERCÍCIOS

80. Classifique em verdadeiro (V) ou falso (F):
   a) Todo triângulo isósceles é equilátero.
   b) Todo triângulo equilátero é isósceles.
   c) Um triângulo escaleno pode ser isósceles.
   d) Todo triângulo isósceles é triângulo acutângulo.
   e) Todo triângulo retângulo é triângulo escaleno.
   f) Existe triângulo retângulo e isósceles.
   g) Existe triângulo isósceles obtusângulo.
   h) Todo triângulo acutângulo ou é isósceles ou é equilátero.

81. Classifique em verdadeiro (V) ou falso (F):
   a) Todos os triângulos são congruentes.
   b) Todos os triângulos equiláteros são congruentes.
   c) Todos os triângulos retângulos são congruentes.
   d) Todos os triângulos retângulos isósceles são congruentes.
   e) Todos os triângulos acutângulos são congruentes.

82. Se o $\triangle ABC$ é isósceles de base $\overline{BC}$, determine x.

   $AB = 2x - 7$

   $AC = x + 5$

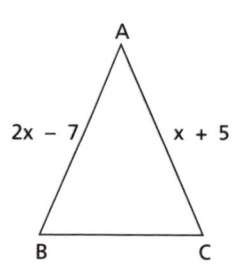

83. O triângulo ABC é equilátero. Determine x e y.

   $AB = 15 - y$

   $BC = 2x - 7$

   $AC = 9$

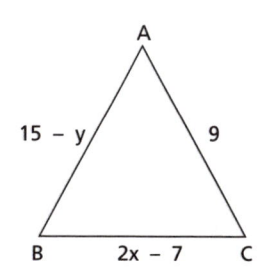

84. Se o $\triangle ABC$ é isósceles de base $\overline{BC}$, determine BC.

   $AB = 3x - 10$

   $BC = 2x + 4$

   $AC = x + 4$

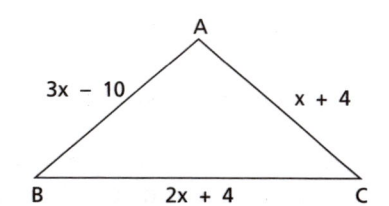

85. Se o $\triangle ABC$ é isósceles de base $\overline{BC}$, determine x.

   $\hat{B} = 2x - 10°$

   $\hat{C} = 30°$

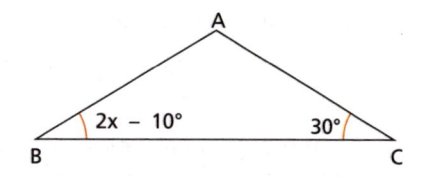

TRIÂNGULOS

86. Se o △ABC é isósceles de base $\overline{AC}$, determine x.

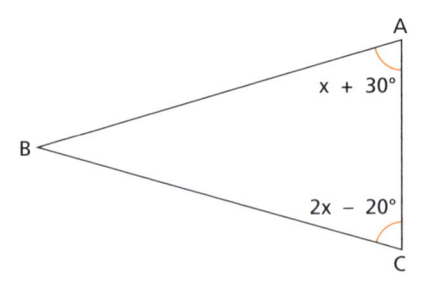

$\hat{A} = x + 30°$

$\hat{C} = 2x - 20°$

87. Se o △ABC é isósceles de base $\overline{BC}$, determine x e y.

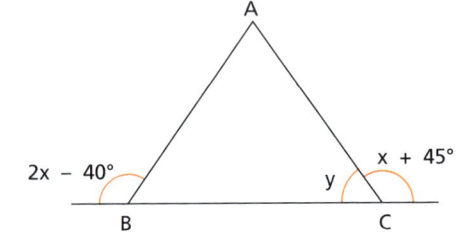

88. Determine x e y, sabendo que o triângulo ABC é equilátero.
   a)
   b)

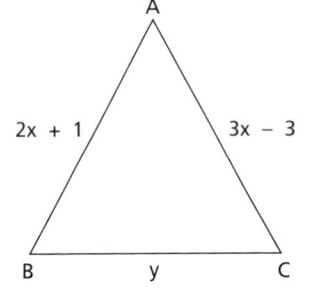

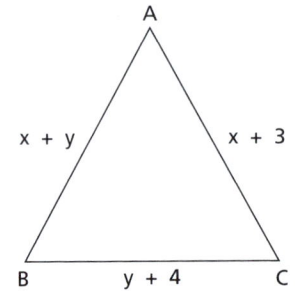

89. Se o perímetro de um triângulo equilátero é de 75 cm, quanto mede cada lado?

90. Se o perímetro de um triângulo isósceles é de 100 m e a base mede 40 m, quanto mede cada um dos outros lados?

91. Determine o perímetro do triângulo ABC nos casos:
   a) Triângulo equilátero com AB = x + 2y, AC = 2x − y e BC = x + y + 3.
   b) Triângulo isósceles de base $\overline{BC}$ com AB = 2x + 3, AC = 3x − 3 e BC = x + 3.

92. Num triângulo isósceles, o semiperímetro vale 7,5 m. Calcule os lados desse triângulo, sabendo que a soma dos lados congruentes é o quádruplo da base.

93. Os pares de triângulos abaixo são congruentes. Indique o caso de congruência.

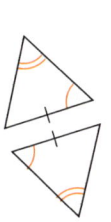

a)

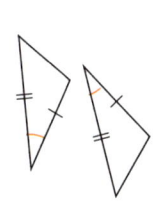

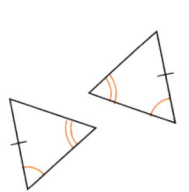

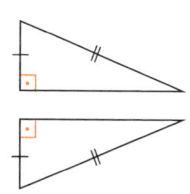

b)

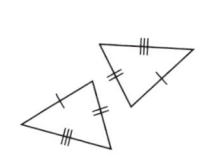

c)

d)

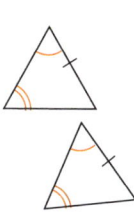

e)

f)

g)

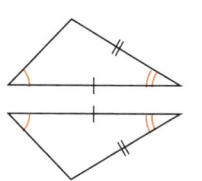

94. Considere os triângulos T_1, T_2, ..., etc. abaixo. Indique os pares de triângulos congruentes e o caso de congruência.

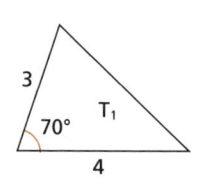

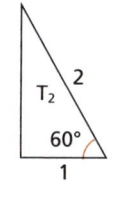

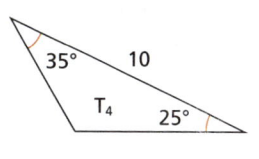

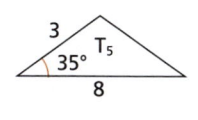

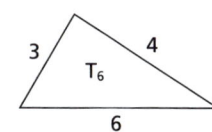

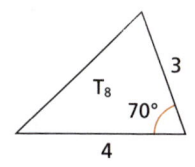

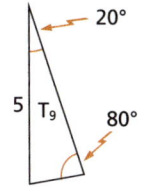

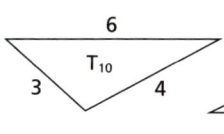

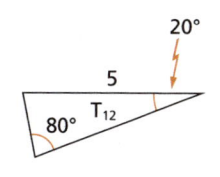

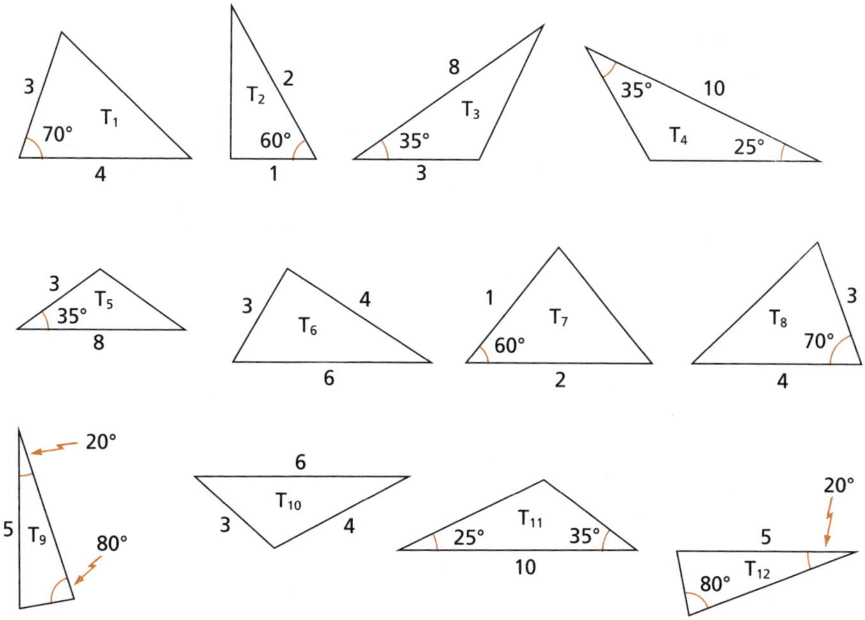

TRIÂNGULOS

95. Nos casos a), b) e c) abaixo, selecione os triângulos congruentes e indique o caso de congruência.

a) [Três triângulos: T_1 com lados 4, 6 e ângulo 60° entre eles; T_2 com lados 4, 6 e ângulo 60° entre eles; T_3 com lados 6, 4 e ângulo 60° entre eles]

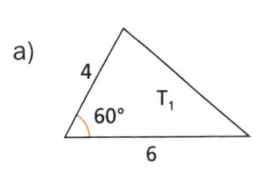

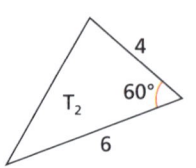

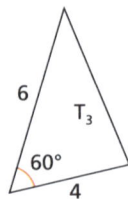

b) [Três triângulos: T_1 com ângulos 80°, 45° e lado 5 entre eles; T_2 com ângulos 45°, 80° e lado 5 entre eles; T_3 com ângulos 80°, 45° e lado 5 entre eles]

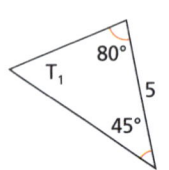

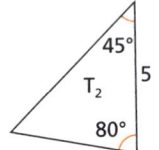

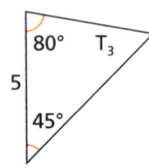

c) [Três triângulos retângulos: T_1 com catetos 5, hipotenusa 13; T_2 com cateto 5, hipotenusa 13; T_3 com cateto 5, hipotenusa 13]

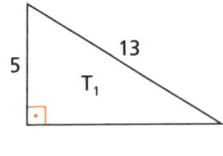

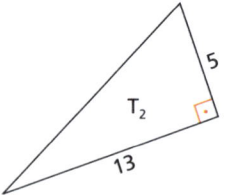

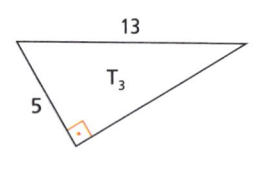

96. Indique nas figuras abaixo os triângulos congruentes, citando o caso de congruência.

a) [Quadrilátero ABCD com diagonal AC, marcas de congruência nos lados]

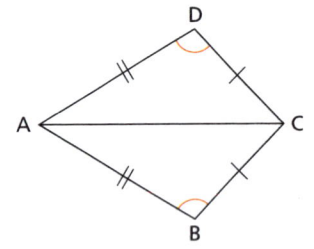

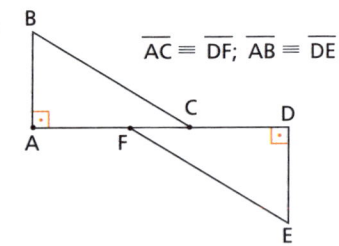

b) [Figura com triângulos compartilhando vértice C, pontos A, B, D, E]

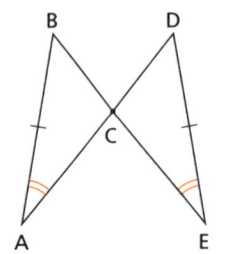

c) [Figura com pontos A, F, C, D, E, B; ângulos retos em A e D] $\overline{AC} \equiv \overline{DF}; \overline{AB} \equiv \overline{DE}$

d) [Triângulo com vértice E, base com pontos A, B, C, D; marcas de congruência]

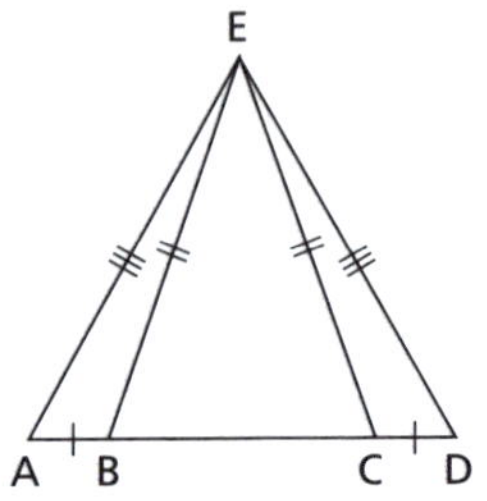

97. Por que ALL ou LLA não é caso de congruência entre triângulos?

98. Na figura, o triângulo ABC é congruente ao triângulo DEC. Determine o valor de α e β.

$\hat{A} = 3\alpha$ $\hat{D} = 2\alpha + 10°$
$\hat{B} = \beta + 48°$ $\hat{E} = 5\beta$

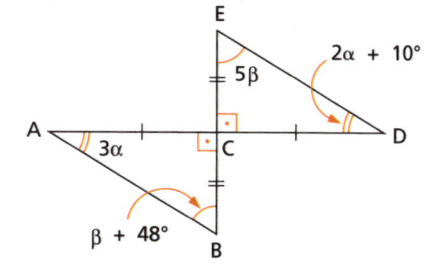

99. Na figura ao lado, o triângulo ABD é congruente ao triângulo CBD. Calcule x e y e os lados do triângulo ACD.

AB = x CD = 3y + 8
BC = 2y DA = 2x

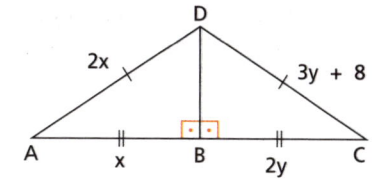

100. Na figura, o triângulo CBA é congruente ao triângulo CDE. Determine o valor de x e y e a razão entre os perímetros desses triângulos.

AB = 35 CE = 22
AC = 2x − 6 DE = 3y + 5

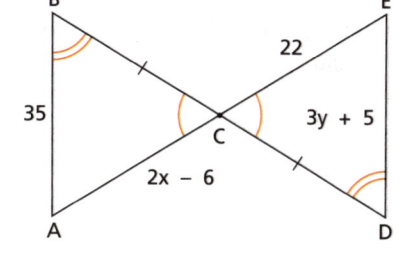

101. Na figura, o triângulo PCD é congruente ao triângulo PBA. Determine o valor de x e y e a razão entre os perímetros dos triângulos PCA e PBD.

AB = 15 AP = 2y + 17
CD = x + 5 PD = 3y − 2

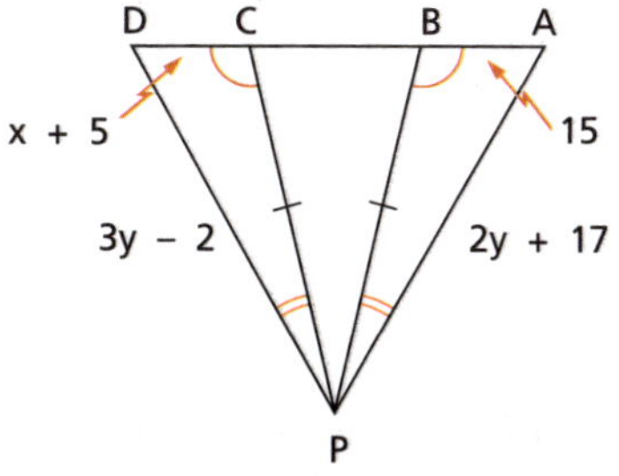

102. Na figura ao lado, os triângulos ABC e CDA são congruentes. Calcule x e y.

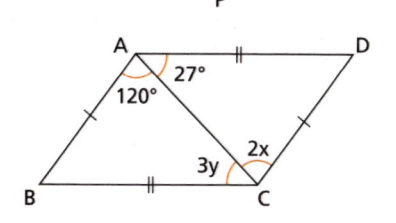

TRIÂNGULOS

103. Na figura ao lado, sabendo que C é ponto médio de $\overline{BE}$, prove que os triângulos ABC e DEC são congruentes.

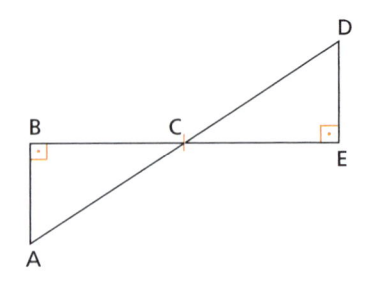

104. Na figura ao lado, sabendo que $\alpha \equiv \beta$ e $\gamma \equiv \delta$, prove que os triângulos ABC e CDA são congruentes.

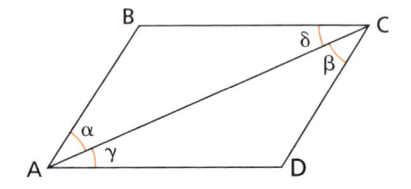

105. Se $\alpha \equiv \beta$ e $\varphi \equiv \theta$, demonstre que o triângulo ABC é congruente ao triângulo ABD.

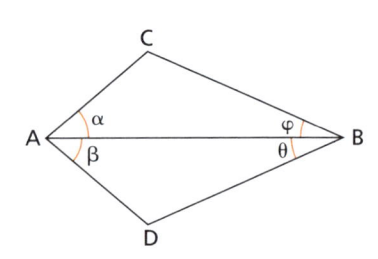

106. Na figura ao lado, sendo $\overline{BF} \equiv \overline{CD}$, $m(A\hat{B}C) = m(F\hat{D}E)$, $m(B\hat{A}C) = m(D\hat{E}F)$, prove que $\overline{AC} \equiv \overline{EF}$.

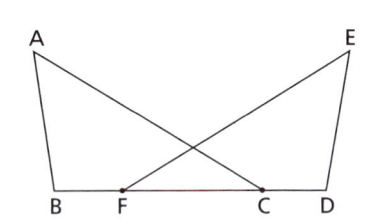

107. Na figura ao lado, sendo $\overline{AB} \equiv \overline{AE}$, $m(B\hat{A}D) = m(C\hat{A}E)$, $m(A\hat{B}C) = 90°$ e $m(A\hat{E}D) = 90°$, prove que $\overline{BC} \equiv \overline{DE}$.

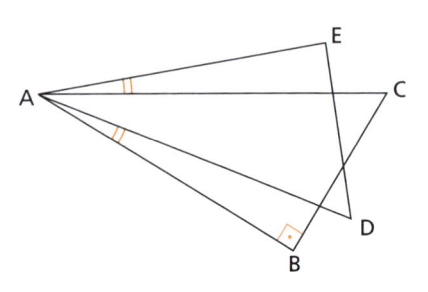

108. Demonstre que a mediana relativa à base de um triângulo isósceles é também bissetriz.

109. Prove que a bissetriz relativa à base de um triângulo isósceles é também mediana.

110. Prove que as medianas relativas aos lados congruentes de um triângulo isósceles são congruentes.

Solução

Hipótese: $\begin{cases} AB = AC \\ \overline{BM} \text{ e } \overline{CN} \\ \text{são medianas} \end{cases}$ Tese: $BM = CN$

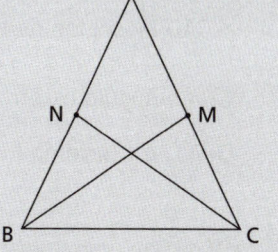

Demonstração:

Consideremos os triângulos BAM e CAN.

$\left. \begin{array}{l} BA = CA \\ \hat{A} \equiv \hat{A} \\ AM = AN \end{array} \right\} \stackrel{LAL}{\Rightarrow} \triangle BAM \equiv \triangle CAN \Rightarrow BM = CN$

111. Prove que as bissetrizes relativas aos lados congruentes de um triângulo isósceles são congruentes.

112. Prove que, se a bissetriz relativa a um lado de um triângulo é também mediana relativa a esse lado, então esse triângulo é isósceles.

III. Desigualdades nos triângulos

63. Ao maior lado opõe-se o maior ângulo

Se dois lados de um triângulo não são congruentes, então os ângulos opostos a eles não são congruentes e o maior deles está oposto ao maior lado.

Hipótese   Tese
$\overline{BC} > \overline{AC}$ ⇒ $B\hat{A}C > A\hat{B}C$

ou

$a > b$ ⇒ $\hat{A} > \hat{B}$

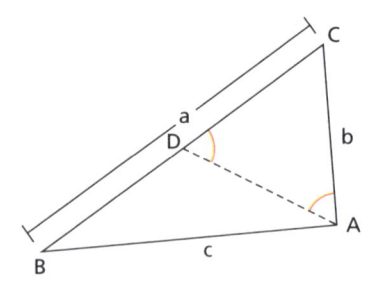

Demonstração:

Consideremos D em $\overline{BC}$ tal que $\overline{CD} \equiv \overline{CA}$.

$\left.\begin{array}{l}\overline{BC} > \overline{AC} \Rightarrow D \text{ é interno a } C\hat{A}B \Rightarrow C\hat{A}B > C\hat{A}D \\ \triangle CAD \text{ isósceles de base } \overline{AD} \Rightarrow C\hat{A}D \equiv C\hat{D}A\end{array}\right\} \Rightarrow C\hat{A}B > C\hat{D}A$ (1)

$C\hat{D}A$ é ângulo externo no $\triangle ABD$ ⇒ $C\hat{D}A > A\hat{B}D \equiv A\hat{B}C$ (2)

De (1) e (2), vem:

$$C\hat{A}B > A\hat{B}C \text{ ou seja } \hat{A} > \hat{B}$$

64. Ao maior ângulo opõe-se o maior lado

Se dois ângulos de um triângulo não são congruentes, então os lados opostos a eles não são congruentes e o maior deles está oposto ao maior lado.

Hipótese   Tese
$B\hat{A}C > A\hat{B}C$ ⇒ $\overline{BC} > \overline{AC}$

ou

$\hat{A} > \hat{B}$ ⇒ $a > b$

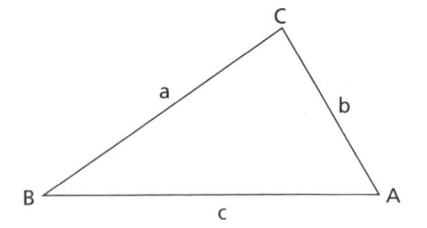

Demonstração:

Há três possibilidades para $\overline{BC}$ e $\overline{AC}$:

1ª) $\overline{BC} < \overline{AC}$ ou   2ª) $\overline{BC} \equiv \overline{AC}$ ou   3ª) $\overline{BC} > \overline{AC}$

1ª) Se $\overline{BC} < \overline{AC}$, então, pelo teorema anterior, $\hat{A} < \hat{B}$, o que contraria a hipótese.

2ª) Se $\overline{BC} \equiv \overline{AC}$, então, pelo teorema do triângulo isósceles, $\hat{A} \equiv \hat{B}$, o que contraria a hipótese.

Logo, por exclusão, temos:

$$\overline{BC} > \overline{AC}$$

65. A desigualdade triangular

> Em todo triângulo, cada lado é menor que a soma dos outros dois.

Hipótese   Tese

A, B e C não colineares $\Rightarrow \overline{BC} < \overline{AC} + \overline{AB}$

ou

a, b e c lados de um triângulo $\Rightarrow a < b + c$

Demonstração:

Consideremos um ponto D na semirreta oposta à semirreta $\overrightarrow{AC}$, tal que $\overline{AD} \equiv \overline{AB}$. (1)

$\overline{DC} = \overline{AC} + \overline{AD} \overset{(1)}{\Rightarrow} \overline{DC} = \overline{AC} + \overline{AB}$ (2)

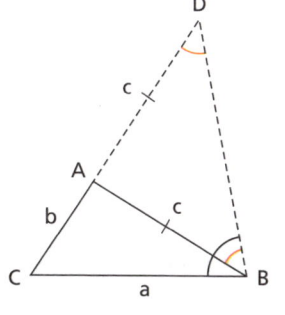

(1) $\Rightarrow \triangle ABD$ isósceles de base $\overline{BD} \Rightarrow A\hat{D}B \equiv A\hat{B}D$
A é interno ao ângulo $C\hat{B}D \Rightarrow C\hat{B}D > A\hat{B}D$
$\Rightarrow C\hat{B}D > A\hat{D}B \equiv C\hat{D}B$ (3)

No triângulo BCD com (3) e o teorema anterior, vem:

$\overline{BC} < \overline{DC}$ e com (2) $\overline{BC} < \overline{AC} + \overline{AB}$, ou ainda:

$$a < b + c$$

66. Notas

1ª) A desigualdade triangular também pode ser enunciada como segue:

> Em todo triângulo, cada lado é maior que a diferença dos outros dois.

2ª) Se a, b e c são as medidas dos lados de um triângulo, devemos ter as três condições abaixo:

$$a < b + c \quad b < a + c \quad c < a + b$$

TRIÂNGULOS

Estas relações podem ser resumidas como segue:

$$\left. \begin{array}{l} a < b + c \\ b < a + c \Leftrightarrow b - c < a \\ c < a + b \Leftrightarrow c - b < a \end{array} \right\} \Leftrightarrow |b - c| < a \Leftrightarrow \boxed{|b - c| < a < b + c}$$

EXERCÍCIOS

113. Com segmentos de 8 cm, 5 cm e 18 cm pode-se construir um triângulo? Por quê?

114. Dois lados, $\overline{AB}$ e $\overline{BC}$, de um triângulo ABC medem, respectivamente, 8 cm e 21 cm. Quanto poderá medir o terceiro lado, sabendo que é múltiplo de 6?

115. Determine o intervalo de variação x, sabendo que os lados de um triângulo são expressos por $x + 10$, $2x + 4$ e $20 - 2x$.

116. Se dois lados de um triângulo isósceles medem 38 cm e 14 cm, qual poderá ser a medida do terceiro lado?

117. O lado $\overline{AB}$ de um triângulo ABC é expresso por um número inteiro. Determine o seu valor máximo, sabendo que os lados AC e BC medem, respectivamente, 27 cm e 16 cm e que $\hat{C} < \hat{A} < \hat{B}$.

118. Mostre que o triângulo retângulo tem dois ângulos agudos.

> **Solução**
>
> Considere o ângulo externo adjacente ao ângulo reto do triângulo retângulo. Note que $\gamma' = 90°$.
>
> Sendo α e β os ângulos internos não retos do triângulo, de acordo com o teorema do ângulo externo, temos:
>
> $$\gamma' > \alpha \text{ e } \gamma' > \beta$$
>
> E como $\gamma' = 90°$, obtemos:
>
> $\alpha < 90°$ e $\beta < 90°$. Então o triângulo tem dois ângulos agudos.

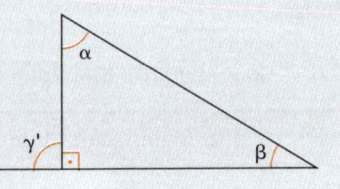

119. Mostre que a hipotenusa de um triângulo retângulo é maior que cada um dos catetos.

120. Mostre que o triângulo obtusângulo tem dois ângulos agudos.

121. Mostre que o lado oposto ao ângulo obtuso de um triângulo obtusângulo é maior que cada um dos outros lados.

122. Mostre que a hipotenusa de um triângulo retângulo é maior que a semissoma dos catetos.

123. Prove que qualquer lado de um triângulo é menor que o semiperímetro.

124. Se P é um ponto interno de um triângulo ABC, mostre que BP̂C é maior que BÂC.

125. Se P é um ponto interno de um triângulo ABC, mostre que: PB + PC < AB + AC.

Solução

Tese {PB + PC < AB + AC ou x + y < b + c}

Demonstração:
1) Prolonguemos $\overline{BP}$ até que encontre $\overline{AC}$ num ponto Q.
2) De acordo com a desigualdade triangular, temos:

$$\begin{cases} c + b' > x + \ell \\ \ell + b'' > y \end{cases} \Rightarrow$$

$\Rightarrow c + \ell + b' + b'' > x + y + \ell \Rightarrow$
$\Rightarrow c + b > x + y \Rightarrow PB + PC < AB + AC$

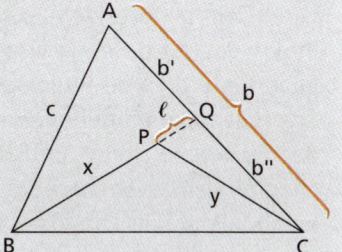

126. Se P é um ponto interno de um triângulo ABC e x = PA, y = PB e z = PC, mostre que x + y + z está entre o semiperímetro e o perímetro do triângulo.

127. Demonstre que o perímetro do triângulo MNP é menor que o perímetro do triângulo ABC da figura ao lado.

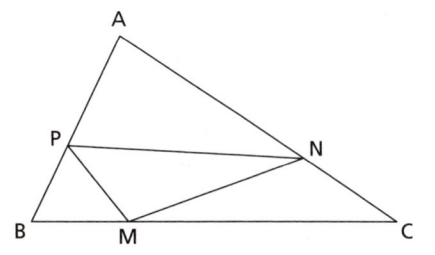

128. Se m_a é a mediana relativa ao lado a de um triângulo de lados a, b e c, então:

$$\left| \frac{b - c}{2} \right| < m_a < \frac{b + c}{2}$$

129. Prove que a soma das medianas de um triângulo é menor que o perímetro e maior que o semiperímetro.

TRIÂNGULOS

LEITURA

Euclides e a geometria dedutiva

Hygino H. Domingues

Derrotada na batalha de Queroneia pelas forças do rei Filipe, a Grécia torna-se parte do império macedônio no ano 338 a.C. Dois anos depois, com a morte de Filipe, assume o poder seu filho Alexandre, então com 20 anos de idade. Ao morrer, cerca de 13 anos depois, Alexandre incorporara ao seu império grande parte do mundo civilizado de então. Dessa forma a cultura grega, adotada pelos macedônios (em cuja formação populacional predominava o elemento grego), foi estendida ao Oriente antigo. Em sua arrancada expansionista, Alexandre fundou muitas cidades. Uma delas, em especial, teria um papel extraordinário na história da Matemática: Alexandria, no Egito.

Com a morte de Alexandre, o domínio sobre o Egito passou às mãos de Ptolomeu, um de seus líderes militares. E uma das primeiras e talvez mais importante obra de Ptolomeu foi criar em Alexandria, junto ao Museu (templo das musas), o primeiro modelo do que viriam a ser as universidades, séculos depois. Nesse centro, intelectuais do mundo inteiro, trabalhando ali em tempo integral, dedicavam-se às pesquisas e ao ensino às expensas dos cofres do Estado. Ponto alto da instalação era uma biblioteca, que chegou a ter, no auge de seu esplendor, perto de 700 mil rolos de papiro. Muitos grandes matemáticos trabalharam ou se formaram no Museu. Dentre eles, o primeiro talvez, e um dos mais notáveis, foi Euclides (aproximadamente 300 a.C.).

Quase nada se sabe sobre a vida de Euclides, salvo algumas poucas informações esparsas. Mesmo sobre sua formação matemática não há nenhuma certeza: é possível que tenha sido feita em Atenas, na Academia de Platão. Papus de Alexandria (séc. IV) deixou registrados elogios à sua modéstia e consideração para com os outros. Mas sua presença de espírito talvez possa ser avaliada pela história segundo a qual há uma indagação de Ptolomeu sobre se não haveria um caminho mais curto para a geometria (que o proposto por Euclides). Ele teria respondido: "Não há nenhum caminho real na geometria". Ou seja, perante a geometria todos são iguais, até reis poderosos como Ptolomeu.

Embora autor de outros trabalhos, a fama de Euclides praticamente repousa sobre seus *Elementos*, o mais antigo texto da matemática grega a chegar completo a nossos dias. Obra em treze livros, apesar de na sua maior parte ser uma compilação e sistematização de trabalhos anteriores sobre a matemática elementar da época, seu êxito foi enorme. Haja vista suas mais de mil edições impressas em todo o mundo, desde a primeira em 1482, um feito editorial talvez só superado pela Bíblia.

Os *Elementos* dedicam um bom espaço à teoria dos números (três livros), mas com o enfoque geométrico que permeia toda a obra. Euclides representava os números por segmentos de reta, assim como representava o produto de dois números por um retângulo. Contudo a argumentação usada por ele independe da geometria. Há também no texto um pouco de álgebra geométrica, onde, por exemplo, algumas equações do segundo grau são resolvidas geometricamente, sendo suas raízes dadas na forma de segmentos de retas.

Euclides (séc. III a.C.) em pintura de Juste de Gond (séc. XV).

Mas, sem dúvida, o forte dos *Elementos* é a geometria. A partir de cinco noções comuns, cinco postulados específicos e algumas definições, centenas de teoremas (467 em toda a obra) são deduzidos, alguns de grande profundidade. Além de ser o mais antigo texto de matemática na forma axiomático dedutiva a chegar a nossos dias, nele Euclides foi muito feliz na escolha e no enunciado de seus postulados básicos. E soube usá-los com proficiência. Assim, não é sem motivo que os *Elementos*, por dois milênios, além de texto fundamental de geometria, foi o modelo de boa matemática.

Falhas em sua estruturação lógica foram sendo achadas ao longo do tempo. Por exemplo, a questão da continuidade não foi focalizada, o que levava Euclides a usar pressupostos não explicitados sobre o assunto. Tudo isso porém chega a ser irrelevante em face da grandiosidade da obra e de sua inigualável influência científica.

CAPÍTULO V
Paralelismo

Conceitos e propriedades

67. Retas paralelas — definição

Duas retas são paralelas (símbolo: //) se, e somente se, são coincidentes (iguais)

ou

são coplanares e não têm nenhum ponto comum:

$(a \subset \alpha, b \subset \alpha, a \cap b = \emptyset) \Rightarrow a // b$

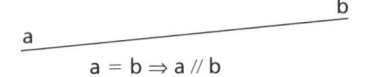

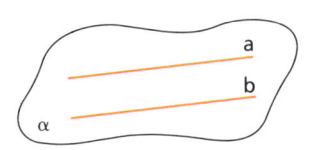

$a = b \Rightarrow a // b$

68. Sejam *a* e *b* duas retas distintas, paralelas ou não, e *t* uma reta concorrente com *a* e *b*:

1º) *t* é uma **transversal** de *a* e *b*;

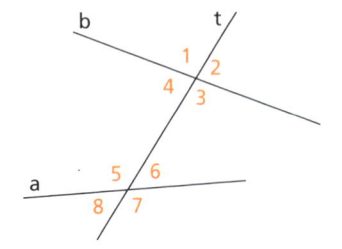

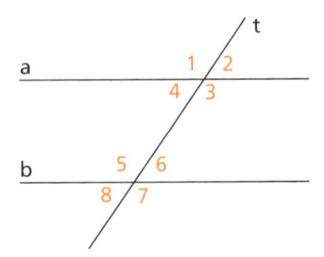

2º) dos oito ângulos determinados por essas retas indicados nas figuras, chamam-se ângulos

alternos: $\hat{1}$ e $\hat{7}$, $\hat{2}$ e $\hat{8}$, $\hat{3}$ e $\hat{5}$, $\hat{4}$ e $\hat{6}$

correspondentes: $\hat{1}$ e $\hat{5}$, $\hat{2}$ e $\hat{6}$, $\hat{3}$ e $\hat{7}$, $\hat{4}$ e $\hat{8}$

colaterais: $\hat{1}$ e $\hat{8}$, $\hat{2}$ e $\hat{7}$, $\hat{3}$ e $\hat{6}$, $\hat{4}$ e $\hat{5}$

69. Notas

1ª) Com mais detalhes podemos ter:

alternos
- alternos internos: $\hat{3}$ e $\hat{5}$, $\hat{4}$ e $\hat{6}$
- alternos externos: $\hat{1}$ e $\hat{7}$, $\hat{2}$ e $\hat{8}$

colaterais
- colaterais internos: $\hat{3}$ e $\hat{6}$, $\hat{4}$ e $\hat{5}$
- colaterais externos: $\hat{1}$ e $\hat{8}$, $\hat{2}$ e $\hat{7}$

2ª) A congruência de dois ângulos alternos de um dos pares
(por exemplo, $\hat{1} \equiv \hat{7}$)
equivale a

a) a congruência dos ângulos de todos os pares de ângulos alternos
$(\hat{2} \equiv \hat{8}, \hat{3} \equiv \hat{5}, \hat{4} \equiv \hat{6})$;

b) a congruência dos ângulos de todos os pares de ângulos correspondentes
$(\hat{1} \equiv \hat{5}, \hat{2} \equiv \hat{6}, \hat{3} \equiv \hat{7}, \hat{4} \equiv \hat{8})$; e

c) a suplementaridade dos ângulos de todos os pares de colaterais
$(\hat{1} + \hat{8} = \hat{2} + \hat{7} = \hat{3} + \hat{6} = \hat{4} + \hat{5} = 180°)$.

70. Existência da paralela

Se duas retas coplanares distintas e uma transversal determinam ângulos alternos (ou ângulos correspondentes) congruentes, então essas duas retas são paralelas.

Se $\alpha \equiv \beta$, então a // b

ou

Hipótese   Tese
$\alpha \equiv \beta$ $\Rightarrow$ a // b

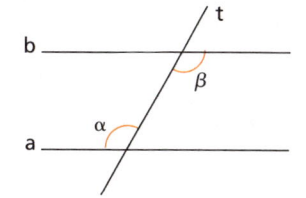

PARALELISMO

Demonstração:

Se *a* e *b* não fossem paralelas, teriam um ponto P em comum e a ∩ b = {P}. Sendo

$$a \cap t = \{A\} \text{ e } b \cap t = \{B\},$$

teríamos o triângulo ABP.

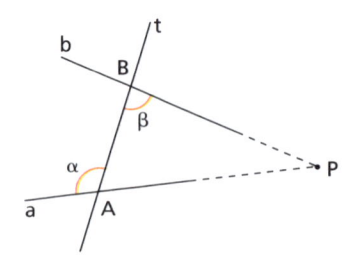

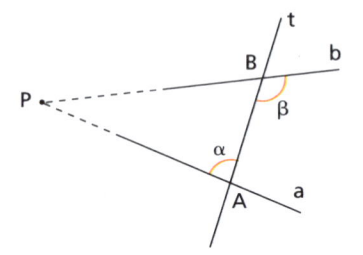

Pelo teorema do ângulo externo (item 60) aplicado ao △ABP, teríamos:

$$\alpha > \beta \quad \text{ou} \quad \beta > \alpha$$

o que é absurdo, de acordo com a hipótese.

Logo, as retas *a* e *b* são paralelas, isto é, a // b.

71. Construção da paralela

Construir uma reta *b*, paralela a uma reta *a* dada, por um ponto P dado fora de *a*.

Passamos uma reta *t* por P, que determina um ponto M em *a*.

Tomamos em *a* um ponto A distinto de M.

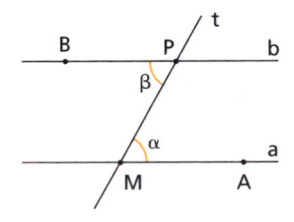

Construímos, com vértice P, com um lado $\overrightarrow{PM}$, um ângulo $M\hat{P}B$ congruente ao ângulo $A\hat{M}P$, estando B no semiplano oposto ao de A em relação à reta $\overrightarrow{PM}$ (transporte de ângulos — item 35).

A reta $\overleftrightarrow{PB}$ é a reta *b* pedida.

De fato, sendo $A\hat{M}P = \alpha$ e $M\hat{P}B = \beta$, pelo teorema anterior temos:

$$\alpha = \beta \quad \Rightarrow \quad a // b$$

72. Unicidade da paralela — postulado de Euclides

A unicidade da reta paralela a uma reta dada é o postulado de Euclides (300 a.C.) ou postulado das paralelas, que caracteriza a Geometria que desenvolvemos: a Geometria Euclidiana.

> Por um ponto passa uma única reta paralela a uma reta dada.

Com base nesse axioma podemos provar o recíproco do teorema anterior. É o que segue.

73.
> Se duas retas paralelas distintas interceptam uma transversal, então os ângulos alternos (ou os ângulos correspondentes) são congruentes.

ou

Se $a \neq b$ e $a \parallel b$, então $\alpha \equiv \beta$

ou

Hipótese   Tese
$a \neq b, a \parallel b \Rightarrow \alpha \equiv \beta$

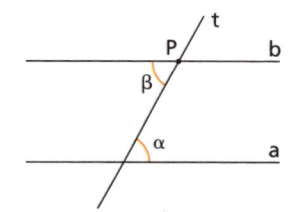

Demonstração:

Se α e β não fossem congruentes, existiria uma reta x, distinta de b, passando por P, $\{P\} = b \cap t$, tal que:

$$\hat{xt} = \beta' \text{ alterno de } \alpha \text{ e } \beta' \equiv \alpha$$

Pelo teorema da existência (item 70),

$$\alpha \equiv \beta' \Rightarrow x \parallel a$$

Por P teríamos duas retas distintas, x e b, ambas paralelas à reta a, o que é absurdo, pois contraria o postulado das paralelas.

Logo, α é congruente a β, isto é, $\alpha \equiv \beta$.

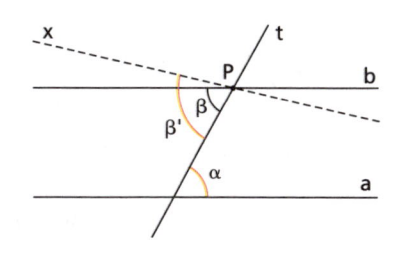

PARALELISMO

74. Condição necessária e suficiente

Reunindo os resultados dos itens 70 e 73,

$$\alpha \equiv \beta \Rightarrow a \mathbin{/\mkern-6mu/} b \quad \text{e} \quad a \mathbin{/\mkern-6mu/} b \Rightarrow \alpha \equiv \beta$$

temos o enunciado que segue:

> Uma condição necessária e suficiente para duas retas distintas serem paralelas é formarem com uma transversal ângulos alternos (ou ângulos correspondentes) congruentes.

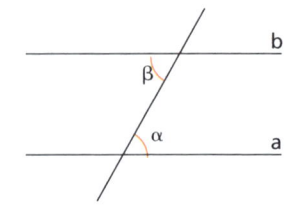

$$\alpha \equiv \beta \Leftrightarrow a \mathbin{/\mkern-6mu/} b$$

75. Ângulo externo

> Em todo triângulo, qualquer ângulo externo é igual à soma dos dois ângulos internos não adjacentes a ele.

Hipótese — ou — Tese

e é ângulo externo adjacente a $\hat{C}$ $\Rightarrow$ $\hat{e} = \hat{A} + \hat{B}$

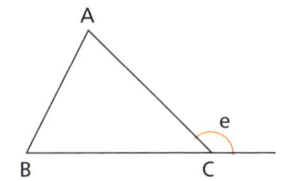

Demonstração:

Por C conduzimos a reta $\overleftrightarrow{CD}$ paralela à reta $\overleftrightarrow{AB}$, determinando os ângulos α e β caracterizados na figura:

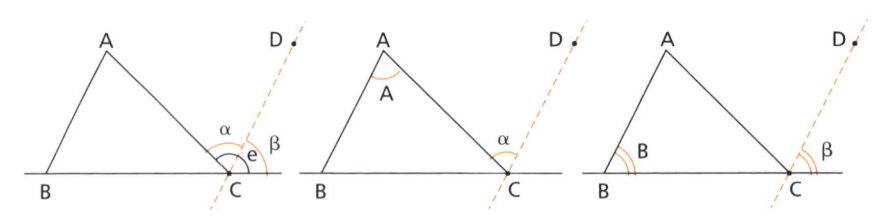

$\overleftrightarrow{AB} \mathbin{/\mkern-6mu/} \overleftrightarrow{CD} \Rightarrow \alpha \equiv \hat{A}$ (alternos)

$\overleftrightarrow{AB} \mathbin{/\mkern-6mu/} \overleftrightarrow{CD} \Rightarrow \beta \equiv \hat{B}$ (correspondentes)

Somando as duas relações acima, vem:

$$\underbrace{\alpha + \beta}_{\hat{e}} = \hat{A} + \hat{B}$$

ou seja: $\hat{e} = \hat{A} + \hat{B}$

76. Soma dos ângulos de um triângulo

> A soma dos ângulos de qualquer triângulo é igual a dois ângulos retos.

Hipótese   Tese
△ABC é um triângulo $\Rightarrow$ $\hat{A} + \hat{B} + \hat{C} = 2$ retos

Demonstração:
Sendo e o ângulo externo adjacente a $\hat{C}$ e aplicando o item anterior, vem:

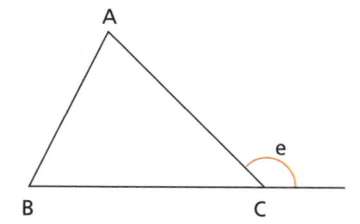

$$\left.\begin{array}{l}\hat{e} \text{ e } \hat{C} \text{ são suplementares} \Rightarrow \hat{e} + \hat{C} = 2 \text{ retos} \\ \text{teorema anterior} \Rightarrow \hat{e} = \hat{A} + \hat{B}\end{array}\right\} \Rightarrow \hat{A} + \hat{B} + \hat{C} = 2 \text{ retos}$$

Considerando as medidas dos ângulos, temos:

$$m(\hat{A}) + m(\hat{B}) + m(\hat{C}) = 180°$$

que representaremos simplesmente por:

$$\boxed{\hat{A} + \hat{B} + \hat{C} = 180°}$$

77. Notas

1ª) Ângulos de lados paralelos

> Dois ângulos de lados respectivamente paralelos são congruentes ou suplementares.

PARALELISMO

Demonstração:

Consideremos os ângulos de medidas α e α' adjacentes suplementares e β e β' adjacentes suplementares (vide figura).

Pelo paralelismo, considerando o ângulo auxiliar γ, temos:

$$\left.\begin{array}{l}\alpha = \gamma \\ \beta = \gamma\end{array}\right\} \Rightarrow \alpha = \beta$$

Daí, vem: $\alpha' = \beta'$

$\quad\quad\quad \alpha + \beta' = 180°$

$\quad\quad\quad \alpha' + \beta = 180°$

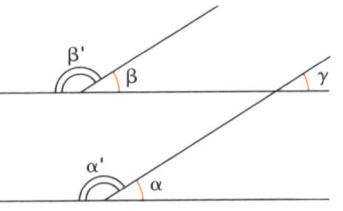

2ª) Triângulo equilátero

> Num triângulo equilátero cada ângulo mede 60°.

Demonstração:

Seja ABC o triângulo equilátero:

$$AB = AC = BC$$

Usando o teorema do triângulo isósceles (item 52), temos:

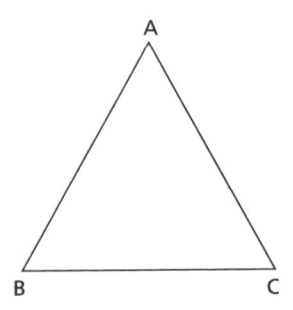

$$\left.\begin{array}{l}CA = CB \Rightarrow \hat{A} = \hat{B} \\ AB = AC \Rightarrow \hat{B} = \hat{C}\end{array}\right\} \Rightarrow \hat{A} = \hat{B} = \hat{C}$$

Como $\hat{A} + \hat{B} + \hat{C} = 180°$ (item 76), vem: $\hat{A} = \hat{B} = \hat{C} = 60°$.
Ou seja:

> Todo triângulo equilátero é equiângulo e cada ângulo mede 60°.

EXERCÍCIOS

130. Sendo a reta *a* paralela à reta *b*, determine *x* nos casos:

a)

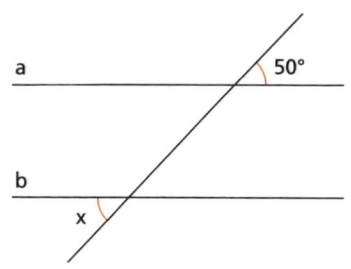

b)

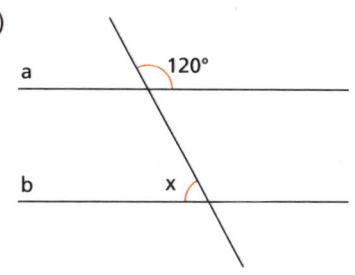

131. Se as retas *r* e *s* são paralelas, determine *x* nos casos:

a)

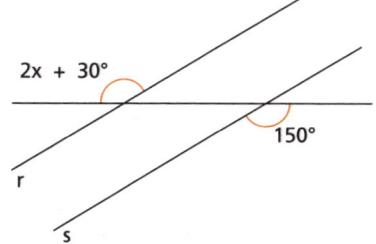

b)

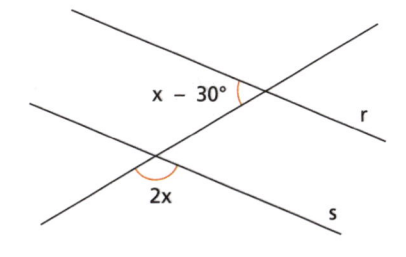

132. As retas *r* e *s* da figura são paralelas. Determine *x* e *y*.

a)

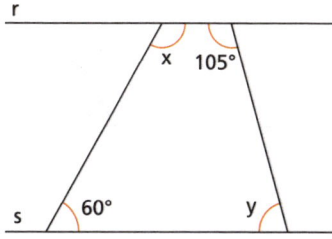

b)

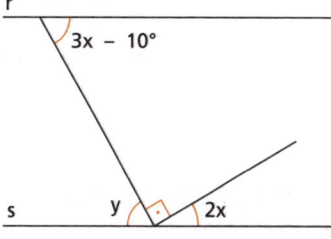

133. Na figura ao lado, sendo a // b, calcule $\alpha + \beta - \gamma$.

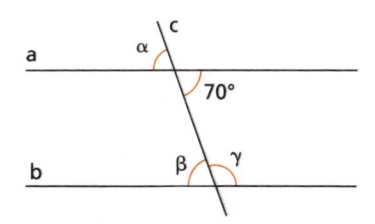

PARALELISMO

134. A soma dos quatro ângulos agudos formados por duas retas paralelas cortadas por uma reta transversal é igual a 80°. Determine o ângulo obtuso.

135. Sendo a paralela a b, calcule x.

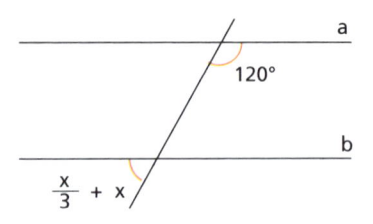

136. Na figura, sendo a // b, calcule x.

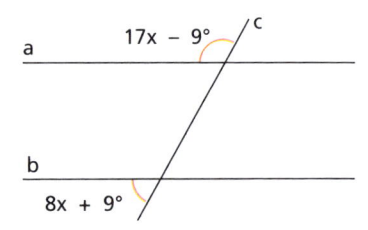

137. Na figura, sendo r // s, calcule x e y.

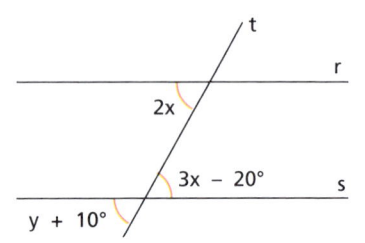

138. Na figura temos os ângulos α e β de lados respectivamente paralelos. Sendo $\alpha = 8x$ e $\beta = 2x + 30°$, determine o suplemento de β.

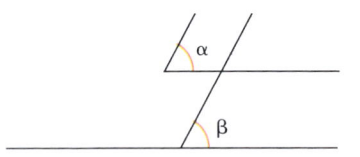

139. Observe a figura e calcule o valor de x + y, sendo r // s e t // v.

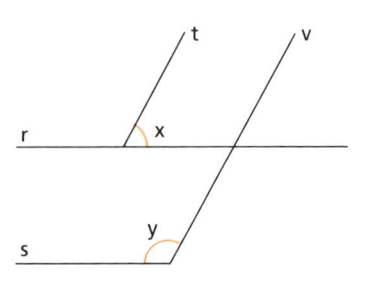

PARALELISMO

140. Se as retas r e s são paralelas, determine x, y e z nos casos:

a)

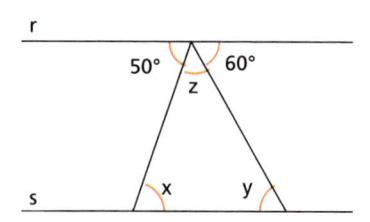

b)

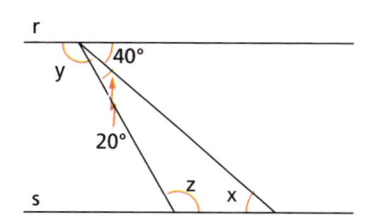

141. Determine o valor de x nos casos:

a)

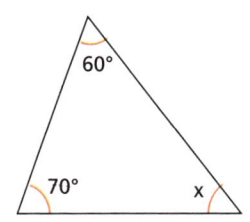

b)

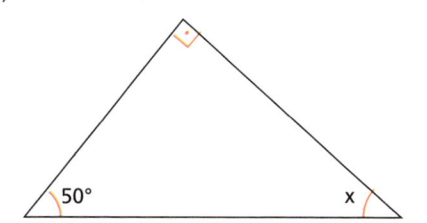

142. Determine y nos casos:

a)

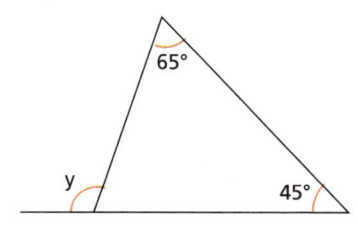

b)

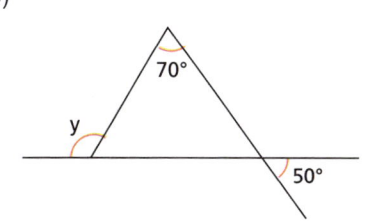

143. Determine x nos casos:

a)

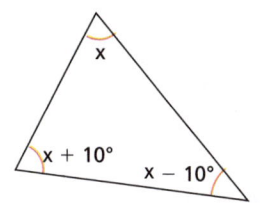

b)

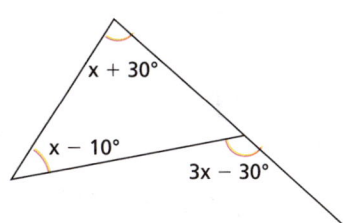

PARALELISMO

144. Determine x e y nos casos:

a)

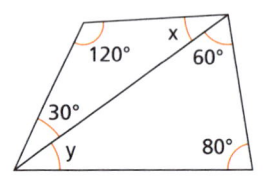

b)

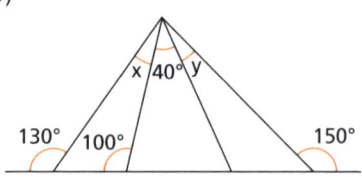

145. Determine os ângulos do triângulo nos casos:

a)

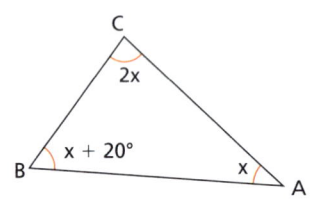

b)

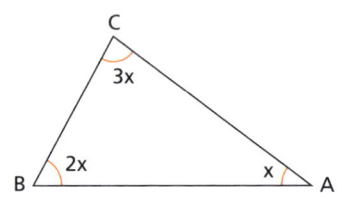

146. Se o triângulo ABC é isósceles de base $\overline{BC}$, determine x nos casos:

a)

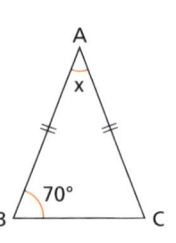

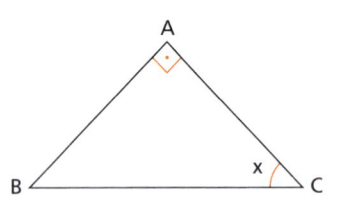

c)

b)

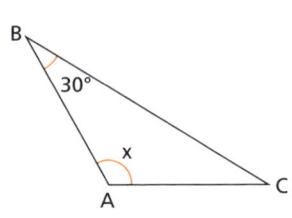

d)

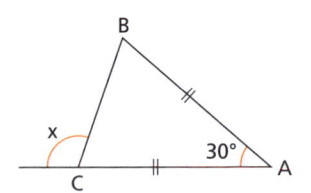

147. Determine $\alpha + \beta + \gamma$ nos casos:

a)

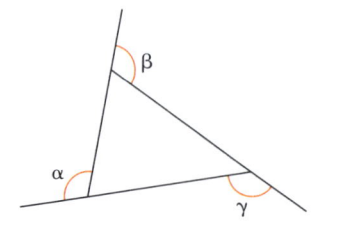

b)

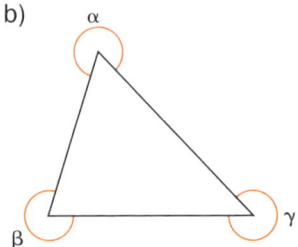

148. O triângulo ABC é isósceles de base $\overline{BC}$. Determine o valor de x nos casos:

a) b) 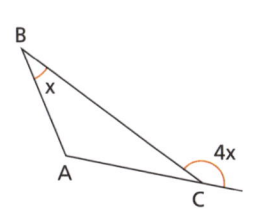 c)

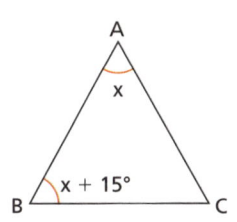

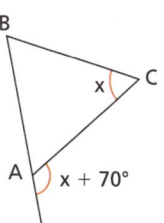

149. Determine o valor de cada incógnita (segmentos com "marcas iguais" são congruentes).

a) d) AB = AC 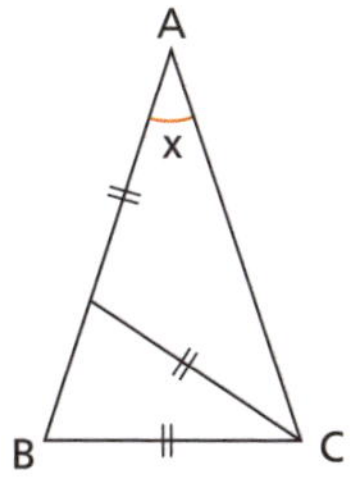 g)

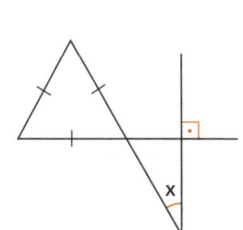

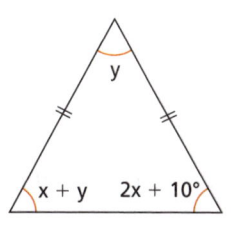

b) 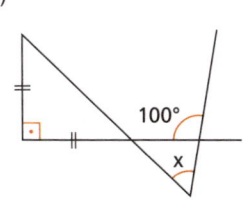 e) 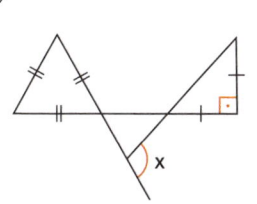 h)

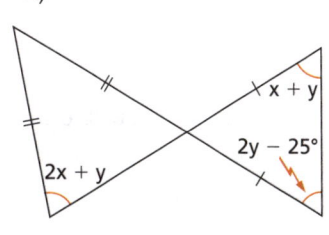

c) 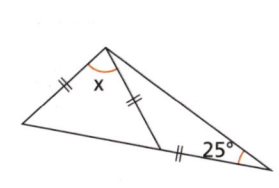 f)

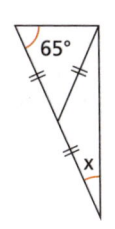

PARALELISMO

150. Na figura ao lado, $\overline{ED}$ é paralela a $\overline{BC}$. Sendo $B\hat{A}E$ igual a 80° e $A\hat{B}C$ igual a 35°, calcule a medida de $A\hat{E}D$.

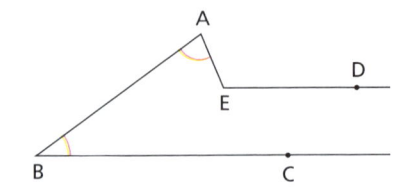

Solução

Basta prolongar $\overline{DE}$ até que a reta $\overleftrightarrow{DE}$ encontre $\overline{AB}$.
Note que x é externo do triângulo APE.
Então:

$\begin{cases} \alpha = 35° \\ x = \alpha + 80° \end{cases} \Rightarrow x = 115°$

151. Determine o valor de x e y, sendo r // s.

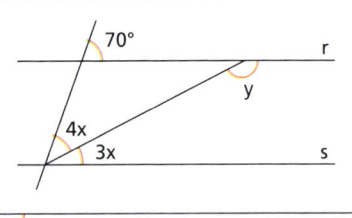

152. Calcule o valor de x, sendo r // s.

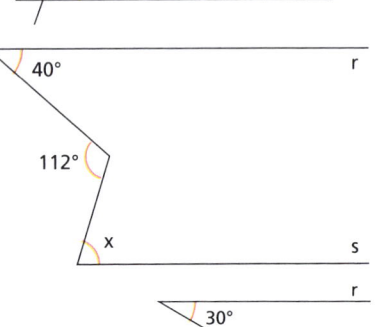

153. Se r // s, calcule α.

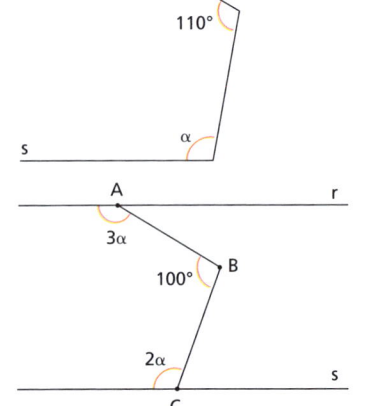

154. Na figura ao lado, as retas r e s são paralelas. Calcule α.

155. Na figura, calcule a medida do ângulo α, sendo r // s.

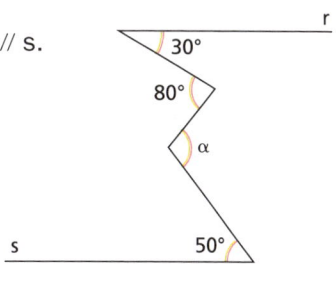

156. Na figura, $\overline{AB}$ é paralelo a $\overline{CD}$. Sendo $C\hat{D}B = 150°$ e $A\hat{B}C = 25°$, calcule $C\hat{B}D$.

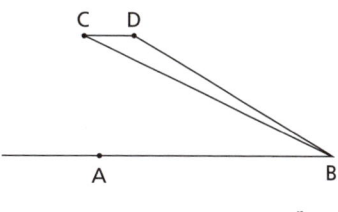

157. Determine o valor de x.

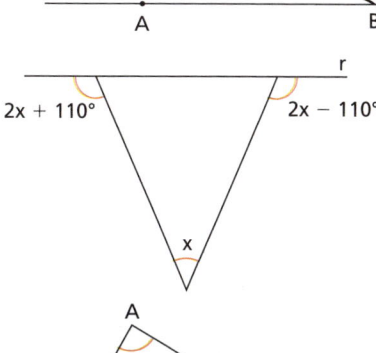

158. Calcule x no triângulo ABC da figura.

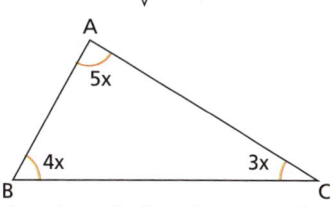

159. Os ângulos internos de um triângulo são proporcionais a 2, 3 e 4, respectivamente. Determine a medida do maior deles.

160. Calcule o valor de x.

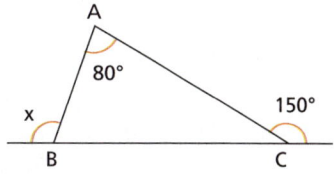

161. Calcule x e y.

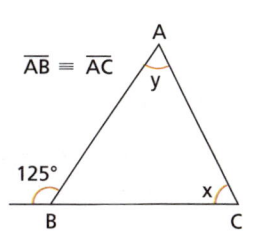

PARALELISMO

162. Determine o valor de x.

163. Na figura, o triângulo ABC é isósceles de base $\overline{BC}$. Calcule o valor de x.

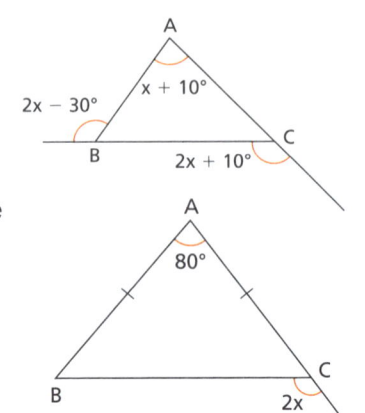

164. Calcule x e y indicados na figura ao lado.

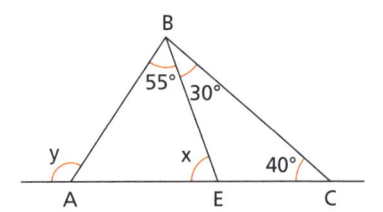

165. A figura mostra um triângulo ABC, isósceles, de base $\overline{BC}$. Sendo $\overline{BD}$ bissetriz de $A\hat{B}C$ e $\overline{CD}$ bissetriz de $A\hat{C}B$, calcule o valor de x.

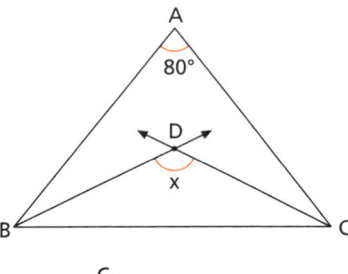

166. O triângulo ACD da figura é isósceles de base $\overline{AD}$. Sendo 12° a medida do ângulo $B\hat{A}D$ e 20° a medida do ângulo $A\hat{B}C$, calcule a medida do ângulo $A\hat{C}D$.

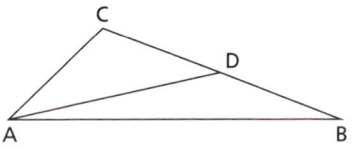

167. Um ângulo externo da base de um triângulo isósceles é igual a $\frac{5}{4}$ do ângulo do vértice. Calcule os ângulos desse triângulo.

168. Num triângulo isósceles ABC, o ângulo do vértice A vale $\frac{1}{10}$ da soma dos ângulos externos em B e C. Sendo $\overline{BC}$ a base do triângulo, determine o ângulo Â.

169. Num triângulo ABC, o ângulo obtuso formado pelas bissetrizes dos ângulos $\hat{B}$ e $\hat{C}$ excede o ângulo Â em 76°. Determine Â.

170. Prove que no triângulo ABC da figura vale a relação $\alpha - \beta = \hat{B} - \hat{C}$, sendo $\overline{AD}$ bissetriz do ângulo BÂC.

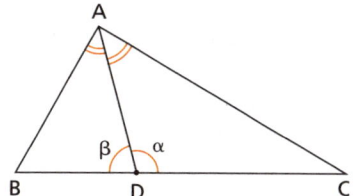

171. Num triângulo ABC, o ângulo formado pelas bissetrizes dos ângulos $\hat{B}$ e $\hat{C}$, oposto a $\overline{BC}$, é o quíntuplo do ângulo $\hat{A}$. Determine a medida do ângulo $\hat{A}$.

172. Na figura, calcule o valor de x em função de m.

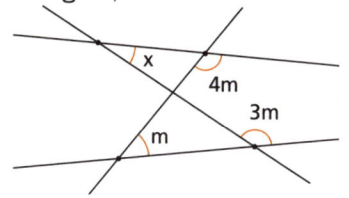

173. Num triângulo ABC qualquer, o ângulo oposto a $\overline{BC}$ formado pelas bissetrizes dos ângulos internos em B e C é igual ao suplemento do complemento da metade do ângulo do vértice A.

Solução

Nota inicial:

Em problemas cujo enunciado é uma proposição, é normal que o pedido seja a demonstração da propriedade.

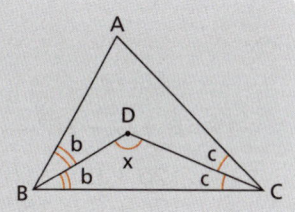

Com os elementos caracterizados na figura, temos:

$\triangle DBC$: $x + b + c = 180° \Rightarrow x = 180° - (b + c)$

$\triangle ABC$: $2b + 2c + \hat{A} = 180° \Rightarrow b + c = 90° - \dfrac{\hat{A}}{2}$

$\Rightarrow x = 180° - \left(90° - \dfrac{\hat{A}}{2}\right)$

174. Na figura, calcule o ângulo x, sendo α o triplo de β e γ o sêxtuplo de β.

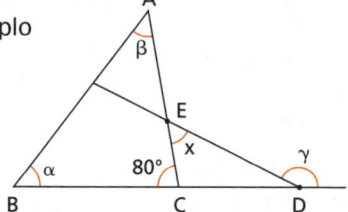

175. Em um triângulo ABC, o ângulo do vértice A é igual à oitava parte do ângulo obtuso formado pelas bissetrizes dos ângulos adjacentes a $\overline{BC}$. Determine a medida do ângulo do vértice A.

PARALELISMO

176. Um ângulo externo do vértice de um triângulo isósceles mede 150°. Determine:
   a) os ângulos do triângulo;
   b) o ângulo obtuso formado pelas bissetrizes dos ângulos da base do triângulo;
   c) os ângulos formados pela bissetriz de um dos ângulos da base e pela bissetriz do ângulo do vértice.

177. Determine a medida do menor ângulo formado pelas bissetrizes externas relativas aos vértices B e C de um triângulo ABC, sabendo que o ângulo Â mede 76°.

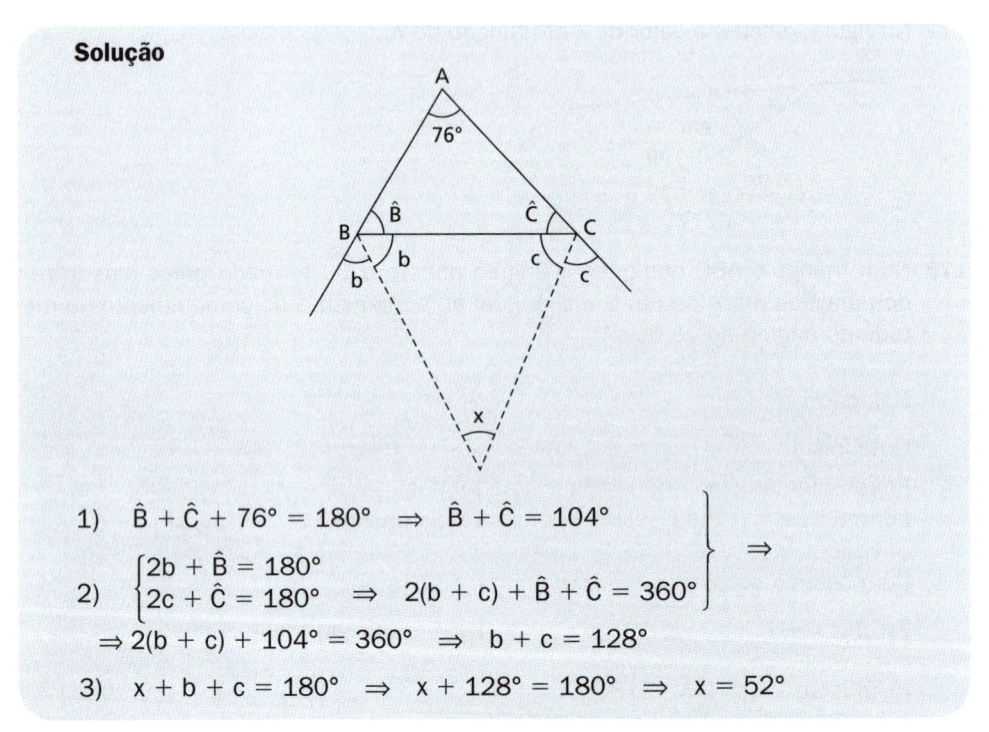

Solução

1) $\hat{B} + \hat{C} + 76° = 180° \Rightarrow \hat{B} + \hat{C} = 104°$

2) $\begin{cases} 2b + \hat{B} = 180° \\ 2c + \hat{C} = 180° \end{cases} \Rightarrow 2(b + c) + \hat{B} + \hat{C} = 360°$

$\Rightarrow 2(b + c) + 104° = 360° \Rightarrow b + c = 128°$

3) $x + b + c = 180° \Rightarrow x + 128° = 180° \Rightarrow x = 52°$

178. Determine as medidas dos três ângulos de um triângulo, sabendo que o segundo é $\frac{3}{2}$ do primeiro e que o terceiro é a semissoma dos dois primeiros.

179. Os três ângulos de um triângulo são tais que o segundo mede 28° menos que o primeiro e o terceiro 10° mais que o primeiro. Determine os três ângulos do triângulo.

180. Em um triângulo isósceles, o ângulo do vértice é a metade de cada um dos ângulos da base. Determine os três ângulos do triângulo.

181. Determine o ângulo formado pelas bissetrizes de dois ângulos colaterais internos de duas retas paralelas interceptadas por uma transversal qualquer.

182. Na figura, determine a medida do ângulo α em função de m.

$\hat{A} = 3m$
$\hat{B} = 2m$
$\hat{D} = m$
$B\hat{C}D = α$

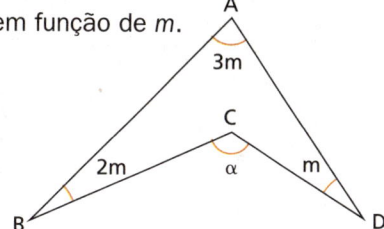

183. Num triângulo ABC qualquer, o ângulo oposto a $\overline{BC}$, formado pelas bissetrizes dos ângulos externos em B e C, é igual ao complemento da metade do ângulo do vértice A do triângulo.

184. Na figura, sendo $\overline{AB}$ congruente a $\overline{AC}$ e $\overline{AE}$ congruente a $\overline{AD}$, calcule a medida do ângulo $C\hat{D}E$, dado $B\hat{A}D = 48°$.

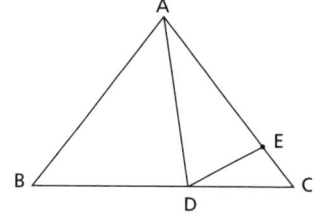

185. Determine a medida do ângulo do vértice A do triângulo isósceles ABC, sabendo que os segmentos $\overline{BC}$, $\overline{CD}$, $\overline{DE}$, $\overline{EF}$ e $\overline{FA}$ são congruentes.

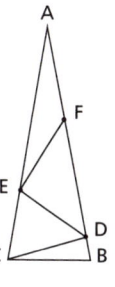

186. Na figura ao lado, o triângulo ABC é equilátero e o triângulo CDB é isósceles. Calcule o valor de 2x + y.
$B\hat{C}D = x$
$A\hat{B}D = y$

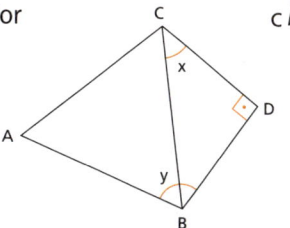

187. Considere o triângulo ABC, em que AB = AC = 5 cm e BC = 7 cm. Sobre o lado $\overline{BC}$ tomamos um ponto D tal que BD = 3 cm e pelo ponto D traçamos $\overline{DE}$ e $\overline{DF}$ respectivamente paralelos a $\overline{AC}$ e $\overline{AB}$, com E em $\overline{AB}$ e F em $\overline{AC}$. Calcule o perímetro de AEDF.

188. Da figura, sabemos que AB = AC, $\hat{A} = 100°$ e AD = BC. Determine $x = C\hat{B}D$.

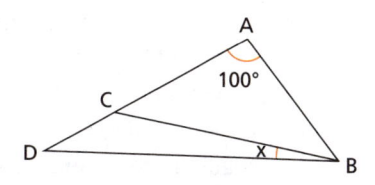

CAPÍTULO VI
Perpendicularidade

I. Definições — Ângulo reto

78. Retas perpendiculares

Duas retas são **perpendiculares** (símbolo: $\perp$) se, e somente se, são concorrentes e formam ângulos adjacentes suplementares congruentes

$$a \perp b \Leftrightarrow (a \cap b = \{P\} \text{ e } a_1\hat{P}b_1 = a_1\hat{P}b_2)$$

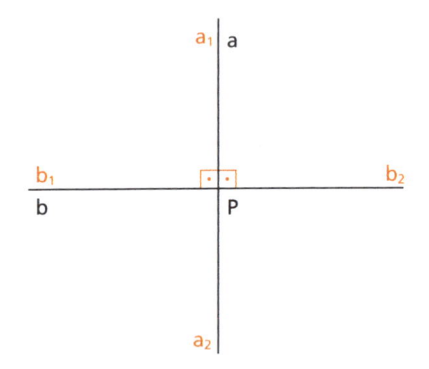

em que a_1 é uma das semirretas de a de origem P e b_1 e b_2 são semirretas opostas de b com origem em P.

Duas semirretas são perpendiculares se, e somente se, estão contidas em retas perpendiculares e têm um ponto comum.

Dois segmentos de reta são perpendiculares se, e somente se, estão contidos em retas perpendiculares e têm um ponto comum.

Um ângulo $a_1\hat{P}b_1$ é **reto** se a semirreta a_1 é perpendicular à semirreta b_1.

79. Retas oblíquas

Se duas retas são concorrentes e não são perpendiculares, diz-se que essas retas são **oblíquas**.
Se $r \cap s = \{P\}$ e $r \not\perp s$, então r e s são oblíquas.

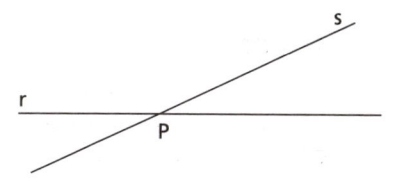

80. Existência do ângulo reto

Consideremos uma reta r e um ponto O pertencente a r.
Tomemos dois pontos P e Q em semiplanos opostos em relação a r tais que:

$$r_1\hat{O}P \equiv r_1\hat{O}Q \quad (1) \quad \text{e} \quad \overline{OP} \equiv \overline{OQ} \quad (2)$$

em que r_1 é uma das semirretas de r de origem O.
O segmento $\overline{PQ}$ intercepta r num ponto X.
Temos os três casos abaixo:

1º caso: 2º caso: 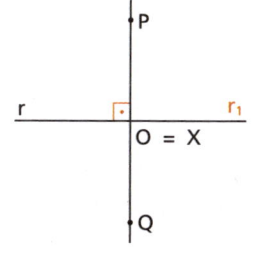   3º caso:

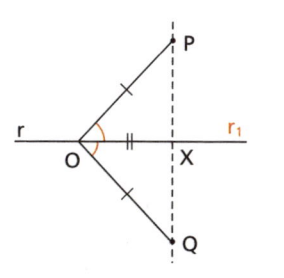

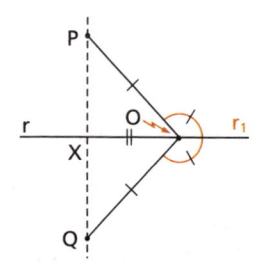

No 2º caso, em que X = O, temos:
$P\hat{X}r_1 \equiv Q\hat{X}r_1$ e $r \perp \overleftrightarrow{PQ}$ e $P\hat{X}r_1$ é reto

No 1º caso e no 3º caso temos:
$\triangle POX \equiv \triangle QOX$ pelo caso LAL ((2), (1) e $\overline{OX}$ comum)

Então:
$\triangle POX \equiv \triangle QOX \Rightarrow P\hat{X}O \equiv Q\hat{X}O \Rightarrow r \perp \overleftrightarrow{PQ} \Rightarrow P\hat{X}O$ é reto

PERPENDICULARIDADE

II. Existência e unicidade da perpendicular

1ª parte

> Num plano, por um ponto dado de uma reta dada passa uma única reta perpendicular à reta dada.

ou

> Num plano, por um ponto P de uma reta r existe uma única reta s perpendicular a r.

81. Existência

Utilizando o postulado do transporte de ângulos (item 35) e sendo r_1 uma das semirretas de r de origem P, construímos, num dos semiplanos dos determinados por r, o ângulo $s_1\hat{P}r_1$ congruente a um ângulo reto.

A reta s que contém s_1 é perpendicular a r, pois $r_1\hat{P}s_1$ é reto.

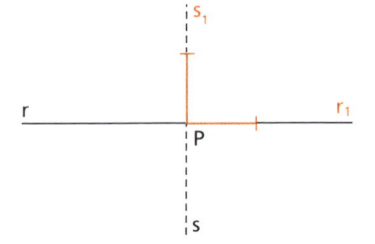

82. Unicidade

Se duas retas distintas x e y, com x ≠ y, passando por P fossem ambas perpendiculares a r, teríamos o que segue.

Com as semirretas Px_1 de x e Py_1 de y situadas num mesmo semiplano dos determinados por r e com Pr_1 semirreta de r, vem:

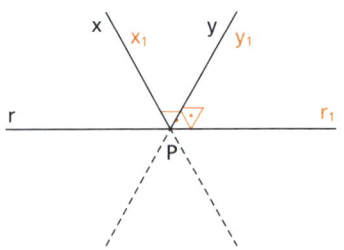

x ⊥ r em P ⇒ $r_1\hat{P}x_1$ é congruente ao ângulo reto
y ⊥ r em P ⇒ $r_1\hat{P}y_1$ é congruente ao ângulo reto

Se Px_1 é distinta de Py_1, o resultado acima é um absurdo, de acordo com o postulado do transporte de ângulos (item 35).

Logo, a reta perpendicular a r por P é única.

PERPENDICULARIDADE

2ª parte

> Por um ponto dado fora de uma reta dada existe uma e somente uma reta perpendicular à reta dada.

ou

> Por um ponto P fora de uma reta r passa uma única reta s perpendicular a r.

83. Existência

Construímos por P uma reta t que intercepta r num ponto O. Seja Or_1 uma das semirretas de r de origem O.

No semiplano oposto ao de P, dos determinados por r, obtemos um ponto Q tal que $r_1\hat{O}P \equiv r_1\hat{O}Q$ (1) e $\overline{OP} \equiv \overline{OQ}$ (2), utilizando os postulados de transporte (itens 18 e 35).

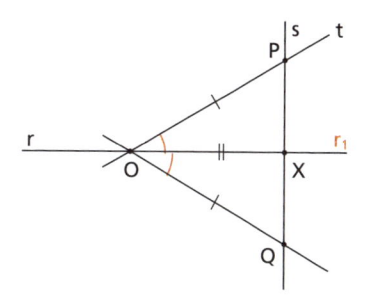

A reta $s = \overleftrightarrow{PQ}$ é a reta pedida, conforme o que segue.
O segmento $\overline{PQ}$ intercepta r num ponto X.
Se X coincide com O (X = O), então:

$r_1\hat{X}P \equiv r_1\hat{X}Q$ e $\overleftrightarrow{PQ} \perp r$, ou seja, $s \perp r$.
Se X não coincide com O, temos:
$\triangle OXP \equiv \triangle OXQ$ pelo caso LAL ((2), (1) e $\overline{OX}$ comum).
Então:
$\triangle OXP \equiv \triangle OXQ \Rightarrow O\hat{X}P \equiv O\hat{X}Q \Rightarrow r \perp \overleftrightarrow{PQ} \Rightarrow s \perp r$

84. Unicidade

Se duas retas distintas x e y, com x ≠ y, passando por P fossem ambas perpendiculares a r, teríamos o que segue.

Sejam X e Y os pontos de interseção de x e y com r e seja Q o ponto da semirreta oposta a $\overrightarrow{YP}$ tal que:

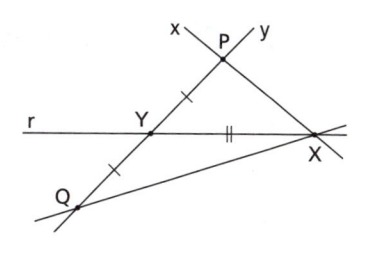

PERPENDICULARIDADE

$\overline{YQ} \equiv \overline{YP}$ (1)
$y \perp r \Rightarrow P\hat{Y}X \equiv Q\hat{Y}X$ (2) $x \perp r \Rightarrow P\hat{X}Y$ é reto (3)
Pelo caso LAL ((1), (2) e $\overline{XY}$ comum), vem: $\triangle PXY \equiv \triangle QXY$.

$\triangle PXY \equiv \triangle QXY \Rightarrow P\hat{X}Y \overset{(3)}{\equiv} Q\hat{X}Y \Rightarrow Q\hat{X}Y$ é reto $\Rightarrow \overleftrightarrow{XQ} \perp r$

Ficamos então com o seguinte absurdo: por um ponto X da reta r temos duas retas distintas, x e $\overleftrightarrow{XQ}$, ambas perpendiculares a r, o que contraria a unicidade provada na 1ª parte (item 82).

Logo, a reta perpendicular a r por P é única.

85. Altura de um triângulo

Altura de um triângulo é o segmento de reta perpendicular à reta suporte de um lado do triângulo com extremidades nesta reta e no vértice oposto ao lado considerado.

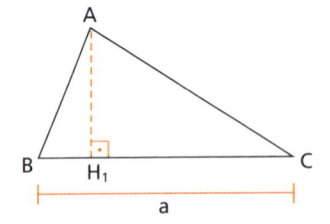

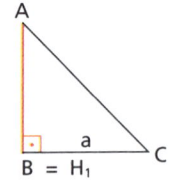

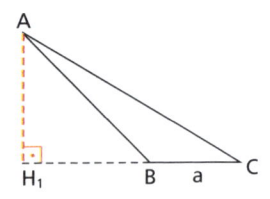

H_1 é a interseção da reta $\overleftrightarrow{BC}$ com a perpendicular a ela, conduzida por A.

$\overline{AH_1}$ é a altura relativa ao lado $\overline{BC}$, ou

$\overline{AH_1}$ é a altura relativa ao lado a, ou ainda

$\overline{AH_1}$ é a altura relativa ao vértice A.

H_1 também é dito "pé da altura".

86. Mediatriz de um segmento

A **mediatriz** de um segmento é a reta perpendicular ao segmento pelo seu ponto médio.

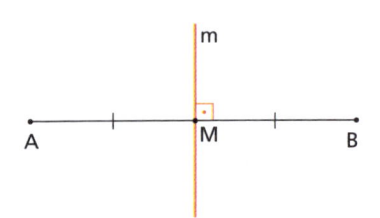

III. Projeções e distância

87. Projeção de um ponto sobre uma reta

Chama-se **projeção ortogonal** (ou simplesmente projeção) de um ponto sobre uma reta ao ponto de interseção da reta com a perpendicular a ela conduzida por aquele ponto.

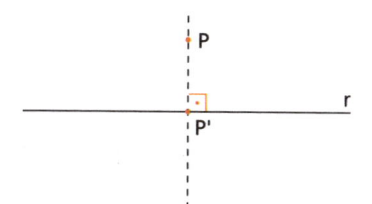

P' é a projeção de P sobre r.

$\overleftrightarrow{PP'} \perp r$ e $\overleftrightarrow{PP'} \cap r = \{P'\}$

P' é o **pé da perpendicular** à reta r conduzida por P.
Se P ∈ r, então P' = P.

88. Projeção de um segmento sobre uma reta

A projeção de um segmento de reta $\overline{AB}$ não perpendicular a uma reta r sobre esta reta é o segmento de reta $\overline{A'B'}$ em que
A' é a projeção de A sobre r e
B' é a projeção de B sobre r.

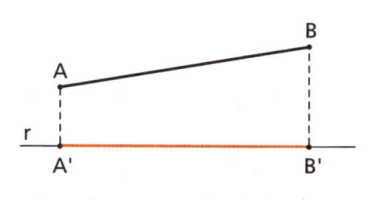

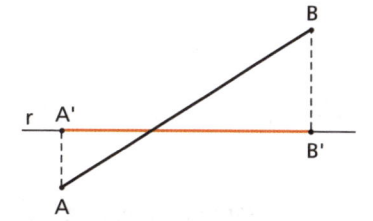

89. Segmento perpendicular e segmentos oblíquos a uma reta por um ponto

Se por um ponto P não pertencente a uma reta r conduzirmos os segmentos $\overline{PP'}$, $\overline{PA}$, $\overline{PB}$, $\overline{PC}$, $\overline{PD}$, ..., o primeiro ($\overline{PP'}$) perpendicular e os demais ($\overline{PA}$, $\overline{PB}$, $\overline{PC}$, $\overline{PD}$, ...) oblíquos a r, todos com uma extremidade comum P e as outras extremidades P', A, B, C, D, ... em r, então:

PERPENDICULARIDADE

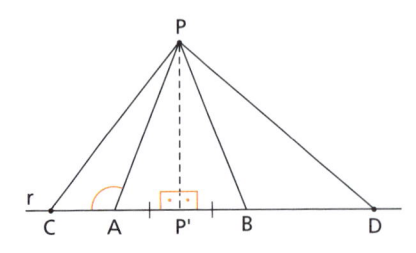

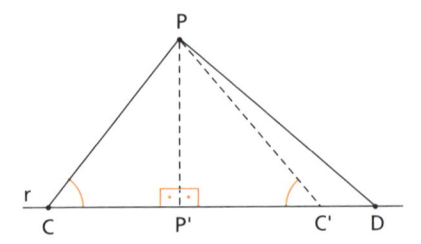

> **1º) O segmento perpendicular é menor que qualquer dos oblíquos.**

Demonstração:

$\overline{PP'}$ é cateto de triângulos retângulos que têm, respectivamente, $\overline{PA}$, $\overline{PB}$, $\overline{PC}$, $\overline{PD}$, ... como hipotenusa.
Logo,
$$\overline{PP'} < \overline{PA};\ \overline{PP'} < \overline{PB};\ \overline{PP'} < \overline{PC};\ \overline{PP'} < \overline{PD};\ ...$$

> **2º) a) Segmentos oblíquos, com projeções congruentes, são congruentes.**

Hipótese   Tese
$$\overline{P'A} \equiv \overline{P'B} \implies \overline{PA} \equiv \overline{PB}$$

Demonstração:

$$\left(\overline{PP'}\text{ comum, } P\hat{P'}A \equiv P\hat{P'}B, \overline{P'A} \equiv \overline{P'B}\right) \stackrel{LAL}{\Rightarrow} \triangle PP'A \equiv \triangle PP'B \implies \overline{PA} \equiv \overline{PB}$$

> **b) Segmentos oblíquos congruentes têm projeções congruentes.**

Hipótese   Tese
$$\overline{PA} \equiv \overline{PB} \implies \overline{P'A} \equiv \overline{P'B}$$

Demonstração:

Aplicação do caso especial para triângulos retângulos: cateto-hipotenusa.
$\triangle PP'A$ e $\triangle PP'B$ têm cateto PP' comum e hipotenusa $\overline{PA} \equiv \overline{PB}$ $\implies$
$\implies \triangle PP'A \equiv \triangle PP'B \implies \overline{P'A} \equiv \overline{P'B}$

PERPENDICULARIDADE

> 3º) a) De dois segmentos oblíquos de projeções não congruentes, o de maior projeção é maior.

Hipótese   Tese

$\overline{P'C} > \overline{P'A} \implies \overline{PC} > \overline{PA}$

Demonstração:

Considerando A e C numa mesma semirreta de r das determinadas por P' e considerando a hipótese $\overline{P'C} > \overline{P'A}$, resulta que A está entre P' e C.

O ângulo PÂC é obtuso, pois é ângulo externo do $\triangle PP'A$, em que $P\hat{P}'A$ é reto.

No $\triangle PAC$, temos: $P\hat{A}C > P\hat{C}A$, pois o primeiro é obtuso e o segundo é agudo. Como ao maior ângulo está oposto o maior lado, temos:

$$\overline{PC} > \overline{PA}$$

> b) De dois segmentos oblíquos não congruentes, o maior tem projeção maior.

Hipótese   Tese

$\overline{PC} > \overline{PA} \implies \overline{P'C} > \overline{P'A}$

Demonstração:

Se $\overline{P'C} \leq \overline{P'A}$, pelos casos anteriores teríamos $\overline{PC} \leq \overline{PA}$, o que é absurdo, de acordo com a hipótese.

Logo,

$$\overline{P'C} > \overline{P'A}$$

> 4º) a) De dois segmentos oblíquos não congruentes, o maior forma com a sua projeção ângulo menor.

Hipótese   Tese

$\overline{PD} > \overline{PC} \implies P\hat{D}P' < P\hat{C}P'$

PERPENDICULARIDADE

Demonstração:

Se $\overline{PD} > \overline{PC}$, então, pelo caso anterior, $\overline{P'D} > \overline{P'C}$. Assim, ou C está entre P' e D ou podemos considerar um ponto C' entre P' e D tal que $\overline{P'C} \equiv \overline{P'C'}$. Vamos considerar a segunda alternativa.

De $\overline{P'C} \equiv \overline{P'C'}$ decorre que $P\hat{C}P' \equiv P\hat{C}'P'$. (1)

Aplicando o teorema do ângulo externo no $\triangle PC'D$, vem:

$$P\hat{D}C' < P\hat{C}'P'$$

E em vista de (1) obtemos:

$$P\hat{D}P' < P\hat{C}P'$$

> b) De dois segmentos oblíquos não congruentes, aquele que forma com a sua projeção um ângulo menor é maior.

$$\text{Hipótese} \qquad \text{Tese}$$
$$P\hat{D}P' < P\hat{C}P' \quad \Rightarrow \quad \overline{PD} > \overline{PC}$$

Demonstração:

Se $\overline{PD} \leq \overline{PC}$ por congruência de triângulos $\left(\text{para } \overline{PD} \equiv \overline{PC}\right)$ ou pelo caso anterior $\left(\text{para } \overline{PD} < \overline{PC}\right)$ teríamos $P\hat{D}P' \geq P\hat{C}P'$, o que é um absurdo, de acordo com a hipótese.

Logo,

$$\overline{PD} > \overline{PC}$$

90. Distância entre um ponto e uma reta

A distância de um ponto a uma reta é a distância desse ponto à projeção dele sobre a reta.

A distância entre P e r é a distância entre P e P', em que P' é a projeção de P sobre r.

$$d_{P, r} = d_{P, P'}$$

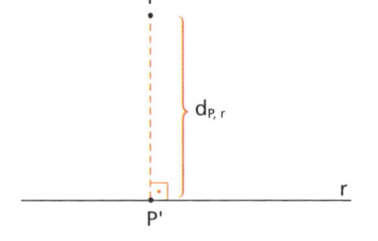

Se o ponto pertence à reta, a distância entre eles é nula.

91. Distância entre duas retas paralelas

A distância entre duas retas paralelas é a distância entre um ponto qualquer de uma delas e a outra reta.

A distância entre r e s paralelas é a distância entre um ponto P de r e a reta s.

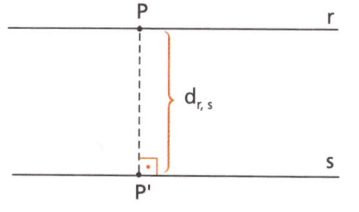

$d_{r,s} = d_{P,s}$ com $P \in r$

Se $r = s$, a distância entre r e s é nula.
A definição acima é justificada pela propriedade que segue.

92.

> Se duas retas distintas são paralelas, os pontos de uma delas estão a igual distância (são equidistantes) da outra.

Demonstração:

De fato, sendo r e s duas retas paralelas e distintas, tomando dois pontos distintos A e B em r, vamos provar que $d_{A,s} = d_{B,s}$.

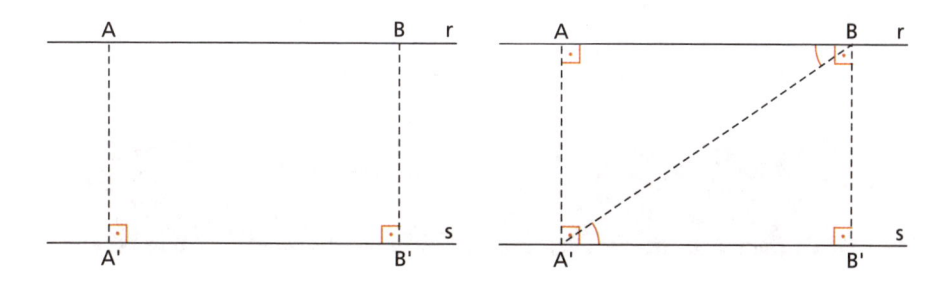

- $\hat{A}$ e $\hat{A}'$ são colaterais e, sendo $\hat{A}'$ reto, concluímos que $\hat{A}$ é reto.
- Considerando os triângulos AA'B e BB'A', temos:

$\overline{A'B}$ (lado comum)
$A'\hat{B}A \equiv B\hat{A}'B'$ (alternos) $\overset{LAA_0}{\Rightarrow} \triangle A'AB \equiv \triangle BB'A' \Rightarrow AA' = BB' \Rightarrow d_{A,s} = d_{B,s}$
$\hat{A} \equiv \hat{B}'$ (retos)

PERPENDICULARIDADE

93. Propriedade dos pontos da mediatriz

Usando o caso LAL de congruência de triângulos, podemos provar que:

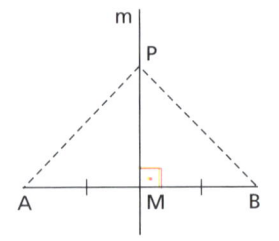

> Todo ponto da mediatriz de um segmento é equidistante das extremidades do segmento.

$(m$ é mediatriz de $\overline{AB}$, $P \in m) \Rightarrow PA = PB$

Note que, se P = M, a propriedade também vale.

94. Propriedade dos pontos da bissetriz

Usando o caso LAA_0 de congruência de triângulos, podemos provar que:

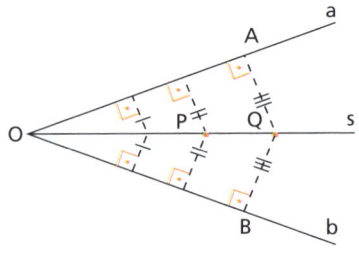

> Todo ponto da bissetriz de um ângulo é equidistante dos lados do ângulo.

$(s$ é bissetriz de $a\hat{O}b$, $P \in s) \Rightarrow d_{P,a} = d_{P,b}$

Note que, se P = O, a propriedade também se verifica.

EXERCÍCIOS

189. Se $\overline{AH}$ é altura relativa ao lado $\overline{BC}$ do $\triangle ABC$, determine $\hat{B}$ e $\hat{C}$ nos casos:

a) [triângulo com ângulos 20° e 50° no vértice A, dividido pela altura AH]

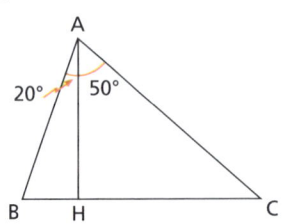

b) [triângulo com ângulos 60° e 40° no vértice A, dividido pela altura AH]

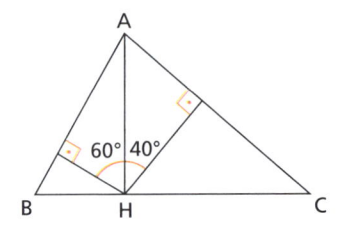

190. Em cada caso abaixo temos um triângulo isósceles de base $\overline{BC}$. Determine o ângulo da base.

a)

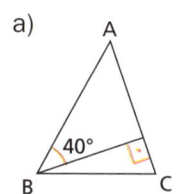

b)

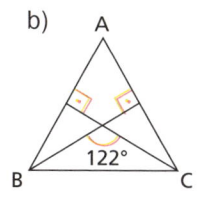

191. No triângulo ABC da figura, se $\overline{AH}$ é altura e $\overline{BS}$ é bissetriz, determine $B\hat{S}C$, dados $B\hat{A}H = 30°$ e $A\hat{C}B = 40°$.

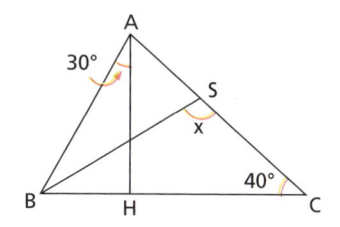

192. Da figura, sabemos que $\overline{AH}$ é altura e $\overline{AS}$ é bissetriz relativas a $\overline{BC}$ do triângulo ABC. Se $\hat{B} = 70°$ e $H\hat{A}S = 15°$, determine $\hat{C}$.

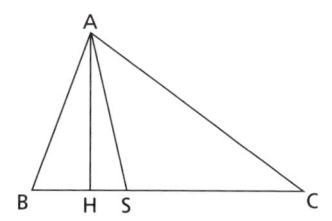

193. Determine o valor de x nos casos:

a)

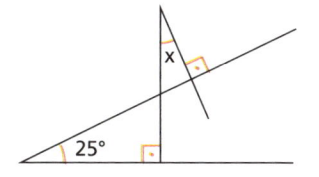

b)

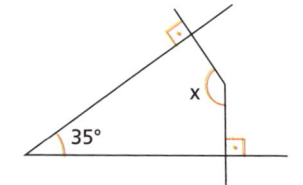

c)

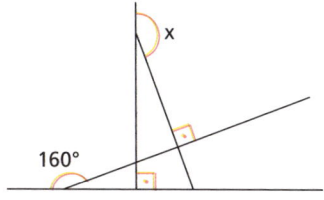

d)

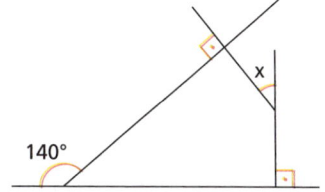

194. Demonstre a proposição a seguir.

> **Ângulos de lados perpendiculares**
> Dois ângulos de lados respectivamente perpendiculares são congruentes ou suplementares.

PERPENDICULARIDADE

Solução

Sejam os ângulos aÔb e cV̂d com Oa ⊥ Vc, Ob ⊥ Vd com as medidas α e β, sendo α' e β' as medidas dos respectivos adjacentes suplementares, conforme indica a figura.

Se por O conduzimos Oc' ⊥ Vc e Od' ⊥ Vd, surgem os ângulos c'Ôd' de medida γ e seu adjacente suplementar de medida γ'.

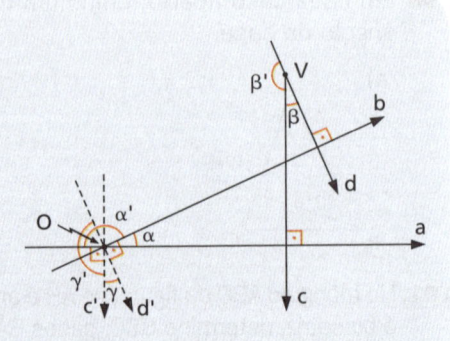

Considerando ângulos de lados paralelos (item 77), temos:

$$\gamma = \beta,\ \gamma' = \beta',\ \gamma + \beta' = 180°,\ \gamma' + \beta = 180°$$

Notando que aÔc' e bÔd' são retos, vem:

$$\left. \begin{array}{l} a\hat{O}d' = 90° - \alpha \\ a\hat{O}d' = 90° - \gamma \Rightarrow a\hat{O}d' = 90° - \beta \end{array} \right\} \Rightarrow \alpha = \beta$$

Então, temos:

$$\alpha = \beta,\ \alpha' = \beta',\ \alpha + \beta' = 180°,\ \alpha' + \beta = 180°$$

195. Na figura, calcule o valor de x.

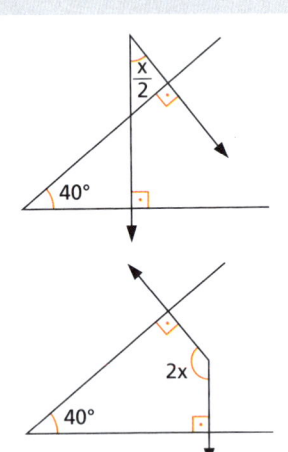

196. Na figura, calcule o valor de x.

197. Na figura, determine a medida de α, β e γ.

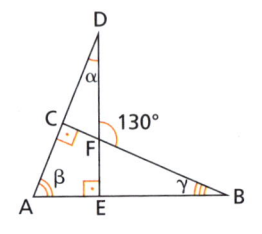

PERPENDICULARIDADE

198. No triângulo ABC da figura ao lado, $\hat{B} = 60°$ e $\hat{C} = 20°$. Qual o valor do ângulo HÂS formado pela altura $\overline{AH}$ e a bissetriz $\overline{AS}$?

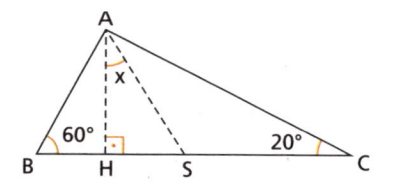

199. Num triângulo isósceles ABC de base $\overline{AB}$, o ângulo $\hat{B}$ é igual a $\dfrac{2}{3}$ do ângulo $\hat{S}$, formado pelas mediatrizes $\overline{QS}$ e $\overline{PS}$. Calcule os ângulos desse triângulo.

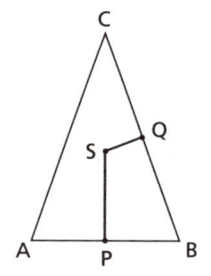

200. Demonstre a seguinte proposição:

> A mediana relativa à hipotenusa de um triângulo retângulo mede metade da hipotenusa.

Solução

Hipótese

△ABC é retângulo de hipotenusa $\overline{BC}$. $\overline{AM}$ é mediana.} $\Rightarrow$

Tese

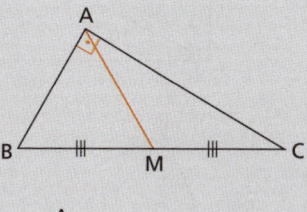

$AM = \dfrac{BC}{2}$

Demonstração:

1º) Tomemos P sobre a semirreta $\overrightarrow{AM}$ com M entre A e P de modo que PM = AM.

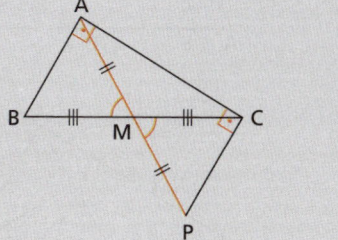

2º) Consideremos os triângulos AMB e PMC. Pelo caso LAL, eles são congruentes. Daí tiramos que AB̂M = PĈM. E como esses ângulos são alternos internos, obtemos que as retas $\overleftrightarrow{BA}$ e $\overleftrightarrow{PC}$ são paralelas.

PERPENDICULARIDADE

3º) De $\overleftrightarrow{BA} \parallel \overleftrightarrow{PC}$ e $B\hat{A}C$ reto, obtemos que $P\hat{C}A$ é reto (são colaterais internos).

4º) Consideremos agora os triângulos BAC e PCA.

$\left.\begin{array}{l} BA = PC \text{ (pois } \triangle AMB \equiv \triangle PMC) \\ \hat{A} = \hat{C} \text{ (são retos)} \\ AC = CA \text{ (lado comum)} \end{array}\right\} \stackrel{LAL}{\Rightarrow} \triangle BAC \equiv \triangle PCA$

Desta congruência concluímos que AP = BC e, como AP = 2AM, obtemos:
$2AM = BC \Rightarrow AM = \dfrac{BC}{2}$.

Observação

Note ainda que: MA = MB = MC
△AMB é isósceles de base $\overline{AB}$. △AMC é isósceles de base $\overline{AC}$.

201. Se o triângulo ABC é retângulo de hipotenusa $\overline{BC}$ e $\overline{AM}$ é mediana, determine x:

a)

b)

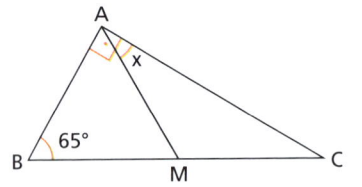

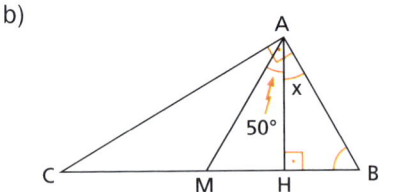

202. Na figura, calcule x e y. M é o ponto médio de $\overline{BC}$.

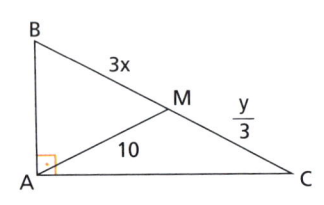

203. Na figura, $\overline{BD}$ é mediana do triângulo retângulo ABC ($\hat{B} = 90°$) e $\overline{BE} \perp \overline{AC}$. Se $\hat{A} = 70°$, calcule a medida de $E\hat{B}D$.

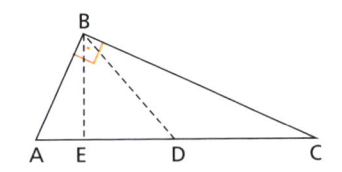

204. No triângulo retângulo ABC da figura, a mediana $\overline{AM}$ forma com a bissetriz $\overline{BF}$ os ângulos adjacentes $B\hat{F}A$ e $B\hat{F}M$. Exprima $B\hat{F}M$ em função de $\hat{B}$.

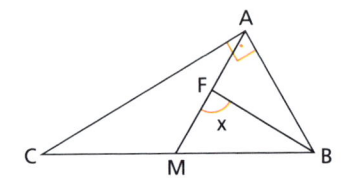

205. Num triângulo retângulo ABC, a altura $\overline{AS}$ forma com a mediana $\overline{AM}$ um ângulo de 22°. Calcule $\hat{B}$ e $\hat{C}$.

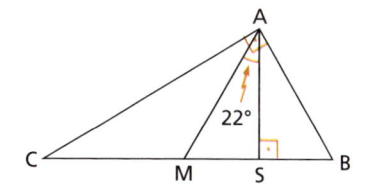

206. Determine os ângulos agudos de um triângulo retângulo, sabendo que a mediana e a bissetriz relativas à hipotenusa formam um ângulo de 35°.

207. As bissetrizes internas dos ângulos $\hat{B}$ e $\hat{C}$ de um triângulo ABC formam um ângulo de 116°. Determine a medida do menor ângulo formado pelas alturas relativas aos lados $\overline{AB}$ e $\overline{AC}$ desse triângulo.

208. Mostre que em um triângulo retângulo qualquer, o ângulo formado pela altura e mediana relativa à hipotenusa é igual ao módulo da diferença dos ângulos adjacentes à hipotenusa.

209. Mostre que, se uma mediana relativa a um lado de um triângulo mede a metade desse lado, então o triângulo é retângulo.

210. Sendo ABC um triângulo isósceles de base $\overline{BC}$ e M um ponto da base, prove que:

a) Se $\overline{AM}$ é mediana, então $\overline{AM}$ é bissetriz e altura.

b) Se $\overline{AM}$ é bissetriz, então $\overline{AM}$ é mediana e altura.

c) Se $\overline{AM}$ é altura, então $\overline{AM}$ é mediana e bissetriz.

Solução

Considerando que num triângulo isósceles os ângulos da base são congruentes e a condição de cada hipótese, temos:

a) $\overline{AM}$ é mediana
Pelo caso LLL ou pelo caso LAL, $\triangle ABM \equiv \triangle ACM$ e daí decorre que $\overline{AM}$ é bissetriz e $\overline{AM}$ é altura.

b) $\overline{AM}$ é bissetriz
Pelo caso LAL ou pelo caso ALA, $\triangle ABM \equiv \triangle ACM$ e daí decorre que $\overline{AM}$ é mediana e $\overline{AM}$ é altura.

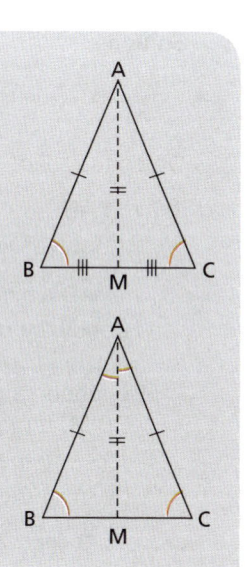

PERPENDICULARIDADE

c) $\overline{AM}$ é altura
Pelo caso especial de congruência de triângulos retângulos ou pelo caso LAA$_0$, $\triangle ABM \equiv \triangle ACM$ e daí decorre que $\overline{AM}$ é mediana e $\overline{AM}$ é bissetriz.

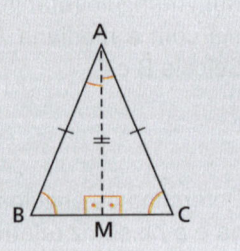

211. Demonstre que em todo triângulo isósceles sempre temos duas alturas congruentes.

212. Mostre que, se uma altura e uma mediana de um triângulo coincidem, então esse triângulo é isósceles.

213. Mostre que, se uma altura e uma bissetriz de um triângulo coincidem, então esse triângulo é isósceles.

214. Prove que as bissetrizes dos ângulos agudos de um triângulo retângulo formam ângulos que independem dos valores daqueles ângulos agudos.

215. Demonstre que, se duas alturas de um triângulo são congruentes, então esse triângulo é isósceles.

216. Demonstre que toda reta que passa pelo ponto médio de um segmento é equidistante das extremidades do segmento.

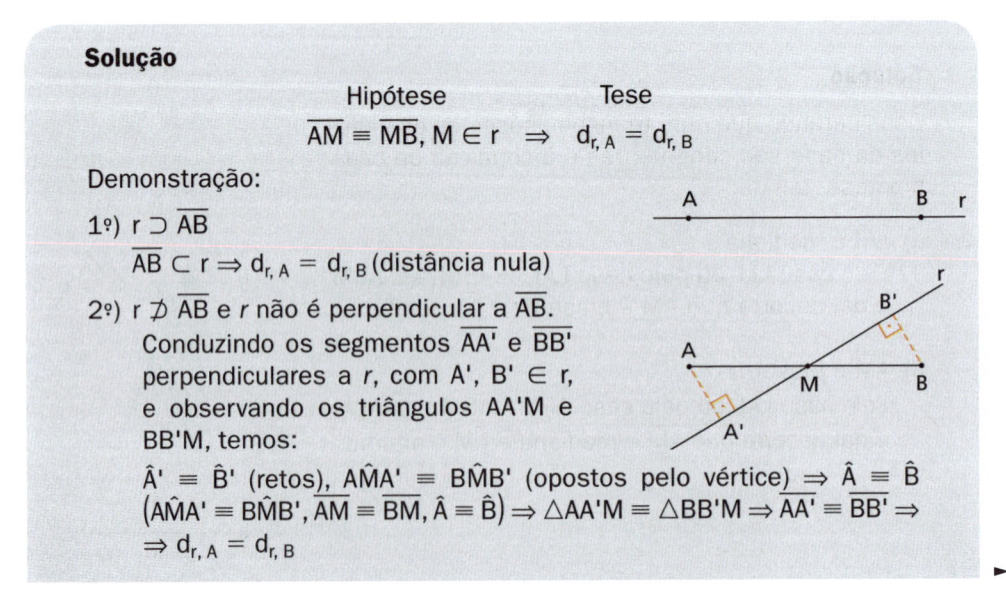

Solução

$$\text{Hipótese} \qquad \text{Tese}$$
$$\overline{AM} \equiv \overline{MB}, M \in r \Rightarrow d_{r,A} = d_{r,B}$$

Demonstração:

1º) $r \supset \overline{AB}$

$\overline{AB} \subset r \Rightarrow d_{r,A} = d_{r,B}$ (distância nula)

2º) $r \not\supset \overline{AB}$ e r não é perpendicular a $\overline{AB}$.
Conduzindo os segmentos $\overline{AA'}$ e $\overline{BB'}$ perpendiculares a r, com $A', B' \in r$, e observando os triângulos AA'M e BB'M, temos:

$\hat{A}' \equiv \hat{B}'$ (retos), $A\hat{M}A' \equiv B\hat{M}B'$ (opostos pelo vértice) $\Rightarrow \hat{A} \equiv \hat{B}$
$(A\hat{M}A' \equiv B\hat{M}B', \overline{AM} \equiv \overline{BM}, \hat{A} \equiv \hat{B}) \Rightarrow \triangle AA'M \equiv \triangle BB'M \Rightarrow \overline{AA'} \equiv \overline{BB'} \Rightarrow$
$\Rightarrow d_{r,A} = d_{r,B}$

3º) r ⊥ $\overline{AB}$ por M (r é mediatriz de $\overline{AB}$).

Neste caso A' = B' = M e então $\overline{AA'} \equiv \overline{BB'}$, ou seja, $d_{r,A} = d_{r,B}$.

Nota

Em geral, uma reta que passa pelo ponto médio de um segmento é equidistante dos extremos, mas os pontos da reta não são equidistantes dos extremos.

Em particular, a mediatriz de um segmento é equidistante dos extremos e seus pontos também são equidistantes dos extremos.

217. Toda reta equidistante dos extremos de um segmento passa pelo ponto médio dele?

218. Dados dois pontos A e B distintos e um ponto P fora da reta $\overleftrightarrow{AB}$, como se obtêm, no plano dos pontos A, B e P, duas retas equidistantes de A e B passando por P?

219. Prove que a altura relativa a qualquer lado de um triângulo é menor que a média aritmética dos lados adjacentes.

220. Demonstre que a soma das três alturas de um triângulo acutângulo é menor que o perímetro e maior que o semiperímetro desse triângulo.

221. Sendo r e s retas paralelas e DE = 2AB, determine x.

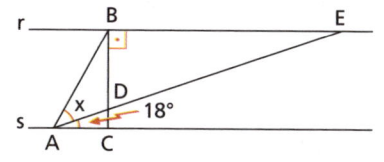

222. Num triângulo retângulo ABC de hipotenusa $\overline{BC}$, trace a bissetriz $\overline{BS}$, com S em $\overline{AC}$, relativa ao lado $\overline{AC}$. Mostre que AS < SC.

223. O triângulo ABC abaixo é isósceles de base $\overline{BC}$. Determine x.

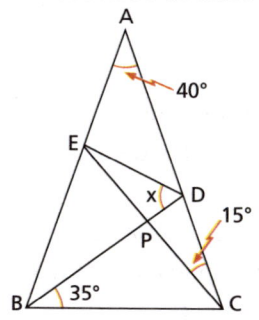

CAPÍTULO VII

Quadriláteros notáveis

I. Quadrilátero — Definição e elementos

95. Sejam A, B, C e D quatro pontos de um mesmo plano, todos distintos e três não colineares. Se os segmentos $\overline{AB}$, $\overline{BC}$, $\overline{CD}$, e $\overline{DA}$ interceptam-se apenas nas extremidades, a reunião desses quatro segmentos é um **quadrilátero**.

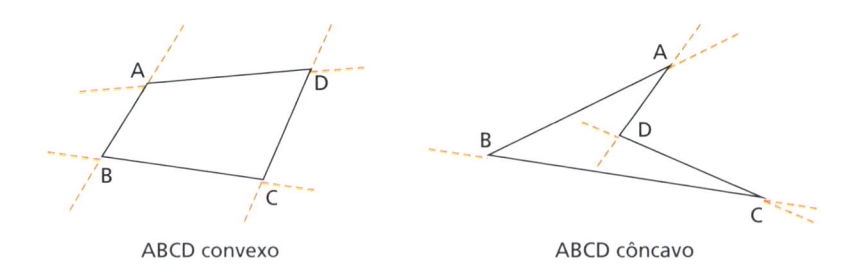

ABCD convexo

ABCD côncavo

Quadrilátero ABCD = ABCD = $\overline{AB} \cup \overline{BC} \cup \overline{CD} \cup \overline{DA}$

O quadrilátero é um polígono simples de quatro lados.

$\overline{AB}$, $\overline{BC}$, $\overline{CD}$, $\overline{DA}$ são os **lados**,

$\hat{A} = D\hat{A}B$, $\hat{B} = A\hat{B}C$, $\hat{C} = B\hat{C}D$ e $\hat{D} = C\hat{D}A$ são os **ângulos** e

$\overline{AC}$ e $\overline{BD}$ são as **diagonais** do quadrilátero ABCD.

96. Um quadrilátero tem 2 diagonais (d = 2), soma dos ângulos internos igual a 360° e soma dos ângulos externos também igual a 360°.

II. Quadriláteros notáveis — Definições

Os quadriláteros notáveis são os trapézios, os paralelogramos, os retângulos, os losangos e os quadrados.

97. Trapézio

Um quadrilátero plano convexo é um trapézio se, e somente se, possui **dois lados paralelos**.

ABCD é trapézio $\Leftrightarrow$ $(\overline{AB} \mathbin{/\mkern-5mu/} \overline{CD}$ ou $\overline{AD} \mathbin{/\mkern-5mu/} \overline{BC})$.

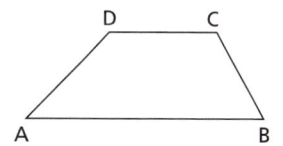

Os lados paralelos são as bases do trapézio.

De acordo com os outros dois lados não bases, temos:

- trapézio isósceles, se estes lados são congruentes;
- trapézio escaleno, se estes lados não são congruentes.

Trapézio retângulo (ou birretângulo) é um trapézio que tem dois ângulos retos.

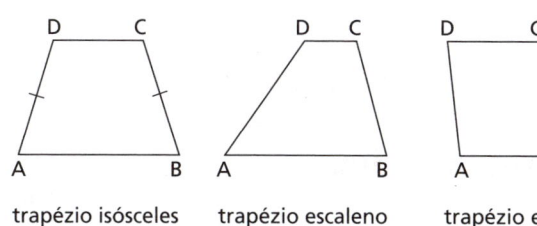

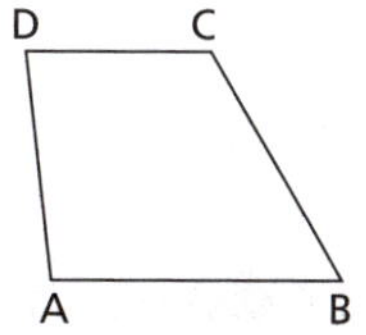

trapézio isósceles   trapézio escaleno   trapézio escaleno 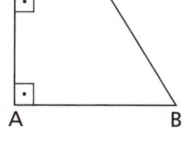   trapézio retângulo

98. Paralelogramo

Um quadrilátero plano convexo é um paralelogramo se, e somente se, possui os **lados opostos paralelos**.

ABCD é paralelogramo $\Leftrightarrow$ $\overline{AB} \mathbin{/\mkern-5mu/} \overline{CD}$ e $\overline{AD} \mathbin{/\mkern-5mu/} \overline{BC}$

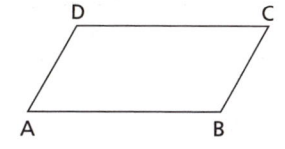

99. Retângulo

Um quadrilátero plano convexo é um retângulo se, e somente se, possui os quatro ângulos congruentes.

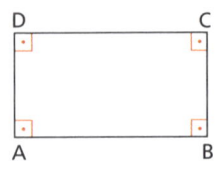

ABCD é retângulo $\Leftrightarrow$ $\hat{A} \equiv \hat{B} \equiv \hat{C} \equiv \hat{D}$

100. Losango

Um quadrilátero plano convexo é um losango se, e somente se, possui os quatro lados congruentes.

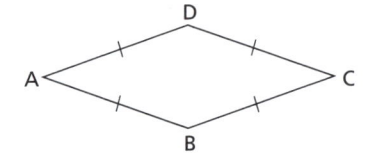

ABCD é losango $\Leftrightarrow$ $\overline{AB} \equiv \overline{BC} \equiv \overline{CD} \equiv \overline{DA}$

101. Quadrado

Um quadrilátero plano convexo é um quadrado se, e somente se, possui os quatro ângulos congruentes e os quatro lados congruentes.

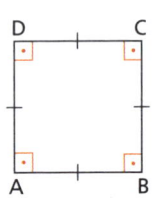

ABCD é quadrado $\Leftrightarrow$ $(\hat{A} \equiv \hat{B} \equiv \hat{C} \equiv \hat{D}$ e $\overline{AB} \equiv \overline{BC} \equiv \overline{CD} \equiv \overline{DA})$

III. Propriedades dos trapézios

102. Trapézio qualquer

Em qualquer trapézio ABCD (notação cíclica) de bases $\overline{AB}$ e $\overline{CD}$ temos:
$\hat{A} + \hat{D} = \hat{B} + \hat{C} = 180°$

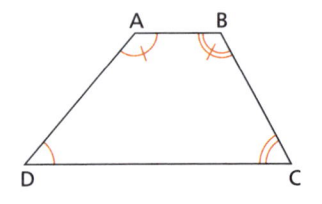

De fato,

$\left.\begin{array}{l}(\overleftrightarrow{AB} \parallel \overleftrightarrow{CD}, \overleftrightarrow{AD} \text{ transversal}) \Rightarrow \hat{A} + \hat{D} = 180° \\ (\overleftrightarrow{AB} \parallel \overleftrightarrow{CD}, \overleftrightarrow{BC} \text{ transversal}) \Rightarrow \hat{B} + \hat{C} = 180°\end{array}\right\} \Rightarrow \hat{A} + \hat{D} = \hat{B} + \hat{C} = 180°$

103. Trapézio isósceles

> Os ângulos de cada base de um trapézio isósceles são congruentes.

Hipótese   Tese

$\overline{AB}$ e $\overline{CD}$ são bases do trapézio isósceles $\Rightarrow$ $(\hat{C} \equiv \hat{D}$ e $\hat{A} \equiv \hat{B})$

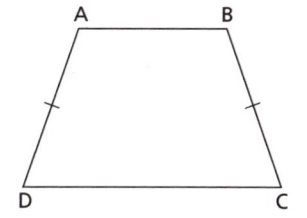

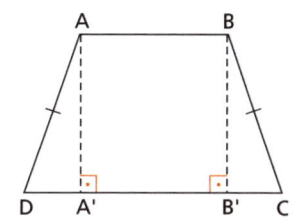

Demonstração:

1º) Tracemos as perpendiculares às bases pelos vértices A e B da base menor, obtendo os pontos A' e B' na base maior $\overline{CD}$. Notemos que $\overline{AA'} \equiv \overline{BB'}$ por serem distâncias entre retas paralelas.

2º) Os triângulos retângulos AA'D e BB'C são congruentes pelo caso especial visto que $\overline{AA'} \equiv \overline{BB'}$ (cateto) e $\overline{AD} \equiv \overline{BC}$ (hipotenusa). Daí obtemos $\hat{C} \equiv \hat{D}$.

3º) Como e B̂ são suplementares de D̂ e Ĉ, respectivamente, temos: Â ≡ B̂.

Observação

Da congruência dos triângulos AA'D e BB'C decorre também que $\overline{A'D} \equiv \overline{B'C}$, o que nos permite enunciar:

As projeções ortogonais dos lados não bases de um trapézio isósceles, sobre a base maior, são congruentes.

QUADRILÁTEROS NOTÁVEIS

104. Trapézio isósceles — diagonais congruentes

> As diagonais de um trapézio isósceles são congruentes.

Hipótese   Tese

ABCD é trapézio de bases $\overline{AB}$ e $\overline{CD}$, $\overline{AD} \equiv \overline{BC}$ $\Rightarrow$ $\overline{AC} \equiv \overline{BD}$

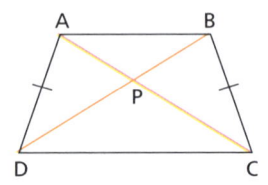

Demonstração:

Observemos os triângulos ADC e BCD:

$(\overline{AD} \equiv \overline{BC}, \hat{D} \equiv \hat{C}, DC = CD) \overset{LAL}{\Rightarrow} \triangle ADC \equiv \triangle BCD \Rightarrow \overline{AC} \equiv \overline{BD}$

Nota

Da congruência acima obtemos $A\hat{C}D \equiv B\hat{D}C$. Daí decorre que os triângulos PCD e PAB são isósceles com bases $\overline{CD}$ e $\overline{AB}$, sendo P o ponto onde as diagonais se cortam.

IV. Propriedades dos paralelogramos

105. Ângulos opostos congruentes

> a) Em todo paralelogramo, dois ângulos opostos quaisquer são congruentes.

Hipótese   Tese

ABCD é paralelogramo $\Rightarrow$ $(\hat{A} \equiv \hat{C}$ e $\hat{B} \equiv \hat{D})$

Demonstração:

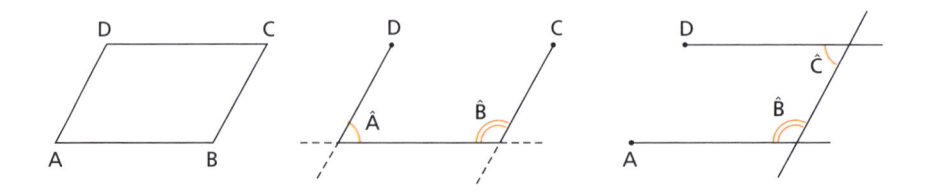

ABCD é paralelogramo $\Rightarrow \begin{cases} \overleftrightarrow{AD} \mathbin{/\mkern-5mu/} \overleftrightarrow{BC} \Rightarrow \hat{A} + \hat{B} = 180° \\ \overleftrightarrow{AB} \mathbin{/\mkern-5mu/} \overleftrightarrow{CD} \Rightarrow \hat{B} + \hat{C} = 180° \end{cases} \Rightarrow \hat{A} \equiv \hat{C}$

Analogamente para $\hat{B} \equiv \hat{D}$.

> b) Todo quadrilátero convexo que tem ângulos opostos congruentes é paralelogramo.

Sendo ABCD um quadrilátero convexo,

Hipótese   Tese

$(\hat{A} \equiv \hat{C}, \hat{B} \equiv \hat{D}) \Rightarrow$ ABCD é paralelogramo

Demonstração:

$\hat{A} \equiv \hat{C}, \hat{B} \equiv \hat{D} \Rightarrow \hat{A} + \hat{B} = \hat{C} + \hat{D}$
ABCD quadrilátero $\Rightarrow \hat{A} + \hat{B} + \hat{C} + \hat{D} = 360°$ $\Big\} \Rightarrow$

$\Rightarrow \hat{A} + \hat{B} = \hat{A} + \hat{D} = 180° \Rightarrow \overline{AD} \mathbin{/\mkern-5mu/} \overline{BC}$ e $\overline{AB} \mathbin{/\mkern-5mu/} \overline{CD} \Rightarrow$

$\Rightarrow$ ABCD é paralelogramo.

c) Consequência

> Todo retângulo é paralelogramo.

106. Lados opostos congruentes

> a) Em todo paralelogramo, dois lados opostos quaisquer são congruentes.

Hipótese   Tese

ABCD é paralelogramo $\Rightarrow (\overline{AB} \equiv \overline{CD}$ e $\overline{BC} \equiv \overline{AD})$

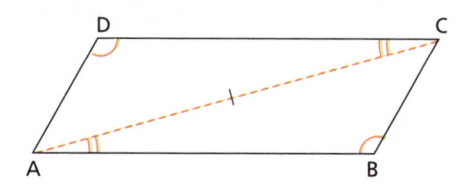

QUADRILÁTEROS NOTÁVEIS

Demonstração:

ABCD é paralelogramo $\Rightarrow \begin{cases} \hat{B} \equiv \hat{D} \\ \overline{AB} \;//\; \overline{CD} \end{cases} \Rightarrow$ B$\hat{A}$C $\equiv$ D$\hat{C}$A

$(\overline{AC}$ comum, B$\hat{A}$C $\equiv$ D$\hat{C}$A, $\hat{B} \equiv \hat{D})$ $\overset{LAA_o}{\Rightarrow}$ $\triangle ABC \equiv \triangle CDA \Rightarrow \overline{AB} \equiv \overline{CD}$ e $\overline{BC} \equiv \overline{DA}$.

b) **Todo quadrilátero convexo que tem lados opostos congruentes é paralelogramo.**

Sendo ABCD um quadrilátero convexo,

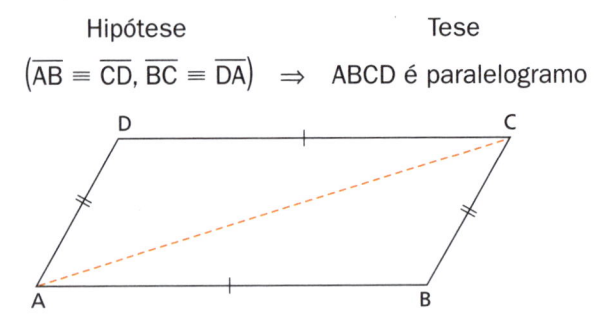

Hipótese   Tese

$(\overline{AB} \equiv \overline{CD}, \overline{BC} \equiv \overline{DA}) \Rightarrow$ ABCD é paralelogramo

Demonstração:

$(\overline{AB} \equiv \overline{CD}, \overline{BC} \equiv \overline{DA}, \overline{AC}$ comum$) \overset{LLL}{\Rightarrow} \triangle ABC \equiv \triangle CDA \Rightarrow$

$\Rightarrow \begin{cases} B\hat{A}C \equiv D\hat{C}A \Rightarrow \overline{AB} \;//\; \overline{CD} \\ B\hat{C}A \equiv D\hat{A}C \Rightarrow \overline{AD} \;//\; \overline{BC} \end{cases} \Rightarrow$ ABCD é paralelogramo

c) Consequência

Todo losango é paralelogramo.

107. Diagonais dividem-se ao meio

a) **Em todo paralelogramo, as diagonais interceptam-se nos respectivos pontos médios.**

Hipótese   Tese

$($ABCD é paralelogramo, $\overline{AC} \cap \overline{BD} = \{M\}) \Rightarrow (\overline{AM} \equiv \overline{CM}$ e $\overline{BM} \equiv \overline{DM})$

QUADRILÁTEROS NOTÁVEIS

Demonstração:

ABCD é paralelogramo $\Rightarrow \overline{AB} \equiv \overline{CD}$ (1)

ABCD é paralelogramo $\Rightarrow \overleftrightarrow{AB} \; // \; \overleftrightarrow{CD} \Rightarrow B\hat{A}C \equiv D\hat{C}A$ (2) e $A\hat{B}D \equiv C\hat{D}B$ (3)

(2), (1), (3) $\overset{ALA}{\Rightarrow} \triangle ABM \equiv \triangle CDM \Rightarrow \left(\overline{AM} \equiv \overline{CM} \text{ e } \overline{BM} \equiv \overline{DM} \right)$

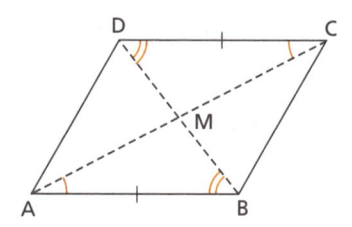

> b) Todo quadrilátero convexo em que as diagonais interceptam-se nos respectivos pontos médios é paralelogramo.

Sendo ABCD um quadrilátero convexo,

Hipótese $\qquad\qquad\qquad$ Tese

$\left(\overline{AC} \cap \overline{BD} = \{M\}, \overline{AM} \equiv \overline{CM}, \overline{BM} \equiv \overline{DM} \right) \Rightarrow$ ABCD é paralelogramo

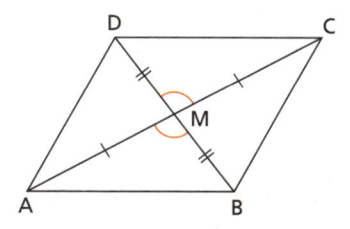

Demonstração:

$\left(\overline{AM} \equiv \overline{CM}, A\hat{M}B \equiv C\hat{M}D \text{ (o.p.v.)}, \overline{BM} \equiv \overline{DM} \right) \overset{LAL}{\Rightarrow} \triangle ABM \equiv \triangle CDM \Rightarrow$

$\Rightarrow B\hat{A}M \equiv D\hat{C}M \Rightarrow \overline{AC} \; // \; \overline{CD}$

Analogamente, considerando $\triangle ADM$ e $\triangle BCM$, $\overline{AD} \; // \; \overline{BC}$.

$\left(\overline{AB} \; // \; \overline{CD} \text{ e } \overline{AD} \; // \; \overline{BC} \right) \Rightarrow$ ABCD é paralelogramo.

c) Consequência

> Se dois segmentos de reta interceptam-se nos respectivos pontos médios, então suas extremidades são vértices de um paralelogramo.

108. Dois lados paralelos e congruentes

a) Todo quadrilátero convexo que tem dois lados paralelos e congruentes é um paralelogramo.

Sendo ABCD um quadrilátero convexo,

Hipótese   Tese

$(\overline{AB} \parallel \overline{CD} \text{ e } \overline{AB} \equiv \overline{CD}) \Rightarrow$ ABCD é paralelogramo

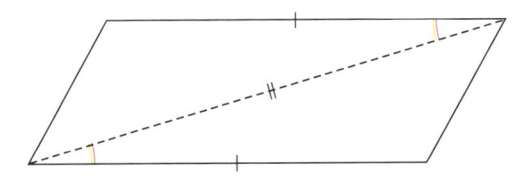

Demonstração:

$\overline{AB} \parallel \overline{CD} \Rightarrow B\hat{A}C \equiv D\hat{C}A$

$(\overline{AB} \equiv \overline{CD}, B\hat{A}C \equiv D\hat{C}A, \overline{AC} \text{ comum}) \overset{LAL}{\Rightarrow} \overline{BC} \equiv \overline{AD}$

Se $\overline{AB} \equiv \overline{CD}$ e $\overline{BC} \equiv \overline{AD}$, então, pelo item 106b, ABCD é paralelogramo.

b) Consequência

Se dois segmentos de reta são paralelos e congruentes, então suas extremidades são vértices de um paralelogramo.

V. Propriedades do retângulo, do losango e do quadrado

109. Retângulo — diagonais congruentes

Além das propriedade do paralelogramo, o retângulo tem a propriedade característica que segue.

QUADRILÁTEROS NOTÁVEIS

a) Em todo retângulo as diagonais são congruentes.

Hipótese   Tese
ABCD é retângulo $\Rightarrow$ $\overline{AC} \equiv \overline{BD}$

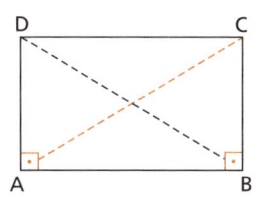

Demonstração:

ABCD é retângulo $\Rightarrow$ ABCD é paralelogramo $\Rightarrow$ $\overline{BC} \equiv \overline{AD}$

$(\overline{BC} \equiv \overline{AD}, \hat{B} \equiv \hat{A}, \overline{AB}$ comum.$)$ $\overset{LAL}{\Rightarrow}$ $\triangle ABC \equiv \triangle BAD$ $\Rightarrow$ $\overline{AC} \equiv \overline{BD}$

b) Todo paralelogramo que tem diagonais congruentes é um retângulo.

Sendo ABCD um paralelogramo,
Hipótese   Tese
$\overline{AC} \equiv \overline{BD}$ $\Rightarrow$ ABCD é retângulo

Demonstração:

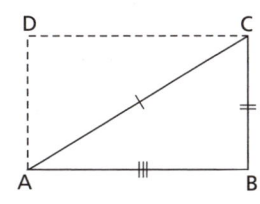

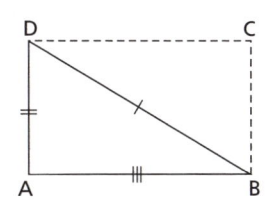

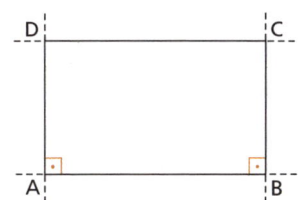

ABCD é paralelogramo $\Rightarrow$ $\overline{BC} \equiv \overline{AD}$.

$(\overline{AC} \equiv \overline{BD}, \overline{BC} \equiv \overline{AD}, \overline{AB}$ comum$)$ $\overset{LLL}{\Rightarrow}$ $\triangle ABC \equiv \triangle BAD$ $\Rightarrow$ $\hat{A} \equiv \hat{B}$.

Como $\hat{A}$ e $\hat{B}$ são ângulos colaterais em relação às paralelas $\overleftrightarrow{AD}$ e $\overleftrightarrow{BC}$ $\hat{A}$ e $\hat{B}$ são suplementares.

Logo, $\hat{A}$ e $\hat{B}$, sendo congruentes e suplementares, são retos.

No paralelogramo, os ângulos $\hat{C}$ e $\hat{D}$ são opostos respectivamente a $\hat{A}$ e $\hat{B}$ e, portanto, $\hat{C}$ e $\hat{D}$ também são retos.

Então:

$\hat{A} \equiv \hat{B} \equiv \hat{C} \equiv \hat{D}$ (são todos retos) $\Rightarrow$ ABCD é retângulo.

109. Losango — diagonais perpendiculares

Além das propriedades do paralelogramo, o losango tem a propriedade característica que segue.

a) Todo losango tem diagonais perpendiculares.

Hipótese   Tese
ABCD é losango $\Rightarrow$ $\overline{AC} \perp \overline{BD}$

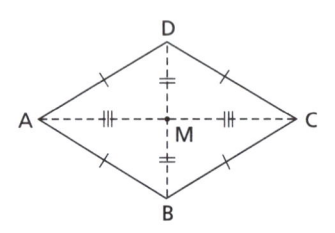

Demonstração:

ABCD é losango $\Rightarrow$ ABCD é paralelogramo $\Rightarrow$ $(\overline{AM} \equiv \overline{CM}, \overline{BM} \equiv \overline{DM})$.
Pelo caso LLL, temos as congruências:

$\triangle AMB \equiv \triangle AMD \equiv \triangle CMB \equiv \triangle CMD$

e, então, os ângulos de vértice M são congruentes e suplementares.
Logo, $\overline{AC} \perp \overline{BD}$.

b) Todo paralelogramo que tem diagonais perpendiculares é um losango.

Sendo ABCD um paralelogramo,

Hipótese   Tese
$\overline{AC} \perp \overline{BD}$ $\Rightarrow$ ABCD é um losango

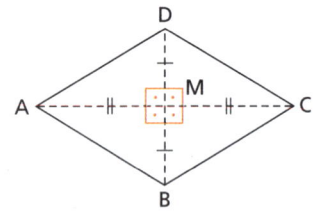

Demonstração:

ABCD é paralelogramo $\Rightarrow$ $(\overline{AC} \cap \overline{BD} = \{M\}, \overline{AM} \equiv \overline{CM}, \overline{BM} \equiv \overline{DM})$
Pelo caso LAL, temos as congruências:
$\triangle AMB \equiv \triangle AMD \equiv \triangle CMB \equiv \triangle CMD$
Daí, $\overline{AB} \equiv \overline{AD} \equiv \overline{BC} \equiv \overline{CD}$ e então ABCD é losango.

111. Quadrado — diagonais congruentes e perpendiculares

Pelas definições, podemos concluir que:

> Todo quadrado é retângulo e também é losango.

Portanto, além das propriedades do paralelogramo, o quadrado tem as propriedades características dos retângulos e do losango.

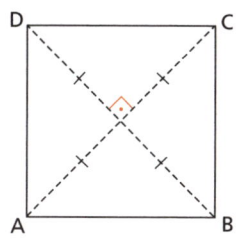

ABCD é quadrado $\Leftrightarrow$ (ABCD é paralelogramo, $\overline{AC} \equiv \overline{BD}$, $\overline{AC} \perp \overline{BD}$).

112. Nota

Notemos, em resumo, que se um quadrilátero convexo:
- tem as diagonais que se cortam ao meio, então é um paralelogramo;
- tem diagonais que se cortam ao meio e são congruentes, então é um retângulo;
- tem diagonais que se cortam ao meio e são perpendiculares, então é um losango;
- tem diagonais que se cortam ao meio, são congruentes e são perpendiculares, então é um quadrado.

VI. Consequências — Bases médias

113. Base média do triângulo

> a) Se um segmento tem extremidades nos pontos médios de dois lados de um triângulo, então:
> 1º) ele é paralelo ao terceiro lado;
> 2º) ele é metade do terceiro lado.

QUADRILÁTEROS NOTÁVEIS

Seja ABC o triângulo.

Hipótese   Tese

$(\overline{AM} \equiv \overline{MB}, \overline{AN} \equiv \overline{NC}) \Rightarrow \begin{cases} 1^\circ) \ \overline{MN} \ // \ \overline{BC} \\ 2^\circ) \ \overline{MN} = \dfrac{1}{2} \overline{BC} \end{cases}$

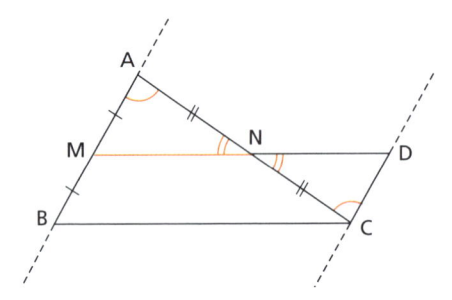

Demonstração:

Conduzimos por C uma reta paralela à reta $\overleftrightarrow{AB}$ e seja D o ponto de interseção com a reta $\overleftrightarrow{MN}$: $\overleftrightarrow{CD} \ // \ \overleftrightarrow{AB}$

$\overleftrightarrow{CD} \ // \ \overleftrightarrow{AB} \ \Rightarrow \ \hat{C} \equiv \hat{A}$

$(\hat{C} \equiv \hat{A}, \overline{AN} \equiv \overline{CN}, \hat{N} \ \text{o.p.v.}) \ \overset{ALA}{\Rightarrow} \ \triangle AMN \equiv \triangle CDN \ \Rightarrow$

$\Rightarrow \ \overline{CD} \equiv \overline{AM} \ \Rightarrow \ \overline{CD} \equiv \overline{MB}$

$(\overline{CD} \ // \ \overline{MB} \ \text{e} \ \overline{CD} \equiv \overline{MB}) \ \Rightarrow \ \text{MBCD é paralelogramo} \ \Rightarrow$

$\Rightarrow \ \overline{MD} \ // \ \overline{BC} \ \Rightarrow \ \overline{MN} \ // \ \overline{BC}$

E ainda:

$\left. \begin{array}{l} \triangle AMN \equiv \triangle CDN \ \Rightarrow \ \overline{MN} \equiv \overline{DN} \\ \text{MBCD é paralelogramo} \ \Rightarrow \ \overline{MD} \ // \ \overline{BC} \end{array} \right\} \Rightarrow$

$\Rightarrow \ 2 \cdot \overline{MN} = \overline{BC} \ \Rightarrow \ \overline{MN} = \dfrac{1}{2} \overline{BC}$

> b) Se um segmento paralelo a um lado de um triângulo tem uma extremidade no ponto médio de um lado e a outra extremidade no terceiro lado, então esta extremidade é ponto médio do terceiro lado.

Seja ABC o triângulo.

Hipótese   Tese

$(\overline{MN} \parallel \overline{BC}, \overline{AM} \equiv \overline{MB}, N \in \overline{AC}) \Rightarrow \overline{AN} \equiv \overline{NC}$

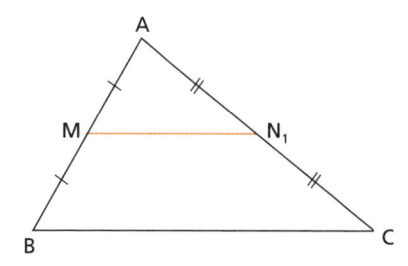

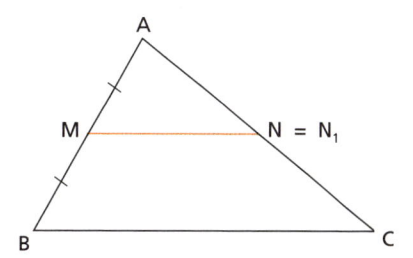

Demonstração:

Seja N_1 o ponto médio de $\overline{AC}$. Pelo teorema anterior $\overleftrightarrow{MN_1} \parallel \overleftrightarrow{BC}$.

Como a reta paralela à reta $\overleftrightarrow{BC}$ por M é única (postulado das paralelas, item 72), resulta que $\overleftrightarrow{MN_1} = \overleftrightarrow{MN}$. E como $\overleftrightarrow{MN_1}$ e $\overleftrightarrow{MN}$ interceptam $\overline{AC}$ em N_1 e N, respectivamente, decorre que $N_1 = N$.

Logo, $\overline{AN} \equiv \overline{NC}$.

114. Base média do trapézio

a) Se um segmento tem extremidades nos pontos médios dos lados não paralelos de um trapézio, então:
1º) ele é paralelo às bases;
2º) ele é igual à semissoma das bases.

Seja ABCD um trapézio não paralelogramo de bases $\overline{AB}$ e $\overline{CD}$.

Hipótese   Tese

$(\overline{AM} \equiv \overline{DM}, \overline{BN} \equiv \overline{CN}) \Rightarrow \begin{cases} 1º) \ \overline{MN} \parallel \overline{AB} \parallel \overline{CD} \\ 2º) \ \overline{MN} = \dfrac{\overline{AB} + \overline{CD}}{2} \end{cases}$

QUADRILÁTEROS NOTÁVEIS

Demonstração:

Seja E o ponto de interseção das retas $\overleftrightarrow{DN}$ e $\overleftrightarrow{AB}$.

$\overleftrightarrow{AB} \parallel \overleftrightarrow{CD} \Rightarrow \hat{B} \equiv \hat{C}$

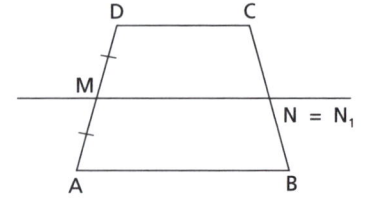

$(\hat{B} \equiv \hat{C}, \overline{BN} \equiv \overline{CN}, \hat{N} \text{ o.p.v.}) \overset{ALA}{\Rightarrow}$

$\overset{ALA}{\Rightarrow} \triangle BEN \equiv \triangle CDN \Rightarrow \overline{EN} \equiv \overline{DN}$ (1)

e $\overline{BE} \equiv \overline{CD}$ (2)

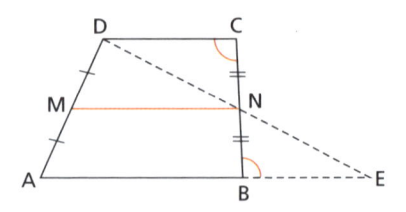

No $\triangle ADE$, em vista de (1), M e N são pontos médios de $\overline{AD}$ e $\overline{DE}$, respectivamente.

Logo,

1º) $\overline{MN} \parallel \overline{AE} \Rightarrow \overline{MN} \parallel \overline{AB} \parallel \overline{CD}$

2º) $\overline{MN} = \dfrac{\overline{AE}}{2} \Rightarrow \overline{MN} = \dfrac{\overline{AB} + \overline{BE}}{2} \overset{(2)}{\Rightarrow} \overline{MN} = \dfrac{\overline{AB} + \overline{CD}}{2}$

Se ABCD for paralelogramo, a propriedade é imediata.

> b) Se um segmento paralelo às bases de um trapézio tem uma extremidade no ponto médio de um dos outros lados e a outra extremidade no quarto lado, então esta extremidade é ponto médio deste lado.

Se ABCD é um trapézio não paralelogramo,

Hipótese		Tese
$(\overline{MN} \parallel \overline{AB} \parallel \overline{CD}, \overline{AM} \equiv \overline{DM}, N \in \overline{BC})$	$\Rightarrow$	$\overline{BN} \equiv \overline{CN}$

Demonstração:

Seja N_1 o ponto médio de $\overline{BC}$.

Pelo teorema anterior $\overleftrightarrow{MN_1} \parallel \overleftrightarrow{AB} \parallel \overleftrightarrow{CD}$. Como a reta paralela à reta $\overleftrightarrow{AB}$ pelo ponto M é única (postulado das paralelas, item 72), temos $\overleftrightarrow{MN_1} = \overleftrightarrow{MN}$. E como $\overleftrightarrow{MN_1}$ e $\overleftrightarrow{MN}$ interceptam $\overline{BC}$ em N_1 e N, respectivamente, decorre que $N_1 = N$.

Logo, $\overline{BN} \equiv \overline{CN}$.

EXERCÍCIOS

224. Determine o valor de x nos casos:

a) [figura: quadrilátero com ângulos 80°, 110°, x, 50°]

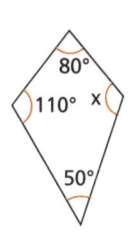

b) [figura: quadrilátero com ângulos x + 30°, x + 20°, x, x + 10°]

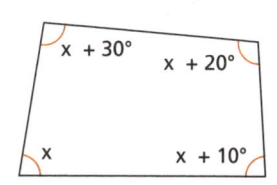

225. Determine os ângulos do quadrilátero ABCD nos casos:

a) [figura: quadrilátero ABCD com ângulos 2x em A, x + 5° e x + 30° em B, x em D em C]

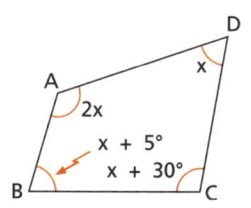

b) [figura: quadrilátero ABCD com ângulos 3x em B, 2x em C, 2x − 20° em D, x em A, ângulo reto]

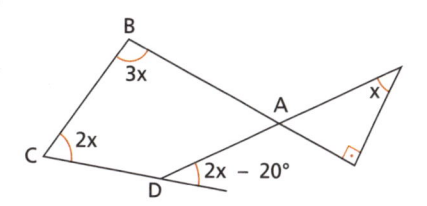

226. Determine o valor de x nos casos:

a) PA = PB [figura com D (100°), ângulo 2x, A (x), C (120°), P, B]

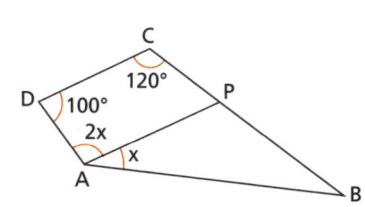

b) AB = AD e CB = CD [figura com A (100°), B, C (40°), D, x]

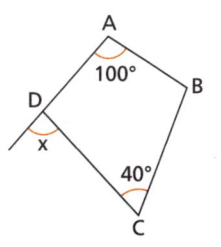

227. Se $\overline{AP}$ e $\overline{BP}$ são bissetrizes, determine x nos casos:

a) [figura com A (65°), B, D (80°), P, x + 35°, x em C]

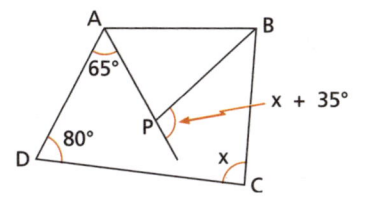

b) [figura com D, C (100°), P, x, A, B]

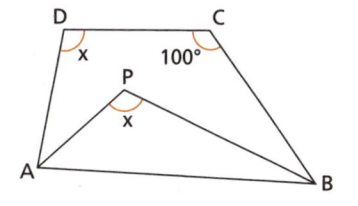

QUADRILÁTEROS NOTÁVEIS

228. Se $\overline{AP}$ e $\overline{BP}$ são bissetrizes, determine:

a) $\hat{C} + \hat{D}$

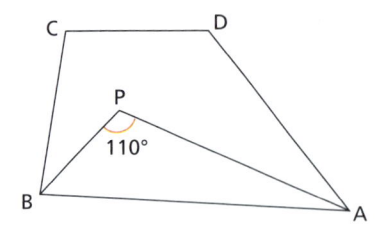

b) $\hat{C}$, que excede $\hat{D}$ em 10°

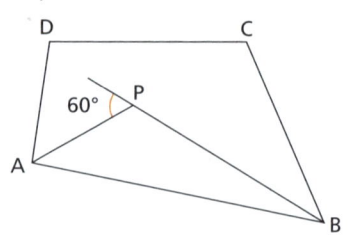

229. Se $\overline{BP}$, $\overline{AP}$, $\overline{CQ}$ e $\overline{DQ}$ são bissetrizes, determine $x + y$.

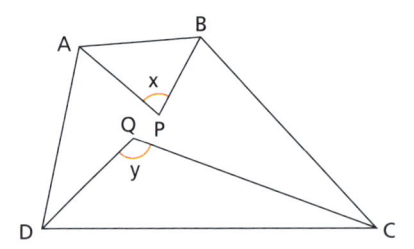

230. Se ABCD é trapézio de bases, $\overline{AB}$ e $\overline{CD}$, determine x e y.

a)

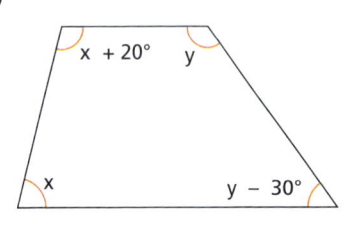

b)

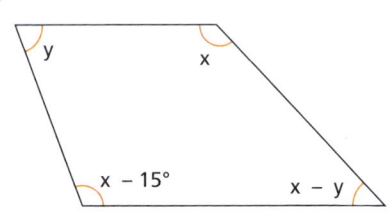

231. ABCD é trapézio de bases $\overline{AB}$ e $\overline{CD}$. Se $\overline{DP}$ e $\overline{CP}$ são bissetrizes, determine x e $B\hat{C}D$.

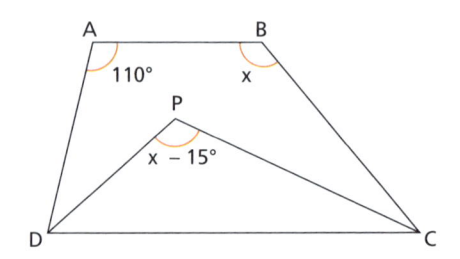

232. Se o trapézio ABCD é isósceles de bases $\overline{AB}$ e $\overline{CD}$, determine Â.

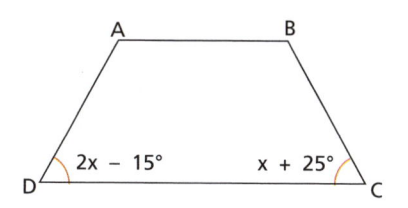

233. Se ABCD é um paralelogramo e Â = 2x e Ĉ = x + 70°, determine B̂.

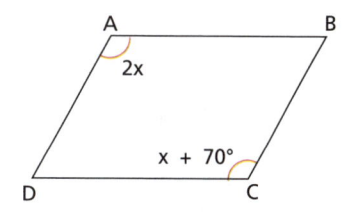

234. Sendo ABCD um paralelogramo, $\overline{AP}$ é bissetriz, AB = 7 cm e PC = 3 cm, determine o perímetro do paralelogramo.

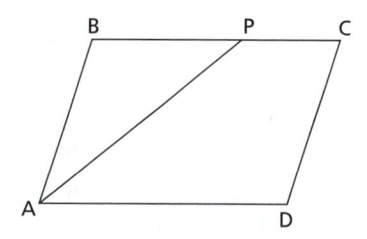

235. Se ABCD é um paralelogramo, AD = 20 cm, BQ = 12 cm e BP = BQ, determine o perímetro desse paralelogramo.

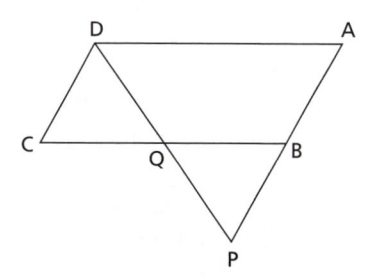

236. Classifique em verdadeiro (V) ou falso (F):
   a) Todo retângulo é um paralelogramo.
   b) Todo paralelogramo é retângulo.
   c) Todo quadrado é retângulo.
   d) Todo retângulo é quadrado.
   e) Todo paralelogramo é losango.
   f) Todo quadrado é losango.

237. Classifique em verdadeiro (V) ou falso (F):
  a) Todo retângulo que tem dois lados congruentes é quadrado.
  b) Todo paralelogramo que tem dois lados adjacentes congruentes é losango.
  c) Se um paralelogramo tem dois ângulos de vértices consecutivos congruentes, então ele é um retângulo.
  d) Se dois ângulos opostos de um quadrilátero são congruentes, então ele é um paralelogramo.

238. Classifique em verdadeiro (V) ou falso (F):
  a) Se dois lados de um quadrilátero são congruentes, então ele é um paralelogramo.
  b) Se dois lados opostos de um quadrilátero são congruentes, então ele é um paralelogramo.
  c) Se dois lados opostos de um quadrilátero são congruentes e paralelos, então ele é um paralelogramo.

239. Classifique em verdadeiro (V) ou falso (F):
  a) As diagonais de um losango são congruentes.
  b) As diagonais de um retângulo são perpendiculares.
  c) As diagonais de um retângulo são bissetrizes dos seus ângulos.
  d) As diagonais de um paralelogramo são bissetrizes dos seus ângulos.
  e) As diagonais de um quadrado são bissetrizes de seus ângulos e são perpendiculares.
  f) Se as diagonais de um quadrilátero são bissetrizes de seus ângulos, então ele é um losango.
  g) Se as diagonais de um quadrilátero são perpendiculares, então elas são bissetrizes dos ângulos dele.
  h) Se as diagonais de um quadrilátero são congruentes e perpendiculares, então ele é um quadrado.
  i) Se as diagonais de um quadrilátero são bissetrizes e congruentes, então ele é um quadrado.
  j) Se uma diagonal de um quadrilátero é bissetriz dos dois ângulos, então ela é perpendicular a outra diagonal.

240. Calcule os lados de um retângulo cujo perímetro mede 40 cm, sabendo que a base excede a altura em 4 cm.

241. Determine a base e a altura de um retângulo, sabendo que o perímetro vale 288 m e que a base excede em 4 m o triplo da altura.

242. Calcule os lados de um paralelogramo, sabendo que o seu perímetro mede 84 m e que a soma dos lados menores representa $\frac{2}{5}$ da soma dos lados maiores.

243. A soma de dois ângulos opostos de um paralelogramo é igual a $\frac{5}{13}$ da soma dos outros dois ângulos opostos. Determine-os.

244. Determine as medidas dos ângulos de um paralelogramo, sabendo que a diferença entre dois consecutivos é igual a $\frac{1}{9}$ da soma dos seus ângulos.

245. Prove que as bissetrizes de dois ângulos consecutivos de um paralelogramo cortam-se em ângulo reto.

246. Em um trapézio retângulo, a bissetriz de um ângulo reto forma com a bissetriz do ângulo agudo do trapézio um ângulo de 110°. Determine o maior ângulo do trapézio.

247. A diagonal de um losango forma com um dos seus lados um ângulo igual à terça parte de um reto. Determine os quatro ângulos do losango.

248. A bissetriz de um ângulo obtuso do losango faz com um dos lados um ângulo de 55°. Determine o valor dos ângulos agudos.

249. A base maior de um trapézio isósceles mede 12 cm e a base menor 8 cm. Calcule o comprimento dos lados não paralelos, sabendo que o perímetro é 40 cm.

250. Um dos ângulos internos de um trapézio isósceles é os $\frac{2}{7}$ do ângulo externo adjacente. Determine os quatro ângulos do trapézio.

251. A soma dos ângulos consecutivos de um trapézio é igual a 78° e sua diferença é 4°. Determine o maior ângulo do trapézio.

252. Determine as medidas dos ângulos formados pelas bissetrizes internas de um trapézio em que dois ângulos agudos consecutivos medem 80° e 60°.

253. Com um arame de 36 m de comprimento construímos um triângulo equilátero e com o mesmo arame construímos depois um quadrado. Determine a razão entre o lado do triângulo e o lado do quadrado.

254. Se ABCD é quadrado e ABP é triângulo equilátero, determine x nos casos:

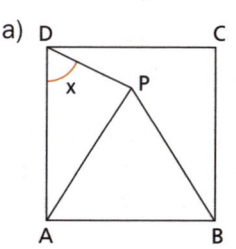

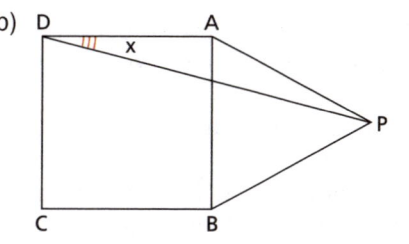

QUADRILÁTEROS NOTÁVEIS

255. Considerando congruentes os segmentos com "marcas iguais", determine os valores das incógnitas nos casos:

a) (x ; 3x − 5)

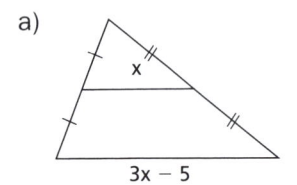

b) (3x + 1 ; 2y − 7 ; y ; x)

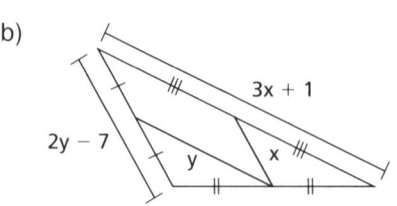

256. No triângulo ABC de lados $\overline{AB} = 9$, BC = 14 e AC = 11, os pontos D, E e F são pontos médios de $\overline{AB}$, $\overline{AC}$ e $\overline{BC}$, respectivamente. Calcule o perímetro do triângulo DEF.

257. Calcule o perímetro do triângulo ABC, sendo $\overline{MN} = 7$ cm, NR = 4 cm e MR = 8 cm, e M, N e R, pontos médios dos lados $\overline{AB}$, $\overline{AC}$ e $\overline{BC}$, respectivamente.

258. Prove que os pontos médios dos lados de um quadrilátero qualquer são vértices de um paralelogramo.

Solução

Seja ABCD um quadrilátero; M, N, P e Q os respectivos pontos médios de $\overline{AB}$, $\overline{BC}$, $\overline{CD}$ e $\overline{DA}$.

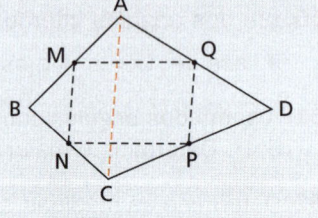

$$\left.\begin{array}{l} \triangle ABC : \overline{MN} \text{ // } AC \text{ e } MN = \dfrac{AC}{2} \\ \triangle DAC : \overline{PQ} \text{ // } \overline{AC} \text{ e } PQ = \dfrac{AC}{2} \end{array}\right\} \Rightarrow$$

$\Rightarrow \quad \overline{MN} \text{ // } \overline{PQ} \text{ e } \overline{MN} \equiv \overline{PQ} \quad \Rightarrow \quad$ MNPQ é paralelogramo.

259. A que condições devem obedecer as diagonais de um quadrilátero convexo para que os pontos médios de seus lados sejam vértices de um losango? E de um retângulo?

260. A que condições devem obedecer as diagonais de um quadrilátero convexo para que os pontos médios de seus lados sejam vértices de um quadrado?

261. Seja ABCD um trapézio de base maior $\overline{AB}$ e base menor $\overline{CD}$. Sejam M o ponto médio do lado $\overline{AD}$ e N o ponto médio de $\overline{BC}$. Os pontos P e Q são os pontos de interseção de $\overline{MN}$ com as diagonais $\overline{AC}$ e $\overline{BD}$, respectivamente. Dados AB = a e CD = b, calcule MN, MP, MQ, NP, NQ e PQ.

QUADRILÁTEROS NOTÁVEIS

Solução

É uma aplicação dos itens 113 e 114 da teoria.
Sendo $\overline{MN}$ base média do trapézio, $\overline{MN}$ é paralela às bases e daí os pontos P e Q são os respectivos pontos médios de $\overline{AC}$ e $\overline{BD}$.

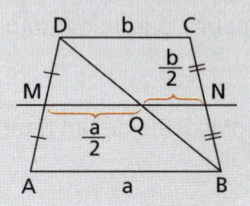

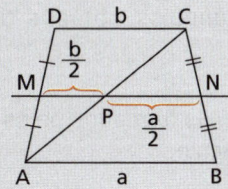

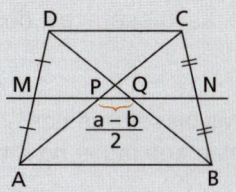

Usando a base média de triângulo e de trapézio, temos:

$MN = \dfrac{a+b}{2}$; $MP = \dfrac{b}{2}$; $MQ = \dfrac{a}{2}$; $NP = \dfrac{a}{2}$; $NQ = \dfrac{b}{2}$ e

$PQ = MQ - MP \Rightarrow PQ = \dfrac{a}{2} - \dfrac{b}{2} \Rightarrow PQ = \dfrac{a-b}{2}$

---

262. A base média de um trapézio vale 20 cm e a base maior é os $\dfrac{3}{2}$ da base menor. Determine as bases.

263. Em um trapézio são dadas as bases AB = 20 cm e CD = 12 cm. Considere os pontos P e Q médios das diagonais $\overline{AC}$ e $\overline{BD}$ e, depois, os pontos R e S médios dos lados $\overline{BC}$ e $\overline{AD}$. Calcule a medida dos segmentos $\overline{PR}$, $\overline{RQ}$ e $\overline{RS}$.

264. Considerando que os segmentos com "marcas iguais" são congruentes, determine os valores das incógnitas nos casos:

a) trapézio

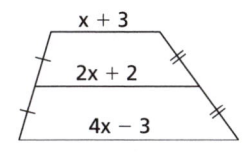

x + 3
2x + 2
4x − 3

c) trapézio

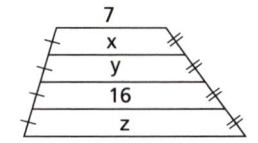

7
x
y
16
z

b) trapézio

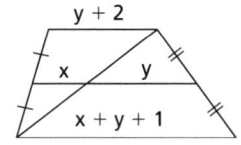

y + 2
x   y
x + y + 1

d) trapézio (MN = x − 2y + 5)

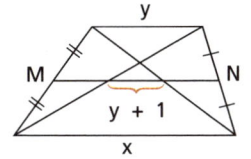

y
M   N
y + 1
x

265. Num trapézio retângulo em que o ângulo mede 45°, a altura é igual à diferença das bases.

266. Prove que a altura de um trapézio retângulo que tem o ângulo agudo medindo 30° é igual à metade do lado não perpendicular às bases.

267. Prove que as bissetrizes dos ângulos obtusos de um paralelogramo são paralelas.

268. Prove que as bissetrizes dos ângulos formados pelas diagonais de um retângulo são paralelas aos lados do retângulo.

269. Num trapézio isósceles ABCD, a base menor $\overline{AB}$ é congruente aos lados não paralelos. Prove que as diagonais são bissetrizes dos ângulos $\hat{C}$ e $\hat{D}$ do trapézio.

270. Num paralelogramo ABCD traçamos sua diagonal $\overline{AC}$. Pelos vértices B e D traçamos dois segmentos $\overline{BP}$ e $\overline{DQ}$ perpendiculares à diagonal $\overline{AC}$, com P e Q pertencentes a $\overline{AC}$. Prove que $\overline{BP}$ é congruente a $\overline{DQ}$.

271. Pelo ponto médio M da base $\overline{BC}$ de um triângulo isósceles ABC traçamos os segmentos $\overline{MP}$ e $\overline{MQ}$ respectivamente paralelos aos lados $\overline{AB}$ e $\overline{AC}$ do triângulo. Prove que APMQ é um losango.

272. Consideremos um quadrilátero convexo com dois ângulos opostos retos. Prove que as bissetrizes dos outros dois ângulos internos do quadrilátero são semirretas paralelas entre si.

273. Na figura, ABCD é um quadrado, onde $\overline{BC} + \overline{CE} = \overline{AE}$. Sendo F o ponto médio de DC, prove que, $B\hat{A}E = 2F\hat{A}D$.

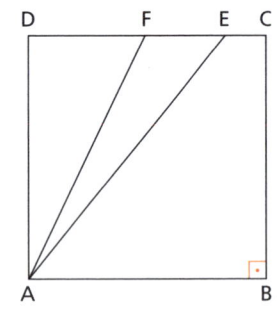

CAPÍTULO VIII

Pontos notáveis do triângulo

I. Baricentro — Medianas

115. As três medianas de um triângulo interceptam-se num mesmo ponto que divide cada mediana em duas partes tais que a parte que contém o vértice é o dobro da outra.

Hipótese

$\overline{AM}_1, \overline{BM}_2, \overline{CM}_3$ são medianas

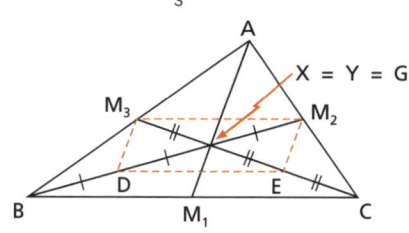

Tese

$\Rightarrow \begin{cases} 1) \ \overline{AM}_1 \cap \overline{BM}_2 \cap \overline{CM}_3 = \{G\} \\ 2) \ \overline{AG} = 2 \cdot \overline{GM}_1, \ \overline{BG} = 2 \cdot \overline{GM}_2, \\ \overline{CG} = 2 \cdot \overline{GM}_3 \end{cases}$

Demonstração:

Seja X o ponto tal que:

$\overline{BM}_2 \cap \overline{CM}_3 = \{X\}$

PONTOS NOTÁVEIS DO TRIÂNGULO

Considerando os pontos médios D e E de $\overline{BX}$ e $\overline{CX}$, temos o que segue:

$$\left. \begin{array}{l} (\triangle ABC, \overline{AM_3} \equiv \overline{BM_3}, \overline{AM_2} \equiv \overline{CM_2}) \Rightarrow \overline{M_2M_3} \mathbin{/\mkern-6mu/} \overline{BC} \text{ e } \overline{M_2M_3} = \dfrac{\overline{BC}}{2} \\ (\triangle XBC, \overline{XD} \equiv \overline{BD} \text{ e } \overline{XE} \equiv \overline{CE}) \Rightarrow \overline{DE} \mathbin{/\mkern-6mu/} \overline{BC} \text{ e } \overline{DE} = \dfrac{\overline{BC}}{2} \end{array} \right\} \Rightarrow$$

$$\Rightarrow \overline{M_2M_3} \mathbin{/\mkern-6mu/} \overline{DE} \text{ e } \overline{M_2M_3} \equiv \overline{DE} \Rightarrow M_2M_3DE \text{ é paralelogramo} \Rightarrow$$

$$\Rightarrow \begin{cases} \overline{DX} \equiv \overline{XM_2} \Rightarrow \overline{BX} = 2 \cdot \overline{XM_2} & (1) \\ \overline{EX} \equiv \overline{XM_3} \Rightarrow \overline{CX} = 2 \cdot \overline{XM_3} & (2) \end{cases}$$

Logo, a mediana $\overline{BM_2}$ intercepta a mediana $\overline{CM_3}$ num ponto X tal que:
$$\overline{CX} = 2 \cdot \overline{XM_3}$$

Tomando-se as medianas $\overline{AM_1}$ e $\overline{CM_3}$ e sendo Y o ponto tal que:
$$\overline{AM_1} \cap \overline{CM_3} = \{Y\}$$

de modo análogo concluímos que:
$$\overline{CY} = 2 \cdot \overline{YM_3} \quad (3) \quad \text{e} \quad \overline{AY} = 2 \cdot \overline{YM_1} \quad (4)$$

De (2) e (3), decorre que X = Y.

Chamando este ponto X = Y de G e considerando (1), (2) e (4), temos:
$$\overline{AM_1} \cap \overline{BM_2} \cap \overline{CM_3} = \{G\} \quad \text{e}$$
$$\overline{AG} = 2 \cdot \overline{GM_1}, \overline{BG} = 2 \cdot \overline{GM_2}, \overline{CG} = 2 \cdot \overline{GM_3}$$

116. Baricentro — definição

O ponto de interseção (ou ponto de encontro, ou ponto de concurso) das três medianas de um triângulo é o **baricentro** do triângulo.

G é o baricentro do △ABC.

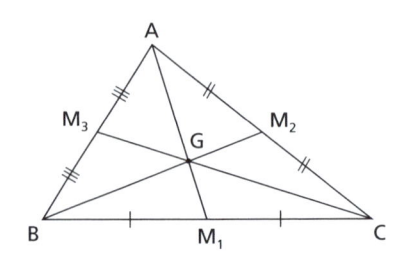

$$\overline{AM_1} \cap \overline{BM_2} \cap \overline{CM_3} = \{G\}$$

$$\overline{AG} = 2 \cdot \overline{GM_1}, \overline{BG} = 2 \cdot \overline{GM_2}, \overline{CG} = 2 \cdot \overline{GM_3}$$

$$\overline{AG} = \frac{2}{3} \cdot \overline{AM_1}, \overline{BG} = \frac{2}{3} \cdot \overline{BM_2}, \overline{CG} = \frac{2}{3} \cdot \overline{CM_3}$$

$$\overline{GM_1} = \frac{1}{3} \cdot \overline{AM_1}, \overline{GM_2} = \frac{1}{3} \cdot \overline{BM_2}, \overline{GM_3} = \frac{1}{3} \cdot \overline{CM_3}$$

Nota

O baricentro é o centro de gravidade do triângulo.

II. Incentro — Bissetrizes internas

117.
> As três bissetrizes internas de um triângulo interceptam-se num mesmo ponto que está a igual distância dos lados do triângulo.

Sendo o $\triangle ABC$ de lados $\overline{BC} = a$, $\overline{AC} = b$ e $\overline{AB} = c$:

Hipótese		Tese
$\overline{AS_1}, \overline{BS_2}, \overline{CS_3}$ são bissetrizes internas	$\Rightarrow$	$\begin{cases} 1) \ \overline{AS_1} \cap \overline{BS_2} \cap \overline{CS_3} = \{S\} \\ 2) \ d_{S,a} = d_{S,b} = d_{S,c} \end{cases}$

Demonstração:

Seja S o ponto tal que:
$\overline{BS_2} \cap \overline{CS_3} = \{S\}$

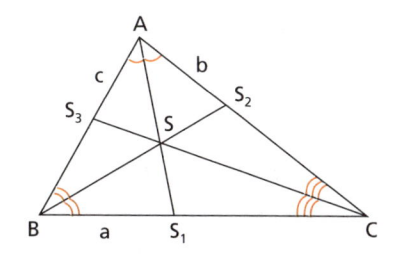

Temos:

$\left. \begin{array}{l} S \in \overline{BS_2} \Rightarrow d_{S,a} = d_{S,c} \\ S \in \overline{CS_3} \Rightarrow d_{S,a} = d_{S,b} \end{array} \right\} \Rightarrow d_{S,b} = d_{S,c} \Rightarrow S \in \overline{AS_1}$

Logo,

$\overline{AS_1} \cap \overline{BS_2} \cap \overline{CS_3} = \{S\}$ e $d_{S,a} = d_{S,b} = d_{S,c}$

118. Incentro — definição

O ponto de interseção (ou ponto de encontro ou ponto de concurso) das três bissetrizes internas de um triângulo é o **incentro** do triângulo.

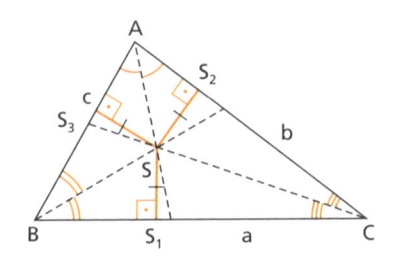

S é o incentro do △ABC.

$\overline{AS_1} \cap \overline{BS_2} \cap \overline{CS_3} = \{S\}$

$d_{S,a} = d_{S,b} = d_{S,c}$

Nota

O incentro é o centro da circunferência inscrita no triângulo.

III. Circuncentro — Mediatrizes

119.
> As mediatrizes dos lados de um triângulo interceptam-se num mesmo ponto que está a igual distância dos vértices do triângulo.

Sendo o △ABC,

Hipótese

m_1, m_2, m_3 mediatrizes de $\overline{BC}, \overline{AC}$ e $\overline{AB}$ $\Rightarrow$

Tese

$\begin{cases} 1) \ m_1 \cap m_2 \cap m_3 = \{O\} \\ 2) \ \overline{OA} \equiv \overline{OB} \equiv \overline{OC} \end{cases}$

Demonstração:

Seja O o ponto tal que:

$m_2 \cap m_3 = \{O\}$

$\left. \begin{array}{l} O \in m_2 \ \Rightarrow \ \overline{OA} \equiv \overline{OC} \\ O \in m_3 \ \Rightarrow \ \overline{OA} \equiv \overline{OB} \end{array} \right\} \Rightarrow$

$\Rightarrow \ OB \equiv OC \ \Rightarrow \ O \in m_1$

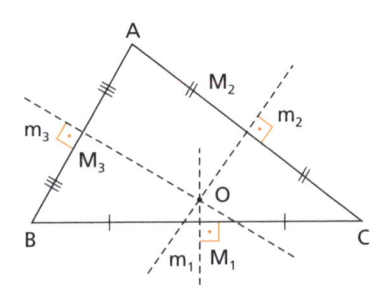

Logo,

$m_1 \cap m_2 \cap m_3 = \{O\}$ e $\overline{OA} \equiv \overline{OB} \equiv \overline{OC}$

120. Circuncentro — definição

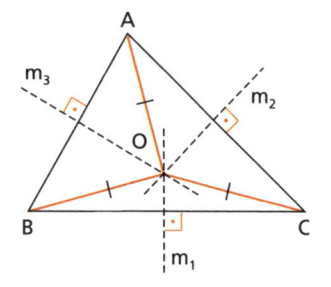

O ponto de interseção (ou ponto de encontro ou ponto de concurso) das mediatrizes dos lados de um triângulo é o **circuncentro** do triângulo.

Nota

O circuncentro é o centro da circunferência circunscrita ao triângulo.

IV. Ortocentro — Alturas

121. As três retas suportes das alturas de um triângulo interceptam-se num mesmo ponto.

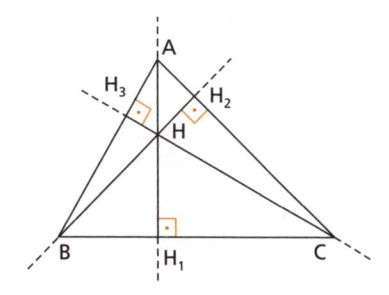

Sendo o $\triangle ABC$ de alturas $\overline{AH_1}$, $\overline{BH_2}$, $\overline{CH_3}$:

Hipótese	Tese
$\overleftrightarrow{AH_1}$, $\overleftrightarrow{BH_2}$, $\overleftrightarrow{CH_3}$ retas que contêm as alturas $\Rightarrow$	$\overleftrightarrow{AH_1} \cap \overleftrightarrow{BH_2} \cap \overleftrightarrow{CH_3} = \{H\}$

Demonstração:

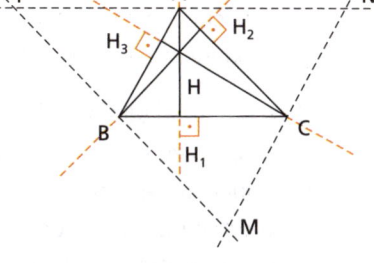

Pelos vértices A, B e C do triângulo conduzimos retas paralelas aos lados opostos, obtendo o triângulo MNP.

$A \in \overline{NP}$ e $\overline{NP} \mathbin{/\mkern-5mu/} \overline{BC}$;
$B \in \overline{MP}$ e $\overline{MP} \mathbin{/\mkern-5mu/} \overline{AC}$;
$C \in \overline{MN}$ e $\overline{MN} \mathbin{/\mkern-5mu/} \overline{AB}$.

APBC é paralelogramo $\Rightarrow \overline{AP} \equiv \overline{BC}$
ABCN é paralelogramo $\Rightarrow \overline{AN} \equiv \overline{BC}$ $\Bigg\} \Rightarrow$ A é ponto médio de $\overline{NP}$ (1)

$(\overleftrightarrow{AH_1} \perp \overline{BC}, \overline{NP} \mathbin{/\mkern-5mu/} \overline{BC}) \Rightarrow \overleftrightarrow{AH_1}$ é perpendicular a $\overline{NP}$ (2)

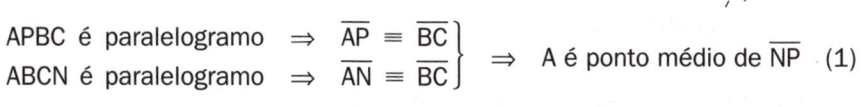

De (1) e (2), decorre que:

A reta $\overleftrightarrow{AH_1}$ é mediatriz de $\overline{NP}$.

Analogamente:

A reta $\overleftrightarrow{BH_2}$ é mediatriz de $\overline{MP}$.   A reta $\overleftrightarrow{CH_3}$ é mediatriz de $\overline{MN}$.

Logo, considerando o $\triangle MNP$, as mediatrizes $\overleftrightarrow{AH_1}$, $\overleftrightarrow{BH_2}$ e $\overleftrightarrow{CH_3}$ dos lados do triângulo interceptam-se num ponto, H.

$$\overleftrightarrow{AH_1} \cap \overleftrightarrow{BH_2} \cap \overleftrightarrow{CH_3} = \{H\}$$

122. Ortocentro — definição

O ponto de interseção (ou ponto de encontro ou ponto de concurso) das retas suportes das alturas de um triângulo é o **ortocentro** do triângulo.

EXERCÍCIOS

274. Classifique em verdadeiro (V) ou falso (F):
   a) O incentro é o centro da circunferência inscrita no triângulo.
   b) O circuncentro é o centro da cincunferência circunscrita ao triângulo.
   c) O incentro é interno ao triângulo.
   d) O baricentro é interno ao triângulo.
   e) O ortocentro é interno ao triângulo.
   f) O circuncentro é interno ao triângulo.
   g) O baricentro é o centro da circunferência inscrita no triângulo.

275. Diga que triângulo satisfaz a condição dada nos casos:
   a) O ortocentro e o baricentro são coincidentes;
   b) O incentro e o circuncentro são coincidentes;
   c) O ortocentro é um dos vértices;
   d) O ortocentro é externo;
   e) O circuncentro é externo;
   f) O circuncentro está em um dos lados;
   g) O ortocentro é um ponto interno.

276. Considere os segmentos constituídos pelas três alturas, pelas três medianas e pelas três bissetrizes internas de um triângulo. Quantos desses segmentos, dois a dois distintos, teremos:
a) no triângulo equilátero;
b) no triângulo isósceles não equilátero;
c) no triângulo escaleno.

277. Sendo G o baricentro do triângulo ABC, determine x, y e z.
AG = 10
BG = y
CG = 14

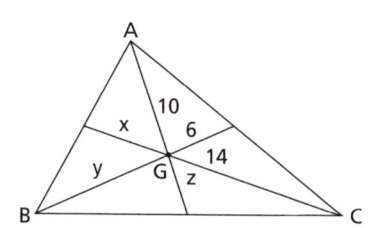

278. Se o quadrilátero ABCD é um paralelogramo e M é o ponto médio de $\overline{AB}$, determine x.
DP = 16
PM = x

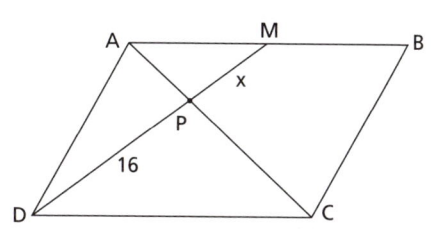

279. Sendo H o ortocentro de um triângulo ABC e BĤC = 150°, determine Â.

280. Se H é o ortocentro de um triângulo isósceles ABC de base $\overline{BC}$ e BĤC = 50°, determine os ângulos do triângulo.

281. Se P é o incentro de um triângulo ABC e BP̂C = 125°, determine Â.

282. O circuncentro de um triângulo isósceles é interno ao triângulo e duas mediatrizes formam um ângulo de 50°. Determine os ângulos desse triângulo.

283. Considerando congruentes os segmentos com "marcas iguais", determine valores das incógnitas nos casos:
a) 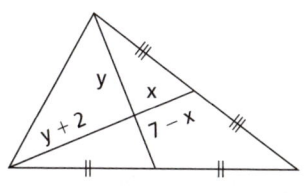
b) paralelogramo

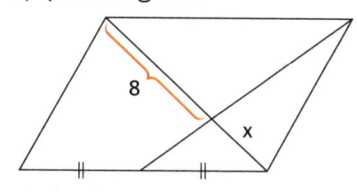

284. Considerando os quatro pontos notáveis de um triângulo:
a) Quais os que podem ser externos ao triângulo?
b) Qual o que pode ser ponto médio de um lado?
c) Qual o que pode ser vértice do triângulo?

285. Em um triângulo ABC, os ângulos Â e B̂ medem, respectivamente, 86° e 34°. Determine o ângulo agudo formado pela mediatriz relativa ao lado $\overline{BC}$ e pela bissetriz do ângulo Ĉ.

286. Em um triângulo ABC os ângulos Â e B̂ medem, respectivamente, 70° e 60°. Determine a razão entre os dois maiores ângulos formados pelas interseções das três alturas.

287. Determine as medidas dos três ângulos obtusos formados pelas mediatrizes de um triângulo equilátero.

288. Na figura, Q é o ponto médio de $\overline{AB}$. $\overline{QP}$ é paralelo a $\overline{BC}$. Sendo $\overline{AC}$ = 30 cm, determine $\overline{PO}$.

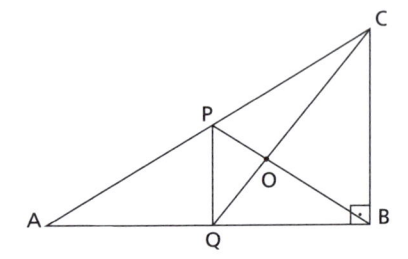

289. Na figura, ABCD é retângulo, M é o ponto médio de $\overline{CD}$ e o triângulo ABM é equilátero. Sendo $\overline{AB}$ = 15, calcule $\overline{AP}$.

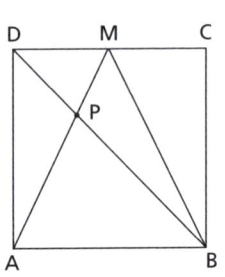

290. Determine o perímetro do triângulo ARS da figura, onde $\overline{AB}$ e $\overline{AC}$ medem 15 cm e 18 cm, respectivamente, sendo $\overline{BQ}$ e $\overline{CQ}$ as bissetrizes dos ângulos B̂ e Ĉ do triângulo ABC e $\overline{RS}$ paralelo a $\overline{BC}$.

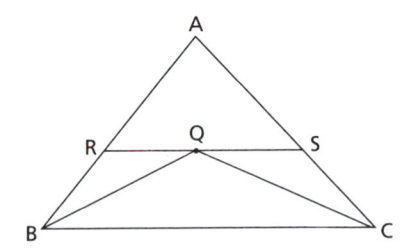

291. As três bissetrizes de um triângulo ABC se encontram num ponto O. Determine as medidas dos ângulos AÔB, AÔC e BÔC em função dos ângulos Â, B̂ e Ĉ do triângulo.

PONTOS NOTÁVEIS DO TRIÂNGULO

LEITURA

Papus: o epílogo da geometria grega

Hygino H. Domingues

A partir do século III a.C., Roma começa a se impor como potência militar imperialista. Em 156 a.C, após uma sucessão de conquistas, anexou a Grécia aos seus já vastos domínios. A mesma sorte teria o Egito em 31 a.C. Mas alguns anos antes os romanos já haviam intervindo nesse país, valendo-se da disputa pelo poder entre Cleópatra e seu irmão. César, no ano 47 a.C., mandara incendiar a esquadra egípcia ancorada no porto de Alexandria. O fogo se alastrou e atingiu a biblioteca, consumindo cerca de 500 mil textos.

Apesar desses acontecimentos, Alexandria continuaria a ostentar por muito tempo a condição de capital cultural do mundo. Mas, por várias razões, aproximadamente por volta dessa época começa a declinar em intensidade sua pujança, inclusive no campo da matemática.

Colonização grega (séculos VIII–VI a.C.)

Fonte: HILGEMANN, Werner e KINDER, Hermann. *Atlas histórico mundial*: de los orígenes a la Revolución Francesa. Madrid: Istmo, 1982, p. 50.

De um lado o modelo matemático dos gregos, com sua grande ênfase na geometria dedutiva, paralelamente à não adoção de qualquer simbologia algébrica, estava se esgotando. Ademais, os romanos, embora a princípio não interferissem nas atividades científicas dos gregos, muito menos as incetivavam ou valorizavam, posto que só o conhecimento prático lhes interessasse. E, quando o cristianismo se tornou a religião oficial do Império Romano, essa isenção foi sendo abandonada, culminando com o fechamento das escolas gregas de filosofia no ano 529, incluindo a secular Academia de Platão, em Atenas. Nessa fase de decadência o último grande alento da matemática grega foi dado por Papus de Alexandria (aproximadamente 300 d.C.).

Papus provavelmente viveu e ensinou em Alexandria entre o final do século III e a primeira metade do século IV, conforme se deduz de comentário seu sobre o *Almagesto*, em que cita como episódio recente um eclipse do Sol ocorrido no ano 320. Dentre suas obras, apenas uma restou até nossos dias: a *Coleção Matemática*, em oito livros, dos quais o primeiro e parte do segundo se perderam.

Predominantemente uma obra de geometria, a grande importância da *Coleção Matemática* se assenta em três razões principais.

Uma delas se traduz nas preciosas informações históricas que inclui sobre a matemática grega; a outra, na tentativa de tornar mais acessível a geometria grega já conhecida, mediante novas demonstrações e lemas explanatórios; a última é a própria contribuição original de Papus, bastante significativa.

Um dos resultados de maior alcance deixados por Papus é conhecido hoje como **teorema de Guldin** — em homenagem a P. Guldin, que o redescobriu no século XVII. Esse teorema assegura que, se uma reta e uma curva fechada são coplanares e não se interceptam, o volume do sólido obtido girando-se a superfície delimitada pela curva em torno da reta é igual ao produto da área dessa superfície pelo comprimento da trajetória de seu centro de gravidade.

É digna de registro também a proposição 139, no livro VII, conhecida em geometria projetiva como **teorema de Papus**: "Se A, B e C são pontos de uma reta e A', B' e C' pontos de outra, conforme a figura, então AB' e A'B, AC' e A'C, BC' e B'C se encontram em três pontos colineares".

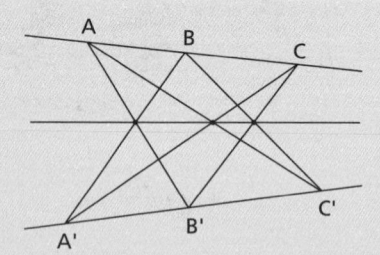

A Papus se deve ainda o conceito de **foco** e **diretriz** de uma cônica. É dele o teorema: "O lugar geométrico dos pontos de um plano cuja razão das distâncias a um ponto (foco) e uma reta (diretriz) é constante, é uma cônica".

Enfim, bem que Papus se empenhou para reerguer a geometria grega. Mas as forças inexoráveis da história estavam contra ele.

CAPÍTULO IX

Polígonos

I. Definições e elementos

123. Polígonos — definição

Dada uma sequência de pontos de um plano (A_1, A_2, ..., A_n) com $n \geq 3$, todos distintos, onde três pontos consecutivos não são colineares, considerando-se consecutivos A_{n-1}, A_n e A_1, assim como A_n, A_1 e A_2, chama-se polígono à reunião dos segmentos $\overline{A_1A_2}$, $\overline{A_2A_3}$, ..., $\overline{A_{n-1}A_n}$, $\overline{A_nA_1}$.

Indicação:

polígono $A_1A_2A_3 ... A_{n-1}A_n$ ou, simplesmente, $A_1A_2A_3 ... A_{n-1}A_n$

$A_1A_2A_3 ... A_{n-1}A_n = \overline{A_1A_2} \cup \overline{A_2A_3} \cup ... \cup \overline{A_{n-1}A_n} \cup \overline{A_nA_1}$

124. Exemplos:

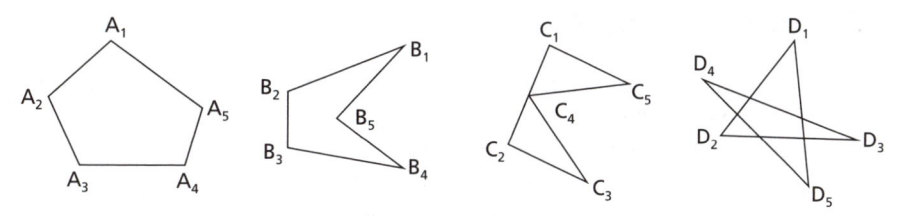

$A_1A_2A_3A_4A_5$, $B_1B_2B_3B_4B_5$, $C_1C_2C_3C_4C_5$ e $D_1D_2D_3D_4D_5$ são polígonos.

POLÍGONOS

Para n = 5, os dois casos abaixo não são polígonos.

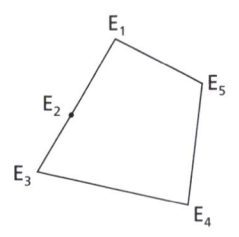

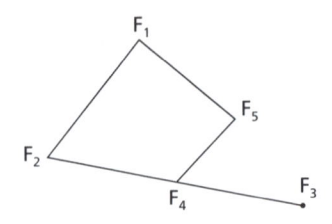

$E_1E_2E_3E_4E_5$ apresenta E_1, E_2 e E_3 colineares

$F_1F_2F_3F_4F_5$ apresenta F_2, F_3 e F_4 colineares

125. Elementos

Considerando o polígono $A_1A_2A_3 \ldots A_{n-1}A_n$, temos:

- os pontos A_1, A_2, A_3, ..., A_{n-1}, A_n são os vértices do polígono;
- os segmentos $\overline{A_1A_2}$, $\overline{A_2A_3}$, ..., $\overline{A_{n-1}A_n}$, $\overline{A_nA_1}$ são os lados do polígono;
- e os ângulos $\hat{A}_1 = A_n\hat{A}_1A_2$, $\hat{A}_2 = A_1\hat{A}_2A_3$, ..., $\hat{A}_n = A_{n-1}\hat{A}_nA_1$ são os ângulos do polígono.

Dois lados que têm um vértice comum (ou uma extremidade comum) são lados consecutivos.

Dois lados não consecutivos não têm vértice (ou extremidade) comum.

Dois ângulos de um polígono são consecutivos se têm um lado do polígono comum.

Um polígono de n vértices possui n lados e n ângulos.

A soma dos lados é o **perímetro** do polígono:

perímetro de $A_1A_2A_3 \ldots A_{n-1}A_n = \overline{A_1A_2} + \overline{A_2A_3} + \ldots + \overline{A_{n-1}A_n} + \overline{A_nA_1}$

126. Polígono simples

Um polígono é simples se, e somente se, a interseção de quaisquer dois lados não consecutivos é vazia.

Dos polígonos do exemplo anterior (item 124), temos:

$A_1A_2A_3A_4A_5$ e $B_1B_2B_3B_4B_5$ são polígonos simples

$C_1C_2C_3C_4C_5$ não é polígono simples (é complexo) e

$D_1D_2D_3D_4D_5$ não é polígono simples (é complexo e ainda entrelaçado).

127. Polígono convexo e polígono côncavo

Um polígono simples é um **polígono convexo** se, e somente se, a reta determinada por dois vértices consecutivos quaisquer deixa todos os demais (n − 2) vértices num mesmo semiplano dos dois que ela determina.

Se um polígono não é polígono convexo, diremos que ele é um **polígono côncavo**.

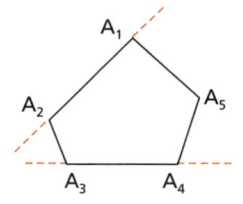

$A_1A_2A_3A_4A_5$ é polígono convexo. 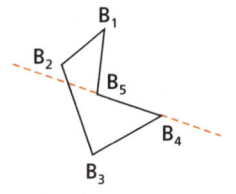 $B_1B_2B_3B_4B_5$ é polígono côncavo.

128. Interior e exterior de um polígono

Dado um polígono simples e um ponto não pertencente a ele, se conduzirmos uma semirreta com origem no ponto e que não passe por nenhum vértice, mas intercepte o polígono, se o número de pontos de interseção:

a) for ímpar, então o ponto é **interno** ao polígono;

b) for par, então o ponto é **externo** ao polígono.

O conjunto dos pontos internos de um polígono é seu **interior** e o conjunto dos pontos externos ao polígono é seu **exterior**.
O interior de um polígono convexo é uma região convexa.
O interior de um polígono côncavo é uma região côncava.

129. Superfície poligonal

A reunião de um polígono com o seu interior é uma **região poligonal** ou **superfície poligonal**.

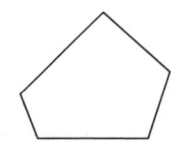

superfície poligonal (convexa)   superfície poligonal (côncava)

POLÍGONOS

130. Observação

Sob uma outra orientação, até este ponto não adotada neste texto, o ente **polígono** corresponde ao que denominamos **superfície poligonal** ou **região poligonal**; o ente **poligonal fechada** ou **contorno do polígono** corresponde ao que chamamos de **polígono**. As conclusões práticas a que se chega com uma ou outra orientação são as mesmas.

131. Nome dos polígonos

De acordo com o número n de lados, os polígonos recebem nomes especiais. Veja a seguir as correspondências:

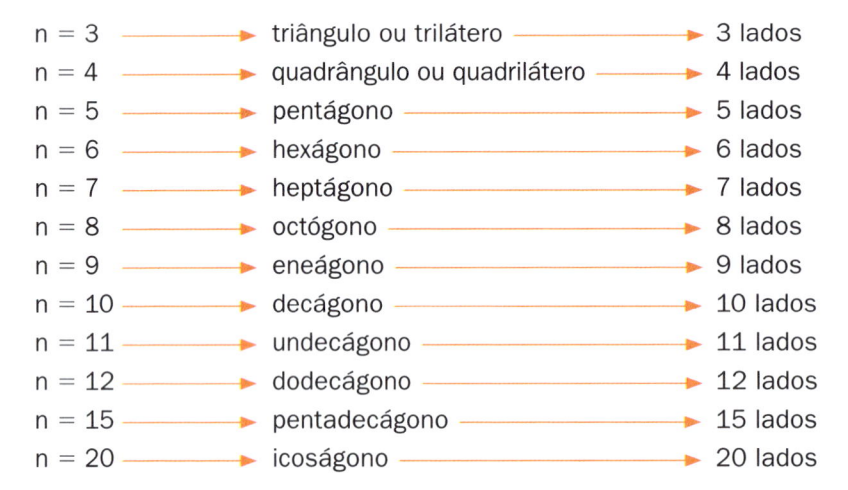

$n = 3$	triângulo ou trilátero	3 lados
$n = 4$	quadrângulo ou quadrilátero	4 lados
$n = 5$	pentágono	5 lados
$n = 6$	hexágono	6 lados
$n = 7$	heptágono	7 lados
$n = 8$	octógono	8 lados
$n = 9$	eneágono	9 lados
$n = 10$	decágono	10 lados
$n = 11$	undecágono	11 lados
$n = 12$	dodecágono	12 lados
$n = 15$	pentadecágono	15 lados
$n = 20$	icoságono	20 lados

Em geral, para um número n ($n \geqslant 3$) qualquer de lados dizemos que o polígono é um **n-látero**.

132. Polígono regular

Um polígono que possui os lados congruentes é equilátero. Se possui os ângulos congruentes, é equiângulo.

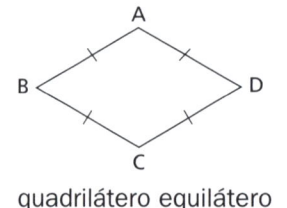

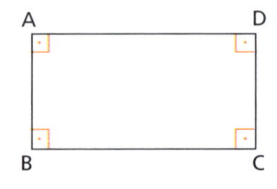

quadrilátero equilátero   quadrilátero equiângulo

Um polígono convexo é regular se, e somente se, tem todos os lados congruentes (é equilátero) e todos os ângulos congruentes (é equiângulo).

Exemplos:

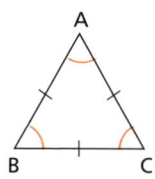

O triângulo regular é o triângulo equilátero.

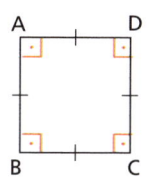

O quadrilátero regular é o quadrado.

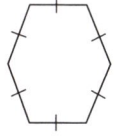

hexágono equilátero 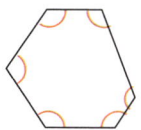   hexágono equiângulo 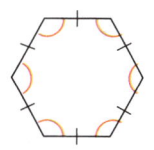   hexágono regular

II. Diagonais — Ângulos internos — Ângulos externos

1º) **Número *d* de diagonais de um polígono de *n* lados (n ≥ 3)**

133. Diagonal de um polígono é um segmento cujas extremidades são vértices não consecutivos do polígono.

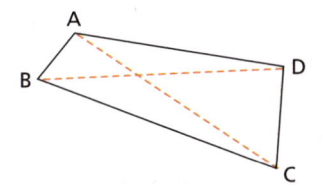

ABCD é um quadrilátero convexo.
$\overline{AC}$ e $\overline{BD}$ são suas diagonais.

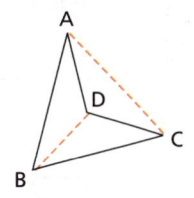

ABCD é um quadrilátero côncavo.
$\overline{AC}$ e $\overline{BD}$ são suas diagonais.

POLÍGONOS

134. O número de diagonais *d* de um polígono de *n* lados (n ⩾ 3) é dado por:

$$d = \frac{n(n-3)}{2}$$

Dedução:

Seja $A_1A_2A_3 \ldots A_n$ um polígono de *n* lados.

Com extremidade num dos vértices do polígono (vértice A_1, por exemplo), temos:

(n − 3) diagonais.

Se com extremidade em cada vértice temos

(n − 3) diagonais,

então com extremidades nos *n* vértices, temos:

n(n − 3) diagonais.

Porém, nesta conta

n(n − 3)

cada diagonal é contada duas vezes, pois tem extremidades em 2 vértices.

(Por exemplo, na conta acima, $\overline{A_1A_3}$ e $\overline{A_3A_1}$ são contadas como duas diagonais, quando na realidade é uma só $\overline{A_1A_3} = \overline{A_3A_1}$.)

Logo, o número *d* de diagonais é:

$$d = \frac{n(n-3)}{2}$$

2º) **Soma S_i dos ângulos internos de um polígono convexo**

135. A soma S_i dos ângulos internos de um polígono convexo de *n* lados (n ⩾ 3) é dada por:

$$S_i = (n-2) \cdot 2 \text{ retos}$$

ou, simplesmente,

A soma dos ângulos internos de um polígono convexo é:

$$S_i = (n-2) \cdot 180°$$

Dedução:

Seja $A_1 A_2 A_3 \ldots A_n$ um polígono convexo de n lados.

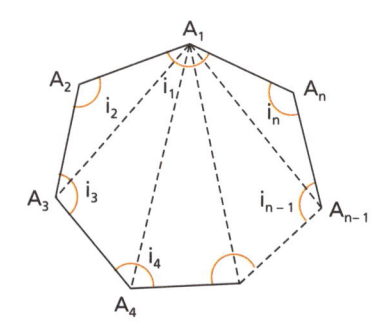

De um vértice qualquer conduzimos todas as diagonais que têm esse vértice como extremo.

O polígono fica então dividido em $(n - 2)$ triângulos e a soma S_i dos ângulos internos do polígono

$$S_i = i_1 + i_2 + i_3 + \ldots + i_n$$

é igual à soma dos ângulos internos dos $(n - 2)$ triângulos.

Logo,

$$\boxed{S_i = (n - 2) \cdot 2 \text{ retos}}$$ ou $$\boxed{S_i = (n - 2) \cdot 180°}$$

3º) **Soma S_e dos ângulos externos de um polígono convexo**

136. **Ângulo externo** de um polígono convexo é um ângulo suplementar adjacente a um ângulo (interno) do polígono.

137. A soma S_e dos ângulos externos de um polígono convexo de n lados $(n \geq 3)$ é dada por:
$$S_e = 4 \text{ retos}$$

ou, simplesmente,

A soma dos ângulos externos de um polígono convexo é:
$$S_e = 360°$$

POLÍGONOS

Dedução:

Seja $A_1A_2A_3 \ldots A_n$ um polígono convexo de n lados.

Considerando os ângulos externos

$$e_1, e_2, e_3, \ldots, e_n$$

suplementares adjacentes aos respectivos ângulos internos

$$i_1, i_2, i_3, \ldots, i_n$$

temos:

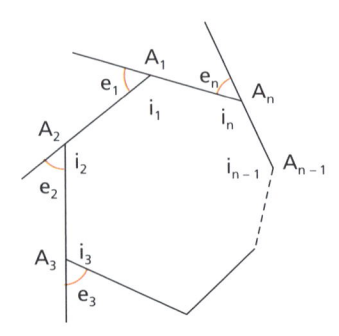

$$\left.\begin{array}{l} e_1 + i_1 = 180° \\ e_2 + i_2 = 180° \\ e_3 + i_3 = 180° \\ \vdots \qquad \vdots \\ e_n + i_n = 180° \end{array}\right\} \text{somando membro a membro as } n \text{ igualdades}$$

$$S_e + S_i = n \cdot 180°$$

Substituindo-se S_i por $(n - 2) \cdot 180°$, vem:

$S_e + (n - 2) \cdot 180° = n \cdot 180°$

$S_e + \cancel{n \cdot 180°} - 360° = \cancel{n \cdot 180°}$

$$\boxed{S_e = 360°}$$

138. Expressões do ângulo interno (a_i) e do ângulo externo (a_e) de um polígono regular

Os ângulos internos de um polígono regular são congruentes.

$n \cdot a_i = S_i \Rightarrow \boxed{n \cdot a_i = (n - 2) \cdot 180°} \Rightarrow a_i = \dfrac{(n - 2) \cdot 180°}{n}$

Os ângulos externos de um polígono regular são congruentes.

$n \cdot a_e = S_e \Rightarrow \boxed{n \cdot a_e = 360°} \Rightarrow a_e = \dfrac{360°}{n}$

POLÍGONOS

E, ainda:

$$a_i + a_e = 180°$$

Nota

Para se calcular a medida do ângulo interno (a_i) de um polígono regular é mais prático se obter, em primeiro lugar, a medida do ângulo externo (a_e) e, pelo suplemento, se encontra a medida do ângulo interno.

EXERCÍCIOS

292. Determine, de preferência sem usar a fórmula, a soma dos ângulos internos de um:

a) pentágono convexo
b) hexágono convexo

293. Determine o valor de x nos casos:

a) [quadrilátero com ângulos: x, 90°, 2x, 60°]

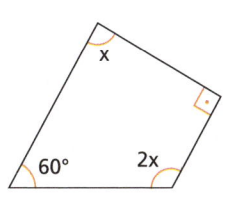

b) [pentágono com ângulos: 105°, 105°, x, x, x]

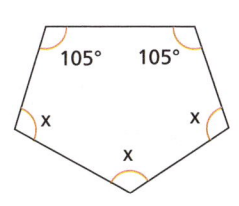

c) [hexágono com ângulos: x + 20°, x + 30°, 130°, 120°, 150°, x]

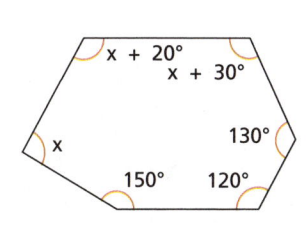

d) [pentágono com ângulos: x, x/2, x − 30°, x − 60°, 90°]

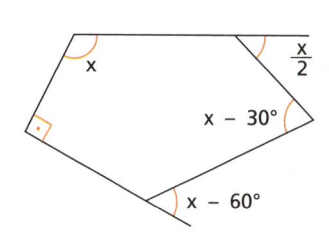

e) $\overline{AB} \, // \, \overline{ED}$

[pentágono ABCDE com ângulos em B: x + 20°, em C: 90°, em D: x + 10°]

9 | Fundamentos de Matemática Elementar

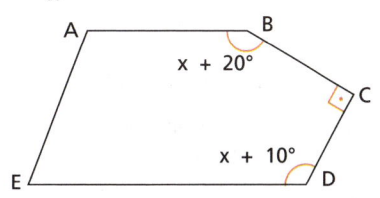

POLÍGONOS

294. Nos casos abaixo, determine x, sabendo que os segmentos $\overline{AP}$, $\overline{BP}$, $\overline{CP}$ e $\overline{DP}$ nas figuras em que aparecem são bissetrizes.

a)

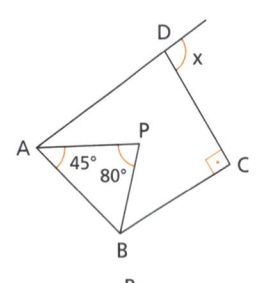

b)

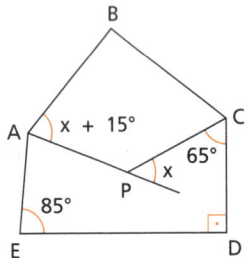

c)

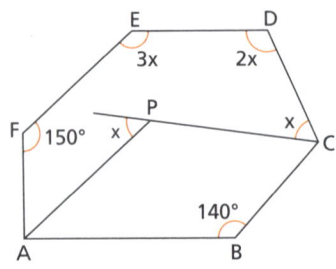

d)

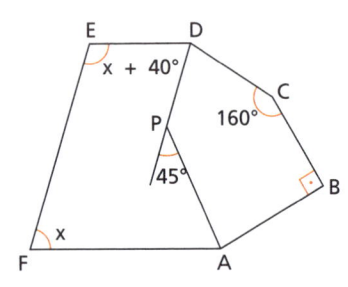

295. Sendo $\overline{AP}$ e $\overline{CP}$ bissetrizes de $\hat{A}$ e $\hat{C}$, determine x.

a) $\overline{AB} \parallel \overline{PC}$ $\overline{AP} \parallel \overline{BC}$

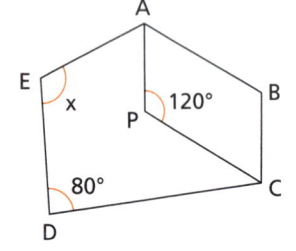

b) $\overline{AB} \parallel \overline{PC}$

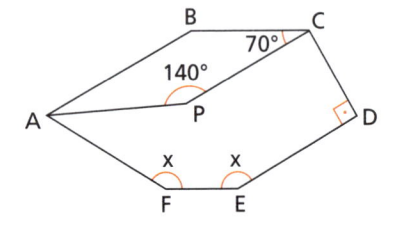

296. Determine o ângulo interno e o ângulo externo de um:
a) triângulo equilátero;
b) quadrado;
c) pentágono regular;
d) hexágono regular.

297. Se o triângulo ABP é equilátero e ABCDE é pentágono regular, determine x nos casos:

a)

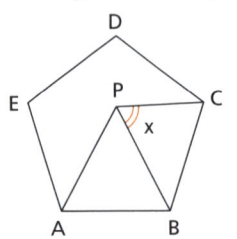

b)

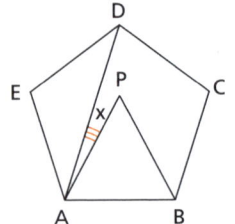

298. Determine os valores de x e y nos casos:
   a) pentágono regular e quadrado;
   b) hexágono regular e quadrado.

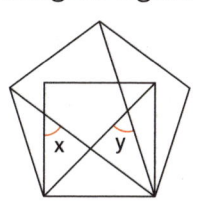

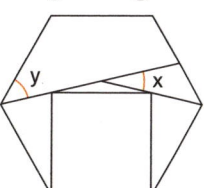

299. Calcule a soma dos ângulos internos de um eneágono.

300. Calcule a soma dos ângulos internos de um decágono.

301. Calcule a soma dos ângulos internos de um icoságono.

302. Qual é o polígono cuja soma dos ângulos internos vale 1 800°?

303. Calcule o número de diagonais de um decágono.

304. Calcule o número de diagonais de um icoságono.

305. Determine o polígono cujo número de diagonais é o triplo do número de lados.

306. Determine o polígono cujo número de diagonais é o quádruplo do número de lados.

307. Determine o polígono que tem 9 diagonais distintas.

308. Determine o maior ângulo de um pentágono cujos ângulos internos estão na razão 3 : 3 : 3 : 4 : 5.

309. Um polígono regular possui a partir de um de seus vértices tantas diagonais quantas são as diagonais de um hexágono. Ache:
   a) o polígono;
   b) o total de diagonais;
   c) a soma dos ângulos internos;
   d) a soma dos ângulos externos;
   e) a medida de cada ângulo interno e de cada ângulo externo.

> **Solução**
>
> 1) Número de diagonais do hexágono
>
> $$\left(n = 6, d = \frac{n(n-3)}{2}\right) \Rightarrow d = \frac{6(6-3)}{2} \Rightarrow d = 9$$
>
> 2) Novo polígono
>
> De cada vértice partem n − 3 diagonais. Então:
>
> $$n - 3 = 9 \Rightarrow n = 12$$

> a) O polígono é o dodecágono (n = 12).
> b) $d = \frac{n(n-3)}{2} \Rightarrow d = \frac{12(12-3)}{2} \Rightarrow d = 54$ (diagonais)
> c) $S_i = (n-2) \cdot 180° \Rightarrow S_i = (12-2) \cdot 180° \Rightarrow S_i = 1800°$
> d) A soma dos ângulos externos é constante: $S_e = 360°$.
> e) $n \cdot a_e = 360° \Rightarrow 12 \cdot a_e = 360° \Rightarrow a_e = 30°$
> $a_i + a_e = 180° \Rightarrow a_i = 180° - 30° \Rightarrow a_i = 150°$

310. Quantas diagonais podemos traçar, partindo de um vértice de um polígono convexo de 20 lados?

311. Determine o número de lados de um polígono convexo, sabendo que de um de seus vértices partem 25 diagonais.

312. Determine o polígono convexo cuja soma dos ângulos internos é igual ao número de diagonais multiplicado por 180°.

313. Podem os ângulos internos e externos de um polígono regular apresentar medidas iguais? Em que caso isso ocorre?

314. Determine o número de diagonais de um polígono regular convexo cujo ângulo externo vale 24°.

315. A razão entre o ângulo interno e o ângulo externo de um polígono regular é 9. Determine o número de lados do polígono.

316. O ângulo interno de um polígono regular vale 1,5 vez o seu ângulo externo. Determine o número de lados do polígono.

317. O ângulo externo de um polígono regular é igual ao dobro do seu ângulo interno. Determine o número de diagonais desse polígono.

318. A soma dos ângulos internos com a dos ângulos externos de um polígono regular vale 1800°. Determine o número de diagonais do polígono.

319. Determine o número de lados de um polígono convexo regular cujo ângulo interno é o quíntuplo do externo.

320. Determine o número de lados de um polígono regular ABCDE ..., sabendo que as bissetrizes $\overline{AP}$ e $\overline{CP}$ dos ângulos Â e Ĉ formam um ângulo que vale $\frac{2}{9}$ do seu ângulo interno.

321. Determine a medida do ângulo formado pelos prolongamentos dos lados $\overline{AB}$ e $\overline{CD}$ de um polígono regular ABCD ... de 20 lados.

322. As mediatrizes de dois lados consecutivos de um polígono regular formam um ângulo de 24°. Determine o número de diagonais desse polígono.

323. Aumentando o número de lados de um polígono em 3, seu número de diagonais aumenta em 21. Determine o número de diagonais desse polígono.

324. Na figura abaixo, determine a soma das medidas dos ângulos.

$\hat{a} + \hat{b} + \hat{c} + \hat{d} + \hat{e} + \hat{f}$

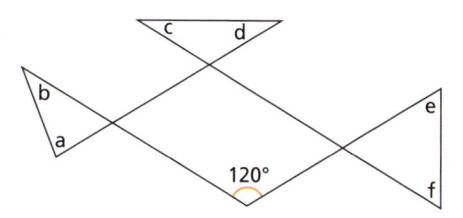

325. Dados dois polígonos com n e $n + 6$ lados, respectivamente, calcule n, sabendo que um dos polígonos tem 39 diagonais mais do que o outro.

326. Três polígonos convexos têm n, $n + 1$, $n + 2$ lados, respectivamente. Sendo 2 700° a soma de todos os ângulos internos dos três polígonos, determine o valor de n.

327. Os números que exprimem o número de lados de três polígonos são $n - 3$, n e $n + 3$. Determine o número de diagonais de cada um dos polígonos, sabendo que a soma de todos os seus ângulos internos vale 3 240°.

Solução

$$n_1 = n - 3; \quad n_2 = n; \quad n_3 = n + 3$$
$$(n - 3 - 2)180° + (n - 2)180° + (n + 3 - 2)180° = 3240°$$
$$(n - 5)180° + (n - 2)180° + (n + 1)180° = 3240°$$
$$(n - 5 + n - 2 + n + 1)180° = 3240°$$
$$3n - 6 = 18 \implies 3n = 24 \implies n = 8$$

Então:

$n_1 = 5$ e $d_1 = \dfrac{5(5 - 3)}{2} = 5 \qquad n_2 = 8$ e $d_2 = \dfrac{8(8 - 3)}{2} = 20$

$n_3 = 11$ e $d_3 = \dfrac{11(11 - 3)}{2} = 44$

328. Três polígonos têm o número de lados expressos por números inteiros consecutivos. Sabendo que o número total de diagonais dos três polígonos é igual a 28, determine o polígono com maior número de diagonais.

POLÍGONOS

329. Dois polígonos convexos têm o número de lados expresso pelos números n e $n + 4$. Determine o valor de n, sabendo que um dos polígonos tem 34 diagonais mais do que o outro.

330. Um polígono convexo tem 5 lados mais do que o outro. Sabendo que o número total de diagonais vale 68, determine o número de diagonais de cada polígono.

331. Dados dois polígonos regulares, com $(n + 1)$ lados e n lados, respectivamente, determine n, sabendo que o ângulo interno do primeiro polígono excede o ângulo interno do segundo em 5°.

332. Um polígono regular possui 30 diagonais que não passam pelo seu centro. Quanto mede cada ângulo interno dele?

> **Solução**
>
> Um polígono regular só tem diagonais passando pelo centro se o número n de lados for par e o número de diagonais que passam pelo centro for $\frac{n}{2}$.
>
> Nesse problema temos que considerar 2 casos:
>
> 1º) n é impar — Não há diagonal passando pelo centro.
> Neste caso o número total de diagonais é $d = 30$.
> Vamos calcular o número de lados:
>
> $$d = \frac{n(n-3)}{2} \Rightarrow 30 = \frac{n(n-3)}{2} \Rightarrow n^2 - 3n - 60 = 0$$
>
> As raízes da equação não são números naturais ($\Delta = 249$). Logo, não existe polígono com 30 diagonais e com número ímpar de lados.
>
> 2º) n é par — Há $\frac{n}{2}$ diagonais passando pelo centro.
> Neste caso o número total de diagonais é $d = \frac{n}{2} + 30$.
>
> $$d = \frac{n(n-3)}{2} \Rightarrow \frac{n}{2} + 30 = \frac{n(n-3)}{2} \Rightarrow n^2 - 4n - 60 = 0$$
>
> A raiz da equação que é número natural é $n = 10$.
> O polígono é o decágono regular.
> Cálculo do ângulo interno:
>
> $$a_i = 180° - a_e = 180° - \frac{360°}{10} \Rightarrow a_i = 144°$$

333. Qual o polígono regular que tem 6 diagonais passando pelo seu centro?

334. Um polígono regular tem 170 diagonais. Quantas passam pelo centro?

335. O ângulo interno de um polígono regular mede 140°. Quantas diagonais passam pelo centro?

CAPÍTULO X

Circunferência e círculo

I. Definições — Elementos

139. Circunferência é um conjunto dos pontos de um plano cuja distância a um ponto dado desse plano é igual a uma distância (não nula) dada. O ponto dado é o **centro**, e a distância dada é o **raio** da circunferência.

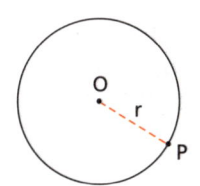

Dados: um plano α, um ponto O de α e uma distância r,

$$\lambda(O, r) = \{P \in \alpha \mid d_{P,O} = r\}$$

onde $\lambda(O, r)$ representa a circunferência de centro O e raio r.

140. Posição de ponto e circunferência

Dado um ponto X e uma circunferência $\lambda(O, r)$,

X é *interno* a λ $\Leftrightarrow$ $d_{X,O} < r$
X *pertence* a λ $\Leftrightarrow$ $d_{X,O} = r$
X é *externo* a λ $\Leftrightarrow$ $d_{X,O} > r$

Na figura, I é interno a λ, P pertence a λ e E é externo a λ.

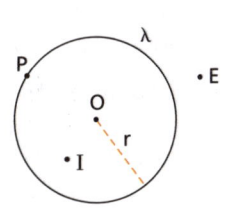

141. Interior e exterior

O conjunto dos pontos internos a uma circunferência é seu **interior**.

O conjunto dos pontos externos a uma circunferência é seu **exterior**.

Sendo λ(O, r) uma circunferência de um plano α:

interior de λ = {P ∈ α | $d_{P,O}$ < r}
exterior de λ = {P ∈ α | $d_{P,O}$ > r}

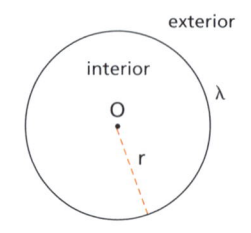

142. Corda, diâmetro e raio

Corda de uma circunferência é um segmento cujas extremidades pertencem à circunferência.

$\overline{AB}$ é uma corda.

Diâmetro de uma circunferência é uma corda que passa pelo centro.

$\overline{CD}$ é um diâmetro.

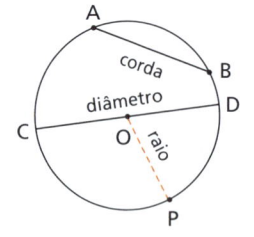

Um **raio** de uma circunferência é um segmento com uma extremidade no centro e a outra num ponto da circunferência.

$\overline{OP}$ é um raio.

143. Arco de circunferência e semicircunferência

Consideremos uma circunferência λ de centro O e sejam A e B dois pontos de λ que não sejam extremidades de um diâmetro. Nessas condições, temos:

a) **arco menor $\widehat{AB}$** é a reunião dos conjuntos dos pontos A, B e de todos os pontos de λ que estão no interior do ângulo AÔB;

b) **arco maior $\widehat{AB}$** é a reunião dos conjuntos dos pontos A, B e de todos os pontos de λ que estão no exterior do ângulo AÔB.

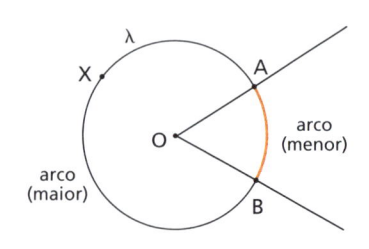

Se considerarmos AÔB como sendo o **setor angular** ou o **ângulo completo**, podemos ter:

$$\text{arco menor } \widehat{AB} = \lambda \cap A\hat{O}B$$

Os pontos A e B são as extremidades do arco.

Seguindo a figura, indicaremos os arcos como segue:

$$\widehat{AB} = \text{arco menor } \widehat{AB} \qquad \widehat{AXB} = \text{arco maior } \widehat{AB}$$

Salvo aviso contrário, ao nos referirmos ao arco $\widehat{AB}$, estamos considerando o arco menor.

Se A e B são extremidades de um diâmetro de λ, **semicircunferência** $\widehat{AB}$ é a reunião dos conjuntos dos pontos A, B e de todos os pontos de λ que estão num mesmo semiplano dos determinados pela reta $\overleftrightarrow{AB}$.

Se α é um desses semiplanos, podemos ter:

$$\text{semicircunferência } \widehat{AB} = \lambda \cap \alpha$$

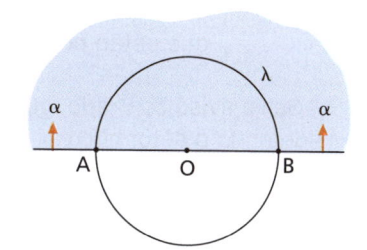

144. Círculo

Círculo (ou **disco**) é um conjunto dos pontos de um plano cuja distância a um ponto dado desse plano é menor ou igual a uma distância (não nula) dada.

Dados um plano α, um ponto O de α e uma distância r,

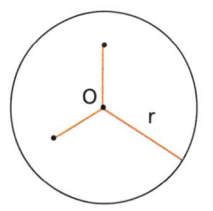

$$\text{círculo de centro O e raio } r = c(O, r) = \{P \in \alpha \mid d_{P,O} \leq r\}$$

O círculo é a reunião da circunferência com seu interior.

Centro, raio, corda, diâmetro e arco de um círculo são o centro, o raio, a corda, o diâmetro e o arco da respectiva circunferência.

145. Setor circular, segmento circular e semicírculo

Consideremos um círculo c de centro O e sejam A e B dois pontos da circunferência de c que não sejam extremidades de um diâmetro.

1º) **Setor circular**

a) Setor circular menor AOB é a reunião dos conjuntos dos pontos dos raios $\overline{OA}$ e $\overline{OB}$ e de todos os pontos do círculo c que estão no interior do ângulo AÔB.

b) Setor circular maior AOB é a reunião dos conjuntos dos pontos dos raios $\overline{OA}$ e $\overline{OB}$ e de todos os pontos do círculo c que estão no exterior do ângulo AÔB.

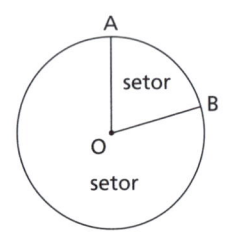

Salvo aviso contrário, quando nos referirmos ao setor circular AOB, estaremos considerando o setor circular menor.

Se considerarmos AÔB como sendo o setor angular (ângulo completo), poderemos ter:

$$\text{setor circular AOB} = \text{AÔB} \cap c$$

2º) **Segmento circular**

a) Segmento circular menor AB é a interseção do círculo c com o semiplano de origem na reta $\overleftrightarrow{AB}$ e que não contém o centro de c.

Sendo α esse semiplano (vide figura):
Segmento circular menor AB = α > c

b) Segmento circular maior AB é a interseção do círculo c com o semiplano de origem na reta $\overleftrightarrow{AB}$ e que contém o centro de c.

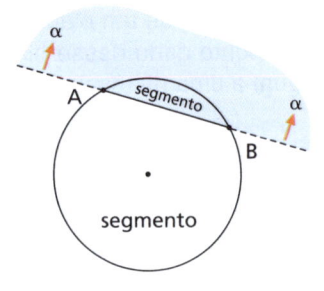

Quando nos referimos ao segmento circular, salvo aviso em contrário, consideramos o menor.

3º) **Semicírculo**

Se A e B são extremidades de um diâmetro de c, semicírculo AB é a interseção do círculo c com um dos semiplanos de origem na reta $\overleftrightarrow{AB}$.

Semicírculo AB = α ∩ c.

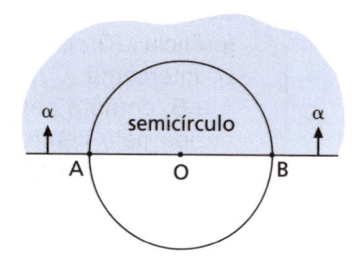

II. Posições relativas de reta e circunferência

146. Secante — definição

Uma reta **secante** a uma circunferência é uma reta que intercepta a circunferência em dois pontos distintos.

Dizemos que a reta e a circunferência são secantes.

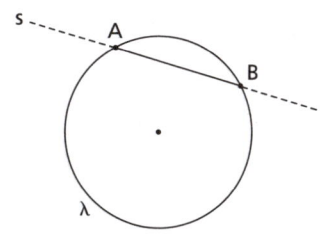

s ∩ λ = {A, B}

147. Propriedade da secante

> a) Se uma reta s, secante a uma circunferência λ(O, r), não passa pelo centro O, intercepta λ nos pontos distintos A e B, e se M é o ponto médio da corda $\overline{AB}$, então a reta $\overleftrightarrow{OM}$ é perpendicular à secante s (ou à corda $\overline{AB}$).

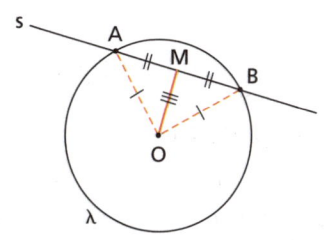

Hipótese   Tese
(M é ponto médio da corda $\overline{AB}$, M ≠ O) ⇒ $\overleftrightarrow{OM} \perp \overline{AB}$

Demonstração:

Pelo caso LLL, os triângulos OAM e OBM são congruentes.

Daí decorre que $\overleftrightarrow{OM} \perp \overline{AB}$ e $\overleftrightarrow{OM} \perp s$.

CIRCUNFERÊNCIA E CÍRCULO

b) Se uma reta s, secante a uma circunferência λ(O, r), não passa pelo centro O, intercepta λ nos pontos distintos A e B, então a perpendicular a s conduzida pelo centro passa pelo ponto médio da corda $\overline{AB}$.

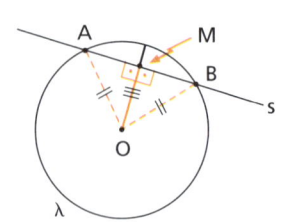

Hipótese	Tese
$\overleftrightarrow{OM}$ perpendicular à corda $\overline{AB}$ ⇒	$\overline{AM} \equiv \overline{MB}$

Demonstração:

Pelo caso especial de congruência de triângulos (cateto-hipotenusa), os triângulos OAM e OBM são congruentes. Daí vem $\overline{AM} \equiv \overline{MB}$, ou seja, M é o ponto médio da corda $\overline{AB}$.

Observações

1ª) Usando o caso de congruência LLL, pode-se provar a propriedade: A mediatriz de uma corda passa pelo centro da circunferência.

2ª) Sendo s secante a λ(O, r), então $d_{O,s} < r$ e reciprocamente.

148. Tangente — definição

Uma reta **tangente** a uma circunferência é uma reta que intercepta a circunferência num único ponto.

A reta tangente a uma circunferência tem um ponto comum com a circunferência, e os demais pontos da reta são externos à circunferência.

O ponto comum é o ponto de tangência.

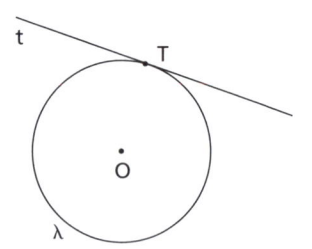

Dizemos que a reta e a circunferência são tangentes.

Na figura:

$$t \cap \lambda = \{T\}$$

CIRCUNFERÊNCIA E CÍRCULO

149. Propriedade da tangente

a) Toda reta perpendicular a um raio na sua extremidade da circunferência é tangente à circunferência.

Seja a circunferência $\lambda(O, r)$ e T um de seus pontos.

    Hipótese   Tese
    $t \perp \overline{OT}$ em T $\Rightarrow$ t é tangente a λ

Demonstração:

Seja E outro ponto de t, distinto do ponto T.

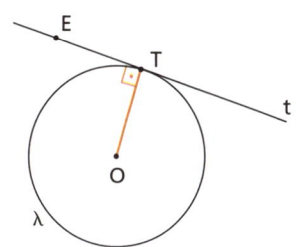

$\left(\overline{OT} \perp t \text{ e } \overline{OE} \text{ oblíquo a } t\right) \Rightarrow \overline{OE} > \overline{OT} \Rightarrow \overline{OE} > r \Rightarrow$ E é externo a λ.

Logo, a reta t tem um único ponto T comum com λ, pois os demais são externos.

Portanto, t é tangente a λ.

b) Toda tangente a uma circunferência é perpendicular ao raio no ponto de tangência.

        Hipótese   Tese
    t tangente a λ em T $\Rightarrow$ $t \perp \overline{OT}$ em T

Demonstração:

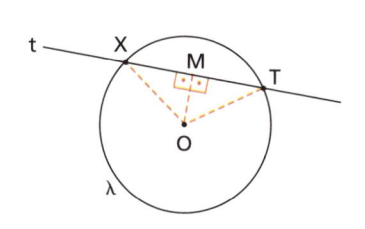

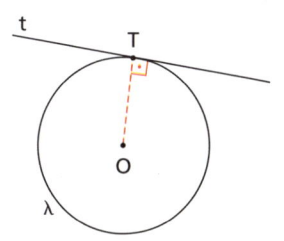

Se t não fosse perpendicular a $\overline{OT}$, teríamos o que segue.

Seja M pé da perpendicular à reta t por O. O ponto M seria distinto de T.

9 | Fundamentos de Matemática Elementar

CIRCUNFERÊNCIA E CÍRCULO

Tomando na semirreta oposta a $\overrightarrow{MT}$ um ponto X tal que $\overline{MX} \equiv \overline{MT}$, teríamos:

$\overline{OM}$ comum, $\overline{OM} \perp \overline{TX}$, $\overline{MX} \equiv \overline{MT} \overset{LAL}{\Rightarrow} \triangle OMX \equiv \triangle OMT \Rightarrow \overline{OX} \equiv \overline{OT} \Rightarrow$
$\Rightarrow \overline{OX} = r \Rightarrow X \in \lambda$.

Portanto, t interceptaria λ em dois pontos distintos, T e X, o que é absurdo, de acordo com a hipótese.

Logo, t é perpendicular a $\overline{OT}$ em T.

Observação

Se t é tangente à circunferência λ(O, r), então $d_{O,t} = r$ e reciprocamente.

150. Exterior — definição

Uma reta **exterior** a uma circunferência é uma reta que não intercepta a circunferência.

Dizemos que a reta e a circunferência são exteriores.

Na figura:

$$e \cap \lambda = \emptyset$$

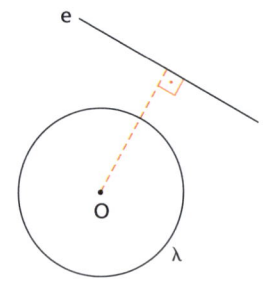

151. Posições

Considerando uma reta s, uma circunferência λ(O, r) e sendo d a distância do centro O à reta s (d = $d_{O,s}$), há três possibilidades para s e λ:

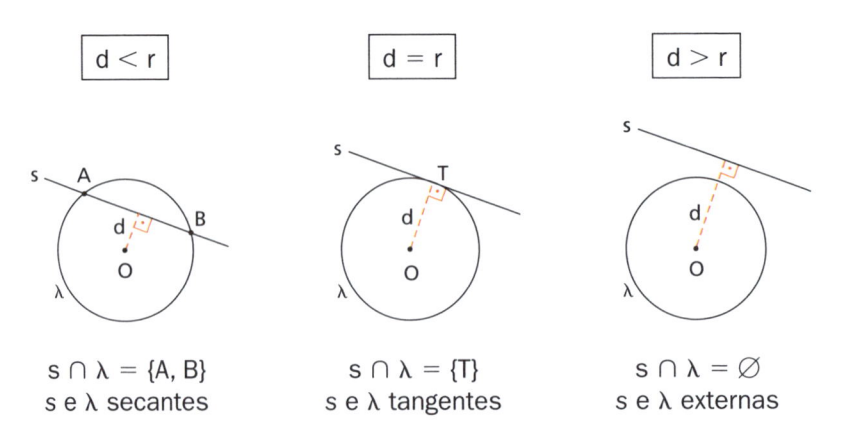

$d < r$	$d = r$	$d > r$
$s \cap \lambda = \{A, B\}$	$s \cap \lambda = \{T\}$	$s \cap \lambda = \emptyset$
s e λ secantes	s e λ tangentes	s e λ externas

III. Posições relativas de duas circunferências

152. Definições

Uma circunferência é **interna** a outra se todos os seus pontos são pontos internos da outra.

Uma circunferência é **tangente interna** a outra se têm um único ponto comum, e os demais pontos da primeira são pontos internos da segunda.

Duas circunferências são **secantes** se têm em comum somente dois pontos distintos.

Duas circunferências são **tangentes externas** se têm um único ponto comum, e os demais pontos de uma são externos à outra.

Duas circunferências são **externas** se os pontos de uma delas são externos à outra.

153. Posições

Considerando duas circunferências $\lambda_1(O_1, r_1)$ e $\lambda_2(O_2, r_2)$ com $r_1 > r_2$ e sendo d a distância entre os centros, prova-se que há cinco possibilidades para λ_1 e λ_2:

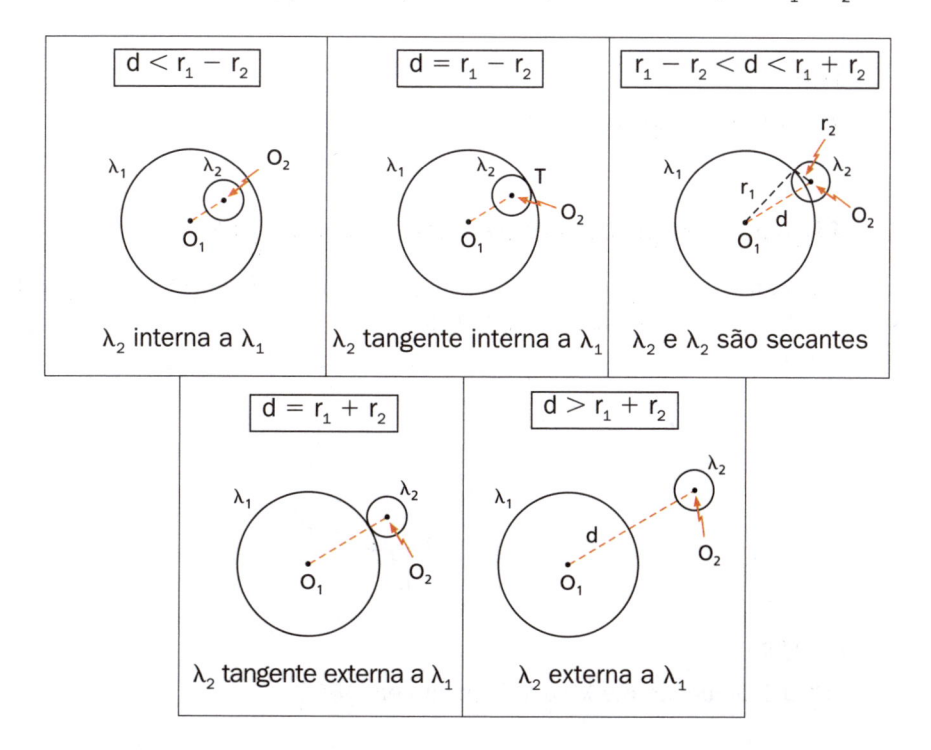

$d < r_1 - r_2$	$d = r_1 - r_2$	$r_1 - r_2 < d < r_1 + r_2$
λ_2 interna a λ_1	λ_2 tangente interna a λ_1	λ_1 e λ_2 são secantes

$d = r_1 + r_2$	$d > r_1 + r_2$
λ_2 tangente externa a λ_1	λ_2 externa a λ_1

CIRCUNFERÊNCIA E CÍRCULO

IV. Segmentos tangentes — Quadriláteros circunscritíveis

154. Se de um ponto P conduzirmos os segmentos $\overline{PA}$ e $\overline{PB}$, ambos tangentes a uma circunferência, com A e B na circunferência, então $\overline{PA} \equiv \overline{PB}$.

Hipótese Tese
$\overline{PA}$ e $\overline{PB}$ tangentes a λ; A, B $\in \lambda \Rightarrow \overline{PA} \equiv \overline{PB}$

Demonstração:

Seja O o centro de λ.

Aplicando o caso especial de congruência de triângulos retângulos:

$\overline{OA} \equiv \overline{OB}$ (cateto), $\overline{OP}$ comum (hipotenusa) $\Rightarrow \triangle PAO \equiv \triangle PBO \Rightarrow \overline{PA} \equiv \overline{PB}$

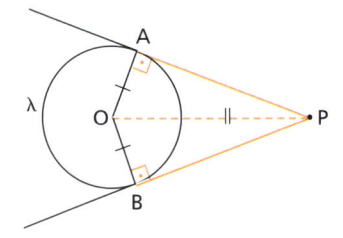

Nota

O centro O de λ pertence à bissetriz de $A\hat{P}B$.

155. Quadrilátero circunscrito — definição

Um quadrilátero convexo é circunscrito a uma circunferência se, e somente se, seus quatro lados são tangentes à circunferência.

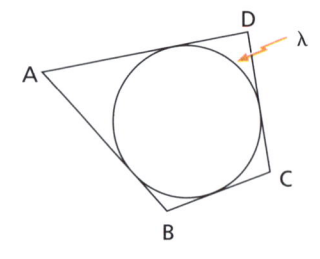

Na figura:

ABCD é circunscrito a λ ou λ é inscrita em ABCD.

156. Propriedade

a) Se um quadrilátero convexo é circunscrito a uma circunferência, a soma de dois lados opostos é igual à soma dos outros dois.

Hipótese   Tese

ABCD circunscrito a λ $\Rightarrow$ $\overline{AB} + \overline{CD} = \overline{AD} + \overline{BC}$

Demonstração:

Sejam X, Y, Z e T os pontos de tangência de $\overline{AB}$, $\overline{BC}$, $\overline{CD}$ e $\overline{DA}$, respectivamente.

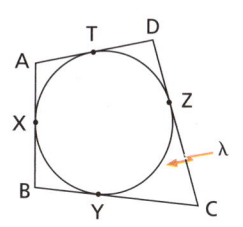

Aplicando a propriedade dos segmentos tangentes:

$$\left.\begin{array}{l}\overline{AX} \equiv \overline{AT} \\ \overline{BX} \equiv \overline{BY} \\ \overline{CZ} \equiv \overline{CY} \\ \overline{DZ} \equiv \overline{DT}\end{array}\right\} \stackrel{+}{\Rightarrow} \underbrace{\overline{AX} + \overline{BX}}_{\overline{AB}} + \underbrace{\overline{CZ} + \overline{DZ}}_{\overline{CD}} = \underbrace{\overline{AT} + \overline{DT}}_{\overline{AD}} + \underbrace{\overline{BY} + \overline{CY}}_{\overline{BC}}$$

b) Se num quadrilátero convexo a soma de dois lados opostos é igual à soma dos outros dois, então o quadrilátero é circunscritível a uma circunferência.

Sendo ABCD um quadrilátero convexo,

Hipótese   Tese

$\overline{AB} + \overline{CD} = \overline{AD} + \overline{BC}$ $\Rightarrow$ ABCD é circunscritível a uma circunferência.

Demonstração:

Seja λ a circunferência tangente aos lados $\overline{AB}$, $\overline{BC}$ e $\overline{CD}$ do quadrilátero.

Se ABCD não é circunscritível a λ, existe ABCX, com X na reta $\overleftrightarrow{CD}$ que é circunscrito a λ.

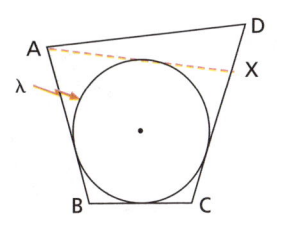

ABCX circunscrito a λ ⇒ $\overline{AB} + \overline{CX} = \overline{BC} + \overline{AX}$ (1)

Hipótese ⇒ $\overline{AB} + \overline{CD} = \overline{AD} + \overline{BC}$ ⇒ $\overline{AB} + \underbrace{\overline{CX} \pm \overline{XD}}_{\overline{CD}} = \overline{AD} + \overline{BC}$ ⇒

⇒ $\overline{AB} + \overline{CX} = \overline{AD} + \overline{BC} \pm \overline{XD}$ (2)

De (1) e (2) decorre que $\overline{AX} = \overline{AD} \pm \overline{XD}$, o que é absurdo no △ADX.

Logo, ABCD é circunscritível a uma circunferência.

157. Condição necessária e suficiente

> Uma condição necessária e suficiente para um quadrilátero convexo ser circunscritível a uma circunferência é a soma de dois lados opostos ser igual à soma dos outros dois.

EXERCÍCIOS

336. Determine o raio do círculo de centro O, dados: AB = 3x − 3 e OA = x + 3.

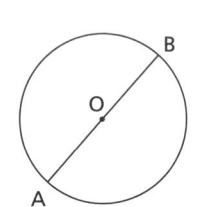

337. A circunferência ao lado tem raio de 16 cm e o ponto P dista 7 cm do centro. Determine a distância entre P e a circunferência.

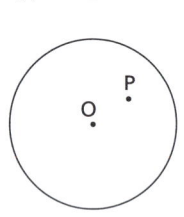

338. Determine o valor de x nos casos:

a) s é perpendicular a $\overline{AB}$

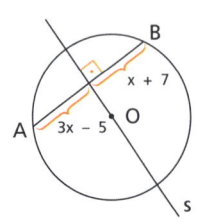

b) $\overline{PA}$ e $\overline{PB}$ são tangentes à circunferência

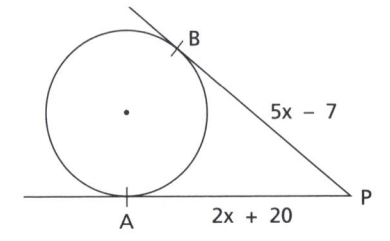

339. Determine o valor de x, sendo O o centro da circunferência nos casos:

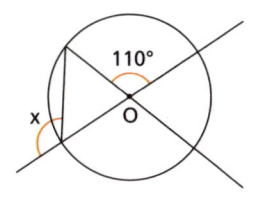

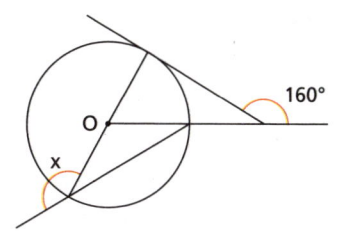

a) [figura com ângulo 110° no centro O e ângulo x externo]

b) [figura com ângulo 160° externo e ângulo x no centro O]

340. As circunferências da figura ao lado são tangentes externamente. Se a distância entre os centros é 28 cm e a diferença entre os raios é 8 cm, determine os raios.

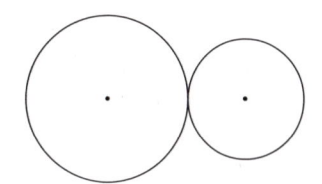

341. As duas circunferências ao lado são tangentes internamente e a soma dos raios é 30 cm. Se a distância entre os centros é 6 cm, determine os raios.

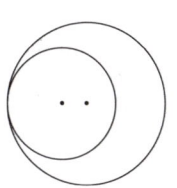

342. Na figura ao lado, as circunferências são tangentes duas a duas, e os centros são os vértices do triângulo ABC. Sendo AB = 7 cm, AC = 5 cm e BC = 6 cm, determine os raios das circunferências.

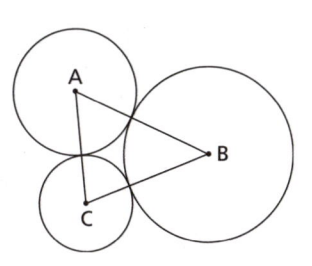

343. As circunferências são tangentes externamente em Q e $\vec{PA}$ e $\vec{PB}$ são tangentes às circunferências. Determine a medida do ângulo $A\hat{Q}B$ nos casos:

a) onde t é tangente comum e $A\hat{P}B = 80°$

b) com $A\hat{P}B = 100°$

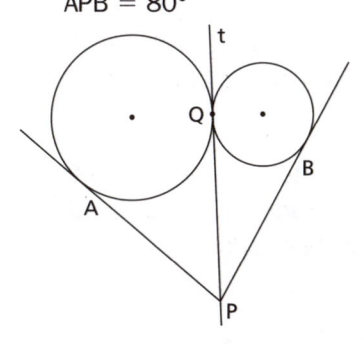

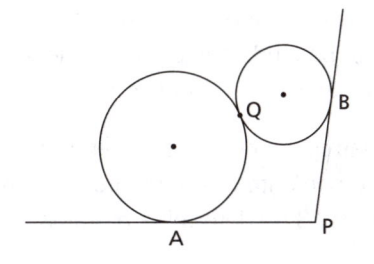

CIRCUNFERÊNCIA E CÍRCULO

344. Diga o número de retas que passam pelo ponto P e tangenciam a circunferência λ nos casos:
   a) P pertence a λ
   b) P é interior a λ
   c) P é externo a λ

345. Determine o número de retas tangentes comuns que podemos traçar a duas circunferências nos casos abaixo.
   a) As circunferências são concêntricas distintas.
   b) As circunferências são exteriores.
   c) As circunferências são secantes.
   d) As circunferências são tangentes exteriormente.
   e) As circunferências são tangentes interiormente.

346. Pode um setor circular coincidir com um segmento circular? Cite o caso.

347. Em que caso um setor circular é um semicírculo?

348. O que podemos dizer da reta que passa pelo ponto de tangência de duas circunferências tangentes entre si, sabendo que essa reta é perpendicular à reta que passa pelos centros dessas circunferências?

349. É possível obtermos uma corda que passa pelo ponto médio do diâmetro de uma circunferência?

350. Dê a posição de duas circunferências de raios r e R, sendo d a distância entre seus centros, nos casos abaixo:
   a) r = 2 cm; R = 5 cm; d = 10 cm
   b) r = 5 cm; R = 10 cm; d = 15 cm
   c) r = 3 cm; R = 7 cm; d = 4 cm
   d) r = 6 cm; R = 10 cm; d = 0 cm
   e) r = 6 cm; R = 8 cm; d = 10 cm

351. A distância entre os centros de duas circunferências tangentes exteriormente é de 33 cm. Determine seus diâmetros, sabendo que a razão entre seus raios é $\frac{4}{7}$.

352. A distância entre os centros de duas circunferências tangentes internamente é 5 cm. Se a soma dos raios é 11 cm, determine os raios.

353. Duas circunferências são secantes, sendo 20 cm a distância entre seus centros. Sabendo que o raio da menor circunferência mede 11 cm, determine o raio da maior, que é múltiplo de 6.

354. Duas circunferências de centros A e B são tangentes externamente e tangenciam internamente uma circunferência de centro C. Sendo AB = 12 m, AC = 17 m e BC = 13 m, determine os raios dessas circunferências.

355. Seja P o ponto de tangência da circunferência inscrita no triângulo ABC, com o lado $\overline{AB}$. Se AB = 7, BC = 6 e AC = 8, quanto vale AP?

356. Considere um triângulo ABC de lados AB = c, AC = b e BC = a, e sejam P, Q e R os pontos em que os lados $\overline{BC}$, $\overline{AC}$ e $\overline{AB}$ tangenciam a circunferência inscrita. Calcule os segmentos AR = x, BP = y e CQ = z.

Solução

Temos:
AR = x ⇒ AQ = x
BP = y ⇒ BR = y
CQ = z ⇒ CP = z

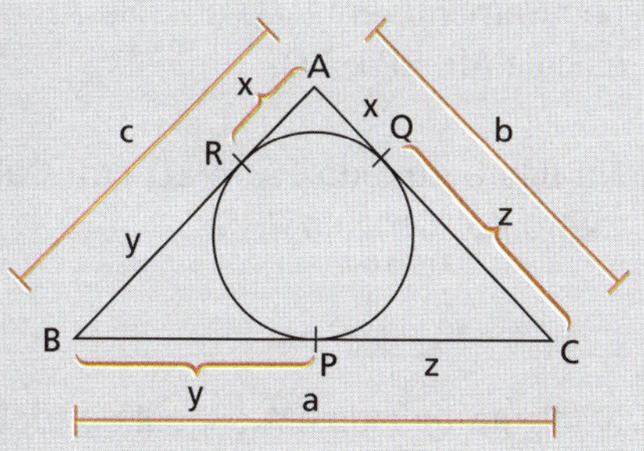

Daí vem:
x + y = c   (1)
x + z = b   (2)
y + z = a   (3)
_____
2x + 2y + 2z = a + b + c

Fazendo a + b + c = 2p
(em que p é semiperímetro)

2(x + y + z) = 2p ⇒ x + y + z = p   (4)

(4) − (1) ⇒ z = p − c; (4) − (2) ⇒ y = p − b;
(4) − (3) ⇒ x = p − a

357. Na figura ao lado, determine a medida do segmento $\overline{BD}$, sabendo que a circunferência de centro O está inscrita no triângulo ABC, e que os lados $\overline{AB}$, $\overline{BC}$ e $\overline{AC}$ medem respectivamente 6 cm, 8 cm e 10 cm.

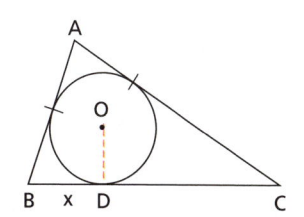

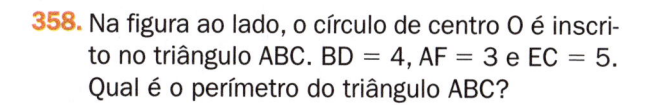

358. Na figura ao lado, o círculo de centro O é inscrito no triângulo ABC. BD = 4, AF = 3 e EC = 5. Qual é o perímetro do triângulo ABC?

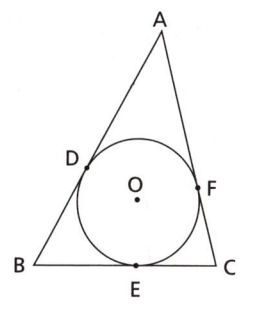

CIRCUNFERÊNCIA E CÍRCULO

359. Na figura ao lado, sabendo que AB = c, BC = a, AC = b e p o semiperímetro do triângulo, prove que AP é igual a $p - a$.

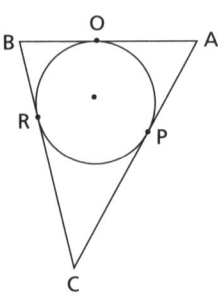

360. Um círculo é inscrito num triângulo ABC e tangencia os lados $\overline{BC}$, $\overline{AC}$ e $\overline{AB}$, respectivamente em P, Q e R. Se AB = c, AC = b e BC = a e o semiperímetro é p, calcule AR, BP e CQ.

361. Na figura ao lado PA = 10 cm. Calcule o perímetro do triângulo PRS.

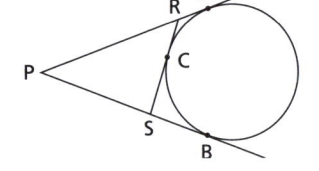

362. Na figura ao lado, $\overline{PA}$ é igual ao triplo do diâmetro da circunferência. Determine a medida do perímetro do triângulo PDE em função do raio r dessa circunferência.

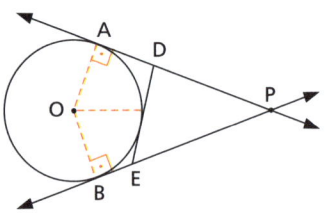

363. A hipotenusa de um triângulo retângulo mede 10 cm, e o raio do círculo inscrito mede 1 cm. Calcule o perímetro do triângulo.

Solução

Note que SATO é quadrado de lado 1 cm.
Indicando: BP = BT = a e CP = CS = b, obtemos:
2p = (a + 1) + (b + 1) + a + b
2p = a + b + 2 + a + b
2p = 10 + 2 + 10
2p = 22 cm

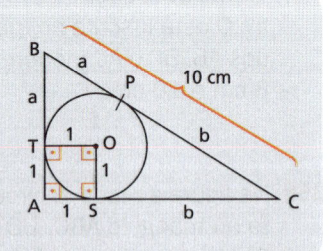

364. Na figura ao lado, calcule a medida do raio r da circunferência inscrita no triângulo retângulo ABC, sendo AB = 10 cm, AC = 24 cm e BC = 26 cm.

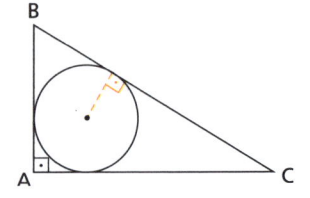

CIRCUNFERÊNCIA E CÍRCULO

365. Determine a medida do diâmetro de um círculo inscrito em um triângulo retângulo cujos lados medem 9 cm, 12 cm e 15 cm.

366. Determine o raio de um círculo inscrito em um triângulo retângulo de catetos b e c e hipotenusa a.

367. Na figura, sendo $2p = a + b + c$ e r o raio do círculo inscrito, calcule a medida da hipotenusa a em função de p e r.
AB = c, AC = b, AB = a

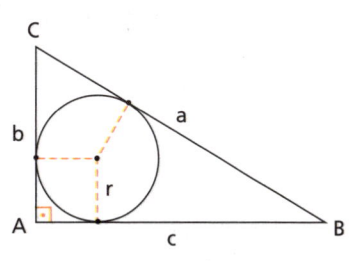

368. Determine o perímetro do quadrilátero ABCD, circunscritível, da figura.
AB = 3x + 1, BC = 2x
CD = x + 1 e DA = 3x

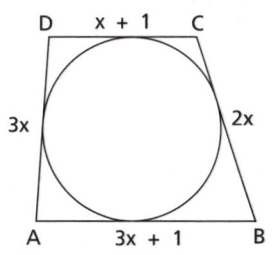

Solução

ABCD é circunscrito $\Rightarrow$ AB + CD = BC + AD

Então:

$(3x + 1) + (x + 1) = 2x + 3x \Rightarrow x = 2$

perímetro = 2p = (3x + 1) + 2x + (x + 1) + 3x $\Rightarrow$ 2p = 9x + 2

Logo: 2p = 20.

369. ABCD é um quadrilátero circunscritível cujos lados medem AD = 12 cm, DC = 9 cm, BC = x + 7 e AB = 2x + 1. Determine o perímetro desse quadrilátero.

370. Calcule o valor do raio r do círculo inscrito no trapézio retângulo ao lado.

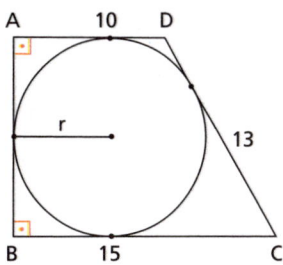

CIRCUNFERÊNCIA E CÍRCULO

371. A diferença de dois lados opostos de um quadrilátero circunscritível é igual a 8 cm e a diferença dos outros dois lados é 4 cm. Determine os lados do quadrilátero, sendo 56 cm a sua soma.

372. Na figura ao lado, determine o perímetro do triângulo ADE, sabendo que o perímetro do triângulo ABC vale 10 cm, a base $\overline{BC}$ mede 4 cm e que o círculo está inscrito no quadrilátero BCDE.

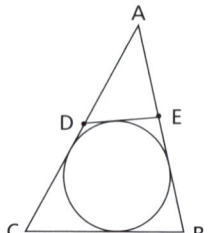

373. Determine a medida de um dos lados não paralelos de um trapézio isósceles, circunscrito a um círculo, sabendo que suas bases medem 30 cm e 10 cm, respectivamente.

374. Prove que qualquer paralelogramo circunscrito a uma circunferência é losango.

375. Prove que o diâmetro é a maior corda de uma circunferência.

376. Prove que, se duas cordas de uma circunferência estão a uma mesma distância do centro, então elas são congruentes.

CAPÍTULO XI

Ângulos na circunferência

I. Congruência, adição e desigualdade de arcos

158. Circunferências congruentes

Duas circunferências são congruentes quando têm raios iguais.

159. Arcos congruentes

Dois arcos $\widehat{AB}$ e $\widehat{CD}$ de uma circunferência de centro O são congruentes se, e somente se, os ângulos AÔB e CÔD são congruentes.

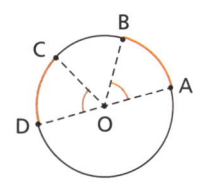

$$\widehat{AB} \equiv \widehat{CD} \Leftrightarrow A\hat{O}B \equiv C\hat{O}D$$

160. Adição de arcos

Numa circunferência de centro O, o arco $\widehat{AB}$ é a soma dos arcos $\widehat{AC}$ e $\widehat{CB}$ se, e somente se, o ângulo AÔB é soma dos ângulos AÔC e CÔB.

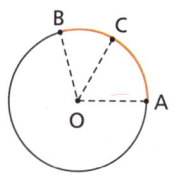

$$\widehat{AB} = \widehat{AC} + \widehat{CB} \Leftrightarrow A\hat{O}B = A\hat{O}C + C\hat{O}B$$

161. Desigualdade de arcos

Numa circunferência de centro O, o arco $\widehat{AB}$ é maior que o arco $\widehat{CD}$ se, e somente se, o ângulo AÔB é maior que o ângulo CÔD.

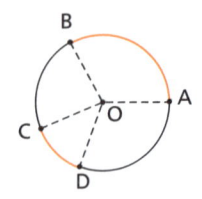

$$\widehat{AB} > \widehat{CD} \Leftrightarrow A\hat{O}B > C\hat{O}D$$

162. Notas

1ª) Para círculos congruentes, setores circulares congruentes ou desiguais e segmentos circulares congruentes, adaptam-se os conceitos vistos para circunferência e arcos.

2ª) Os conceitos sobre arcos que emitimos são de arcos de uma mesma circunferência, porém eles podem ser estendidos para arcos de circunferências congruentes.

II. Ângulo central

163. Definição

Ângulo central relativo a uma circunferência é o ângulo que tem o vértice no centro da circunferência.

Se numa circunferência de centro O um ângulo central determina um arco $\widehat{AB}$, dizemos que:

$\widehat{AB}$ é o arco correspondente ao ângulo central AÔB, ou

$\widehat{AB}$ é o arco subentendido por AÔB.

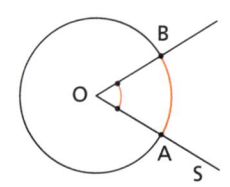

AÔB ângulo central
$\widehat{AB}$ arco correspondente

164. Medida do ângulo central e do arco correspondente

A congruência, a adição e a desigualdade de arcos foram estabelecidas em correspondência com a congruência, a adição e a desigualdade dos ângulos centrais correspondentes. Portanto, para medir um arco tomando outro arco da mesma circunferência como unidade (arco unitário) basta utilizar os respectivos ângulos centrais.

> Tomando-se para unidade de arco (arco unitário) o arco definido na circunferência por um ângulo central unitário (unidade de ângulo), temos: a medida de um arco de circunferência é igual à medida do ângulo central correspondente.

Assim, na circunferência de centro O ao lado:

1) se m(AÔB) = 60°, então
m($\widehat{AB}$) = 60° e reciprocamente.
AÔB = 60° ⇔ $\widehat{AB}$ = 60°

2) se m(CÔD) = 150°, então
m($\widehat{CD}$) = 150° e reciprocamente.
CÔD = 150° ⇔ $\widehat{CD}$ = 150°

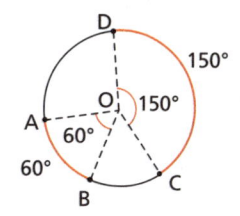

165. Observação

Para simplificar a simbologia, na maioria dos casos, vamos confundir um arco AB com sua medida m($\widehat{AB}$), indicando ambos por $\widehat{AB}$.

Na figura ao lado:

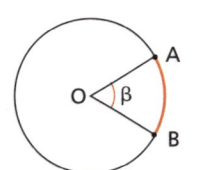

$$\beta = \widehat{AB}$$

III. Ângulo inscrito

166. Definição

Ângulo inscrito relativo a uma circunferência é um ângulo que tem o vértice na circunferência e os lados são secantes a ela.

ÂNGULOS NA CIRCUNFERÊNCIA

Na figura,
AV̂B é ângulo inscrito,
$\widehat{AB}$ é o arco correspondente ao arco subentendido
AÔB é o ângulo central correspondente ao ângulo inscrito AV̂B.

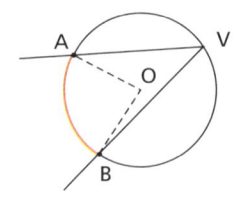

167. Medida do ângulo inscrito

> Um ângulo inscrito é metade do ângulo central correspondente ou a medida de um ângulo inscrito é metade da medida do arco correspondente.

Seja AV̂B o ângulo inscrito de medida α e AÔB o ângulo central correspondente de medida β. Vamos provar que:

$$\alpha = \frac{\beta}{2} \quad \text{ou} \quad \alpha = \frac{\widehat{AB}}{2}$$

Demonstração:

Temos três casos a considerar:

1º caso	2º caso	3º caso
O está num lado do ângulo	O é interno ao ângulo	O é externo ao ângulo

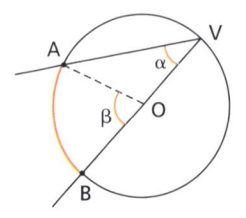

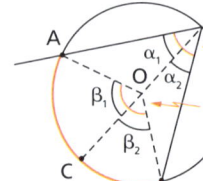

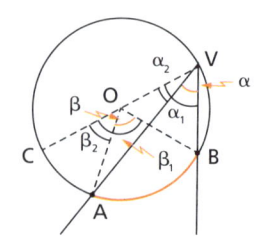

No 1º caso:

$\overline{OV} \equiv \overline{OA}$ (raio) $\Rightarrow \Delta OVA$ isósceles $\Rightarrow \hat{V} = \alpha$ e $\hat{A} = \alpha$

β é ângulo externo no $\Delta OVA \Rightarrow \beta = \hat{A} + \hat{V} \Rightarrow \beta = \alpha + \alpha \Rightarrow$
$\Rightarrow \beta = 2\alpha$

Logo, $\alpha = \dfrac{\beta}{2}$ e, como $\beta = \widehat{AB}$, vem $\alpha = \dfrac{\widehat{AB}}{2}$.

No 2º caso:

Sendo C ponto de interseção de $\overrightarrow{VO}$ com a circunferência e, sendo $A\hat{V}C = \alpha_1$, $A\hat{O}C = \beta_1$, $C\hat{V}B = \alpha_2$, $C\hat{O}B = \beta_2$, temos o que segue:

$\left. \begin{array}{l} \text{1º caso: } \beta_1 = 2\alpha_1 \\ \text{1º caso: } \beta_2 = 2\alpha_2 \end{array} \right\} \stackrel{+}{\Rightarrow} \underbrace{\dfrac{\beta_1 + \beta_2}{\beta}}_{} = \underbrace{\dfrac{2(\alpha_1 + \alpha_2)}{\alpha}}_{} \Rightarrow \beta = 2\alpha$

Logo, $\alpha = \dfrac{\beta}{2}$ e, como $\beta = \widehat{AB}$, vem $\alpha = \dfrac{\widehat{AB}}{2}$.

No 3º caso:

Sendo C ponto de interseção de $\overrightarrow{VO}$ com a circunferência e, sendo $B\hat{V}C = \alpha_1$, $B\hat{O}C = \beta_1$, $A\hat{V}C = \alpha_2$ e $A\hat{O}C = \beta_2$, temos o que segue:

$\left. \begin{array}{l} \text{1º caso: } \beta_1 = 2\alpha_1 \\ \text{1º caso: } \beta_2 = 2\alpha_2 \end{array} \right\} \stackrel{-}{\Rightarrow} \underbrace{\dfrac{\beta_1 - \beta_2}{\beta}}_{} = \underbrace{\dfrac{2(\alpha_1 - \alpha_2)}{\alpha}}_{} \Rightarrow \beta = 2\alpha$

Logo, $\alpha = \dfrac{\beta}{2}$ e, como $\beta = \widehat{AB}$, vem $\alpha = \dfrac{\widehat{AB}}{2}$.

168. Ângulo inscrito numa semicircunferência

a) Todo ângulo reto inscrito subentende uma semicircunferência.

De fato,

$(A\hat{V}B = 90°, A\hat{V}B$ inscrito$) \Rightarrow \widehat{AB} = 180° \Rightarrow$
$\Rightarrow \widehat{AB}$ é uma semicircunferência.

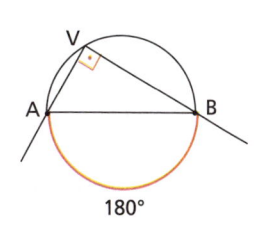

ÂNGULOS NA CIRCUNFERÊNCIA

b) Um triângulo que tem os vértices numa semicircunferência é inscrito nela.

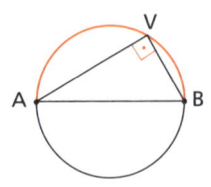

Se um triângulo inscrito numa semicircunferência tem um lado igual ao diâmetro, então ele é triângulo retângulo.

De fato, sendo AVB o triângulo, A e B os extremos da semicircunferência, $\overset{\frown}{AB} = 180°$ ⇒ $A\hat{V}B = 90°$ ⇒ △AVB é retângulo em V.

c) Em resumo:

> Todo ângulo reto é inscritível numa semicircunferência e, reciprocamente, todo ângulo inscrito numa semicircunferência, com os lados passando pelas extremidades, é ângulo reto.

169. Quadrilátero inscritível — propriedade

Um quadrilátero que tem os vértices numa circunferência é quadrilátero inscrito na circunferência.

a) Se um quadrilátero convexo é inscrito numa circunferência, então os ângulos opostos são suplementares.

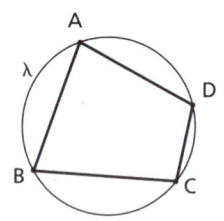

Seja λ uma circunferência.

Hipótese

ABCD inscrito em λ ⇒

Tese

$\begin{cases} \hat{A} + \hat{C} = 180° \\ \hat{B} + \hat{D} = 180° \end{cases}$

ÂNGULOS NA CIRCUNFERÊNCIA

Demonstração:

$$\left. \begin{array}{l} \hat{A} \text{ é inscrito} \Rightarrow \hat{A} = \dfrac{\overset{\frown}{BCD}}{2} \\ \\ \hat{C} \text{ é inscrito} \Rightarrow \hat{C} = \dfrac{\overset{\frown}{DAB}}{2} \end{array} \right\} \Rightarrow \hat{A} + \hat{C} = \dfrac{\overset{\frown}{BCD} + \overset{\frown}{DAB}}{2} = \dfrac{360°}{2} = 180°$$

Como $\hat{A} + \hat{B} + \hat{C} + \hat{D} = 360°$, decorre que $\hat{B} + \hat{D} = 180°$.

b) Se um quadrilátero convexo possui os ângulos opostos suplementares, então ele é inscritível.

Seja ABCD o quadrilátero convexo.

Hipótese | Tese
$\hat{A} + \hat{C} = 180°$ e $\hat{B} + \hat{D} = 180°$ $\Rightarrow$ ABCD é inscritível

Demonstração:

Se ABCD não fosse inscritível, considerando λ a circunferência pelos pontos A, B e C, ela não passaria por D e teríamos o que segue.

Sendo E o ponto de interseção da reta $\overleftrightarrow{CD}$ com λ, o quadrilátero ABCE é inscrito.

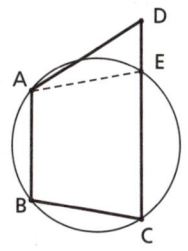

ABCE inscrito $\Rightarrow$ $\hat{B} + \hat{E} = 180°$

($\hat{B} + \hat{E} = 180°$, $\hat{B} + \hat{D} = 180°$) $\Rightarrow$ $\hat{D} \equiv \hat{E}$, o que é absurdo, de acordo com o teorema do ângulo externo no △ADE.

c) Em resumo:

> Uma condição necessária e suficiente para um quadrilátero convexo ser inscritível é possuir ângulos opostos suplementares.

ÂNGULOS NA CIRCUNFERÊNCIA

IV. Ângulo de segmento ou ângulo semi-inscrito

170. Definição

Ângulo de segmento ou **ângulo semi-inscrito** relativo a uma circunferência é um ângulo que tem o vértice na circunferência, um lado secante e o outro tangente à circunferência.

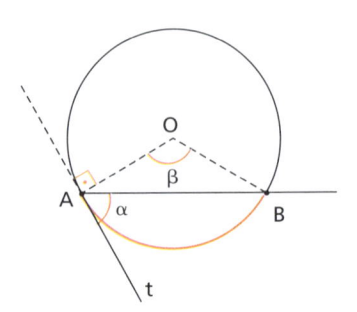

Na figura,
tÂB é ângulo de segmento
$\widehat{AB}$ é o arco correspondente ou subentendido
AÔB é o ângulo central correspondente ao ângulo semi-inscrito tÂB.
O nome ângulo de segmento vem do segmento circular AB.

171. Medida do ângulo de segmento

> Um ângulo de segmento é metade do ângulo central correspondente.
> ou
> A medida de um ângulo de segmento é metade da medida do arco correspondente.

$$\alpha = \frac{\beta}{2}$$ ou $$\alpha = \frac{\widehat{AB}}{2}$$

Demonstração:

1º caso: tÂB é agudo
No triângulo isósceles OAB calculemos a medida do ângulo Â.

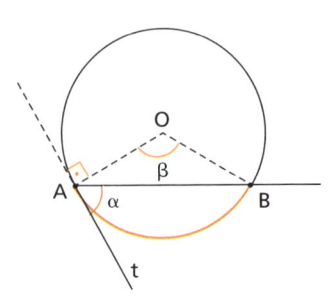

$\hat{A} + \hat{B} + \beta = 180° \Rightarrow \hat{A} + \hat{A} + \beta = 180° \Rightarrow$
$\Rightarrow 2\hat{A} = 180° - \beta \Rightarrow \hat{A} = 90° - \frac{\beta}{2}$ (1)

ÂNGULOS NA CIRCUNFERÊNCIA

Sendo t tangente à circunferência:

$\alpha + \hat{A} = 90°$ $\Rightarrow$ $\hat{A} = 90° - \alpha$ (2)

De (1) e (2) decorre que $\alpha = \dfrac{\beta}{2}$.

Logo, $\alpha = \dfrac{\beta}{2}$ e como $\beta = \widehat{AB}$ decorre que $\alpha = \dfrac{\widehat{AB}}{2}$.

2º caso: tÂB é reto
AB é um diâmetro e $\widehat{AB} = 180°$.

3º caso: tÂB é obtuso
Usando o adjacente suplementar de tÂB, recai-se no 1º caso.

172. Arco capaz — segmento (circular) capaz

Consideremos uma circunferência λ de centro O e um ângulo de medida α. Seja AÔB um ângulo central de medida $\beta = 2\alpha$. Os vértices dos ângulos inscritos (ou semi-inscritos) relativos a λ que têm os lados passando por A e B e têm medida α estão num arco $\widehat{APB}$. Este arco é chamado **arco capaz** de α.

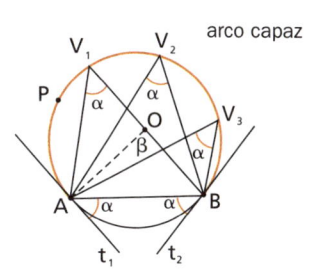

Na figura os ângulos $A\hat{V}_1B$, $A\hat{V}_2B$, $A\hat{V}_3B$, $t_1\hat{A}B$ e $t_2\hat{B}A$ têm medida $\alpha = \dfrac{\widehat{AB}}{2}$. O arco $\widehat{APB}$ é o arco capaz de α.

173. Ângulos excêntricos

a) Ângulo excêntrico interior

Se duas cordas se cortam em um ponto interior a uma circunferência, distinto do centro, então qualquer um dos ângulos que elas formam é chamado **ângulo excêntrico interior**.

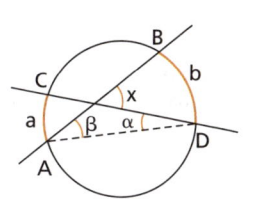

ÂNGULOS NA CIRCUNFERÊNCIA

A medida do ângulo excêntrico interior, considerando as indicações da figura, é dada por

$$x = \frac{a+b}{2}$$

em que a e b são as medidas dos arcos.

De fato:

como x é ângulo externo do triângulo e como α e β são ângulos inscritos, obtemos:

$$\left(x = \alpha + \beta, \alpha = \frac{a}{2}, \beta = \frac{b}{2}\right) \Rightarrow x = \frac{a}{2} + \frac{b}{2} \Rightarrow x = \frac{a+b}{2}$$

b) ângulo excêntrico exterior

Se com origem num ponto exterior a uma circunferência traçarmos duas semirretas, ambas secantes à circunferência, ou ambas tangentes ou uma secante e a outra tangente, estas semirretas formam um ângulo que é chamado **ângulo excêntrico exterior**.

A medida do ângulo exterior, considerando as indicações das figuras, é dada por

$$x = \frac{a-b}{2}$$

em que a e b são as medidas dos arcos.

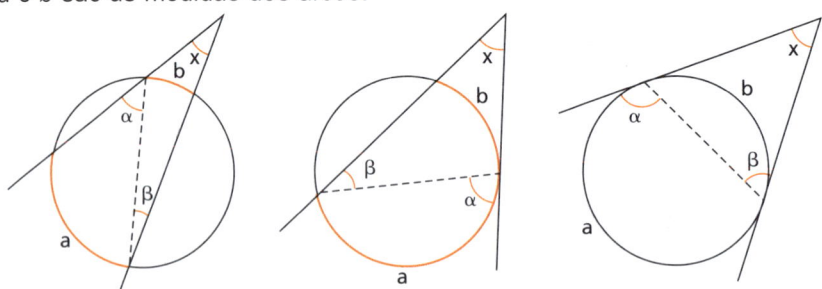

De fato: como α e β são ângulos inscritos ou ângulos de segmentos e α é ângulo externo do triângulo, obtemos:

$$\left(\alpha = x + \beta, \alpha = \frac{a}{2}, \beta = \frac{b}{2}\right) \Rightarrow \frac{a}{2} = x + \frac{b}{2} \Rightarrow x = \frac{a-b}{2}$$

EXERCÍCIOS

377. Determine o valor do ângulo x nos casos.

a) 70°

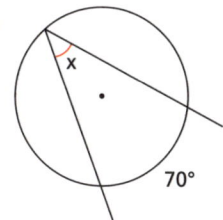

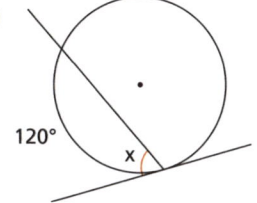

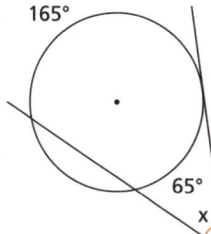

b) 150°, 50°

c) 120°

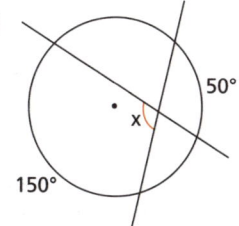

d) 100°, 50°

e) 165°, 65°

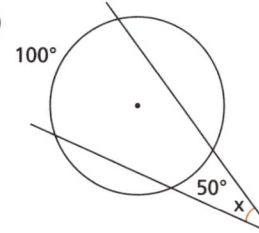

f) 110°

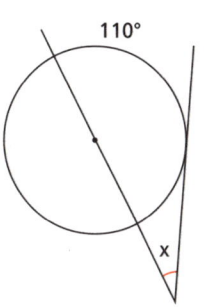

378. Determine o valor do arco x nos casos:

a) 100°, 120°

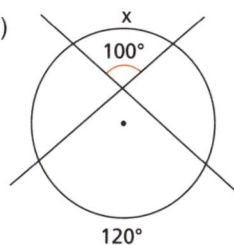

b) 20°, 70°

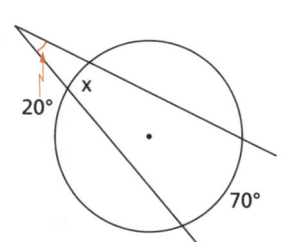

c) 30°

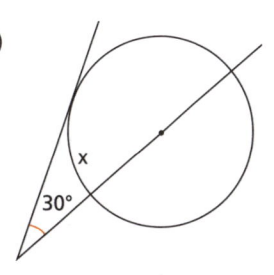

379. Nas figuras, calcule o valor de x.

a) 2x, 140°

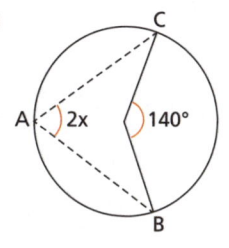

b) 30°, 3x

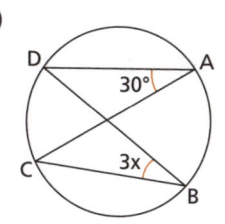

ÂNGULOS NA CIRCUNFERÊNCIA

380. Nas figuras, calcule o valor de α.
 a) b)

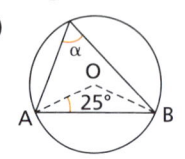

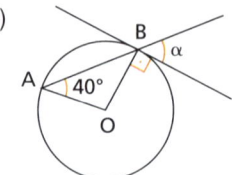

381. Nas figuras, calcule o valor do arco $\widehat{ABC}$.
 a) b)

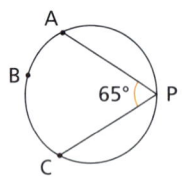

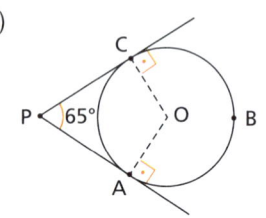

382. Nas figuras, calcule x.
 a) b) c)

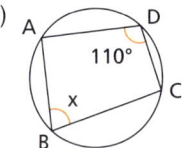

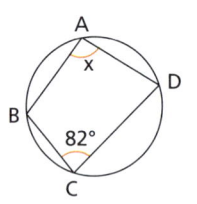

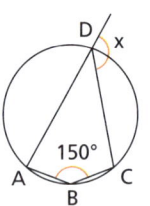

383. Na figura, sendo $\widehat{ABC} = 260°$, calcule o valor de α.

384. Calcule o valor de x.
 a) b)

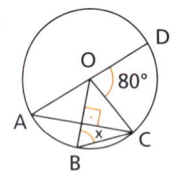

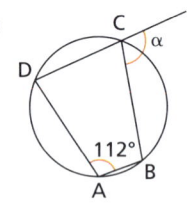

385. O arco $\widehat{CD}$ da figura mede 105°. Calcule o valor de x.

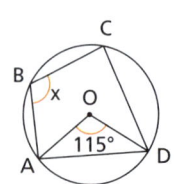

ÂNGULOS NA CIRCUNFERÊNCIA

386. Na circunferência, o arco $\overset{\frown}{CFD}$ excede o arco $\overset{\frown}{AEB}$ em 50°. Determine suas medidas, sabendo que o ângulo α mede 70°.

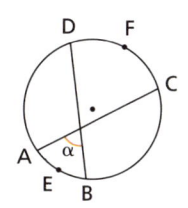

387. Na figura ao lado, o ângulo $A\hat{C}D$ é igual a 70° e o ângulo $A\hat{P}D$ é igual a 110°. Determine a medida do ângulo $B\hat{A}C$.

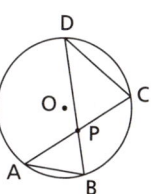

388. Calcule x nas figuras:
a) 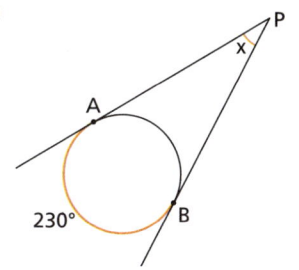
b)

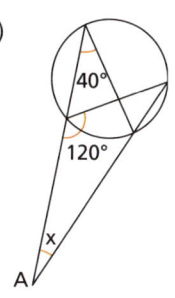

389. Calcule x nas figuras:
a) 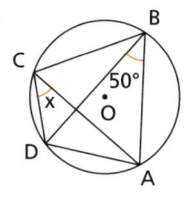
b)

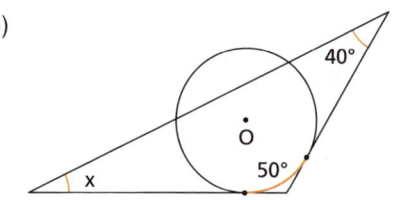

390. Se y = 75° e $\overset{\frown}{AB}$ = 100°, calcule x.

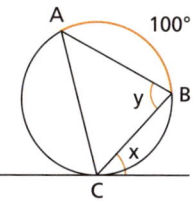

391. Na figura, qual é o valor de α?

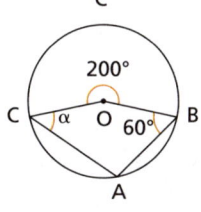

392. Na figura, o arco $\overset{\frown}{CMD}$ é igual a 100° e o arco $\overset{\frown}{ANB}$ mede 30°. Calcule o valor de x.

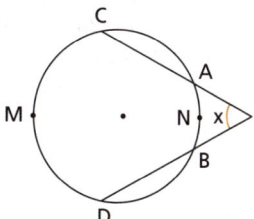

ÂNGULOS NA CIRCUNFERÊNCIA

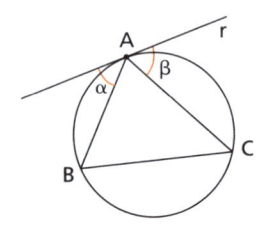

393. Determine a medida do ângulo α, sabendo que, na figura ao lado, CD = R.

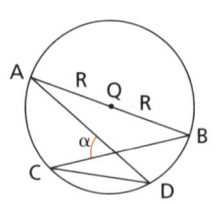

394. Calcule x nas figuras:

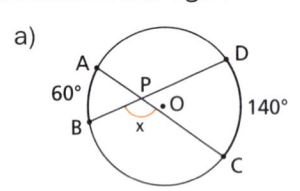

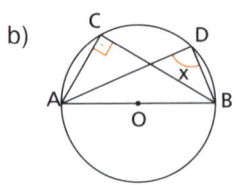

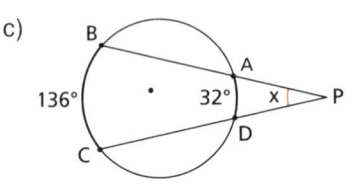

a)

b)

c)

395. Calcule x nas figuras:

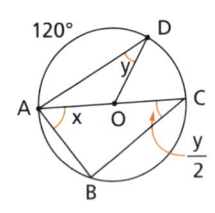

a)

b) ABCDE é um pentágono regular.

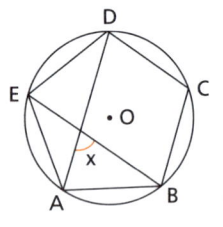

396. Na figura, o arco $\overset{\frown}{BEC}$ mede 60° e $\overline{OB}$ é perpendicular a $\overline{AC}$. Determine a medida do arco $\overset{\frown}{AFB}$ e a medida do ângulo $A\hat{D}C$.

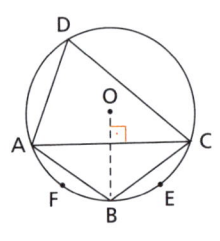

397. Determine as medidas dos ângulos de um triângulo, obtido pelos pontos de tangência do círculo inscrito com os lados de um triângulo ABC, sendo $\hat{A} = 60°$, $\hat{B} = 40°$ e $\hat{C} = 80°$.

398. Determine a razão entre os ângulos α e β da figura ao lado, sabendo que a reta r tangencia a circunferência no ponto A e que os arcos $\overset{\frown}{AB}$, $\overset{\frown}{BC}$ e $\overset{\frown}{AC}$ são proporcionais aos números 2, 9 e 7.

ÂNGULOS NA CIRCUNFERÊNCIA

399. Na figura, determine a medida do ângulo α, sabendo que o arco $\widehat{AB}$ mede 100° e que a corda $\overline{CD}$ mede R, sendo R o raio do círculo.

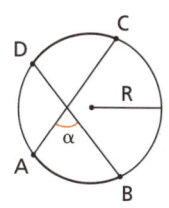

400. Determine o menor ângulo formado por duas retas secantes a uma circunferência, conduzidas por um ponto P externo, sabendo que essas secantes determinam na circunferência dois arcos cujas medidas valem 30° e 90°.

401. Na figura, $\overline{AB}$ e $\overline{AC}$ são tangentes ao círculo de centro O e Q é um ponto do arco menor $\widehat{BC}$. PQR é tangente ao círculo, Â = 28°. Ache PÔR.

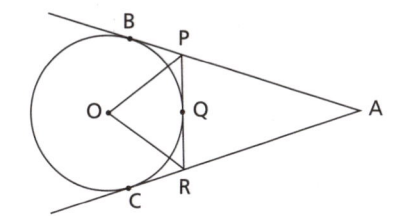

402. Na figura, $\overline{AB}$ é um diâmetro, a corda $\overline{AM}$ é o lado do triângulo equilátero inscrito e $\overline{BN}$, o lado do quadrado inscrito. Calcule o ângulo α, formado pelas tangentes $\overline{PM}$ e $\overline{PN}$.

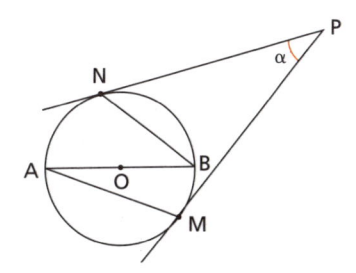

403. Determine as medidas x e y.

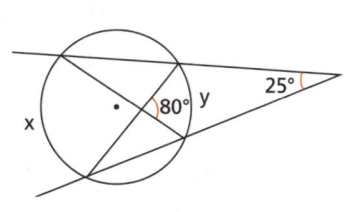

404. Consideremos um triângulo equilátero ABC inscrito em um círculo. Determine o menor ângulo formado pelas retas tangentes a esse círculo nos pontos A e B.

405. Determine o valor de x nos casos:

a)

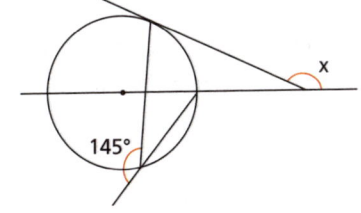

b)

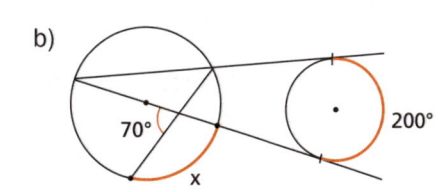

ÂNGULOS NA CIRCUNFERÊNCIA

406. Mostre que, se $\overset{\frown}{AB}$ e $\overset{\frown}{CD}$ são arcos de medidas iguais de uma circunferência, então as cordas $\overline{AB}$ e $\overline{CD}$ são congruentes.

Solução

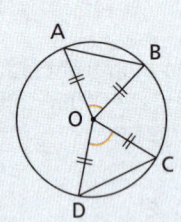

Hipótese

$m(\overset{\frown}{AB}) = m(\overset{\frown}{CD})$

Tese

$\overline{AB} \equiv \overline{CD}$

Demonstração:
Sendo O o centro do círculo, considere os triângulos AOB e COD em que OA = OB = OC = OD = raio e AÔB ≡ CÔD (pois $\overset{\frown}{AB} = \overset{\frown}{CD}$).
Então, pelo caso LAL, os triângulos são congruentes.
Logo: $\overline{AB} \equiv \overline{CD}$.

Note que vale também a recíproca desta propriedade.

407. Prove que retas paralelas distintas, secantes com uma circunferência, determinam na circunferência, entre as paralelas, arcos de mesma medida.

408. Prove que um trapézio inscrito em um círculo é isósceles.

409. Sejam r e R os raios das circunferências inscrita e circunscrita em um triângulo retângulo de catetos a e b. Prove que a + b = 2(R + r).

410. Prove que a soma dos diâmetros dos círculos inscrito e circunscrito a um triângulo retângulo é igual à soma dos catetos desse triângulo.

411. Se os lados $\overline{AB}$ e $\overline{AC}$ de um triângulo são diâmetros de duas circunferências, prove que o outro ponto comum às circunferências está em $\overline{BC}$.

Solução

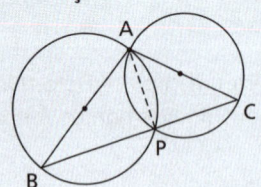

Seja P o outro ponto de interseção. Como os triângulos APB e APC estão inscritos em semicircunferências, eles são retângulos. Logo AP̂B e AP̂C são ângulos retos. Então $\overrightarrow{PB}$ e $\overrightarrow{PC}$ são semirretas opostas, isto é, P está em $\overline{BC}$.

412. Seja ABC um triângulo acutângulo e H_1, H_2, H_3 os pés das alturas. Prove que o ortocentro H do triângulo ABC é o incentro do triângulo $H_1H_2H_3$.

CAPÍTULO XII

Teorema de Tales

I. Teorema de Tales

174. Definições

Feixe de retas paralelas é um conjunto de retas coplanares paralelas entre si.

Transversal do feixe de retas paralelas é uma reta do plano do feixe que concorre com todas as retas do feixe.

Pontos correspondentes de duas transversais são pontos destas transversais que estão numa mesma reta do feixe.

Segmentos correspondentes de duas transversais são segmentos cujas extremidades são os respectivos pontos correspondentes.

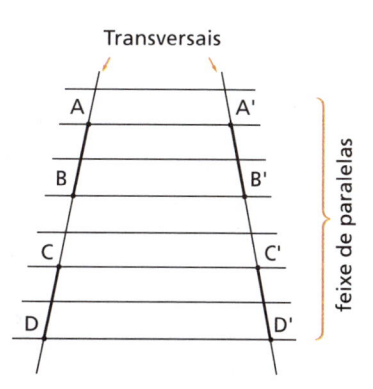

A e A', B e B', C e C', D e D' são pontos correspondentes.

$\overline{AB}$ e $\overline{A'B'}$, $\overline{CD}$ e $\overline{C'D'}$ são segmentos correspondentes.

TEOREMA DE TALES

175. Propriedade

> Se duas retas são transversais de um feixe de retas paralelas distintas e um segmento de uma delas é dividido em p partes congruentes entre si e pelos pontos de divisão são conduzidas retas do feixe, então o segmento correspondente da outra transversal:
> 1º) também é dividido em p partes;
> 2º) e essas partes também são congruentes entre si.

Demonstração:

1ª parte: $\overline{AB}$ e $\overline{A'B'}$ são segmentos correspondentes e $\overline{AB}$ é dividido em p partes por retas do feixe.

Se $\overline{A'B'}$ ficasse dividido em menos partes (ou mais partes), pelo menos duas retas do feixe encontrar-se-iam em pontos de $\overline{AB}$ (ou de $\overline{A'B'}$), o que é absurdo, pois as retas do feixe são paralelas.

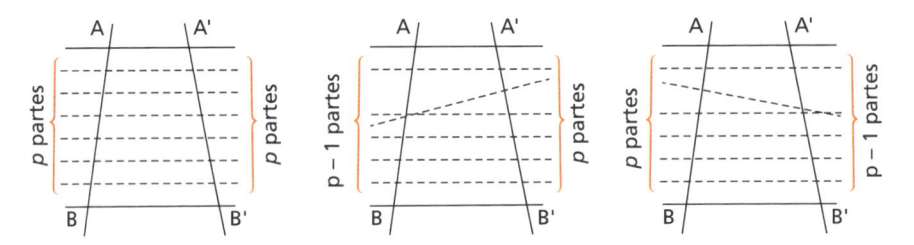

2ª parte: $\overline{AB}$ é dividido em partes congruentes a x.

Pelos pontos de divisão de $\overline{A'B'}$, conduzindo paralelas a $\overline{AB}$, obtemos um triângulo para cada divisão. Todos os triângulos são congruentes pelo caso ALA (basta notar os paralelogramos e os ângulos de lados respectivamente paralelos que são obtidos).

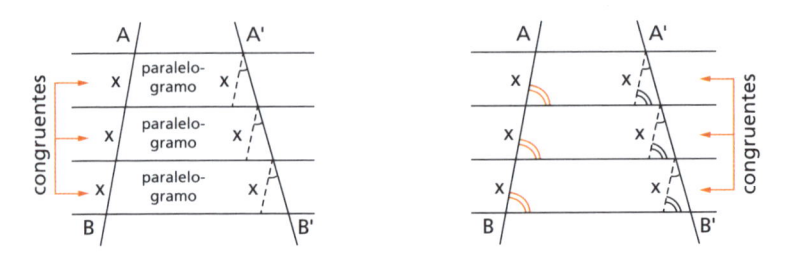

Com isso, $\overline{A'B'}$ é dividido em partes congruentes pelos pontos de divisão.

176. Teorema de Tales

> Se duas retas são transversais de um feixe de retas paralelas, então a razão entre dois segmentos **quaisquer** de uma delas é igual à razão entre os respectivos segmentos correspondentes da outra.

Hipótese

$\overline{AB}$ e $\overline{CD}$ são dois segmentos de uma transversal, e $\overline{A'B'}$ e $\overline{C'D'}$ são os respectivos correspondentes da outra.

Tese

$$\Rightarrow \quad \frac{\overline{AB}}{\overline{CD}} = \frac{\overline{A'B'}}{\overline{C'D'}}$$

Demonstração:

1º caso: $\overline{AB}$ e $\overline{CD}$ são comensuráveis.

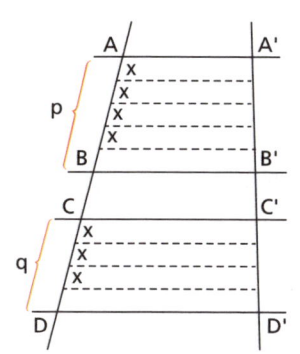

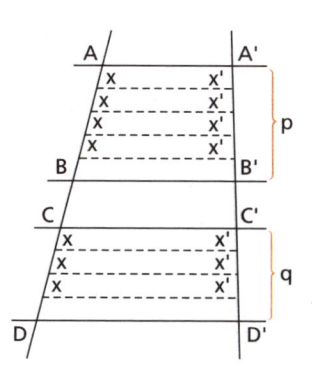

Existe um segmento x que é submúltiplo de $\overline{AB}$ e de $\overline{CD}$.

$$\left.\begin{array}{l}\overline{AB} = px \\ \overline{CD} = qx\end{array}\right\} \xRightarrow{\div} \frac{\overline{AB}}{\overline{CD}} = \frac{p}{q} \quad (1)$$

Conduzindo retas do feixe pelos pontos de divisão de $\overline{AB}$ e $\overline{CD}$ (vide figura acima) e aplicando a propriedade anterior, vem:

$$\left.\begin{array}{l}\overline{A'B'} = px' \\ \overline{C'D'} = qx'\end{array}\right\} \xRightarrow{\div} \frac{\overline{A'B'}}{\overline{C'D'}} = \frac{p}{q} \quad (2)$$

Comparando (1) e (2), temos: $\dfrac{\overline{AB}}{\overline{CD}} = \dfrac{\overline{A'B'}}{\overline{C'D'}}$.

TEOREMA DE TALES

2º caso: $\overline{AB}$ e $\overline{CD}$ são incomensuráveis.

Não existe segmento submúltiplo comum de $\overline{AB}$ e $\overline{CD}$.

Tomamos um segmento y submúltiplo de $\overline{CD}$ (y cabe um certo número inteiro n de vezes em $\overline{CD}$), isto é:

$$\overline{CD} = n \cdot y$$

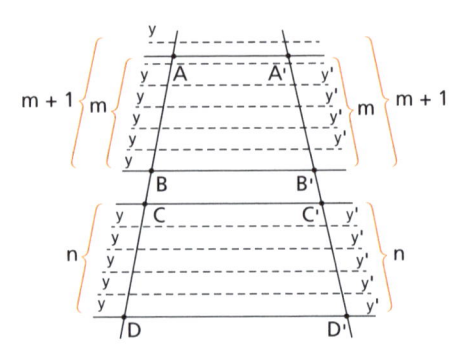

Por serem $\overline{AB}$ e $\overline{CD}$ incomensuráveis, marcando sucessivamente y em $\overline{AB}$, para um certo número inteiro m de vezes acontece que:

$$m \cdot y < \overline{AB} < (m+1)y$$

Operando com as relações acima, vem:

$$\left. \begin{array}{l} my < \overline{AB} < (m+1)y \\ ny = \overline{CD} = ny \end{array} \right\} \;\div\; \Rightarrow \; \frac{m}{n} < \frac{\overline{AB}}{\overline{CD}} < \frac{m+1}{n} \qquad (3)$$

Conduzindo retas do feixe pelos pontos de divisão de $\overline{AB}$ e $\overline{CD}$ e aplicando a propriedade anterior, vem:

$$\overline{C'D'} = ny'$$
$$my' < \overline{A'B'} < (m+1)y'$$

Operando com as relações acima, temos:

$$\left. \begin{array}{l} my' < \overline{A'B'} < (m+1)y' \\ ny' = \overline{C'D'} = ny' \end{array} \right\} \;\div\; \Rightarrow \; \frac{m}{n} < \frac{\overline{A'B'}}{\overline{C'D'}} < \frac{m+1}{n} \qquad (4)$$

Ora, y é um submúltiplo de $\overline{CD}$ que se pode variar; dividindo y, aumentamos n e nestas condições $\dfrac{m}{n}$ e $\dfrac{m+1}{n}$ formam um par de classes contíguas que definem um único número real, que é $\dfrac{\overline{AB}}{\overline{CD}}$ pela expressão (3), e é $\dfrac{\overline{A'B'}}{\overline{C'D'}}$ pela expressão (4).

Como esse número é único, então:

$$\frac{\overline{AB}}{\overline{CD}} = \frac{\overline{A'B'}}{\overline{C'D'}}$$

Nota

Vale também a igualdade:

$\dfrac{\overline{AB}}{\overline{A'B'}} = \dfrac{\overline{CD}}{\overline{C'D'}}$, que permite concluir:

A razão entre segmentos correspondentes é constante.

EXERCÍCIOS

413. Determine o valor de x em cada caso abaixo, sendo r, s e t retas paralelas.

a)

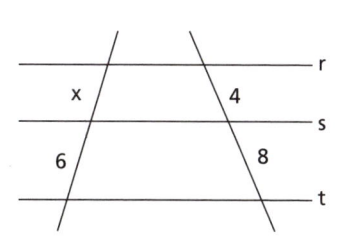

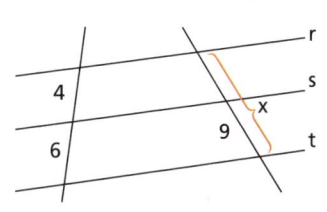

b)

c)

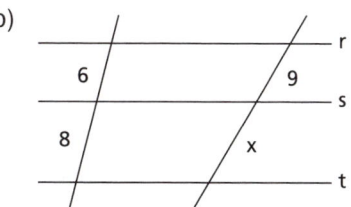

d)

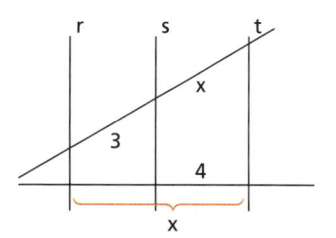

414. Nas figuras, as retas r, s e t são paralelas. Determine os valores de x e y.

a)

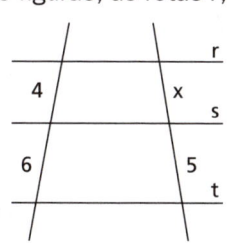

b)

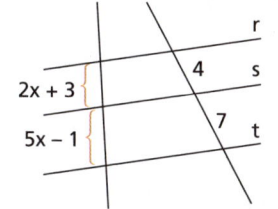

c)

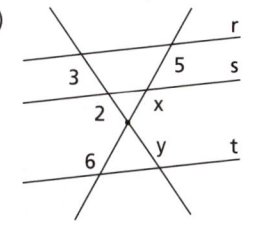

TEOREMA DE TALES

415. Na figura, $\overline{MN}$ é paralela à base $\overline{BC}$ do triângulo ABC. Calcule o valor de x.

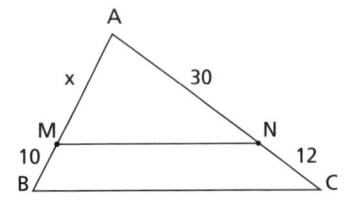

416. Na figura, $\overline{MN} \parallel \overline{BC}$. Calcule o valor de AB.

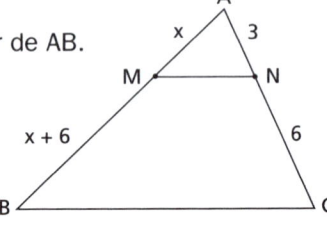

417. Na figura, calcule o valor de x.

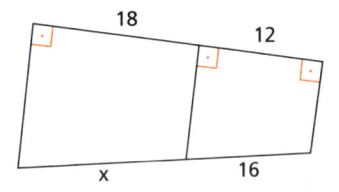

418. Na figura ao lado, os segmentos $\overline{AB}$, $\overline{BC}$, $\overline{CD}$ e $\overline{DE}$ medem, respectivamente, 8 cm, 10 cm, 12 cm e 15 cm. Calcule as medidas dos segmentos $\overline{A'B'}$, $\overline{B'C'}$, $\overline{C'D'}$ e $\overline{D'E'}$, sabendo que $\overline{A'E'}$ mede 54 cm, e que as retas a, b, c, d, e são paralelas.

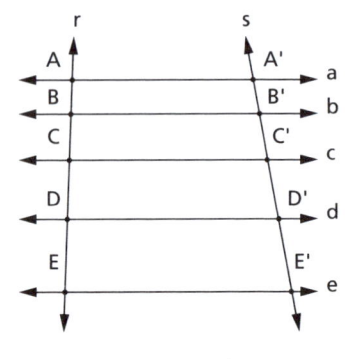

419. Na figura ao lado, r // s // t. Determine as medidas x e y, sabendo que são proporcionais a 2 e a 3, que o segmento $\overline{A'C'}$ mede 30 cm e que as retas a e b são paralelas.

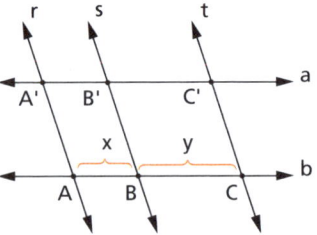

420. Um feixe de 4 paralelas determina sobre uma transversal três segmentos que medem 5 cm, 6 cm e 9 cm, respectivamente. Determine os comprimentos dos segmentos que esse mesmo feixe determine sobre uma outra transversal, sabendo que o segmento compreendido entre a primeira e a quarta paralela mede 60 cm.

Solução

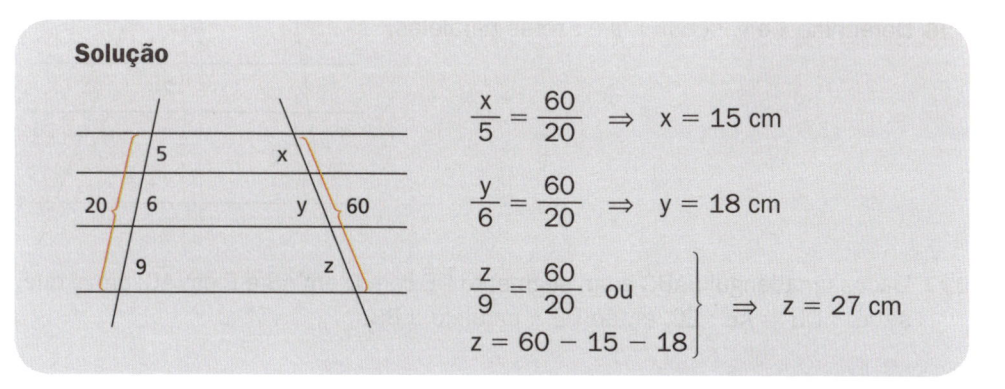

$$\frac{x}{5} = \frac{60}{20} \Rightarrow x = 15 \text{ cm}$$

$$\frac{y}{6} = \frac{60}{20} \Rightarrow y = 18 \text{ cm}$$

$$\left.\begin{array}{l}\dfrac{z}{9} = \dfrac{60}{20} \text{ ou} \\ z = 60 - 15 - 18\end{array}\right\} \Rightarrow z = 27 \text{ cm}$$

421. Um feixe de cinco paralelas determina sobre uma transversal quatro segmentos que medem, respectivamente, 5 cm, 8 cm, 11 cm e 16 cm. Calcule o comprimento dos segmentos que esse mesmo feixe determina sobre uma outra transversal, sabendo que o segmento compreendido entre as paralelas extremas mede 60 cm.

422. Um triângulo ABC tem os lados $\overline{AC}$ e $\overline{BC}$ medindo 24 cm e 20 cm, respectivamente. Sobre o lado $\overline{AC}$, a 6 cm do vértice C, tomamos um ponto M. Determine a distância de um ponto N situado sobre o lado $\overline{BC}$, até o vértice C, de maneira que $\overline{MN}$ seja paralelo a $\overline{AB}$.

423. No triângulo ABC, o lado $\overline{AC}$ mede 32 cm e o lado $\overline{BC}$, 36 cm. Por um ponto M situado sobre $\overline{AC}$, a 10 cm do vértice C, traçamos a paralela ao lado $\overline{AB}$, a qual divide $\overline{BC}$ em dois segmentos, $\overline{BN}$ e $\overline{CN}$. Determine a medida de $\overline{CN}$.

424. Na figura abaixo, onde a // b // c // d, temos que: AD + AG + HK + KN = 180 cm; $\dfrac{AE}{AB} = \dfrac{3}{2}$, $\dfrac{JK}{AB} = \dfrac{9}{5}$, $\dfrac{KL}{AB} = \dfrac{27}{10}$; $\overline{AB}$, $\overline{BC}$ e $\overline{CD}$ são proporcionais a 2, 3 e 4, respectivamente.
Calcule as medidas dos segmentos $\overline{EF}$, $\overline{LM}$ e $\overline{CD}$.

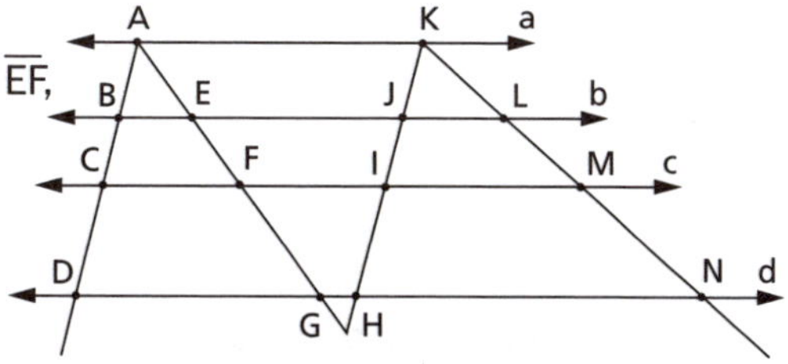

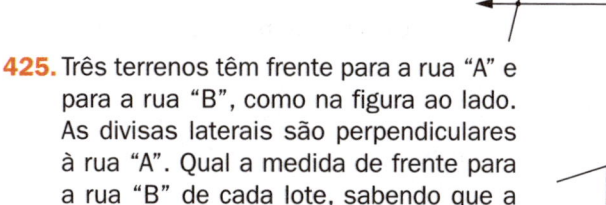

425. Três terrenos têm frente para a rua "A" e para a rua "B", como na figura ao lado. As divisas laterais são perpendiculares à rua "A". Qual a medida de frente para a rua "B" de cada lote, sabendo que a frente total para essa rua é 180 m?

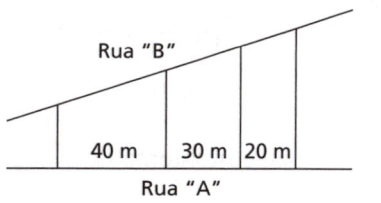

TEOREMA DE TALES

426. Determine x e y, sendo r, s e t retas paralelas.

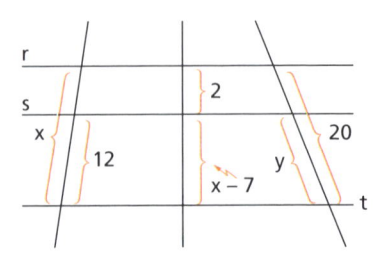

427. Dados um triângulo ABC e um segmento $\overline{DE}$ com D em $\overline{AB}$ e E em $\overline{AC}$, prove que, se AD : DB = AE : EC, então $\overline{DE}$ é paralelo a $\overline{BC}$.

II. Teorema das bissetrizes

177. Teorema da bissetriz interna

> Uma bissetriz interna de um triângulo divide o lado oposto em segmentos (aditivos) proporcionais aos lados adjacentes.

O enunciado acima deve ser entendido como segue.

Sendo ABC o triângulo de lados a, b e c, $\overline{AD}$ uma bissetriz interna (conforme a figura ao lado), DB = x e DC = y, teremos:

$$\frac{x}{c} = \frac{y}{b}$$

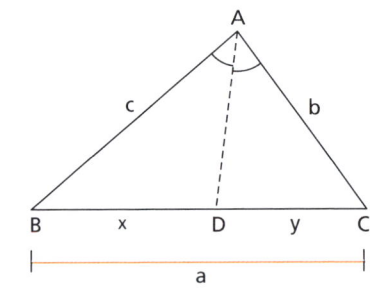

O lado BC = a é dividido em dois segmentos aditivos, pois $\overline{DB} + \overline{DC} = \overline{BC}$, ou seja, x + y = a.

E com esta nomenclatura temos, então:

Hipótese | Tese

$\overline{AD}$ bissetriz interna do △ABC $\Rightarrow$ $\dfrac{x}{c} = \dfrac{y}{b}$

Demonstração:

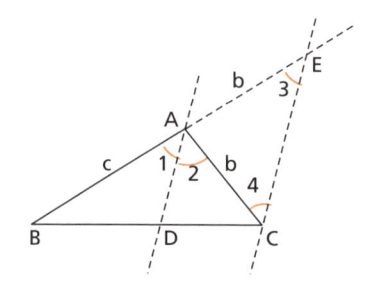

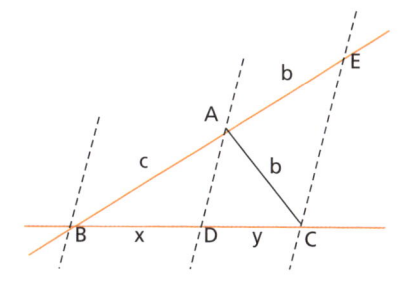

Conduzimos por C uma paralela à bissetriz $\overline{AD}$, determinando um ponto E na reta $\overleftrightarrow{AB}$ ($\overleftrightarrow{CE} \mathbin{/\mkern-6mu/} \overleftrightarrow{AD}$).

Fazendo $B\hat{A}D = \hat{1}$, $D\hat{A}C = \hat{2}$, $A\hat{E}C = \hat{3}$, e $A\hat{C}E = \hat{4}$, temos:

$\overleftrightarrow{CE} \mathbin{/\mkern-6mu/} \overleftrightarrow{AD} \Rightarrow \hat{1} \equiv \hat{3}$ (correspondentes)

$\overleftrightarrow{CE} \mathbin{/\mkern-6mu/} \overleftrightarrow{AD} \Rightarrow \hat{2} \equiv \hat{4}$ (alternos internos)

Como por hipótese $\hat{1} \equiv \hat{2}$, decorre que $\hat{3} \equiv \hat{4}$.

$\hat{3} \equiv \hat{4} \Rightarrow \triangle ACE$ é isósceles de base $\overline{CE} \Rightarrow \overline{AE} \equiv \overline{AC} \Rightarrow AE = b$.

Considerando $\overleftrightarrow{BC}$ e $\overleftrightarrow{BE}$ como transversais de um feixe de retas paralelas (identificado por $\overleftrightarrow{AD} \mathbin{/\mkern-6mu/} \overleftrightarrow{CE}$) e aplicando o teorema de Tales, vem:

$$\frac{x}{y} = \frac{c}{b}, \text{ ou seja, } \frac{x}{c} = \frac{y}{b}.$$

178. Teorema da bissetriz externa

Se a bissetriz de um ângulo externo de um triângulo intercepta a reta que contém o lado oposto, então ela divide este lado oposto externamente em segmentos (subtrativos) proporcionais aos lados adjacentes.

O enunciado anterior deve ser entendido como segue:

Sendo ABC o triângulo de lados a, b, c, $\overline{AD}$ a bissetriz externa com D na reta $\overleftrightarrow{BC}$ (conforme figura), $DB = x$ e $\overline{DC} = y$, teremos:

$$\frac{x}{c} = \frac{y}{b}$$

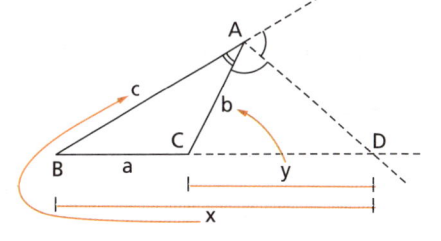

TEOREMA DE TALES

O lado $BC = a$ é dividido externamente em segmentos subtrativos, pois $\overline{DB} - \overline{DC} = \overline{BC}$, ou seja, $x - y = a$.

Com esta nomenclatura, temos:

    Hipótese   Tese

$\overline{AD}$ bissetriz externa do $\triangle ABC$ $\Rightarrow$ $\dfrac{x}{c} = \dfrac{y}{b}$

Demonstração:

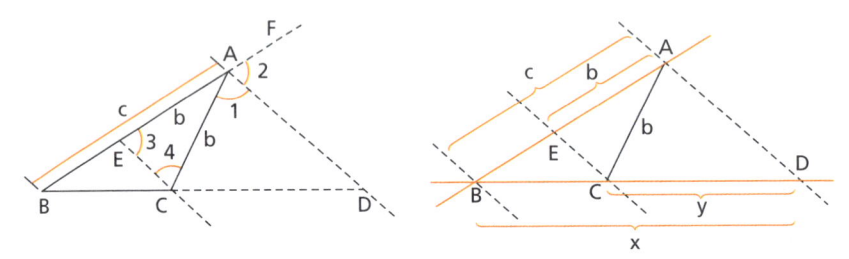

Conduzimos por C uma paralela à bissetriz $\overline{AD}$, determinando um ponto E na reta $\overleftrightarrow{AB}$ $\left(\overleftrightarrow{CE} \mathbin{/\mkern-5mu/} \overleftrightarrow{AD}\right)$.

Fazendo $C\hat{A}D = \hat{1}$, $D\hat{A}F = \hat{2}$, $A\hat{E}C = \hat{3}$ e $A\hat{C}E = \hat{4}$, temos:

$\overleftrightarrow{CE} \mathbin{/\mkern-5mu/} \overleftrightarrow{AD}$ $\Rightarrow$ $\hat{2} \equiv \hat{3}$ (correspondentes)

$\overleftrightarrow{CE} \mathbin{/\mkern-5mu/} \overleftrightarrow{AD}$ $\Rightarrow$ $\hat{1} \equiv \hat{4}$ (alternos internos)

Como por hipótese $\hat{1} \equiv \hat{2}$, decorre que $\hat{3} \equiv \hat{4}$.

$\hat{3} \equiv \hat{4} \Rightarrow \triangle ACE$ é isóceles de base $\overline{CE} \Rightarrow \overline{AE} \equiv \overline{AC} \Rightarrow AE = b$

Considerando $\overleftrightarrow{BC}$ e $\overleftrightarrow{BE}$ como transversais de um feixe de retas paralelas (identificado por $\overleftrightarrow{AD} \mathbin{/\mkern-5mu/} \overleftrightarrow{CE}$) e aplicando o teorema de Tales, vem:

$\dfrac{x}{y} = \dfrac{c}{b}$, ou seja, $\dfrac{x}{c} = \dfrac{y}{b}$

Nota

Se o triângulo ABC é isósceles de base $\overline{BC}$, então a bissetriz do ângulo externo em A é paralela à base $\overline{BC}$ e reciprocamente.

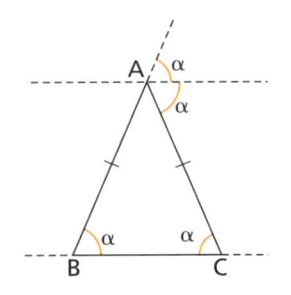

EXERCÍCIOS

428. Se $\overline{AS}$ é bissetriz de $\hat{A}$, calcule x nos casos:

a) [triângulo ABC com AB=6, AC=8, BS=3, SC=x]

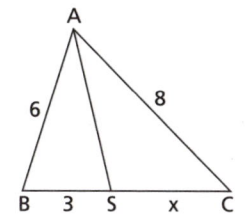

b) [triângulo com BS=x, BC=6(?), AB=8, CA=12; S sobre CA, com CS=x, BC=6, AB=8, CA=12]

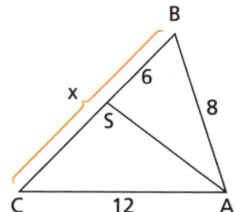

c) [triângulo ABC com AB=x, AC=5, BS=4, SC=3]

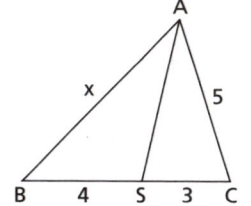

429. Se $\overline{AP}$ é bissetriz do ângulo externo em A, determine x.

a) [AB=12, AC=6, BC=12, CP=x]

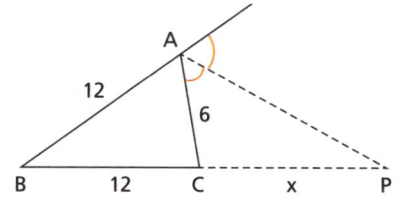

b) [AB=6, AC=8, PB=12, BC=x]

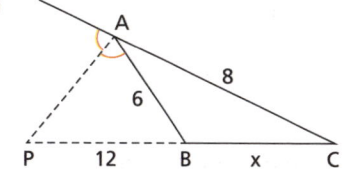

430. Na figura, $\overline{AS}$ é bissetriz interna do ângulo $\hat{A}$. Calcule o valor de x.

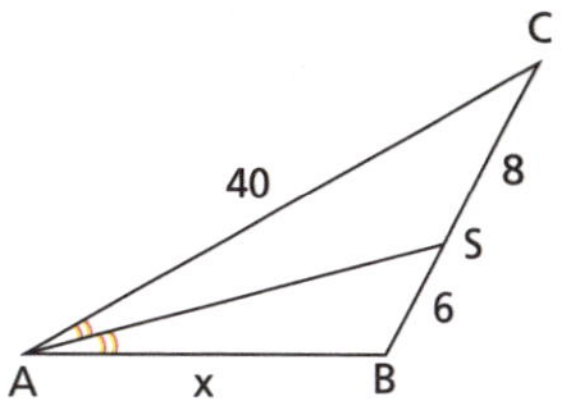

[AC=40, CS=8, SB=6, AB=x]

431. Na figura, $\overline{AS}$ é bissetriz interna do ângulo $\hat{A}$. Calcule x.

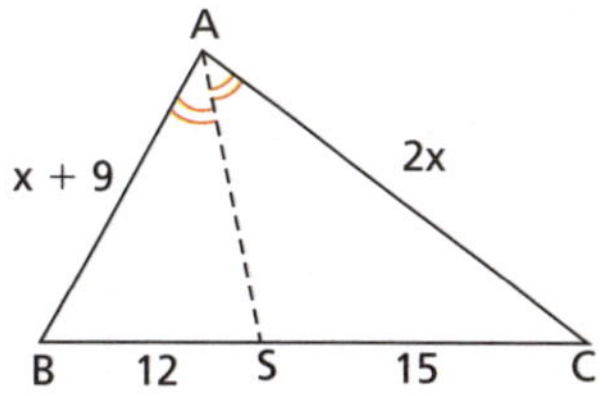

[AB=x+9, AC=2x, BS=12, SC=15]

432. Na figura, calcule os valores de x e y, respectivamente, sendo $\overline{BS}$ a bissetriz interna do ângulo $\hat{B}$.

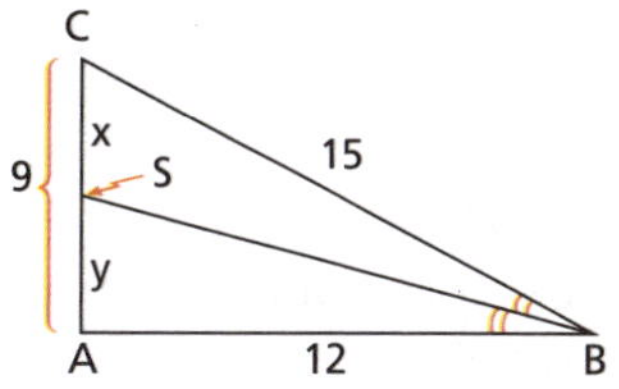

[CS=x, SA=y, CA=9, CB=15, AB=12]

TEOREMA DE TALES

433. Na figura, $\overline{AD}$ é bissetriz externa do ângulo $\hat{A}$. Calcule x.

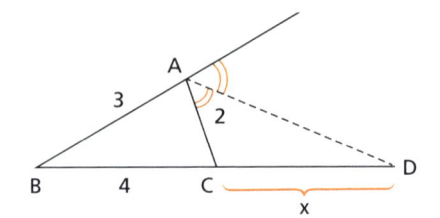

434. Determine a medida do lado $\overline{AB}$ do triângulo ABC:

a) $\overline{AS}$ é bissetriz e o perímetro do $\triangle ABC$ é 75 m

b) AP é bissetriz do ângulo externo em A e o perímetro do $\triangle ABC$ é 23 m

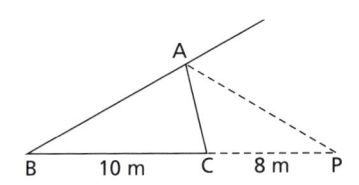

435. No triângulo ABC da figura ao lado, $\overline{AS}$ é bissetriz interna do ângulo $\hat{A}$ e $\overline{AP}$ é bissetriz externa. Calcule a medida do segmento $\overline{SP}$.

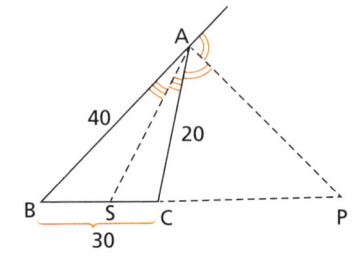

Solução

T. biss. int $\Rightarrow \dfrac{x}{20} = \dfrac{30 - x}{40} \Rightarrow x = 10$

T. biss. ext $\Rightarrow \dfrac{y}{20} = \dfrac{30 + y}{40} \Rightarrow y = 30$

SP = x + y $\Rightarrow$ SP = 10 + 30 $\Rightarrow$ SP = 40

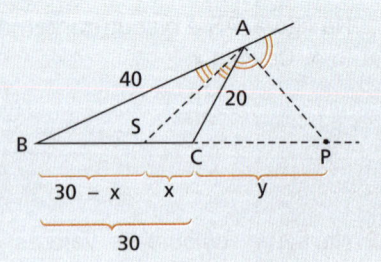

436. Os lados de um triângulo medem 5 cm, 6 cm e 7 cm. Em quanto é preciso prolongar o lado menor para que ele encontre a bissetriz do ângulo externo oposto?

437. Sendo $\overline{AS}$ e $\overline{AP}$ bissetrizes dos ângulos interno e externo em A, determine o valor de $\overline{CP}$, dados BS = 8 m e SC = 6 m.

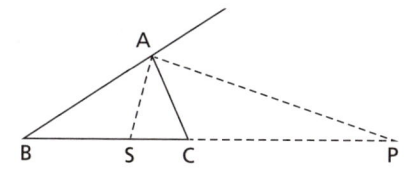

438. A bissetriz interna do ângulo Â de um triângulo ABC divide o lado oposto em dois segmentos que medem 9 cm e 16 cm. Sabendo que $\overline{AB}$ mede 18 cm, determine a medida de $\overline{AC}$.

439. O perímetro de um triângulo ABC é 100 m. A bissetriz interna do ângulo Â divide o lado oposto $\overline{BC}$ em dois segmentos de 16 m e 24 m. Determine os lados desse triângulo.

440. A bissetriz interna $\overline{AD}$ de um triângulo ABC divide o lado oposto em dois segmentos $\overline{BD}$ e $\overline{CD}$ de medidas 24 cm e 30 cm, respectivamente. Sendo $\overline{AB}$ e $\overline{AC}$ respectivamente iguais a 2x + 6 e 3x, determine o valor de x e as medidas de $\overline{AB}$ e $\overline{AC}$.

441. A bissetriz externa $\overline{AS}$ de um triângulo ABC determina sobre o prolongamento do lado $\overline{BC}$ um segmento $\overline{CS}$ de medida y. Sendo os lados $\overline{AB}$ e $\overline{AC}$, respectivamente, o triplo e o dobro do menor segmento determinado pela bissetriz interna $\overline{AP}$ sobre o lado $\overline{BC}$ que mede 20 cm, determine o valor de y.

442. Os lados de um triângulo medem 8 cm, 10 cm e 12 cm. Em quanto precisamos prolongar o menor lado para que ele encontre a bissetriz do ângulo externo oposto a esse lado?

443. Considerando as medidas indicadas na figura e sabendo que o círculo está inscrito no triângulo, determine x.

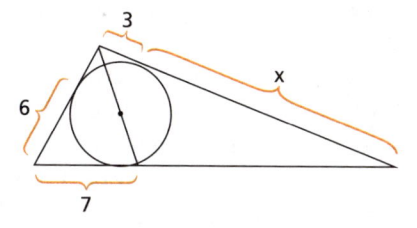

444. Consideremos um triângulo ABC de 15 cm de perímetro. A bissetriz externa do ângulo Â desse triângulo encontra o prolongamento do lado $\overline{BC}$ em um ponto S. Sabendo que a bissetriz interna do ângulo Â determina sobre $\overline{BC}$ dois segmentos $\overline{BP}$ e $\overline{PC}$ de medidas 3 cm e 2 cm, respectivamente, determine as medidas dos lados do triângulo e a medida do segmento $\overline{CS}$.

LEITURA

Legendre: por uma geometria rigorosa e didática

Hygino H. Domingues

Na Grécia antiga *axioma* significava, ao que tudo indica, uma verdade geral comum a todos os campos de estudo; e *postulado*, uma verdade específica de um dado campo. (Modernamente, em Matemática, não se costuma fazer distinção entre esses conceitos.) Euclides, ao escrever seus *Elementos*, assumiu cinco postulados e cinco axiomas.

Postulados: (I) De qualquer ponto pode-se conduzir uma reta a qualquer ponto dado; (II) Toda reta limitada pode ser prolongada indefinidamente em linha reta; (III) Com qualquer centro e qualquer raio pode-se descrever um círculo; (IV) Todos os ângulos retos são iguais; (V) Se uma reta, cortando duas outras, forma ângulos interiores de um mesmo lado menores que dois retos, então as duas retas, se prolongadas ao infinito, encontrar-se-ão na parte em que os ângulos são menores que dois retos.

Entre os *axiomas* figuram, por exemplo: "Coisas iguais a uma mesma coisa são iguais entre si" e "O todo é maior que a parte".

A partir dessa base lógica, mais algumas definições, os *Elementos* desfiam seus teoremas sem intercalar nenhum exercício ou aplicação prática, formando um texto que, pelos padrões modernos, dificilmente poderia ser classificado de didático. É bem provável que este aspecto não contasse ao tempo de Euclides. Mas, à medida que a geometria ganhasse espaço como valor cultural universal, obviamente esse quadro teria que mudar. E na França do século XVIII, no centro da efervescência intelectual que animava a Europa, vários textos foram publicados visando tornar mais palatável aos iniciantes a geometria de Euclides. Frequentemente, porém, esse trabalhos sacrificavam as demonstrações, o rigor, numa banalização pouco construtiva. Uma notável exceção foi o *Elementos de Geometria* de Adrien Marie Legendre (1752-1833).

Legendre nasceu de uma família abastada de Toulouse, sul da França. Iniciou-se na matemática no Colégio Mazarin de Paris, onde estudou, sob orientação do abade Joseph François Marie (1738-1801). E revelou tanto talento que já em 1775 era indicado para ocupar a cadeira de Matemática da Escola Militar de Paris. Mas em 1780 renunciou a essa cátedra para poder dedicar mais tempo à pesquisa. E dois anos depois ganhava um prêmio oferecido pela Academia de Berlim com trabalho sobre a trajetória de um

Adrien Marie Legendre (1752-1833)

projétil num meio resistente. Isso obviamente chamou a atenção da comunidade matemática francesa para seu nome, o que lhe abriu as portas da Academia de Ciências, em 1783. Em termos de pesquisa, Legendre deixou significativas contribuições em vários campos da matemática, com ênfase maior talvez no das funções elípticas e no da teoria dos números. Neste último deve-se a ele o primeiro enunciado completo e uma demonstração parcial da notável *lei da reciprocidade quadrática*. Aliás, seu livro *Ensaio sobre a teoria dos números* (uma edição em 1798 e outra em 1808) foi o primeiro tratado moderno a ser publicado sobre o assunto.

A geometria certamente não estava entre as prioridades de Legendre. No entanto, seu *Elementos de Geometria*, um texto que concilia rigor e preocupação didática, numa reorganização bastante clara e agradável dos *Elementos* de Euclides, com muitas demonstrações novas, mais simples, foi um grande êxito editorial. Só na França, antes da morte do autor, saíram vinte edições, compreendendo cerca de 100 mil exemplares. Em 1809 foi feita no Rio de Janeiro uma tradução para o português: a obra de Legendre seria um dos livros adotados no "Curso Mathemático", da Academia Real Militar, criada no ano seguinte naquela cidade.

Durante cerca de quarenta anos Legendre lutou para provar o postulado V de Euclides a partir dos outros, uma tarefa impossível, como se sabe hoje. Falhou sempre ao admitir, inadvertidamente, hipóteses equivalentes ao próprio postulado. Mas mesmo nessa empreitada inglória não faltou competência e engenhosidade ao seu trabalho.

CAPÍTULO XIII
Semelhança de triângulos e potência de ponto

I. Semelhança de triângulos

179. Definição

Dois triângulos são semelhantes se, e somente se, possuem os três ângulos **ordenadamente congruentes** e os lados **homólogos** proporcionais.

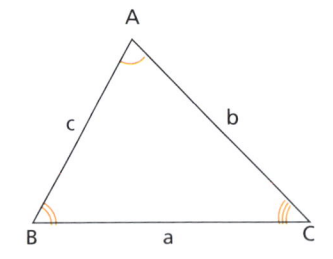

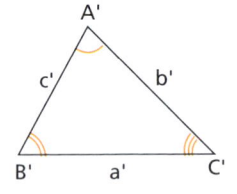

$$\triangle ABC \sim \triangle A'B'C' \Leftrightarrow \begin{pmatrix} \hat{A} \equiv \hat{A}' \\ \hat{B} \equiv \hat{B}' \\ \hat{C} \equiv \hat{C}' \end{pmatrix} \text{ e } \frac{a}{a'} = \frac{b}{b'} = \frac{c}{c'}$$

~ : semelhante

Dois lados homólogos (*homo* = mesmo, *logos* = lugar) são tais que cada um deles está em um dos triângulos e ambos são opostos a ângulos congruentes.

180. Razão de semelhança

Sendo k a razão entre os lados homólogos,

$$\frac{a}{a'} = \frac{b}{b'} = \frac{c}{c'} = k,$$

k é chamado razão de semelhança dos triângulos.
Se $k = 1$, os triângulos são congruentes.

181. Exemplo:

Sendo dado que os triângulos ABC e A'B'C' são semelhantes, que os lados do segundo têm medidas A'B' = 3 cm, A'C' = 7 cm e B'C' = 5 cm e que a medida do lado $\overline{AB}$ do primeiro é 6 cm, vamos obter a razão de semelhança dos triângulos e os outros dois lados do primeiro triângulo.

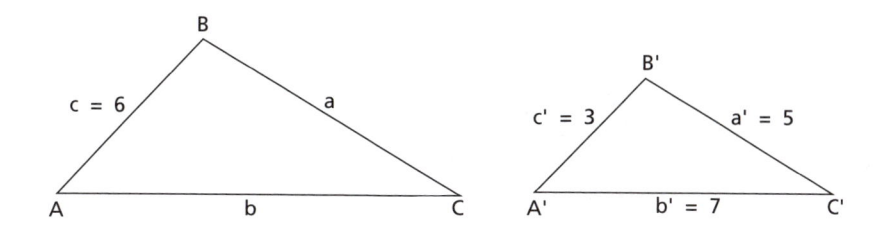

$\triangle ABC \sim \triangle A'B'C' \Rightarrow \dfrac{a}{a'} = \dfrac{b}{b'} = \dfrac{c}{c'} \Rightarrow \dfrac{a}{5} = \dfrac{b}{7} = \dfrac{6}{3} = 2$

A razão de semelhança é 2.

$\dfrac{a}{5} = \dfrac{b}{7} = 2 \Rightarrow \begin{cases} \dfrac{a}{5} = 2 \Rightarrow a = 10 \\ \dfrac{b}{7} = 2 \Rightarrow b = 14 \end{cases}$

Os outros dois lados do primeiro triângulo medem BC = 10 cm e AC = 14 cm.

SEMELHANÇA DE TRIÂNGULOS E POTÊNCIA DE PONTO

182. Propriedades

Da definição de triângulos semelhantes decorrem as propriedades:
a) Reflexiva: $\triangle ABC \sim \triangle ABC$
b) Simétrica: $\triangle ABC \sim \triangle RST \Leftrightarrow \triangle RST \sim \triangle ABC$

c) Transitiva: $\left.\begin{array}{l}\triangle ABC \sim \triangle RST \\ \triangle RST \sim \triangle XYZ\end{array}\right\} \Rightarrow \triangle ABC \sim \triangle XYZ$

183. Teorema fundamental

> Se uma reta é paralela a um dos lados de um triângulo e intercepta os outros dois em pontos distintos, então o triângulo que ela determina é semelhante ao primeiro.

Hipótese   Tese

$\overleftrightarrow{DE} \mathbin{/\mkern-6mu/} \overleftrightarrow{BC} \Rightarrow \triangle ADE \sim \triangle ABC$

Demonstração:

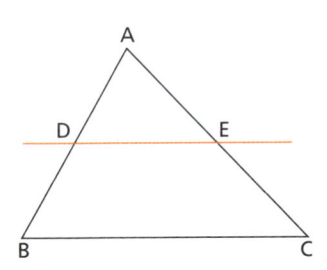

Para provarmos a semelhança entre $\triangle ADE$ e $\triangle ABC$, precisamos provar que eles têm ângulos ordenadamente congruentes e lados homólogos proporcionais:

1º) Ângulos congruentes

$\overleftrightarrow{DE} \mathbin{/\mkern-6mu/} \overleftrightarrow{BC} \Rightarrow (\hat{D} \equiv \hat{B} \text{ e } \hat{E} \equiv \hat{C})$ (ângulos correspondentes)
então, temos: $\hat{D} \equiv \hat{B}, \hat{E} \equiv \hat{C}$ e $\hat{A}$ comum   (1)

2º) Lados proporcionais

Pelo teorema de Tales, temos:

$$\frac{AD}{AB} = \frac{AE}{AC}$$

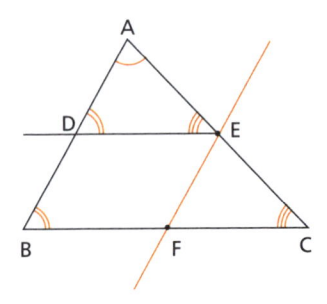

Por E construímos $\overleftrightarrow{EF}$ paralela a $\overleftrightarrow{AB}$, com F em $\overline{BC}$.

Paralelogramo BDEF $\Rightarrow$ $\overline{DE} \equiv \overline{BF}$
Teorema de Tales $\Rightarrow$ $\dfrac{AE}{AC} = \dfrac{BF}{BC}$
$\Rightarrow \dfrac{AE}{AC} = \dfrac{DE}{BC}$

Logo, $\dfrac{AD}{AB} = \dfrac{AE}{AC} = \dfrac{DE}{BC}$ (2)

3º) Conclusão
(1) e (2) $\Rightarrow$ $\triangle ADE \sim \triangle ABC$

184. Exemplo:

Um triângulo ABC tem os lados AB = = 12 cm, AC = 13 cm e BC = 15 cm. A reta $\overleftrightarrow{DE}$ paralela ao lado $\overline{BC}$ do triângulo determina um triângulo ADE, em que DE = 5 cm. Vamos calcular AD = x e AE = y.

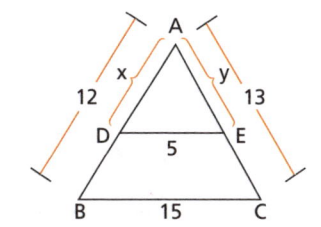

Basta aplicar o teorema fundamental:

$\overleftrightarrow{DE} \mathbin{\!/\mkern-5mu/\!} \overleftrightarrow{BC} \Rightarrow \triangle ADE \sim \triangle ABC \Rightarrow \dfrac{x}{12} = \dfrac{y}{13} = \dfrac{5}{15} \Rightarrow x = 4$ e $y = \dfrac{13}{3}$

Logo, AD = 4 cm e AE = $\dfrac{13}{3}$ cm.

EXERCÍCIOS

445. Os triângulos ABC e A'B'C' da figura são semelhantes ($\triangle ABC \sim \triangle A'B'C'$). Se a razão de semelhança do 1º para o 2º é $\dfrac{3}{2}$, determine:

a) a, b e c
b) a razão entre os seus perímetros

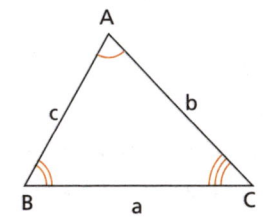

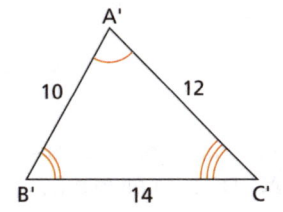

446. Os triângulos ABC e PQR são semelhantes. Determine x e y.

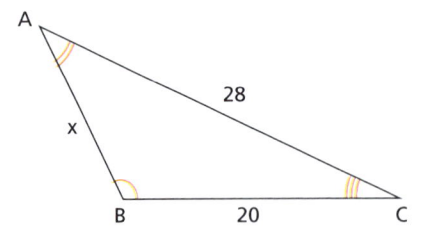

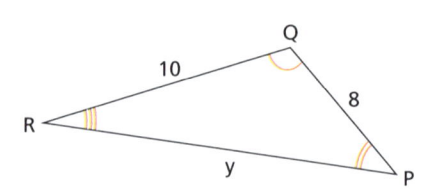

447. Se o △KLM é semelhante ao △FGH, determine x.

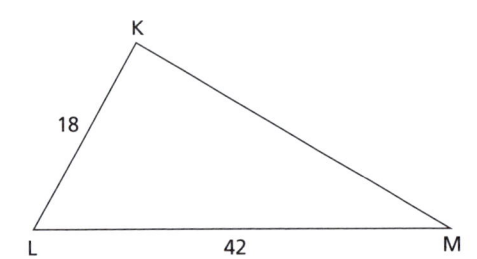

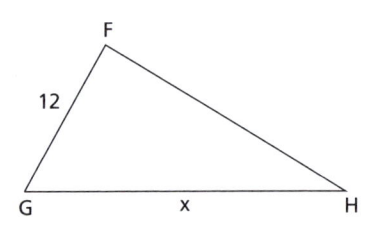

448. Os três lados de um triângulo ABC medem 8 cm, 18 cm e 16 cm. Determine os lados de um triângulo A'B'C' semelhante a ABC, sabendo que a razão de semelhança do primeiro para o segundo é igual a 3.

449. Se $\overline{DE}$ é paralelo a $\overline{BC}$, determine x nos casos:

a)

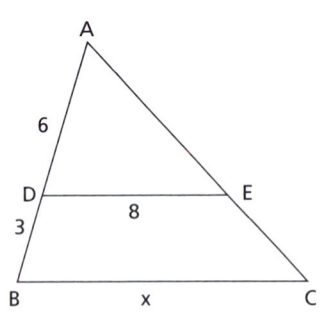

b) x = AD

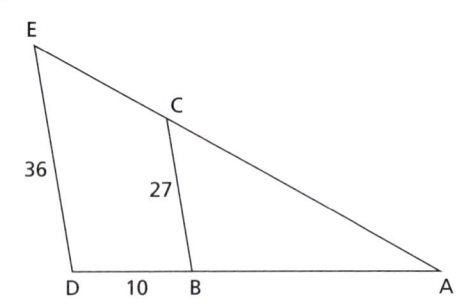

450. De um △ABC sabemos que AB = 20 m, BC = 30 m e AC = 25 m. Se D está em $\overline{AB}$, E em $\overline{AC}$, $\overline{DE}$ é paralelo a $\overline{BC}$ e DE = 18 m, determine x = DB e y = EC.

SEMELHANÇA DE TRIÂNGULOS E POTÊNCIA DE PONTO

451. Mostre que, se a razão de semelhança entre dois triângulos é k, então a razão entre seus perímetros é também k.

Solução

Dados os triângulos semelhantes ABC e A'B'C' e sendo k a razão de semelhança, temos:

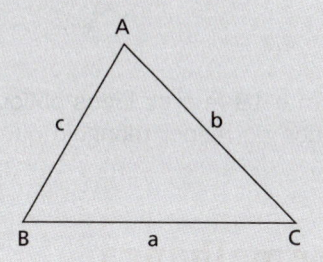

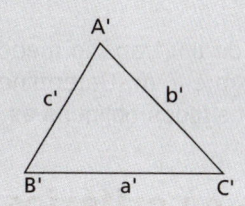

$2p = a + b + c \qquad 2p' = a' + b' + c'$

$$\frac{a}{a'} = \frac{b}{b'} = \frac{c}{c'} = k \Rightarrow \begin{cases} a = ka' \\ b = kb' \\ c = kc' \end{cases}$$

$$\frac{2p}{2p'} = \frac{a + b + c}{a' + b' + c'} = \frac{ka' + kb' + kc'}{a' + b' + c'} = \frac{k(a' + b' + c')}{a' + b' + c'} = k$$

452. Dois triângulos ABC e A'B'C' são semelhantes. Sabendo que o lado $\overline{AB}$ do triângulo ABC mede 20 cm e que seu homólogo $\overline{A'B'}$ do triângulo A'B'C' mede 40 cm, determine o perímetro do triângulo ABC, sabendo que o perímetro do triângulo A'B'C' é 200 cm.

453. O perímetro de um triângulo é 60 m e um dos lados tem 25 m. Qual o perímetro do triângulo semelhante cujo lado homólogo ao lado dado mede 15 m?

454. Os lados de um triângulo medem 8,4 cm, 15,6 cm e 18 cm. Esse triângulo é semelhante a um triângulo cujo perímetro mede 35 cm. Calcule o maior lado do segundo triângulo.

455. Num triângulo ABC os lados medem AB = 4 cm, BC = 5 cm e AC = 6 cm. Calcule os lados de um triângulo semelhante a ABC, cujo perímetro mede 20 cm.

456. Um triângulo cujos lados medem 12 m, 18 m e 20 m é semelhante a outro cujo perímetro mede 30 m. Calcule a medida do menor dos lados do triângulo menor.

SEMELHANÇA DE TRIÂNGULOS E POTÊNCIA DE PONTO

457. Na figura, AB = 2(BC) e BE = 14.

Calcule CD, sabendo que $\overleftrightarrow{BE}\ //\ \overleftrightarrow{CD}$.

AB = 2a, BC = a

BE = 14 e CD = x

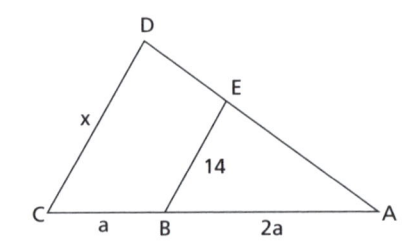

458. As bases de um trapézio medem 12 m e 18 m e os lados oblíquos às bases medem 5 m e 7 m. Determine os lados do menor triângulo que obtemos ao prolongar os lados oblíquos às bases.

II. Casos ou critérios de semelhança

185. 1º caso

> "Se dois triângulos possuem dois ângulos ordenadamente congruentes, então eles são semelhantes."

Hipótese   Tese

$\left.\begin{array}{l}\triangle ABC,\ \triangle A'B'C'\\ \hat{A} \equiv \hat{A}',\ \hat{B} \equiv \hat{B}'\end{array}\right\} \Rightarrow \triangle ABC \sim \triangle A'B'C'$

Demonstração:

Vamos supor que os triângulos não são congruentes e que $\overline{AB} > \overline{A'B'}$.
Seja D um ponto de $\overline{AB}$ tal que $\overline{AD} \equiv \overline{A'B'}$ e o triângulo ADE com $\hat{D} \equiv \hat{B}'$ e E no lado $\overline{AC}$.

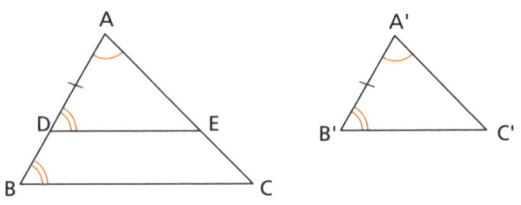

$\left.\begin{array}{l}(\hat{A} \equiv \hat{A}',\ \overline{AD} \equiv \overline{A'B'},\ \hat{D} \equiv \hat{B}') \stackrel{ALA}{\Rightarrow} \triangle ADE \equiv \triangle A'B'C' \\ \left.\begin{array}{l}\hat{B} \equiv \hat{B}'\\ \hat{B}' \equiv \hat{D}\end{array}\right\} \Rightarrow \hat{B} \equiv \hat{D} \Rightarrow \overleftrightarrow{DE}\ //\ \overleftrightarrow{BC} \Rightarrow \triangle ABC \sim \triangle ADE\end{array}\right\} \Rightarrow \triangle ABC \sim \triangle A'B'C'$

186. Esquema e exemplo de aplicação do 1º caso

Esquema:

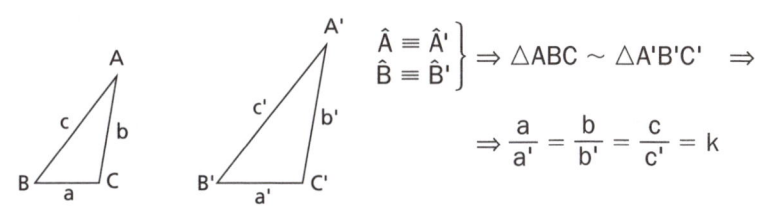

$$\left.\begin{array}{l}\hat{A} \equiv \hat{A}' \\ \hat{B} \equiv \hat{B}'\end{array}\right\} \Rightarrow \triangle ABC \sim \triangle A'B'C' \Rightarrow$$

$$\Rightarrow \frac{a}{a'} = \frac{b}{b'} = \frac{c}{c'} = k$$

Isto é:
Se dois triângulos têm dois ângulos ordenadamente congruentes, então eles são semelhantes e daí decorre que têm lados homólogos proporcionais.

("2 ângulos congruentes $\Rightarrow$ triângulos semelhantes $\Rightarrow$ lados proporcionais")

Exemplo:

Na figura ao lado, dado que $\hat{S} \equiv \hat{B}$, AB = 10 cm, BC = 8 cm, AC = 14 cm e AS = 5 cm, vamos calcular RS = x e AR = y.

(Note que $\overleftrightarrow{RS}$ não é paralela a $\overleftrightarrow{BC}$.)

Iniciamos por notar que o ângulo é comum a dois triângulos. A seguir separamos estes triângulos colocando nas figuras os "dados" e os "pedidos".

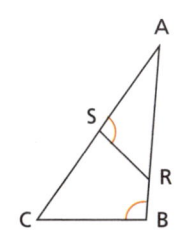

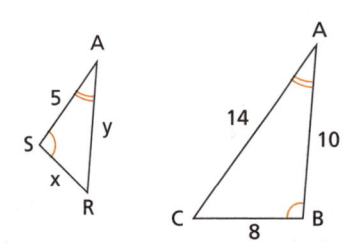

$$\left.\begin{array}{l}\hat{A} \text{ é comum} \\ \hat{S} \equiv \hat{B}\end{array}\right\} \Rightarrow \triangle ARS \sim \triangle ACB \stackrel{(*)}{\Rightarrow} \frac{x}{8} = \frac{y}{14} = \frac{5}{15} \Rightarrow \begin{cases} \dfrac{x}{8} = \dfrac{1}{2} \Rightarrow x = 4 \\ \dfrac{y}{14} = \dfrac{1}{2} \Rightarrow y = 7 \end{cases}$$

Logo, RS = 4 cm e AR = 7 cm.

(*) Nos numeradores colocamos os lados de um dos triângulos e nos denominadores os homólogos do outro.

SEMELHANÇA DE TRIÂNGULOS E POTÊNCIA DE PONTO

187. 2º caso

> "Se dois lados de um triângulo são proporcionais aos homólogos de outro triângulo e os ângulos compreendidos são congruentes, então os triângulos são semelhantes."

A demonstração é análoga à do 1º caso, usando-se o caso de congruência LAL (em lugar de ALA) e o teorema fundamental.

O esquema deste caso é o que segue:

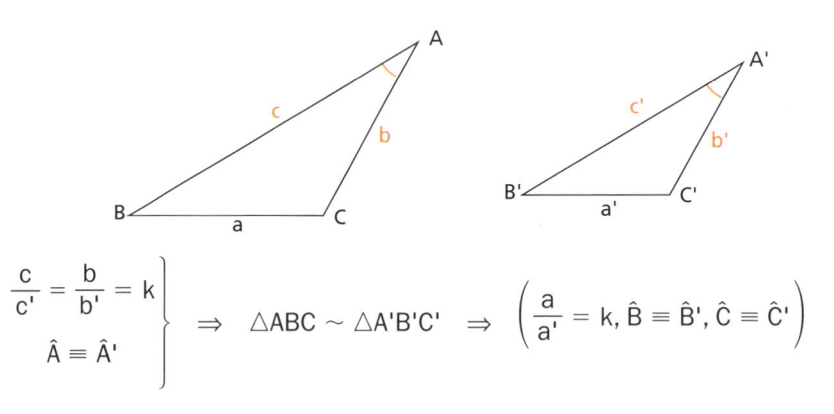

$$\left.\begin{array}{c} \dfrac{c}{c'} = \dfrac{b}{b'} = k \\ \hat{A} \equiv \hat{A}' \end{array}\right\} \Rightarrow \triangle ABC \sim \triangle A'B'C' \Rightarrow \left(\dfrac{a}{a'} = k, \hat{B} \equiv \hat{B}', \hat{C} \equiv \hat{C}'\right)$$

188. 3º caso

> "Se dois triângulos têm os lados homólogos proporcionais, então eles são semelhantes."

A demonstração deste caso é análoga à do 1º caso, usando-se o caso de congruência LLL (em lugar de ALA) e o teorema fundamental.

O esquema deste caso é o que segue:

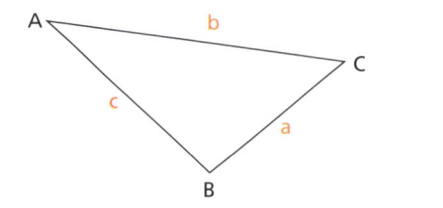

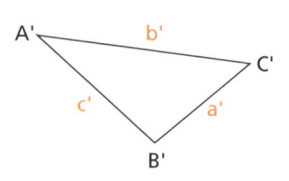

$$\dfrac{a}{a'} = \dfrac{b}{b'} = \dfrac{c}{c'} = k \Rightarrow \triangle ABC \sim \triangle A'B'C' \Rightarrow (\hat{A} \equiv \hat{A}', \hat{B} \equiv \hat{B}', \hat{C} \equiv \hat{C}')$$

189. Observações:

Com base nos casos de semelhança, podemos ter os resultados seguintes.

> Se a razão de semelhança de dois triângulos é k, então:
> a razão entre lados homólogos é k;
> a razão entre os perímetros é k;
> a razão entre as alturas homólogas é k;
> a razão entre as medianas homólogas é k;
> a razão entre as bissetrizes internas homólogas é k;
> a razão entre os raios dos círculos inscritos é k;
> a razão entre os raios dos círculos circunscritos é k;
> ⋮ ⋮ ⋮ ⋮ ⋮ ⋮ ⋮ ⋮ ⋮ ⋮
> **a razão entre dois elementos lineares homólogos é k;**
> e os ângulos homólogos são congruentes.

EXERCÍCIOS

459. Se ângulos com "marcas iguais" são congruentes, determine as incógnitas nos casos:

a) [triângulo com lados 12, 10, 8 e triângulo com lados 6, x, y]

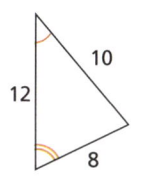

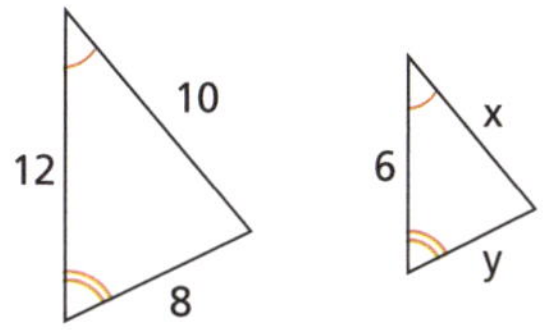

b) [triângulo com lados 9, x, 6 e triângulo com lados 8, 6, y]

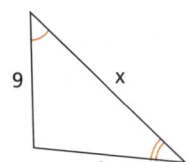

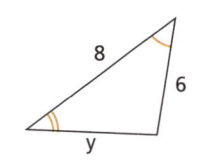

460. Se $\alpha = \beta$, determine x e y nos casos:

a) [figura com ângulos α, β e medidas 12, x, 8, 6, 8, y]

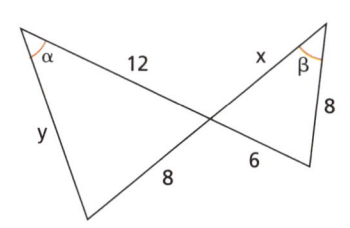

b) [triângulo com ângulos α, β e medidas 6, x, 4, 8, 2, y]

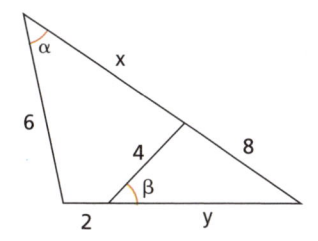

461. Determine x e y nos casos:

a)

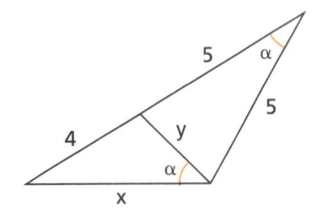

b)

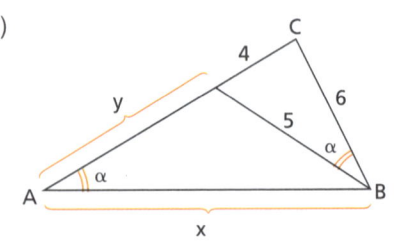

462. Sendo r e s retas paralelas, determine x nos casos:

a)

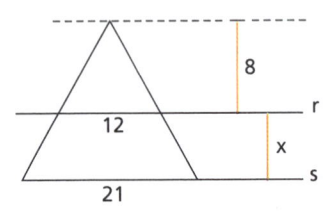

b)

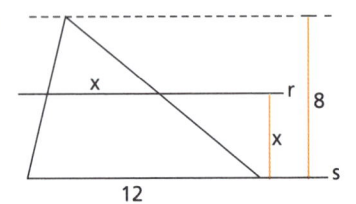

463. Se $\overline{AB} \parallel \overline{ED}$, DE = 4 cm, CD = 2 cm e BC = 6 cm, calcule a medida de $\overline{AB}$.

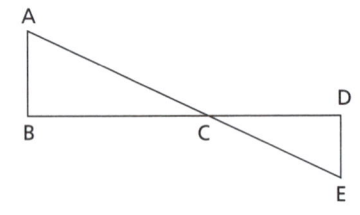

464. Na figura abaixo, $\overline{AB}$ é paralelo a $\overline{DE}$.
  a) Prove que os triângulos ABC e EDC são semelhantes.
  b) Sendo AB = 5, AC = 6, BC = 7 e DE = 10, calcule CD.

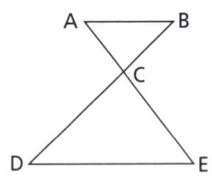

465. Na figura ao lado, determine o valor de x.

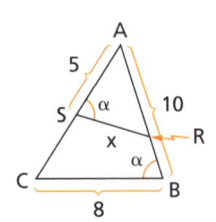

SEMELHANÇA DE TRIÂNGULOS E POTÊNCIA DE PONTO

466. Calcule o valor de x, sabendo que a figura ao lado é um paralelogramo.

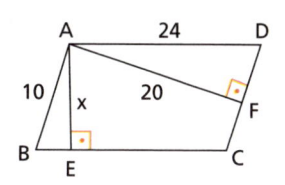

467. Na figura, as medidas são AB = 8 cm, BC = 3 cm e AE = 5 cm. Calcule x = DE, sabendo que $A\hat{C}E \equiv A\hat{D}B$.

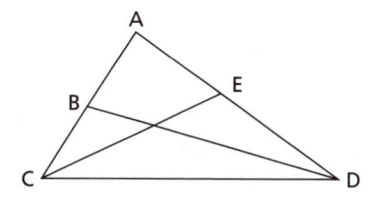

468. Nas figuras, determine x.

a)

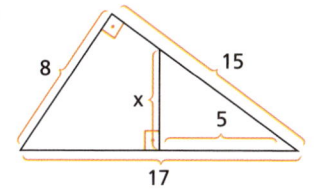

b)

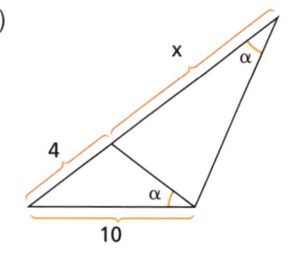

469. Dada a figura, determine o valor de x.

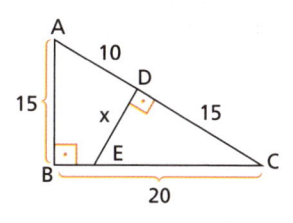

470. Na figura ao lado, consideremos os quadrados de lados a e b (a > b). Calcule o valor de x.

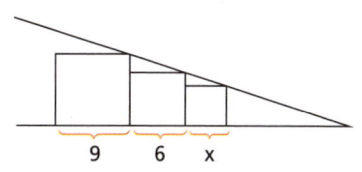

471. Na figura ao lado, consideremos os quadrados de lados x, 6 e 9. Determine o perímetro do quadrado de lado x.

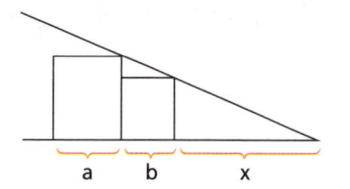

SEMELHANÇA DE TRIÂNGULOS E POTÊNCIA DE PONTO

472. Determine a medida do lado do quadrado da figura.

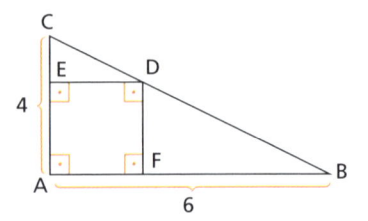

473. Prolongando-se os lados oblíquos às bases de um trapézio, obtemos um ponto E e os triângulos ECD e EAB. Determine a relação entre as alturas dos dois triângulos, relativas aos lados que são bases do trapézio, sendo 12 cm e 4 cm as medidas das bases do trapézio.

474. As bases de um trapézio ABCD medem 50 cm e 30 cm e a altura 10 cm. Prolongando-se os lados não paralelos, eles se interceptam num ponto E. Determine a altura $\overline{EF}$ do triângulo ABE e a altura $\overline{EG}$ do triângulo CDE (vide figura).

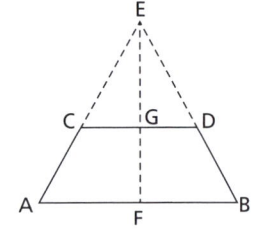

475. Num triângulo isósceles de 20 cm de altura e $\dfrac{50}{3}$ cm de base está inscrito um retângulo de 8 cm de altura com base na base do triângulo. Calcule a medida da base do retângulo.

476. Determine x e y.

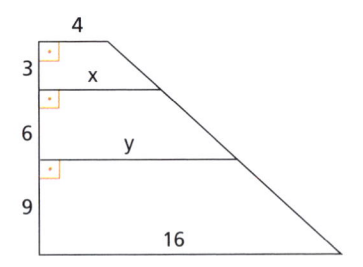

477. Na figura, temos: AB = 8, BC = 15, AC = 17 e EC = 4. Determine x = DE e y = CD.

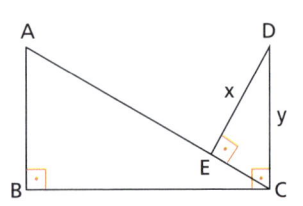

478. Na figura ao lado, o quadrado DEFG está inscrito no triângulo ABC. Sendo BD = 8 cm e CE = 2 cm, calcule o perímetro do quadrado.

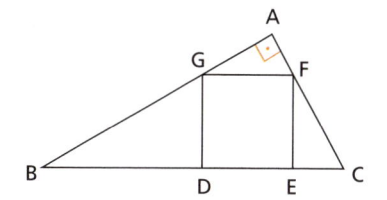

479. Num retângulo ABCD, os lados $\overline{AB}$ e $\overline{BC}$ medem 20 cm e 12 cm, respectivamente. Sabendo que M é o ponto médio do lado $\overline{AB}$, calcule $\overline{EF}$, distância do ponto E ao lado $\overline{AB}$, sendo E a interseção da diagonal $\overline{BD}$ com o segmento $\overline{CM}$.

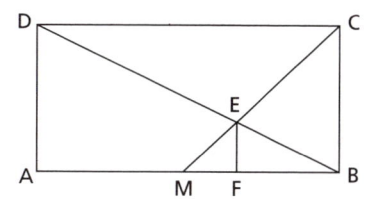

480. Na figura, determine x.

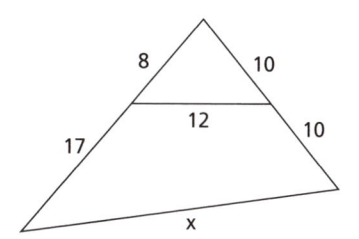

481. Consideremos um triângulo ABC de lado BC = 10 cm. Seja um segmento $\overline{CD}$ interno ao triângulo tal que D seja um ponto do lado $\overline{AB}$. Sabendo que BD = 4 cm, e os ângulos BÂC e BĈD são congruentes, determine a medida de $\overline{AD}$.

482. Pelos pontos A e B de uma reta traçam-se perpendiculares à reta. Sobre elas tomam-se os segmentos AC = 13 cm e BD = 7 cm. No segmento AB = 25 cm toma-se um ponto P tal que os ângulos AP̂C e BP̂D sejam congruentes. Calcule a medida de $\overline{AP}$.

483. Considere a circunferência circunscrita a um triângulo ABC. Seja $\overline{AE}$ um diâmetro dessa circunferência e $\overline{AD}$ a altura do triângulo. Sendo AB = 6 cm, AC = 10 cm e AE = 30 cm, calcule a altura $\overline{AD}$.

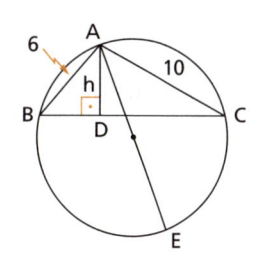

SEMELHANÇA DE TRIÂNGULOS E POTÊNCIA DE PONTO

484. Calcule R, raio da circunferência circunscrita ao triângulo ABC da figura, sendo AB = 4, AC = 6 e AH = 3.

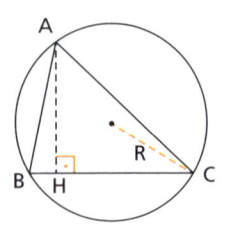

485. Dois círculos de raios R e r são tangentes exteriormente no ponto A. Sendo C e D os pontos de tangência de uma reta t externa, com os dois círculos, determine a altura do triângulo ACD relativa ao lado $\overline{CD}$.

486. O ponto O é a interseção das diagonais $\overline{AC}$ e $\overline{BD}$ de um losango ABCD. Prolonga-se o lado $\overline{AD}$ até um ponto F de modo que DF = 4 m. Se $\overline{OF}$ encontra $\overline{CD}$ em E e ED = 2 m, determine o lado do losango.

487. De um triângulo ABC sabemos que o ângulo Â é o dobro do ângulo Ĉ, que AB = 6 m e que AC = 10 m. Determine $\overline{BC}$.

488. Na figura, as semirretas $\overrightarrow{PA}$ e $\overrightarrow{PB}$ são tangentes à circunferência. Se as distâncias entre Q e as tangentes são 4 e 9, ache a distância entre Q e a corda $\overline{AB}$.

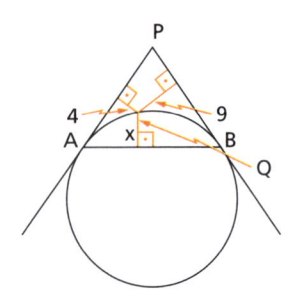

489. As retas t e ℓ são tangentes às circunferências em A. Determine AB em função de a = BC e b = BD.

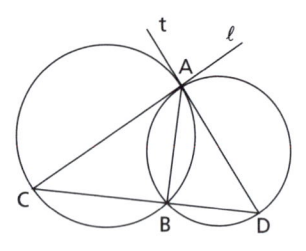

490. Na figura ao lado, $\overline{RQ}$ é perpendicular a $\overline{PQ}$, $\overline{PQ}$ é perpendicular a $\overline{PT}$ e $\overline{TS}$ é perpendicular a $\overline{PR}$. Prove que:

(TS) · (RQ) = (PS) · (PQ)

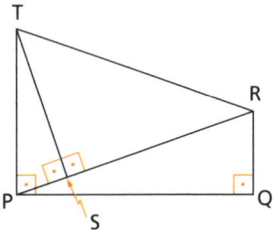

III. Potência de ponto

190. Vamos estudar a potência de um ponto P em relação a uma circunferência λ.

1º caso: P é interior a λ   2º caso: P é exterior a λ

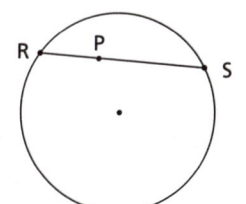

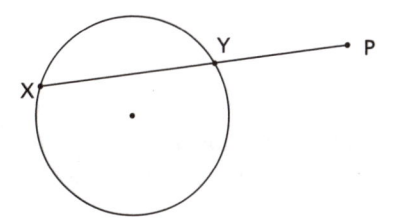

Em casos como os das figuras acima dizemos que $\overline{RS}$ é uma corda e que $\overline{RP}$ e $\overline{PS}$ são suas partes; $\overline{PX}$ é um "segmento secante" e $\overline{PY}$ é sua parte exterior. Com isto, vamos a uma:

191. Dedução (para os dois casos)

Se por P passam duas retas concorrentes que interceptam a circunferência em A, B, C e D, respectivamente, temos:

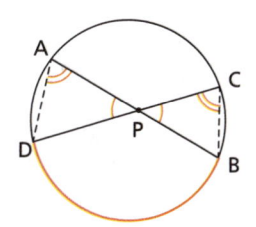

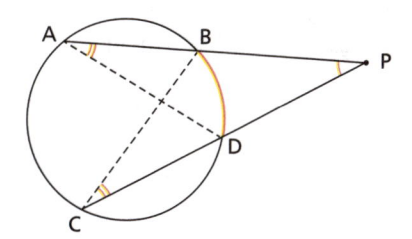

Considerando os triângulos PAD e PCB:

$$\left. \begin{array}{l} \hat{P} \text{ comum (ou o.p.v.)} \\ \hat{A} = \hat{C} = \dfrac{\stackrel{\frown}{BD}}{2} \end{array} \right\} \Rightarrow \triangle PAD \sim \triangle PCB \Rightarrow \dfrac{PA}{PC} = \dfrac{PD}{PB} \Rightarrow$$

$$\Rightarrow (PA) \cdot (PB) = (PC) \cdot (PD)$$

SEMELHANÇA DE TRIÂNGULOS E POTÊNCIA DE PONTO

192. Enunciados

> No 1º caso: "Se duas cordas de uma mesma circunferência se interceptam, então o produto das medidas das duas partes de uma é igual ao produto das medidas das duas partes da outra".

> No 2º caso: "Se por um ponto (P) exterior a uma circunferência conduzimos dois 'segmentos secantes' ($\overline{PA}$ e $\overline{PC}$), então o produto da medida do primeiro ($\overline{PA}$) pela de sua parte exterior ($\overline{PB}$) é igual ao produto da medida do segundo ($\overline{PC}$) pela de sua parte exterior ($\overline{PD}$)".

193. Generalização do 1º caso

Consideremos as cordas $\overline{AB}$, $\overline{CD}$, $\overline{EF}$, $\overline{GH}$, ..., $\overline{MN}$ que se interceptam em P.

Com o resultado anterior e tomando $\overline{AB}$ para comparação, temos:

$(PA) \times (PB) = (PC) \times (PD)$
$(PA) \times (PB) = (PE) \times (PF)$
$(PA) \times (PB) = (PG) \times (PH)$
$\vdots \qquad \qquad \vdots$
$(PA) \times (PB) = (PM) \times (PN)$

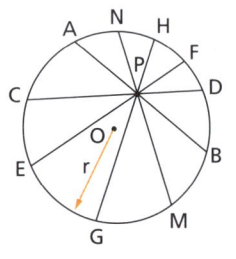

Donde concluímos que, fixados o ponto P e a circunferência, $(PA) \times (PB)$ é constante, qualquer que seja a corda $\overline{AB}$ passando por P. Este produto $(PA) \times (PB)$ é chamado **potência do ponto P em relação à circunferência**.

Logo,

> $(PA) \times (PB) = (PC) \times (PD) = (PE) \times (PF) = (PG) \times (PH) = ...$
> $... = (PM) \times (PN)$ = Potência de P em relação à circunferência λ (O, r).

194. Generalização do 2º caso

Consideremos o segmento secante $\overline{PA}$, sua parte exterior $\overline{PB}$ e um segmento $\overline{PT}$ tangente a λ.

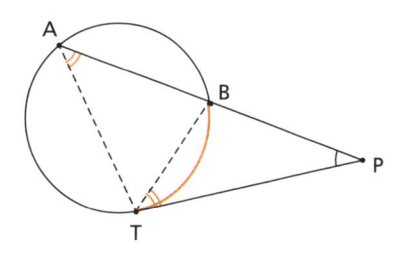

Analisando os triângulos PAT e PTB, vem:

$$\left.\begin{array}{r} \hat{P} \text{ comum} \\ \hat{A} = \hat{T} = \dfrac{\widehat{TB}}{2} \end{array}\right\} \Rightarrow \triangle PAT \sim \triangle PTB \Rightarrow$$

$$\Rightarrow \frac{PA}{PT} = \frac{PT}{PB} \Rightarrow (PA) \times (PB) = (PT)^2$$

Com o resultado anterior, e procedendo de modo análogo ao feito no 1º caso, temos:

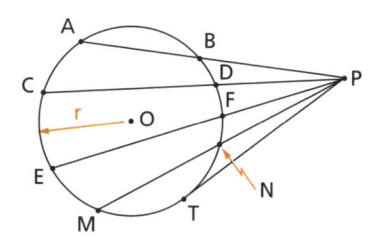

$(PA) \times (PB) = (PC) \times (PD) = (PE) \times (PF) = \ldots = (PM) \times (PN) = (PT)^2 =$
$=$ Potência do ponto P em relação à circunferência λ (O, r).

EXERCÍCIOS

491. Em cada caso, determine a incógnita.

a)

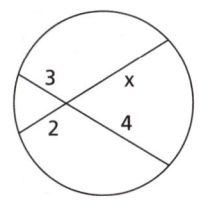

b)

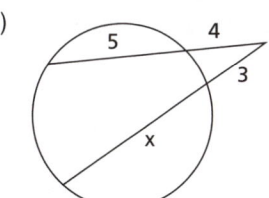

SEMELHANÇA DE TRIÂNGULOS E POTÊNCIA DE PONTO

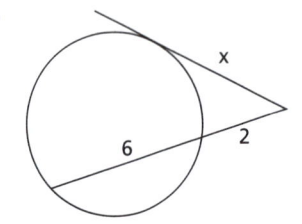

c)

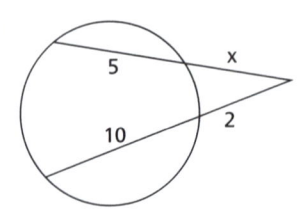

d)

e)

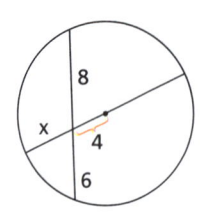

f)

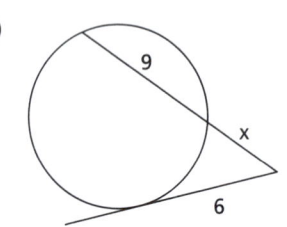

492. Determine o valor de x nas figuras abaixo.

a)

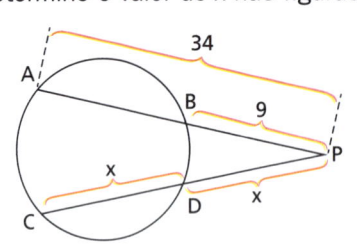

b)

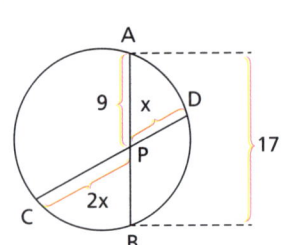

493. Determine x nos casos:

a)

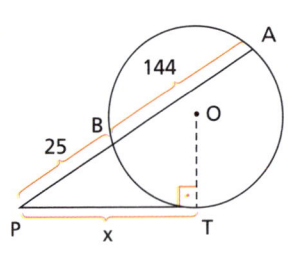

b)

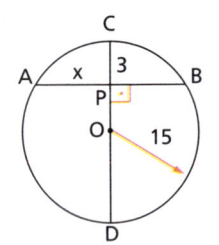

494. Na figura, calcule as medidas das cordas $\overline{BD}$ e $\overline{CE}$.

$AB = 3x$
$AC = 4x - 1$
$AD = x + 1$
$AE = x$

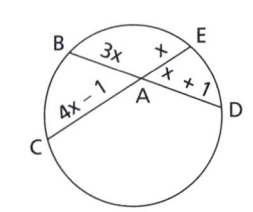

Solução

(AB) × (AD) = (AC) × (AE)

3x(x + 1) = (4x − 1)x

x = 0 (não serve) ou x = 4

BD = 3x + x + 1 = 17;

CE = 4x − 1 + x = 19

495. Determine o valor de x nas figuras abaixo.

a) [figura: círculo com cordas, valores 3, 4, 8 e x]

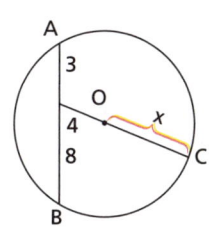

b) [figura: círculo com segmento tangente e secante, valores x, 2, x]

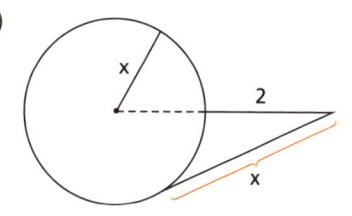

496. Determine o raio do círculo nos casos:

a) [figura: valores 10, 4, 8]

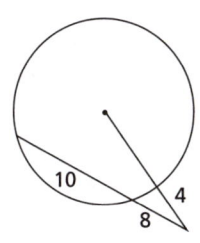

b) [figura: valores 11, 5, 4, 12, 2]

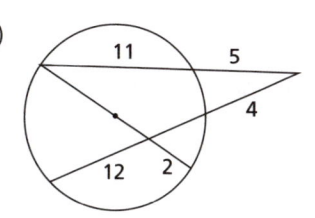

497. Na figura, sendo ED : EC = 2 : 3, AE = 6 e EB = 16, calcule o comprimento de $\overline{CD}$.

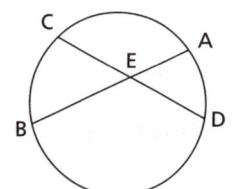

498. Determine a medida do segmento $\overline{DE}$ da figura, sabendo que $\overline{AB}$ é o diâmetro da circunferência, B o ponto de tangência do segmento $\overline{BC}$ à circunferência e $\overline{DE}$ é paralelo a $\overline{BC}$.

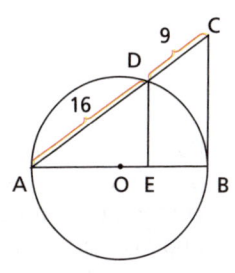

SEMELHANÇA DE TRIÂNGULOS E POTÊNCIA DE PONTO

Solução

Potência de ponto $\Rightarrow (BC)^2 = 9 \cdot 25 \Rightarrow BC = 15$

Semelhança $\Rightarrow \dfrac{BC}{DE} = \dfrac{AC}{AD} \Rightarrow \dfrac{15}{DE} = \dfrac{25}{10} \Rightarrow DE = 6$

499. Calcule a potência de um ponto P em relação a uma circunferência de centro O e raio r, em função da distância d entre O e P e do raio r.

Solução

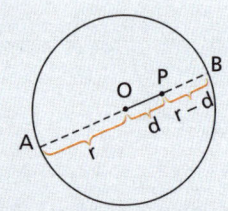

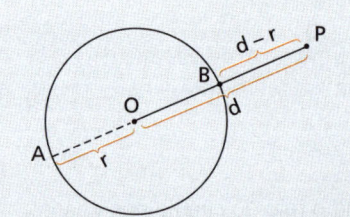

Conforme vimos nos itens 193 e 194, qualquer corda (ou segmento secante) serve para nos dar a potência x de P em relação à circunferência.

No 1º caso: $\quad x = \overline{(PA)} \times \overline{(PB)} = (d + r) \times (r - d) = r^2 - d^2$

No 2º caso: $\quad x = \overline{(PA)} \times \overline{(PB)} = (d + r) \times (d - r) = d^2 - r^2$

Nos dois casos: $\quad x = |d^2 - r^2|$.

500. Na figura ao lado, calcule pot A + pot B + pot C.

Observação:
pot A = potência de A em relação a λ

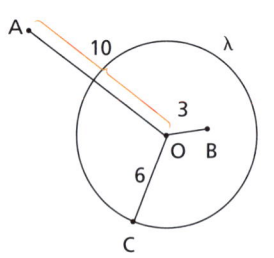

501. Por um ponto P distante 18 cm de uma circunferência, traça-se uma secante que determine na circunferência uma corda $\overline{AB}$ de medida 10 cm. Calcule o comprimento da tangente a essa circunferência traçada do ponto P, sabendo que $\overline{AB}$ passa pelo centro da circunferência.

502. Determine o raio do círculo menor inscrito num quadrante do círculo maior, da figura ao lado, sendo 2R o diâmetro do círculo maior.

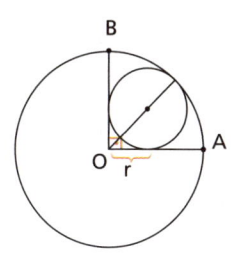

503. Duas cordas $\overline{AB}$ e $\overline{CD}$ interceptam-se num ponto P interno a uma circunferência. Determine a medida do segmento $\overline{BP}$, sabendo que os segmentos $\overline{CP}$, $\overline{DP}$ e a corda $\overline{AB}$ medem, respectivamente, 1 cm, 6 cm e 5 cm.

504. Num círculo duas cordas se cortam. O produto das medidas dos dois segmentos da primeira corda é 25 cm². Sabe-se que na segunda corda o menor segmento vale $\frac{1}{4}$ do maior. Determine a medida do maior segmento dessa segunda corda.

505. $\overline{AB}$ e $\overline{AC}$ são duas cordas de medidas iguais, pertencentes a um círculo. Uma corda $\overline{AD}$ intercepta a corda $\overline{BC}$ num ponto P. Prove que os triângulos ABD e APB são semelhantes.

CAPÍTULO XIV
Triângulos retângulos

I. Relações métricas

195. Elementos

Considerando um triângulo ABC, retângulo em A, e conduzindo $\overline{AD}$ perpendicular a $\overline{BC}$, com D em $\overline{BC}$, vamos caracterizar os elementos seguintes:

$\overline{BC}$ = a: hipotenusa,
$\overline{AC}$ = b: cateto,
$\overline{AB}$ = c: cateto,
$\overline{BD}$ = m: projeção do cateto c sobre a hipotenusa,
$\overline{CD}$ = n: projeção do cateto b sobre a hipotenusa,
$\overline{AD}$ = h: altura relativa à hipotenusa.

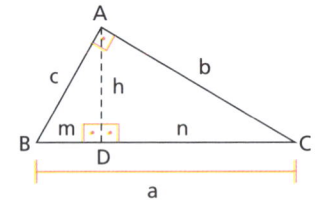

Note que, para simplificar, confundimos um segmento com a sua medida. Assim, dizemos que *a* é a hipotenusa, podendo ser entendido que *a* é a medida da hipotenusa.

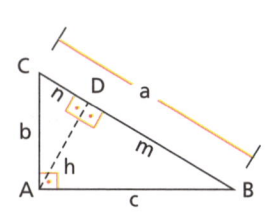

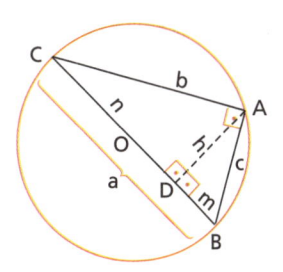

196. Semelhanças

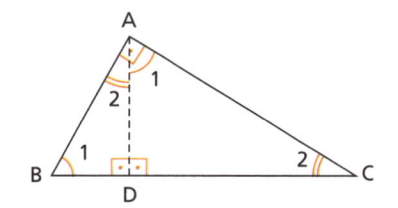

Conduzindo a altura $\overline{AD}$ relativa à hipotenusa de um triângulo retângulo ABC, obtemos dois triângulos retângulos DBA e DAC semelhantes ao triângulos ABC.

De fato, devido à congruência dos ângulos indicados na figura acima,

$$\hat{B} \equiv \hat{1} \text{ (complementos de } \hat{C}\text{) e}$$
$$\hat{C} \equiv \hat{2} \text{ (complementos de } \hat{B}\text{)}$$

temos:

△ABC ~ △DBA   △ABC ~ △DAC   △DBA ~ △DAC

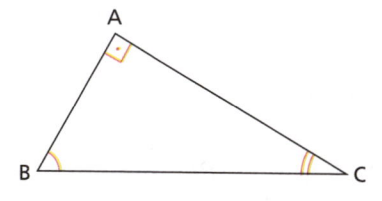

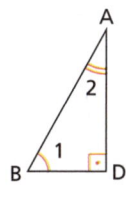

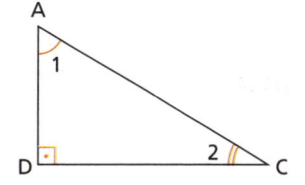

pois eles têm dois ângulos congruentes.

Logo:

△ABC ~ △DBA ~ △DAC

TRIÂNGULOS RETÂNGULOS

197. Relações métricas

a) Dedução

Com base nas semelhanças dos triângulos citados no item anterior e com os elementos já caracterizados, temos:

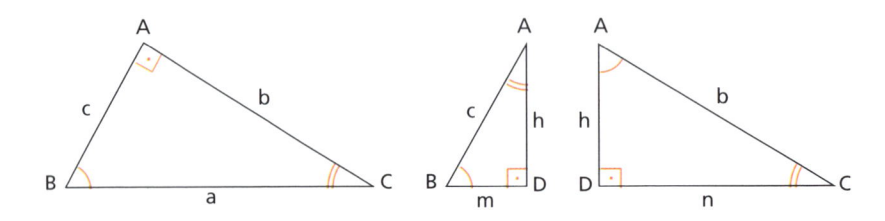

$\triangle ABC \sim \triangle DBA \Rightarrow \begin{cases} \dfrac{a}{c} = \dfrac{b}{h} & \Rightarrow \quad bc = ah \quad (4) \\ \dfrac{a}{c} = \dfrac{c}{m} & \Rightarrow \quad c^2 = am \quad (2) \\ \dfrac{b}{h} = \dfrac{c}{m} & \Rightarrow \quad ch = bm \quad (6) \end{cases}$

$\triangle ABC \sim \triangle DAC \Rightarrow \begin{cases} \dfrac{a}{b} = \dfrac{b}{n} & \Rightarrow \quad b^2 = an \quad (1) \\ \dfrac{a}{b} = \dfrac{c}{h} & \Rightarrow \quad bc = ah \quad (4) \\ \dfrac{b}{n} = \dfrac{c}{h} & \Rightarrow \quad bh = cn \quad (5) \end{cases}$

$\triangle DBA \sim \triangle DAC \Rightarrow \begin{cases} \dfrac{c}{b} = \dfrac{h}{n} & \Rightarrow \quad bh = cn \quad (5) \\ \dfrac{c}{b} = \dfrac{m}{h} & \Rightarrow \quad ch = bm \quad (6) \\ \dfrac{h}{n} = \dfrac{m}{h} & \Rightarrow \quad h^2 = mn \quad (3) \end{cases}$

Resumindo as relações encontradas, excluindo as repetidas, temos:

(1) $b^2 = a \cdot n$ (3) $h^2 = m \cdot n$ (5) $b \cdot h = c \cdot n$
(2) $c^2 = a \cdot m$ (4) $b \cdot c = a \cdot h$ (6) $c \cdot h = b \cdot m$

b) **Enunciados**

Média proporcional dos segmentos r e s dados é o segmento x que, com os segmentos dados, forma as seguintes proporções:

$$\frac{r}{x} = \frac{x}{s} \text{ ou } \frac{x}{r} = \frac{s}{x}$$

Dessas proporções segue que:

$$x^2 = r \cdot s \text{ ou ainda } x = \sqrt{r \cdot s}$$

A média proporcional de r e s coincide com a **média geométrica** de r e s.

Em qualquer triângulo retângulo:

> 1º) cada cateto é média proporcional (ou média geométrica) entre sua projeção sobre a hipotenusa e a hipotenusa.

$$b^2 = a \cdot n \qquad c^2 = a \cdot m$$

> 2º) a altura relativa à hipotenusa é média proporcional (ou média geométrica) entre os segmentos que determina sobre a hipotenusa.

$$h^2 = m \cdot n$$

> 3º) o produto dos catetos é igual ao produto da hipotenusa pela altura relativa a ela.

$$b \cdot c = a \cdot h$$

> 4º) o produto de um cateto pela altura relativa à hipotenusa é igual ao produto do outro cateto pela projeção do primeiro sobre a hipotenusa.

$$b \cdot h = c \cdot n \qquad c \cdot h = b \cdot m$$

TRIÂNGULOS RETÂNGULOS

c) **Teorema de Pitágoras**

> A soma dos quadrados dos catetos é igual ao quadrado da hipotenusa.

$$b^2 + c^2 = a^2$$

Demonstração:

Para provar esta relação basta somar membro a membro (1) e (2), como segue:

$$\left.\begin{array}{l}b^2 = a \cdot n \\ c^2 = a \cdot m\end{array}\right\} \stackrel{+}{\Rightarrow} \quad b^2 + c^2 = am + an \quad \Rightarrow \quad b^2 + c^2 = \underbrace{a(m + n)}_{a} \Rightarrow$$

$$\Rightarrow \quad b^2 + c^2 = a^2$$

d) **Observações**

1ª) As três primeiras relações métricas

$$b^2 = a \cdot n \quad (1)$$
$$c^2 = a \cdot m \quad (2)$$
$$h^2 = m \cdot n \quad (3)$$

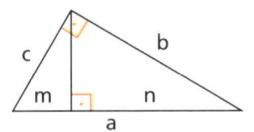

são as mais importantes.

Delas decorrem todas as outras. Por exemplo, fazendo (1) × (2) membro a membro e usando a (3), temos:

$$b^2 \cdot c^2 = an \cdot am \quad \Rightarrow \quad b^2 \cdot c^2 = a^2 \cdot mn \quad \Rightarrow \quad b^2 \cdot c^2 = a^2 \cdot h^2 \quad \Rightarrow$$
$$\Rightarrow \quad b \cdot c = a \cdot h \qquad (3)$$

2ª) Num triângulo retângulo, a soma dos inversos dos quadrados dos catetos é igual ao inverso do quadrado da altura relativa à hipotenusa.

$$\frac{1}{b^2} + \frac{1}{c^2} = \frac{1}{h^2}$$

De fato:

$$\frac{1}{b^2} + \frac{1}{c^2} = \frac{c^2 + b^2}{b^2 \cdot c^2} = \frac{a^2}{b^2 \cdot c^2} = \frac{a^2}{a^2 \cdot h^2} = \frac{1}{h^2}$$

$$(4)$$

3ª) **Recíproco do teorema de Pitágoras**

> Se num triângulo o quadrado de um lado é igual à soma dos quadrados dos outros dois, então o triângulo é retângulo.

Hipótese
△ABC em que $a^2 = b^2 + c^2$ ⇒ △ABC é retângulo

Tese

Demonstração:

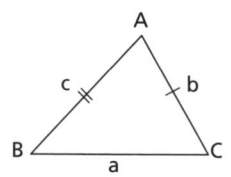

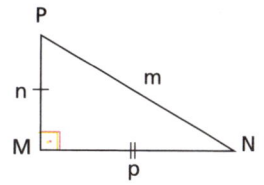

Construindo o triângulo MNP, retângulo em M e cujos catetos $\overline{MN}$ e $\overline{MP}$ sejam respectivamente congruentes a $\overline{AB}$ e $\overline{AC}$, temos:

△MNP retângulo em M ⇒ $m^2 = n^2 + p^2$

Como n = b e p = c, vem $m^2 = b^2 + c^2$.

Logo, $m^2 = a^2$, ou seja, m = a.

Então, pelo caso LLL, △ABC ≡ △MNP e, como △MNP é retângulo em M, o △ABC é retângulo em A.

EXERCÍCIOS

506. Determine o valor de x nos casos:

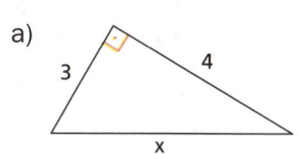

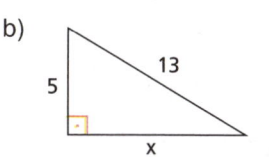

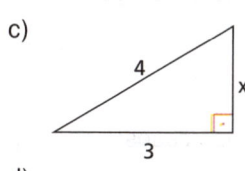

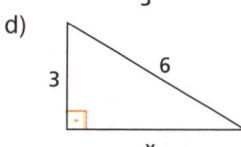

a) (triângulo retângulo com catetos 3 e 4, hipotenusa x)

b) (triângulo retângulo com cateto 5, hipotenusa 13, outro cateto x)

c) (triângulo retângulo com catetos 4 e 3, hipotenusa x)

d) (triângulo retângulo com cateto 3, hipotenusa 6, outro cateto x)

TRIÂNGULOS RETÂNGULOS

507. Determine x em função de a nos casos:

a)

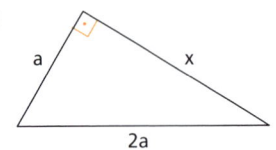

b)

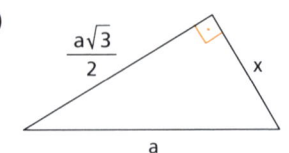

508. Determine x nos casos:

a)

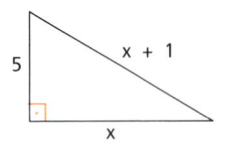

b)

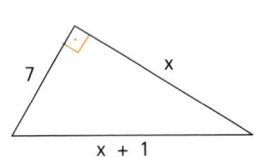

c)

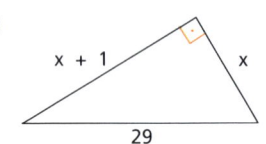

d)

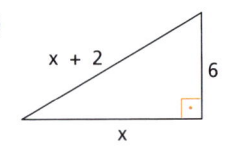

509. Determine x nos casos:

a)

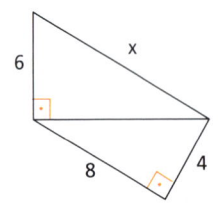

b)

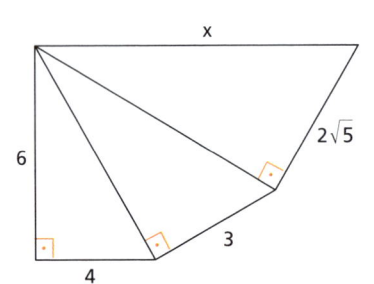

510. Escreva 10 relações métricas com os elementos indicados na figura.

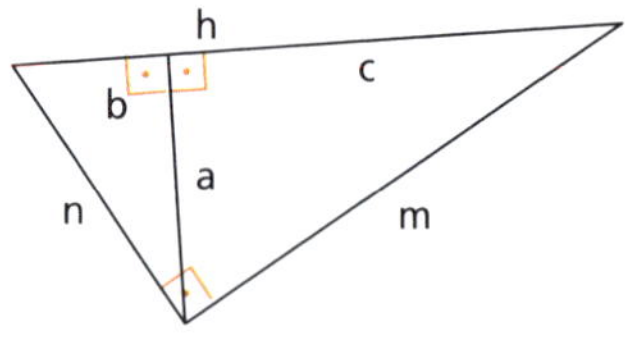

511. Determine x nos casos:

a)

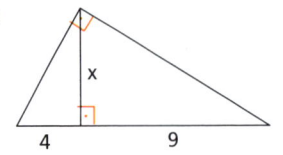

b)

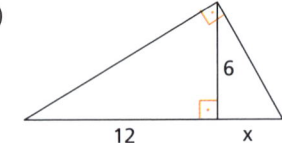

c) [figura: triângulo com base 12 e 4, altura x]
d) [figura: triângulo com 6, 3, x]

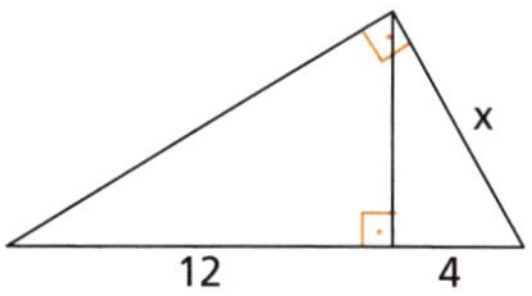

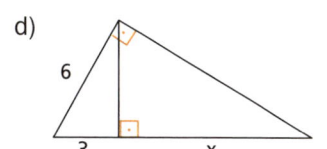

512. Na figura, determine os elementos x, y, z e t.

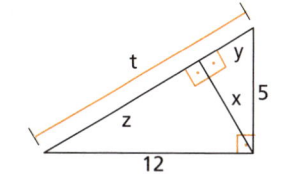

[figura com t, y, x, 5, z, 12]

513. Determine x e y nos casos:

a) [figura: 6, y, 8, x]
b) [figura: 8, y, 12, x]

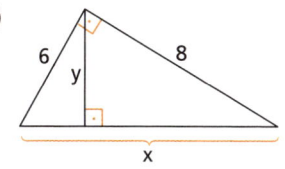

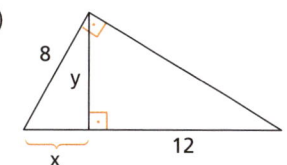

514. Determine o valor de x.

a) [figura: x, 12, $6\sqrt{5}$]
b) [figura: x, 4, $4\sqrt{5}$]

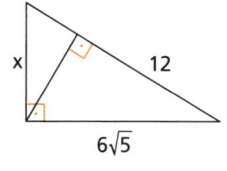

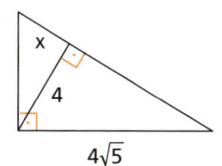

515. Calcule os elementos y, z, t e x na figura ao lado.

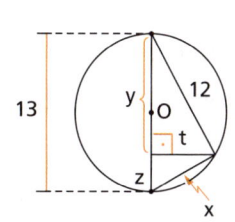

[figura: círculo com 13, y, 12, t, z, x, O]

516. Determine o raio do círculo nos casos:

a) [figura: 6, 2]
b) [figura: $4\sqrt{5}$, 2]
c) [figura: 4, 6]

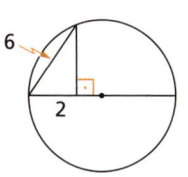

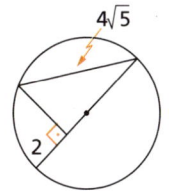

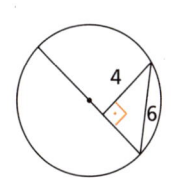

TRIÂNGULOS RETÂNGULOS

517. Determine x nos casos:

a) triângulo isósceles

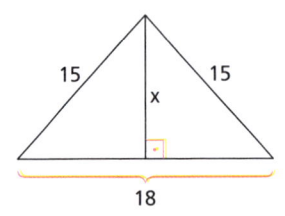

b) triângulo equilátero

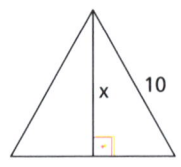

518. Determine o valor de x nos casos:

a) retângulo

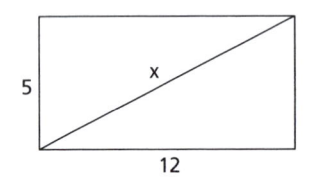

b) quadrado

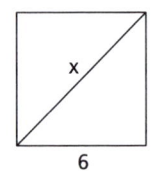

519. Determine o valor de x nos trapézios isósceles.

a)

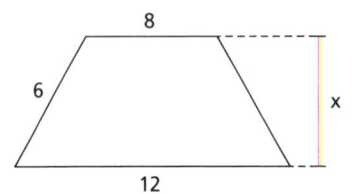

b)

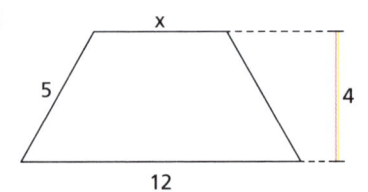

520. Determine o valor de x nos trapézios retângulos.

a)

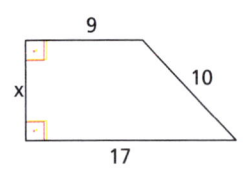

b)

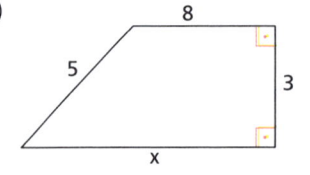

c)

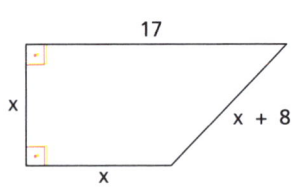

d)

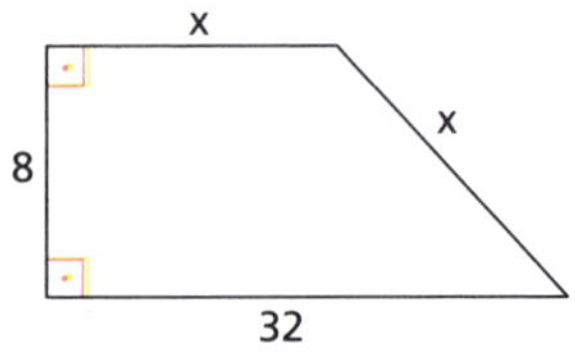

521. Determine o valor de x nos losangos.

a) [losango com diagonal vertical 30, base 16, x marcado em metade da diagonal superior]

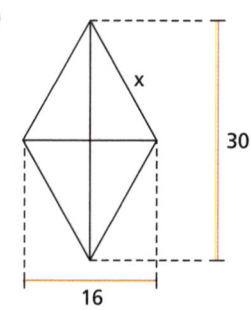

b) [losango com x marcado em metade da diagonal vertical, altura x + 2, largura x + 6]

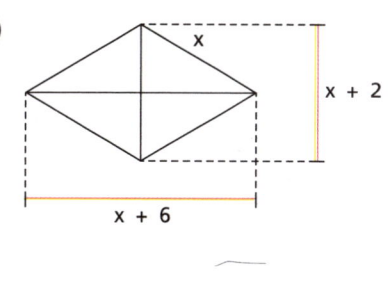

522. Determine o valor de x nos paralelogramos.

a) [paralelogramo com base 7, lado superior 10, altura 4, lado x]

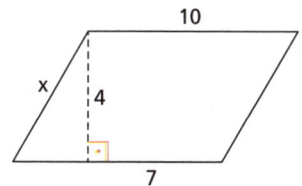

b) [paralelogramo com lado x, diagonal 17, base 9, altura 8]

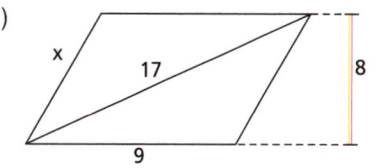

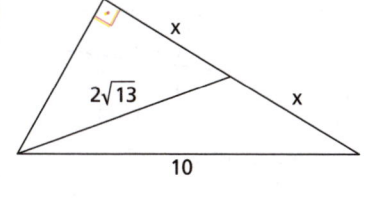

523. Determine a altura do trapézio da figura.

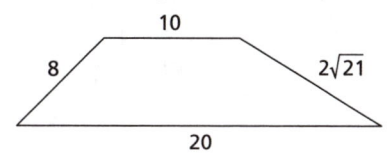

[trapézio com base maior 20, base menor 10, lados 8 e $2\sqrt{21}$]

524. Determine o valor de x nos casos.

a) [triângulo retângulo com cateto 4, hipotenusa dividida, segmentos x e $4\sqrt{5}$, base x]

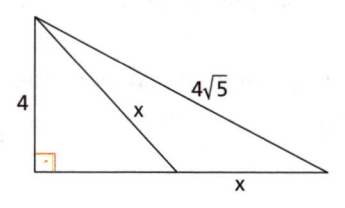

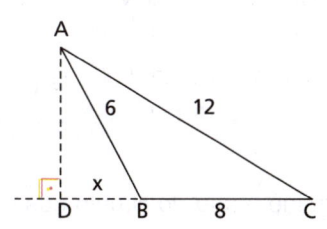

b) [triângulo com $2\sqrt{13}$, x, x, base 10, ângulo reto]

c) [triângulo ABC com altura externa a partir de A até D, AB = 6, AC = 12, BC = 8, DB = x]

d) [triângulo com lados $2\sqrt{5}$ e 5, altura x, base dividida em 5]

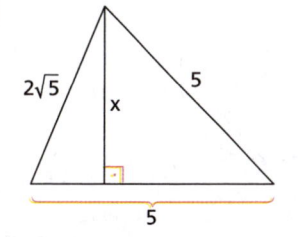

TRIÂNGULOS RETÂNGULOS

525. Determine o valor de x nos casos:

a)

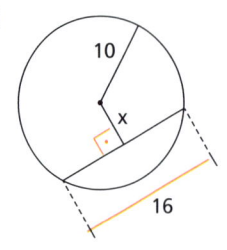

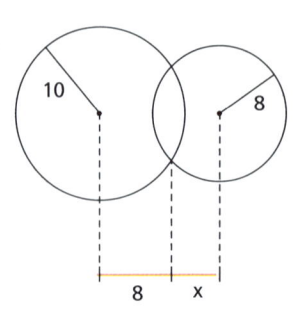

b)

c)

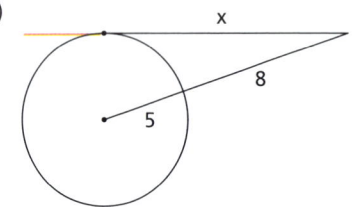

d)

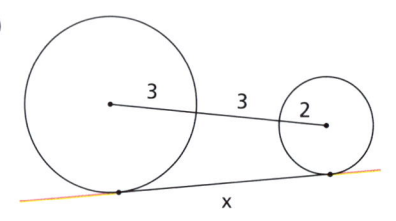

Solução do item d

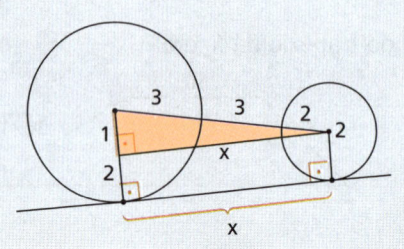

Traçando os raios que vão até os pontos de contato, obtemos um trapézio retângulo cuja altura é x.

Aplicando o teorema de Pitágoras no triângulo sombreado, obtemos:
$$x^2 + 1^2 = 8^2 \Rightarrow x^2 = 63 \Rightarrow x = 3\sqrt{7}$$

526. Determine o raio do círculo nos casos:

a)

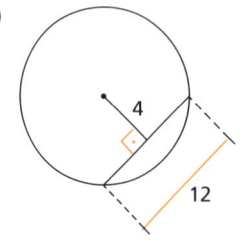

b)

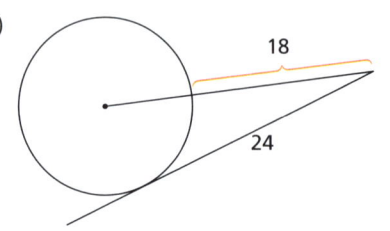

527. Determine o valor de x nos casos:
a) b) AB = 15

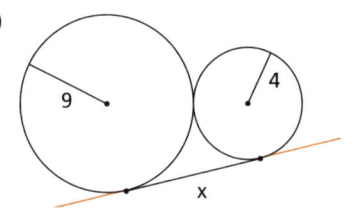

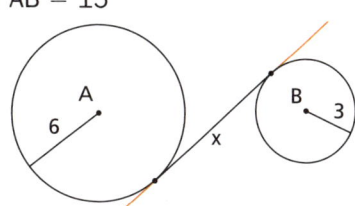

528. Determine o raio do círculo nas figuras:
a) Trapézio retângulo de bases 10 m e 15 m 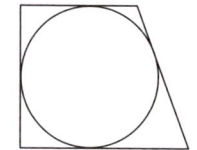
b) AH = 25 m, BC = 30 m e AB = AC

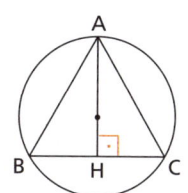

529. Determine o valor de x nos casos:
a) b)

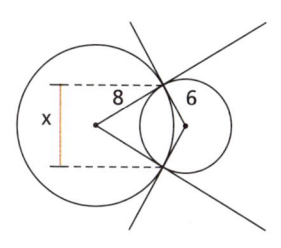

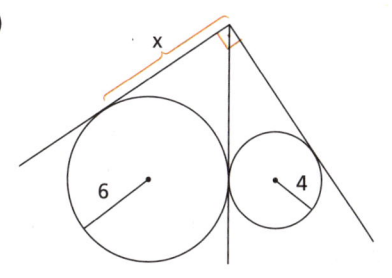

530. Determine o raio do círculo, nos casos, se o triângulo retângulo possui:
a) catetos de 6 m e 8 m 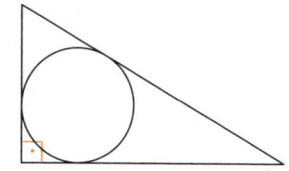
b) um cateto de 8 m e hipotenusa de $4\sqrt{13}$ m

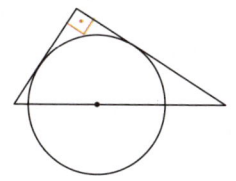

TRIÂNGULOS RETÂNGULOS

531. Determine o valor de x nas figuras:

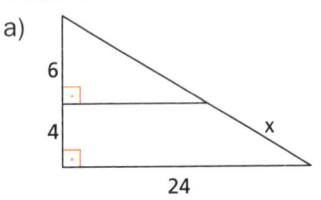

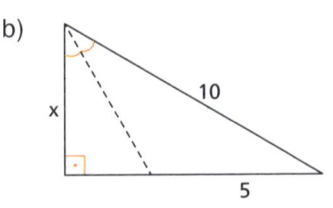

a)

b)

532. Determine a diagonal de um quadrado de perímetro 20 m.

533. Determine a diagonal de um retângulo de perímetro 20 m e base 6 m.

534. O perímetro de um losango é 52 m e uma diagonal mede 10 m. Calcule a outra diagonal.

535. Determine a altura de um triângulo equilátero de perímetro 24 m.

536. Determine o perímetro de um triângulo equilátero de altura 6 m.

537. O perímetro de um triângulo isósceles é de 18 m e a altura relativa à base mede 3 m. Determine a base.

538. Determine a menor altura de um triângulo cujos lados medem 4 m, 5 m e 6 m.

539. Determine a altura não relativa à base de um triângulo isósceles de lados 10 m, 10 m e 12 m.

540. A altura de um retângulo mede 8 m, a diagonal excede a base em 2 m. Calcule a diagonal.

541. O perímetro de um retângulo é de 30 m e a diagonal mede $5\sqrt{5}$ m. Determine os lados desse retângulo.

542. A altura relativa à base de um triângulo isósceles excede a base em 2 m. Determine a base, se o perímetro é de 36 m.

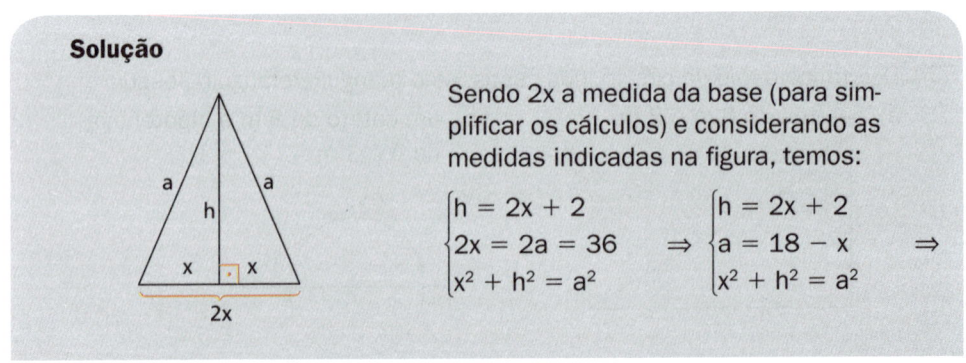

Solução

Sendo 2x a medida da base (para simplificar os cálculos) e considerando as medidas indicadas na figura, temos:

$$\begin{cases} h = 2x + 2 \\ 2x = 2a = 36 \\ x^2 + h^2 = a^2 \end{cases} \Rightarrow \begin{cases} h = 2x + 2 \\ a = 18 - x \\ x^2 + h^2 = a^2 \end{cases} \Rightarrow$$

▶

⇒ $x^2 + (2x + 2)^2 = (18 - x)^2$ ⇒
⇒ $x^2 + 4x^2 + 8x + 4 = 324 - 36x + x^2$ ⇒
⇒ $4x^2 + 44x - 320 = 0$ ⇒ $x^2 + 11x - 80 = 0$ ⇒ $x = 5$
⇒ A base mede 10 m.

543. Cada um dos lados congruentes de um triângulo isósceles excede a base em 3 m. Determine a base, se a altura relativa a ela é de 12 m.

544. A diferença entre as medidas das diagonais de um losango de 68 m de perímetro é 14 m. Determine as diagonais desse losango.

545. As bases de um trapézio retângulo medem 3 m e 9 m e o seu perímetro é de 30 m. Calcule a altura.

546. Calcule a altura e as projeções dos catetos sobre a hipotenusa, no triângulo retângulo de catetos 12 cm e 16 cm.

547. Calcule a hipotenusa, a altura relativa à hipotenusa, e as projeções dos catetos sobre a hipotenusa de um triângulo retângulo de catetos 3 e 4.

548. Dado um triângulo equilátero de lado a, calcule sua altura.

549. Uma escada de 2,5 m de altura está apoiada em uma parede e seu pé dista 1,5 m da parede. Determine a altura que a escada atinge na parede, nessas condições.

550. A altura relativa à hipotenusa de um triângulo retângulo mede 12 m. Se a hipotenusa mede 25 m, calcule os catetos.

551. Num triângulo ABC, retângulo em A, a altura relativa à hipotenusa mede 1,2 cm e a hipotenusa mede 2,5 cm. Sendo m e n, respectivamente, as projeções do maior e do menor cateto sobre a hipotenusa, calcule $\frac{m}{n}$.

552. Dois ciclistas partem de uma mesma cidade em direção reta; um em direção leste e o outro em direção norte. Determine a distância que os separa depois de duas horas, sabendo que a velocidade dos ciclistas é de 30 km/h e 45 km/h, respectivamente.

553. As bases de um trapézio isósceles medem 12 m e 20 m, respectivamente. A soma dos lados não paralelos é igual a 10 m. Quanto mede a altura?

TRIÂNGULOS RETÂNGULOS

554. As bases de um trapézio isósceles medem 7 cm e 19 cm e os lados não paralelos 10 cm. Calcule a altura desse trapézio.

555. Em um trapézio retângulo, a soma das bases é de 16 cm, sendo uma delas os $\frac{3}{5}$ da outra. Determine a altura, sabendo que o lado oblíquo mede 5 cm.

556. Na figura ao lado, calcule a altura do trapézio retângulo ABCD.

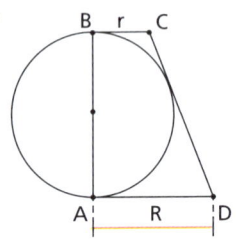

557. Sabendo que a soma dos quadrados dos catetos com o quadrado da hipotenusa de um triângulo retângulo é igual a 200, determine a medida da hipotenusa desse triângulo.

558. Calcule o perímetro do triângulo isósceles de 16 cm de base e 6 cm de altura.

559. Determine a altura de um trapézio de bases 24 cm e 10 cm, sabendo que os lados não paralelos medem respectivamente 15 cm e 13 cm.

560. A base maior e um dos lados oblíquos às bases de um trapézio isósceles circunscritível a um círculo são respectivamente iguais a 18 cm e 13 cm. Determine a medida da altura do trapézio.

561. Uma corda comum a dois círculos secantes mede 16 cm. Sendo 10 cm e 17 cm as medidas dos raios dos círculos, determine a distância entre seus centros.

562. Seja um ponto P, externo a circunferência. A menor distância desse ponto à circunferência vale 6 cm e a maior distância desse ponto à circunferência vale 24 cm. Determine o comprimento do segmento tangente à circunferência, por esse ponto.

563. Dois círculos de raios 12 cm e 20 cm são tangentes externamente. Determine o comprimento do segmento $\overline{PQ}$, tangente comum aos dois círculos, sendo P e Q pontos de tangência.

564. Um trapézio isósceles circunscritível tem bases medindo 8 cm e 16 cm. Calcule a altura do trapézio.

565. Prove que o diâmetro de um círculo inscrito em um trapézio isósceles é média geométrica entre as bases do trapézio.

TRIÂNGULOS RETÂNGULOS

566. Calcule a medida do raio do círculo, na figura ao lado, sabendo que AD = 12 cm, AE = 15 cm e AB = 8 cm.

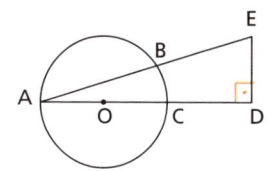

567. Num triângulo isósceles de altura 8, inscreve-se uma circunferência de raio 3. Calcule a medida da base do triângulo.

568. Sobre a hipotenusa $\overline{AB}$ de um triângulo retângulo ABC é construído um segundo triângulo retângulo ABD, com hipotenusa $\overline{AB}$. Se BC = 1, AC = b e AD = 2, calcule $\overline{BD}$.

569. No trapézio ABCD ao lado, a diagonal $\overline{AC}$ é perpendicular ao lado oblíquo $\overline{AD}$. Sendo CD = 25 cm e AD = 15 cm, determine a medida da altura do trapézio.

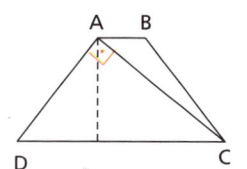

570. Determine a medida da diagonal $\overline{AC}$ do trapézio retângulo da figura ao lado, sabendo que as bases medem respectivamente 4 cm e 9 cm e que o lado $\overline{BC}$ mede $\sqrt{34}$ cm.

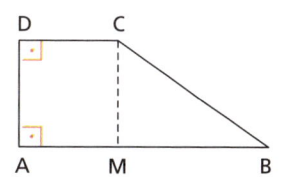

571. O segmento $\overline{AB}$ tem suas extremidade A e B como pontos de tangência às circunferências de centros O_1 e O_2. Sendo 15 cm e 3 cm os raios dessas circunferências, respectivamente, e 24 cm a distância entre seus centros, determine o segmento $\overline{AB}$.

572. Determine a medida da hipotenusa de um triângulo retângulo sendo 24 m o seu perímetro e $\dfrac{24}{5}$ m a medida da altura relativa à hipotenusa.

573. Considere-se uma semicircunferência de diâmetro AOB = 2r. Construímos internamente duas novas semicircunferências com diâmetros $\overline{OA}$ e $\overline{OB}$ e uma circunferência tangente a essas três semicircunferências. Calcule a medida do raio dessa circunferência.

574. Do mesmo lado de uma reta são traçados três círculos tangentes à reta e tangentes entre si dois a dois. Sabendo que dois deles têm raio igual a 16, calcule o raio do terceiro.

TRIÂNGULOS RETÂNGULOS

575. Um octógono regular é formado cortando-se triângulos retângulos isósceles nos vértices de um quadrado. Se o lado do quadrado mede 1, quanto medem os catetos dos triângulos retirados?

576. Consideremos dois círculos tangentes como na figura ao lado. Sendo E o centro do círculo menor, F o ponto de tangência entre os dois círculos e a o lado do quadrado, determine o raio do círculo menor em função de a.

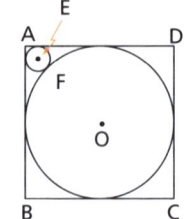

577. Considere um quadrado Q de lado a e cinco círculos de mesmo raio r interiores a Q, dos quais um é concêntrico com Q e tangente exteriormente aos quatro outros, e cada um destes tangencia dois lados consecutivos de Q. Determine a medida de r em função da medida a do lado quadrado.

578. Na figura, determine o raio da circunferência, sabendo que $\overline{AC}$ e $\overline{AD}$ tangenciam a circunferência nos pontos C e D, respectivamente, e que BE = 12 cm e AE = 54 cm.

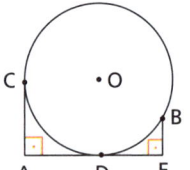

579. Dois teleféricos, T_1 e T_2, partem de uma estação E situada num plano horizontal, em direção aos picos P_1 e P_2 de duas montanhas. Determine a distância entre P_1 e P_2, sabendo que os teleféricos percorreram 1500 m e 2900 m, respectivamente, e que a primeira montanha tem 900 m de altura e a segunda 2000 m e que os pés das montanhas e E estão em linha reta.

580. Sejam dois círculos tangentes entre si, internamente, como na figura ao lado. Sendo PQ = 8 cm e ST = 3 cm, calcule a medida de $\overline{RQ}$.

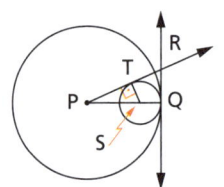

581. Num círculo de centro O e raio R, considera-se uma corda AB = $\dfrac{R}{2}$. Calcule a medida do raio do círculo inscrito no setor circular OAB.

582. Sobre os lados de um quadrado, desenhamos externamente quatro triângulos isósceles com alturas relativas às bases iguais a 3 cm. Determine o perímetro do quadrado, sabendo que os vértices dos quatro triângulos pertencem a uma mesma circunferência de raio igual a $3(\sqrt{2} + 2)$ cm.

583. Dois quadrados ABCD e CDEF têm em comum o lado $\overline{CD}$. Traçamos as diagonais $\overline{AC}$ e $\overline{EC}$.

Sendo $AM = \frac{1}{3}\overline{AC}$ e $\overline{EP} = \frac{1}{2}\overline{CE}$, com M em $\overline{AC}$ e P em $\overline{CE}$, determine o segmento $\overline{PM}$, em função do lado a dos quadrados.

584. Determine a distância entre os pés da altura e da mediana relativas à hipotenusa de um triângulo retângulo de $(18 + 6\sqrt{3})$m de perímetro, sabendo que as projeções dos catetos sobre a hipotenusa são diretamente proporcionais aos números 1 e 3.

585. Determine o perímetro de um triângulo, sabendo que a mediana e a altura, relativas à hipotenusa, medem respectivamente 4 cm e $2\sqrt{3}$ cm.

586. Dado o triângulo retângulo ABC de catetos $\overline{AB}$ e $\overline{AC}$ respectivamente iguais a 80 cm e 60 cm, considere a altura $\overline{AH}$ e a mediana $\overline{AM}$ relativas à hipotenusa do triângulo. Calcule as medidas dos segmentos $\overline{AH}$, $\overline{AM}$, $\overline{HB}$, $\overline{HC}$, $\overline{MH}$, bem como a hipotenusa do triângulo.

587. Determine a altura relativa à base de um triângulo isósceles em função da base a e do raio do círculo inscrito r.

588. Determine a bissetriz interna, relativa à hipotenusa de um triângulo retângulo de catetos b e c.

Solução

Seja x a medida da bissetriz $\overline{AS}$ relativa à hipotenusa. Por S tracemos um segmento paralelo a um dos catetos, b, por exemplo.
Note que os triângulos BAC e BPS são semelhantes. Então:

$$\begin{cases} y^2 + y^2 = x^2 \\ \dfrac{b}{y} = \dfrac{x}{c-y} \end{cases} \Rightarrow \begin{cases} y = \dfrac{x}{\sqrt{2}} \\ cy = bc - by \end{cases} \Rightarrow$$

$$\Rightarrow c \cdot \frac{x}{\sqrt{2}} = bc - b \cdot \frac{x}{\sqrt{2}} \Rightarrow xb + xc = \sqrt{2}bc \Rightarrow x = \frac{\sqrt{2}bc}{b+c}$$

589. Num triângulo isósceles ABC, M é um ponto qualquer da base $\overline{BC}$. Demonstre que:
$$(AB)^2 - (AM)^2 = (MB) \cdot (MC)$$

590. Determine o perímetro de um triângulo isósceles em função da projeção a da altura relativa à base do triângulo sobre um dos lados congruentes, e em função dessa altura h.

TRIÂNGULOS RETÂNGULOS

591. Em um quadrado ABCD tomamos um ponto E, sobre o lado $\overline{AD}$, tal que $AE = \frac{1}{4}\overline{AD}$, e o ponto O, médio de $\overline{AB}$. Sendo $\overline{OP}$ perpendicular a $\overline{CE}$, em que P é o pé da perpendicular tomado sobre $\overline{CE}$, prove que:
$$(OP)^2 = (EP) \cdot (CP)$$

592. Consideremos um triângulo ABC e as bissetrizes $\overline{AD}$ interna e $\overline{AE}$ externa ao triângulo. Prove que:
$$\frac{\sqrt{AD^2 + AE^2}}{CD} - \frac{\sqrt{AD^2 + AE^2}}{BD} = 2$$

593. Seja um semicírculo de diâmetro AB = 2r, e as tangentes $\overline{AX}$ e $\overline{BY}$ ao semicírculo. A tangente em um ponto C, qualquer, da semicircunferência encontra $\overline{AX}$ em D e $\overline{BY}$ em E. Demonstre que:
$$(CD) \cdot (CE) = r^2$$

II. Aplicações do teorema de Pitágoras

198. Diagonal do quadrado

Dado um quadrado de lado *a*, calcular sua diagonal *d*.
Sendo ABCD o quadrado de lado *a*, aplicando o teorema de Pitágoras no △ABC, temos:

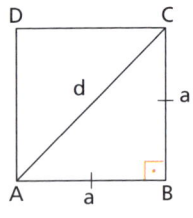

$$d^2 = a^2 + a^2 \Rightarrow d^2 = 2a^2 \Rightarrow \boxed{d = a\sqrt{2}}$$

199. Altura do triângulo equilátero

Dado um triângulo equilátero de lado *a*, calcular sua altura *h*.
Sendo ABC um triângulo equilátero de lado *a*, M o ponto médio de $\overline{BC}$, calculamos AM = h aplicando o teorema de Pitágoras no △AMC.

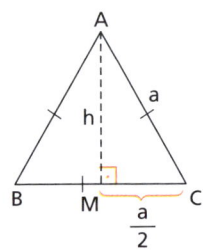

$$h^2 + \left(\frac{a}{2}\right)^2 = a^2 \Rightarrow h^2 = a^2 - \frac{a^2}{4} \Rightarrow h^2 = \frac{3a^2}{4} \Rightarrow \boxed{h = \frac{a\sqrt{3}}{2}}$$

200. Seno, cosseno e tangente de 30°, 45° e 60°

Sendo α a medida de um dos ângulos agudos de um triângulo retângulo, pondo-se:

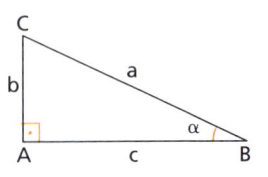

TRIÂNGULOS RETÂNGULOS

seno de α = sen α = $\dfrac{\text{cateto oposto}}{\text{hipotenusa}} = \dfrac{b}{a}$, sen $\alpha = \dfrac{b}{a}$

cosseno de α = cos α = $\dfrac{\text{cateto adjacente}}{\text{hipotenusa}} = \dfrac{c}{a}$, cos $\alpha = \dfrac{c}{a}$

tangente de α = tg α = $\dfrac{\text{cateto oposto}}{\text{cateto adjacente}} = \dfrac{b}{c}$, tg $\alpha = \dfrac{b}{c}$

e usando os resultados anteriores, temos:

$$\text{sen } 45° = \dfrac{a}{a\sqrt{2}} = \dfrac{\sqrt{2}}{2}$$

$$\cos 45° = \dfrac{a}{a\sqrt{2}} = \dfrac{\sqrt{2}}{2}$$

$$\text{tg } 45° = \dfrac{a}{a} = 1$$

$$\text{sen } 60° = \dfrac{a\dfrac{\sqrt{3}}{2}}{a} = \dfrac{\sqrt{3}}{2}$$

$$\cos 60° = \dfrac{\dfrac{a}{2}}{a} = \dfrac{1}{2}$$

$$\text{tg } 60° = \dfrac{a\dfrac{\sqrt{3}}{2}}{\dfrac{a}{2}} = \sqrt{3}$$

$$\text{sen } 30° = \dfrac{\dfrac{a}{2}}{a} = \dfrac{1}{2}$$

$$\cos 30° = \dfrac{a\dfrac{\sqrt{3}}{2}}{a} = \dfrac{\sqrt{3}}{2}$$

$$\text{tg } 30° = \dfrac{\dfrac{a}{2}}{a\dfrac{\sqrt{3}}{2}} = \dfrac{\sqrt{3}}{3}$$

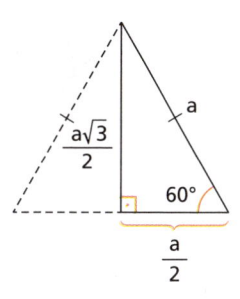

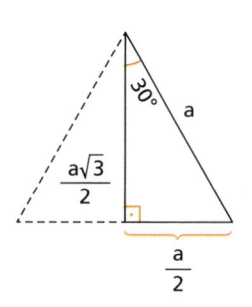

TRIÂNGULOS RETÂNGULOS

201. Triângulos pitagóricos

Veremos como obter triângulos retângulos cujos lados são medidos por números inteiros, triângulos estes chamados pitagóricos.

Calculemos a hipotenusa a de um triângulo retângulo com um cateto $b = 2xy$ e outro $c = x^2 - y^2$.

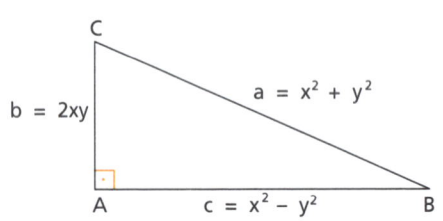

$a^2 = (2xy)^2 + (x^2 - y^2)^2 = 4x^2y^2 + x^4 - 2x^2y^2 + y^4 \Rightarrow$
$\Rightarrow a^2 = x^4 + 2x^2y^2 + y^4 \Rightarrow a^2 = (x^2 + y^2)^2 \Rightarrow a = x^2 + y^2$

Então, temos:

Tomando x e y inteiros, primos entre si, um deles sendo par e x maior que y, vem a tabela:

x	y	Cateto $x^2 - y^2$	Cateto $2xy$	Hipotenusa $x^2 + y^2$
2	1	3	4	5
3	2	5	12	13
4	1	15	8	17
4	3	7	24	25
5	2	21	20	29
5	4	9	40	41
6	1	35	12	37
6	5	11	60	61
7	2	45	28	53
7	4	33	56	65
7	6	13	84	85
⋮	⋮	⋮	⋮	⋮

Notemos que os triângulos retângulos cujos lados são dados pelos ternos:
a) (3, 4, 5), (6, 8, 10), (9, 12, 15), (12, 16, 20)... são semelhantes entre si;
b) (5, 12, 13), (10, 24, 26), (15, 36, 39), (20, 48, 52)... são semelhantes entre si;
c) (8, 15, 17), (16, 30, 34), (24, 45, 51), (32, 60, 68)... são semelhantes entre si, etc.

EXERCÍCIOS

594. Determine sen α nos casos:

a) 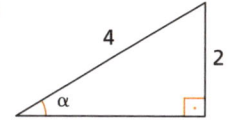 triângulo com catetos 4 e 2, ângulo α

b) 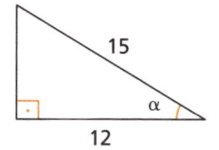 triângulo com catetos 15 e 12, ângulo α

c) 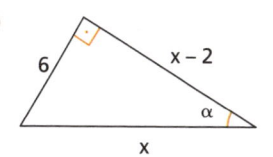 triângulo com lados 6, $x-2$ e x, ângulo α

595. Determine cos α nos casos:

a) 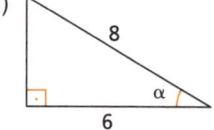 triângulo com lados 8 e 6, ângulo α

b) 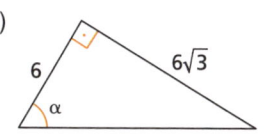 triângulo com lados 6 e $6\sqrt{3}$, ângulo α

c) 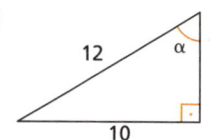 triângulo com lados 12 e 10, ângulo α

596. Obtenha tg α nos casos:

a) 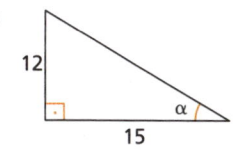 triângulo com catetos 12 e 15, ângulo α

b) 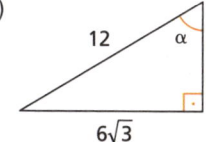 triângulo com lados 12 e $6\sqrt{3}$, ângulo α

c) 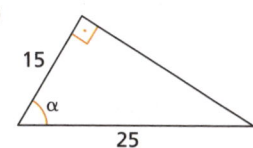 triângulo com lados 15 e 25, ângulo α

597. Determine o valor de x nos casos:

a) 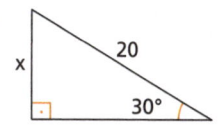 triângulo com hipotenusa 20, cateto x, ângulo 30°

b) 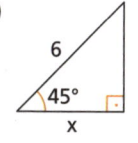 triângulo com cateto 6, cateto x, ângulo 45°

c) 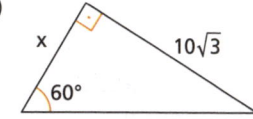 triângulo com lados x e $10\sqrt{3}$, ângulo 60°

TRIÂNGULOS RETÂNGULOS

598. Determine o valor de x nos casos:

a)

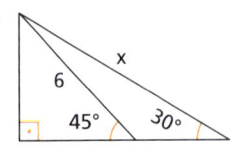

b)

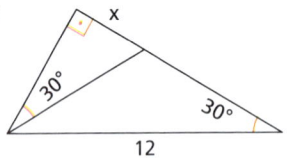

c)

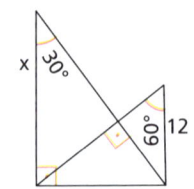

d)

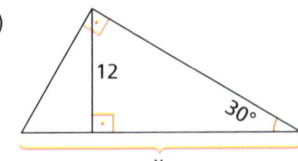

599. Determine os valores de x e y nos casos:

a) retângulo

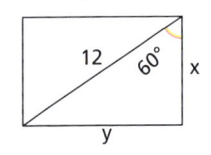

b) paralelogramo

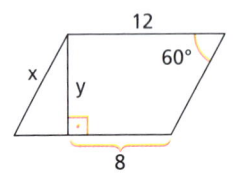

c) paralelogramo

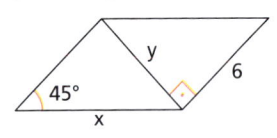

d) trapézio retângulo

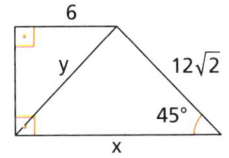

e) trapézio isósceles

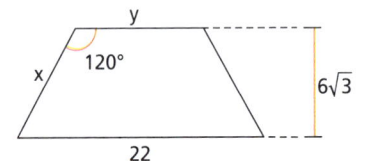

600. Determine o valor de x nos casos:

a)

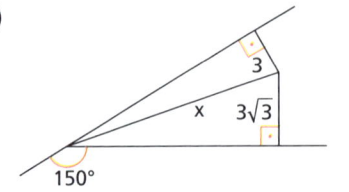

b)

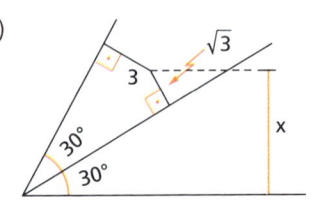

601. Um ponto de um lado de um ângulo de 60° dista 16 m do vértice do ângulo. Quanto ele dista do outro lado do ângulo?

602. Um ponto de um lado de um ângulo de 30° dista 6 m do outro lado. Determine a distância da projeção ortogonal desse ponto sobre este outro lado até o vértice do ângulo.

603. Um ponto P interno de um ângulo reto dista 4 m e 8 m dos lados do ângulo. Qual a distância entre P e o vértice desse ângulo?

604. Um ponto interno de um ângulo reto dista 4 m e 10 m dos lados do ângulo. Qual a distância desse ponto à bissetriz desse ângulo?

605. Um ponto P, interno de um ângulo reto, dista, respectivamente, $\sqrt{2}$ m e 2 m de um lado e da bissetriz do ângulo. Determine a distância entre P e o vértice desse ângulo.

606. Um ponto P, interno de um ângulo de 60°, dista 6 m e 9 m dos lados desse ângulo. Qual a distância entre P e a bissetriz do ângulo?

607. Um ponto P, interno de um ângulo de 60°, dista 3 m e 6 m dos lados do ângulo. Determine a distância entre P e o vértice desse ângulo.

608. Um ponto P, interno de um ângulo de 30°, dista 3 m de um lado e $3\sqrt{13}$ m do vértice do ângulo. Quanto esse ponto dista do outro lado do ângulo?

609. Um ponto P, externo de um ângulo de 60°, dista $9\sqrt{3}$ m e $3\sqrt{3}$ m dos lados do ângulo, sendo que nenhuma destas distâncias é até o vértice do ângulo. Qual é a distância entre P e a bissetriz do ângulo?

610. Em um triângulo retângulo, o quadrado da hipotenusa é o dobro do produto dos catetos. Calcule um dos ângulos agudos do triângulo.

611. Pelo vértice de um quadrado ABCD de lado a, toma-se no interior do quadrado um segmento $\overline{BS}$ que forma um ângulo igual a 30° com $\overline{BA}$, com S em $\overline{AD}$. Determine AS e BS.

612. Um observador vê um edifício, construído em terreno plano, sob um ângulo de 60°. Se ele se afastar do edifício mais 30 m, passará a vê-lo sob ângulo de 45°. Calcule a altura do edifício.

613. Os lados $\overline{AB}$ e $\overline{AC}$ de um triângulo ABC medem respectivamente a e $2a$, sendo 45° o ângulo formado por eles. Calcule a medida da altura $\overline{BD}$ e o lado $\overline{BC}$ do triângulo, em função de a.

TRIÂNGULOS RETÂNGULOS

614. As bases de um trapézio retângulo são b e $2b$ e um dos ângulos mede $60°$. Calcule a altura.

615. Um dos ângulos agudos de um trapézio isósceles mede $60°$. Sendo os lados não paralelos congruentes à base menor do trapézio e m a medida da base maior, determine o perímetro do trapézio em função de m.

616. Determine o ângulo que a diagonal de um trapézio isósceles forma com a altura do trapézio, sabendo que a altura do trapézio é igual a sua base média multiplicada por $\sqrt{3}$.

617. A base maior de um trapézio isósceles mede 100 cm e a base menor 60 cm. Sendo $60°$ a medida de cada um de seus ângulos agudos, determine a altura e o perímetro do trapézio.

618. Determine tg α, sabendo que E é ponto médio do lado $\overline{BC}$ do quadrado ABCD.

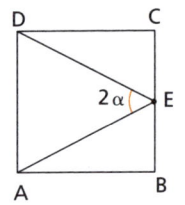

619. Determine o raio de um círculo inscrito num setor circular de $60°$ e 6 dm de raio.

620. Seja AB = $3r$, tangente em A a uma circunferência de centro O e raio r. Traça-se por B a tangente $\overline{BC}$, que tem C por ponto de contato. Calcule a distância de C à reta $\overleftrightarrow{AB}$.

621. Consideremos um triângulo retângulo ABC, onde a medida de um ângulo agudo é α. Determine a medida do raio da circunferência inscrita em função de α e da hipotenusa a.

622. Um paralelogramo tem lados respectivamente iguais a 10 cm e 8 cm. Sabendo que um de seus ângulos internos vale $120°$, calcule o perímetro do quadrilátero convexo formado pelas bissetrizes de seus ângulos internos.

623. Nas figuras temos um quadrado e um triângulo equilátero. Determine as incógnitas.

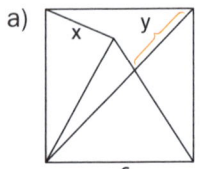

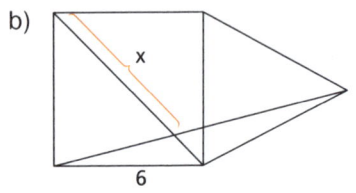

a)

b)

CAPÍTULO XV
Triângulos quaisquer

Relações métricas e cálculo de linhas notáveis

202. Teorema dos senos

> Os lados de um triângulo são proporcionais aos senos dos ângulos opostos e a constante de proporcionalidade é o diâmetro da circunferência circunscrita ao triângulo.

Demonstração:

Dado um △ABC, consideremos a circunferência circunscrita. Seja O o centro dela e R o seu raio:

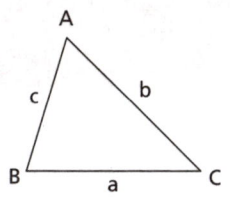

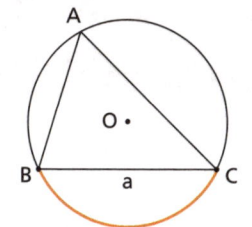

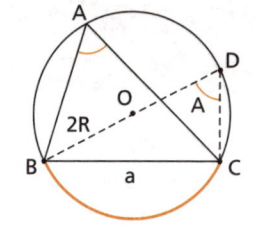

TRIÂNGULOS QUAISQUER

Traçando o diâmetro $\overline{BD}$, temos:

$$\hat{D} = \frac{\widehat{BC}}{2} \text{ e, como } \hat{A} = \frac{\widehat{BC}}{2}, \text{ decorre que } \hat{D} \equiv \hat{A}.$$

No $\triangle DCB$ retângulo em C, vem:

$$\text{sen } \hat{D} = \frac{a}{2R} \implies \text{sen } \hat{A} = \frac{a}{2R} \implies \frac{a}{\text{sen } \hat{A}} = 2R$$

Procedendo de modo análogo, temos: $\dfrac{b}{\text{sen } \hat{B}} = 2R$ e $\dfrac{c}{\text{sen } \hat{C}} = 2R$.

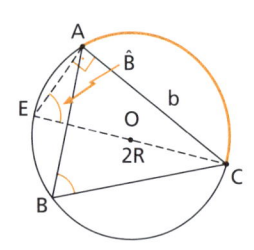

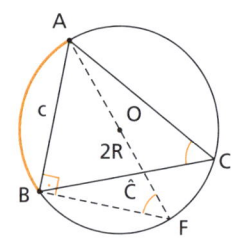

Daí a expressão da lei dos senos:

$$\boxed{\frac{a}{\text{sen } \hat{A}} = \frac{b}{\text{sen } \hat{B}} = \frac{c}{\text{sen } \hat{C}} = 2R}$$

Nota

Caso $\hat{A}$ seja obtuso, em lugar de $\hat{D} \equiv \hat{A}$, teremos $\hat{D} = 180° - \hat{A}$, o que não altera o resultado, pois sen(180° − Â) = sen Â, como é sabido da Trigonometria.

Caso $\hat{A}$ seja reto, também vale a relação, visto que sen 90° = 1.

EXERCÍCIOS

624. Sabendo que sen(180° − x) = sen x e cos(180° − x) = −cos x, determine:
   a) sen 120°
   b) cos 150°
   c) cos 135°
   d) sen 150°
   e) sen 135°
   f) cos 120°

625. Determine o valor de x nos casos:

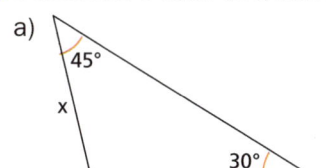

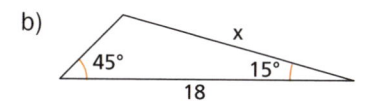

a) [triângulo com ângulos 45°, 30° e lados x, 12]

b) [triângulo com ângulos 45°, 15° e lados x, 18]

626. Determine o raio da circunferência circunscrita ao triângulo nos casos:

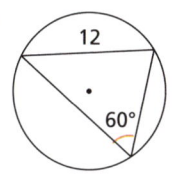

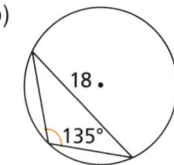

a) [circunferência com corda 12 e ângulo inscrito 60°]

b) [circunferência com corda 18 e ângulo inscrito 135°]

627. Obtenha o valor de x nos casos:

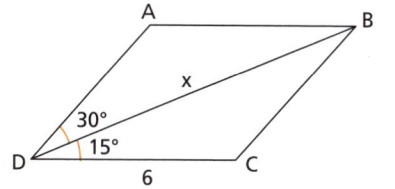

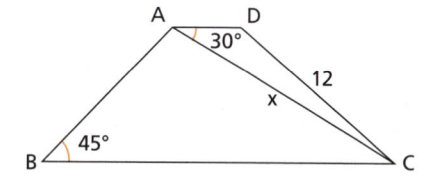

a) ABCD é paralelogramo

b) ABCD é trapézio isósceles

628. Determine o ângulo x nos casos:

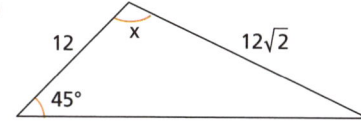

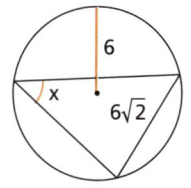

a) [triângulo com lados 12, $12\sqrt{2}$, ângulo 45° e ângulo x]

b) [circunferência com cordas 6, $6\sqrt{2}$ e ângulo x]

629. Num triângulo ABC são dados $\hat{A} = 60°$, $\hat{B} = 45°$ e BC = 4 cm. Determine a medida de $\overline{AC}$.

630. Num triângulo obtusângulo e isósceles, os ângulos da base medem 30° cada um. Determine a base do triângulo, sabendo que os lados congruentes medem 10 cm cada um.

631. O triângulo ABC é obtusângulo com $\hat{A} = 120°$, BC = $2\sqrt{3}$ dm e AC = 2 dm. Determine a medida do ângulo do vértice B desse triângulo.

TRIÂNGULOS QUAISQUER

632. Se os lados de um triângulo ABC medem a, b e c, prove que:
$$\frac{a+b}{b} = \frac{\operatorname{sen}\hat{A} + \operatorname{sen}\hat{B}}{\operatorname{sen}\hat{B}}$$
em que $\hat{A}$ e $\hat{B}$ são os ângulos dos vértices A e B do triângulo e a, b e c, os lados opostos respectivamente aos vértices A, B e C desse triângulo.

633. No mesmo exercício anterior, prove que: $\dfrac{a-b}{b} = \dfrac{\operatorname{sen}\hat{A} - \operatorname{sen}\hat{B}}{\operatorname{sen}\hat{B}}$.

634. Sejam a, b e c os lados opostos aos vértices A, B e C de um triângulo ABC.
Prove que: $\dfrac{\operatorname{sen}\hat{A} - \operatorname{sen}\hat{B}}{\operatorname{sen}\hat{C}} = \dfrac{a+b}{b}$, em que $\hat{A}, \hat{B}$ e $\hat{C}$ são igualmente os ângulos dos vértices A, B e C do triângulo considerado.

203. Relações métricas

a) Num triângulo qualquer, o quadrado do lado oposto a um ângulo agudo é igual à soma dos quadrados dos outros dois lados, menos duas vezes o produto de um desses lados pela projeção do outro sobre ele.

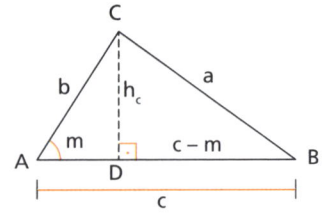

Hipótese
$A < 90°$, m = proj. de b sobre c $\Rightarrow$

Tese
$a^2 = b^2 + c^2 - 2cm$

b) Num triângulo obtusângulo qualquer, o quadrado do lado oposto a um ângulo obtuso é igual à soma dos quadrados dos outros lados, mais duas vezes o produto de um desses lados pela projeção do outro sobre ele (ou sobre a reta que o contém).

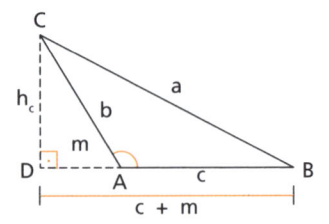

Hipótese
$A > 90°$, m = proj. de b sobre c $\Rightarrow$

Tese
$a^2 = b^2 + c^2 + 2cm$

TRIÂNGULOS QUAISQUER

Demonstração (conjunta — para os dois casos):

Conduzindo $CD = h_c$ = altura relativa ao lado c, vem:

$\triangle CDB: a^2 = h_c^2 + (c \pm m)^2$
$\triangle CDA: h_c^2 = b^2 - m^2$
$\Rightarrow a^2 = b^2 - m'^2 + c^2 \pm 2cm + m'^2 \Rightarrow$

$\Rightarrow \boxed{a^2 = b^2 + c^2 + 2cm}$ (1)   ou $\boxed{a^2 = b^2 + c^2 - 2cm}$ (2)

204. Teorema dos cossenos

> Em qualquer triângulo, o quadrado de um lado é igual à soma dos quadrados dos outros dois lados menos duas vezes o produto desses dois lados pelo cosseno do ângulo por eles formado.

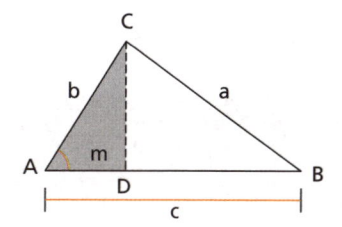

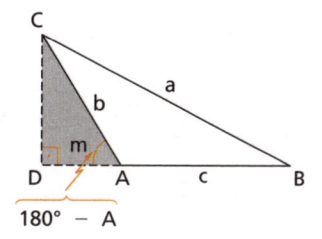

No $\triangle ABC$: $a^2 = b^2 + c^2 - 2cm$ (1)

No $\triangle CDA$: $\cos \hat{A} = \dfrac{m}{b} \Rightarrow$

$\Rightarrow m = b \cdot \cos \hat{A}$

Substituindo m em (1):
$a^2 = b^2 + c^2 - 2c(b \cdot \cos \hat{A})$

No $\triangle ABC$: $a^2 = b^2 + c^2 + 2cm$ (2)

No $\triangle CDA$: $\cos(180° - \hat{A}) = \dfrac{m}{b} \Rightarrow$

$\Rightarrow -\cos \hat{A} = \dfrac{m}{b} \Rightarrow m = -b \cdot \cos \hat{A}$

Substituindo m em (2):
$a^2 = b^2 + c^2 + 2c(-b \cdot \cos \hat{A})$

Para os dois casos:

$$\boxed{a^2 = b^2 + c^2 - 2bc \cdot \cos \hat{A}}$$

TRIÂNGULOS QUAISQUER

Analogamente, temos:

$$b^2 = a^2 + c^2 - 2ac \cdot \cos \hat{B}$$

$$c^2 = a^2 + b^2 - 2ab \cdot \cos \hat{C}$$

que são as expressões do teorema dos cossenos ou lei dos cossenos.

205. Reconhecimento da natureza de um triângulo

Conhecendo-se as medidas dos lados de um triângulo e chamando a maior delas de a e as outras duas de b e c, lembrando que

$$|b - c| < a < b + c$$

reconhecemos a natureza de um triângulo, com base nas equivalências abaixo:

$$a^2 < b^2 + c^2 \Rightarrow \text{triângulo acutângulo}$$
$$a^2 = b^2 + c^2 \Rightarrow \text{triângulo retângulo}$$
$$a^2 > b^2 + c^2 \Rightarrow \text{triângulo obtusângulo}$$

cujas demonstrações imediatas são decorrentes dos dois itens anteriores.

EXERCÍCIOS

635. Determine o valor de x nos casos:

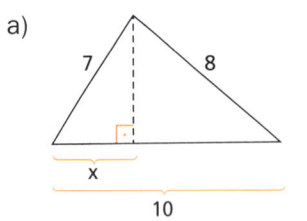

a) [triângulo com lados 7 e 8, base 10, altura marca x na base]

b) [triângulo com catetos 5 e altura, hipotenusa $2\sqrt{29}$, base $x + 7$]

636. Determine x e y nos casos:

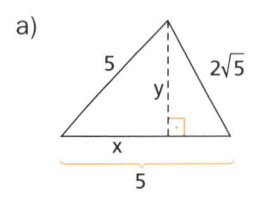

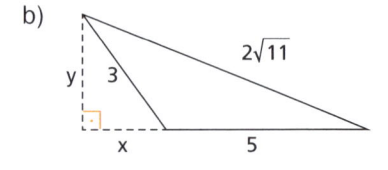

a) [triângulo com lados 5 e $2\sqrt{5}$, base 5, altura y, projeção x]

b) [triângulo com altura 3, hipotenusa $2\sqrt{11}$, y vertical, base $x + 5$]

637. Calcule a altura h, relativa ao lado $\overline{BC}$, nos casos:

a) Triângulo ABC com AB = 5, AC = $3\sqrt{5}$, BC = 10, altura h.

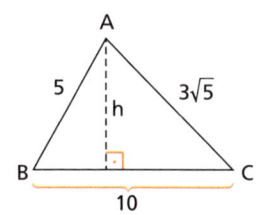

b) Triângulo ABC com AB = $2\sqrt{19}$, AC = 4, BC = 6, altura h (pé da altura fora de BC).

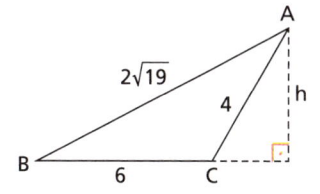

638. Determine o valor de x nos casos:

a) Triângulo com lados 10, x, 16 e ângulo 60° entre os lados 10 e 16.

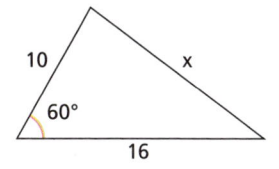

b) Triângulo com lados $3\sqrt{2}$, x, 7 e ângulo 45°.

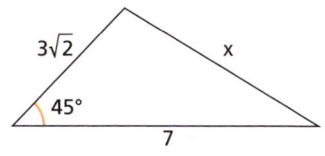

c) Triângulo com lados 6, 14, x e ângulo 120°.

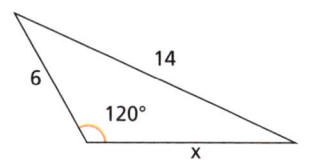

d) Triângulo com lados 4, 6, x e ângulo 150°.

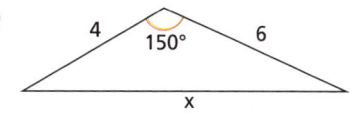

639. Determine a medida x do ângulo nos casos:

a) Triângulo com lados 5, 7, 8 e ângulo x oposto ao lado 7.

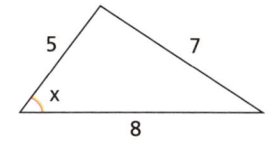

b) Triângulo com lados 3, 5, 7 e ângulo x.

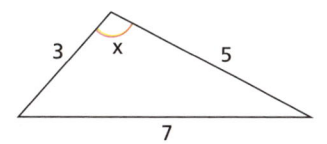

640. Se as diagonais do paralelogramo da figura medem 20 cm e 32 cm e formam um ângulo de 60°, determine os lados do paralelogramo.

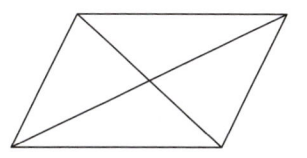

641. Reconheça a natureza de um triângulo:
   a) cujos lados medem 6, 12 e 13;
   b) cujos lados medem 6, 10 e 12;
   c) cujos lados medem 5, 12 e 13;
   d) cujos lados estão na razão 3 : 4 : 4,5;
   e) cujos lados são inversamente proporcionais a 3, 4 e 6.

TRIÂNGULOS QUAISQUER

642. Reconheça a natureza de um triângulo cujos lados são inversamente proporcionais aos números 3, 4 e 5.

643. Os lados de um triângulo medem 15 m, 20 m e 25 m. Determine a altura relativa ao maior lado.

644. Os lados de um triângulo medem 12 m, 20 m e 28 m. Determine a projeção do menor sobre a reta do lado de 20 m.

645. Os lados de um triângulo medem 7 m, 24 m e 25 m. Determine a altura relativa ao lado menor.

646. Determine o lado $\overline{BC}$ de um triângulo acutângulo ABC, em que AC = 7 cm, AB = 5 cm e a projeção de $\overline{AC}$ sobre $\overline{AB}$ mede 1 cm.

647. Determine a medida do lado $\overline{AB}$ de um triângulo ABC, obtusângulo em A, sendo BC = 8 cm, AC = 5 cm e a projeção do lado $\overline{AB}$ sobre $\overline{AC}$ igual a 3 mm.

648. Determine a medida do lado $\overline{BC}$ de um triângulo ABC, em que AC = 10 cm, AB = 6 cm e a projeção do lado $\overline{BC}$ sobre $\overline{AC}$ vale 10,4 cm.

649. A base de um triângulo mede 10 cm, e os outros dois lados 14 cm e 8 cm, respectivamente. Determine as projeções desses dois lados sobre a base do triângulo.

650. Determine a projeção do lado $\overline{BC}$ sobre o lado $\overline{AC}$ de um triângulo ABC, em que BC = 12 cm, AC = 16 cm e AB = 18 cm.

651. Em um triângulo ABC é possível ter simultaneamente:
$a^2 = b^2 + c^2 + 2bm$ e $c^2 = b^2 + a^2 + 2bn$ sendo m projeção de c sobre b e n, projeção de a sobre b? Justifique.

652. Na figura ao lado, calcule o valor de x.

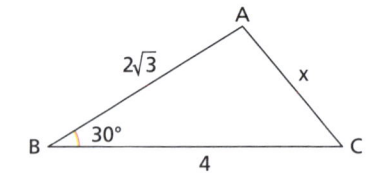

653. No triângulo ABC da figura, o lado $\overline{AB}$ mede 12 cm, o lado $\overline{BC}$ mede 9 cm e o lado $\overline{AC}$ mede 6 cm. Calcule o cosseno do ângulo α.

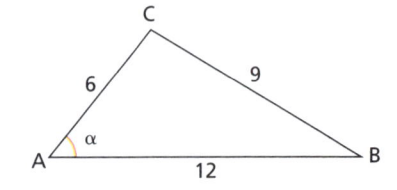

654. Calcule o perímetro do triângulo da figura ao lado.

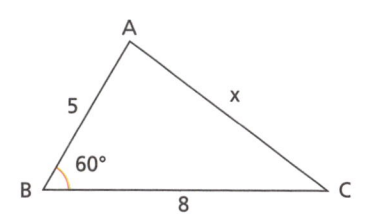

655. Calcule o perímetro do triângulo ABC, da figura ao lado.

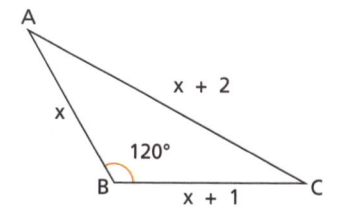

656. Determine o valor de x, sabendo que $x + 5$, $3 - x$ e $x + 7$ são as medidas dos lados $\overline{AB}$, $\overline{BC}$ e $\overline{AC}$ de um triângulo ABC cujo ângulo $\hat{B}$ vale 120°.

657. Uma corda $\overline{AB}$ de medida ℓ determina sobre uma circunferência um arco de 120°. Determine a distância do ponto B ao diâmetro $\overline{AC}$ desse círculo.

658. Na figura, $\overline{AB}$ é igual ao raio do círculo de centro O, $\overline{BC} = 26$ e $\overline{BH}$ é perpendicular a $\overline{AC}$. Calcule $\overline{HC}$.

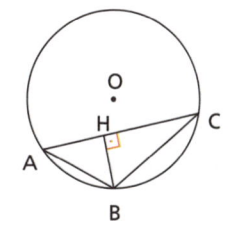

659. Determine a diagonal maior de um paralelogramo, em que dois de seus lados consecutivos formam um ângulo de 45° e medem respectivamente $5\sqrt{2}$ cm e 10 cm.

660. Sabendo que os lados consecutivos de um paralelogramo medem 4 cm e 5 cm e uma das diagonais mede 6 cm, determine a medida da outra diagonal.

661. Dois lados consecutivos de um paralelogramo medem 8 m e 12 m e formam um ângulo de 60°. Calcule as diagonais.

662. A mediana $\overline{AM}$ de um triângulo ABC mede 6 cm, divide o lado oposto em dois segmentos iguais a 12 cm e forma com esse lado dois ângulos que diferem de 60°. Determine as medidas dos lados desse triângulo.

663. Existe o triângulo ABC tal que BC = 10 cm, AC = 1 cm e $\beta = 30°$, em que β é o ângulo oposto ao lado $\overline{AC}$?

TRIÂNGULOS QUAISQUER

664. Dois lados consecutivos de um paralelogramo têm por medidas a e b e uma das diagonais tem por medida c. Determine a medida da outra diagonal.

665. Prove que: "Num triângulo qualquer, o quadrado do lado oposto a um ângulo agudo é igual à soma dos quadrados dos outros dois lados, menos duas vezes o produto de um desses lados pela projeção do outro sobre ele".

666. Prove que: "Em um triângulo obtusângulo, o quadrado do lado oposto ao ângulo obtuso é igual à soma dos quadrados dos outros dois, mais duas vezes o produto de um desses lados pela projeção do outro sobre ele".

667. Se, em um triângulo, o quadrado de um lado é igual à soma dos quadrados dos outros dois lados menos o produto desses dois lados, calcule o ângulo interno que os mesmos dois lados formam.

668. Sobre os lados de um triângulo retângulo ABC de lados 6 cm, $6\sqrt{3}$ cm e 12 cm construímos três quadrados externos. Calcule a medida dos lados do triângulo determinado pelos centros desses quadrados.

669. As medidas dos lados do quadrilátero ABCD são AB = BC = 10 m, CD = 16 m e AD = 6 m. Determine BD.

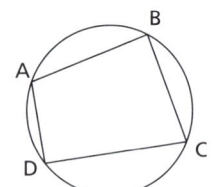

670. Um ponto interno de um triângulo equilátero dista 5 cm, 7 cm e 8 cm dos vértices do triângulo. Determine o lado desse triângulo.

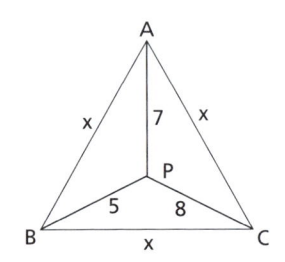

206. Cálculo das medianas de um triângulo

Sendo dados os lados a, b e c de um triângulo, calcular as três medianas, m_a, m_b e m_c:

$$\left.\begin{array}{l} \triangle ADC \\ \hat{D} \text{ obtuso} \end{array}\right\} \Rightarrow b^2 = m_a^2 + \left(\frac{a}{2}\right)^2 + 2 \cdot \frac{a}{2} x$$

$$\left.\begin{array}{l} \triangle ADB \\ \hat{D} \text{ agudo} \end{array}\right\} \Rightarrow c^2 = m_a^2 + \left(\frac{a}{2}\right)^2 - 2 \cdot \frac{a}{2} x$$

$$b^2 + c^2 = 2m_a^2 + 2\frac{a^2}{4}$$

$$b^2 + c^2 = 2m_a^2 + \frac{a^2}{2} \Rightarrow 2(b^2 + c^2) = 4m_a^2 + a^2 \Rightarrow$$

$$\Rightarrow \boxed{m_a = \frac{1}{2}\sqrt{2(b^2 + c^2) - a^2}}$$

Analogamente:

$$\boxed{m_b = \frac{1}{2}\sqrt{2(a^2 + c^2) - b^2}} \qquad \boxed{m_c = \frac{1}{2}\sqrt{2(a^2 + b^2) - c^2}}$$

Se $\hat{D}$ for reto, é imediato. Basta aplicar a relação de Pitágoras.

Exemplo:

Dado um triângulo de lados $a = 5$, $b = 7$ e $c = 8$, calcular as três medianas, m_a, m_b e m_c:

$$m_a = \frac{1}{2}\sqrt{2(b^2 + c^2) - a^2} = \frac{1}{2}\sqrt{2(49 + 64) - 25} = \frac{1}{2}\sqrt{201}$$

$$m_b = \frac{1}{2}\sqrt{2(a^2 + c^2) - b^2} = \frac{1}{2}\sqrt{2(25 + 64) - 49} = \frac{1}{2}\sqrt{129}$$

$$m_c = \frac{1}{2}\sqrt{2(a^2 + b^2) - c^2} = \frac{1}{2}\sqrt{2(25 + 49) - 64} = \frac{1}{2}\sqrt{84} = \sqrt{21}$$

Nota

Poderíamos obter estas medianas sem usar as fórmulas, substituindo-as pelas relações usadas em suas deduções ou pela lei dos cossenos. No exemplo anterior, calculemos diretamente a mediana m_c.

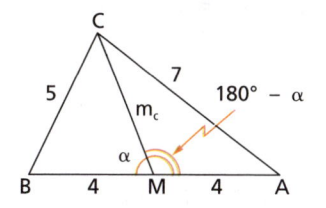

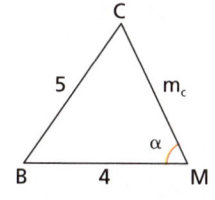

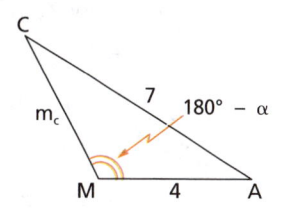

TRIÂNGULOS QUAISQUER

No $\triangle$CBM: $5^2 = m_c^2 + 4^2 - 2 \cdot m_c \cdot 4 \cdot \cos \alpha \Rightarrow$
$\Rightarrow m_c^2 + 8 m_c \cdot \cos \alpha = 9$ (1)

No $\triangle$CAM: $7^2 = m_c^2 + 4^2 - 2 \cdot m_c \cdot 4 \cdot \cos(180° - \alpha) \Rightarrow$
$\Rightarrow 7^2 = m_c^2 + 4^2 - 2 \cdot m_c \cdot 4(-\cos \alpha) \Rightarrow m_c^2 + 8 m_c \cdot \cos \alpha = 33$ (2)

Fazendo (1) + (2):
$m_c^2 - 8 \cdot m_c \cdot \cos \alpha + m_c^2 + 8 \cdot m_c \cdot \cos \alpha = 9 + 33 \Rightarrow 2 \cdot m_c^2 = 42 \Rightarrow$
$\Rightarrow m_c = \sqrt{21}$

207. Cálculo das alturas de um triângulo

Num triângulo ABC conhecem-se as medidas dos lados a, b e c. Calcular as três alturas.

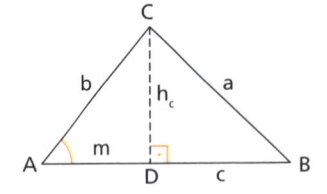

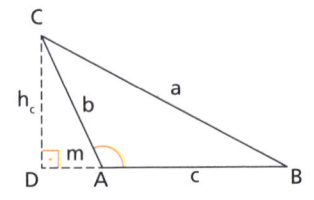

$\triangle$ADC: $h_c^2 = b^2 - m^2$ (1)

Relação métrica $\triangle$ABC $\Rightarrow$ $a^2 = b^2 + c^2 \pm 2cm \Rightarrow$

$\Rightarrow m = \dfrac{b^2 + c^2 - a^2}{\pm 2c}$ (2)

(2) em (1): $h_c^2 = b^2 - \left(\dfrac{b^2 + c^2 - a^2}{\pm 2c}\right)^2 \Rightarrow h_c^2 = \dfrac{4b^2c^2 - (b^2 + c^2 - a^2)^2}{4c^2} \Rightarrow$

$\Rightarrow 4c^2h_c^2 = [2bc + b^2 + c^2 - a^2][2bc - b^2 - c^2 + a^2] =$
$= [(b^2 + 2bc + c^2) - a^2] \cdot [a^2 - (b^2 - 2bc + c^2)] =$
$= [(b + c)^2 - a^2] \cdot [a^2 - (b - c)^2] =$
$= [(b + c + a)(b + c - a)] [(a + b - c)(a - b + c)] \Rightarrow$
$\Rightarrow 4c^2h_c^2 = (a + b + c)(-a + b + c)(a - b + c)(a + b - c)$ (3)

TRIÂNGULOS QUAISQUER

Fazendo:

$a + b + c = 2p$ (notar que p é semiperímetro do triângulo)

temos:

$-a + b + c = -a + b + c + a - a = \underbrace{a + b + c}_{2p} - 2a = 2(p - a)$

$a - b + c = a - b + c + b - b = a + b + c - 2b = 2(p - b)$

$a + b - c = a + b - c - c = a + b + c - 2c = 2(p - c)$

Então, substituindo em (3):

$$4c^2 h_c^2 = \underbrace{(a + b + c)}_{2p} \underbrace{(-a + b + c)}_{2(p-a)} \underbrace{(a - b + c)}_{2(p-b)} \underbrace{(a + b - c)}_{2(p-c)}$$

$$4c^2 h_c^2 = 2p \cdot 2(p - a) \cdot 2(p - b) \cdot 2(p - c) \Rightarrow$$

$$\Rightarrow \boxed{h_c = \frac{2}{c}\sqrt{p(p - a)(p - b)(p - c)}}$$

Analogamente:

$$\boxed{h_b = \frac{2}{b}\sqrt{p(p - a)(p - b)(p - c)}} \qquad \boxed{h_a = \frac{2}{a}\sqrt{p(p - a)(p - b)(p - c)}}$$

Exemplo:

Dado um triângulo de lados $a = 5$, $b = 7$ e $c = 8$, calcular as três alturas, h_a, h_b e h_c:

$a = 5$ $p = 10$

          $p - a = 5$ $\sqrt{p(p - a)(p - b)(p - c)} =$

$b = 7$ $p - b = 3$ $= \sqrt{10 \cdot 5 \cdot 3 \cdot 2} =$

$\underline{c = 8}$ $p - c = 2$ $= 10\sqrt{3}$

$2p = 20$

TRIÂNGULOS QUAISQUER

$$h_a = \frac{2}{a}\sqrt{p(p-a)(p-b)(p-c)} = \frac{2}{5} \cdot 10\sqrt{3} = 4\sqrt{3} \Rightarrow h_a = 4\sqrt{3}$$

$$h_b = \frac{2}{b}\sqrt{p(p-a)(p-b)(p-c)} = \frac{2}{7} \cdot 10\sqrt{3} = \frac{20\sqrt{3}}{7} \Rightarrow h_b = \frac{20\sqrt{3}}{7}$$

$$h_c = \frac{2}{c}\sqrt{p(p-a)(p-b)(p-c)} = \frac{2}{8} \cdot 10\sqrt{3} = \frac{5\sqrt{3}}{2} \Rightarrow h_c = \frac{5\sqrt{3}}{2}$$

Nota

Nem sempre as expressões acima trazem simplificações de cálculo. Às vezes é conveniente substituir essas fórmulas pelas relações usadas em suas deduções.

Exemplo:
Os lados de um triângulo medem $\sqrt{5}$, $\sqrt{10}$ e 5. Qual o comprimento da altura relativa ao lado maior?

Aplicando o teorema de Pitágoras, vem:

$\triangle ADB$: $h^2 + x^2 = \left(\sqrt{5}\right)^2 \Rightarrow h^2 + x^2 = 5$ (1)

$\triangle ADC$: $h^2 + (5-x)^2 = \left(\sqrt{10}\right)^2 \Rightarrow$

$\Rightarrow h^2 - 10x + x^2 = -15$ (2)

(1) − (2): $10x = 20 \Rightarrow x = 2$

Substituindo $x = 2$ em (1):

$h^2 + 2^2 = 5 \Rightarrow h^2 = 1 \Rightarrow h = 1$.

208. Relação de Stewart

Dado um triângulo ABC e sendo D um ponto do lado $\overline{AB}$ (vide figura), vale a relação: $a^2y + b^2x - z^2c = cxy$.

Demonstração:

$\triangle BCD : a^2 = x^2 + z^2 \mp 2xm$ (1)
$\triangle ACD : b^2 = y^2 + z^2 \mp 2ym$ (2)

$\left.\begin{array}{l}(1) \cdot y \Rightarrow a^2y = x^2y + z^2y \mp 2xym \\ (2) \cdot x \Rightarrow b^2x = xy^2 + z^2x \pm 2xym\end{array}\right\}$ +

$\overline{a^2y + b^2x = xy(x+y) + z^2(x+y)} \Rightarrow$

$\Rightarrow \boxed{a^2y + b^2x - z^2c = cxy}$

Exemplo de aplicação:

Calcular o raio x na figura ao lado.

Temos as circunferências $\lambda(O, 3)$, $\lambda_1(O_1, 2)$, $\lambda_2(O_2, 1)$ e $\lambda_3(O_3, x)$.
No triângulo $O_1O_2O_3$, temos:

$O_1O_2 = 3$,
$O_1O_3 = 2 + x$,
$O_2O_3 = 1 + x$

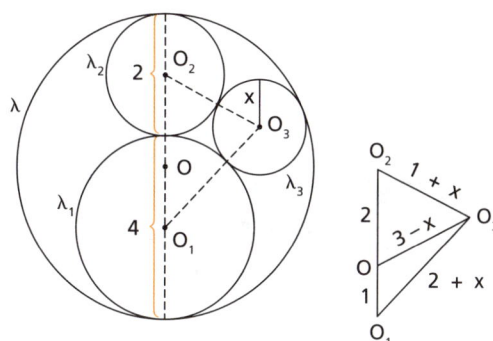

e ainda:
$OO_1 = 1$,
$OO_2 = 2$ e
$OO_3 = 3 - x$

Aplicando a relação de Stewart, vem:

$(1 + x)^2 \cdot 1 + (2 + x)^2 \cdot 2 - (3 - x)^2 \cdot 3 = 1 \cdot 2 \cdot 3 \implies 28x = 24 \implies$

$\implies x = \dfrac{6}{7}$.

Nota

Podem-se calcular as medianas de um triângulo usando as relações de Stewart.

209. Cálculo das bissetrizes internas de um triângulo

No triângulo ABC conhecem-se as medidas dos lados a, b e c.

Determinemos as medidas das três bissetrizes internas s_a, s_b e s_c na figura ao lado.

Dados: a, b, c; incógnitas: x, y, s_a

$x + y = a$

s_a bissetriz $\implies \dfrac{x}{b} = \dfrac{y}{c} \implies \dfrac{x+y}{b+c} = \dfrac{x}{b} = \dfrac{y}{c} \implies \begin{cases} x = \dfrac{ab}{b+c} \\ y = \dfrac{ac}{b+c} \end{cases}$

Considerando a relação de Stewart no $\triangle ABC$

$b^2y + c^2x - s_a^2 \cdot a = x \cdot y \cdot a$

e substituindo x e y pelos valores calculados acima, vem:

TRIÂNGULOS QUAISQUER

$$b^2 \cdot \frac{ac}{b+c} + c^2 \cdot \frac{ab}{b+c} - s_a^2 \cdot a = \frac{ab}{b+c} \cdot \frac{ac}{b+c} \cdot a \Rightarrow$$

$$\Rightarrow b^2c(b+c) + bc^2(b+c) - bca^2 = s_a^2(b+c)^2 \Rightarrow$$

$$\Rightarrow (b+c)^2 s_a^2 = bc[b(b+c) + c(b+c) - a^2] \Rightarrow$$

$$\Rightarrow (b+c)^2 s_a^2 = bc[(b+c)^2 - a^2] \Rightarrow$$

$$\Rightarrow (b+c)^2 s_a^2 = bc\underbrace{(b+c+a)}_{2p}\underbrace{(b+c-a)}_{2(p-a)} \Rightarrow$$

$$\Rightarrow \boxed{s_a = \frac{2}{b+c}\sqrt{bcp(p-a)}}$$

Analogamente:

$$\boxed{s_b = \frac{2}{a+c}\sqrt{acp(p-b)}} \qquad \boxed{s_c = \frac{2}{a+b}\sqrt{abp(p-c)}}$$

Exemplo:

Dado um triângulo de lados a = 5, b = 7 e c = 8, calcular as três bissetrizes internas: s_a, s_b e s_c.

$2p = 20 \Rightarrow p = 10$; $p - a = 5$; $p - b = 3$ e $p - c = 2$

$$s_a = \frac{2}{b+c}\sqrt{bcp(p-a)} = \frac{2}{15}\sqrt{7 \cdot 8 \cdot 10 \cdot 5} = \frac{8\sqrt{7}}{3}$$

$$s_b = \frac{2}{a+c}\sqrt{acp(p-b)} = \frac{2}{13}\sqrt{5 \cdot 8 \cdot 10 \cdot 3} = \frac{40\sqrt{3}}{13}$$

$$s_c = \frac{2}{a+b}\sqrt{abp(p-c)} = \frac{2}{12}\sqrt{5 \cdot 7 \cdot 10 \cdot 2} = \frac{5\sqrt{7}}{3}$$

210. Cálculo das bissetrizes externas de um triângulo

Num triângulo ABC conhecem-se as medidas dos lados *a*, *b* e *c*. Determinar as medidas das bissetrizes externas s'_a, s'_b e s'_c na figura ao lado.

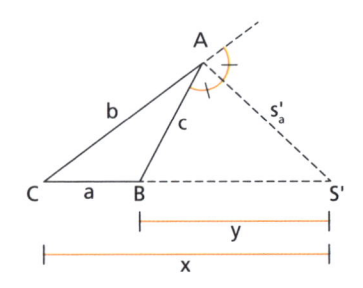

TRIÂNGULOS QUAISQUER

Dados: a, b, c incógnitas: x, y, s'_a

$x - y = a$

$$\frac{x}{b} = \frac{y}{c} \Rightarrow \frac{\overbrace{x-y}^{a}}{b-c} = \frac{x}{b} = \frac{y}{c} \Rightarrow \begin{cases} x = \dfrac{ab}{b-c} \\ y = \dfrac{ac}{b-c} \end{cases}$$

Considerando a relação de Stewart no $\triangle AS'C$

$$b^2 y + s'^2_a \cdot a - c^2 x = a \cdot y \cdot x$$

e substituindo x e y pelos valores calculados acima, vem:

$$b^2 \cdot \frac{\not{a}c}{b-c} + s'^2_a \cdot \not{a} - c^2 \cdot \frac{\not{a}b}{b-c} = \not{a} \cdot \frac{ac}{b-c} \cdot \frac{ab}{b-c} \Rightarrow$$

$\Rightarrow b^2 c(b-c) + s'^2_a (b-c)^2 - bc^2(b-c) = bca^2 \Rightarrow$

$\Rightarrow (b-c)^2 s'^2_a = bc[a^2 - b(b-c) + c(b-c)] \Rightarrow$

$\Rightarrow (b-c)^2 s'^2_a = bc[a^2 - (b-c)^2] \Rightarrow$

$\Rightarrow (b-c)^2 s'^2_a = bc\underbrace{(a+b-c)}_{2(p-c)}\underbrace{(a-b+c)}_{2(p-b)} \Rightarrow$

$\Rightarrow s'_a = \dfrac{2}{b-c}\sqrt{bc(p-b)(p-c)}$

Observando que:
se $b > c$ toma-se $b - c$
se $b < c$ toma-se $c - b$,
a diferença $b - c$ deve ser tomada em módulo.

Se $b = c$, a expressão de s'_a não tem sentido, o que ocorre pelo fato de a bissetriz do ângulo externo do vértice de um triângulo isósceles ser paralela à base.

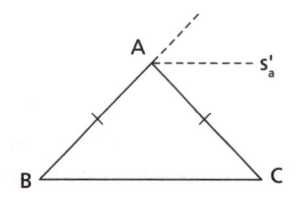

Conclusão:

$$\boxed{s'_a = \frac{2}{|b-c|}\sqrt{bc(p-b)(p-c)}}$$

Analogamente:

$$\boxed{s'_b = \frac{2}{|a-c|}\sqrt{ac(p-a)(p-c)}} \qquad \boxed{s'_c = \frac{2}{|a-b|}\sqrt{ab(p-a)(p-b)}}$$

TRIÂNGULOS QUAISQUER

Exemplo:

Dado um triângulo de lados a = 5, b = 7 e c = 8, calcular as três bissetrizes externas: s'_a, s'_b e s'_c.

2p = 20 ⇒ p = 10; p − a = 5; p − b = 3 e p − c = 2

$$s'_a = \frac{2}{|b-c|} \sqrt{bc(p-b)(p-c)} = \frac{2}{1}\sqrt{7 \cdot 8 \cdot 3 \cdot 2} = 8\sqrt{21}$$

$$s'_b = \frac{2}{|a-c|} \sqrt{ac(p-a)(p-c)} = \frac{2}{3}\sqrt{5 \cdot 8 \cdot 5 \cdot 2} = \frac{40}{3}$$

$$s'_c = \frac{2}{|a-b|} \sqrt{ab(p-a)(p-b)} = \frac{2}{2}\sqrt{5 \cdot 7 \cdot 5 \cdot 3} = 5\sqrt{21}$$

EXERCÍCIOS

671. Determine a medida da mediana $\overline{AM}$ do triângulo ABC aplicando a fórmula da mediana e depois calcule usando a relação de Stewart.

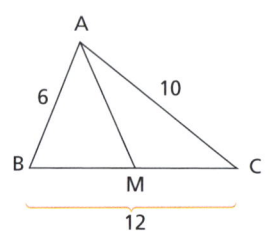

672. Determine a medida da bissetriz $\overline{AS}$ aplicando a fórmula da bissetriz interna e depois calcule usando o teorema da bissetriz e a relação de Stewart.

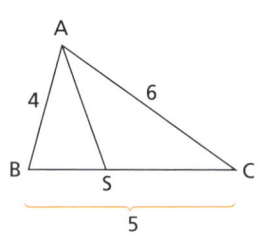

673. Determine a medida da bissetriz externa $\overline{AP}$ do △ABC aplicando a fórmula da bissetriz e depois calcule usando o teorema da bissetriz e a relação de Stewart.

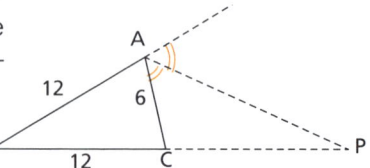

674. Determine o valor de x nos casos:

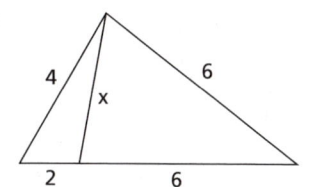

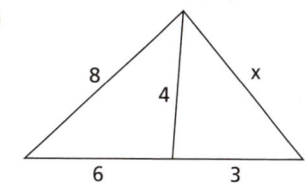

a) [triângulo com lados 4, 6, base dividida em 2 e 6, ceviana x]

b) [triângulo com lados 8, x, base dividida em 6 e 3, ceviana 4]

675. Determine a razão entre a soma dos quadrados das medianas de um triângulo e a soma dos quadrados dos lados desse triângulo.

676. Calcule as alturas de um triângulo cujos lados medem 6 m, 10 m e 12 m.

677. Os lados $\overline{AB}$, $\overline{AC}$ e $\overline{BC}$ de um triângulo ABC medem, respectivamente, 5 cm, 6 cm e 7 cm. Determine a altura e a bissetriz interna relativa ao lado $\overline{AC}$ e a bissetriz externa relativa ao lado $\overline{AB}$.

678. Dados os lados a, b e c de um triângulo ABC, calcule a distância do vértice A ao ponto M que divide a base $\overline{BC}$ em segmentos iguais a m e n.

679. Se $\overline{AS}$ é bissetriz interna do triângulo ABC, determine x e y.

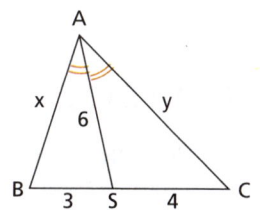

680. Se $\overline{AP}$ é bissetriz externa do triângulo ABC, determine x e y.

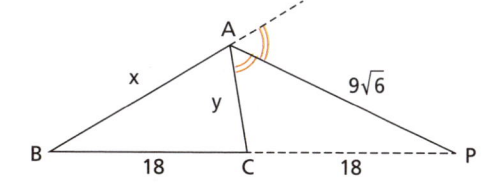

681. Deduza as fórmulas que dão as três medianas m_a, m_b, m_c de um triângulo, em função dos lados a, b e c.

682. Deduza as fórmulas que dão as três alturas h_a, h_b, h_c de um triângulo em função dos lados a, b e c.

683. Deduza as expressões que fornecem as bissetrizes internas s_a, s_b, s_c de um triângulo em função dos lados a, b e c.

684. Dados os três lados a, b e c de um triângulo, obtenha s'_a, s'_b, s'_c, deduzindo as fórmulas que fornecem as bissetrizes externas.

CAPÍTULO XVI
Polígonos regulares

Conceitos e propriedades

211. Definição

Um polígono convexo é regular se, e somente se, tem todos os seus lados congruentes e todos os seus ângulos internos congruentes.

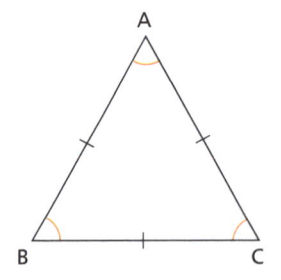

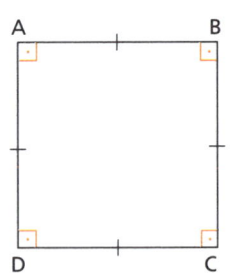

Assim, o triângulo equilátero é o triângulo regular e o quadrado é o quadrilátero regular.

Um polígono regular é equilátero e equiângulo.

212. Propriedades

> Dividindo-se uma circunferência em n ($n \geqslant 3$) arcos congruentes, temos:
> a) todas as cordas determinadas por dois pontos de divisão consecutivos, reunidas, formam um polígono regular de n lados inscrito na circunferência;
> b) as tangentes traçadas pelos pontos de divisão determinam um polígono regular de n lados circunscrito à circunferência.

Demonstração:

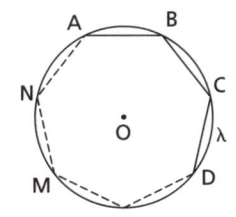

1º) Da parte *a*)

Com $n = 5$

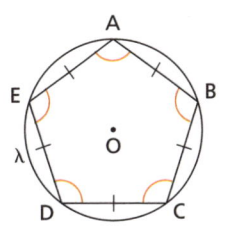

Sejam A, B, C, D, ..., M e N os n pontos de divisão da circunferência λ. O polígono ABCD ... MN é de n lados e é inscrito, pois todos os vértices pertencem à circunferência λ (tome o pentágono ABCDE para fixar as ideias).

Sendo

$$\widehat{AB} \equiv \widehat{BC} \equiv \widehat{CD} \equiv \widehat{DE} \equiv \ldots \equiv \widehat{MN} \equiv \widehat{NA},$$

então

$$\overline{AB} \equiv \overline{BC} \equiv \overline{CD} \equiv \overline{DE} \equiv \ldots \equiv \overline{MN} \equiv \overline{NA} \quad (1)$$

pois, numa mesma circunferência, arcos congruentes subentendem cordas congruentes.

Os ângulos $\hat{A}$, $\hat{B}$, $\hat{C}$, $\hat{D}$, ..., $\hat{M}$ e $\hat{N}$ são congruentes (2),
pois cada um deles é ângulo inscrito em λ e tem por medida metade da soma de $(n - 2)$ dos arcos congruentes em que λ ficou dividida.

> De (1) e (2) concluímos que ABCD ... MN é um polígono regular de n lados inscrito na circunferência λ.

POLÍGONOS REGULARES

No caso do pentágono, por exemplo, temos:

$$\hat{A} = \frac{\widehat{BC} + \widehat{CD} + \widehat{DE}}{2}, \hat{B} = \frac{\widehat{CD} + \widehat{DE} + \widehat{EA}}{2}, \hat{C} = \frac{\widehat{DE} + \widehat{EA} + \widehat{AB}}{2}$$

$$\hat{D} = \frac{\widehat{EA} + \widehat{AB} + \widehat{BC}}{2} \text{ e } \hat{E} = \frac{\widehat{AB} + \widehat{BC} + \widehat{CD}}{2}$$

2º) Da parte b)   Com n = 5

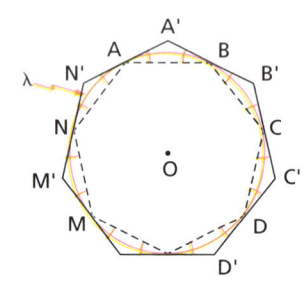

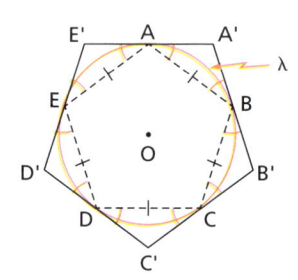

Pelos pontos de divisão A, B, C, D, ..., M e N conduzimos tangentes a λ e obtemos o polígono A'B'C'D' ... M'N' de *n* lados e circunscrito a λ, pois todos os seus lados são tangentes à circunferência (tome o pentágono A'B'C'D'E' para fixar as ideias).

Os triângulos A'AB, B'BC, C'CD, D'DE, ..., M'MN e N'NA são

— **isósceles**, pois cada um dos ângulos Â, B̂, Ĉ, D̂, ..., M̂ e N̂ desses triângulos tem medida igual à metade da medida de uma das partes congruentes $\widehat{AB}$, $\widehat{BC}$, $\widehat{CD}$, $\widehat{DE}$, ..., $\widehat{MN}$, $\widehat{NA}$ em que foi dividida a circunferência (são ângulos de segmento ou semi-inscritos) e

— **congruentes** pelo caso ALA, visto que sendo ABCD ... MN um polígono regular (parte a), e os lados $\overline{AB}$, $\overline{BC}$, $\overline{CD}$, ..., $\overline{MN}$, $\overline{NA}$ desses triângulos são congruentes.

Da congruência dos triângulos decorre que

$$\hat{A}' \equiv \hat{B}' \equiv \hat{C}' \equiv \hat{D}' \equiv ... \equiv \hat{M}' \equiv \hat{N}' \quad (1)$$

e, por soma conveniente, temos:

$$\overline{A'B'} \equiv \overline{B'C'} \equiv \overline{C'D'} \equiv ... \equiv \overline{M'N'} \equiv \overline{N'A'} \quad (2)$$

De (1) e (2) concluímos que ABCD ... MN é um polígono regular de *n* lados circunscrito à circunferência λ.

213. Polígono regular é inscritível

> Todo polígono regular é inscritível numa circunferência.
> ou
> Dado um polígono regular, existe uma única circunferência que passa pelos seus vértices.

Demonstração:

Seja ABCD ... MN o polígono regular (tome o pentágono ABCDE para fixar as ideias).

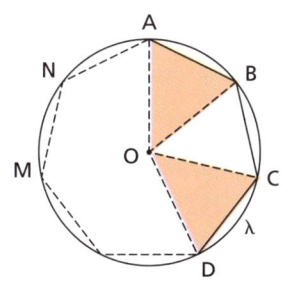

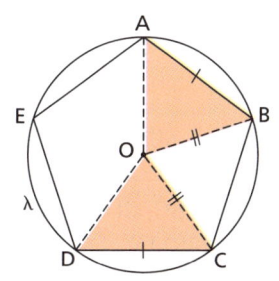

Pelo pontos A, B e C tracemos a circunferência λ e seja O o seu centro.

Provemos que λ passa pelos demais vértices D, E, ..., M e N do polígono.

Comecemos provando que $D \in \lambda$.

Consideremos os triângulos OBA e OCD. Esses triângulos são congruentes pelo caso LAL, pois $\overline{AB} \equiv \overline{CD}$ (lados do polígono regular), $\overline{OB} \equiv \overline{OC}$ (raios da circunferência) e considerando o triângulo isósceles BOC (ângulos da base congruentes) e, ainda, que os ângulos $\hat{B}$ e $\hat{C}$ do polígono são congruentes, por diferença decorre que $O\hat{B}A \equiv O\hat{C}D$.

$\triangle OBA \equiv \triangle OCD \Rightarrow \overline{OA} \equiv \overline{OD} \Rightarrow D \in \lambda$

De modo análogo temos que $E \in \lambda$ (basta considerar $\triangle OCB$ e $\triangle ODE$), ... $M \in \lambda$ e $N \in \lambda$, e o polígono ABCD ... MN é inscrito na circunferência λ.

Da unicidade da circunferência que passa por A, B e C sai a unicidade de λ por A, B, C, D, ..., M, N.

214. Polígono regular é circunscritível

> Todo polígono regular é circunscritível a uma circunferência.
> ou
> Dado um polígono regular, existe uma única circunferência inscrita no polígono.

Demonstração:

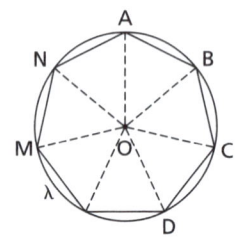

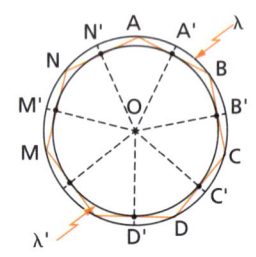

Seja ABCD ... MN o polígono regular. Em vista do teorema anterior, ele é inscrito numa circunferência λ. Seja O o centro dessa circunferência.

Os lados $\overline{AB}, \overline{BC}, \overline{CD}, ..., \overline{MN}, \overline{NA}$ são cordas congruentes de λ, por isso distam igualmente do centro O.

Sendo A', B', C', D', ..., M', N' os respectivos pontos médios dos lados $\overline{AB}, \overline{BC}, \overline{CD}, ..., \overline{MN}, \overline{NA}$, temos:

$$\overline{OA'} \equiv \overline{OB'} \equiv \overline{OC'} \equiv \overline{OD'} \equiv ... \equiv \overline{OM'} \equiv \overline{ON'}$$
(distância do centro a cordas congruentes)

donde se conclui que O é o centro de uma circunferência λ' que passa pelos pontos A', B', C', D', ..., M' e N'.

E ainda, sendo:

$\overline{OA'} \perp \overline{AB}, \overline{OB'} \perp \overline{BC}, \overline{OC'} \perp \overline{CD}, \overline{OD'} \perp \overline{DE}, ..., \overline{OM'} \perp \overline{MN}$ e $\overline{ON'} \perp \overline{NA}$, temos que ABCD ... MN tem lados tangentes a λ'.

Conclusão: o polígono regular ABCD ... MN é circunscrito à circunferência λ'.

Unicidade de λ': se existisse outra circunferência inscrita no polígono ABCD... MN, ela passaria pelos pontos A', B', C', ... e seria, então, coincidente com λ'.

215. Nota

As duas últimas propriedades (itens 213 e 214) são recíprocas da primeira (item 212).

As circunferências inscrita e circunscrita a um polígono regular são concêntricas.

216. Elementos notáveis

Centro de um polígono regular é o centro comum das circunferências circunscrita e inscrita.

Apótema de um polígono regular é o segmento com uma extremidade no centro e a outra no ponto médio de um lado.

O apótema de um polígono regular é o raio da circunferência inscrita.

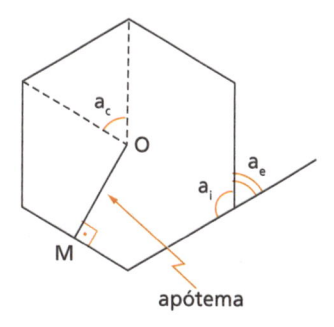

217. Expressão do ângulo cêntrico

Todos os ângulos cêntricos de um polígono regular (vértices no centro e lados passando por vértices consecutivos do polígono) são congruentes; então a medida de cada um deles é dada por:

$$a_c = \frac{360°}{n} \quad \text{ou} \quad a_c = \frac{4 \text{ retos}}{n}$$

218. Diagonais pelo centro

Se um polígono regular possui um número par de lados, ele possui diagonais passando pelo centro: são as que unem vértices opostos. Se ele possui um número ímpar de lados, não há diagonais passando pelo centro.

EXERCÍCIOS

685. Determine as medidas dos ângulos x, y e z nos casos:

a) hexágono regular

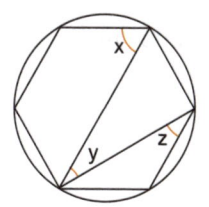

b) pentágono regular

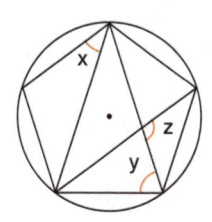

POLÍGONOS REGULARES

686. Na figura temos um triângulo equilátero e um quadrado inscritos no mesmo círculo. Determine AÔP, sendo $\overline{AB}$ paralelo a $\overline{PQ}$.

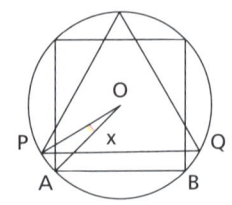

687. Na figura, $\overline{AB}$ é lado do pentadecágono regular e $\overline{PQ}$ o lado do hexágono regular, inscritos na mesma circunferência. Determine AÔP, sendo $\overline{AB}$ e $\overline{PQ}$ paralelos.

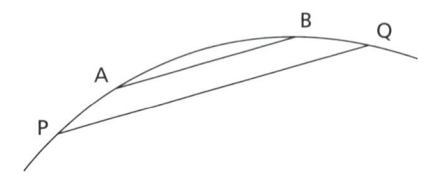

688. Determine o número de lados de um polígono regular convexo, cujos ângulos internos medem 179° cada.

689. Determine a medida do ângulo formado pelos prolongamentos dos lados $\overline{AB}$ e $\overline{CD}$, de um polígono ABCDE... regular de 30 lados.

690. Dados dois polígonos regulares, com (n + 1) lados e n lados, respectivamente, determine n, sabendo que o ângulo interno do primeiro polígono excede o ângulo interno do segundo em 5°.

> **Solução**
> Se a diferença dos ângulos internos é de 5°, a diferença entre o ângulo externo do 2º polígono e o ângulo externo do 1º também é de 5°. Então:
> $$\frac{360°}{n} - \frac{360°}{n} = 5° \Rightarrow 72(n+1) - 72n = n(n+1) \Rightarrow n^2 + n - 72 = 0 \Rightarrow$$
> $\Rightarrow$ (n = −9 ou n = 8)
> Resposta: n = 8.

691. Quantas medidas, duas a duas diferentes, obtemos quando medimos as diagonais de um:
a) hexágono regular;
b) octógono regular;
c) decágono regular;

d) dodecágono regular;
e) heptágono regular;
f) eneágono regular;
g) polígono de n lados, para n sendo par;
h) polígono de n lados, para n sendo ímpar?

692. Ao medir as diagonais de um polígono regular foram encontradas 6 medidas, duas a duas diferentes. Determine a soma do ângulos internos desse polígono.

693. De um polígono regular ABCDE... sabemos que o ângulo AĈB mede 10°. Quantas diagonais desse polígono não passam pelo centro?

694. O ângulo AD̂C de um polígono regular ABCDEF... mede 30°. Determine a soma dos ângulos internos desse polígono.

695. As mediatrizes do lados $\overline{AB}$ e $\overline{CD}$ de um polígono regular ABCDEF... formam um ângulo, que contém B e C, de 20°. Quantas diagonais desse polígono passam pelo centro?

696. As bissetrizes dos ângulos internos Â e Ê de um polígono regular ABCDEFG... são perpendiculares. Qual a soma dos ângulos internos desse polígono?

697. As mediatrizes dos lados $\overline{AB}$ e $\overline{DE}$ de um polígono regular ABCDE ... formam um ângulo, que contém B, C e D e excede o ângulo externo desse polígono em 20°. Quantas medidas, duas a duas diferentes, obtemos ao medir as diagonais desse polígono?

698. As retas que contêm os lados $\overline{AB}$ e $\overline{EF}$ de um polígono regular ABCDEFG... formam um ângulo, que contém C e D e é o dobro do ângulo externo do polígono. Quantas diagonais tem esse polígono?

699. A diferença entre o número de lados de dois polígonos regulares é 4 e a diferença entre os seus ângulos externos é 3°. Determine o número de lados desses polígonos.

700. Lembrando que no triângulo equilátero o ortocentro, o baricentro, o incentro (centro da circunferência inscrita) e o circuncentro (centro da circunferência circunscrita) são coincidentes e que o baricentro divide a mediana em duas partes que medem $\frac{1}{3}$ e $\frac{2}{3}$ desta, sendo 6 m o lado do triângulo equilátero, determine:

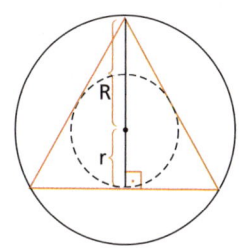

a) a altura do triângulo;
b) o raio R da circunscrita;
c) o raio r da inscrita;
d) o apótema do triângulo.

POLÍGONOS REGULARES

701. Lembrando que no quadrado a diagonal passa pelo centro, sendo 8 m o lado do quadrado, determine:
a) a diagonal;
b) o raio R da circunscrita;
c) o raio r da inscrita;
d) o apótema do quadrado.

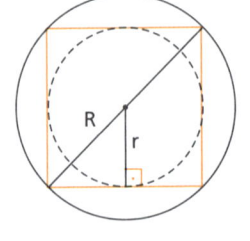

702. Lembrando que no hexágono regular as diagonais maiores passam pelo centro e determinam nele 6 triângulos equiláteros, sendo 6 m o lado do hexágono, determine:
a) a diagonal maior;
b) o raio R da circunscrita;
c) o raio r da inscrita;
d) a diagonal menor;
e) o apótema do hexágono.

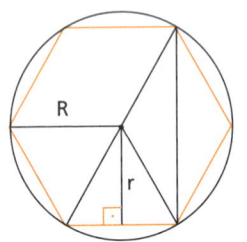

219. Cálculo de lado e apótema dos polígonos regulares

Indicaremos por ℓ_n a medida do lado do polígono regular de n lados e por a_n a medida do apótema do polígono regular de n lados.

Exemplo:

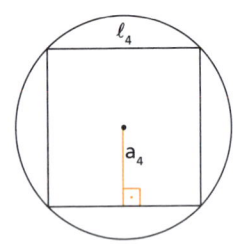

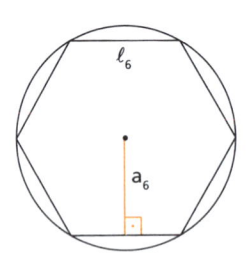

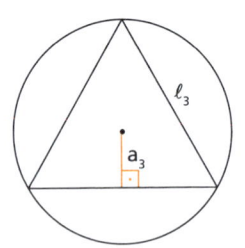

Problema 1. Dado o raio do círculo circunscrito, calcular o lado e o apótema do quadrado.

Na figura, dado o R, calcular o ℓ_4 e o a_4.

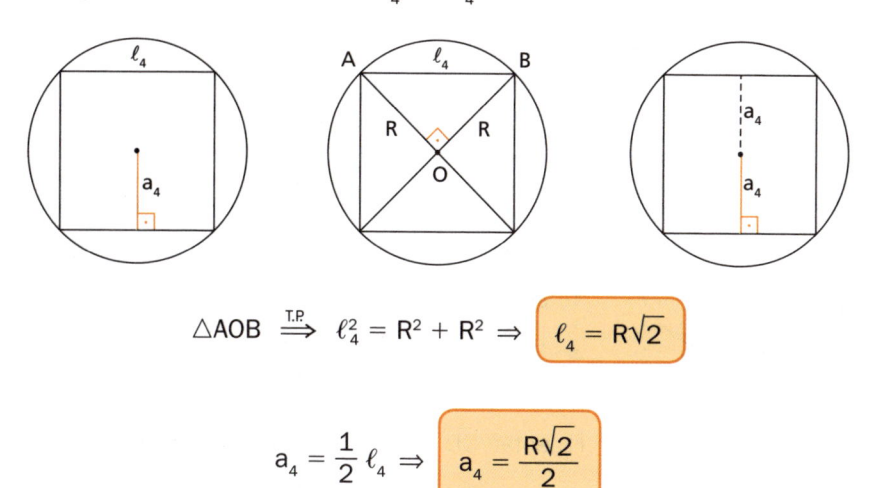

$\triangle AOB \overset{T.P.}{\Rightarrow} \ell_4^2 = R^2 + R^2 \Rightarrow \boxed{\ell_4 = R\sqrt{2}}$

$a_4 = \dfrac{1}{2}\ell_4 \Rightarrow \boxed{a_4 = \dfrac{R\sqrt{2}}{2}}$

Problema 2. Dado o raio do círculo circunscrito, calcular o lado e o apótema do hexágono regular.

Na figura, dado o R, calcular o ℓ_6 e o a_6.

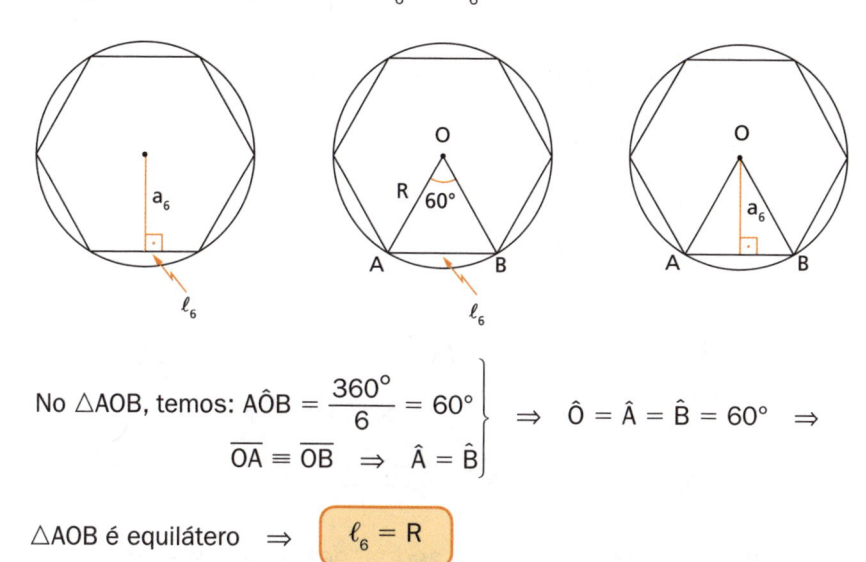

No $\triangle AOB$, temos: $\left.\begin{array}{l} A\hat{O}B = \dfrac{360°}{6} = 60° \\ \overline{OA} \equiv \overline{OB} \Rightarrow \hat{A} = \hat{B} \end{array}\right\} \Rightarrow \hat{O} = \hat{A} = \hat{B} = 60° \Rightarrow$

$\Rightarrow \quad \triangle AOB$ é equilátero $\Rightarrow \boxed{\ell_6 = R}$

a_6 é a altura do triângulo equilátero de lado R $\Rightarrow \boxed{a_6 = \dfrac{R\sqrt{3}}{2}}$

POLÍGONOS REGULARES

Problema 3. Dado o raio do círculo, calcular o lado e o apótema do triângulo equilátero.

Na figura, dado R, calcule o ℓ_3 e o a_3.

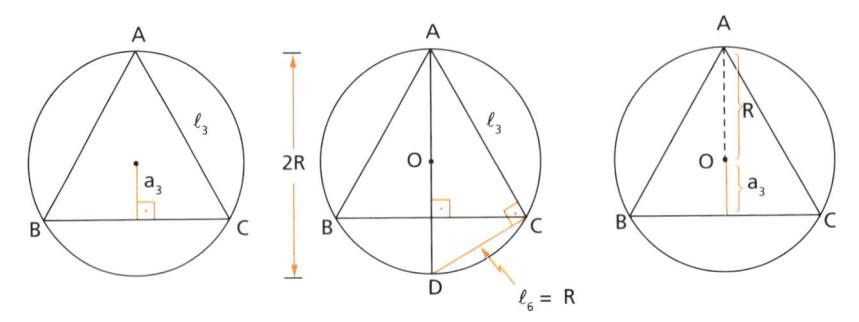

Note que, sendo $\overline{BC} = \ell_3$, então $\overline{CD} = \ell_6 = R$ e $\overline{AD}$ é diâmetro.

$\triangle ACD$, retângulo em C $\overset{T.P.}{\Rightarrow}$ $\ell_3^2 = (2R)^2 - R^2$ $\Rightarrow$ $\boxed{\ell_3 = R\sqrt{3}}$

O é o baricentro do $\triangle ABC$ $\Rightarrow$ $2 \cdot a_3 = R$ $\Rightarrow$ $\boxed{a_3 = \dfrac{R}{2}}$

Problema 4. Dado o raio do círculo circunscrito, calcular o lado do decágono regular.

Na figura, dado o R, calcular o ℓ_{10}.

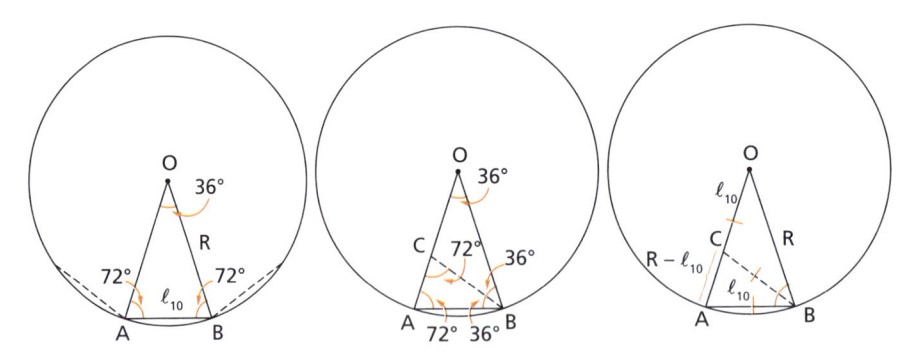

Sendo $\overline{AB} = \ell_{10}$, então $A\hat{O}B = \dfrac{1}{10} \cdot 360° = 36°$ $\Rightarrow$ $\hat{A} = \hat{B} = 72°$.

Conduzindo $\overline{BC}$, bissetriz de $\hat{B}$, vem:

$\triangle BAC$ é isósceles $(\hat{A} = \hat{C} = 72°)$ $\Rightarrow$ $\overline{BC} = \ell_{10}$

$\triangle COB$ é isósceles $(\hat{O} = \hat{B} = 36°)$ $\Rightarrow$ $\overline{OC} = \overline{BC} = \ell_{10}$

Então: $\overline{OC} = \ell_{10}$ e $\overline{CA} = R - \ell_{10}$

Aplicando o teorema da bissetriz interna ($\overline{BC}$ é bissetriz no $\triangle AOB$), vem:

$$\frac{\ell_{10}}{R} = \frac{R - \ell_{10}}{\ell_{10}} \Rightarrow \ell_{10}^2 = R(R - \ell_{10}) \Rightarrow \ell_{10}^2 + R\ell_{10} - R^2 = 0 \Rightarrow$$

$$\Rightarrow \ell_{10} = \frac{-R \pm \sqrt{R^2 + 4R^2}}{2} = \frac{-R \pm R\sqrt{5}}{2}$$

Desprezando a solução negativa que não convém, temos:

$$\boxed{\ell_{10} = \frac{\sqrt{5} - 1}{2} R}$$

220. Nota: segmento áureo

Definição

x é a medida do segmento áureo de um segmento de medida a se, e somente se,

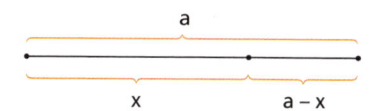

$$\frac{x}{a} = \frac{a - x}{x}.$$

A razão $\frac{x}{a}$ é dita **áurea** e x é também a medida do segmento maior da secção áurea do segmento de medida a, ou apenas segmento áureo de a.

De $\frac{x}{a} = \frac{a - x}{x}$, obtemos $x^2 + ax - a^2 = 0$.

Resolvendo a equação, obtém-se $x = \frac{\sqrt{5} - 1}{2} \cdot a$.

Em vista da definição e da dedução do problema 4, em que se tem

$$\frac{\ell_{10}}{R} = \frac{R - \ell_{10}}{\ell_{10}},$$

concluímos que o ℓ_{10} é o **segmento áureo do raio**.

POLÍGONOS REGULARES

Problema 5. Dado o raio do círculo circunscrito, calcular o lado do pentágono regular.

Dado R, calcular o ℓ_5.

Inicialmente provaremos a seguinte propriedade:

O ℓ_5 é hipotenusa de um triângulo retângulo cujos catetos são o ℓ_{10} e o ℓ_6 (ℓ_5, ℓ_6, ℓ_{10} relativos a um mesmo raio R).

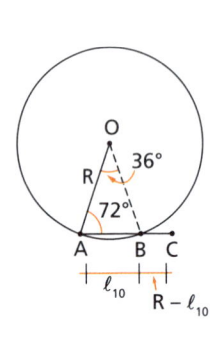

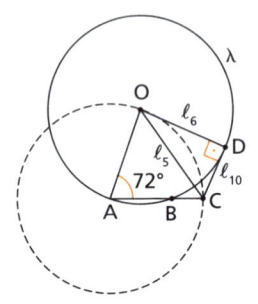

Seja $\overline{AB} = \ell_{10}$ e na reta $\overleftrightarrow{AB}$ um ponto C tal que $\overline{AC} = R$.

Considerando a circunferência de centro A e raio R, o ângulo central $\hat{A} = 72°$ faz corresponder $\overline{OC} = \ell_5$ (basta notar que $72° = \frac{1}{5} \cdot 360°$).

Conduzindo por C a tangente $\overline{CD}$ à circunferência λ de centro O e raio R, temos:

Potência de C em relação a λ: $(CD)^2 = (CA) \times (CB) \Rightarrow$
$ \uparrow \uparrow$
$ R R - \ell_{10}$

$\Rightarrow (CD)^2 = R(R - \ell_{10}) \xrightarrow{\text{problema anterior}} \overline{CD} = \ell_{10}$

Considerando o triângulo ODC, retângulo em D, temos:

$\overline{OC} = \ell_5 =$ hipotenusa, $\overline{CD} = \ell_{10} =$ cateto e $\overline{OD} = R = \ell_6 =$ cateto

Cálculo do ℓ_5

Aplicando o teorema de Pitágoras, vem:

$\ell_5^2 = \ell_6^2 + \ell_{10}^2 \Rightarrow \ell_5^2 = R^2 + \left(\frac{\sqrt{5}-1}{2} \cdot R\right)^2 \Rightarrow$

$\Rightarrow \ell_5^2 = \frac{R^2}{4}(10 - 2\sqrt{5}) \Rightarrow \boxed{\ell_5 = \frac{R}{2}\sqrt{10 - 2\sqrt{5}}}$

POLÍGONOS REGULARES

Problema 6. Deduzir a fórmula geral do apótema. Isto é, dados R e ℓ_n, calcular a_n.

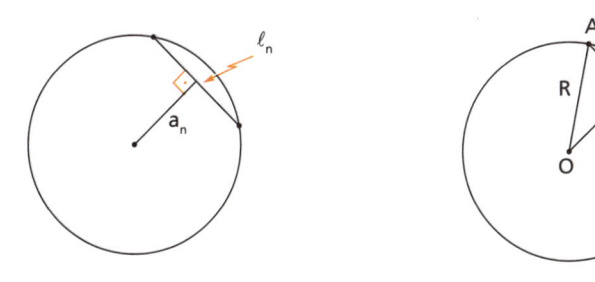

$\triangle$AMO retângulo em M $\Rightarrow a_n^2 = R^2 - \dfrac{\ell_n^2}{4} \Rightarrow \boxed{a_n = \dfrac{1}{2}\sqrt{4R^2 - \ell_n^2}}$

Exemplo:

Para calcular o a_{10} em função do raio R da circunferência circunscrita, basta substituir ℓ_n por ℓ_{10} $\left(\ell_{10} = \dfrac{\sqrt{5}-1}{2} \cdot R\right)$.

E, assim procedendo, obtemos $\boxed{a_{10} = \dfrac{R}{4}\sqrt{10 + 2\sqrt{5}}}$

Analogamente, substituindo o ℓ_n por ℓ_5 $\left(\ell_5 = \dfrac{R}{2}\sqrt{10 - 2\sqrt{5}}\right)$ na expressão de a_n, obtemos:

$$\boxed{a_5 = \dfrac{R}{4}\left(\sqrt{5} + 1\right)}$$

Problema 7. Deduzir uma expressão que dá o ℓ_{2n} em função de ℓ_n e de R (raio da circunferência circunscrita).

Usaremos o símbolo ℓ_{2n} para indicar o lado do polígono regular de 2n lados.
Se o ℓ_n é o ℓ_4, o ℓ_{2n} é o ℓ_8.
Se o ℓ_n é o ℓ_6, o ℓ_{2n} é o ℓ_{12}, e assim por diante.

POLÍGONOS REGULARES

Notemos que de um modo geral temos:

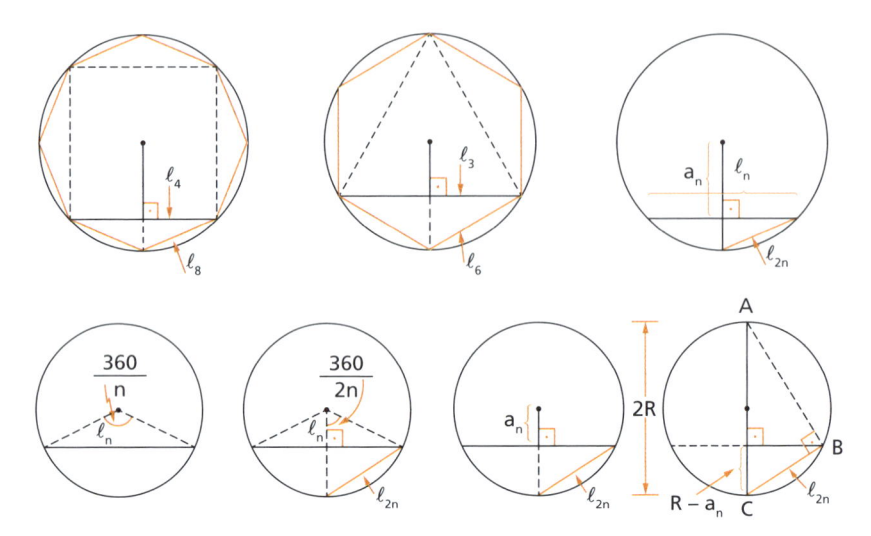

△ABC, retângulo em B, relações métricas $\Rightarrow \ell_{2n}^2 = 2R(R - a_n)$

Substituindo a_n por $\frac{1}{2}\sqrt{4R^2 - \ell_n^2}$ (problema 6), vem:

$$\ell_{2n}^2 = 2R\left(R - \frac{1}{2}\sqrt{4R^2 - \ell_n^2}\right) \Rightarrow \ell_{2n}^2 = R\left(2R - \sqrt{4R^2 - \ell_n^2}\right) \Rightarrow$$

$$\Rightarrow \boxed{\ell_{2n} = \sqrt{R\left(2R - \sqrt{4R^2 - \ell_n^2}\right)}}$$

Observação

A expressão do ℓ_{2n} nos indica que, sabendo o valor, por exemplo, do ℓ_6, pode-se obter o de ℓ_{12}; com o de ℓ_{12} em lugar do ℓ_n, obtém-se o de ℓ_{24}; com o de ℓ_{24} em lugar do ℓ_n, obtém-se o de ℓ_{48} e assim por diante.

EXERCÍCIOS

Nos exercícios a seguir, em geral não é necessário usar as fórmulas deduzidas neste capítulo e sim calcular os elementos pedidos com base num esboço de figura, diagonal de quadrado e altura de triângulo equilátero.

703. Determine o raio da circunferência circunscrita ao polígono regular de 12 m de lado nos casos:
a) quadrado
b) hexágono
c) triângulo

704. Determine o lado do polígono regular inscrito em uma circunferência de raio 6 m, nos casos:
a) quadrado
b) hexágono
c) triângulo

705. Determine o apótema (ou raio da circunferência inscrita) do polígono regular de lado 6 m, nos casos:
a) quadrado
b) hexágono
c) triângulo

706. Determine o lado do polígono regular de 6 m de apótema nos casos:
a) quadrado
b) hexágono
c) triângulo

707. Determine o raio da circunferência inscrita no polígono regular, sabendo que o raio da circunscrita é 12 m, nos casos:
a) quadrado
b) hexágono
c) triângulo

708. Determine o raio da circunferência circunscrita ao polígono regular, sabendo que o raio da circunferência inscrita é 6 m, nos casos:
a) quadrado
b) hexágono
c) triângulo

709. Dado um triângulo equilátero de 6 cm de altura, calcule:
a) o raio do círculo inscrito;
b) o lado;
c) o apótema;
d) o raio do círculo circunscrito.

710. No hexágono regular ABCDEF da figura, o lado mede 5 cm. Calcule:
a) o apótema;
b) o raio do círculo inscrito;
c) a diagonal $\overline{AC}$.

711. Determine a razão entre o perímetro do quadrado inscrito em um círculo de raio R e o perímetro do quadrado circunscrito a esse mesmo círculo.

712. Determine a relação entre os raios de dois círculos, sabendo que no primeiro está inscrito um triângulo equilátero e no segundo está inscrito um quadrado, e que os perímetros do triângulo e do quadrado são iguais.

713. Determine a razão entre o apótema do quadrado e o apótema de um hexágono regular, inscritos em um círculo de raio R.

714. Dado o raio R de uma circunferência, calcule o lado e o apótema do octógono regular inscrito.

POLÍGONOS REGULARES

715. Qual é a razão entre o perímetro de um triângulo equilátero com altura igual ao raio de um círculo para o perímetro do triângulo equilátero inscrito nesse círculo?

716. Calcule a medida do segmento $\overline{AV}$ do triângulo isósceles BCA, circunscrito a uma circunferência de raio unitário, sabendo que o diâmetro da circunferência é igual ao segmento maior da secção áurea da altura do triângulo BCA, sendo V o ponto médio da altura $\overline{AM}$ relativa à base.

717. Se o raio de uma circunferência mede 2 m, determine o lado ℓ do decágono regular inscrito nela. (Use os triângulos isósceles da figura e o teorema da bissetriz interna.)

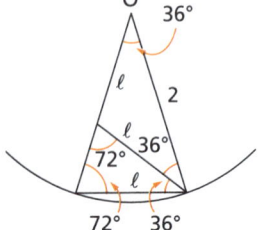

718. Deduza a fórmula que dá o lado do decágono regular inscrito em um círculo de raio R.

719. Usando o resultado do problema anterior, determine sen 18°.

720. Sabendo que o lado do pentágono regular inscrito em um círculo é a hipotenusa de um triângulo retângulo cujos catetos são os lados do hexágono regular e do decágono regular inscritos no mesmo círculo, determine o lado do pentágono regular inscrito em um círculo de raio R.

721. Usando o resultado do problema anterior, determine sen 36°.

722. Determine cos 36°.

> **Solução**
>
> Considere um decágono regular inscrito em uma circunferência de raio R. Note que o ângulo central ao qual está oposto o ℓ_{10} mede 36°.
> Aplicando a lei dos cossenos, temos:
>
> $\ell_{10}^2 = R^2 + R^2 - 2RR \cos 36°$
>
> $\left(\dfrac{\sqrt{5}-1}{2} R\right)^2 = 2R^2 - 2R^2 \cdot \cos 36°$
>
> $\dfrac{6 - 2\sqrt{5}}{4} R^2 = 2R^2 - 2R^2 \cos 36°$
>
> $6 - 2\sqrt{5} = 8 - 8 \cos 36°$
>
> $4 \cos 36° = \sqrt{5} + 1$
>
> $\cos 36° = \dfrac{\sqrt{5} + 1}{4}$

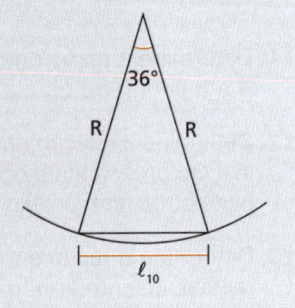

723. Sabendo que sen (90° − α) = cos α, determine:
   a) cos 72°   b) cos 54°   c) sen 54°

724. Determine:
   a) sen 72°   b) cos 18°

725. Usando a lei dos cossenos, determine o lado do octógono regular inscrito em um círculo de raio R.

726. Use a resposta do problema anterior e determine o raio do círculo circunscrito a um octógono regular de lado ℓ.

727. Determine as medidas das diagonais de um octógono regular de lado ℓ.

728. Na figura, temos um decágono regular de lado ℓ. Determine:
   a) o raio da circunferência circunscrita;
   b) a diagonal $\overline{AE}$;
   c) a diagonal $\overline{AC}$;
   d) a diagonal $\overline{AD}$.

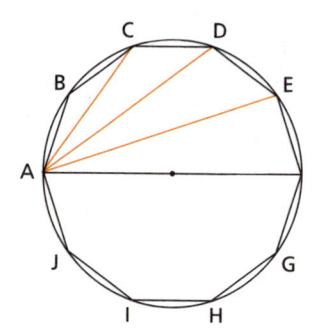

729. No triângulo da figura, determine x em função de a.

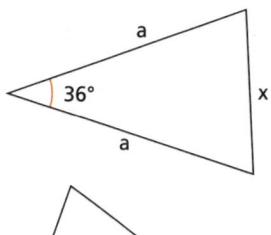

730. No triângulo da figura, determine x em função de a.

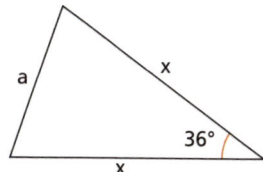

731. Determine a diagonal de um pentágono regular de lado ℓ.

732. Na figura temos um pentágono regular de lado ℓ.
   a) Mostre que o pentágono sombreado é regular.
   b) Determine o lado do pentágono sombreado.

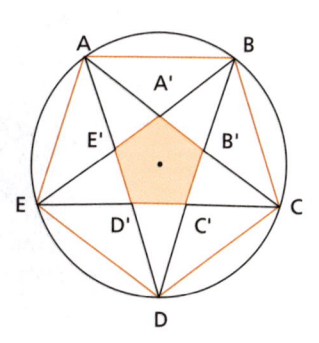

LEITURA

Hilbert e a formalização da geometria

Hygino H. Domingues

Somente na segunda metade do século XIX, portanto mais de dois milênios após a publicação dos *Elementos*, começam a surgir tentativas sérias de aprimorar, sob o ponto de vista de estruturação lógica, a geometria elementar de Euclides. Dois motivos principalmente atraíram a atenção de vários matemáticos nesse sentido: de um lado, a preocupação generalizada com o rigor lógico que animou a matemática no século XIX; de outro, a descoberta das geometrias não euclidianas mostrando que Euclides, afinal, não era necessariamente o dona da verdade.

O primeiro grande passo nesse sentido foi dado por Moritz Pasch (1843-1930) em suas *Lições de Geometria*, de 1882. Pasch observou que definições como a de ponto dada por Euclides ("Ponto é aquilo que não tem partes") não encerram a questão. O que vêm a ser "partes"? E, para evitar a possibilidade de ocorrência de círculos viciosos ou do chamado *regressus in infinitum*, admitiu como primitivos (sem definição) os conceitos de ponto, reta e plano — além do de congruência de segmentos, na primeira edição de seu livro. A caracterização desses conceitos era feita por meio de axiomas em cuja formulação Pasch admitia que a experiência tinha algum papel. Nas deduções subsequentes, porém, de maneira nenhuma a intuição poderia intervir.

David Hilbert (1862-1943).

A despeito do trabalho notável de Pasch, a fundamentação mais feliz e de maior influência da geometria euclidiana é devida a David Hilbert (1862-1943). Hilbert nasceu na Prússia, perto de Königsberg, em cuja universidade ingressou em 1880, obtendo seu doutoramento cinco anos depois, sob a orientação de F. Lindemann (1852-1939). Poucos anos depois, em 1893, em carreira rápida e brilhante, sucedia seu ex-orientador como professor titular em Königsberg. Convidado por F. Klein (1849-1925), em 1895 transferiu-se para Göttingen, onde ficou até encerrar sua vida acadêmica em 1930.

No inverno de 1898-1899, Hilbert proferiu uma série de conferências que marcariam sua abordagem axiomática da geometria euclidiana. O material dessas conferências seria publicado ainda em 1899 num pequeno texto (*Fundamentos da Geometria*) que, em edições posteriores, além de atualizações, recebeu vários apêndices. Na linha de Pasch, Hilbert toma como primitivos os conceitos de ponto, reta e plano, os quais considera interligados por três relações não definidas: "estar em", "entre" e "congruência". E os axiomas que embasam sua geometria são 21, divididos em cinco grupos: incidência, ordem, congruência, paralelismo e continuidade. Desde as primeiras linhas, Hilbert busca salientar o caráter formal de sua geometria, procurando despojar de qualquer conteúdo material os entes com que lida.

Com seu grande prestígio, a ênfase de Hilbert no método axiomático abstrato fez dele o principal representante do **formalismo**, corrente que procura afastar a matemática de qualquer conotação intuitiva, concebendo-a tão somente como a ciência das deduções formais. Nessas condições, para Hilbert e seus seguidores, torna-se vital a demonstração da consistência (ausência de contradições) das axiomáticas formalizadas — como a da sua geometria, por exemplo.

Em 1904, por intermédio da geometria analítica, Hilbert provou que a geometria é consistente se a ciência da aritmética é consistente. Na década de 20 do século passado, criou a **metamatemática**, um método que pretendia estabelecer a consistência de qualquer sistema formal, baseado numa lógica supostamente acima de qualquer objeção.

Em 1931, porém, o jovem lógico-matemático Kurt Gödel (1906-1978) provou que a consistência da aritmética não pode ser estabelecida no âmbito da matemática. Esse resultado, sem dúvida, abalou fortemente o formalismo. Mas de maneira nenhuma tirou Hilbert do pedestal dos grandes matemáticos de todos os tempos.

CAPÍTULO XVII
Comprimento da circunferência

Conceitos e propriedades

Neste capítulo daremos uma noção sobre o cálculo do **perímetro do círculo** e do **comprimento da circunferência**.

Serão citadas três propriedades que nos conduzirão ao resultado visado. Não serão feitas demonstrações rigorosas de tais propriedades, porém ficará clara a percepção das conclusões, além da sequência lógica que se deve seguir.

221. Propriedade 1

Dada uma circunferência qualquer, o perímetro de qualquer polígono convexo nela inscrito é menor que o perímetro de qualquer polígono a ela circunscrito.

Esta propriedade é geral, mas é suficiente trabalhar com polígonos regulares para percebê-la.

COMPRIMENTO DA CIRCUNFERÊNCIA

Seja uma circunferência de raio R. Consideremos um quadrado inscrito e o quadrado circunscrito correspondente.

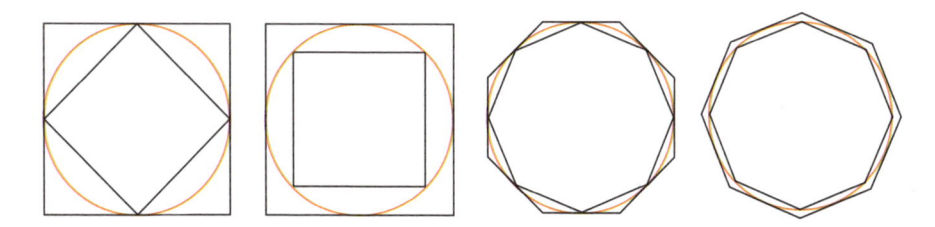

Note que $R\sqrt{2}$ e $\frac{R\sqrt{2}}{2}$ são lado e apótema do quadrado inscrito, enquanto $2R$ e R são, respectivamente, lado e apótema do quadrado circunscrito.

Sendo p_4 e P_4 os respectivos perímetros, temos $p_4 < P_4$.

Dobrando-se o número de lados (e isso é possível, vide fórmula do ℓ_{2n}), temos:

$$p_4 < p_8 \text{ e } P_8 < P_4 \text{ e ainda } p_4 < p_8 < P_8 < P_4$$

Repetindo-se a operação acima, e ela pode ser repetida indefinidamente, temos:

$$p_4 < p_8 < p_{16} < p_{32} < ... < P_{32} < P_{16} < P_8 < P_4$$

O resultado acima foi obtido iniciando-se com o quadrado. Trabalhando com polígono regular de *n* lados, temos resultado análogo, sendo bom notar que:

- P_n e R, perímetro e apótema do polígono circunscrito, e;
- p_n e a_n, perímetro e apótema do polígono inscrito;

são relacionados por semelhança entre triângulos, como segue:

$$\frac{L_n}{\ell_n} = \frac{R}{a_n} \Rightarrow \frac{P_n}{p_n} = \frac{R}{a_n}$$

(Notemos que, conhecendo p_n, a_n e R, calculamos P_n.)

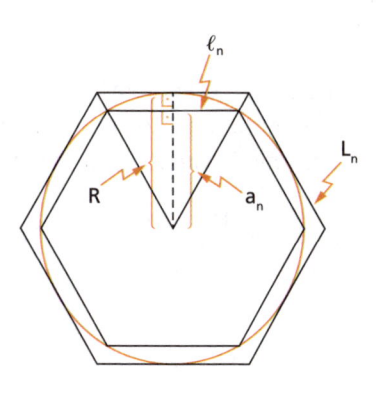

COMPRIMENTO DA CIRCUNFERÊNCIA

Assim, temos também:
$$p_6 < p_{12} < p_{24} < p_{48} < ... < P_{48} < P_{24} < P_{12} < P_6$$

De um modo geral, mantendo constante a circunferência, aumentando-se o número de lados, o perímetro dos polígonos regulares inscritos (p_n) cresce enquanto o perímetro dos polígonos regulares circunscritos (P_n) decresce, permanecendo sempre $p_n < P_n$. A figura a seguir ilustra esse fato.

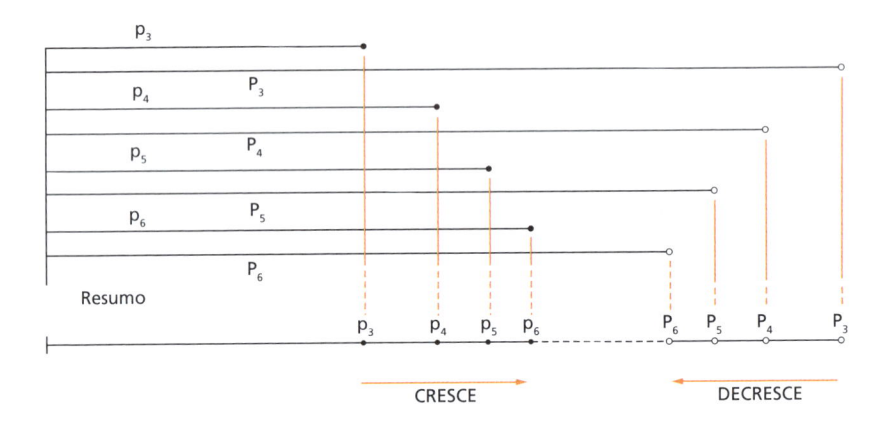

222. Propriedade 2

> Dada uma circunferência qualquer e fixado um segmento k, arbitrário, podem-se construir dois polígonos, um inscrito e outro circunscrito à circunferência, tais que a diferença entre seus perímetros seja menor que o segmento k fixado.

Essa propriedade é geral, mas pode ser "percebida" através de polígonos regulares, com mais de quatro lados, como segue:

Sejam:
p_n e a_n, perímetro e apótema do inscrito
P_n e R, perímetro e apótema do circunscrito
Conforme já vimos, pela semelhança sai:

$$\frac{P_n}{p_n} = \frac{R}{a_n}$$

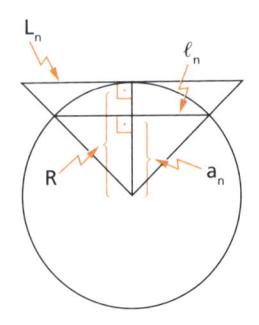

COMPRIMENTO DA CIRCUNFERÊNCIA

Com propriedades de proporções, vem:

$$\frac{P_n - p_n}{P_n} = \frac{R - a_n}{R} \Rightarrow P_n - p_n = \frac{P_n}{R}(R - a_n)$$

Mas, para todo n maior que 4, temos:

$P_n < P_4$, portanto, $P_n < 8R$

e, daí, vem:

$$P_n - p_n < \frac{8R}{R}(R - a_n) \Rightarrow$$

$$\Rightarrow P_n - p_n < 8(R - a_n)$$

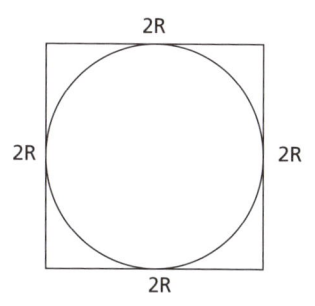

Aumentando-se indefinidamente o número de lados (dobrando-se, por exemplo), a diferença $R - a_n$ tende para o segmento nulo. Então,

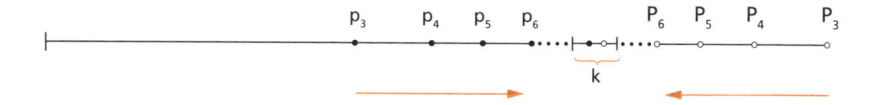

$$P_n - p_n < k \text{, sendo } k \text{ fixado.}$$

223. Nota

As duas propriedades vistas, aliadas ao postulado da continuidade, traduzem o enunciado:

> Dada uma circunferência qualquer, existe um único segmento que é maior que o perímetro de qualquer dos polígonos convexos inscritos e menor que o perímetro de qualquer dos polígonos circunscritos a essa circunferência.

224. Definições

a) Dada uma circunferência, o segmento maior que os perímetros de todos os polígonos convexos inscritos e menor que os perímetros de todos os polígonos circunscritos é chamado **segmento retificante** da circunferência, ou **circunferência retificada** ou ainda **perímetro do círculo** definido pela circunferência.

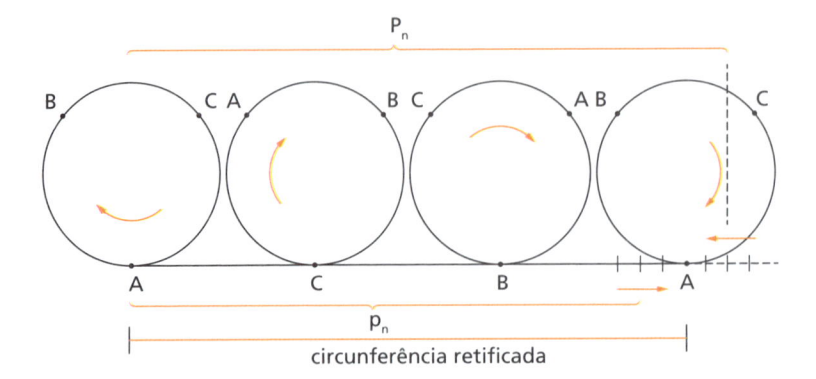

COMPRIMENTO DA CIRCUNFERÊNCIA

b) O comprimento do segmento retificante da circunferência, ou circunferência retificada ou perímetro do círculo, é chamado **comprimento da circunferência**.

225. Propriedade 3

> A razão entre o perímetro do círculo e seu diâmetro é um número constante representado por π.

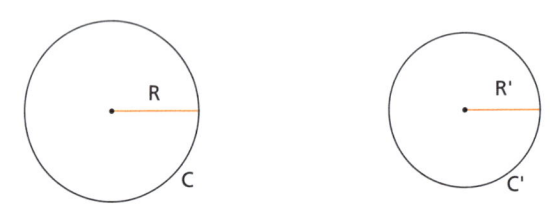

Sejam duas circunferências de comprimento C e C' e raios R e R', respectivamente, e consideremos polígonos regulares de mesmo número de lados inscritos e circunscritos nessas circunferências.

Com a nomenclatura usada até aqui graças à semelhança entre os polígonos, vem:

$$\frac{p_n}{p'_n} = \frac{R}{R'} \quad \text{e} \quad \frac{P_n}{P'_n} = \frac{R}{R'}$$

Devido às propriedades anteriores, vem:

$$p_n < C < P_n \quad \text{e} \quad p'_n < C' < P'_n$$

Donde:

$$\frac{p_n}{2R} < \frac{C}{2R} < \frac{P_n}{2R} \quad \text{e} \quad \frac{p'_n}{2R'} < \frac{C'}{2R'} < \frac{P'_n}{2R'}$$

Logo:

$$\frac{C}{2R} = \frac{C'}{2R'}$$

Chamando essa razão de π, vem:

$$\frac{C}{2R} = \pi \Rightarrow \boxed{C = 2\pi R}$$

226. Observação

Para se ter uma noção do número π é só analisar a tabela abaixo.

n	$\dfrac{p_i}{2R}$	$\dfrac{P_c}{2R}$
6	3,00000	3,46411
12	3,10582	3,21540
24	3,13262	3,15967
48	3,13935	3,14609
96	3,14103	3,14272
192	3,14145	3,14188

n — número de lados de um polígono regular
P_c — perímetro dos circunscritos
p_i — perímetro dos inscritos
R — raio da circunferência

Observe, pela tabela, como vai "nascendo" o número π.

Pela tabela chegamos até $\boxed{3{,}141}\,45 < \pi < \boxed{3{,}141}\,88$.

Pode-se pensar que a tabela acima foi obtida usando o fato de que, sabendo o ℓ_6 pela fórmula do ℓ_{2n}, sabe-se o ℓ_{12}; sabendo-se o ℓ_{12}, sabe-se o ℓ_{24}, e assim sucessivamente.

Note que conforme se aumenta o número de lados obtêm-se valores aproximados de π com maior precisão (vão surgindo os algarismos do número π). Com um polígono de 192 lados, chegamos a 4 algarismos do número π.

Por ser útil, temos:

$\pi = 3{,}1415926535\ldots$ $\qquad$ $\dfrac{1}{\pi} = 0{,}3183098861\ldots$

227. Comprimento de um arco de circunferência

O comprimento de um arco de circunferência (ℓ) é proporcional à sua medida (α).

COMPRIMENTO DA CIRCUNFERÊNCIA

Para α em graus:

$$\left.\begin{array}{l} 360° \longrightarrow 2\pi R \\ \alpha° \longrightarrow \ell \end{array}\right\} \Rightarrow \boxed{\ell = \frac{\pi R \alpha}{180}}$$

Para α em radianos:

$$\left.\begin{array}{l} 2\pi \text{ rad} \longrightarrow 2\pi R \\ \alpha \text{ rad} \longrightarrow \ell \end{array}\right\} \Rightarrow \boxed{\ell = R\alpha}$$

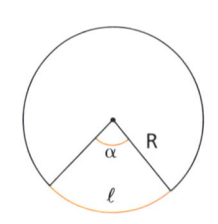

Em particular, numa circunferência de raio unitário, o comprimento de um arco é numericamente igual à sua medida em radianos.

228. Observação

Chama-se radiano (rad) todo arco de circunferência cujo comprimento é igual ao comprimento do raio da circunferência que o contém.

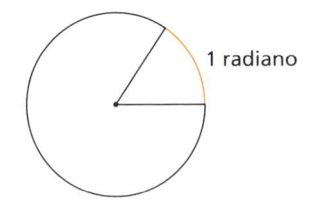

Numa circunferência (comprimento = $2\pi R$) há 2π radianos e por conseguinte:

$$1 \text{ rad} = \frac{360°}{2\pi} = 180° \times \frac{1}{\pi} = 180° \times 0{,}31831 = 57°17'38{,}4\ldots$$

EXERCÍCIOS

733. Determine o comprimento da circunferência nos casos:

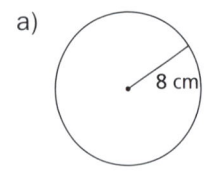

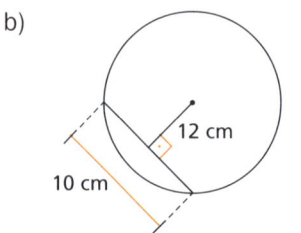

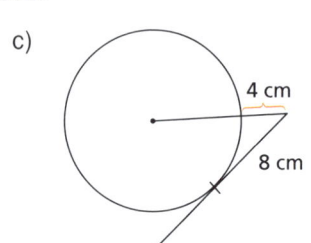

a) 8 cm

b) 10 cm, 12 cm

c) 4 cm, 8 cm

734. Determine o comprimento do arco menor $\overparen{AB}$, dado o raio de 90 cm e o ângulo central correspondente, nos casos:

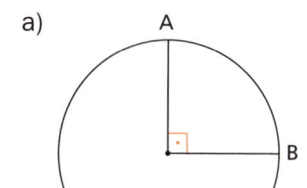

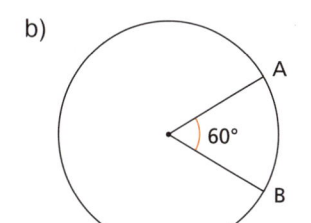

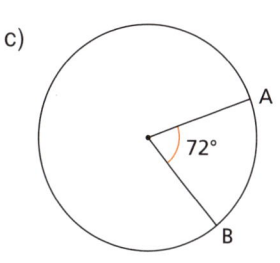

a)

b)

c)

735. Determine o comprimento da linha cheia nos casos (os arcos são centrados em O_1, O_2 e O_3):

a)

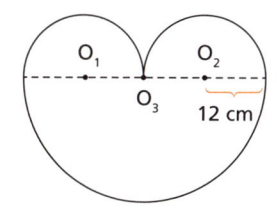

b) AO_1B é triângulo equilátero de 12 cm de lado.

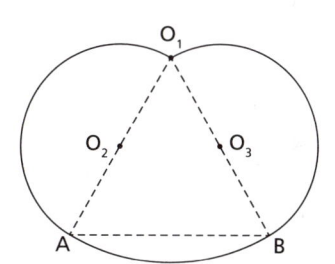

736. Determine o perímetro da figura sombreada nos casos:

a) Os arcos têm raios de 12 m e são centrados em A, B e C.

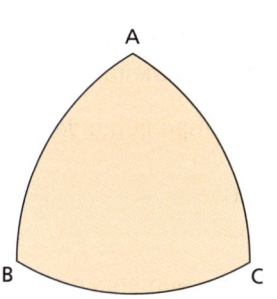

b) ABCD é um quadrado de 48 m de lado e os arcos são centrados em A, B, C e D.

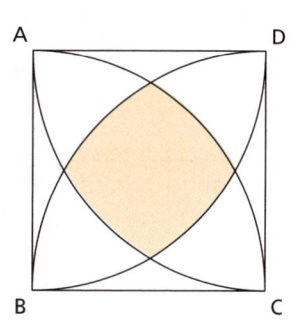

COMPRIMENTO DA CIRCUNFERÊNCIA

737. Se os ângulos de vértices O_1, O_2, O_3, O_4 e O_5 medem, respectivamente, 90°, 72°, 135°, 120° e 105° e os raios das circunferências de centros nesses vértices medem, respectivamente, 18 cm, 35 cm, 24 cm, 36 cm e 48 cm, determine o comprimento da linha cheia AB.

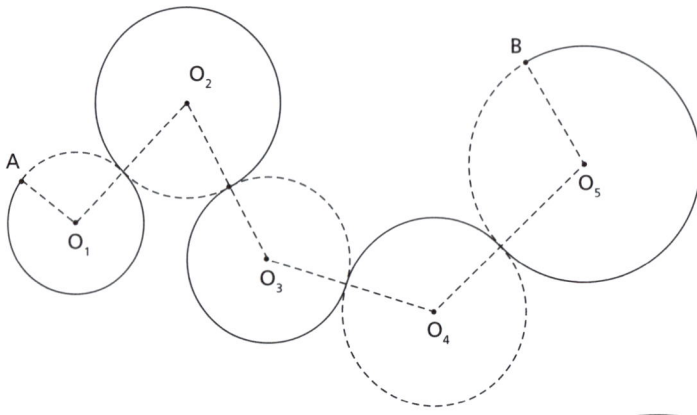

738. O traçado de uma pista representada na figura ao lado é composto dos arcos de circunferências $\widehat{AB}$, $\widehat{BC}$, $\widehat{CD}$ e $\widehat{DA}$, centrados respectivamente em O_1, O_2, O_3 e O_4. Se os triângulos $O_1O_2O_3$ e $O_1O_3O_4$ são equiláteros de 60 m de lado e $AB = 120\sqrt{3}$ m, determine o comprimento da pista.

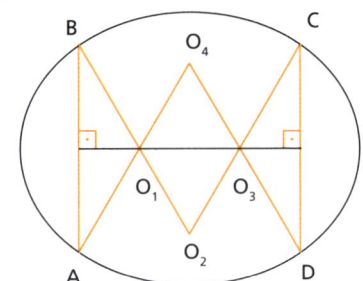

739. Um círculo tem 4 cm de raio. Calcule o comprimento de sua circunferência.

740. Dê o raio de uma circunferência cujo comprimento é igual ao de uma semicircunferência de 5 cm de raio.

741. O comprimento de uma circunferência é de 12,56 cm aproximadamente. Calcule o raio. Adote π com duas casas decimais.

742. O comprimento de uma circunferência é de 12π cm. Determine o raio de outra circunferência cujo comprimento é a quarta parte da primeira.

743. Dada uma circunferência de diâmetro d, calcule o comprimento de um arco cujo ângulo central correspondente é:
a) 30°
b) 45°
c) 60°
d) 90°
e) 120°
f) 135°
g) 150°

744. Se o raio de uma circunferência aumenta 1 m, quanto aumenta o comprimento?

745. Aumentando em 2 m o raio de uma circunferência, em quanto aumentará o seu comprimento? O que ocorre com o comprimento se o raio for aumentado em 3 m? E se o raio for aumentado a metros?

746. A circunferência C_1, de raio R_1 e perímetro $p_1 = 10^3$, é concêntrica à circunferência C_2, de raio R_2 e perímetro $p_2 = 1 + 10^3$. Calcule $R_2 - R_1$.

747. Duplicando o raio de uma circunferência, o que ocorre com seu comprimento?

748. Um arco de comprimento $2\pi R$ de uma circunferência de raio $2R$ subentende um arco de quantos graus?

749. Quanto aumenta o raio de uma circunferência quando seu comprimento aumenta 5 metros?

750. Em quanto aumenta o comprimento de uma circunferência cujo raio sofreu um aumento de 50%?

751. Determine o ângulo que subentende um arco de 2 cm de comprimento numa circunferência de 1 cm de raio.

752. Se o raio de um círculo aumenta em k unidades, o que ocorre com o comprimento da circunferência?

753. Um arco de circunferência de comprimento $2\pi R$, de uma circunferência de raio G, que ângulo central subentende?

754. As rodas de um automóvel têm 32 cm de raio. Que distância percorreu o automóvel depois que cada roda deu 8 000 voltas?

Solução

$C = 2\pi R \Rightarrow C = 2\pi \cdot 32 = 64\pi$
$d = 8000\,C \Rightarrow d = 8000 \times 64\pi \Rightarrow d = 512\,000\pi$

Resposta: $512\,000\,\pi$ cm $\cong 16\,085$ m.

755. Uma pista circular foi construída por duas circunferências concêntricas, cujos comprimentos são de 1 500 m e 1 200 m aproximadamente. Quanto mede sua largura?

756. Um ciclista percorreu 26 km em 1 h e 50 minutos. Se as rodas da bicicleta têm 40 cm de raio, quantas voltas aproximadamente deu cada roda e quantas por minuto?

COMPRIMENTO DA CIRCUNFERÊNCIA

757. As rodas dianteiras de um carro têm 1 m de raio e dão 25 voltas ao mesmo tempo em que as traseiras dão 20 voltas. Calcule o raio das rodas traseiras e quanto percorreu o carro depois que as rodas dianteiras deram 100 voltas cada uma.

758. Os ponteiros de um relógio medem 1 cm e 1,5 cm, respectivamente. A circunferência descrita pelo ponteiro maior tem comprimento maior que a circunferência descrita pelo ponteiro menor. Determine essa diferença.

759. Um menino brinca com um aro de 1 m de diâmetro. Que distância percorreu o menino ao dar 100 voltas com o aro?

760. Um carpinteiro vai construir uma mesa redonda para acomodar 6 pessoas sentadas ao seu redor. Determine o diâmetro dessa mesa para que cada pessoa possa dispor de um arco de 50 cm de mesa.

761. As rodas dianteiras de um caminhão têm 50 cm de raio e dão 25 voltas no mesmo tempo em que as rodas traseiras dão 20 voltas. Determine o diâmetro das rodas traseiras.

762. Uma pista circular está limitada por duas circunferências concêntricas cujos comprimentos valem, respectivamente, 3 000 m e 2 400 m. Determine a largura da pista.

763. Para ir de um ponto A a um ponto B posso percorrer a semicircunferência de diâmetro $\overline{AB}$ e centro O. Se percorrer as duas semicircunferências de diâmetros $\overline{AO}$ e $\overline{OB}$, terei percorrido um caminho maior ou menor?

764. Quantas voltas dá uma das rodas de um carro num percurso de 60 km, sabendo que o diâmetro dessa roda é igual a 1,20 m?

765. Uma corda determina em um círculo um arco que mede 80°. Sendo 20 cm o comprimento desse arco, determine a medida do raio desse círculo.

766. O comprimento de um arco $\widehat{AB}$ é 1 cm, o ângulo central do setor circular delimitado por esse arco mede 60°. Determine o raio do círculo ao qual pertence esse setor.

767. Na figura ao lado, calcule a medida do ângulo central α, sabendo que os arcos $\widehat{AB}$ e $\widehat{CD}$ medem respectivamente 100 cm e 80 cm, e que CA = DB = 25 cm. Os arcos $\widehat{AB}$ e $\widehat{CD}$ são centrados em O.

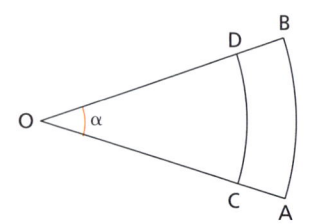

768. Num círculo uma corda de 3 cm dista 2 cm do centro. Calcule o comprimento da circunferência.

769. Determine o comprimento de uma circunferência circunscrita a um quadrado de 4 cm de lado.

770. Uma corda $\overline{AB}$, distando 3 cm do centro de um círculo de diâmetro 12 cm, determina nesse círculo dois arcos. Determine a razão entre a medida do maior e a do menor arco desse círculo.

771. Calcule o comprimento de uma circunferência inscrita em um quadrado de 10 cm de diagonal.

772. O comprimento de um circunferência é de 8π cm. Determine o raio da circunferência e o perímetro do quadrado inscrito.

773. Na figura ao lado, os três círculos têm mesmo raio r igual a 10 cm. Determine o comprimento da correia que envolve os três círculos.

774. Na figura ao lado, determine o comprimento da corrente que envolve as duas rodas, sabendo que o raio da roda menor mede 2 cm e o raio da roda maior 4 cm e a distância entre os centros das duas rodas mede 12 cm.

775. Sejam um círculo c de centro O, de raio R = 1, diâmetro $\overline{AA'}$ e a tangente t em A ao círculo c. Sendo $\overline{AB}$ um lado do hexágono regular inscrito em c, a mediatriz de $\overline{AB}$ corta a reta t em C. Construamos sobre t o segmento $\overline{CD}$ = 3R. Mostre que o comprimento $\overline{A'D}$ é um valor aproximado de π.

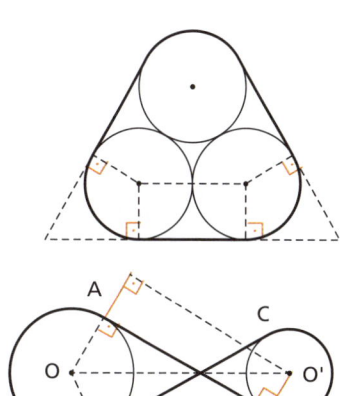

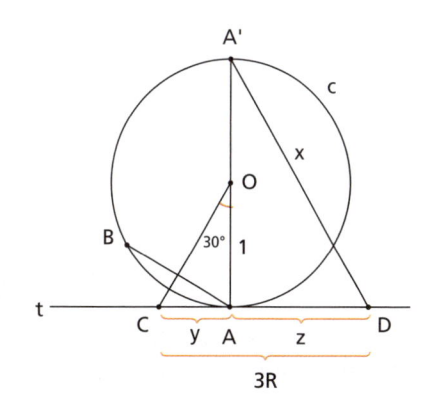

CAPÍTULO XVIII
Equivalência plana

I. Definições

229. Polígonos contíguos ou adjacentes

Dois polígonos são chamados **contíguos** ou **adjacentes** quando têm em comum somente pontos de seus contornos.

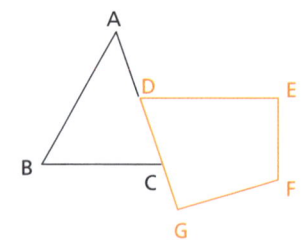

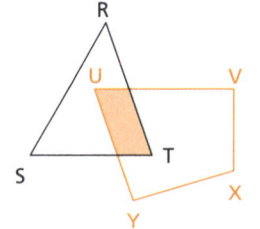

ABC e DEFG são contíguos.   RST e UVXY não são contíguos.

Neste capítulo estamos considerando como polígono toda a região do plano também chamada de **região poligonal**.

230. Soma de polígonos

a) Soma de dois polígonos contíguos

Chama-se soma de dois polígonos contíguos a superfície constituída pelos pontos desses polígonos comuns e os não comuns a eles.

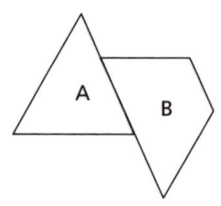

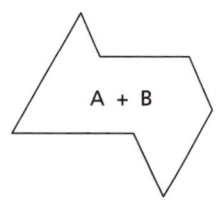

Temos, então: A e B contíguos.

$x \in (A + B) \Leftrightarrow (x \in A$ ou $x \in B)$, ou, ainda, $A + B = A \cup B$

b) Soma de dois polígonos quaisquer

Soma de dois polígonos quaisquer, A e B, é definida como sendo a soma dos polígonos contíguos A' e B' em que A' é congruente a A e B' é congruente a B.

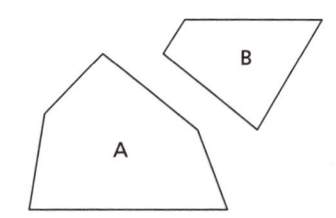

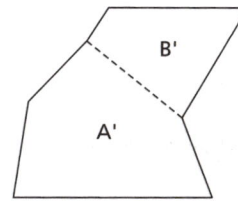

$A' \equiv A$
$B' \equiv B$
$(A + B) = (A' + B')$
$\equiv$: congruente

231. Equivalência entre polígonos

Dois polígonos são chamados **equivalentes** ou **equicompostos** se, e somente se, forem somas de igual número de polígonos dois a dois congruentes entre si.
Em símbolos:

$$\left(T_i \equiv S_i, A = \sum_{i=1}^{n} T_i, B = \sum_{i=1}^{n} S_i\right) \Leftrightarrow A \approx B$$

EQUIVALÊNCIA PLANA

Notemos que A e B são somas de n polígonos e que cada polígono-parcela T_i de A é congruente a um polígono-parcela S_i de B e reciprocamente.

O símbolo $\approx$ está sendo usado para a equivalência.

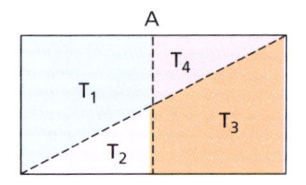

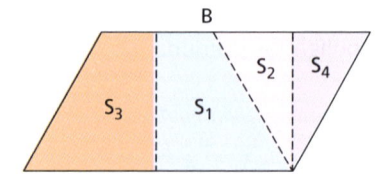

$$\begin{pmatrix} T_1 \equiv S_1, T_2 \equiv S_2, T_3 \equiv S_3, T_4 \equiv S_4 \\ A = T_1 + T_2 + T_3 + T_4 \\ B = S_1 + S_2 + S_3 + S_4 \end{pmatrix} \Rightarrow A \approx B$$

Por extensão, dois polígonos congruentes são equivalentes.

232. Propriedades

1ª) Reflexiva: $A \approx A$

2ª) Simétrica: $A \approx B \Leftrightarrow B \approx A$

3ª) Transitiva: $\left. \begin{array}{l} A \approx B \\ B \approx C \end{array} \right\} \Rightarrow A \approx C$

4ª) Uniforme:

"Somas de polígonos dois a dois equivalentes entre si são superfícies equivalentes entre si."

Em símbolos:

$$\left(T_i \approx S_i, A = \sum_{i=1}^{n} T_i, B = \sum_{i=1}^{n} S_i \right) \Rightarrow A \approx B$$

Exemplo:

$$\begin{pmatrix} T_1 \approx S_1, T_2 \approx S_2 \\ A = T_1 + T_2 \\ B = S_1 + S_2 \end{pmatrix} \Rightarrow A \approx B$$

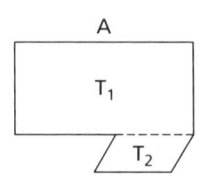

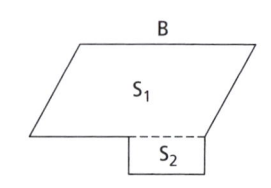

5ª) Disjuntiva — postulado de De Zolt:

"Um polígono, que é soma de dois ou mais outros, não é equivalente a nenhuma das parcelas."

Exemplo:

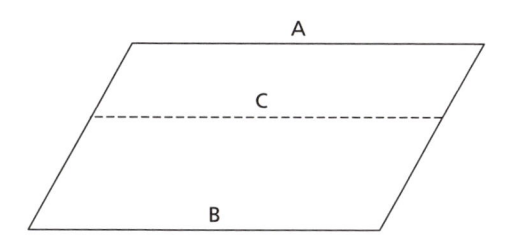

$A = B + C \Rightarrow A \not\approx B$ e $A \not\approx C$

233. Notas

1ª) As propriedades 1, 2, 3 e 4 são de demonstrações imediatas em vista da definição de equivalência.

2ª) A propriedade 5 não tem demonstração (é postulado) e também pode ser colocada como segue:

Dados dois polígonos P e Q quaisquer, de três possibilidades ocorre uma (e uma só):

ou P é equivalente a Q: $P \approx Q$;

ou Q é equivalente a uma parte de P:

$$P = P_1 + P_2 \text{ e } P_1 \approx Q;$$

ou P é equivalente a uma parte de Q:

$$Q = Q_1 + Q_2 \text{ e } Q_1 \approx P$$

II. Redução de polígonos por equivalência

234. Teorema

> Dois paralelogramos de bases e alturas respectivamente congruentes são equivalentes.

EQUIVALÊNCIA PLANA

Demonstração:

Sem perda de generalidade, consideremos os paralelogramos ABCD e ABC'D' com base $\overline{AB}$ e com alturas congruentes.
Podem-se apresentar três casos:

1º caso: $\overline{CD}$ e $\overline{C'D'}$ têm um segmento comum

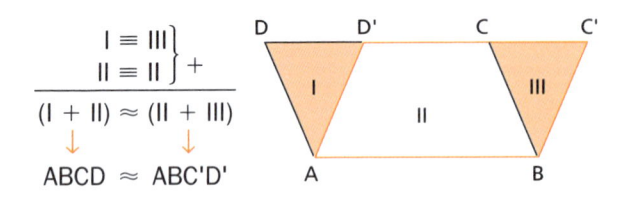

$$\left. \begin{array}{l} I \equiv III \\ II \equiv II \end{array} \right\} +$$
$$\overline{(I + II) \approx (II + III)}$$
$$\downarrow \quad\quad \downarrow$$
$$ABCD \approx ABC'D'$$

2º caso: $\overline{CD}$ e $\overline{C'D'}$ têm só um ponto comum

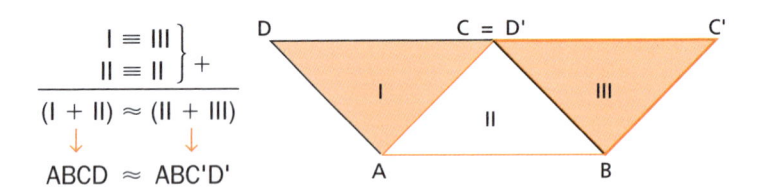

$$\left. \begin{array}{l} I \equiv III \\ II \equiv II \end{array} \right\} +$$
$$\overline{(I + II) \approx (II + III)}$$
$$\downarrow \quad\quad \downarrow$$
$$ABCD \approx ABC'D'$$

3º caso: $\overline{CD}$ e $\overline{C'D'}$ não têm ponto comum

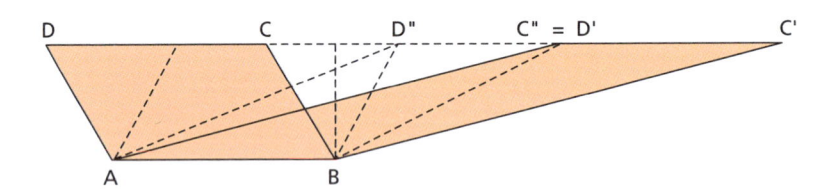

Por aplicação dos casos anteriores, da propriedade transitiva e do postulado de Arquimedes:

"dados dois segmentos, existe sempre um múltiplo de um deles que supera o outro",

temos:
ABC'D' ≈ ABC"D" ≈ ... ≈ ABCD ⇒ ABCD ≈ ABC'D'

235. Nota

Devido ao teorema da página 293, temos em particular que:
"Todo paralelogramo é equivalente a um retângulo de base e altura respectivamente congruentes às do paralelogramo".

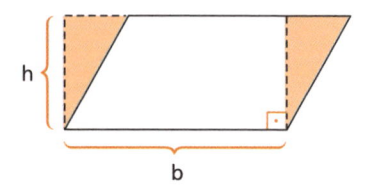

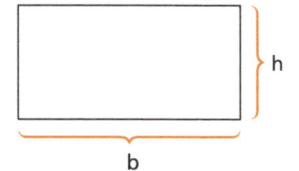

236. Teorema

Todo triângulo é equivalente a um paralelogramo de base congruente à do triângulo e altura metade da altura do triângulo.

Demonstração:

Pelo ponto médio E de $\overline{AB}$ conduzimos $\overline{ED}$ paralela a $\overline{BC}$ e completamos o paralelogramo BCDE.

$$\frac{\left.\begin{array}{r}I \equiv III \\ II \equiv II\end{array}\right\} +}{(I + II) \approx (II + III)} \Rightarrow ABC \approx BCDE$$

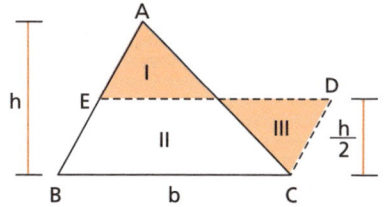

237. Nota

Em vista do resultado acima e do anterior temos em particular que:
"Dois triângulos de base e alturas ordenadamente congruentes são equivalentes".
$\triangle V_1V_2V_3 \approx \triangle V_1V'V_3$

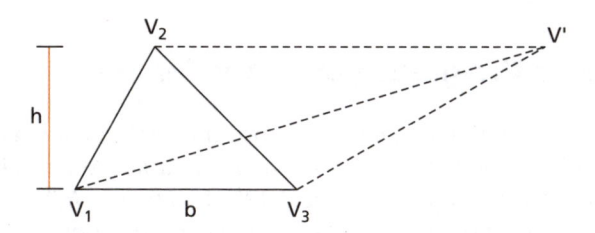

EQUIVALÊNCIA PLANA

238. Teorema

"Dado um polígono convexo com n lados ($n > 3$), existe um polígono convexo com ($n - 1$) lados que lhe é equivalente".

Seja dado o polígono Pol ($V_1 V_2 V_3 V_4 \ldots V_n$) e seja V' a interseção da reta $\overline{V_3 V_4}$ com a reta paralela a $\overline{V_1 V_3}$ por V_2.

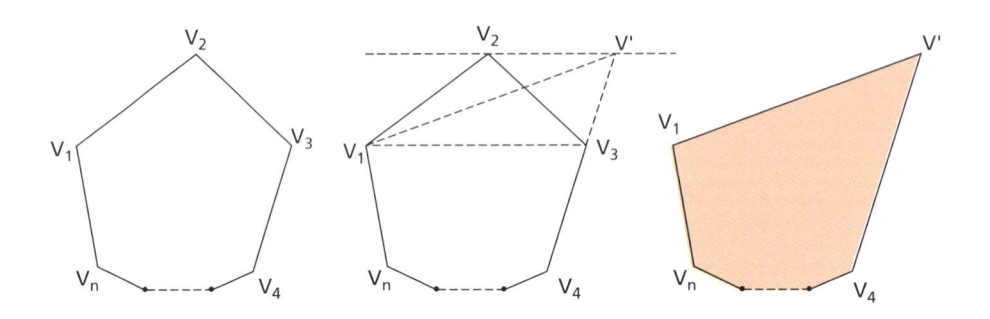

$$\left. \begin{array}{l} \text{Pol } (V_1 V_2 V_3 V_4 \ldots V_n) = \triangle V_1 V_2 V_3 + \text{Pol } (V_1 V_3 V_4 \ldots V_n) \\ \phantom{\text{Pol } (V_1 V_2 V_3 V_4 \ldots V_n) =} \underbrace{\approx} \\ \text{Pol } (V_1 V' V_4 \ldots V_n) = \triangle V_1 V' V_3 + \text{Pol } (V_1 V_3 V_4 \ldots V_n) \end{array} \right\} \Rightarrow$$

$$\Rightarrow \text{Pol } (\underbrace{V_1 V_2 V_3 V_4 \ldots V_n}_{n \text{ lados}}) \approx \text{Pol } (\underbrace{V_1 V' V_4 \ldots V_n}_{(n-1) \text{ lados}})$$

239. Nota

Em vista dos itens 234, 236 e 238, podemos reduzir por equivalência um polígono de n lados ($n > 3$) a um triângulo equivalente, este a um paralelogramo equivalente e este a um retângulo equivalente. Então, vale:

"Todo polígono é equivalente a um retângulo".

240. Relação de Pitágoras por equivalência

Consideremos um triângulo retângulo ABC de hipotenusa a e catetos b e c.

O quadrado BCDE de lado a é o quadrado construído sobre a hipotenusa (ou o quadrado da hipotenusa) e os quadrados ABRS de lado c e ACVU de lado b são os quadrados construídos sobre os catetos (ou os quadrados dos catetos) (figura 1).

EQUIVALÊNCIA PLANA

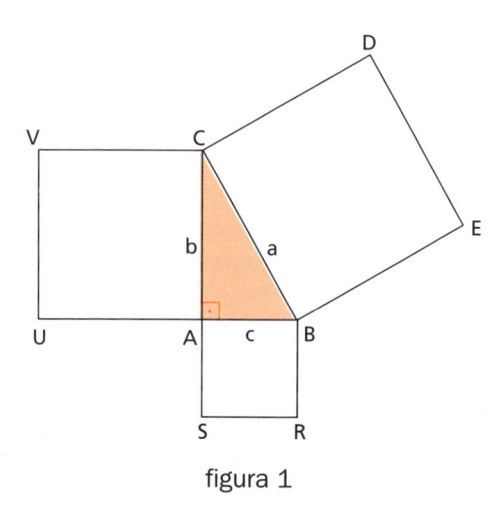

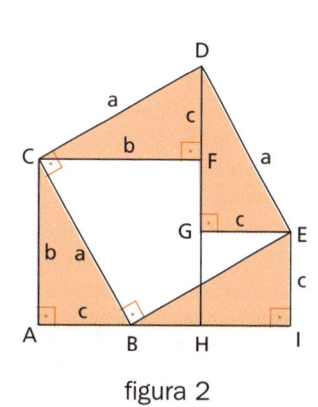

figura 1

figura 2

Agora consideremos as construções auxiliares da figura 2. Devemos notar que:
BCDE é o quadrado de lado a.
$\triangle$ABC, $\triangle$FCD, $\triangle$GED e $\triangle$IBE são triângulos congruentes entre si que vamos chamar de **T**.
ACFH é um quadrado de lado b congruente ao quadrado ACVU.
EIHG é um quadrado de lado c congruente ao quadrado ABRS.
BCFGE é um polígono que vamos chamar de **P**.
Analisando o quadrado BCDE (figura 3) e a reunião dos quadrados ACFH e EIHG (figura 4), temos:

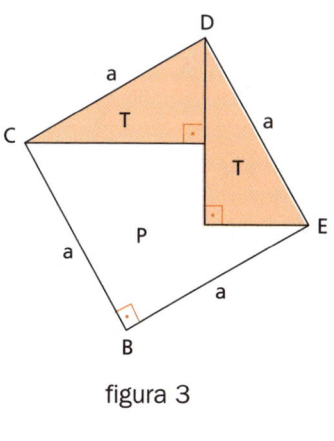

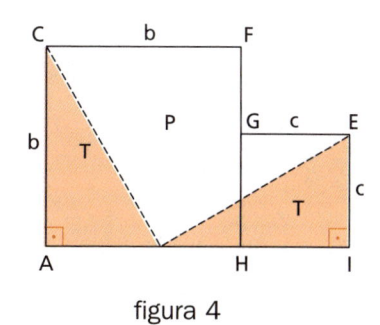

figura 3

figura 4

$$\left. \begin{array}{r} \text{BCDE} = P + 2T \\ \text{ACFH} + \text{EIHG} = P + 2T \end{array} \right\} \Rightarrow \text{BCDE} \approx \text{ACFH} + \text{EIHG}$$

9 | Fundamentos de Matemática Elementar

EQUIVALÊNCIA PLANA

Dada a congruência dos quadrados, temos, então:

$$BCDE \approx ACVU + ABRS$$

Ou seja:

"O quadrado construído sobre a hipotenusa é equivalente à soma dos quadrados construídos sobre os catetos."

Ou ainda:

"O quadrado da hipotenusa é equivalente à soma dos quadrados dos catetos."

EXERCÍCIOS

776. Determine em cada caso quais figuras são equivalentes:

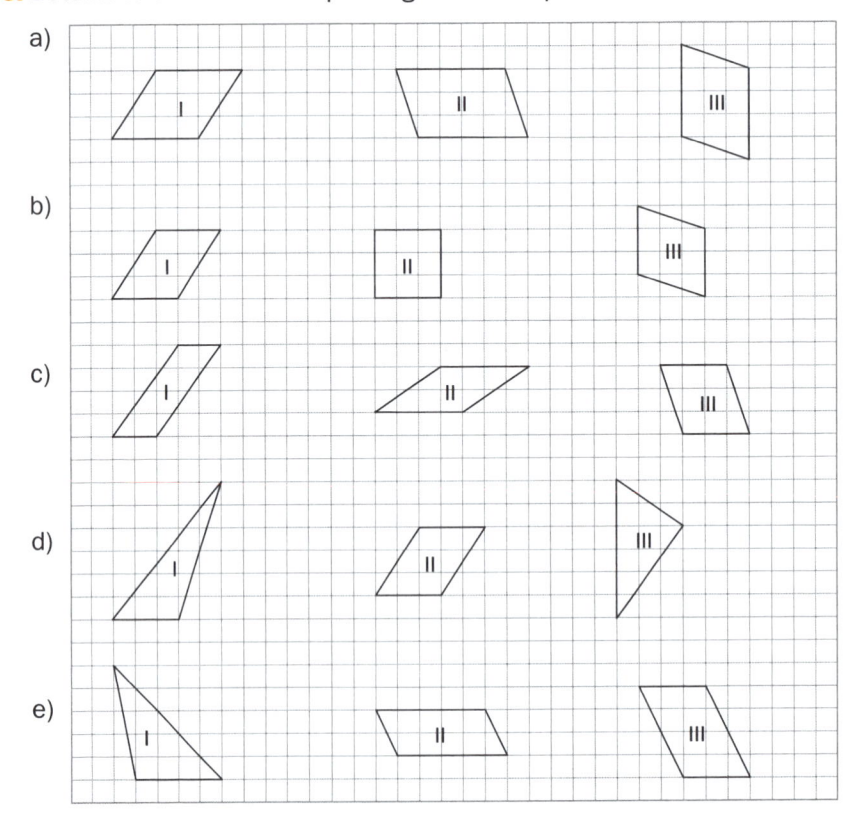

a)

b)

c)

d)

e)

777. Se G é o baricentro de um triângulo ABC, então os triângulos GAB, GAC e GBC são equivalentes.

Solução

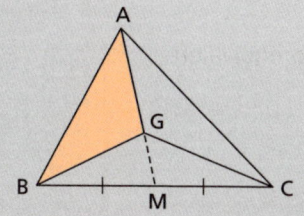

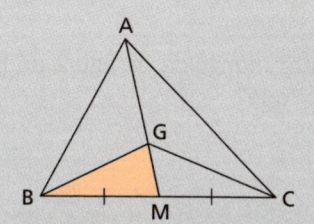

Consideremos a mediana $\overline{AM}$. Por terem bases congruentes e mesma altura, são equivalentes os triângulos ABM e ACM e pelo mesmo motivo também o são os triângulos GBM e GCM.

$\triangle ABM \approx \triangle ACM \Rightarrow \triangle GAB + \triangle GBM \approx \triangle GAC + \triangle GCM \Rightarrow \triangle GAB \approx \triangle GAC$

Analogamente sai $\triangle GAB \approx \triangle GBC$.

Daí vem $\triangle GAB \approx \triangle GAC \approx \triangle GBC$.

778. Por que são equivalentes os três triângulos da figura ao lado?

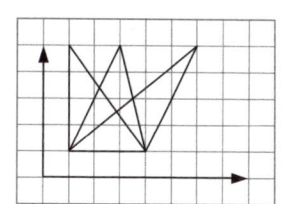

779. Os dois triângulos da figura ao lado são equivalentes? Em caso afirmativo, por quê?

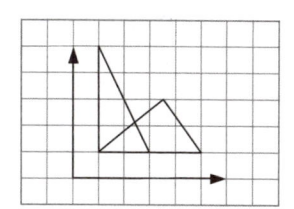

780. Na figura ao lado, o triângulo é equivalente ao retângulo? Em caso afirmativo, por quê?

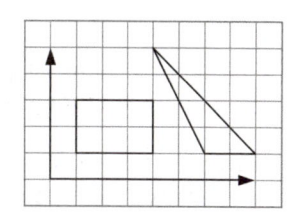

EQUIVALÊNCIA PLANA

781. O quadrado e o triângulo da figura ao lado são equivalentes? Por quê?

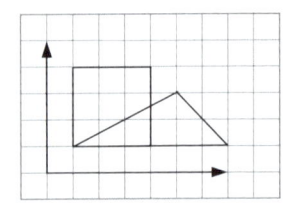

782. Os quatro triângulos da figura ao lado são equivalentes? Por quê?

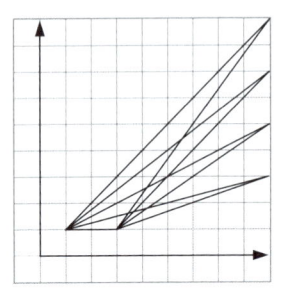

783. Se reduzirmos à metade a base de um triângulo, o que ocorrerá com a altura para que tenhamos triângulos equivalentes?

784. Qual a relação entre os retângulos hachurados da figura ao lado, se por um ponto P sobre a diagonal traçamos segmentos paralelos aos lados do retângulo ABCD?

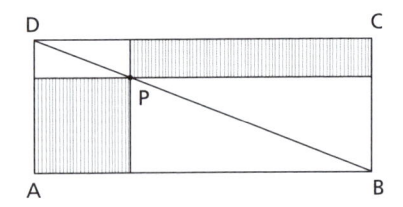

785. Por um ponto de uma diagonal de um paralelogramo traçam-se paralelas aos lados. Prove que dois dos paralelogramos que se obtêm são equivalentes.

786. O pentágono ABCDE e o quadrilátero FEDC da figura ao lado são equivalentes? Por quê?

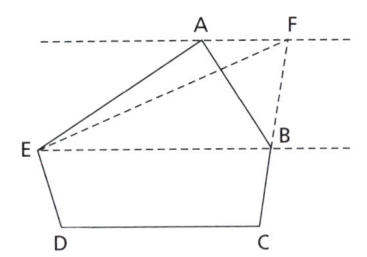

787. Como deveríamos proceder para transformar um polígono convexo de 100 lados em um triângulo equivalente?

788. Construa um polígono convexo de $(n-1)$ lados, equivalente a um polígono convexo de n lados ($n > 3$).

789. Diga que relação há entre P_1, P_2 e P_3.

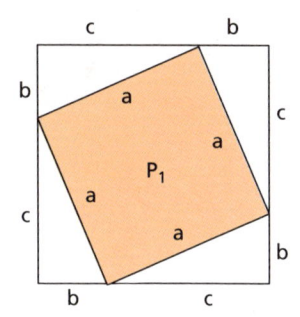

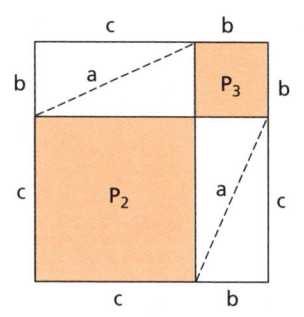

790. Os quadriláteros ABCD e A'B'C'D' são retângulos. Mostre que, se os triângulos PAB e P'A'B' são equivalentes, então os retângulos também são equivalentes.

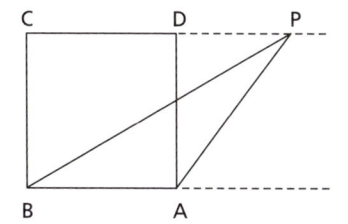

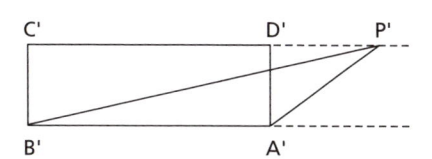

791. Foram construídos dois quadrados, um sobre a hipotenusa e outro sobre um cateto de um triângulo retângulo, como mostra a figura. Prove que o quadrado e o retângulo sombreados são equivalentes.

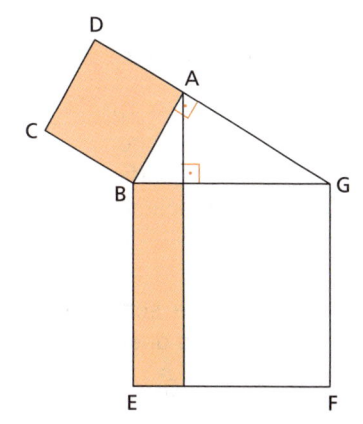

792. Usando o exercício anterior, prove que "o quadrado construído sobre a hipotenusa é equivalente à soma dos quadrados construídos sobre os catetos" (relação de Pitágoras).

CAPÍTULO XIX

Áreas de superfícies planas

I. Áreas de superfícies planas

241. Definição

Área de uma superfície limitada é um número real positivo associado à superfície de forma tal que:

1º) Às superfícies equivalentes estão associadas áreas iguais (números iguais) e reciprocamente.

$$A \approx B \Leftrightarrow (\text{Área de A} = \text{Área de B})$$

2º) A uma soma de superfícies está associada uma área (número) que é a soma das áreas das superfícies parcelas.

$$(C = A + B) \Rightarrow (\text{Área de C} = \text{Área de A} + \text{Área de B})$$

3º) Se uma superfície está contida em outra, então sua área é menor (ou igual) que a área da outra.

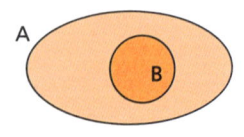

$$B \subset A \Rightarrow \text{Área de B} \leq \text{Área de A}$$

242. Razão entre retângulos

a) **Teorema**

"A razão entre dois retângulos de bases congruentes (ou alturas congruentes) é igual à razão entre suas alturas (ou bases)."

Hipótese   Tese

$\begin{cases} R_1 (b, h_1) \\ R_2 (b, h_2) \end{cases} \Rightarrow \begin{cases} \dfrac{R_1}{R_2} = \dfrac{h_1}{h_2} \end{cases}$

Demonstração:

1º caso: h_1 e h_2 são comensuráveis

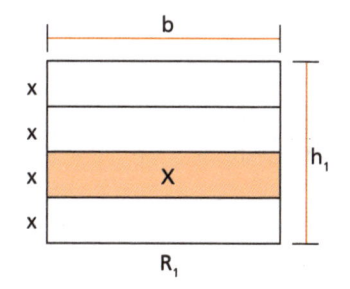

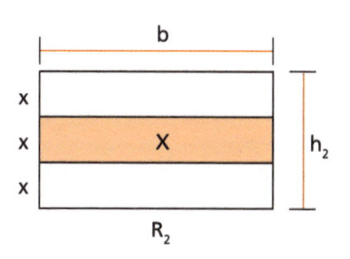

Então, existe um submúltiplo de h_1 e de h_2.

$\left. \begin{matrix} h_1 = p \cdot x \\ h_2 = q \cdot x \end{matrix} \right\} \overset{\div}{\Rightarrow} \begin{cases} \dfrac{h_1}{h_2} = \dfrac{p}{q} \end{cases}$ (1)

Construindo os retângulos X(b, x), temos:

$\left. \begin{matrix} R_1 = p \cdot X \\ R_2 = q \cdot X \end{matrix} \right\} \overset{\div}{\Rightarrow} \begin{cases} \dfrac{R_1}{R_2} = \dfrac{p}{q} \end{cases}$ (2)

De (1) e (2) vem:

$$\dfrac{R_1}{R_2} = \dfrac{h_1}{h_2}$$

ÁREAS DE SUPERFÍCIES PLANAS

2º caso: h_1 e h_2 são incomensuráveis

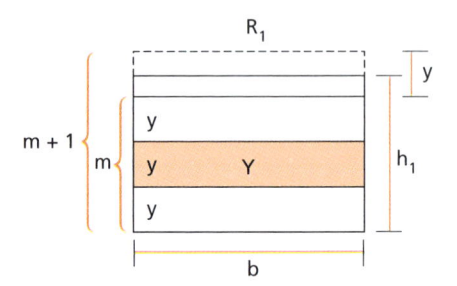

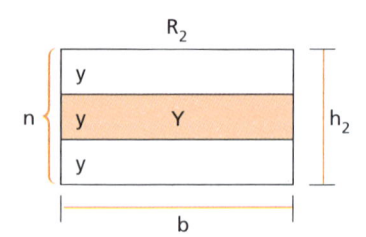

Então, não existe segmento submúltiplo comum de h_1 e h_2.

Tomemos um segmento y submúltiplo de h_2 (y "cabe" um certo número inteiro n de vezes em h_2, isto é, $h_2 = ny$).

Por serem h_1 e h_2 incomensuráveis, marcando sucessivamente y em h_1, temos que, para um certo número inteiro m de vezes:

$$my < h_1 < (m+1)y$$

Operando com as relações acima, vem:

$$\left. \begin{array}{l} m \cdot y < h_1 < (m+1) \cdot y \\ n \cdot y = h_2 = n \cdot y \end{array} \right\} \xRightarrow{\div} \frac{m}{n} < \frac{h_1}{h_2} < \frac{m+1}{n} \quad (3)$$

Construindo os retângulos Y(b, y), temos:

$$\left. \begin{array}{l} m \cdot Y < R_1 < (m+1) \cdot Y \\ n \cdot Y = R_2 = n \cdot Y \end{array} \right\} \xRightarrow{\div} \frac{m}{n} < \frac{R_1}{R_2} < \frac{m+1}{n} \quad (4)$$

Ora, sendo y submúltiplo de h_2, pode variar; dividindo y aumentamos n e, nestas condições,

$$\frac{m}{n} \text{ e } \frac{m+1}{n}$$

formam um par de classes contíguas que definem um único número real, que é $\dfrac{h_1}{h_2}$ pela expressão (3) e é $\dfrac{R_1}{R_2}$ pela expressão (4).

Como esse número é único, então:

$$\boxed{\frac{R_1}{R_2} = \frac{h_1}{h_2}}$$

ÁREAS DE SUPERFÍCIES PLANAS

b) **Teorema**

"A razão entre dois retângulos quaisquer é igual ao produto da razão entre as bases pela razão entre as alturas."

$$\left.\begin{array}{l}\text{Hipótese}\\ R_1(b_1, h_1)\\ R_2(b_2, h_2)\end{array}\right\} \Rightarrow \begin{array}{l}\text{Tese}\\ \dfrac{R_1}{R_2} = \dfrac{b_1}{b_2} \cdot \dfrac{h_1}{h_2}\end{array}$$

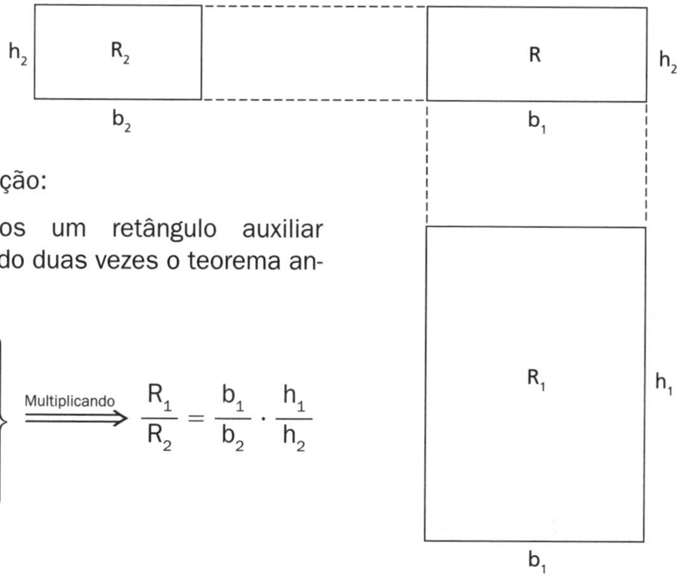

Demonstração:

Construamos um retângulo auxiliar $R(b_1, h_2)$. Aplicando duas vezes o teorema anterior, vem:

$$\left.\begin{array}{l}\dfrac{R_1}{R} = \dfrac{h_1}{h_2}\\[2mm] \dfrac{R}{R_2} = \dfrac{b_1}{b_2}\end{array}\right\} \xrightarrow{\text{Multiplicando}} \dfrac{R_1}{R_2} = \dfrac{b_1}{b_2} \cdot \dfrac{h_1}{h_2}$$

II. Áreas de polígonos

243. Retângulo

Dado o retângulo $R(b, h)$ e fixado o quadrado $Q(1, 1)$ como unitário, temos:

Área do retângulo $R(b, h) =$

$= A_R = \dfrac{R(b, h)}{Q(1, 1)}$

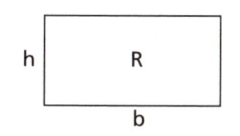

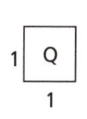

ÁREAS DE SUPERFÍCIES PLANAS

Em vista do item 242, vem

$$A_R = \frac{R(b, h)}{Q(1, 1)} = \frac{b}{1} \cdot \frac{h}{1} \Rightarrow A_R = \text{(medida de } b) \cdot \text{(medida de } h)$$

que será representada simplesmente por:

$$\boxed{A_R = b \cdot h}$$

244. Quadrado

Dado um quadrado de lado a, $Q(a, a)$, temos:

$$A_Q = a \cdot a \Rightarrow \boxed{A_Q = a^2}$$

pois o quadrado é um retângulo particular.

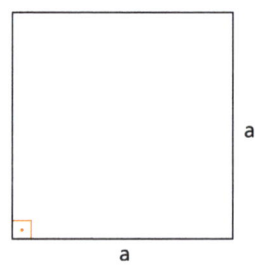

245. Paralelogramo

Dado o paralelogramo $P(b, h)$, conforme vimos no item 235, ele é equivalente a um retângulo cuja base mede b e altura mede h. Logo:

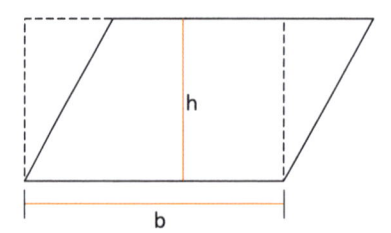

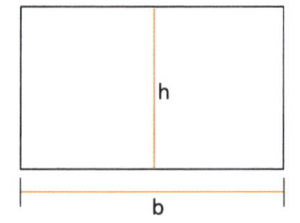

$$A_P = A_R \Rightarrow \boxed{A_P = b \cdot h}$$

246. Triângulo

Dado o triângulo T(b, h), conforme vimos no item 235, ele é equivalente a um paralelogramo cuja base mede b e altura mede $\frac{h}{2}$. Logo:

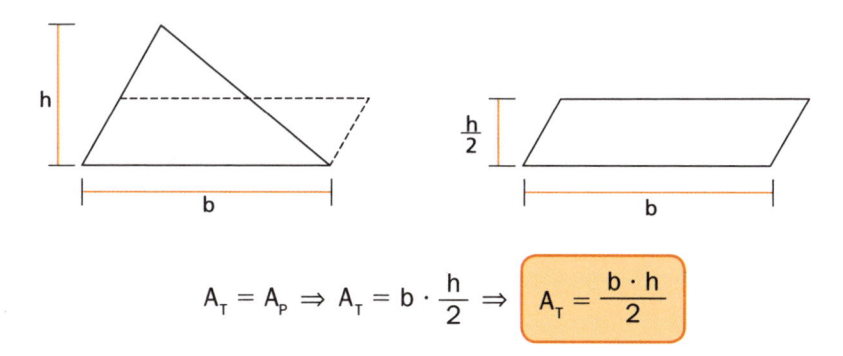

$$A_T = A_P \Rightarrow A_T = b \cdot \frac{h}{2} \Rightarrow \boxed{A_T = \frac{b \cdot h}{2}}$$

Nota

Área do triângulo equilátero de lado a. Um triângulo equilátero de lado a tem altura $h = \frac{a\sqrt{3}}{2}$ e sua área S é então:

$$S = \frac{1}{2} \cdot a \cdot \frac{a\sqrt{3}}{2} \Rightarrow \boxed{S = \frac{a^2\sqrt{3}}{4}}$$

247. Trapézio

Dado o trapézio $T_{ra}(b_1, b_2, h)$, ele é a soma de dois triângulos $T_1(b_1, h)$ e $T_2(b_2, h)$.

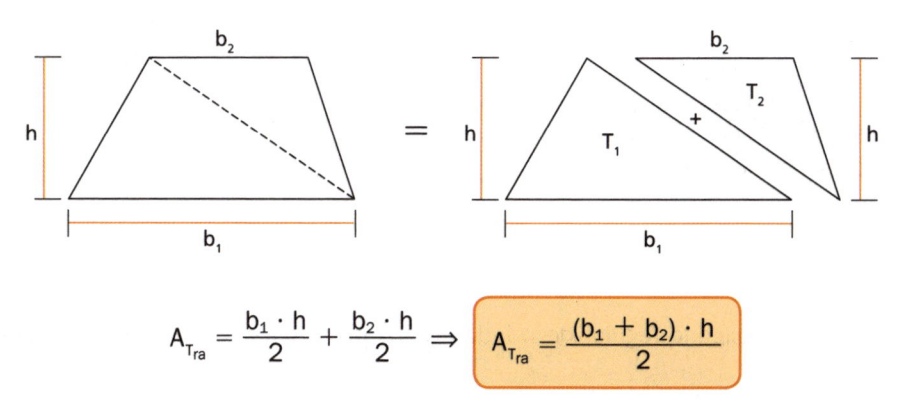

$$A_{T_{ra}} = \frac{b_1 \cdot h}{2} + \frac{b_2 \cdot h}{2} \Rightarrow \boxed{A_{T_{ra}} = \frac{(b_1 + b_2) \cdot h}{2}}$$

ÁREAS DE SUPERFÍCIES PLANAS

248. Losango

Dado o losango $L(d_1, d_2)$, conduzimos as diagonais e, pelos vértices, as paralelas às diagonais.

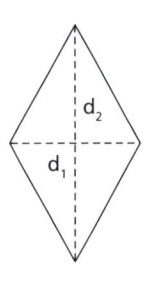

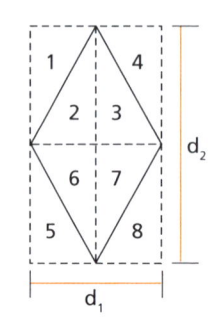

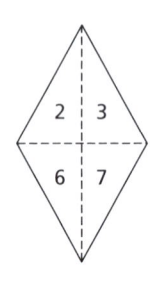

$$A_L = A_{(4 \text{ triângulos})} = \frac{A_{(8 \text{ triângulos})}}{2} \Rightarrow \boxed{A_L = \frac{d_1 \cdot d_2}{2}}$$

Nota

O losango é paralelogramo e portanto sua área também é dada por:

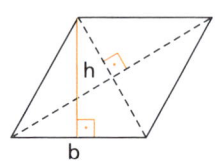

$$\boxed{A_L = b \cdot h}$$

249. Polígono regular

Sendo:
n = número de lados
m = medida do apótema
ℓ = medida do lado
p = semiperímetro

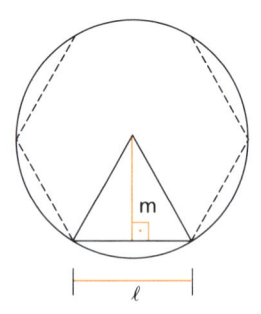

Seja um polígono regular de *n* lados de medidas iguais a ℓ e de apótema de medida *m*.

Podemos decompor esse polígono em n triângulos de base ℓ e altura m. Então:

$$\left. \begin{array}{l} A_{pol} = n \cdot A_T \\ A_T = \dfrac{\ell \cdot m}{2} \end{array} \right\} \Rightarrow A_{pol} = \dfrac{\overbrace{n \cdot \ell}^{2p} \cdot m}{2}$$

Sendo $n \cdot \ell = 2p$ (perímetro), vem:

$$A_{pol} = \dfrac{2 \cdot p \cdot m}{2} \Rightarrow \boxed{A_{pol} = p \cdot m}$$

Nota

Área de um hexágono regular de lado a.

Um hexágono regular de lado a é a reunião de 6 triângulos equiláteros de lado a.

Sendo $S = \dfrac{a^2\sqrt{3}}{4}$ a área do triângulo, temos:

$$A_{hexágono} = 6 \cdot S \Rightarrow A_{hexágono} = 6 \cdot \dfrac{a^2\sqrt{3}}{4} \Rightarrow$$

$$\Rightarrow \boxed{A_{hexágono} = \dfrac{3\sqrt{3}}{2}a^2}$$

EXERCÍCIOS

793. Determine a área dos polígonos nos casos abaixo, sendo o metro a unidade das medidas indicadas.

a) quadrado   b) retângulo    c) paralelogramo

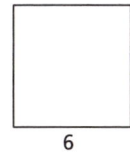

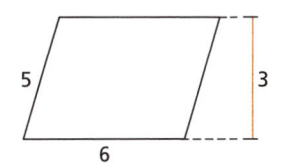

lado 6; retângulo 8 × 5; paralelogramo base 6, lado 5, altura 3

ÁREAS DE SUPERFÍCIES PLANAS

d) losango

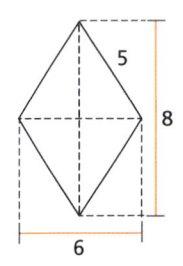

g) trapézio

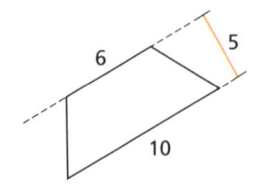

j) triângulo

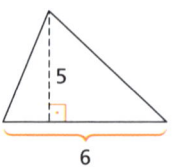

e) quadrado

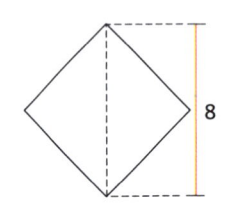

h) paralelogramo

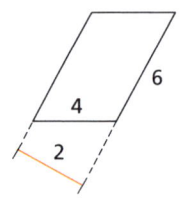

k) triângulo

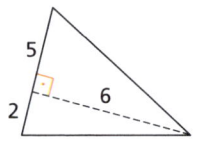

f) losango

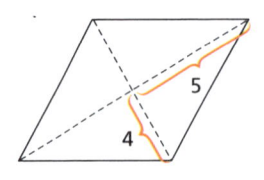

i) trapézio

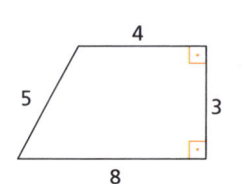

l) triângulo

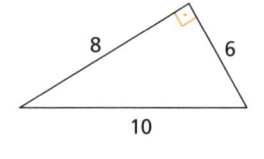

794. A área do polígono é dada entre parênteses, em cada caso. Determine x.

a) quadrado (36 m²)

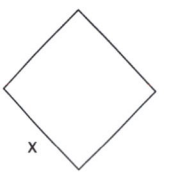

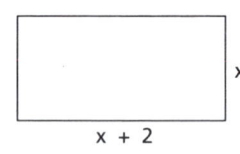

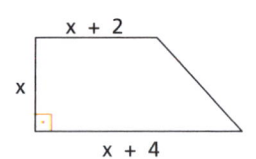

b) quadrado (50 m²)

c) retângulo (24 m²)

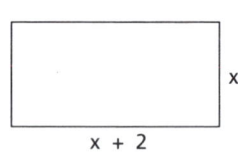

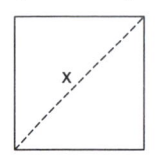

d) trapézio (10 m²)

e) trapézio (18 m²)

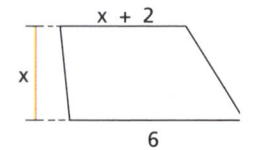

f) paralelogramo (32 m²)

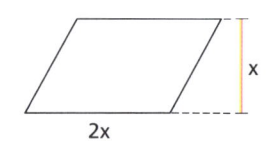

795. Na figura temos um quadrado ABCD inscrito no triângulo PQR. Se QC é igual ao lado do quadrado, RD = 3 m, a altura, relativa a $\overline{AB}$, do triângulo PAB é igual a 4 m e a área do triângulo PQR é de 75 m². Determine o lado do quadrado.

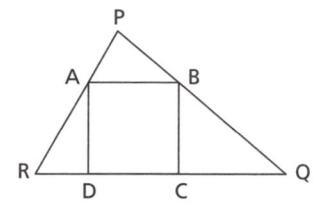

796. Determine a área do retângulo nos casos a seguir, sendo a unidade das medidas o metro.
a) 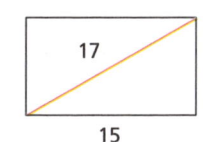
b) 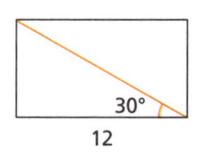
c)

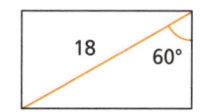

797. Determine a área do paralelogramo nos casos a seguir, sendo o metro a unidade das medidas.
a) 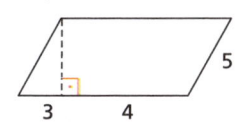
b) 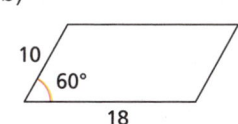
c)

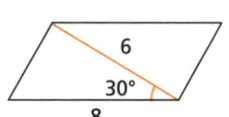

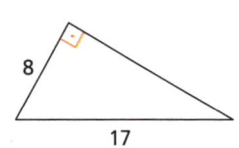

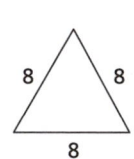

798. Determine a área do triângulo nos casos a seguir, sendo o metro a unidade das medidas.
a)
b) 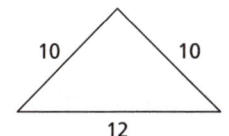
c)
d) 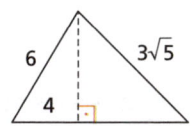
e)
f)

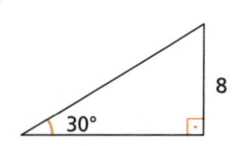

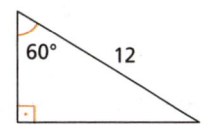

ÁREAS DE SUPERFÍCIES PLANAS

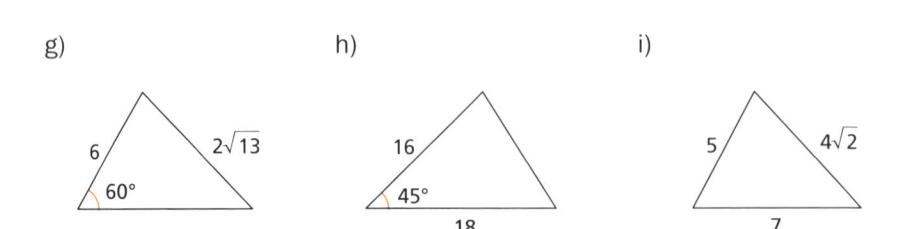

g) [triângulo com lados 6 e 2√13, ângulo 60°]

h) [triângulo com lados 16 e 18, ângulo 45°]

i) [triângulo com lados 5, 4√2 e 7]

799. Determine a área do losango nos casos a seguir, sendo o metro a unidade das medidas indicadas.

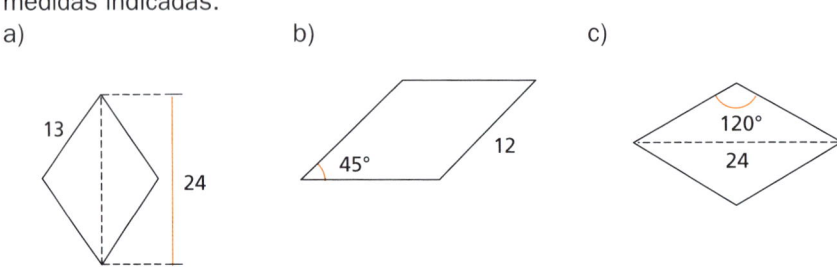

a) [losango com lado 13 e diagonal 24]

b) [losango com lado 12 e ângulo 45°]

c) [losango com diagonal 24 e ângulo 120°]

800. Determine a área do trapézio nos casos a seguir, sendo o metro a unidade das medidas indicadas.

a) [trapézio retângulo: bases 10 e 18, lado 17]

c) [trapézio: base menor 3, lado 5, lado 2√13, com 3 na base]

e) [trapézio isósceles: base menor 4√3, lados 6, ângulo 30°]

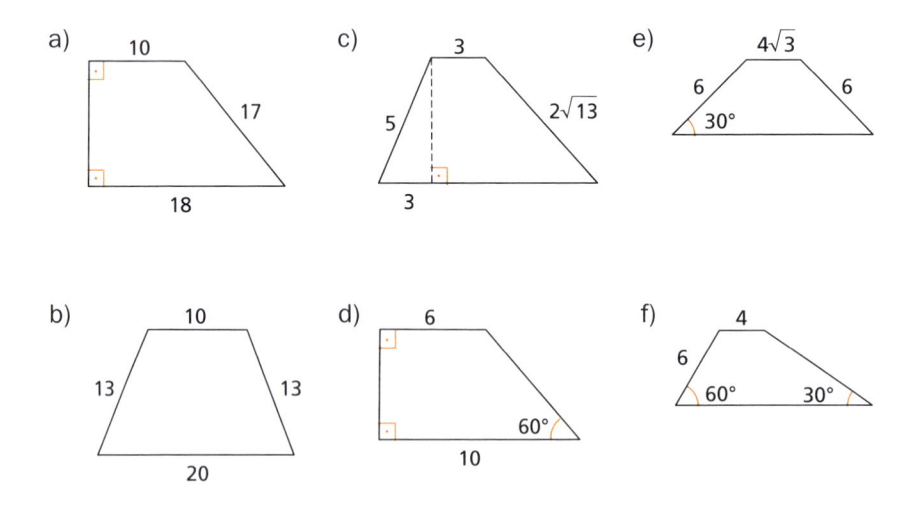

b) [trapézio isósceles: bases 10 e 20, lados 13]

d) [trapézio: base menor 6, altura 10, ângulo 60°]

f) [trapézio: base menor 4, lado 6, ângulos 60° e 30°]

801. Determine a área de um trapézio isósceles com bases de 4 m e 16 m e perímetro de 40 m.

802. Mostre que a área de um quadrilátero de diagonais perpendiculares, que medem a e b, é dada por $\dfrac{ab}{2}$.

Solução

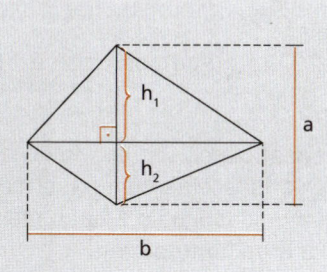

Como a área do quadrilátero é igual à soma das áreas dos triângulos e $h_1 + h_2 = a$, temos:

$$A_Q = \frac{b \cdot h_1}{2} + \frac{b \cdot h_2}{2} \Rightarrow$$

$$\Rightarrow A_Q = \frac{b}{2}(h_1 + h_2) \Rightarrow$$

$$\Rightarrow A_Q = \frac{b}{2}(a) \Rightarrow A_Q = \frac{ab}{2}$$

803. Determine a área do quadrilátero nos casos a seguir, sendo o metro a unidade das medidas indicadas.

a)

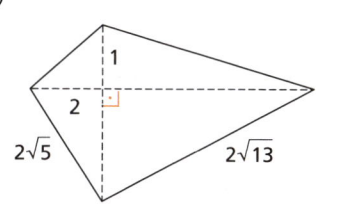

b)

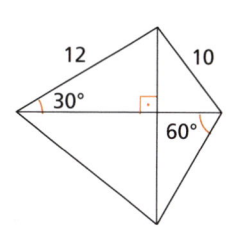

804. A área de um retângulo é 40 cm² e sua base excede em 6 cm sua altura. Determine a altura do retângulo.

805. Um retângulo tem 24 cm² de área e 20 cm de perímetro. Determine suas dimensões.

806. A base de um retângulo é o dobro de sua altura. Determine suas dimensões, sendo 72 cm² sua área.

807. As bases de um trapézio isósceles medem, respectivamente, 4 cm e 12 cm. Determine a área desse trapézio, sabendo que o semiperímetro do trapézio é igual a 13 cm.

808. Uma das bases de um trapézio excede a outra em 4 cm. Determine as medidas dessas bases, sendo 40 cm² a área do trapézio e 5 cm a altura.

ÁREAS DE SUPERFÍCIES PLANAS

809. As diagonais de um losango estão entre si como $\frac{2}{7}$. Determine a área desse losango, sabendo que a soma de suas diagonais é igual ao perímetro de um quadrado de 81 cm² de área.

810. O perímetro de um losango é de 60 cm. Calcule a medida de sua área, sabendo que a sua diagonal maior vale o triplo da menor.

811. Determine a área de um losango, sendo 120 cm o seu perímetro e 36 cm a medida da sua diagonal menor.

812. Com uma corda de 40 m de comprimento construímos um quadrado e com a mesma corda construímos depois um trapézio isósceles cuja base maior é o dobro da menor e cujos lados oblíquos têm medidas iguais à base menor. Determine a razão entre a área do quadrado e a área do trapézio.

813. Determine o lado de um quadrado, sabendo que, se aumentamos seu lado em 2 cm, sua área aumenta em 36 cm².

814. Determine a área de um quadrado cujo perímetro é igual ao perímetro de um retângulo cuja base excede em 3 cm a altura, sendo 66 cm a soma do dobro da base com o triplo da altura.

815. Um quadrado e um losango têm o mesmo perímetro. Determine a razão entre a área do quadrado e do losango, sabendo que as diagonais do losango estão entre si como $\frac{3}{5}$ e que a diferença entre elas é igual a 40 cm.

816. Determine a área de um retângulo em função de sua diagonal d, sabendo que a diagonal é o triplo de sua altura.

817. Mostre que a área de um triângulo equilátero de lado a é dada por $A = \frac{a^2\sqrt{3}}{4}$.

818. Determine a área de um triângulo equilátero com:
a) perímetro de 30 m.
b) altura de 6 m.

819. Determine a área de um hexágono regular nos casos:
a) Seu lado tem 8 m.
b) Seu apótema tem $2\sqrt{3}$ m.
c) Sua diagonal menor mede 12 m.

820. Determine, em cada caso, o raio do círculo circunscrito a um:
a) quadrado de 16 m².
b) hexágono regular de $54\sqrt{3}$ m².
c) triângulo equilátero de $36\sqrt{3}$ m².

821. Determine a área do:
a) quadrado inscrito em um círculo de 5 m de raio.
b) hexágono regular inscrito em um círculo de raio 4 m.
c) triângulo equilátero inscrito em um círculo de raio 6 m.
d) quadrado circunscrito a um círculo de raio 4 m.
e) hexágono regular circunscrito a um círculo de raio 6 m.
f) triângulo equilátero circunscrito a um círculo de raio 5 m.

822. Determine, em cada caso, o raio do círculo inscrito em um:
a) quadrado de 24 m².
b) hexágono regular de $6\sqrt{3}$ m².
c) triângulo equilátero de $9\sqrt{3}$ m².

823. Dá-se um trapézio ABCD de bases AB = a, CD = b com a > b e de altura h. Demonstre que a diferença entre as áreas dos triângulos que têm por bases $\overline{AB}$ e $\overline{CD}$ respectivamente e por vértice oposto a interseção das diagonais é $\dfrac{(a-b)\cdot h}{2}$.

Solução

Tese: $S_1 - S_2 = \dfrac{(a-b)\cdot h}{2}$

Demonstração:

Considerando o $\triangle OAD$ de área S_3, temos:

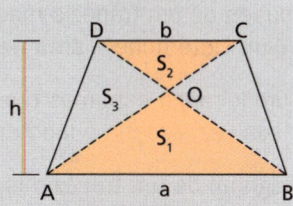

Área $\triangle ABD = S_1 + S_3 = \dfrac{ah}{2}$

Área $\triangle ACD = S_2 + S_3 = \dfrac{bh}{2}$

$\Rightarrow S_1 - S_2 = \dfrac{ah}{2} - \dfrac{bh}{2} = \dfrac{(a-b)h}{2}$

824. Determine a área do quadrado DEFG inscrito no triângulo ABC ao lado, sendo $\overline{BC}$ = 15 m e altura relativa ao lado $\overline{BC}$ igual a 10 m.

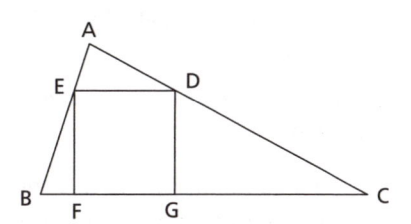

ÁREAS DE SUPERFÍCIES PLANAS

825. Determine a área do triângulo ABC ao lado, sendo AE = 10 m, AD = 8 m e EB = 5 m.

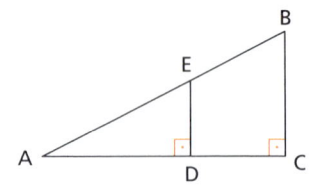

826. Na figura ao lado temos dois quadrados. Determine a área do quadrado maior.

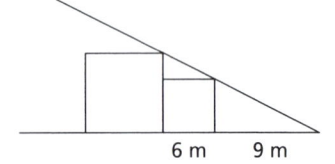

6 m   9 m

827. Determine a área de um triângulo isósceles de perímetro 36 m se a altura relativa à base mede 12 m.

828. Determine a área de um retângulo de diagonal 15 m e perímetro 42 m.

829. As bases de um trapézio retângulo medem 3 m e 18 m e o perímetro, 46 m. Determine a área.

830. A altura de um trapézio isósceles mede $3\sqrt{3}$ m, a base maior, 14 m e o perímetro, 34 m. Determine a área desse trapézio.

831. As bases de um trapézio medem 4 m e 25 m e os lados oblíquos medem 10 m e 17 m. Determine a área desse trapézio.

832. De um losango sabemos que uma diagonal excede a outra em 4 m e que esta, por sua vez, excede o lado em 2 m. Determine a área desse losango.

833. A diagonal de um trapézio isósceles é bissetriz do ângulo da base maior. Se a altura desse trapézio mede $3\sqrt{5}$ m e o perímetro, 48 m, determine a área dele.

834. Um lado de um quadrado é corda de uma circunferência e o lado oposto é tangente a ela. Determine a área do quadrado, sendo 10 m o raio do círculo.

835. A diagonal maior de um trapézio retângulo é bissetriz do ângulo agudo. Se a altura e a base maior medem 5 m e 25 m, determine a área desse trapézio.

836. A base de um triângulo isósceles excede a altura em 10 m. Se a área do triângulo é 300 m², quanto mede a altura relativa a um dos lados congruentes?

837. Uma diagonal de um losango mede 40 m e a sua altura 24 m. Determine a área desse losango.

838. As medianas relativas aos catetos de um triângulo retângulo medem $2\sqrt{73}$ m e $4\sqrt{13}$ m. Determine a área desse triângulo.

839. Determine a menor altura e a área de um triângulo de lados 5 m, $3\sqrt{5}$ m e 10 m.

840. Considere um triângulo retângulo e a circunferência inscrita nele. Se o ponto de contato entre a hipotenusa e a circunferência determina na hipotenusa segmentos de 4 m e 6 m, determine a área do triângulo.

841. Suponhamos que se percorra um triângulo num sentido determinado e que se prolongue, nesse sentido, cada lado de um comprimento igual ao próprio lado que se prolonga. Demonstre que a área do triângulo que tem por vértices as extremidades dos prolongamentos é igual a sete vezes a área do triângulo dado.

842. Mostre que a razão entre as áreas de dois triângulos de bases congruentes é igual à razão entre as alturas relativas a essas bases.

843. Mostre que as medianas de um triângulo determinam nele seis triângulos de áreas iguais.

844. Determine a área do triângulo sombreado em função da área k do triângulo ABC nos casos a seguir, sabendo que os pontos assinalados em cada lado o dividem em partes iguais (congruentes).

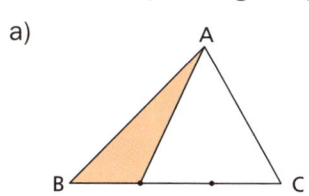

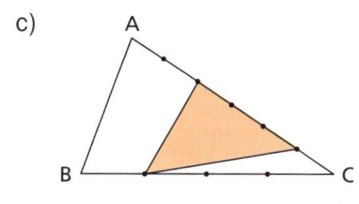

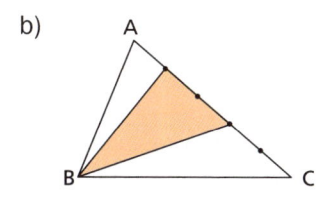

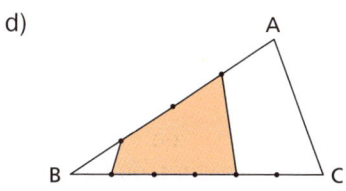

a)

b)

c)

d)

845. Determine a área da região sombreada em função da área k do paralelogramo ABCD nos casos a seguir, sabendo que os pontos assinalados sobre cada lado o dividem em partes de medidas iguais.

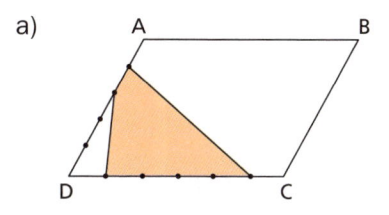

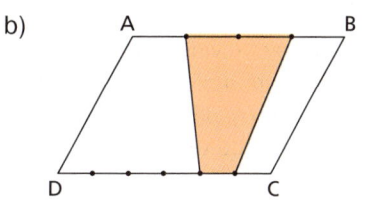

a)

b)

ÁREAS DE SUPERFÍCIES PLANAS

846. Na figura, ABCD é um paralelogramo de área S e M é ponto médio de $\overline{CD}$. Determine a área da região sombreada em função de S.

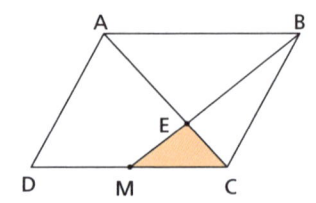

847. Se a área do triângulo ABC é k e os pontos assinalados em cada lado o dividem em partes iguais, determine a área do triângulo sombreado em função de k.

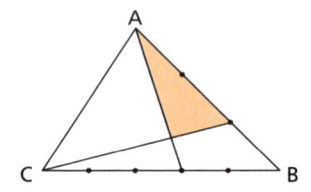

848. Se os pontos R, S, T, U, V e X dividem $\overline{AB}$, $\overline{BC}$ e $\overline{AC}$, respectivamente, em três partes iguais, determine a área do triângulo sombreado em função da área k do triângulo ABC.

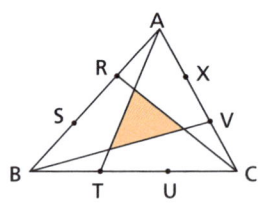

849. Determine a área de um octógono regular de lado ℓ.

850. Determine a área de um decágono regular de lado ℓ.

851. Determine a área de um pentágono regular de lado ℓ.

852. Determine a área de um retângulo cuja base e altura são respectivamente o lado e o apótema de um pentágono inscrito em uma circunferência de raio r.

853. Determine a área de um quadrado cujo lado é igual ao lado de um octógono regular inscrito em um círculo de raio r.

854. Como mostra o desenho, o triângulo ABC está dividido em seis triângulos. O número indicado no interior de quatro deles expressa a sua área. Determine a área do triângulo ABC.

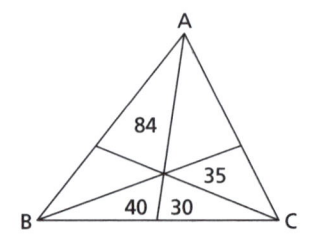

III. Expressões da área do triângulo

250. Área do triângulo em função dos lados e respectivas alturas.

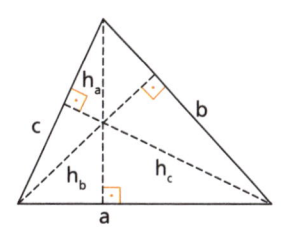

Em vista do item 246:

$$S = \frac{1}{2} ah_a, \quad S = \frac{1}{2} bh_b, \quad S = \frac{1}{2} ch_c$$

251. Área do triângulo em função dos lados.

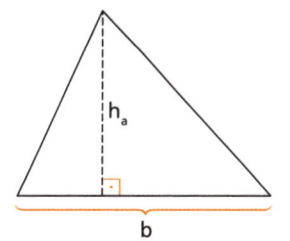

Dados: a, b, c e com $p = \dfrac{a + b + c}{2}$, em vista do item 207, temos:

$$S = \frac{1}{2} ah_a$$

$$\left. \begin{array}{l} S = \dfrac{1}{2} ah_a \\ h_a = \dfrac{2}{a} \sqrt{p(p-a)(p-b)(p-c)} \end{array} \right\} \Rightarrow \boxed{S = \sqrt{p(p-a)(p-b)(p-c)}}$$

252. Área do triângulo em função dos lados e do raio r da circunferência inscrita.

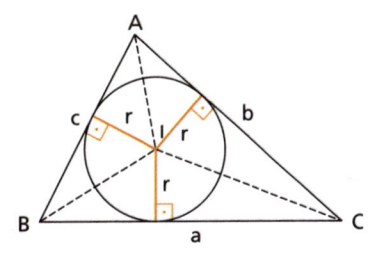

$$S = S_{ABC} = S_{IBC} + S_{IAC} + S_{IAB} =$$

$$= \frac{ar}{2} + \frac{br}{2} + \frac{cr}{2} = \frac{a+b+c}{2} \cdot r \Rightarrow$$

$$\Rightarrow \boxed{S = pr}$$

ÁREAS DE SUPERFÍCIES PLANAS

253. Área do triângulo em função dos lados e do raio R da circunferência circunscrita.

$$S = S_{ABC} = \frac{1}{2} a h_a \quad (1)$$

Para o cálculo de h_a (dados R, a, b e c), construímos o $\triangle ABE$ com $AE = 2R$.

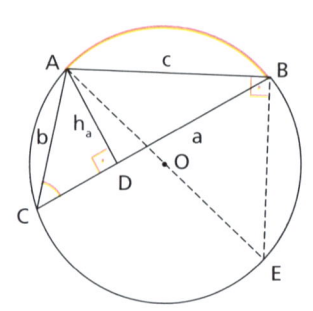

$$\left. \begin{array}{l} \hat{D} = \hat{B} \text{ (reto)} \\ \hat{C} = \hat{E} = \dfrac{\widehat{AB}}{2} \end{array} \right\} \Rightarrow \triangle ADC \sim \triangle ABE \Rightarrow \dfrac{h_a}{c} = \dfrac{b}{2R} \Rightarrow h_a = \dfrac{bc}{2R}$$

Substituindo em (1), vem:

$$\boxed{S = \frac{a \cdot b \cdot c}{4R}}$$

254. Área do triângulo em função do raio de qualquer das circunferências ex-inscritas. (Por exemplo: ex-inscrita tangente ao lado a, de raio r_a.)

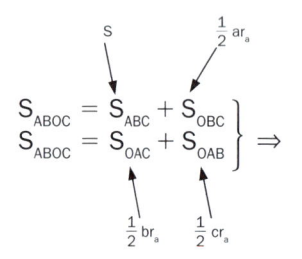

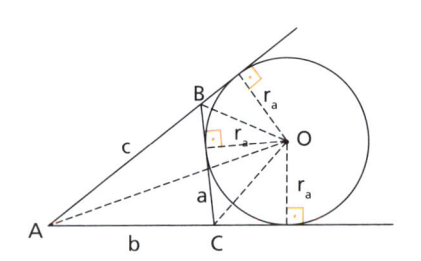

$$\left. \begin{array}{l} S_{ABOC} = S_{ABC} + S_{OBC} \\ S_{ABOC} = S_{OAC} + S_{OAB} \end{array} \right\} \Rightarrow$$

onde $S_{ABC} = S$, $S_{OBC} = \frac{1}{2} a r_a$, $S_{OAC} = \frac{1}{2} b r_a$, $S_{OAB} = \frac{1}{2} c r_a$

$$\Rightarrow S + \frac{1}{2} a \cdot r_a = \frac{1}{2} b \cdot r_a + \frac{1}{2} c \cdot r_a \Rightarrow S = \frac{1}{2}(-a + b + c) r_a = \frac{1}{2} \cdot 2(p-a) r_a \Rightarrow$$

$$\Rightarrow \boxed{S = (p - a) \cdot r_a}$$

Analogamente, temos:

$$\boxed{S = (p - b) r_b} \quad \boxed{S = (p - c) r_c}$$

255. Área do triângulo em função de dois lados e do seno do ângulo compreendido.

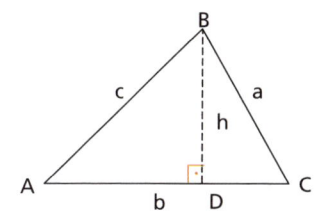

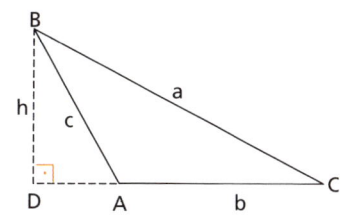

No caso da primeira figura: $S = \dfrac{1}{2} bh$
mas no $\triangle ADB$: $h = c \cdot \operatorname{sen} \hat{A}$
$\Rightarrow S = \dfrac{1}{2} bc \cdot \operatorname{sen} \hat{A}$

No caso da segunda figura: $S = \dfrac{1}{2} bh$
mas no $\triangle ADB$: $h = c \cdot \operatorname{sen}(180° - \hat{A}) = c \cdot \operatorname{sen} \hat{A}$
$\Rightarrow S = \dfrac{1}{2} bc \cdot \operatorname{sen} \hat{A}$

No caso do triângulo ser retângulo em A é imediato.
Assim, temos:

$$S = \dfrac{1}{2} bc \cdot \operatorname{sen} \hat{A}$$

Analogamente:

$$S = \dfrac{1}{2} ac \cdot \operatorname{sen} \hat{B} \qquad S = \dfrac{1}{2} ab \cdot \operatorname{sen} \hat{C}$$

256. Notas

1ª) Usando a expressão da área do triângulo

$$S = \dfrac{1}{2} a \cdot b \cdot \operatorname{sen} \hat{C}$$

e a expressão do teorema dos senos (lei dos senos),

$$\dfrac{a}{\operatorname{sen} \hat{A}} = \dfrac{b}{\operatorname{sen} \hat{B}} = \dfrac{c}{\operatorname{sen} \hat{C}} = 2R,\ \text{de onde sai: } \operatorname{sen} \hat{C} = \dfrac{c}{2R}, \text{ temos:}$$

$$S = \dfrac{1}{2} ab \cdot \operatorname{sen} \hat{C} \Rightarrow S = \dfrac{1}{2} ab \cdot \dfrac{c}{2R} \Rightarrow S = \dfrac{abc}{4R}$$

ÁREAS DE SUPERFÍCIES PLANAS

2ª) Resumo das fórmulas sobre área do triângulo

$$S = \frac{1}{2} ah_a = \frac{1}{2} bh_b = \frac{1}{2} ch_c = \sqrt{p(p-a)(p-b)(p-c)} =$$

$$= pr = \frac{abc}{4R} = (p-a)r_a = (p-b)r_b = (p-c)r_c =$$

$$= \frac{1}{2} ab \cdot \text{sen } \hat{C} = \frac{1}{2} ac \cdot \text{sen } \hat{B} = \frac{1}{2} bc \cdot \text{sen } \hat{A}$$

3ª) As fórmulas $S = pr$, $S = \dfrac{abc}{4R}$, $S = (p-a)r_a$, $S = (p-b)r_b$ e

$S = (p-c)r_c$ são mais usadas para o cálculo dos raios. Assim,

$$r = \frac{S}{p}, \; R = \frac{abc}{4S}, \; r_a = \frac{S}{p-a}, \; r_b = \frac{S}{p-b}, \; r_c = \frac{S}{p-c}.$$

EXERCÍCIOS

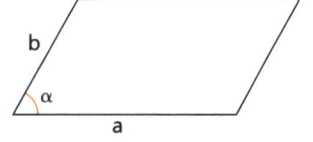

855. Determine a área do triângulo nos casos abaixo, sendo o metro a unidade das medidas indicadas.

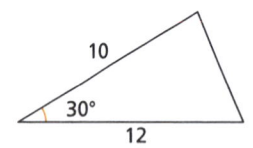

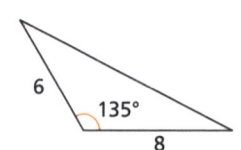

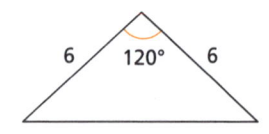

a) triângulo com lados 10 e 12, ângulo 30°

b) triângulo com lados 6 e 8, ângulo 135°

c) triângulo com lados 6 e 6, ângulo 120°

856. Mostre que a área do paralelogramo da figura é dada por

$$S = ab \text{ sen } \alpha$$

(paralelogramo com lados a e b, ângulo α)

857. Determine a área do paralelogramo nos casos, sendo o metro a unidade das medidas indicadas.

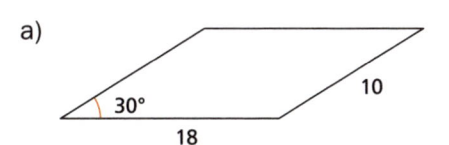

a) [paralelogramo com lados 18 e 10, ângulo 30°]

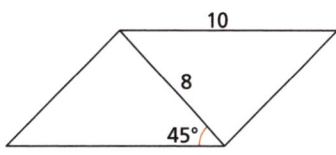

b) [paralelogramo com lados 6 e 12, ângulo 120°]

c) [paralelogramo com lado 10, diagonal 8, ângulo 45°]

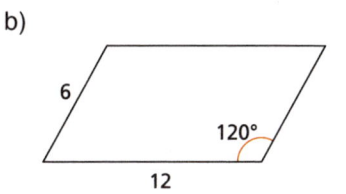

d) AC = 16, BD = 24 [ângulo entre as diagonais 60°]

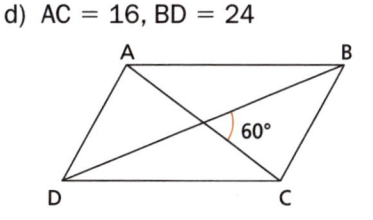

858. Determine a área do trapézio da figura, dados: AB = 4 m, AC = 8 m e CD = 12 m. [ângulo em C = 30°]

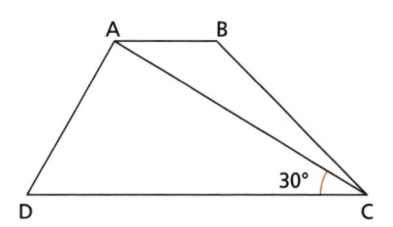

859. Determine a área do quadrilátero da figura, dados: AB = 12 m, BD = 18 m e CD = $12\sqrt{2}$ m. [ângulos 30° e 45° em D]

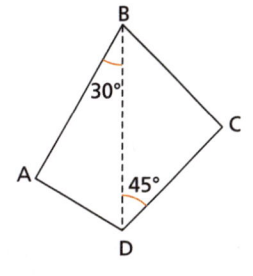

860. Mostre que a área de um quadrilátero com diagonais de medidas a e b, que formam ângulo α, é dada por $S = \dfrac{1}{2} ab \operatorname{sen} \alpha$.

861. Determine a área do triângulo nos casos abaixo. Use: $S = \sqrt{p(p-a)(p-b)(p-c)}$. O metro é a unidade das medidas indicadas.

a) [triângulo de lados 7, 8, 5]

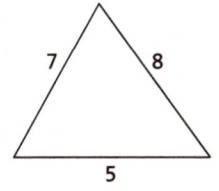

b) [triângulo de lados 14, 10, 12]

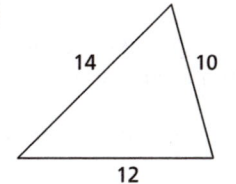

c) [triângulo de lados 10, 10, 8]

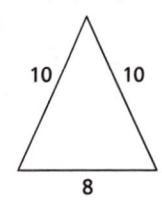

ÁREAS DE SUPERFÍCIES PLANAS

862. Determine o raio do círculo nos casos:

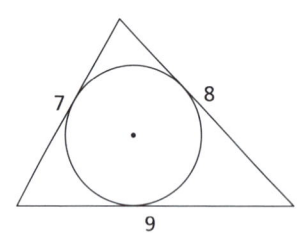

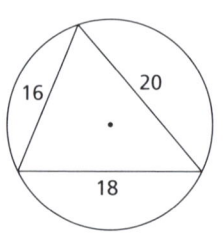

a) [triângulo com lados 7, 8, 9 e círculo inscrito]

b) [triângulo com lados 16, 20, 18 e círculo circunscrito]

863. Os lados de um triângulo medem 6 m, 10 m e 12 m. Determine:
a) a sua área;
b) a sua menor altura;
c) a sua maior altura;
d) o raio da circunferência inscrita;
e) o raio da circunferência circunscrita.

864. Determine o raio da circunferência, dados: AB = 14 m, BC = 10 m e AC = 16 m.

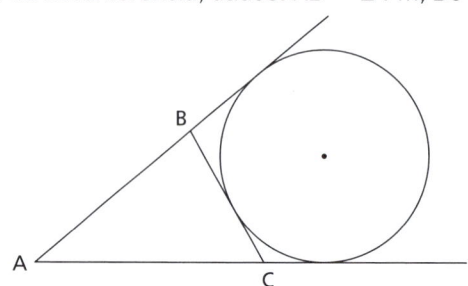

865. Determine a área de um triângulo retângulo, sabendo que um dos catetos mede 10 cm e o ângulo agudo oposto a esse cateto é igual a 30°.

866. A razão entre a base e a altura de um triângulo é $\frac{8}{5}$. Sendo 52 cm a soma da base com a altura, determine a área do triângulo.

867. Determine a área de um triângulo isósceles, sabendo que sua base mede 6a e a soma dos lados congruentes 10a.

868. Determine a área de um triângulo isósceles de perímetro igual a 32 cm, sabendo que sua base excede em 2 cm cada um dos lados congruentes.

869. Determine a área de um triângulo equilátero em função de sua altura h.

870. O apótema de um triângulo equilátero é igual ao lado de um quadrado de 16 cm² de área. Determine a área do triângulo.

871. O perímetro de um triângulo retângulo é 90 cm. Determine a área do triângulo, sabendo que seus lados são inversamente proporcionais a $\frac{1}{5}$, $\frac{1}{12}$ e $\frac{1}{13}$.

872. Em um triângulo retângulo a hipotenusa é $\frac{5}{3}$ do cateto menor, e o cateto maior $\frac{4}{3}$ do menor. Sendo 60 cm o perímetro do triângulo, determine a sua área.

873. Calcule a área de um triângulo ABC do qual se conhecem os seguintes dados: AC = b, AB = c e o ângulo compreendido é igual a 150°.

874. Consideremos um triângulo retângulo isósceles ABC de catetos AB = AC = a e um ponto E tomado sobre o prolongamento do cateto $\overline{CA}$. Unindo B a E, temos o segmento $\overline{BE}$, que é paralelo à bissetriz $\overline{AD}$ do ângulo reto Â. Determine a área do triângulo CBE em função de a.

875. Calcule a área do triângulo ABC, sendo AB = 4 cm, Â = 30° e Ĉ = 45°.

876. Um triângulo equilátero ABC tem 60 m de perímetro. Prolonga-se a base $\overline{BC}$ e sobre o prolongamento toma-se CS = 12 m. Une-se o ponto S ao meio M do lado $\overline{AB}$. Calcule a área do quadrilátero BCNM.

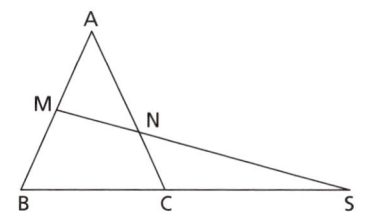

877. Determine a área de um triângulo equilátero em função do raio R do círculo circunscrito a esse triângulo.

878. Determine a área de um triângulo equilátero em função do raio r do círculo inscrito nesse triângulo.

879. A área de um triângulo retângulo é igual ao produto dos segmentos determinados sobre a hipotenusa pelo ponto de contato do círculo inscrito ao triângulo.

880. A base de um triângulo mede 12 cm e sua altura 6 cm. Determine a razão entre a área do triângulo e a área de um quadrado inscrito nesse triângulo, sabendo que a base do quadrado está apoiada sobre a base do triângulo.

881. Determine a medida do raio de um círculo inscrito em um triângulo isósceles de lados 10 cm, 10 cm e 12 cm.

ÁREAS DE SUPERFÍCIES PLANAS

882. Calcule o raio da circunferência circunscrita a um triângulo isósceles de base 6 cm, tendo outro lado medindo 5 cm.

883. Seja ABC um triângulo isósceles cujos lados congruentes medem 5 cm, sendo 6 cm a medida do lado $\overline{BC}$ (base do triângulo). Calcule a razão entre o raio do círculo circunscrito e o raio do círculo inscrito nesse triângulo.

884. Determine o perímetro de um triângulo retângulo, sabendo que sua área é igual a 36 cm² e que a hipotenusa é igual ao dobro da altura relativa a ela.

885. As diagonais de um paralelogramo medem 10 m e 20 m e formam um ângulo de 60°. Ache a área do paralelogramo.

886. Mostre que a soma das distâncias de um ponto interno de um triângulo equilátero aos lados é igual à altura h do triângulo.

887. Na figura, ABCD é um quadrado de lado a e AE = b. Determine a área do triângulo AEB.

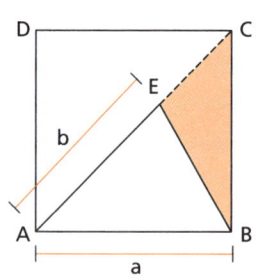

888. Determine a área dos quadriláteros nos casos:

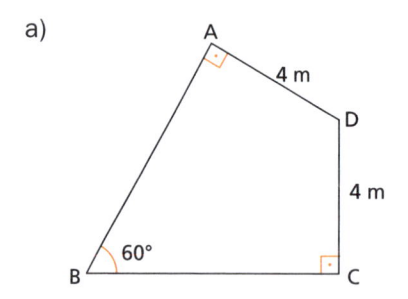

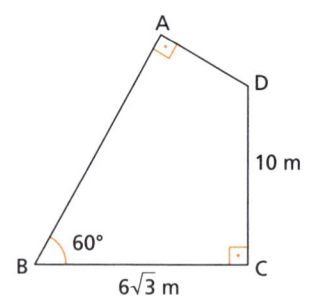

889. Os ângulos de um hexágono convexo medem 120°. Determine a área desse hexágono, sendo os lados opostos congruentes e medindo 4 m, 6 m e 8 m.

890. As medianas de um triângulo medem 9 m, 12 m e 15 m. Determine a área do triângulo.

891. O ponto de interseção das diagonais de um paralelogramo dista a e b dos lados e o ângulo agudo mede α. Determine a área.

IV. Área do círculo e de suas partes

257. Área do círculo

Vimos no item 249 que a área de um polígono regular é o produto da medida do semiperímetro pela do apótema.

$$A_{pol} = p \cdot m$$

Tendo em vista os itens 221, 222, 223, 224 e 225 do capítulo XVII, consideremos as afirmações abaixo:

1ª) Fixado um círculo, de raio R (diâmetro D), considerando os polígonos regulares inscritos e os circunscritos nesse círculo, com o crescimento do número de lados, as áreas dos polígonos se aproximam da área do círculo, assim como os seus perímetros se aproximam do perímetro do círculo (vide comprimento da circunferência) e os apótemas se aproximam do raio do círculo. Podemos então colocar, por extensão:

2ª) A área do círculo é o produto de seu semiperímetro pelo raio.

$$A_c = \pi R \cdot R = \pi R^2$$

Então:

$$\boxed{A_c = \pi \cdot R^2}$$ ou $$\boxed{A_c = \pi \left(\frac{D}{2}\right)^2 = \frac{\pi D^2}{4}}$$

258. Área do setor circular

Notemos que, quando dobramos o arco (ou ângulo central), dobra a área do setor; triplicando-se o arco (ou ângulo central), a área do setor também é triplicada, e assim por diante.

De modo geral, a área do setor é proporcional ao comprimento do arco (ou à medida do ângulo central).

Portanto, a área do setor pode ser calculada por uma regra de três simples:

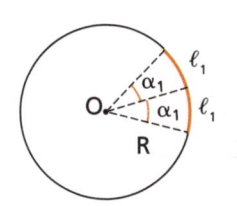

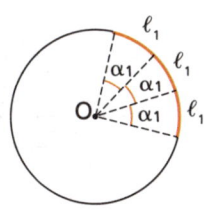

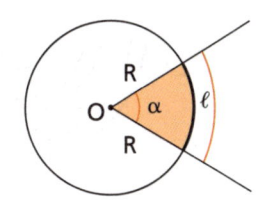

ÁREAS DE SUPERFÍCIES PLANAS

a) Área de um setor circular de raio R e α radianos

$$\left.\begin{array}{r}2\pi \text{ rad} \longrightarrow \pi R^2 \\ \alpha \text{ rad} \longrightarrow A_{setor}\end{array}\right\} \Rightarrow \boxed{A_{setor} = \frac{\alpha R^2}{2}}$$

b) Área de um setor circular de raio R e α graus

$$\left.\begin{array}{r}360° \longrightarrow \pi R^2 \\ \alpha° \longrightarrow A_{setor}\end{array}\right\} \Rightarrow \boxed{A_{setor} = \frac{\pi R^2 \alpha}{360}}$$

c) Área de um setor circular em função de R e do comprimento ℓ do arco

$$\left.\begin{array}{r}2\pi R \longrightarrow \pi R^2 \\ \ell \longrightarrow A_{setor}\end{array}\right\} \Rightarrow \boxed{A_{setor} = \frac{\ell R}{2}}$$

259. Observação

Note que tanto a área do setor como a do círculo são análogas à área do triângulo e as figuras abaixo dão ideia disso.

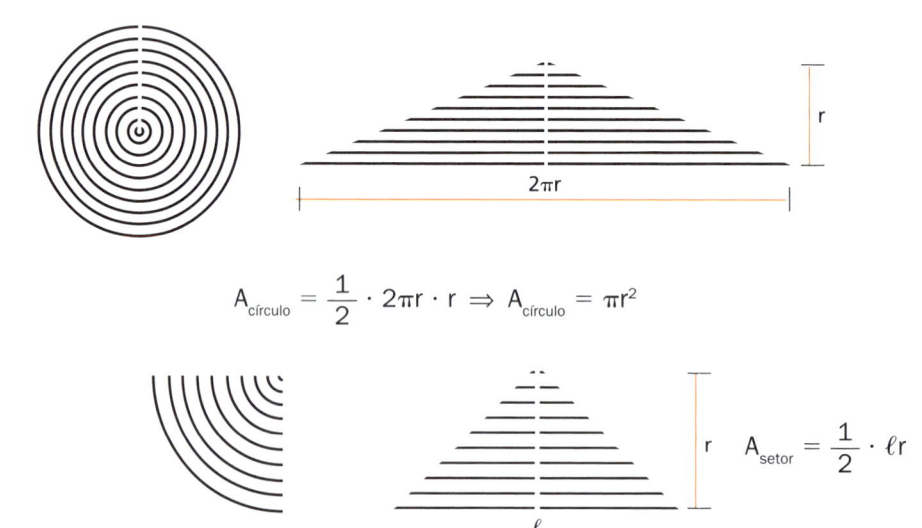

$$A_{círculo} = \frac{1}{2} \cdot 2\pi r \cdot r \Rightarrow A_{círculo} = \pi r^2$$

$$A_{setor} = \frac{1}{2} \cdot \ell r$$

ÁREAS DE SUPERFÍCIES PLANAS

260. Área do segmento circular

Cálculo da área do segmento circular indicado na figura: R é o raio, α é a medida do ângulo central e ℓ é o comprimento do arco.

$$A_{segm} = A_{set\ OAB} - A_{\triangle OAB}$$

a) Usando h (que pode ser obtido no $\triangle OBC$)

$$A_{segm} = \frac{\ell R}{2} - \frac{Rh}{2} \Rightarrow$$

$$\Rightarrow \boxed{A_{segm} = (\ell - h)\frac{R}{2}}$$

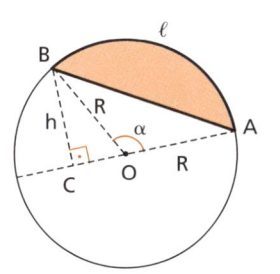

b) Usando α em radianos

$$A_{segm} = \frac{\alpha R^2}{2} - \frac{1}{2} R \cdot R \operatorname{sen} \alpha \qquad \boxed{A_{segm} = \frac{R^2}{2}(\alpha - \operatorname{sen} \alpha)}$$

261. Área da coroa circular

$$A_{coroa} = \pi R^2 - \pi r^2 \Rightarrow \boxed{A_{coroa} = \pi(R^2 - r^2)}$$

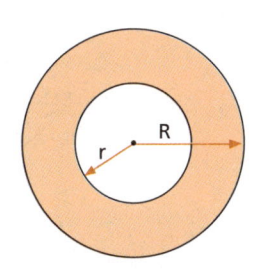

ÁREAS DE SUPERFÍCIES PLANAS

V. Razão entre áreas

262. Razão entre áreas de dois triângulos semelhantes

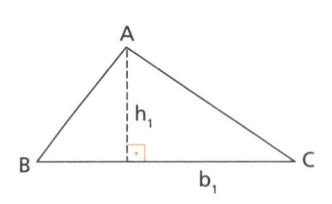

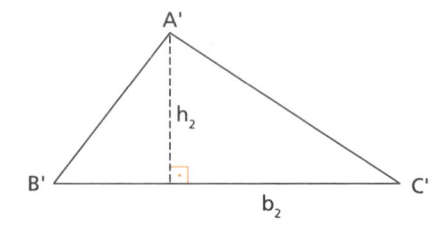

Área do triângulo ABC = S_1 Área do triângulo A'B'C' = S_2

$\triangle ABC \sim \triangle A'B'C' \Rightarrow \dfrac{b_1}{b_2} = \dfrac{h_1}{h_2} = k$ (razão de semelhança)

$$\dfrac{S_1}{S_2} = \dfrac{\frac{1}{2}b_1 h_1}{\frac{1}{2}b_2 h_2} = \dfrac{b_1}{b_2} \cdot \dfrac{h_1}{h_2} = k \cdot k = k^2 \Rightarrow \dfrac{S_1}{S_2} = k^2$$

Conclusão: A razão entre as áreas de dois triângulos semelhantes é igual ao quadrado da razão de semelhança.

263. Razão entre áreas de dois polígonos semelhantes

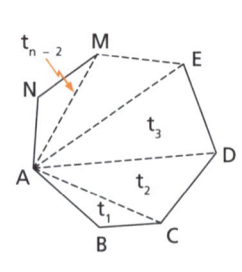

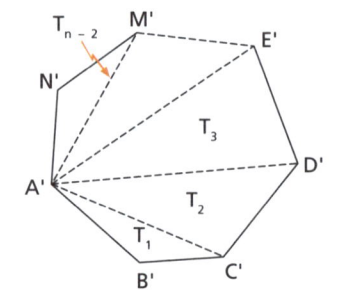

Área de ABCDE...MN = S_1 Área de A'B'C'D'...M'N' = S_2

ABCDE...MN ~ A'B'C'D'...M'N' $\Rightarrow$ $\triangle$ABC ~ $\triangle$A'B'C' e

$\triangle$ACD ~ $\triangle$A'C'D' e ... e $\triangle$AMN ~ $\triangle$A'M'N' $\Rightarrow$ $\dfrac{AB}{A'B'} = \dfrac{BC}{B'C'} =$

$= ... = \dfrac{MN}{M'N'} = k$ (razão de semelhança)

Áreas dos triângulos que compõem esses polígonos:

Área $\triangle$ABC $= t_1$, Área $\triangle$ACD $= t_2$, ..., Área $\triangle$AMN $= t_{n-2}$

Área $\triangle$A'B'C' $= T_1$, Área $\triangle$A'C'D' $= T_2$, ..., Área $\triangle$A'M'N' $= T_{n-2}$

Foi provado no item anterior que:

$$\dfrac{t_i}{T_i} = k^2 \Rightarrow t_i = k^2 T_i \text{ para } i = 1, 2, 3, ..., n-2$$

Então:

$$\dfrac{S_1}{S_2} = \dfrac{t_1 + t_2 + t_3 + ... + t_{n-2}}{T_1 + T_2 + T_3 + ... + T_{n-2}} =$$

$$= \dfrac{k^2 T_1 + k^2 T_2 + k^2 T_3 + ... + k^2 T_{n-2}}{T_1 + T_2 + T_3 + ... + T_{n-2}} \Rightarrow \dfrac{S_1}{S_2} = k^2$$

Conclusão: A razão entre as áreas de dois polígonos semelhantes é igual ao quadrado da razão de semelhança.

264. Observação

A propriedade acima é extensiva a quaisquer superfícies semelhantes e, por isso, vale:

A razão entre as áreas de duas superfícies semelhantes é igual ao quadrado da razão de semelhança.

ÁREAS DE SUPERFÍCIES PLANAS

EXERCÍCIOS

892. Determine a área do círculo e o comprimento da circunferência nos casos:

a) 5 m (raio)

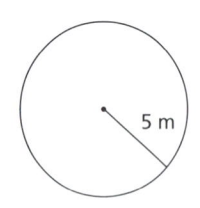

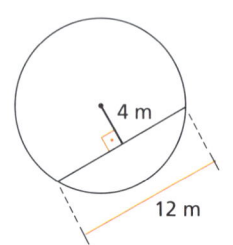

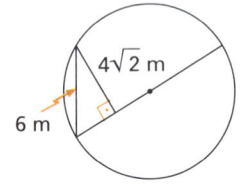

b) 12 m (corda passando pelo centro)

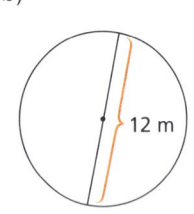

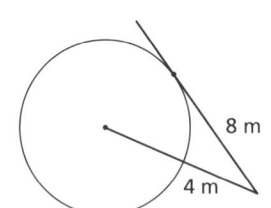

c) d (diâmetro)

d) 4 m (distância do centro à corda), 12 m (corda)

e) 8 m (tangente), 4 m (raio)

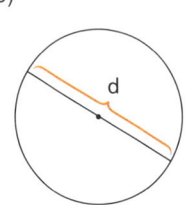

f) 6 m, 4 m, 2 m

g) $4\sqrt{2}$ m, 6 m

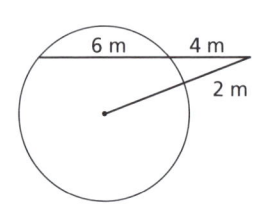

893. Determine a área do círculo nos casos:
a) PA = 4 m, PQ = 8 m, s ⊥ t 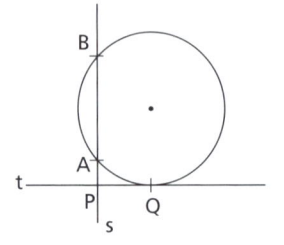
b) BC = 30 m, AM = 25 m

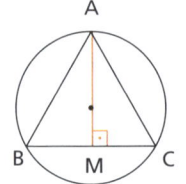

894. Determine a área da coroa circular nos casos:

a) [4 m, 6 m]

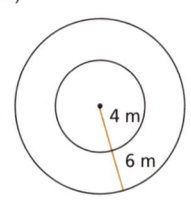

b) [10 m]

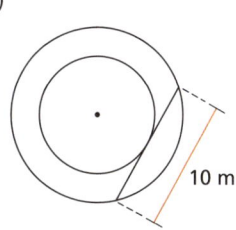

c) [4 m, 8 m]

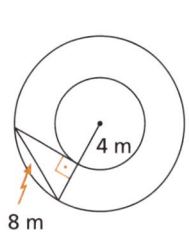

895. Determine a área de cada setor circular sombreado nos casos abaixo, sendo 6 m o raio.

a) 40°

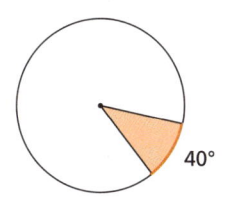

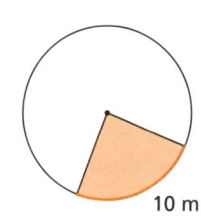

b) 70°

c) 10 m

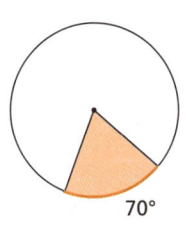

d) 6 m

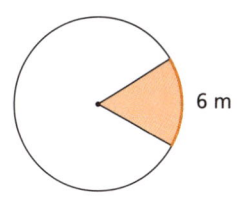

896. Determine as áreas dos setores de medidas indicadas abaixo, sendo 60 cm o raio do círculo.

a) 90°   b) 60°   c) 45°   d) 120°   e) 17°   f) 5°15'

897. Determine a área do segmento circular sombreado, nos casos a seguir, sendo 6 m o raio do círculo.

a) 45°

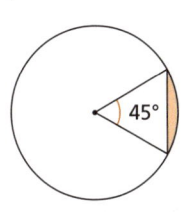

b) 30°

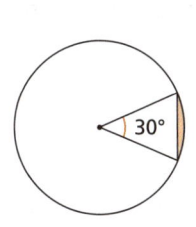

c) 120°

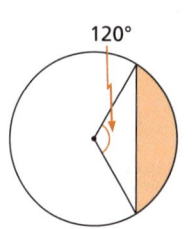

ÁREAS DE SUPERFÍCIES PLANAS

898. Determine as áreas dos segmentos circulares cujas medidas dos arcos são dadas abaixo, sendo 12 m o raio do círculo.
a) 60°   b) 90°   c) 135°   d) 150°

899. Determine a área de um círculo, sabendo que o comprimento de sua circunferência é igual a 8π cm.

900. Calcule a área de um setor circular de raio r e ângulo central medindo:
a) 30°   b) 45°   c) 60°   d) 90°   e) 120°   f) 135°   g) 150°

901. Calcule a área de um segmento circular de um círculo de raio R e ângulo central medindo:
a) 30°   b) 45°   c) 60°   d) 90°   e) 120°   f) 135°   g) 150°

902. Determine a área de uma coroa determinada por duas circunferências concêntricas de raios 15 cm e 12 cm.

903. Determine a área da região sombreada nos casos:

a) quadrado de lado 8 m

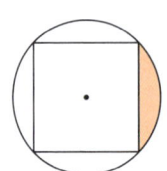

d) quadrado de lado 8 m

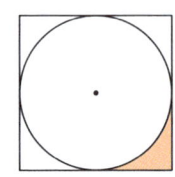

b) hexágono regular de lado 6 m

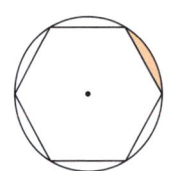

e) hexágono regular de lado 12 m

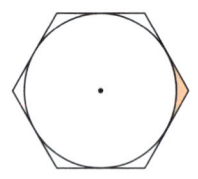

c) triângulo equilátero de lado 12 m

f) triângulo equilátero de 6 m de lado

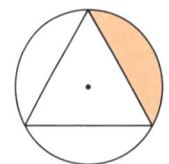

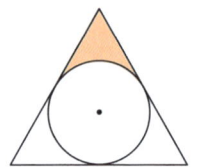

904. Calcule a área da figura sombreada, sendo ABCD um quadrado.

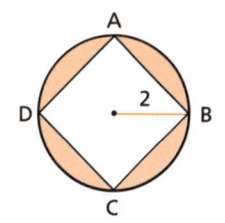

905. Determine a área da figura sombreada ao lado, em função do raio r do círculo inscrito no triângulo equilátero ABC.

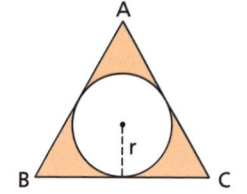

906. Na figura ao lado, o apótema do hexágono regular mede $5\sqrt{3}$ cm. Determine a área sombreada.

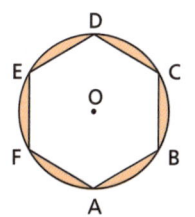

907. O apótema do triângulo equilátero ABC inscrito no círculo mede $\sqrt{3}$ cm. Calcule a área sombreada.

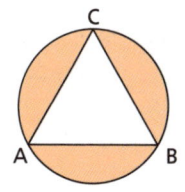

908. Calcule a área da parte sombreada, sabendo que o quadrilátero dado é um quadrado.

a)

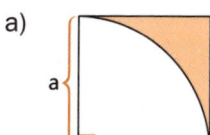

b)

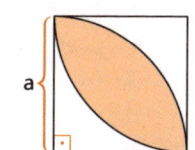

c)

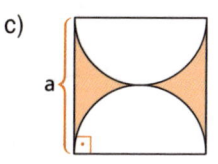

ÁREAS DE SUPERFÍCIES PLANAS

909. Calcule a área da superfície sombreada.
   a) quadrado 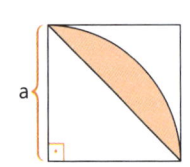
   b) retângulo 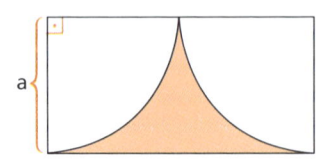
   c) quadrado

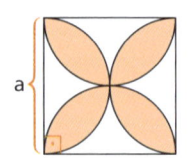

910. ABCD, nas figuras abaixo, é um quadrado de perímetro 16 cm. Determine as áreas sombreadas.
   a) 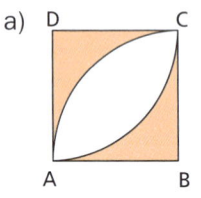
   b)

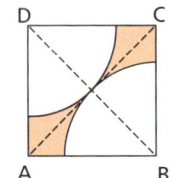

911. Determine a área sombreada, nas figuras abaixo, sabendo que os três quadrados ABCD têm lado medindo 2 cm.
   a) 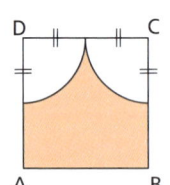
   b) 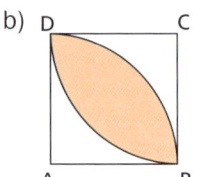
   c)

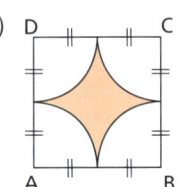

912. Calcule a área sombreada, em função do lado a do quadrado ABCD.

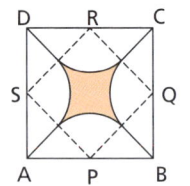

913. Determine a área da região sombreada.
   a) ABCD é quadrado 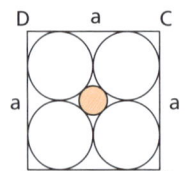
   b) 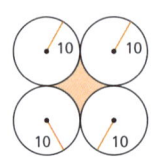
   c)

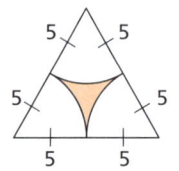

d)
A, 60°, O, r = 12, B

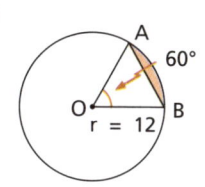

e) △ABC é equilátero
C, O, r = 8, A, B

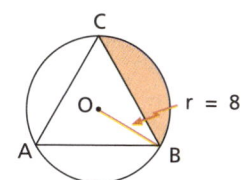

914. Determine a área sombreada, na figura, sabendo que o lado do losango tem medida igual à sua diagonal menor e que ambos medem 10 cm. Os arcos descritos têm centros nos vértices do losango e raio igual à metade do lado do losango.

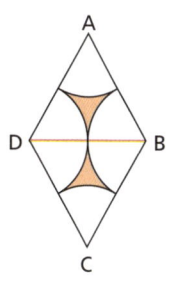

915. Determine a área sombreada, nas figuras abaixo, sendo AC o triplo de CB e AB igual a 32 cm.

a)

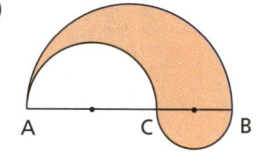

b)

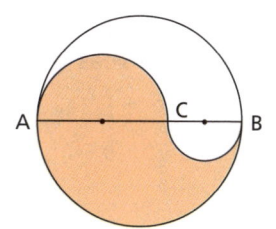

916. Calcule a área da parte sombreada.

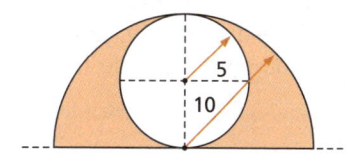

917. Nas figuras abaixo, determine a área sombreada, sabendo que AB igual a 20 cm.

a) 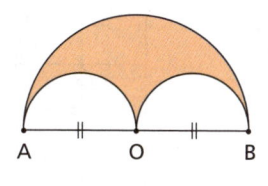
$\overline{AO} \equiv \overline{OB}$

b) 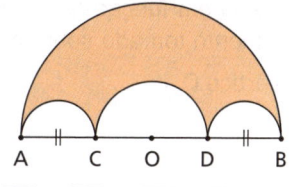
$\overline{AC} \equiv \overline{CO} \equiv \overline{OD} \equiv \overline{DB}$

ÁREAS DE SUPERFÍCIES PLANAS

918. Na figura ao lado, $\overline{AM}$, $\overline{MB}$, $\overline{BC}$, $\overline{AD}$ têm mesma medida. Determine a área sombreada, sabendo que o perímetro do retângulo ABCD mede 42 cm.

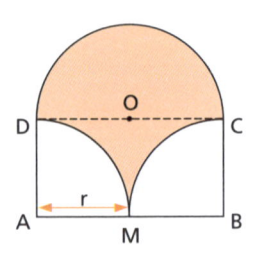

919. Calcule a área da figura sombreada.

a)

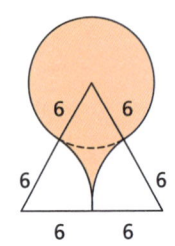

b)

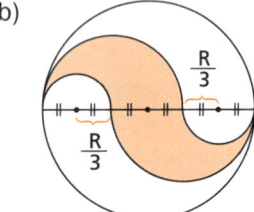

920. Determine a área da figura sombreada, ao lado, sabendo que $\overline{AB}$ foi dividido em quatro segmentos congruentes, de medidas iguais a r.

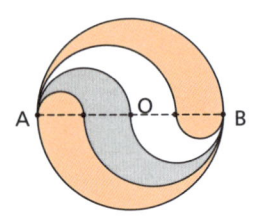

921. Na figura, o segmento $\overline{AP}$ é congruente ao segmento $\overline{AC}$ e a distância AB mede r. Calcule a área sombreada em função de r.

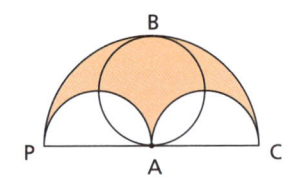

922. Na figura, ABCD é um quadrado. Determine a área sombreada em função de a, sendo a a medida de um segmento tomado sobre o lado do quadrado, a $\frac{1}{3}$ do vértice C.

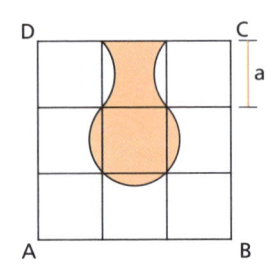

923. Seja ABCDEF um hexágono regular inscrito num círculo cujo raio mede 1 cm. Calcule a área sombreada.

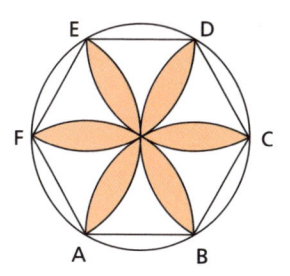

924. Determine a área da figura sombreada, em função de m.

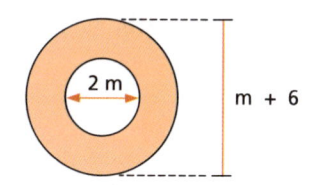

925. Na figura ao lado, $\overline{AC}$ e $\overline{AB}$ são tangentes à circunferência menor. Calcule a área sombreada em função de r.

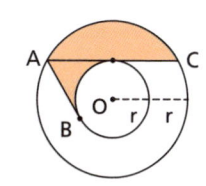

926. Determine a área sombreada ao lado, sabendo que os raios dos círculos são iguais e ABCD é um quadrado de perímetro 16 cm.

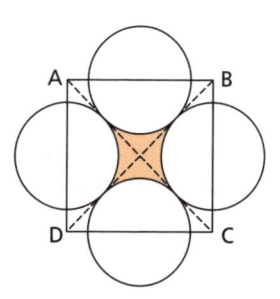

927. Calcule a área da superfície sombreada.

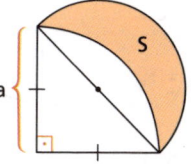

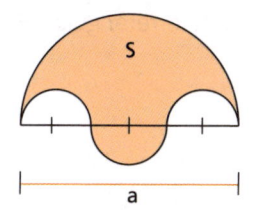

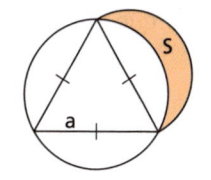

a)

b)

c)

ÁREAS DE SUPERFÍCIES PLANAS

928. Na figura ao lado, determine a área da parte sombreada em função do raio r do círculo, sendo $\overline{AB}$ e $\overline{BC}$ os lados de um quadrado inscrito nesse círculo.

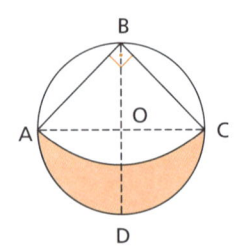

929. Na figura ao lado, C é o ponto médio de $\overline{AB}$, que mede 8 cm. Determine a área sombreada, sabendo que o ângulo $B\hat{O}A$ mede 120°.

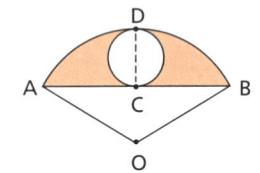

930. Em um círculo de 20 m de diâmetro, traça-se um ângulo central $A\hat{O}B$ de 30°. Sendo $\overline{AC}$ a perpendicular baixada do ponto A sobre o raio $\overline{OB}$, calcule a área da parte sombreada.

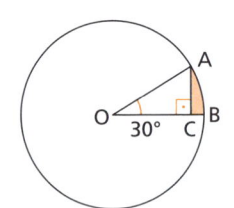

931. Calcule a área da parte sombreada.

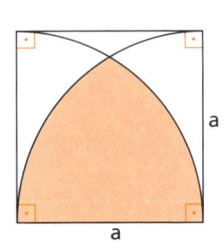

932. Determine a área sombreada, sabendo que o raio comum OO' dos círculos mede 26 cm.

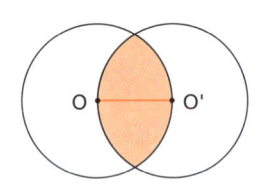

933. Determine a área sombreada na figura ao lado, sabendo que a hipotenusa do triângulo retângulo ABC mede 10 cm.

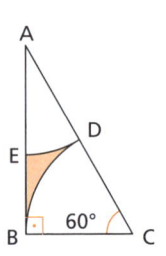

934. Determine a área e o perímetro da figura BED, inscrita no triângulo retângulo ABC, sabendo que AC mede 10 cm, o ângulo $\hat{C}$ mede 45° e que os arcos $\stackrel{\frown}{BD}$ e $\stackrel{\frown}{ED}$ têm seus centros, respectivamente, nos pontos C e A.

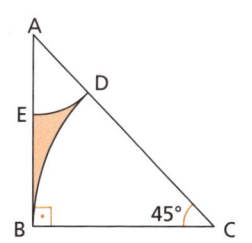

935. Determine a área sombreada ao lado, sendo ABC um triângulo equilátero e R o raio do círculo circunscrito a esse triângulo.

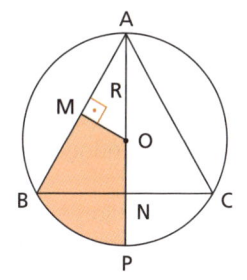

936. Determine a área sombreada, na figura ao lado, em função do raio *r* do círculo inscrito no triângulo retângulo isósceles ABC.

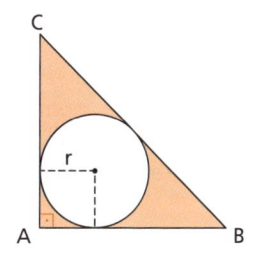

937. Os pontos A, B e C são centros dos três círculos tangentes exteriormente, como na figura ao lado. Sendo as distâncias $\overline{AB}$, $\overline{AC}$ e $\overline{BC}$ respectivamente iguais a 10 cm, 14 cm e 18 cm, determine as áreas desses três círculos.

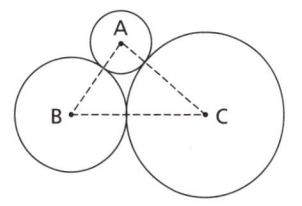

938. Determine a razão entre as áreas dos círculos circunscrito e inscrito em um quadrado ABCD de lado *a*.

939. Unindo-se um ponto P de uma semicircunferência às extremidades do diâmetro, obtemos um triângulo retângulo de catetos iguais a 9 cm e 12 cm, respectivamente. Determine a razão entre a área do círculo e a área do triângulo retângulo.

940. Determine a razão entre as áreas dos círculos inscrito e circunscrito a um hexágono regular.

ÁREAS DE SUPERFÍCIES PLANAS

941. Determine a área de um segmento circular de 60° de um círculo que contém um setor circular de 6π cm² de área, sendo 2π cm o comprimento do arco desse setor.

942. Determine a razão entre as áreas dos segmentos circulares em que fica dividido um círculo no qual se traça uma corda igual ao raio do círculo.

943. Duas circunferências iguais de raio r, tangentes entre si, tangenciam internamente uma outra circunferência de raio 3r. Calcule a menor das duas áreas limitadas por arcos das três circunferências.

944. Calcule a área da superfície limitada por seis círculos de raio unitário com centros nos vértices de um hexágono regular de lado 2.

945. Num triângulo retângulo, a é a medida da hipotenusa, b e c as dos catetos. Constroem-se os semicírculos de diâmetros b e c externos ao triângulo, e o semicírculo de diâmetro a circunscrito ao triângulo. As regiões dos dois primeiros semicírculos externos à terceira são chamadas "lúnulas de Hipócrates". Mostre que a soma das áreas das lúnulas é igual à área do triângulo.

946. Sobre os lados de um triângulo retângulo, tomados como diâmetros, constroem-se semicircunferências externas ao triângulo. Qual a relação entre as áreas dos semicírculos determinados?

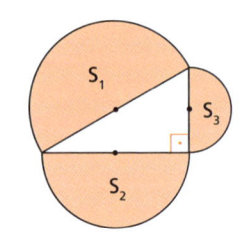

947. Na figura ao lado, calcule a área sombreada, sendo os dois círculos tangentes entre si e tangentes às duas semirretas nos pontos B, C, D, E, dado o ângulo DÂE = 60°, e R o raio do círculo maior.

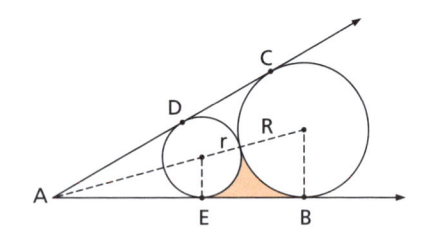

948. Sejam $\overline{BD}$ e $\overline{CD}$ as projeções dos catetos $\overline{AB}$ e $\overline{AC}$ sobre a hipotenusa $\overline{BC}$ do triângulo retângulo BAC. Determine a área sombreada, sabendo que esses catetos medem, respectivamente, 1,5 cm e 2 cm.

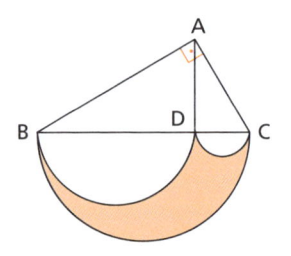

ÁREAS DE SUPERFÍCIES PLANAS

949. Na figura ao lado, prove que a área S_1 é igual a S_2, sendo ABCD um quadrado.

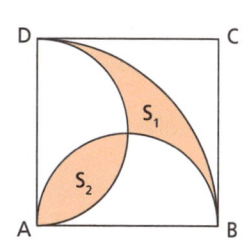

950. Sejam um semicírculo C de diâmetro $AB = 2r$, um ponto M pertencente a $\overline{AB}$ e $\overline{MP} \perp \overline{AB}$. Construamos os semicírculos de diâmetros $\overline{AM}$ e $\overline{MB}$. Os três semicírculos limitam uma superfície S (região sombreada). Mostre que a área de S é igual à área do círculo de diâmetro $\overline{MP}$.

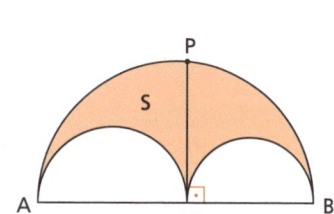

951. Calcule a área da parte sombreada, sendo $AB = t$ e r o raio do círculo maior.

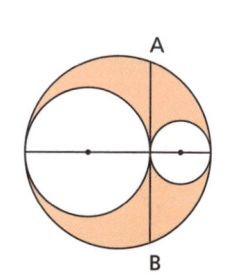

952. Sejam A, B, C e D as áreas sombreadas da figura. Prove que $S = A + B + C + D$, onde S é a área do quadrado MNPQ.

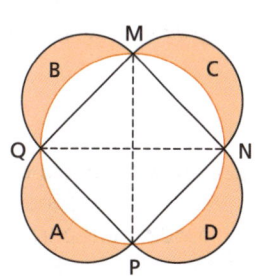

953. Qual a razão entre o raio de um círculo circunscrito e o raio de um círculo inscrito em um triângulo ABC de lados a, b, c e perímetro $2p$?

954. Determine o raio do círculo circunscrito e os lados congruentes de um triângulo isósceles ABC, cuja base $\overline{BC}$ mede 18 cm, sendo 6 cm a medida do raio do círculo inscrito nesse triângulo.

955. Dado um triângulo equilátero e sabendo que existe outro triângulo inscrito com os lados respectivamente perpendiculares aos do primeiro, calcule a relação entre as áreas dos dois triângulos.

ÁREAS DE SUPERFÍCIES PLANAS

956. O produto da medida de cada lado do triângulo pela medida da altura do vértice oposto é constante. Demonstre.

957. Calcule a área de um retângulo, sabendo que cada diagonal mede 10 cm e forma um ângulo de 60°.

958. Determine a área de um quadrado cujo perímetro é igual ao perímetro de um hexágono regular inscrito numa circunferência de raio $\dfrac{r}{2}$.

959. Um losango e um quadrado têm o mesmo perímetro. Determine a razão da área do losango para a área do quadrado, sabendo que o ângulo agudo formado por dois lados do losango mede 60°.

960. Paulo e Carlos possuem tabletes de chocolate de forma, respectivamente, quadrada e retangular. O tablete de Paulo tem 12 cm de perímetro e o tablete de Carlos tem a base igual ao triplo da altura e perímetro igual a 12 cm. Sabendo que os tabletes possuem mesma espessura e que Paulo propôs a troca com Carlos, verifique se é vantagem para Carlos aceitar a troca.

961. A que distância do vértice A de um triângulo ABC, de altura, relativa a $\overline{BC}$, igual a h, devemos conduzir uma reta paralela a $\overline{BC}$ para que a área do trapézio obtido seja igual a 3 vezes a área do triângulo obtido?

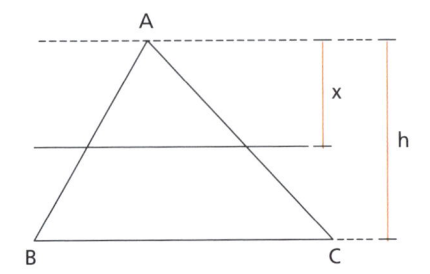

962. A que distância da base de um triângulo de altura, relativa a essa base, igual a h devemos conduzir uma reta paralela a essa base para que o triângulo fique dividido em partes de áreas iguais?

963. As bases de um trapézio medem 8 m e 18 m e a sua altura 15 m. A que distância da base maior devemos conduzir uma reta paralela às bases para que os dois trapézios obtidos sejam semelhantes?

964. Os lados de dois heptágonos regulares medem 8 m e 15 m. Quanto deve medir o lado de um terceiro heptágono, também regular, para que sua área seja igual à soma das áreas dos dois primeiros?

965. Os perímetros de dois polígonos semelhantes P_1 e P_2 são 60 m e 90 m, respectivamente. Se a área de P_1 é de 144 m², determine a área de P_2.

ÁREAS DE SUPERFÍCIES PLANAS

966. Dois lados homólogos de dois pentágonos semelhantes medem 6 cm e 8 cm, respectivamente. Determine o lado do terceiro pentágono semelhante aos dois primeiros, sabendo que sua área é igual à soma das áreas dos dois primeiros pentágonos.

967. Determine a área de um quadrado, sabendo que seu lado é segmento áureo do lado do quadrado inscrito, num círculo de raio 10 cm.

968. Determine a área de um triângulo retângulo isósceles, sabendo que sua hipotenusa é igual à oitava parte do perímetro de um quadrado inscrito em um círculo de raio 2r.

969. Determine a área de um quadrado inscrito e de um quadrado circunscrito a um círculo de raio r.

970. Determine a razão entre a área de um decágono regular inscrito em um círculo de raio R e a área do pentágono regular inscrito nesse mesmo círculo.

971. Determine a área de um octógono regular, sendo 80 cm o seu perímetro.

972. Determine a área de um octógono inscrito em um círculo cujo raio mede 6 cm.

973. Determine a área da figura obtida quando sobre os lados de um quadrado construímos quatro triângulos equiláteros, sabendo que essa figura está inscrita em um círculo de raio R.

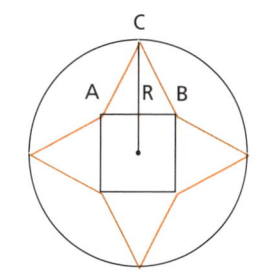

974. Seja um círculo de diâmetro $\overline{AB}$ igual a 34 cm e uma corda $\overline{CD}$ de comprimento $17\sqrt{3}$ cm perpendicular a esse diâmetro por um ponto M desse diâmetro, não coincidente com o centro do círculo. Determine a área do quadrilátero ACBD.

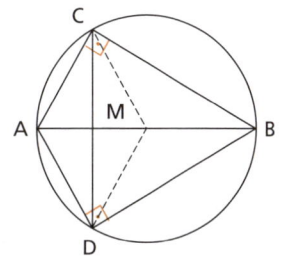

975. Determine a área de um quadrado inscrito num círculo em função da diagonal menor d de um dodecágono regular inscrito no mesmo círculo.

ÁREAS DE SUPERFÍCIES PLANAS

976. Determine a razão entre a soma das áreas de dois triângulos equiláteros construídos sobre os catetos de um triângulo retângulo e a área de um quadrado construído sobre a hipotenusa desse triângulo, sabendo que um dos catetos mede 21 cm e o ângulo agudo oposto a ele mede 30°.

977. Em um círculo de raio igual a 5 cm está inscrito um retângulo de área igual a 25 cm². Calcule o ângulo formado pelas diagonais desse retângulo.

978. Sobre cada lado de um hexágono regular e externamente a este constrói-se um quadrado. Unindo-se os vértices dos quadrados de modo a obter um dodecágono regular, determine a área desse dodecágono em função do lado do hexágono que está inscrito em um círculo de raio R.

979. Sendo r o raio do círculo inscrito e r_a, r_b, r_c os raios dos círculos ex-inscritos num triângulo de área S, prove que:

$$S = \sqrt{r \cdot r_a \cdot r_b \cdot r_c}$$

980. Calcule a área S, sabendo que ABCD é um quadrado e DEF é um triângulo, ambos de lados de medida a.

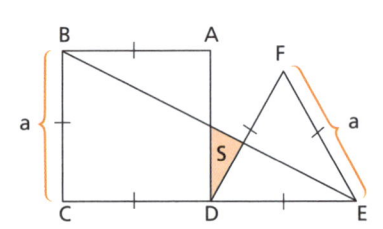

981. Determine a área de um quadrado inscrito em um triângulo equilátero em função do raio R do círculo circunscrito a esse triângulo.

982. Determine a razão entre a área de um quadrado e a área de um triângulo equilátero inscritos num círculo de raio r.

983. Os lados de um triângulo retângulo são proporcionais aos números 3, 4 e 5. A mediana relativa à hipotenusa tem medida igual ao raio de um círculo circunscrito ao triângulo. Determine a área do triângulo em função do raio r do círculo.

984. As projeções que os catetos de um triângulo retângulo determinam na hipotenusa medem 16 cm e 9 cm. Determine a razão entre a área do círculo inscrito e a área do círculo circunscrito a esse triângulo.

985. Determine a razão entre o raio do círculo circunscrito e o raio do círculo inscrito em um triângulo ABC isósceles de base BC = a, sendo 120° o ângulo do vértice do triângulo.

986. Determine o lado de um losango em função do raio r do círculo nele inscrito, de modo que a área do losango seja igual ao dobro da área desse círculo.

ÁREAS DE SUPERFÍCIES PLANAS

987. Dois eneágonos regulares convexos têm lados respectivamente iguais a 2 cm e 3 cm. Determine o lado do eneágono regular convexo cuja área é igual à soma das áreas dos dois primeiros.

988. Determine a área sombreada da figura em função do raio r dos três círculos interiores ao círculo maior.

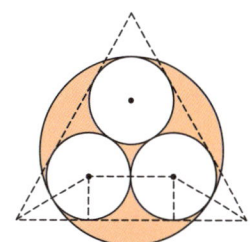

989. P e Q são os centros dos círculos, na figura. Sendo PQ = 6 cm, calcule a área sombreada.

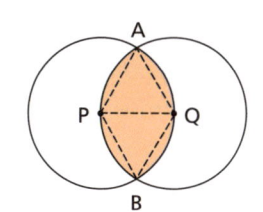

990. Seja um segmento de reta $\overline{AB}$ de medida 4a e ponto médio M. Constroem-se dois semicírculos com centros nos pontos médios de $\overline{AM}$ e $\overline{MB}$ e raios iguais a a. Com centros, respectivamente, em A e B, raios iguais a 4a, descrevem-se os arcos $\widehat{BC}$ e $\widehat{AC}$. Calcule a área da figura assim construída (vide figura).

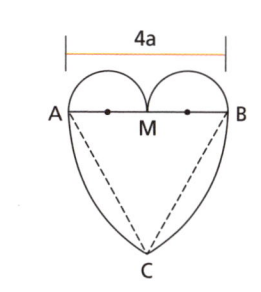

991. Consideremos o triângulo ABC, da figura ao lado, cujos lados $\overline{BC}$, $\overline{AC}$ e $\overline{AB}$ medem, respectivamente, 13 cm, 15 cm e 14 cm. A altura $\overline{CD}$ mede 12 cm, e o triângulo AEF tem área igual à metade da área do triângulo ABC. Determine a medida do segmento $\overline{AE}$, sendo $\overline{EF}$ paralelo a $\overline{CD}$.

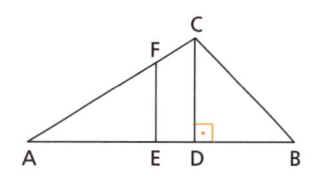

992. Determine a área sombreada em função do lado a do triângulo equilátero, sabendo que os três círculos têm mesmo raio.

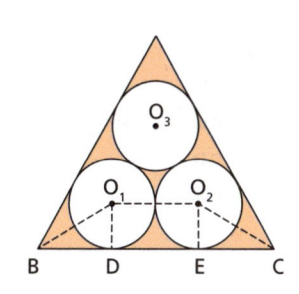

ÁREAS DE SUPERFÍCIES PLANAS

993. Na figura ao lado, calcule a distância BE, sabendo que a área do quadrado ABCD é igual a 256 cm², a área do triângulo ECF é igual a 200 cm² e $\overline{EC}$ é perpendicular a $\overline{CF}$.

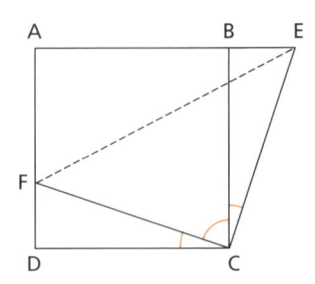

994. Determine a área de um círculo inscrito em um setor circular de 60°, sendo 12π cm o comprimento do arco do setor.

995. Determine a área do quadrilátero formado pelas bissetrizes dos ângulos internos de um paralelogramo ABCD, sabendo que os lados $\overline{AB}$ e $\overline{BC}$ medem, respectivamente, 8 cm e 10 cm e que um de seus ângulos mede 120°.

996. Consideremos o triângulo equilátero AEF, inscrito no quadrado ABCD de lado a. Calcule a área desse triângulo, sabendo que $\overline{CE}$ é congruente a $\overline{CF}$.

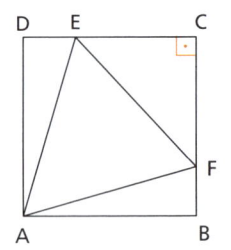

997. ABC é um triângulo equilátero cujo lado mede $8\sqrt{3}$ cm. Determine a área do triângulo retângulo APM, sabendo que $\overline{MP} \perp \overline{AB}$, $\overline{DM} \perp \overline{AC}$ e $\overline{AD} \perp \overline{BC}$.

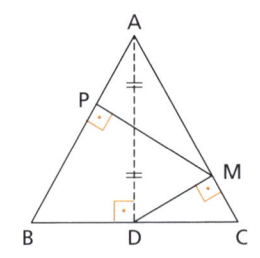

998. Determine a razão entre a área do triângulo ABC e a área do triângulo MNP da figura ao lado, sendo que:
$\overline{AM} \equiv \overline{MP'} \equiv \overline{P'B}$
$\overline{BP} \equiv \overline{PN'} \equiv \overline{N'C}$
$\overline{CN} \equiv \overline{NM'} \equiv \overline{M'A}$

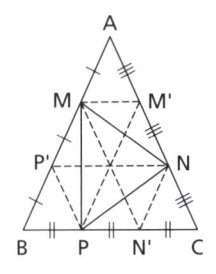

999. Calcule a área de um trapézio que se obtém ligando os pontos de tangência de duas retas tangentes externas a dois círculos tangentes exteriormente, sabendo que os raios dos círculos medem 9 cm e 4 cm, e a soma das bases do trapézio 24 cm.

1000. Entre os triângulos de mesma base e mesmo ângulo do vértice oposto a essa base, qual o de maior área?

1001. Num terreno em forma de triângulo retângulo, de catetos 32 e 27, quer-se construir um edifício de base retangular, de lados paralelos aos catetos. Quais devem ser as dimensões da base do edifício de modo a haver maior aproveitamento do terreno?

1002. Dá-se um trapézio ABCD de bases AB = a, CD = b (a > b) e de altura h. Demonstre que a diferença das áreas dos triângulos que têm por bases $\overline{AB}$ e $\overline{CD}$, respectivamente, e por vértice oposto o ponto de concurso das diagonais é $\dfrac{(a-b) \cdot h}{2}$.

1003. Calcule a área de um decágono convexo regular inscrito em um círculo de raio 2 cm.

1004. No interior de um triângulo tomamos três circunferências de mesmo raio e tangentes entre si e aos lados do triângulo, como mostra a figura. Sendo o triângulo retângulo de catetos BC = 3 cm e AC = 4 cm, determine o raio dessas circunferências.

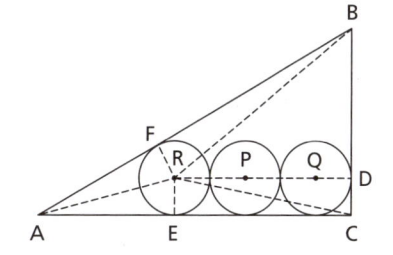

1005. Determine a área de um trapézio, sabendo que seus lados paralelos são formados por duas cordas situadas num mesmo semicírculo de 8 cm de diâmetro e que uma das cordas é o lado de um hexágono regular inscrito e a outra o lado de um triângulo equilátero inscrito no círculo.

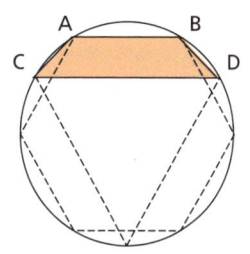

1006. Os lados de um triângulo ABC são três números inteiros consecutivos. Determine as alturas relativas a esses lados, sabendo que o número que mede a área é o dobro do que mede o perímetro do triângulo.

ÁREAS DE SUPERFÍCIES PLANAS

1007. Inscreva num círculo um retângulo de área a^2. Mostre que esse retângulo é um quadrado.

1008. A superfície de um triângulo retângulo é 120 cm² e sua hipotenusa vale a cm. Determine os catetos e o menor valor que a pode tomar.

1009. Mostre que a soma das distâncias de um ponto da base de um triângulo isósceles aos lados de medidas iguais é constante.

1010. Na figura temos um setor circular de 60° e raio 18 m e uma circunferência inscrita nele. Determine a área da região sombreada.

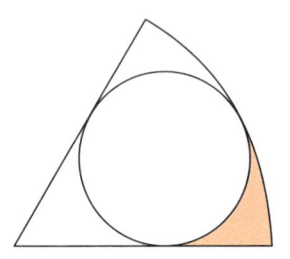

1011. Por um ponto P, interno de um triângulo, conduzimos retas paralelas aos lados. Se as áreas dos triângulos com um vértice em P, determinados por essas retas e pelos lados do triângulo original, são A, B, C, determine a área do triângulo original.

1012. Na figura temos um quadrado de lado a. Os arcos têm centros nos vértices do quadrado. Determine a área da região sombreada.

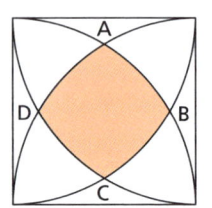

Respostas dos exercícios

Capítulo I

1. a) V b) V c) V d) V e) F
2. a) F b) V c) F d) V e) F
3. a) V b) V c) V d) V
4. 4 retas
5. a) V b) V c) V

Capítulo II

6. a) 10 cm b) 4 cm c) 7 cm d) 14 cm
7. a) 7 b) 6
8. a) 11 b) 32
9. a) 42 b) 24
10. 8
11. 3
12. Infinitos. Um único.
13. a) F b) F c) V d) F e) V f) F
14. 25
15. $\overline{PA} + \overline{PB} = \overline{AB}$
17. AB = 24 cm
BC = 8 cm
CD = 4 cm
18. Sai por soma.
19. 8 cm ou 32 cm
20. AB = 35 cm e BC = 7 cm
21. (36 cm e 9 cm) ou (60 cm e 15 cm)
22. 36 cm ou 45 cm ou 20 cm
23. (BM = MC, AB + BM = AM,
MC + CD = MD, AB = CD) $\Rightarrow$ AM = MD
24. (AB = AC − BC, CD = BD − BC,
AC = BD) $\Rightarrow$ AB = CD
(BM = MC, AB + BM = AM,
MC + CD = MD, AB = CD) $\Rightarrow$
$\Rightarrow$ AM = MD
25. $\overline{AM} \equiv \overline{MB} \equiv \overline{BN} \equiv \overline{NC} \Rightarrow \overline{AM} + \overline{MB} \equiv$
$\equiv \overline{MB} + \overline{BN} \Rightarrow \overline{AB} \equiv \overline{MN}$

Capítulo III

29. a) 31° 10' d) 111° 3'
b) 47° 30' e) 31°
c) 65° 41' 3"
30. a) 46° 15' b) 26° 5"
31. a) 15° 5' 15" c) 44° 44' 30"
b) 10° 55' d) 39° 29' 15"
32. a) 21° 11' 30" b) 31° 17' 30"
33. a) 23° 24' 27" c) 10° 36' 44,4"
b) 10° 30' 55"
34. a) 20° b) 55° c) 60° d) 23° e) 25°
35. São adjacentes e suplementares.
37. a) 25° b) 30°
38. a) 60° b) 120° c) 120°

39. a) 15° b) 10°
40. a) F b) V c) F d) F e) F
41. a) F b) F c) F d) F e) F
42. São complementares.
Não são adjacentes.
43. 10°
44. 40° e 80°
45. a) 65° b) 43° c) 52° 35'
46. a) 108° b) 39° c) 86° 45'
47. a) 90° − x f) $\dfrac{90° - x}{7}$
b) 180° − x g) $\dfrac{180° - x}{5}$
c) 2(90° − x) h) $90° - \dfrac{x}{3}$
d) $\dfrac{180° - x}{2}$ i) $3\left(180° - \dfrac{x}{5}\right)$
e) 3(180° − x)
48. 60°
49. 67° 30'
50. 72°
51. 36°
53. 123°
54. 55°
55. 30°
56. 111°
57. 30°
59. 80°
60. 15°
62. 50°
63. 135° e 45°
64. 60° e 120°
65. 50°
66. 40°
67. 54°
68. 70°
69. 40° e 140°
70. 156°
71. 36° e 54°
72. 135°
73. 16° e 16°
74. 108°

75. Duas semirretas de mesma origem que formam um ângulo de 180° são opostas.
77. a + a + b + b = 90° ⇒ a + b = 45°
78. 68°
79. 64° ou 144°

Capítulo IV

80. a) F c) F e) F g) V
b) V d) F f) V h) F
81. a) F b) F c) F d) F e) F
82. 12
83. x = 8, y = 6
84. 18
85. 20°
86. 50°
87. x = 85°, y = 50°
88. a) x = 4, y = 9
b) x = 4, y = 3
89. 25 cm
90. 30 m e 30 m
91. a) 45 b) 39
92. 3 m, 6 m, 6 m
93. a) LAL e) LAA$_0$
b) LLL f) LAL ou ALA ou LAA$_0$
c) LAA$_0$
d) LAA$_0$ g) caso especial
94. T$_1$ ≡ T$_8$ (LAL) T$_4$ ≡ T$_{11}$ (ALA)
T$_2$ ≡ T$_7$ (LAL) T$_6$ ≡ T$_{10}$ (LLL)
T$_3$ ≡ T$_5$ (LAL) T$_9$ ≡ T$_{12}$ (LAA$_0$)
95. a) I ≡ II (LAL)
b) I ≡ III (ALA)
c) I ≡ III (caso especial)
96. a) △ABC ≡ △ADC (LAL)
b) △ACB ≡ △ECD (LAA$_0$)
c) △CAB ≡ △FDE (LAL)
d) △EBA ≡ △ECD (LLL) ou
△ECA ≡ △EBD (LLL)
97. Porque existem triângulos que têm ALL (ou LLA) e não são congruentes. Por exemplo, os triângulos ABC e ABC' da figura abaixo:
 é comum
$\overline{AB}$ é comum
$\overline{BC}$ ≡ $\overline{BC'}$
AC ≠ AC'

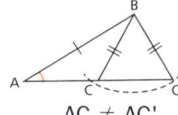

98. $\alpha = 10°$; $\beta = 12°$
99. 16; 8, AD = CD = AC = 32
100. 14; 10; 1
101. 10; 19; 1
102. 60°; 9°
103. Use ALA.
104. Use ALA.
105. Use ALA.
106. $\triangle$CBA $\equiv$ $\triangle$FDE (LAA$_0$)
107. $\triangle$BAC $\equiv$ $\triangle$EAD (ALA)
108. Use LLL.
109. Use LAL.
111. Use ALA.
112. H: $\begin{cases} \overline{AM} \text{ é bissetriz} \\ \overline{AM} \text{ é mediana} \end{cases}$ T: $\triangle$ABC é isósceles

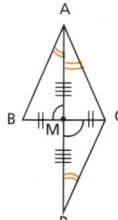

1) Tomemos P sobre a semirreta $\overrightarrow{AM}$ com M entre A e P e MP = AM.
2) $\triangle$AMB $\equiv$ $\triangle$PMC pelo LAL.
   Desta congruência obtemos:
   B$\hat{A}$M $\equiv$ C$\hat{P}$M e AB = PC
3) De B$\hat{A}$M $\equiv$ C$\hat{P}$M e $\overline{AM}$ bissetriz, obtemos:
   C$\hat{P}$M $\equiv$ C$\hat{A}$M, donde sai que $\triangle$ACP é isósceles de base $\overline{AP}$. Então AC = PC.
4) De AB = PC e PC = AC obtemos AB = = AC. Então o $\triangle$ABC é isósceles.

113. Não, |8 − 5| < 18 < 8 + 5 é falso.
114. 18 cm ou 24 cm
115. $\frac{6}{5} < x < \frac{26}{3}$
116. 38 cm
117. 15 cm
119. Use o problema anterior e considere que ao maior ângulo está oposto o maior lado.
120. Do mesmo modo que o resolvido 118.

121. Use o anterior.
122. hip. > cat. $\Rightarrow \begin{cases} a > b \\ a > c \end{cases} \Rightarrow$
$\Rightarrow 2a > b + c \Rightarrow a > \frac{b+c}{2}$
123. Use a desigualdade triangular.
$\begin{cases} a < b + c \\ a = a \end{cases} \Rightarrow 2a < a + b + c \Rightarrow$
$\Rightarrow a < \frac{a+b+c}{2}$
124.

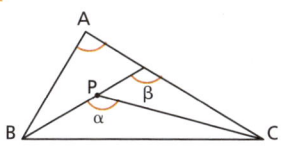

$\alpha > \beta$, $\beta > A \Rightarrow \alpha > A$
126. Use o resolvido anterior.
127. Considere os triângulos APN; BPM; MNC.
128. Considere o $\triangle$ACA' (vide figura).
$2m_a < b + c$
$2m_a > |b - c|$

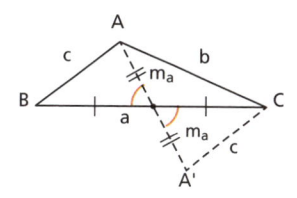

129. Use o resultado do problema anterior.

Capítulo V

130. a) 50°   b) 60°
131. a) 60°   b) 70°
132. a) x = 120°, y = 75°
       b) x = 20°, y = 50°
133. 30°
134. 160°
135. 45°
136. 7° 12'
137. 20°, 30°

RESPOSTAS DOS EXERCÍCIOS

138. 140°
139. 180°
140. a) x = 50°, y = 60°, z = 70°
b) x = 40°, y = z = 120°
141. a) 50° b) 40°
142. a) 110° b) 120°
143. a) 60° b) 50°
144. a) x = 30°, y = 40°
b) x = 30°, y = 30°
145. a) 40°, 60°, 80°
b) 30°, 60°, 90°
146. a) 40° b) 45° c) 120° d) 105°
147. a) 360° b) 900°
148. a) 50° b) 36° c) 70°
149. a) 30° e) 105°
b) 55° f) 25°
c) 80° g) x = 30°, y = 40°
d) 36° h) x = 15°, y = 40°
151. x = 10°, y = 150°
152. 72°
153. 100°
154. 52°
155. 100°
156. 5°
157. 60°
158. 15°
159. 80°
160. 110°
161. 55°, 70°
162. 70°
163. 65°
164. 70°, 125°
165. 130°
166. 116°
167. 120°, 30° e 30°
168. 20°
169. 28°
170. α é externo no △ABD e β é externo no △ACD.
171. 20°
172. 2 m
174. 50°
175. 12°

176. a) 30°, 75°, 75° c) 127° 30' e 52° 30'
b) 105°
178. 48°, 72°, 60°
179. 66°, 38°, 76°
180. 36°, 72°, 72°
181. 90°
182. 6 m
183. Faça como o 48.
184. 24°
185. 20°
186. 195°
187. 10 cm
188.

1) Indiquemos as medidas AB = AC = b e CD = a, donde obtemos BC = a + b.
2) Tracemos $\overline{AP}$ com AP = b, de modo que BÂP = 60°. Obtemos desta forma o triângulo equilátero APB de lado b.
3) Consideremos agora os triângulos PAD e ABC. Note que eles são congruentes pelo caso LAL.
Logo: PD = AC = b e AP̂D = 100°.
4) De PD = b concluímos que o △PBD é isósceles. Note que neste triângulo PBD, como P = 160°, concluímos que B̂ = D̂ = 10°.
5) Finalmente, de AB̂P = 60°, DB̂P = 10° e CB̂A = 40°, concluímos que CB̂D = 10°.

Capítulo VI

189. a) 70°, 40° b) 60°, 40°
190. a) 65° b) 61°
191. 110°
192. 40°
193. a) 25° b) 145° c) 160° d) 40°
195. 80°

196. 70°
197. 40°, 50°, 40°
198. 20°
199. 36°, 72°, 72°
201. a) 25° b) 20°
202. $\frac{10}{3}$, 30
203. 50°
204. $\frac{3\hat{B}}{2}$
205. 56°, 34°
206. 80° e 10°
207. 52°
208. Considere que a mediana relativa à hipotenusa determina dois triângulos isósceles.
209.

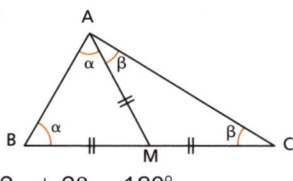

$2\alpha + 2\beta = 180°$
$\alpha + \beta = 90° \Rightarrow \hat{A} = 90°$

211. Use LAA_0.
212. Use LAL.
213. Use ALA.
214. De fato, elas formam sempre ângulos de 45° e 135°.
215. Use caso especial de congruência (△ retângulo).
217. Não, pode ser paralela ao segmento.
218. Sendo M o ponto médio de $\overline{AB}$, consideremos as retas: a paralela à reta $\overleftrightarrow{AB}$, por P, e a reta $\overleftrightarrow{PM}$.
219. cateto < hipotenusa; h_a < b; h_a < c
220. H: $\begin{cases} 1^{\underline{a}} \text{ parte: use o anterior} \\ 2^{\underline{a}} \text{ parte: verifique que} \end{cases}$
$2h_a > b + c - a$
221.

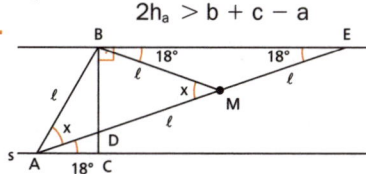

Sendo M o ponto médio de DE e indicando AB = ℓ, temos DM = EM = ℓ.
Note que também BM = ℓ.
Desta forma concluímos que os triângulos ABM e BME são isósceles. Indicando os ângulos das bases, obtemos x = 36°.

222.

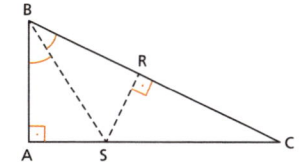

Pelo ponto S trace $\overline{SR}$ perpendicular a $\overline{BC}$ com R em $\overline{BC}$.
Note que os triângulos BAS e BRS são congruentes.
Donde vem AS = RS.   (1)
No triângulo retângulo SRC, temos:
RS < SC   (2)
De (1) e (2) vem: AS < SC.

223. 1) Note que $\hat{B} = \hat{C} = 70°$. Logo, $\overline{BP}$ é bissetriz de $\hat{B}$.
2) No △BPC, temos $\hat{B} = 35°$, $\hat{C} = 55°$. Então, $\hat{P} = 90°$.
3) No △CBE, $\overline{BP}$ é bissetriz e altura. Então, o △CBE é isósceles de base $\overline{CE}$. Logo, P é ponto médio de $\overline{EC}$.
4) Agora, como no △DEC, $\overline{DP}$ é mediana e altura, concluímos que ele é também isósceles de base $\overline{EC}$. Então, $\hat{E} = 15°$ e x = 75°.

Capítulo VII

224. a) 120° b) 75°
225. a) 130°, 70°, 95°, 65°
b) 55°, 105°, 70°, 130°
226. a) 35° b) 70°
227. a) 70° b) 100°
228. a) 220° b) 125°
229. 180°
230. a) 80°, 105° b) 125°, 70°
231. 140°, 40°

232. 115°
233. 40°
234. 34 cm
235. 56 cm
236. a) V b) F c) V d) F e) F f) V
237. a) F b) V c) V d) V
238. a) F b) F c) V
239. a) F c) F e) V g) F i) V
 b) F d) F f) V h) F j) V
240. 12 cm e 8 cm
241. 109 cm e 35 cm
242. 30 cm e 12 m
243. 50°, 130°, 50°, 130°
244. 70°, 110°, 70°, 110°
245. Se um triângulo tem dois ângulos complementares, então ele é triângulo retângulo.
246. 130°
247. 60°, 120°, 60°, 120°
248. 70°
249. 10 cm
250. 40°, 40°, 140°, 140°
251. 143°
252. 70°, 110°, 90°, 90°, 160°, 160°
253. $\dfrac{4}{3}$
254. a) 75° b) 15°
255. a) 5 b) $x = 6, y = \dfrac{19}{2}$
256. 17
257. 38 cm
259. losango: congruentes
 retângulo: perpendiculares
260. congruentes e perpendiculares
262. 16 cm e 24 cm
263. 10 cm, 6 cm, 16 cm
264. a) 4
 b) $x = 3, y = 4$
 c) $x = 10, y = 13, z = 19$
 d) $x = 20, y = 6$
265. Um triângulo retângulo que tem um ângulo de 45° é isósceles.
266. Cateto oposto a um ângulo de 30° é metade da hipotenusa (use triângulo equilátero).
267. Use o paralelogramo que elas determinam.
268. Use ângulos adjacentes e suplementares.
269. Use triângulo isósceles.
270. Use LAA_o.
271. Use base média do triângulo.
272. Use soma de ângulos de triângulo, soma dos ângulos de quadrilátero e ângulos correspondentes.
273. Una E com o ponto médio de $\overline{BC}$ e prolongue até encontrar $\overrightarrow{AB}$ e sua congruência.

Capítulo VIII

274. a) V c) V e) F g) F
 b) V d) V f) F
275. a) equilátero e) obtusângulo
 b) equilátero f) retângulo
 c) retângulo g) acutângulo
 d) obtusângulo
276. a) 3 b) 7 c) 9
277. $x = 7, y = 12, z = 5$
278. Trace a diagonal $\overline{BD}$ e P é o baricentro do triângulo ABD, $x = 8$.
279. 30°
280. 25°, 25°, 130°
281. 70°
282. (50°, 50°, 80°) ou (65°, 65°, 50°)
283. a) $x = 4, y = 6$ b) 4
284. a) circuncentro e ortocentro
 b) circuncentro
 c) ortocentro
285. 60°
286. $\dfrac{13}{12}$ ou $\dfrac{12}{13}$
287. 120°
288. 5 cm
289. 10; note que P é baricentro do triângulo ACD.
290. 33 cm; note que os triângulos RBQ e SCQ são isósceles.
291. $90° + \dfrac{\hat{C}}{2}$; $90° + \dfrac{\hat{B}}{2}$; $90° + \dfrac{\hat{A}}{2}$

Capítulo IX

292. Use soma dos ângulos do triângulo, decompondo o pentágono e o hexágono.
 a) 540° b) 720°

293. a) 70° b) 110° c) 90° d) 120° e) 120°
294. a) 110° b) 52° 30′ c) 50° d) 60°
295. a) 100° b) 150°
296. a) 60°, 120° c) 108°, 72°
    b) 90°, 90° d) 120°, 60°
297. a) 66° b) 12°
298. a) x = 54°, y = 63°
    b) x = 30°, y = 45°
299. 1 260°
300. 1 440°
301. 3 240°
302. dodecágono
303. 35
304. 170
305. eneágono
306. undecágono
307. hexágono
308. 150°
310. 17
311. 28
312. quadrilátero
313. Sim; quadrado.
314. 90
315. 20
316. 5
317. zero
318. 35
319. 12
320. 20
321. 144°
322. 90
323. 14
324. 300°
325. 5
326. 6
328. heptágono
329. 8
330. 14 e 54
331. 8
333. dodecágono
334. 10
335. nenhuma

Capítulo X

336. 12
337. 9 cm
338. a) 6 b) 9
339. a) 125° b) 145°
340. 18 cm, 10 cm
341. 18 cm, 12 cm
342. 2 cm, 3 cm, 4 cm
343. a) 140° ($\triangle$PAQ e $\triangle$PBQ são isósceles e conhecemos a soma dos ângulos opostos às bases.)
    b) 130° (considere a tangente comum por Q e prolongue $\overline{BP}$, obtendo desta forma dois triângulos isósceles.)
344. a) 1 b) 0 c) 2
345. a) nenhuma b) 4 c) 2 d) 3 e) 1
346. Pode; a corda é um diâmetro.
347. Quando os raios estão na mesma reta.
348. É tangente a ambas.
349. Sim; quando esta corda é o diâmetro.
350. a) exteriores
    b) tangentes exteriormente
    c) tangentes interiormente
    d) concêntricas
    e) secantes
351. 24 cm e 42 cm
352. 8 cm e 3 cm
353. 12 cm ou 18 cm ou 24 cm ou 30 cm
354. 4 m, 8 m e 21 m
355. 4,5
357. 2 cm
358. 24
359. Vide ex. 356.
360. p − a; p − b; p − c
361. 20 cm
362. 12r
363. 22 cm
364. 4 cm
365. 6 cm
366. $\dfrac{b + c - a}{2}$
367. p − r
369. 56 cm

RESPOSTAS DOS EXERCÍCIOS

370. 6
371. 18 cm; 10 cm; 16 cm e 12 cm
372. 2 cm
373. 20 cm
374. Use a propriedade dos lados opostos de paralelogramo e quadrilátero circunscritível e a definição de losango.
375.

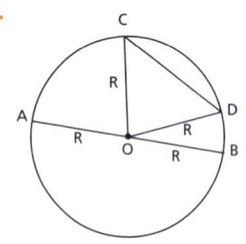

Sendo O o centro, $\overline{AB}$ o diâmetro e $\overline{CD}$ uma corda qualquer que não passa pelo centro, considerando o triângulo COD, vem:
CD < OC + OD $\Rightarrow$ CD < R + R $\Rightarrow$
$\Rightarrow$ CD < 2R $\Rightarrow$ CD < AB
376. Use o caso especial de congruência de triângulos (cateto-hipotenusa).

Capítulo XI

377. a) 35° c) 60° e) 50°
b) 100° d) 25° f) 20°
378. a) 80° b) 30° c) 60°
379. a) 35° b) 10°
380. a) 65° b) 50°
381. a) 130° b) 245°
382. a) 70° b) 98° c) 150°
383. 80°
384. a) 65° b) 112°
385. 110°
386. 45°; 95°
387. 40°
388. a) 50° b) 20°
389. a) 50° b) 10°
390. 55°
391. 40°
392. 35°

393. 60°
394. a) 80° b) 90° c) 52°
395. a) 75° b) 72°
396. 60°, 60°
397. 70°, 60°, 50°
398. $\dfrac{2}{7}$
399. 80°
400. 30°
401. 76°
402. 30°
403. 105° e 55°
404. 60°
405. a) 160° b) 80°
407. Una pontos opostos e use ângulo inscrito.
408. Use exercícios 406 e 407.
409. Note que a hipotenusa é o diâmetro do círculo circunscrito.
410. Vide exercício 409.
412. $A\hat{B}H_2 \equiv A\hat{C}H_3$ (lados respectivamente perpendiculares),
$A\hat{B}H_2 \equiv A\hat{H}_1H_2$ (considerando o arco $\widehat{AH_2}$ na circunferência de diâmetro $\overline{AB}$),
$A\hat{C}H_3 \equiv A\hat{H}_1H_3$ (considerando o arco $\widehat{AH_3}$ na circunferência de diâmetro $\overline{AC}$).

Capítulo XII

413. a) 3 b) 12 c) 15 d) 6
414. a) $\dfrac{10}{3}$ b) $\dfrac{25}{6}$ c) $\dfrac{10}{3}$; $\dfrac{18}{5}$
415. 25
416. 18
417. 24
418. $\dfrac{48}{5}$; 12; $\dfrac{72}{5}$; 18
419. 12 cm; 18 cm
421. $\dfrac{15}{2}$; 12; $\dfrac{33}{2}$; 24
422. 5 cm
423. $\dfrac{45}{4}$ cm
424. $\dfrac{90}{7}$ cm; $\dfrac{162}{7}$ cm; $\dfrac{80}{7}$ cm

425. 80 m, 60 m, 40 m
426. x = 15, y = 16
427. Considere $\overline{DE'}$, com E' em $\overline{AC}$, paralelo a $\overline{BC}$. Usando o teorema de Tales, prove que CE' = CE, donde se obtém E' = E e consequentemente $\overline{DE}$ paralelo a $\overline{BC}$.
428. a) 4   b) 15   c) $\dfrac{20}{3}$
429. a) 12   b) 4
430. 30
431. 15
432. 5; 4
433. 8
434. a) 20 m ou 15 m   b) 9 m
436. 30 cm
437. 42 m
438. 32 cm ou $\dfrac{81}{8}$ cm
439. 24 m, 36 m, 40 m
440. 15 cm, 36 cm, 45 cm
441. 40 cm
442. 40 cm
443. 15
444. BC = 5 cm;
AB = 6 cm;
AC = 4 cm;
CS = 10 cm

Capítulo XIII

445. a) 21; 18; 15   b) $\dfrac{3}{2}$
446. 16; 14
447. 28
448. $\dfrac{8}{3}$ cm; 6 cm; $\dfrac{16}{3}$ cm
449. a) 12   b) 40
450. 8 m, 10 m
452. 100 cm
453. 36 cm
454. 15 cm
455. $\dfrac{20}{3}$ cm; 8 cm; $\dfrac{16}{3}$ cm
456. 7,2 m

457. 21
458. 10 m, 12 m, 14 m
459. a) 5; 4   b) 12; 4
460. a) 9; $\dfrac{32}{3}$ b) 7; 10
461. a) 6; $\dfrac{10}{3}$ b) $\dfrac{15}{2}$; 5
462. a) 6   b) $\dfrac{24}{5}$
463. 12 cm
464. a) Use o 1º caso de semelhança.
b) CD = 14
465. 4
466. $\dfrac{25}{3}$
467. $\dfrac{63}{5}$ cm
468. a) $\dfrac{8}{3}$
b) 21
469. $\dfrac{45}{4}$
470. $\dfrac{b^2}{a-b}$
471. 16
472. $\dfrac{12}{5}$
473. 3
474. 15 cm; 25 cm
475. 10 cm
476. 6; 10
477. $\dfrac{15}{2}$; $\dfrac{17}{2}$
478. 16 cm
479. 4 cm
480. 30 (2º caso de semelhança)
481. 21 cm
482. $\dfrac{65}{4}$ cm
483. △ADB ~ △ACE ⇒ AD = 2 cm
484. Trace o diâmetro $\overline{CD}$ e △ADC ~ △HBA: R = 4.
485. $\dfrac{2Rr}{R+r}$

RESPOSTAS DOS EXERCÍCIOS

486. Prolongue $\overline{FO}$ e use semelhança: x = 8 m.

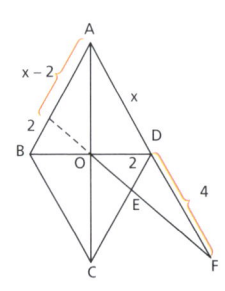

487. Trace a bissetriz interna $\overline{AS}$ do triângulo e use a semelhança entre △ACB e △SAB.
$$BC = 4\sqrt{6} \text{ m}$$

488. Una A e B com Q. Dos quatro triângulos obtidos os opostos são semelhantes. Da semelhança obtém-se x = 6.

489. $AB = \sqrt{ab}$

490. Prove que △PST ~ △RQP.

491. a) 6 b) 9 c) 4 d) 4 e) 3 f) 3

492. a) $3\sqrt{17}$ b) 6

493. a) 65 b) 9

495. a) $2\sqrt{10}$ b) $2(1 + \sqrt{2})$

496. a) 16 b) 13

497. 20

500. 91

501. $6\sqrt{14}$ cm

502. $(\sqrt{2} - 1)R$

503. 2 cm ou 3 cm

504. 10 cm

505. Â é comum aos triângulos e $A\hat{D}B \equiv A\hat{B}P$ (pois $\widehat{AB} \equiv \widehat{AC}$).
Então são semelhantes pelo 1º caso.

Capítulo XIV

506. a) 5 b) 12 c) $\sqrt{7}$ d) $3\sqrt{3}$

507. a) $a\sqrt{3}$ b) $\dfrac{a}{2}$

508. a) 12 b) 24 c) 20 d) 8

509. a) $2\sqrt{29}$ b) 9

510. Não se esqueça de que:
$b^2 + a^2 = n^2$,
$c^2 + a^2 = m^2$,
$\dfrac{1}{m^2} + \dfrac{1}{n^2} = \dfrac{1}{a^2}$

511. a) 6 b) 3 c) 8 d) 9

512. $\dfrac{60}{13}; \dfrac{25}{13}; \dfrac{144}{13}; 13$

513. a) 10; $\dfrac{24}{5}$ b) 4; $4\sqrt{3}$

514. a) $3\sqrt{5}$ b) 2

515. $\dfrac{144}{13}; \dfrac{25}{13}; \dfrac{60}{13}; 5$

516. a) 9 b) 5 c) $\dfrac{9\sqrt{5}}{5}$

517. a) 12 b) $5\sqrt{3}$

518. a) 13 b) $6\sqrt{2}$

519. a) $4\sqrt{2}$ b) 6

520. a) 6 b) 12 c) 5 ou 45 d) 17

521. a) 17 b) 10

522. a) 5 b) 10

523. $4\sqrt{3}$

524. a) 5 b) 4 c) $\dfrac{11}{4}$ d) 4

525. a) 6 b) 12 c) $2\sqrt{7}$

526. a) $2\sqrt{13}$ b) 7

527. a) 12 b) 12

528. a) 6 m b) 17 m

529. a) 9,6 b) 12

530. a) 2 m b) 4,8 m

531. a) $\dfrac{52}{5}$ b) 6

532. $5\sqrt{2}$ m

533. $2\sqrt{13}$ m

534. 24 m

535. $4\sqrt{3}$ m

536. $12\sqrt{3}$ m

537. 8 m

538. $\dfrac{5\sqrt{7}}{4}$ m

539. 9,6 m

540. 17 m

RESPOSTAS DOS EXERCÍCIOS

541. 5 m e 10 m
542. 10 m
543. 10 m
544. 30 m e 16 m
545. 8 m
546. $\dfrac{48}{5}$ cm, $\dfrac{36}{5}$ cm, $\dfrac{64}{5}$ cm
547. 5; $\dfrac{9}{5}$; $\dfrac{16}{5}$; $\dfrac{12}{5}$
548. $\dfrac{a\sqrt{3}}{2}$
549. 2 m
550. 20 m; 15 m
551. $\dfrac{16}{9}$
552. $30\sqrt{13}$ km
553. 3 m
554. 8
555. 3 cm
556. $2\sqrt{Rr}$
557. 10
558. 36 cm
559. 12 cm
560. 12 cm
561. 21 cm
562. 12 cm
563. $8\sqrt{15}$ cm
564. $8\sqrt{2}$ cm
565. $\sqrt{xy}$
566. 5 cm
567. 12
568. $\sqrt{b^2 - 3} > \sqrt{3}$
569. 12 cm
570. 5 cm
571. $12\sqrt{3}$ cm ou $6\sqrt{7}$ cm
572. 10 m
573. $\dfrac{r}{3}$
574. 4
575. $\dfrac{2 - \sqrt{2}}{2}$
576. $\dfrac{(3 - 2\sqrt{2})a}{2}$
577. $\dfrac{a(\sqrt{2} - 1)}{2}$
578. 30 cm
579. (1) Considerando E entre as montanhas, obtém-se 3 478 m aproximadamente.
(2) Considerando a menor entre E e a maior, obtém-se aproximadamente 1 421 m.
580. 6 cm
581. $\dfrac{R}{5}$
582. $24(\sqrt{2} + 1)$ cm
583. $\dfrac{5\sqrt{2}\,a}{6}$
584. 3 m
585. $4(3 + \sqrt{3})$ cm
586. 48 cm, 50 cm, 64 cm, 36 cm, 14 cm, 100 cm
587. $\dfrac{2a^2r}{a^2 - 4r^2}$
588. $\dfrac{\sqrt{2}\,bc}{b + c}$
589. Use Pitágoras.
590. $\dfrac{2h}{a}\left(h + \sqrt{h^2 - a^2}\right)$
591. Note que o $\triangle EOC$ é retângulo em O.
592. Use o teorema das bissetrizes.
593. Sendo O o ponto médio de $\overline{AB}$, o $\triangle EOD$ é retângulo em O.
594. a) $\dfrac{1}{2}$ b) $\dfrac{3}{5}$ c) $\dfrac{3}{5}$
595. a) $\dfrac{3}{4}$ b) $\dfrac{1}{2}$ c) $\dfrac{\sqrt{11}}{6}$
596. a) $\dfrac{4}{5}$ b) $\sqrt{3}$ c) $\dfrac{4}{3}$
597. a) 10   b) $3\sqrt{2}$ c) 10
598. a) $6\sqrt{2}$ c) 36
b) $2\sqrt{3}$ d) $16\sqrt{3}$
599. a) 6; $6\sqrt{3}$
b) 8; $4\sqrt{3}$
c) $6\sqrt{2}$; 6
d) 18; $6\sqrt{5}$
e) 12; 10

RESPOSTAS DOS EXERCÍCIOS

600. a)

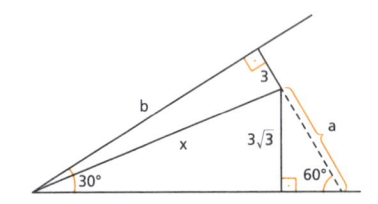

Prolongando o segmento de 3, acha-se a, depois b e depois de $x^2 = b^2 + 3^2$ obtém-se $x = 6\sqrt{7}$.

b) Prolongando o segmento de $\sqrt{3}$ até encontrar os dois lados do ângulo de 60°, obtém-se um triângulo equilátero, donde $x = 6$.

601. $8\sqrt{3}$ m

602. $6\sqrt{3}$ m

603. $4\sqrt{5}$ m

604. $3\sqrt{2}$ m

605. $2\sqrt{5}$ m

606. $\sqrt{3}$ m

607. $2\sqrt{21}$ m

608. $\dfrac{3\sqrt{3}}{2}$ m

609. 12 m

610. 45°

611. $\dfrac{a\sqrt{3}}{3}$; $\dfrac{2a\sqrt{3}}{3}$

612. $15(3 + \sqrt{3})$ m

613. $\dfrac{\sqrt{2}}{2}$ a; $\sqrt{5 - 2\sqrt{2}}$ a

614. $\sqrt{3}$ b

615. $\dfrac{5 \text{ m}}{2}$

616. 30°

617. $20\sqrt{3}$ cm e 240 cm

618. $\dfrac{1}{2}$

619. 2 dm

620. $\dfrac{9}{5}$ r

621. $\dfrac{a}{2}$ (sen α + cos α − 1)

622. $2(\sqrt{3} + 1)$ cm

623. a) Cálculo de x

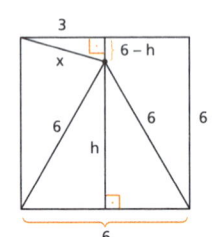

Considerando as medidas indicadas na figura, temos:

$$\begin{cases} h = \dfrac{6\sqrt{3}}{2} = 3\sqrt{3} \\ x^2 = 3^2 + (6 - h)^2 \end{cases}$$

Então: $x^2 = 9 + (6 - 3\sqrt{3})^2 \Rightarrow$

$\Rightarrow x = 6\sqrt{2 - \sqrt{3}}$ ou $x = 3(\sqrt{6} - \sqrt{2})$

Cálculo de y

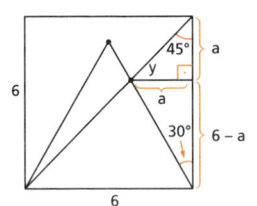

tg 30° $= \dfrac{a}{6 - a} \Rightarrow \dfrac{\sqrt{3}}{3} = \dfrac{a}{6 - a} \Rightarrow$

$\Rightarrow a = 3(\sqrt{3} - 1)$

sen 45° $= \dfrac{a}{y} \Rightarrow \dfrac{\sqrt{2}}{2} = \dfrac{a}{y} \Rightarrow$

$\Rightarrow y = a\sqrt{2} \Rightarrow y = 3(\sqrt{6} - \sqrt{2})$

b) Considerando as medidas indicadas na figura, temos:

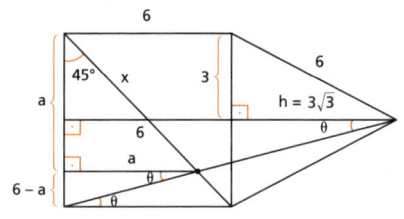

$$\text{tg}\,\theta = \frac{3}{6 + 3\sqrt{3}} = \frac{1}{2 + \sqrt{3}}$$
$$\text{tg}\,\theta = \frac{6-a}{a}$$

$$\Rightarrow \frac{6-a}{a} = \frac{1}{2+\sqrt{3}} \Rightarrow a = 3 + \sqrt{3}$$

Agora: $\text{sen}\,45° = \frac{a}{x} \Rightarrow \frac{\sqrt{2}}{2} = \frac{3+\sqrt{3}}{x} \Rightarrow$

$\Rightarrow x = 3\sqrt{2} + \sqrt{6}$

Capítulo XV

624. a) $\frac{\sqrt{3}}{2}$ d) $\frac{1}{2}$
b) $-\frac{\sqrt{3}}{2}$ e) $\frac{\sqrt{2}}{2}$
c) $-\frac{\sqrt{2}}{2}$ f) $-\frac{1}{2}$

625. a) $6\sqrt{2}$ b) $6\sqrt{6}$

626. a) $4\sqrt{3}$ b) $9\sqrt{2}$

627. a) $6\sqrt{2}$ b) $12\sqrt{2}$

628. a) 105° b) 45°

629. $\frac{4\sqrt{6}}{3}$ cm

630. $10\sqrt{3}$ cm

631. 30°

632. Lei dos senos e propriedade das proporções.

633. Lei dos senos e propriedade das proporções.

634. Lei dos senos e propriedade das proporções.

635. a) $\frac{17}{4}$ b) 3

636. a) 3; 4 b) 1; $2\sqrt{2}$

637. a) 3 b) $2\sqrt{3}$

638. a) 14 c) 10
b) 5 d) $2\sqrt{6\sqrt{3}+13}$

639. a) 60° b) 120°

640. 14 cm e $2\sqrt{129}$ cm

641. a) acutângulo d) acutângulo
b) obtusângulo e) obtusângulo
c) retângulo

642. obtusângulo

643. 12 m

644. 6 m

645. 24 m

646. 8 cm

647. 6 cm

648. 12 cm

649. $\frac{8}{5}$ cm; $\frac{58}{5}$ cm

650. $\frac{19}{8}$ cm

651. Não, pois o triângulo teria dois ângulos obtusos.

652. 2

653. $\frac{11}{6}$

654. 20

655. 7,5

656. zero

657. $\frac{\ell}{2}$

658. $13\sqrt{3}$

659. $5\sqrt{10}$ cm

660. $\sqrt{46}$ cm

661. $4\sqrt{7}$ m; $4\sqrt{19}$ cm

662. $6\sqrt{7}$ cm; $6\sqrt{3}$ cm, 24 cm

663. Não, use a lei dos cossenos.

664. $\sqrt{2a^2 + 2b^2 - c^2}$

665. Vide teoria.

666. Vide teoria.

667. 60°

668. $3(\sqrt{2} + \sqrt{6})$ cm;
$3\sqrt{4\sqrt{3} + 10}$ cm;
$3\sqrt{4\sqrt{3} + 14}$ cm

669. Note que Â e Ĉ são suplementares. Aplicando a lei dos cossenos nos triângulos ABD e CBD, obtém-se BD = 14 m.

670.

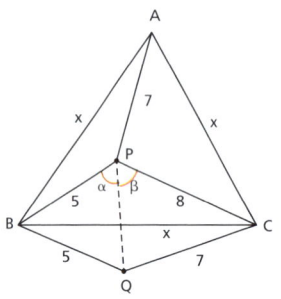

1) Considere um ponto Q externo ao triângulo BQ = 5 e CQ = 7. Note que △PBA ≡ △QBC (LLL), donde se obtém PB̂Q = 60°. Então △PBQ é equilátero. Logo, BP̂Q = 60° (α = 60°).
2) Aplique a lei dos cossenos no △PQC. Obtém-se β = 60°.
3) α = 60°, β = 60° ⇒ BP̂C = 120°. Aplique a lei dos cossenos no △BPC. Obtém-se x = $\sqrt{129}$ cm.

671. $4\sqrt{2}$

672. $3\sqrt{2}$

673. $6\sqrt{6}$

674. a) 3   b) $\sqrt{19}$

675. $\dfrac{3}{4}$

676. $\dfrac{8\sqrt{14}}{3}$ m; $\dfrac{8\sqrt{14}}{5}$ m; $\dfrac{4\sqrt{14}}{3}$ m

677. $2\sqrt{6}$ cm; $\dfrac{\sqrt{105}}{2}$ cm; $12\sqrt{7}$ cm

678. $\dfrac{\sqrt{m^2c^2 + n^2b^2 + mn(b^2 + c^2 - a^2)}}{m + n}$

679. 6; 8

680. 18; 9

681. Ver teoria, item 206.

682. Ver teoria, item 207.

683. Ver teoria, item 209.

684. Ver teoria, item 210.

Capítulo XVI

685. a) 60°, 30°, 30°
b) 36°, 72°, 108°

686. 15°

687. 9°

688. 360 lados

689. 156°

691. a) 2   e) 2
b) 3   f) 3
c) 4   g) $\dfrac{n-2}{2}$
d) 5   h) $\dfrac{n-3}{2}$

692. 2 160° ou 2 340°

693. 126

694. 1 800°

695. 18

696. 2 520°

697. 17

698. 54

699. 20 e 24

700. a) $3\sqrt{3}$ m   c) $\sqrt{3}$ m
b) $2\sqrt{3}$ m   d) $\sqrt{3}$ m

701. a) $8\sqrt{2}$ m   c) 4 m
b) $4\sqrt{2}$ m   d) 4 m

702. a) 12 m   d) $6\sqrt{3}$ m
b) 6 m   e) $3\sqrt{3}$ m
c) $3\sqrt{3}$ m

703. a) $6\sqrt{2}$ m   b) 12 m   c) $4\sqrt{3}$ m

704. a) $6\sqrt{2}$ m   b) 6 m   c) $6\sqrt{3}$ m

705. a) 3 m   b) $3\sqrt{3}$ m   c) $\sqrt{3}$ m

706. a) 12 m   b) $4\sqrt{3}$ m   c) $12\sqrt{3}$ m

707. a) $6\sqrt{2}$ m   b) $6\sqrt{3}$ m   c) 6 m

708. a) $6\sqrt{2}$ m   b) $4\sqrt{3}$ m   c) 12 m

709. a) 2 cm
b) $4\sqrt{3}$ cm
c) 2 cm
d) 4 cm

RESPOSTAS DOS EXERCÍCIOS

710. a) $\dfrac{5\sqrt{3}}{2}$ cm   c) $5\sqrt{3}$ cm

b) $\dfrac{5\sqrt{3}}{2}$ cm

711. $\dfrac{\sqrt{2}}{2}$

712. $\dfrac{4\sqrt{6}}{9}$

713. $\dfrac{\sqrt{6}}{3}$

714. $R\sqrt{2-\sqrt{2}}$; $\dfrac{R\sqrt{2+\sqrt{2}}}{2}$

715. $\dfrac{2}{3}$

716. $\dfrac{1+\sqrt{5}}{2}$

717. $(\sqrt{5}-1)$ m

718. Vide problema 4 da teoria.

719. Note que o apótema do decágono regular, o raio R da circunscrita e a metade do lado do decágono formam um triângulo retângulo com um ângulo agudo de 18°.
Obtém-se $\operatorname{sen} 18° = \dfrac{\sqrt{5}-1}{4}$.

720. Vide problema 5 da teoria.

721. Note que a_5, $\dfrac{\ell_5}{2}$ e R formam um triângulo retângulo com um ângulo de 36°. Daí vem:
$\operatorname{sen} 36° = \dfrac{\sqrt{10-2\sqrt{5}}}{4}$

723. $\cos 72° = \dfrac{\sqrt{5}-1}{4}$

$\cos 54° = \dfrac{\sqrt{10-2\sqrt{5}}}{4}$

$\operatorname{sen} 54° = \dfrac{\sqrt{5}+1}{4}$

724. Use a lei dos senos, ℓ_5 e o resultado do problema anterior.

a) $\operatorname{sen} 72° = \dfrac{\sqrt{2\sqrt{5}+10}}{4}$

b) $\cos 18° = \dfrac{\sqrt{2\sqrt{5}+10}}{4}$

725. O ângulo central ao qual ℓ_8 é oposto mede 45°. Então: $\ell = R\sqrt{2-\sqrt{2}}$.

726. $R = \dfrac{\ell}{2}\sqrt{4+2\sqrt{2}}$

727. $\ell\sqrt{4+2\sqrt{2}}$; $\ell(\sqrt{2}+1)$; $\ell\sqrt{2+\sqrt{2}}$

728. a) $R = \dfrac{\ell}{2}(\sqrt{5}+1)$

b) $AE = \ell\sqrt{5+2\sqrt{5}}$

c) $AC = \ell_5 = \dfrac{\ell}{2}\sqrt{10+2\sqrt{5}}$

d) $AD = \dfrac{\ell}{2}\sqrt{14+6\sqrt{5}}$

729. $x = \dfrac{a}{2}(\sqrt{5}-1)$

730. $x = \dfrac{a}{2}(\sqrt{5}+1)$

731. $d = \dfrac{\ell}{2}(\sqrt{5}+1)$ [Use o problema anterior.]

732. a) Como os triângulos A'AB, B'BC, C'CD, D'DE e E'EA são congruentes e isósceles de bases $\overline{AB}$, $\overline{BC}$, $\overline{CD}$, $\overline{DE}$ e $\overline{EA}$, concluímos que $\hat{A}' = \hat{B}' = \hat{C}' = \hat{D}' = \hat{E}'$ (1) e por diferença obtemos A'B' = B'C' = C'D' = D'E' = E'A' (2). De (1) e (2) decorre que A'B'C'D'E' é pentágono regular.

b) Aplique duas vezes o problema 728.
Obtém-se $\dfrac{\ell}{2}(3-\sqrt{5})$.

Capítulo XVII

733. a) 16π m   b) 26π cm   c) 12π m

734. a) 45π cm   b) 30π cm   c) 36π cm

735. a) 48π cm   b) 16π cm

736. a) 12π m   b) 32π m

737. 205π cm

738. 280π m

739. 8π cm

740. $\dfrac{5}{2}$ cm

741. 2 cm

742. $\frac{3}{2}$ cm

743. a) $\frac{\pi d}{12}$ e) $\frac{\pi d}{3}$

b) $\frac{\pi d}{8}$ f) $\frac{3\pi d}{8}$

c) $\frac{\pi d}{6}$ g) $\frac{5\pi d}{12}$

d) $\frac{\pi d}{4}$

744. 2π m

745. Aumenta em 4π m.
Aumenta em 6π m.
Aumenta em $2\pi a$ m.

746. $\frac{1}{2\pi}$

747. Duplica.

748. 180°

749. $\frac{5}{2\pi}$ m

750. 50%

751. 2 rad

752. Aumenta $2\pi k$.

753. $\frac{2\pi R}{G}$ rad

755. $\frac{150}{\pi}$ m

756. 10 350; 94

757. $\frac{5}{4}$ m; 200π m

758. π m

759. Aproximadamente 314 m.

760. $\frac{300}{\pi}$ cm

761. 125 cm

762. Aproximadamente 95 m.

763. É igual.

764. Aproximadamente 15 900.

765. $\frac{45}{\pi}$ cm

766. $\frac{3}{\pi}$ cm

767. $\frac{4}{5}$ rad

768. 5π cm

769. $4\sqrt{2}\pi$ cm

770. 2

771. $5\sqrt{2}\pi$ cm

772. 4 cm; $16\sqrt{2}$ cm

773. $20(3 + \pi)$ cm

774. $4(3\sqrt{3} + 2\pi)$ cm

775. Use o teorema de Pitágoras.

Capítulo XVIII

776. a) I ≈ III
b) I ≈ II ≈ III
c) I ≈ II
d) I ≈ II ≈ III
e) I ≈ II

778. Mesma base e mesma altura.

779. Sim. Base horizontal igual à base vertical e alturas relativas iguais.

780. Não.

781. Não; a base do triângulo é o dobro, mas a altura não é a mesma do quadrado (é $\frac{2}{3}$ dela).

782. Não; mesma base e altura diferente.

783. Dobrará.

784. A diagonal divide o paralelogramo em triângulos equivalentes. Por diferença concluímos que os retângulos sombreados são equivalentes.

785. Vide exercício anterior.

786. Sim; vide teoria.

787. Vide teoria.

788. Vide teoria.

789. Como os quadrados maiores são congruentes e os triângulos retângulos são congruentes, obtemos: $P_1 \approx P_2 + P_3$.

790. $\triangle PAB \approx \triangle DAB$
$\triangle P'A'B' \approx \triangle D'A'B'$ $\Rightarrow \triangle DAB \approx \triangle D'A'B'$

E, como a diagonal do retângulo o divide em triângulos equivalentes, concluímos que os retângulos são equivalentes.

791. Considere os triângulos CBG e ABE. Pelo LAL eles são congruentes. Do problema anterior deduzimos que o quadrado e o retângulo sombreados são equivalentes.

792. Aplique duas vezes o exercício anterior. O resto sai por soma.

RESPOSTAS DOS EXERCÍCIOS

Capítulo XIX

793. a) 36 m²
b) 40 m²
c) 18 m²
d) 24 m²
e) 32 m²
f) 40 m²
g) 40 m²
h) 12 m²
i) 18 m²
j) 15 m²
k) 21 m²
l) 24 m²

794. a) 6 m
b) 10 m
c) 4 m
d) 2 m
e) 3 m
f) 4 m

795. 6 m

796. a) 120 m²
b) 48√3 m²
c) 81√3 m²

797. a) 28 m²
b) 90√3 m²
c) 24 m²

798. a) 60 m²
b) 48 m²
c) 16√3 m²
d) 9√5 m²
e) 32√3 m²
f) 18√3 m²
g) 12√3 m²
h) 72√2 m²
i) 14 m²

799. a) 120 m²
b) 72√2 m²
c) 96√3 m²

800. a) 210 m²
b) 180 m²
c) 30 m²
d) 32√3 m²
e) 21√3 m²
f) 30√3 m²

801. 80 m²

803. a) 20 m²
b) $2(25\sqrt{3} + 48)$ m²

804. 4 cm

805. 4 cm; 6 cm

806. 12 cm; 6 cm

807. 24 cm²

808. 10 cm; 6 cm

809. 112 cm²

810. 135 cm²

811. 864 cm²

812. $\dfrac{25\sqrt{3}}{36}$

813. 8 cm

814. $\dfrac{729}{4}$ cm²

815. $\dfrac{17}{15}$

816. $\dfrac{2\sqrt{2}\,d^2}{9}$

817. $A = \dfrac{ah}{2} = \dfrac{1}{2}\left(\dfrac{a \cdot a\sqrt{3}}{2}\right) = \dfrac{a^2\sqrt{3}}{4}$

818. a) 25√3 m²
b) 12√3 m²

819. a) 96√3 m²
b) 24√3 m²
c) 72√3 m²

820. a) 2√2 m
b) 6 m
c) 4√3 m

821. a) 50 m²
b) 24√3 m²
c) 27√3 m²
d) 64 m²
e) 72√3 m²
f) 75√3 m²

822. a) √6 m
b) √3 m
c) √3 m

824. 36 m²

825. 54 m²

826. 100 m²

827. 60 m²

828. 108 m²

829. 84 m²

830. 33√3 m²

831. 116 m²

832. 96 m²

833. 45√5 m²

834. 256 m²

835. 95 m²

836. 24 m

837. 600 m²

838. 96 m²

839. 3 m; 15 m²

840. 24 m²

841. Cada triângulo lateral tem o dobro da área do triângulo dado.

842. $\dfrac{A_1}{A_2} = \dfrac{\frac{1}{2}\,b \cdot h_1}{\frac{1}{2}\,b \cdot h_2} = \dfrac{h_1}{h_2}$

843.

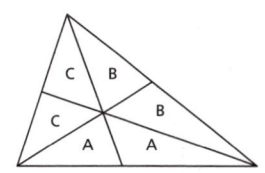

As áreas indicadas por letras iguais são iguais porque os triângulos têm bases congruentes e alturas iguais.
Pela mesma razão, temos:
2B + A = 2C + A, donde B = C.
Analogamente obtém-se A = B.

844. a) $\dfrac{1}{3}k$
b) $\dfrac{2}{5}k$
c) $\dfrac{3}{8}k$
d) $\dfrac{11}{24}k$

845. a) $\frac{17}{60}$ k b) $\frac{1}{3}$ k

846. Observe que o ponto E é baricentro do △BDC. Daí sai que área EMC = $\frac{1}{12}$ S.

847.

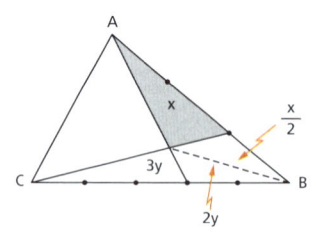

Observe as notações x, $\frac{x}{2}$, 3y e 2y na figura e ainda que:
$$\begin{cases} x + \frac{x}{2} + 2y = 2\frac{k}{5} \\ \frac{x}{2} + 5y = \frac{k}{3} \end{cases}$$

Daí conclui-se que x = $\frac{8}{39}$ k.

848.

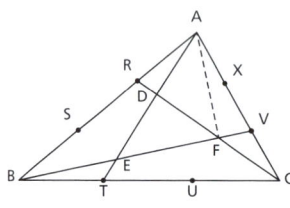

Ligue A com F. Sendo x a área do △FVC, a área do △FVA será 2x.
Sendo y a área do △FAR, a área do △FBR será 2y.
Observe que:
$3x + y = \frac{1}{3} k$ e
$2x + 3y = \frac{2}{3} k$

Daí sai x = $\frac{1}{21}$ k e y = $\frac{4}{21}$ k.
Use analogia e chegue à resposta, que é área DEF = $\frac{1}{7}$ k.

849. $2(\sqrt{2} + 1)\ell^2$

850. $\frac{5}{2}\sqrt{5 + 2\sqrt{5}}\,\ell^2$

851. $\frac{\ell^2}{4}\sqrt{25 + 10\sqrt{5}}$

852. $\frac{r^2}{4}\sqrt{10 + 2\sqrt{5}}$

853. $r^2(2 - \sqrt{2})$

854.

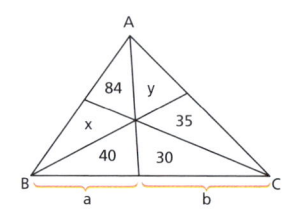

Observe que:
$\frac{84 + x + 40}{y + 35 + 30} = \frac{a}{b}$ e $\frac{40}{30} = \frac{a}{b}$

Siga esse caminho e ache x = 56 e y = 70.
Daí se deduz que a área pedida é 315.

855. a) 30 m² c) $9\sqrt{3}$ m²
b) $12\sqrt{2}$ m²

856. $S = 2A_\triangle = 2\left(\frac{1}{2} ab \sen \alpha\right)$
$S = ab \sen \alpha$

857. a) 90 m² c) $40\sqrt{2}$ m²
b) $36\sqrt{3}$ m² d) $96\sqrt{3}$ m²

858. 32 m²

859. 162 m²

860. Some as áreas dos quatro triângulos.

861. a) $10\sqrt{3}$ m² c) $8\sqrt{21}$ m²
b) $24\sqrt{6}$ m²

862. a) $\sqrt{5}$ b) $\frac{160\sqrt{231}}{231}$

863. a) $8\sqrt{14}$ m² d) $\frac{4\sqrt{14}}{7}$ m
b) $\frac{4\sqrt{14}}{3}$ m e) $\frac{45\sqrt{14}}{28}$ m
c) $\frac{8\sqrt{14}}{3}$ m

RESPOSTAS DOS EXERCÍCIOS

864. $4\sqrt{3}$
865. $50\sqrt{3}$ cm²
866. 320 cm²
867. $12a^2$
868. 48 cm²
869. $\dfrac{h^2\sqrt{3}}{3}$
870. $48\sqrt{3}$ cm²
871. 270 cm²
872. 150 cm²
873. $\dfrac{bc}{4}$
874. a^2
875. $2(\sqrt{3} + 1)$ cm²
876. $\dfrac{700\sqrt{3}}{11}$ m²
877. $\dfrac{3R^2\sqrt{3}}{4}$
878. $3\sqrt{3}\,r^2$
879. Use Pitágoras.
880. $\dfrac{9}{4}$
881. 3 cm
882. $\dfrac{25}{8}$ cm
883. $\dfrac{25}{12}$
884. $12(\sqrt{2} + 1)$ cm
885. $50\sqrt{3}$ m²
886.

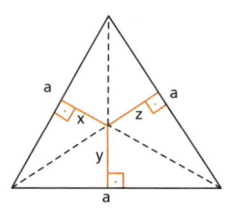

$$\dfrac{ax}{2} + \dfrac{ay}{2} + \dfrac{az}{2} = \dfrac{ah}{2}$$
$$x + y + z = h$$

887. $\dfrac{\sqrt{2}\,ab}{4}$

888. a) Ligue B com D e some as áreas dos triângulos:
$16\sqrt{3}$ m²
b) Prolongue $\overline{AB}$ e $\overline{CD}$ e subtraia as áreas dos triângulos:
$46\sqrt{3}$ m²

889. Prolongue os lados de modo a obter triângulos equiláteros:
$52\sqrt{3}$ m²

890.

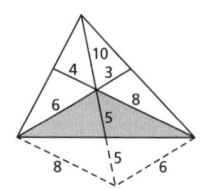

A área pedida é 3 vezes a área do triângulo sombreado: 72 m².

891. Obtenha 2 triângulos: um de altura 2a e outro de altura 2b:
$\dfrac{4ab}{\text{sen } \alpha}$

892. a) 25π m²; 10π m
b) 32π m²; 12π m
c) $\dfrac{\pi d^2}{4}$; πd
d) 52π m²; $4\sqrt{13}\,\pi$ m
e) 36π m²; 12π m
f) 81π m²; 18π m
g) 81π m²; 12π m

893. a) 100π m²   b) 289π m²

894. a) 84π m²   c) 48π m²
b) 25π m²

895. a) 4π m²   c) 30 m²
b) 7π m²   d) 18 m²

896. a) 900π cm²   d) $1\,200\pi$ cm²
b) 600π cm²   e) 170π cm²
c) 450π cm²   f) $\dfrac{105}{2}\pi$ cm²

897. a) $\dfrac{9}{4}(\pi - 2\sqrt{2})$ m²
b) $3(\pi - 3)$ m²
c) $3(4\pi - 3\sqrt{3})$ m²

RESPOSTAS DOS EXERCÍCIOS

898. a) $12(2\pi - 3\sqrt{3})$ m²
b) $36(\pi - 2)$ m²
c) $18(3\pi - 2\sqrt{2})$ m²
d) $12(5\pi - 3)$ m²

899. 16π cm²

900. a) $\dfrac{\pi r^2}{12}$
b) $\dfrac{\pi r^2}{8}$
c) $\dfrac{\pi r^2}{6}$
d) $\dfrac{\pi r^2}{4}$
e) $\dfrac{\pi r^2}{3}$
f) $\dfrac{3\pi r^2}{8}$
g) $\dfrac{5\pi r^2}{12}$

901. a) $\dfrac{(\pi - 3)R^2}{12}$
b) $\dfrac{(\pi - 2\sqrt{2})R^2}{18}$
c) $\dfrac{(2\pi - 3\sqrt{3})R^2}{12}$
d) $\dfrac{(\pi - 2)R^2}{4}$
e) $\dfrac{4\pi - 3\sqrt{3}}{12} R^2$
f) $\dfrac{3\pi - 2\sqrt{2}}{8} R^2$
g) $\dfrac{5\pi - 3}{12} R^2$

902. 81π cm²

903. a) $8(\pi - 2)$ m²
b) $3(2\pi - 3\sqrt{3})$ m²
c) $4(4\pi - 3\sqrt{3})$ m²
d) $4(4 - \pi)$ m²
e) $18(2\sqrt{3} - \pi)$ m²
f) $(3\sqrt{3} - \pi)$ m²

904. $4(\pi - 2)$

905. $(3\sqrt{3} - \pi) r^2$

906. $50(2\pi - 3\sqrt{3})$ cm²

907. $3(4\pi - 3\sqrt{3})$ cm²

908. a) $\dfrac{4 - \pi}{4} a^2$
b) $\dfrac{(\pi - 2)}{2} a^2$
c) $\dfrac{4 - \pi}{4} a^2$

909. a) $\dfrac{\pi - 2}{4} a^2$
b) $\dfrac{4 - \pi}{2} a^2$
c) $\dfrac{\pi - 2}{2} a^2$

910. a) $8(4 - \pi)$ cm²   b) $4(4 - \pi)$ cm²

911. a) $\dfrac{8 - \pi}{2}$ cm²   c) $(4 - \pi)$ cm²
b) $2(\pi - 2)$ cm²

912. $\dfrac{4 - \pi}{8} a^2$

913. a) $\dfrac{(3 - 2\sqrt{2})\pi a^2}{16}$
b) $100(4 - \pi)$
c) $\dfrac{25}{2}(2\sqrt{3} - \pi)$
d) $12(2\pi - 3\sqrt{3})$
e) $\dfrac{16}{3}(4\pi - 3\sqrt{3})$

914. $25(2\sqrt{3} - \pi)$ cm²

915. a) 64π cm²
b) 192π cm²

916. 25π

917. a) 25π cm²
b) $\dfrac{125\pi}{4}$ cm²

918. 98 cm²

919. a) $18(\pi + 2\sqrt{3})$
b) $\dfrac{\pi R^2}{3}$

920. πr^2

921. $\dfrac{\pi r^2}{4}$

922. $\dfrac{\pi + 14}{8} a^2$

923. $(2\pi - 3\sqrt{3})$ cm²

924. $\dfrac{3\pi}{4}(12 + 4m - m^2)$, $0 < m < 6$

925. πr^2

926. $2(4 - \pi)$ cm²

927. a) $\dfrac{a^2}{2}$

b) $\dfrac{\pi a^2}{9}$

c) $\dfrac{\pi + 6\sqrt{3}}{72} a^2$

928. r^2

929. $\dfrac{4}{9}(13\pi - 12\sqrt{3})$ cm²

930. $\dfrac{25}{6}(2\pi - 3\sqrt{3})$ m²

931. $\dfrac{4\pi - 3\sqrt{3}}{12} a^2$

932. $\dfrac{338(4\pi - 3\sqrt{3})}{3}$ cm²

933. $\dfrac{25}{4}(2\sqrt{3} - \pi)$ cm²

934. $\dfrac{25}{2}(2 + \sqrt{2}\pi - 2\pi)$ cm²

$\dfrac{5}{2}(4\sqrt{2} + \pi - 4)$ cm

935. $\dfrac{(4\pi + 3\sqrt{3})}{24} R^2$

936. $(3 + 2\sqrt{2} - \pi)r^2$

937. 9π cm²; 49π cm²; 121π cm²

938. 2

939. $\dfrac{25\pi}{24}$

940. $\dfrac{3}{4}$

941. $3(2\pi - 3\sqrt{3})$ cm²

942. $\dfrac{2\pi - 3\sqrt{3}}{10\pi + 3\sqrt{3}}$ ou $\dfrac{10\pi + 3\sqrt{3}}{2\pi - 3\sqrt{3}}$

943. $(5\pi - 6\sqrt{3}) \dfrac{r^2}{6}$

944. $2(3\sqrt{3} - \pi)$

945. Use área do setor.

946. $S_1 = S_2 + S_3$

947. $\dfrac{(24\sqrt{3} - 11\pi)}{54} R^2$

948. $\dfrac{9\pi}{25}$ cm²

949. Trace um quadrado pela interseção das duas semicircunferências.

950. Trace o triângulo retângulo APB.

951. $\dfrac{\pi t^2}{8}$

952. Mostre que $A = B = C = D = \dfrac{2^2}{4}$.

953. $\dfrac{abc}{4(p - a)(p - b)(p - c)}$

954. $\dfrac{507}{40}$ cm, $\dfrac{117}{5}$ cm

955. 3

956. Use área do triângulo.

957. $25\sqrt{3}$ cm²

958. $\dfrac{9r^2}{16}$

959. $\dfrac{\sqrt{3}}{2}$

960. Sim.

961. $\dfrac{h}{2}$

962. $\dfrac{2 - \sqrt{2}}{2} h$

963. 9 m

964. 17 m

965. 324 m²

966. 10 cm

967. $100(3 - \sqrt{5})$ cm²

RESPOSTAS DOS EXERCÍCIOS

968. $\dfrac{r^2}{2}$

969. $2r^2$; $4r^2$

970. $\sqrt{5} - 1$

971. $200(1 + \sqrt{2})$ cm²

972. $72\sqrt{2}$ cm²

973. $2(\sqrt{3} - 1)R^2$

974. $289\sqrt{3}$ cm²

975. $2d^2$

976. $\dfrac{\sqrt{3}}{4}$

977. 30° ou 150°

978. $3(\sqrt{3} + 2)R^2$

979. Use a área do círculo ex-inscrito.

980. $\dfrac{2\sqrt{3} - 1}{44}a^2$

981. $9(2 - \sqrt{3})^2 R^2$

982. $\dfrac{8\sqrt{3}}{9}$

983. $\dfrac{24r^2}{25}$

984. $\dfrac{4}{25}$

985. $\dfrac{2(3 + 2\sqrt{3})}{3}$

986. πr

987. $\sqrt{13}$ cm

988. $\dfrac{2(2\sqrt{3} - 1)\pi r^2}{3}$

989. $6(4\pi - 3\sqrt{3})$ cm²

990. $\dfrac{(19\pi - 12\sqrt{3})}{3}a^2$

991. $3\sqrt{7}$ cm

992. $\dfrac{2\sqrt{3} - 3(2 - \sqrt{3})\pi}{8}a^2$

993. 12 cm

994. 144π cm²

995. $\sqrt{3}$ cm²

996. $(2\sqrt{3} - 3)a^2$

997. $\dfrac{27\sqrt{3}}{2}$ cm²

998. 3

999. $\dfrac{1\,728}{13}$ cm²

1000. É o isósceles.

1001. 16 por 13,5

1002. Use a semelhança de triângulos.

1003. $5\sqrt{10 - 2\sqrt{5}}$ cm²

1004. $\dfrac{1}{2}$ cm

1005. 8 cm²

1006. 12; $\dfrac{56}{5}$; $\dfrac{168}{13}$

1007. As dimensões do retângulo são:
$$\dfrac{\sqrt{d^2 + 2a^2} + \sqrt{d^2 - 2a^2}}{2} \text{ e}$$
$$\dfrac{\sqrt{d^2 + 2a^2} - \sqrt{d^2 - 2a^2}}{2}$$
onde d é o diâmetro do círculo.
$d \geqslant |a|\sqrt{2}$ (Se $d = a\sqrt{2}$, temos o quadrado.)

1008. $\dfrac{\sqrt{a^2 + 480} + \sqrt{a^2 - 480}}{2}$
$\dfrac{\sqrt{a^2 + 480} - \sqrt{a^2 - 480}}{2}$
$4\sqrt{30}$ cm

1009. Use a área do triângulo.

1010. $3(5\pi - 6\sqrt{3})$ m²

1011.

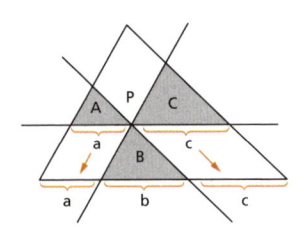

Note que o triângulo original e os triângulos de áreas A, B e C são semelhantes. Sendo S a área do triângulo original, temos:

$$\frac{S}{(a+b+c)^2} = \frac{A}{a^2} = \frac{B}{b^2} = \frac{C}{c^2}$$

$$\frac{\sqrt{S}}{a+b+c} = \frac{\sqrt{A}}{a} = \frac{\sqrt{B}}{b} = \frac{\sqrt{C}}{c}$$

$$S = \left(\sqrt{A} + \sqrt{B} + \sqrt{C}\right)^2$$

1012. A área procurada é igual à área de um quadrado de lado x mais 4 vezes a área do segmento circular sombreado nesta figura.

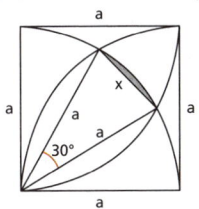

1º) Cálculo de x^2

$$x^2 = a^2 + a^2 - 2a \cdot a \cdot \cos 30°$$

$$x^2 = 2a^2 - 2a^2 \cdot \frac{\sqrt{3}}{2}$$

$$x^2 = \left(2 - \sqrt{3}\right) a^2$$

2º) Cálculo da área do segmento circular

$$A_{seg.} = A_{setor} - A_{\triangle} = \frac{1}{12} \pi a^2 -$$

$$- \frac{1}{2} a \cdot a \cdot \text{sen } 30° = \frac{\pi a^2}{12} -$$

$$- \frac{a^2}{4} = \left(\frac{\pi}{12} - \frac{1}{4}\right) a^2$$

3º) Cálculo da região sombreada

$$A_s = x^2 + 4[A_{seg.}] = \left(2 - \sqrt{3}\right) a^2 +$$

$$+ 4\left[\frac{\pi}{12} - \frac{1}{4}\right] a^2$$

$$A_s = \left(2 - \sqrt{3} + \frac{\pi}{3} - 1\right) a^2 =$$

$$= \left(\frac{\pi}{3} + 1 - \sqrt{3}\right) a^2$$

$$A_s = \frac{\left(\pi + 3 - 3\sqrt{3}\right) a^2}{3}$$

Questões de vestibulares

Noções e proposições primitivas – Segmentos de reta – Ângulos – Triângulos – Paralelismo – Perpendicularidade

1. (UF-AM) As retas r e s da figura são paralelas cortadas pela transversal t. Se o ângulo b é o quádruplo de a, então b − a é:

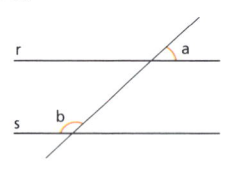

a) 90°   c) 100°   e) 85°
b) 108°   d) 75°

2. (FEI-SP) A razão entre dois ângulos suplementares é igual a $\frac{2}{7}$. Então o complemento do menor vale:

a) 40°   c) 90°   e) 20°
b) 30°   d) 50°

3. (UE-CE) Se 5, 12 e 13 são as medidas em metros dos lados de um triângulo, então o triângulo é:

a) isósceles   c) retângulo
b) equilátero   d) obtusângulo

4. (FGV-SP) Aumentando a base de um triângulo em 10% e reduzindo a altura relativa a essa base em 10%, a área do triângulo

a) aumenta em 1%.
b) aumenta em 0,5%.
c) diminui em 0,5%.
d) diminui em 1%.
e) não se altera.

5. (UF-AM) Na figura, as retas r e s são paralelas, o ângulo 1 mede 45° e o ângulo 2 mede 55°. A medida em graus, do ângulo 3 é:

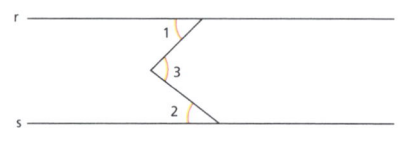

a) 90°   c) 55°   e) 100°
b) 45°   d) 110°

6. (Unifor-CE) Em um trecho de um rio, em que as margens são paralelas entre si, dois barcos partem de um mesmo ancoradouro (ponto A), cada qual seguindo em linha reta e em direção a um respectivo ancoradouro localizado na margem oposta (pontos B e C), como está representado na figura abaixo.

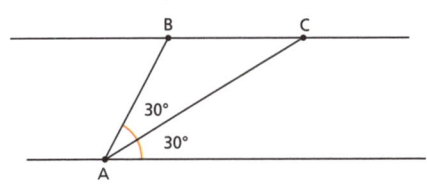

Se nesse trecho o rio tem 900 metros de largura, a distância, em metros, entre os ancoradouros localizados em B e C é igual a:

a) $900\sqrt{3}$
b) $720\sqrt{3}$
c) $650\sqrt{3}$
d) $620\sqrt{3}$
e) $600\sqrt{3}$

7. (UF-PE) Na ilustração a seguir, as retas a, b e c são paralelas.

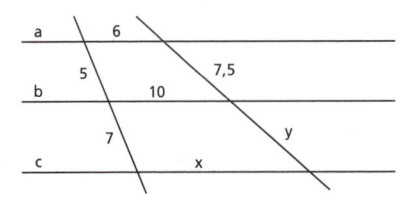

Assinale o inteiro mais próximo de x + y.

8. (Fuvest-SP) Os comprimentos dos lados de um triângulo ABC formam uma P.A. Sabendo-se também que o perímetro de ABC vale 15 e que o ângulo mede 120°, então o produto dos comprimentos dos lados é igual a

a) 25
b) 45
c) 75
d) 105
e) 125

9. (UF-PE) Sobre o triângulo, cujos lados medem 8, 7 e 5, podemos afirmar que:

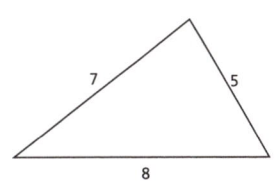

0-0) um dos ângulos internos do triângulo mede 60°.

1-1) o maior dos ângulos internos mede mais que o dobro da medida do menor dos ângulos internos do triângulo.

2-2) a área deste triângulo é 17,5.

3-3) o triângulo é obtusângulo.

4-4) o menor dos ângulos internos tem seno igual a $\dfrac{5\sqrt{3}}{14}$.

10. (Enem-MEC) Sabe-se que a distância real, em linha reta, de uma cidade A, localizada no estado de São Paulo, a uma cidade B, localizada no estado de Alagoas, é igual a 2 000 km. Um estudante, ao analisar um mapa, verificou com sua régua que a distância entre essas duas cidades, A e B, era 8 cm.

Os dados nos indicam que o mapa observado pelo estudante está na escala de

a) 1 : 250
b) 1 : 2 500
c) 1 : 25 000
d) 1 : 250 000
e) 1 : 25 000 000

11. (FEI-SP) Duas avenidas, A e B, encontram-se em O, formando um ângulo de 30°. Na avenida A existe um supermercado que dista três quilômetros de O. A distância do supermercado à avenida B é de:

a) 1,7 km
b) 2 km
c) 2,3 km
d) 1,5 km
e) 4 km

12. (FEI-SP) Num triângulo isósceles, o maior lado mede 10 cm e o maior ângulo interno é o dobro da soma dos outros dois ângulos internos. A área deste triângulo é:

a) $\dfrac{25\sqrt{3}}{3}$ cm²   d) $\dfrac{25\sqrt{3}}{6}$ cm²

b) $\dfrac{25\sqrt{3}}{2}$ cm²   e) $\dfrac{25\sqrt{3}}{4}$ cm²

c) $\dfrac{25}{2}$ cm²

13. (ITA-SP) Num triângulo ABC o lado $\overline{AB}$ mede 2 cm, a altura relativa ao lado $\overline{AB}$ mede 1 cm, o ângulo $A\hat{B}C$ mede 135° e M é o ponto médio de $\overline{AB}$. Então a medida de $B\hat{A}C + B\hat{M}C$, em radianos, é igual a

a) $\dfrac{1}{5}\pi$ d) $\dfrac{3}{8}\pi$

b) $\dfrac{1}{4}\pi$ e) $\dfrac{2}{5}\pi$

c) $\dfrac{1}{3}\pi$

14. (FGV-SP) Num triângulo isósceles ABC, de vértice A, a medida do ângulo obtuso formado pelas bissetrizes dos ângulos $\hat{B}$ e $\hat{C}$ é 140°. Então, as medidas dos ângulos $\hat{A}$, $\hat{B}$ e $\hat{C}$ são, respectivamente:

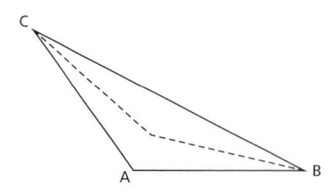

a) 120°, 30° e 30°
b) 80°, 50° e 50°
c) 100°, 40° e 40°
d) 90°, 45° e 45°
e) 140°, 20° e 20°

15. (UF-GO) A figura a seguir representa uma pipa simétrica em relação ao segmento AB, onde AB mede 80 cm. Então a área da pipa, em m², é de

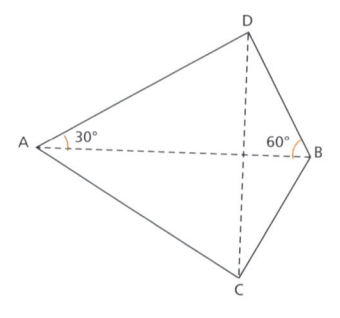

a) $0,8\sqrt{3}$ d) $1,6\sqrt{3}$

b) $0,16\sqrt{3}$ e) $3,2\sqrt{3}$

c) $0,32\sqrt{3}$

16. (UF-CE) Dois dos ângulos internos de um triângulo têm medidas iguais a 30° e 105°. Sabendo que o lado oposto ao ângulo de medida 105° mede $(\sqrt{3}+1)$ cm, é correto afirmar que a área do triângulo mede, em cm²:

a) $\dfrac{1}{2}(\sqrt{3}+1)$ d) $1+\dfrac{\sqrt{3}}{2}$

b) $\dfrac{1}{2}\sqrt{3}+3$ e) $2+\sqrt{3}$

c) $\dfrac{1}{2}(\sqrt{3}+3)$

17. (UF-PE) Nos mostradores digitais os algarismos aparecem de forma simplificada, composta por segmentos horizontais e verticais. Sobre essas formas, podemos afirmar, quando não são iguais à largura e à altura do algarismo:

0-0) A maioria dos algarismos tem eixo de simetria.
1-1) Alguns algarismos têm centro de simetria sem ter eixo de simetria.
2-2) Os algarismos que tem um eixo de simetria também possuem um segundo eixo de simetria.
3-3) Apenas os algarismos 0, 1 e 8 têm centros de simetria.
4-4) Os algarismos 4, 6, 7 e 9 não têm eixo de simetria.

18. (ITA-SP) Considere o triângulo ABC isósceles em que o ângulo distinto dos demais, BÂC, mede 40°. Sobre o lado $\overline{AB}$, tome o ponto E tal que $A\hat{C}E = 15°$. Sobre o lado $\overline{AC}$, tome o ponto D tal que $D\hat{B}C = 35°$. Então, o ângulo $E\hat{D}B$ vale

a) 35°
b) 45°
c) 55°
d) 75°
e) 85°

19. (UF-RJ) Uma prateleira de um metro de comprimento e 4,4 cm de espessura deve ser encaixada entre duas paredes planas e paralelas. Por razões operacionais, a prateleira deve ser colocada enviesada (inclinada), para depois ser girada até a posição final, como indica a figura.

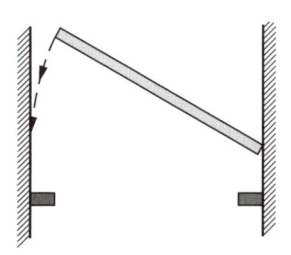

Se a distância entre as paredes é de um metro e um milímetro, é possível encaixar a prateleira?

20. (UF-PI) Considere as seguintes afirmativas sobre a medição de ângulos.

I. As bissetrizes de um ângulo e do seu suplemento são perpendiculares.
II. O suplemento de um ângulo agudo é sempre obtuso.
III. Se um ângulo e seu suplemento têm a mesma medida, então esse ângulo é reto.

a) Apenas I e II são verdadeiras.
b) Apenas I e III são verdadeiras.
c) Apenas II e III são verdadeiras.
d) As três afirmativas são verdadeiras.
e) Nenhuma das afirmativas é verdadeira.

21. (Cefet-MG) Uma lancha deve sair do cais e passar por duas boias antes de retornar ao seu ponto de partida. Em relação ao cais, a primeira boia fica a 2 km para o leste e 4 km para o norte, enquanto a segunda fica a 6 km para o oeste. O menor percurso possível da lancha, nesse circuito, será, em km, igual a

a) $6(\sqrt{5} + 1)$
b) $6(\sqrt{5} - 1)$
c) $4(\sqrt{5} + 2)$
d) $4(\sqrt{5} + \sqrt{2})$
e) $12(\sqrt{5} - \sqrt{2})$

22. (UF-PI) As medidas dos ângulos internos de um triângulo retângulo ABC estão em Progressão Aritmética. Admita que a soma dos quadrados das medidas dos lados desse triângulo seja 200 cm. Nessas condições, o perímetro do triângulo ABC mede:

a) 50 cm
b) 30 cm
c) $5(1 + \sqrt{3})$ cm
d) $5(3 + \sqrt{3})$ cm
e) $5(3 + 2\sqrt{3})$ cm

23. (UF-ES) Uma cidade B fica exatamente ao norte de uma cidade A. Um avião partiu de A e seguiu uma trajetória retilínea que fazia um ângulo de 75° em relação ao norte, no sentido oeste. Depois de o avião percorrer 1000 km, sua trajetória sofreu um desvio de um ângulo de α graus (veja a figura abaixo); o avião percorreu mais 2000 km em linha reta e alcançou a cidade B. Calcule

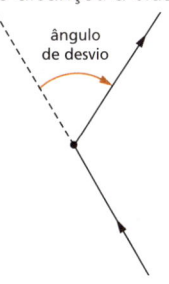

a) a distância entre as cidades A e B;
b) o valor de α.
Se necessário, use sen 75° = 0,96 e cos 75° = 0,25.

QUESTÕES DE VESTIBULARES

24. (Unicamp-SP) Dois atletas largaram lado a lado em uma corrida disputada em uma pista de atletismo com 400 m de comprimento. Os dois atletas correram a velocidades constantes, porém diferentes. O atleta mais rápido completou cada volta em exatos 66 segundos. Depois de correr 17 voltas e meia, o atleta mais rápido ultrapassou o atleta mais lento pela primeira vez. Com base nesses dados, pergunta-se:

a) Quanto tempo gastou o atleta mais lento para percorrer cada volta?
b) Em quanto tempo o atleta mais rápido completou a prova, que era de 10 000 metros? No momento em que o atleta mais rápido cruzou a linha de chegada, que distância o atleta mais lento havia percorrido?

25. (PUC-RS) O portão de Brandemburgo, em Berlim, possui cinco entradas, cada uma com 11 metros de comprimento. Tales passou uma vez pela primeira porta, duas vezes pela segunda e assim sucessivamente, até passar cinco vezes pela quinta. Então, ele percorreu ____ metros.

a) 55   c) 165   e) 330
b) 66   d) 275

26. (PUC-SP) Leia com atenção o problema proposto a Calvin na tira abaixo.

O ponto A é duas vezes mais distante do ponto C do que o ponto B é de A. Se a distância de B a C é de 5 cm, qual é a distância do ponto A ao ponto C?

Fonte: *O Estado de S. Paulo*, 28/04/2007.

Supondo que os pontos A, B e C sejam vértices de um triângulo cujo ângulo do vértice A mede 60°, então a resposta correta que Calvin deveria encontrar para o problema é, em centímetros,

a) $\dfrac{5\sqrt{3}}{3}$ c) $\dfrac{10\sqrt{3}}{3}$ e) $10\sqrt{3}$

b) $\dfrac{8\sqrt{3}}{3}$ d) $5\sqrt{3}$

Quadriláteros notáveis – Pontos notáveis do triângulo – Polígonos

27. (ITA-SP) Sejam A = (0, 0), B = (0, 6) e C = (4, 3) vértices de um triângulo. A distância do baricentro deste triângulo ao vértice A, em unidades de distância, é igual a

a) $\dfrac{5}{3}$ c) $\dfrac{\sqrt{109}}{3}$ e) $\dfrac{10}{3}$

b) $\dfrac{\sqrt{97}}{3}$ d) $\dfrac{\sqrt{5}}{3}$

28. (UF-MG) Esta figura representa o quadrilátero ABCD:

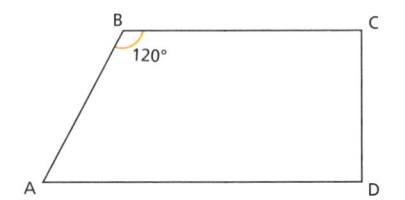

Sabe-se que
- $\overline{AB} = 1$ cm e $\overline{AD} = 2$ cm;
- o ângulo $A\hat{B}C$ mede $120°$; e
- o segmento CD é perpendicular aos segmentos AD e BC.

Então, é correto afirmar que o comprimento do segmento BD é

a) $\sqrt{3}$ cm
b) $\dfrac{\sqrt{5}}{2}$ cm
c) $\dfrac{\sqrt{6}}{2}$ cm
d) $\sqrt{2}$ cm

29. (FGV-SP) Seja ABCD um quadrado, e P e Q pontos médios de $\overline{BC}$ e $\overline{CD}$, respectivamente. Então, sen β é igual a

a) $\dfrac{\sqrt{5}}{5}$
b) $\dfrac{3}{5}$
c) $\dfrac{\sqrt{10}}{5}$
d) $\dfrac{4}{5}$
e) $\dfrac{5}{6}$

30. (FGV-SP) Na figura, AN e BM são medianas do triângulo ABC, e ABM é um triângulo equilátero cuja medida do lado é 1.

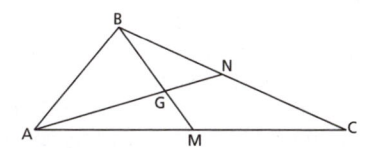

A medida do segmento GN é igual a

a) $\dfrac{2\sqrt{2}}{3}$
b) $\dfrac{\sqrt{6}}{3}$
c) $\dfrac{\sqrt{5}}{3}$
d) $\dfrac{\sqrt{7}}{6}$
e) $\dfrac{\sqrt{6}}{6}$

31. (FEI-SP) A planta de um apartamento é desenhada na escala 1 : 100.
Nesta planta, uma sala retangular tem dimensões 4 cm e 5 cm. Se X é o número necessário de ladrilhos quadrados de 20 cm de lado para cobrir o piso desta sala, então:

a) X = 100
b) X = 500
c) X = 400
d) X = 200
e) X = 1 000

32. (U.F. Juiz de Fora-MG) Na figura a seguir, encontra-se representado um trapézio retângulo ABCD de bases AB e CD, onde $\widehat{ADN} = \widehat{NDC} = \widehat{ACB} = \beta$.

Considere as seguintes afirmativas:
I. AD × NC = AN × CD
II. AB × DN = BC × AN
III. DN × BC = AC × AD

As afirmativas corretas são:
a) todas.
b) somente I e II.
c) somente I e III.
d) somente II e III.
e) nenhuma.

33. (UF-PE) Na ilustração a seguir, ABCD é um retângulo, $AB = (58 + 9\sqrt{3})$ m, $DE = 18\sqrt{3}$ m, $EF = 31$ m e o ângulo ADE mede $60°$. Qual a medida do ângulo BFC?

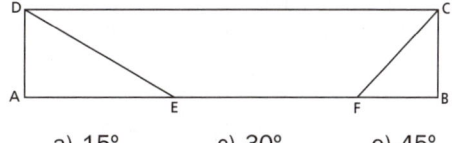

a) 15°
b) 22,5°
c) 30°
d) 37,5°
e) 45°

34. (PUC-RS) Para uma engrenagem mecânica, deseja-se fazer uma peça de formato hexagonal retangular. A distância entre os lados paralelos é de 1 cm, conforme a figura abaixo. O lado desse hexágono mede _____ cm.

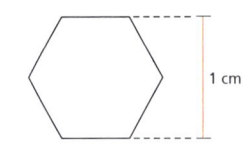

a) $\dfrac{1}{2}$ c) $\sqrt{3}$ e) 1

b) $\dfrac{\sqrt{3}}{3}$ d) $\dfrac{\sqrt{5}}{5}$

35. (Fuvest-SP) Uma folha de papel ABCD de formato retangular é dobrada em torno do segmento $\overline{EF}$, de maneira que o ponto A ocupe a posição G, como mostra a figura.

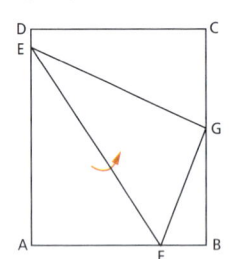

Se AE = 3 e BG = 1, então a medida do segmento $\overline{AF}$ é igual a

a) $\dfrac{3\sqrt{5}}{2}$ c) $\dfrac{3\sqrt{5}}{4}$ e) $\dfrac{\sqrt{5}}{3}$

b) $\dfrac{7\sqrt{5}}{8}$ d) $\dfrac{3\sqrt{5}}{5}$

36. (FEI-SP) O quadrado de vértices M, N, P e Q está inscrito no triângulo retângulo ABC conforme a figura. Se $\overline{AP}$ = 8 cm e $\overline{QC}$ = 2 cm, então o lado do quadrado mede:

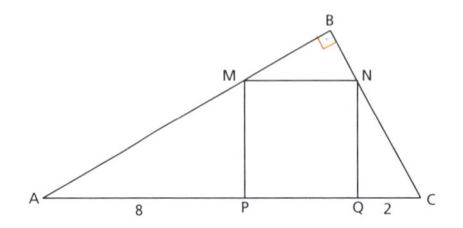

a) 1 cm   c) 3 cm   e) 5 cm
b) 2 cm   d) 4 cm

37. (FGV-SP) Em relação a um quadrilátero ABCD, sabe-se que med(BÂD) = 120°, med(AB̂C) = med(AD̂C) = 90°, AB = 13 e AD = 46. A medida do segmento $\overline{AC}$ é
a) 60   b) 62   c) 64   d) 65   e) 72

38. (ITA-SP) Sejam ABCD um quadrado e E um ponto sobre $\overline{AB}$. Considere as áreas do quadrado ABCD, do trapézio BEDC e do triângulo ADE. Sabendo que estas áreas definem, na ordem em que estão apresentadas, uma progressão aritmética cuja soma é 200 cm², a medida do segmento $\overline{AE}$, em cm, é igual a

a) $\dfrac{10}{3}$ c) $\dfrac{20}{3}$ e) 10

b) 5   d) $\dfrac{25}{3}$

39. (UE-CE) Sejam P e Q polígonos regulares. Se P é um hexágono e se o número de diagonais de Q, partindo de um vértice, é igual ao número total de diagonais de P, então a medida de cada um dos ângulos internos de Q é
a) 144 graus.   c) 156 graus.
b) 150 graus.   d) 162 graus.

40. (UF-PE) A figura abaixo ilustra um terreno retangular ABCD, com lados medindo AB = 24 m e BC = 16 m. Os pontos E e F estão, respectivamente, nos lados AB e CD, FC = 6 m, e o segmento EF divide o terreno ABCD em duas regiões trapezoidais de áreas iguais. Qual a medida de EF?

a) 18 m
b) 19 m
c) 20 m
d) 21 m
e) 22 m

41. (ITA-SP) Seja P_n um polígono regular de n lados, com n > 2. Denote por a_n o apótema e por b_n o comprimento de um lado de P_n. O valor de n para o qual valem as desigualdades $b_n \leq a_n$ e $b_{n-1} > a_{n-1}$, pertence ao intervalo

a) $3 < n < 7$
b) $6 < n < 9$
c) $8 < n < 11$
d) $10 < n < 13$
e) $12 < n < 15$

42. (ITA-SP) Considere o quadrado ABCD com lados de 10 m de comprimento. Seja M um ponto sobre o lado $\overline{AB}$ e N um ponto sobre o lado $\overline{AD}$, equidistantes de A. Por M traça-se uma reta r paralela ao lado $\overline{AD}$, e por N uma reta s paralela ao lado $\overline{AB}$, que se interceptam no ponto O. Considere os quadrados AMON e OPCQ, onde P é a intersecção de s com o lado $\overline{BC}$ e Q é a intersecção de r com o lado $\overline{DC}$. Sabendo-se que as áreas dos quadrados AMON, OPCQ e ABCD constituem, nesta ordem, uma progressão geométrica, então a distância entre os pontos A e M é igual, em metros, a

a) $15 + 5\sqrt{5}$
b) $10 + 5\sqrt{5}$
c) $10 - \sqrt{5}$
d) $15 - 5\sqrt{5}$
e) $10 - 3\sqrt{5}$

43. (UF-PE) Não tendo disponível um compasso e nem um transferidor, quais justificativas o aluno Ricardo pode utilizar para desenhar a bissetriz de um ângulo?

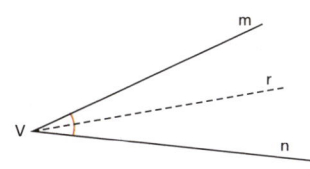

0-0) Ricardo pode usar a escala para construir uma curva de erro, e determinar dois pontos de inflexão da bissetriz, sendo um deles na região do ângulo oposto pelo vértice ao ângulo dado.

1-1) Ricardo pode utilizar o princípio da simetria no plano e usar uma escala para construir dois triângulos simétricos que tenham um vértice em comum e os outros dois nos lados do ângulo.

2-2) Ricardo pode aplicar a propriedade das retas reversas dos quadriláteros em geral e determinar, com o auxílio do par de esquadros, um ponto da bissetriz na interseção das suas diagonais.

3-3) Ricardo pode fazer a correspondência entre os pontos inversos das retas (lados do ângulo) para determinar um ponto de interseção sobre a bissetriz, usando o par de esquadros.

4-4) Ricardo pode utilizar a propriedade da bissetriz como lugar geométrico e traçar feixes de retas paralelas a igual distância dos lados do ângulo, usando uma escala e um par de esquadros.

Circunferência e círculo – Ângulos na circunferência

44. (FEI-SP) O diâmetro de um círculo inscrito em um triângulo retângulo de hipotenusa 5 cm e catetos 3 cm e 4 cm mede:

a) 1 cm
b) $\sqrt{2}$ cm
c) 2 cm
d) $2\sqrt{2}$ cm
e) 4 cm

45. (FEI-SP) Aumentando-se o raio em 2 cm, a área de um círculo passará a ser igual a 100π cm². Então, o comprimento da circunferência correspondente aumentará em:

a) 11%
b) 17%
c) 25%
d) 33%
e) 67%

46. (U.F. Juiz de Fora-MG) Considere uma circunferência de raio R e três circunferências menores de raio r tangentes internas a ela e tangentes externas entre si. A razão entre os raios R e r é:

a) 2
b) $\dfrac{3\sqrt{3}}{2}$
c) $\dfrac{2\sqrt{3}+3}{3}$
d) $\dfrac{3(\sqrt{2}-2)}{2}$
e) $2\sqrt{3}+1$

47. (PUC-RS) A razão entre o raio da circunferência inscrita em um quadrado e o raio da circunferência circunscrita a esse mesmo quadrado, cujo lado mede 2a, é

a) a
b) $\sqrt{2}$
c) $\sqrt{2} \cdot a$
d) $\dfrac{\sqrt{2}}{2}$
e) $\dfrac{\sqrt{2}}{2} \cdot a$

48. (UF-PE) Observe a circunferência de centro O da figura abaixo e considere o ponto P fixo. Nesta situação é possível afirmar:

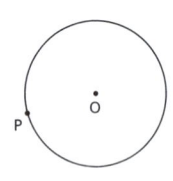

0-0) Uma corda (PQ) da circunferência, oposta a um ângulo central de 60°, também é oposta a um arco capaz de 120°.
1-1) Para a corda (PR) da circunferência igual a 4 cm, o ângulo inscrito (PXR) é superior a 40°.
2-2) Para a corda (PS) da circunferência igual a 5 cm, o ângulo central (POS) é agudo.
3-3) Se três cordas, (PS), (ST) e (PT), determinam um triângulo equilátero inscrito na circunferência, o arco (PTS) é "capaz de ver" o segmento (PT) sob um ângulo de 60°.
4-4) Quando o ângulo (PUV) mede 90°, a corda (PV) mede 6 cm.

49. (UE-CE) Se E_1 e E_2 são duas circunferências concêntricas cujas medidas dos raios são respectivamente 3 m e 5 m e se uma reta tangente a E_1 intercepta E_2 nos pontos X e Y, então a medida, em metros, do segmento de reta XY é

a) 4   b) 6   c) 8   d) 10

50. (UF-PE) Considerando-se um círculo qualquer e um ponto (P) no seu interior, e fazendo-se dobras sucessivas no círculo, de modo que um ponto qualquer da sua circunferência sempre fique sobreposto a (P), o conjunto de dobras define as tangentes de uma curva. Sobre tal curva, podemos afirmar que:

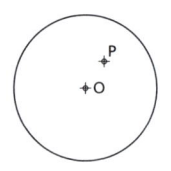

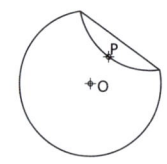

0-0) A curva é uma circunferência concêntrica com o círculo.
1-1) A curva é uma elipse e o ponto (P) é um dos seus focos.
2-2) A circunferência é o lugar geométrico dos simétricos de um dos focos em relação às tangentes.
3-3) O ponto (P) e o centro da circunferência definem a distância focal.
4-4) O eixo maior da curva tem medida igual ao raio do círculo.

51. (UF-CE) Num círculo de diâmetro medindo 16 cm, uma corda com comprimento igual a 6 cm é dividida por um ponto X, na razão 2 : 1. A distância do ponto X ao centro do círculo, medida em centímetros, é:

a) $\sqrt{57}$
b) $\sqrt{56}$
c) $\sqrt{55}$
d) $\sqrt{54}$
e) $\sqrt{53}$

52. (ITA-SP) Sejam P_1 e P_2 octógonos regulares. O primeiro está inscrito e o segundo circunscrito a uma circunferência de raio R. Sendo A_1 a área de P_1 e A_2 a área de P_2, então a razão $\dfrac{A_1}{A_2}$ é igual a

a) $\sqrt{\dfrac{5}{8}}$

b) $\dfrac{9\sqrt{2}}{16}$

c) $2(\sqrt{2}-1)$

d) $\dfrac{(4\sqrt{2}+1)}{8}$

e) $\dfrac{(2+\sqrt{2})}{4}$

53. (Fuvest-SP) Considere, no plano cartesiano Oxy, a circunferência C de equação $(x-2)^2 + (y-2)^2 = 4$ e sejam P e Q os pontos nos quais C tangencia os eixos Ox e Oy, respectivamente.
Seja PQR o triângulo isósceles inscrito em C, de base $\overline{PQ}$, e com o maior perímetro possível.
Então, a área de PQR é igual a

a) $2\sqrt{2}-2$
b) $2\sqrt{2}-1$
c) $2\sqrt{2}$
d) $2\sqrt{2}+2$
e) $2\sqrt{2}+4$

54. (ITA-SP) Um triângulo ABC está inscrito numa circunferência de raio 5 cm. Sabe-se ainda que $\overline{AB}$ é o diâmetro, $\overline{BC}$ mede 6 cm e a bissetriz do ângulo AB̂C intercepta a circunferência no ponto D. Se α é a soma das áreas dos triângulos ABC e ABD e β é a área comum aos dois, o valor de α − 2β, em cm², é igual a

a) 14   c) 16   e) 18
b) 15   d) 17

55. (ITA-SP) Seja E um ponto externo a uma circunferência. Os segmentos $\overline{EA}$ e $\overline{ED}$ interceptam essa circunferência nos pontos B e A, e C e D, respectivamente. A corda $\overline{AF}$ da circunferência intercepta o segmento $\overline{ED}$ no ponto G. Se EB = 5, BA = 7, EC = 4, GD = 3 e AG = 6, então GF vale

a) 1   c) 3   e) 5
b) 2   d) 4

56. (ITA-SP) Do triângulo de vértices A, B e C, inscrito em uma circunferência de raio R = 2 cm, sabe-se que o lado $\overline{BC}$ mede 2 cm e o ângulo interno AB̂C mede 30°. Então, o raio da circunferência inscrita neste triângulo tem o comprimento, em cm, igual a

a) $2-\sqrt{3}$

b) $\dfrac{1}{3}$

c) $\dfrac{\sqrt{2}}{4}$

d) $2\sqrt{3}-3$

e) $\dfrac{1}{2}$

57. (UF-GO) Dois amigos decidem fazer uma caminhada em uma pista circular, partindo juntos de um mesmo lugar, percorrendo-a em sentido contrário, caminhando com velocidades constantes, sendo que a velocidade de um deles é igual a 80% da velocidade do outro. Durante a caminhada, eles se encontraram diversas vezes. Determine qual é o menor número de voltas que cada um deles deve dar para que eles se encontrem novamente no ponto de partida.

58. (UF-PA) Um engenheiro, responsável pela construção de uma pista de atletismo circular de 400 m, precisa orientar o pintor responsável por pintar as linhas de largada e chegada e as faixas de corrida de cada corredor, de modo que cada corredor corra apenas 400 m entre sua linha de largada e a linha de chegada, dentro de uma faixa de 1 m de largura.

Considerando que

I) o corredor que corre na faixa 1, a faixa mais próxima do centro da pista, parte da linha de chegada;

II) a linha de chegada e a linha de largada do sexto corredor formam um ângulo α de, aproximadamente, 0,457 radianos e que o comprimento do arco entre a linha de chegada e a linha de largada do sexto corredor é 31,43 m (veja figura a seguir);

III) o raio de cada faixa é dado pelo segmento que une o centro da pista à circunferência menor da faixa;

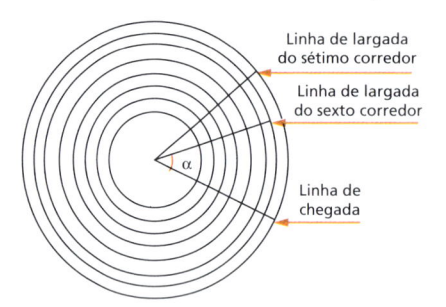

então, admitindo que $2\pi = 6{,}28$, o comprimento, aproximado, do arco entre a linha de chegada e a linha de largada do sétimo corredor é

a) 41,25 m
b) 35,11 m
c) 36,12 m
d) 38,15 m
e) 40,10 m

59. (UF-RJ) A região R é composta por quatro círculos de raio 1, de centros A, B, C e D. Sabe-se que $\overline{AB} = 2$ e que ABCD é um quadrado de diagonais AC e BD.

Determine o comprimento da menor linha poligonal, inteiramente contida em R, ligando A a C.

60. (ITA-SP) Seja C_1 uma circunferência de raio R_1 inscrita num triângulo equilátero de altura h. Seja C_2 uma segunda circunferência, de raio R_2, que tangencia dois lados do triângulo internamente e C_1 externamente. Calcule $\dfrac{(R_1 - R_2)}{h}$.

61. (UF-CE) Seja γ uma circunferência de raio 2 cm, AB um diâmetro de γ e r e s retas tangentes a γ, respectivamente por A e B. Os pontos P e Q estão respectivamente situados sobre r e s e são tais que PQ também tangencia γ. Se AP = 1 cm, pode-se afirmar corretamente que BQ mede:

a) 3 cm
b) 4 cm
c) 4,5 cm
d) 8 cm
e) 8,5 cm

62. (UF-PE) Com relação à figura abaixo considere $\overline{AB} = 1u$. As circunferências de centros (B) e (P) são de raio $\overline{BI}$, e as de centro (P) e (A) são tangentes no ponto (J). A reta (s) é mediatriz de $(\overline{AB})$, e (I) é o ponto de interseção da mediatriz com (AB). Considerando $(\overline{AB}) = 1u$, analise as afirmações a seguir.

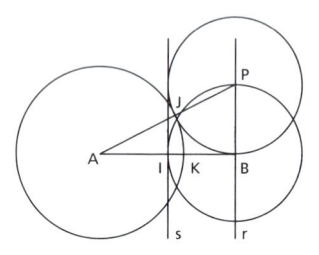

0-0) O comprimento de $\overline{AK}$ é $\dfrac{2}{3}$u.

1-1) O comprimento de $\overline{AP}$ é $\dfrac{\sqrt{5}}{2}$u.

2-2) O comprimento de $\overline{AP}$ é $\dfrac{\sqrt{3}}{2}$u.

3-3) O comprimento de $\overline{AK}$ é $\dfrac{\sqrt{5}-1}{2}$u.

4-4) O comprimento de $\overline{AI}$ é $\dfrac{1}{2}$u.

63. (FGV-SP) Dois veículos partem simultaneamente de um ponto P de uma pista circular, porém em direções opostas. Um deles corre ao ritmo de 5 metros por segundo, e o outro, ao ritmo de 9 metros por segundo. Se os veículos pararem quando se encontrarem pela primeira vez no ponto P, o número de vezes que eles terão se encontrado durante o percurso, sem contar os encontros da partida e da chegada, é igual a

a) 45
b) 44
c) 25
d) 17
e) 13

64. (Enem-MEC) No monte de Cerro Armazones, no deserto de Atacama, no Chile, ficará o maior telescópio da superfície terrestre, o Telescópio Europeu Extremamente Grande (E-ELT). O E-ELT terá um espelho primário de 42 m de diâmetro, "o maior olho do mundo voltado para o céu".

Disponível em: <http://www.estadao.com.br>.
Acesso em: 27 abr. 2010 (adaptado).

Ao ler esse texto em uma sala de aula, uma professora fez uma suposição de que o diâmetro do olho humano mede aproximadamente 2,1 cm.

Qual a razão entre o diâmetro aproximado do olho humano, suposto pela professora, e o diâmetro do espelho primário do telescópio citado?

a) 1 : 20
b) 1 : 100
c) 1 : 200
d) 1 : 1000
e) 1 : 2000

65. (PUC-RS) Duas rodas dentadas, que estão engrenadas, têm 12 e 60 dentes, respectivamente. Enquanto a maior dá 8 voltas, a menor dará _____

a) $\frac{1}{5}$ de volta.

b) $\frac{8}{5}$ de volta.

c) 5 voltas.
d) 40 voltas.
e) 96 voltas.

66. (UF-GO) A figura a seguir mostra uma circunferência de raio r = 3 cm, inscrita em um triângulo retângulo, cuja hipotenusa mede 18 cm.

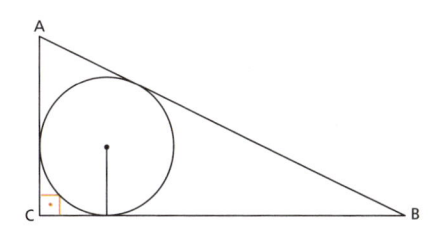

a) Calcule o comprimento da circunferência que circunscreve o triângulo ABC.
b) Calcule o perímetro do triângulo ABC.

Teorema de Tales – Semelhança de triângulos e potência de ponto – Triângulos retângulos

67. (FEI-SP) Considere o triângulo retângulo abaixo. O valor de x é:

a) 8 cm
b) 5 cm
c) 4 cm
d) 3 cm
e) 12 cm

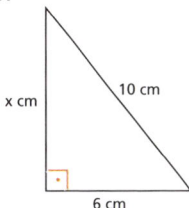

68. (UF-CE) Os lados de um triângulo medem 3 cm, 4 cm e 5 cm. A medida do ângulo oposto ao maior lado é:

a) 50 graus
b) 70 graus
c) 80 graus
d) 90 graus
e) 120 graus

69. (UFF-RJ) Na figura a seguir, o triângulo ABC é retângulo em A e CD mede 10 cm.

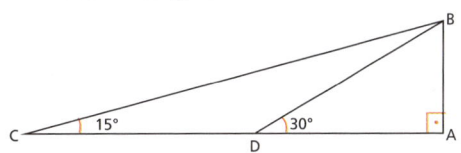

Pode-se concluir que o cateto AB mede:

a) $\frac{4\sqrt{3}}{3}$ cm
b) 5 cm
c) 6 cm
d) $4\sqrt{3}$ cm
e) $5\sqrt{3}$ cm

70. (U.F. São Carlos-SP) A hipotenusa do triângulo retângulo ABC está localizada sobre a reta real, conforme indica a figura.

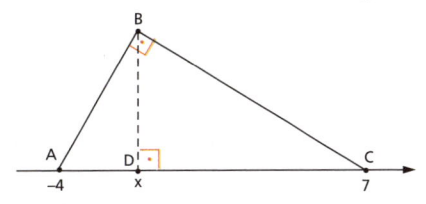

Se x > 0 e a medida da altura BD relativa ao lado AC do triângulo ABC é $2\sqrt{6}$, então x é o número real

a) $2\sqrt{3}$
b) 4
c) $3\sqrt{2}$
d) 5
e) $3\sqrt{3}$

71. (FEI-SP) São dados os triângulos retângulos ABE e CTE, conforme a figura abaixo:

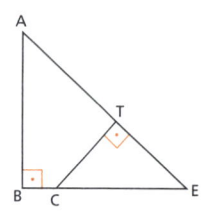

Se $AB = CE = \dfrac{AE}{3} = 60$ cm, então:

a) CT = 25 cm
b) CT = 15 cm
c) CT = 30 cm
d) CT = 40 cm
e) CT = 20 cm

72. (FEI-SP) Considere o triângulo retângulo ABC dado a seguir. Sabe-se que a medida do segmento AB é igual a 3 cm, a do AC é igual a 4 cm, a do BC é igual a 5 cm e a do BM é igual a 3 cm.

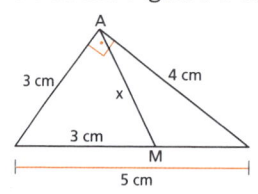

Neste caso, a medida do segmento AM é igual a:

a) $\dfrac{6}{5}$ cm
b) $\dfrac{3\sqrt{5}}{5}$ cm
c) $\dfrac{6\sqrt{5}}{5}$ cm
d) $\dfrac{36\sqrt{5}}{5}$ cm
e) $\dfrac{36}{5}$ cm

73. (Cefet-PR) Considere o triângulo retângulo ABC da figura a seguir:

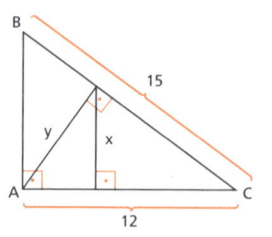

Sobre as afirmações a seguir,

I) $(x + y) \in \mathbb{N}$
II) $3^2 < x + y < 4^2$
III) $xy > 50$
IV) $\dfrac{y}{x} > 1$

Pode-se afirmar que:
a) apenas a afirmação II é correta.
b) todas as afirmações são corretas.
c) as afirmações II e IV são corretas.
d) as afirmações II, III e IV são corretas.
e) as afirmações I, II e III são corretas.

74. (FGV-SP) Seja ABC um triângulo retângulo em B tal que $AC = \dfrac{7\sqrt{3}}{2}$ e BP = 3, onde $\overline{BP}$ é a altura do triângulo ABC pelo vértice B.
Dado:

tg α	valor aproximado de α em graus
$\dfrac{\sqrt{2}}{3}$	25,2°
$\dfrac{\sqrt{2}}{2}$	35,3°
$\dfrac{\sqrt{3}}{2}$	40,9°
$\dfrac{2\sqrt{2}}{3}$	43,3°
$\dfrac{2\sqrt{3}}{3}$	49,1°

A menor medida possível do ângulo $A\hat{C}B$ tem aproximação inteira igual a
a) 25°.
b) 35°.
c) 41°.
d) 43°.
e) 49°.

75. (PUC-RJ) Considere um triângulo ABC retângulo em A, onde $\overline{AB} = 21$ e $\overline{AC} = 20$. $\overline{BD}$ é a bissetriz do ângulo $A\hat{B}C$. Quanto mede $\overline{AD}$?

a) $\dfrac{42}{5}$ c) $\dfrac{20}{21}$ e) 8

b) $\dfrac{21}{20}$ d) 9

76. (ITA-SP) Seja ABC um triângulo retângulo cujos catetos $\overline{AB}$ e $\overline{BC}$ medem 8 cm e 6 cm, respectivamente. Se D é um ponto sobre $\overline{AB}$ e o triângulo ADC é isósceles, a medida do segmento $\overline{AD}$, em cm, é igual a

a) $\dfrac{3}{4}$ c) $\dfrac{15}{4}$ e) $\dfrac{25}{2}$

b) $\dfrac{15}{6}$ d) $\dfrac{25}{4}$

77. (UE-CE) Considere em um plano o triângulo MNO, retângulo em O, e o triângulo NOP, retângulo em N. Estes triângulos são tais que o segmento PM intercepta o lado NO do triângulo MNO no ponto Q e a medida do segmento PQ é duas vezes a medida do lado MN. Se a medida do ângulo ∠ QMO é 21°, então a medida do ângulo ∠ NMQ é

a) 25°.   c) 35°.
b) 28°.   d) 42°.

78. (UE-CE) A medida do perímetro do triângulo retângulo cujas medidas dos raios das circunferências inscrita e circunscrita são, respectivamente, 2 m e 6,5 m é

a) 21 m   c) 28 m
b) 24 m   d) 30 m

79. (UF-CE) Se os valores das medidas dos lados de um triângulo retângulo são termos de uma progressão aritmética de razão 2, então a medida da hipotenusa desse triângulo é:

a) 10 unidades de comprimento.
b) 11 unidades de comprimento.
c) 12 unidades de comprimento.
d) 13 unidades de comprimento.
e) 14 unidades de comprimento.

80. (FEI-SP) Um triângulo retângulo é isósceles e a altura baixada do vértice correspondente ao ângulo reto sobre a hipotenusa mede 5 metros. O perímetro do referido triângulo é, em metros:

a) $15\sqrt{2}$ d) $10(\sqrt{5}+1)$

b) $10\sqrt{5}$ e) 25

c) $10(\sqrt{2}+1)$

81. (FGV-SP) Em um triângulo retângulo ABC, com ângulo reto em B, $AC^2 = 48$, $BP^2 = 9$, sendo que $\overline{BP}$ é a altura de ABC com relação ao vértice B. Nessas condições, a medida do ângulo $A\hat{C}B$ é

a) 15° ou 75°.   d) 30° ou 60°.
b) 20° ou 70°.   e) 45°.
c) 22,5° ou 67,5°.

82. (FEI-SP) Num triângulo ABC, os lados medem $\overline{AB} = 5$ cm, $\overline{AC} = 7$ cm e $\overline{BC} = 8$ cm. Se M é o ponto médio do lado BC, então a medida do segmento AM é:

a) $\sqrt{29}$ cm   d) 6 cm

b) $2\sqrt{3}$ cm   e) $\sqrt{19}$ cm

c) $\sqrt{21}$ cm

83. (PUC-MG) Sabe-se que, em um triângulo, a medida de cada lado é menor que a soma dos comprimentos dos outros dois lados. Uma afirmativa equivalente a essa é:

a) A menor distância entre dois pontos é igual ao comprimento do segmento de reta que os une.
b) Em um triângulo retângulo, a hipotenusa é o maior dos lados.
c) Ao lado menor de um triângulo, opõe-se o menor ângulo.
d) Em um triângulo isósceles, a altura relativa à base divide-a em dois segmentos de mesmo comprimento.

QUESTÕES DE VESTIBULARES

84. (UF-RN) Numa projeção de filme, o projetor foi colocado a 12 m de distância da tela. Isso fez com que aparecesse a imagem de um homem com 3 m de altura. Numa sala menor, a projeção resultou na imagem de um homem com apenas 2 m de altura. Nessa nova sala, a distância do projetor em relação à tela era de
a) 18 m
b) 8 m
c) 36 m
d) 9 m

85. (UF-RS) O perímetro do triângulo equilátero circunscrito a um círculo de raio 3 é
a) $18\sqrt{3}$
b) $20\sqrt{3}$
c) 36
d) $15\sqrt{6}$
e) 38

86. (UF-PR) Uma corda de 3,9 m de comprimento conecta um ponto na base de um bloco de madeira a uma polia localizada no alto de uma elevação, conforme o esquema abaixo. Observe que o ponto mais alto dessa polia está 1,5 m acima do plano em que esse bloco desliza. Caso a corda seja puxada 1,4 m, na direção indicada abaixo, a distância x que o bloco deslizará será de:

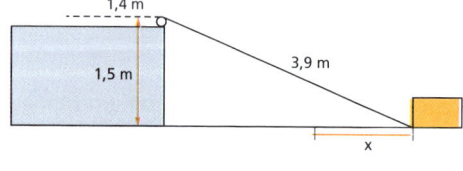

a) 1,0 m
b) 1,3 m
c) 1,6 m
d) 1,9 m
e) 2,1 m

87. (UF-PR) Em uma rua, um ônibus com 12 m de comprimento e 3 m de altura está parado a 5 m de distância da base de um semáforo, o qual está a 5 m do chão. Atrás do ônibus para um carro, cujo motorista tem os olhos a 1 m do chão e a 2 m da parte frontal do carro, conforme indica a figura a seguir. Determine a menor distância (d) que o carro pode ficar do ônibus de modo que o motorista possa enxergar o semáforo inteiro.

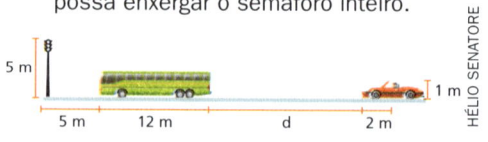

a) 15,0 m
b) 13,5 m
c) 14,0 m
d) 14,5 m
e) 15,5 m

88. (Unesp-SP) O planeta Terra descreve seu movimento de translação em uma órbita aproximadamente circular em torno do Sol. Considerando o dia terrestre com 24 horas, o ano com 365 dias e a distância da Terra ao Sol aproximadamente $150\,380 \times 10^3$ km, determine a velocidade média, em quilômetros por hora, com que a Terra gira em torno do Sol. Use a aproximação $\pi = 3$.

89. (UF-PE) Na figura abaixo, o triângulo (ABC) é retângulo em (A). O ponto (D) é o "pé" da bissetriz do ângulo (A). (E) é o ponto de interseção de (AB) com a perpendicular a (CD) traçada em (D). Para qualquer triângulo (ABC) retângulo em (A), com (AC) < (AB), é possível afirmar que:

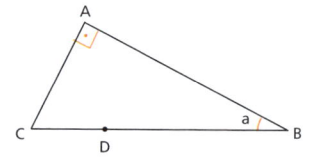

0-0) (CE) é a bissetriz do ângulo $\widehat{ACB}$.
1-1) $\widehat{ECA} = \widehat{CBA}$.
2-2) $\widehat{ECA}$ e $\widehat{CBA}$ são complementares.
3-3) $\widehat{ECA} = \widehat{EDA}$.
4-4) $\widehat{ECA} = 45° \cdot a$.

90. (UF-RR) Os catetos de um triângulo retângulo são iguais a b e c. Então o comprimento da bissetriz do ângulo reto é:

a) $\dfrac{\sqrt{2}(b+c)}{bc}$ d) $\dfrac{\sqrt{2}bc}{b+c}$

b) $\dfrac{\sqrt{2}b}{b+c}$ e) $\dfrac{\sqrt{2}bc}{b+c}$

c) $\dfrac{\sqrt{2}c}{b+c}$

91. (UF-PE) Entre as propriedades listadas abaixo, quais se aplicam às cevianas e aos pontos notáveis de um triângulo escaleno?

0-0) O ponto de interseção entre suas bissetrizes internas é o centro de uma circunferência circunscrita ao triângulo.

1-1) As medianas encontram-se em um ponto que dista $\dfrac{2}{3}$ do seu comprimento em relação a cada vértice do triângulo.

2-2) O baricentro é o centro de uma circunferência tangente aos lados do triângulo.

3-3) As mediatrizes se encontram em um ponto equidistante dos vértices do triângulo.

4-4) O baricentro, o circuncentro e o ortocentro determinam uma reta.

92. (FGV-SP) No triângulo retângulo ABC, retângulo em C, tem-se que $AB = 3\sqrt{3}$. Sendo P um ponto de $\overline{AB}$ tal que PC = 2 e $\overline{AB}$ perpendicular a $\overline{PC}$, a maior medida possível de $\overline{PB}$ é igual a

a) $\dfrac{3\sqrt{3}+\sqrt{11}}{2}$ d) $\dfrac{3(\sqrt{3}+\sqrt{7})}{2}$

b) $\sqrt{3}+\sqrt{11}$ e) $\dfrac{3(\sqrt{3}+\sqrt{11})}{2}$

c) $\dfrac{3(\sqrt{3}+\sqrt{5})}{2}$

93. (UF-CE) ABC é um triângulo retângulo em A, com catetos AB e AC de medidas respectivamente iguais a 3 cm e 4 cm. Com centros em B e em C, traçamos dois círculos β e γ, de raios respectivamente 3 cm e 4 cm, e, em seguida, uma reta r que passa por A e intersecta β e γ respectivamente nos pontos P e Q, com P, Q ≠ A. Calcule o maior valor possível do produto dos comprimentos dos segmentos PA e QA.

94. (Unesp-SP) Os comprimentos dos lados de um triângulo retângulo formam uma progressão aritmética. Qual o comprimento da hipotenusa se o perímetro do triângulo mede 12?

Triângulos quaisquer – Polígonos regulares – Comprimento da circunferência

95. (Enem-MEC) Para uma atividade realizada no laboratório de Matemática, um aluno precisa construir uma maquete da quadra de esportes da escola que tem 28 m de comprimento por 12 m de largura. A maquete deverá ser construída na escala de 1 : 250.

Que medidas de comprimento e largura, em cm, o aluno utilizará na construção da maquete?

a) 4,8 e 11,2
b) 7,0 e 3,0
c) 11,2 e 4,8
d) 28,0 e 12,0
e) 30,0 e 70,0

96. (UF-PB) Uma organização não governamental desenvolveu um projeto de reciclagem de papel em um bairro popular de uma cidade, com o objetivo de contribuir com a política ambiental e gerar renda para as famílias carentes do bairro. A partir da catação do papel e utilizando um processo artesanal, as famílias produzem folhas de papelão em formato retangular medindo 21 cm × 42 cm. Um empresário local propôs comprar toda a produção mensal da comunidade para produzir caixas de papelão, em formato de paralelepípedo reto-retângulo, com volume igual a 810 cm³. Cada caixa é construída recortando-se quadrados em dois dos vértices da folha e retângulos nos outros dois vértices. Em seguida, as abas resultantes dos recortes são dobradas nas linhas tracejadas na folha, obtendo-se dessa forma a caixa, conforme representação nas figuras abaixo.

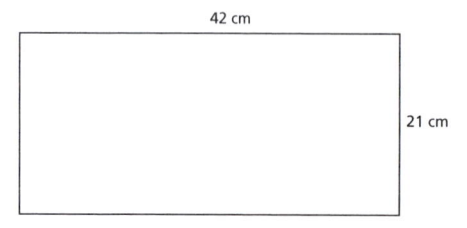

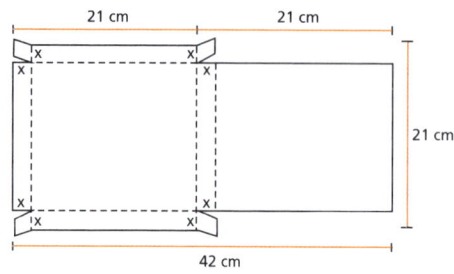

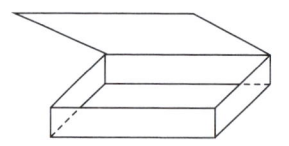

Considerando que uma possibilidade para a medida x do lado do quadrado a ser recortado é 3 cm, é correto afirmar que outro valor possível, em centímetros, para a medida x, pertence ao intervalo:

a) (1, 3)
b) (3, 5)
c) (5, 7)
d) (7, 9)
e) (9, 11)

97. (UF-MG) Uma folha de papel quadrada, ABCD, que mede 12 cm de lado, é dobrada na reta r, como mostrado na figura abaixo:

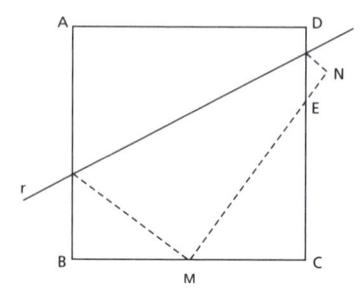

Feita essa dobra, o ponto D sobrepõe-se ao ponto N, e o ponto A, ao ponto médio M, do lado BC.
É correto afirmar que, nessas condições, o segmento CE mede:

a) 7,2 cm
b) 7,5 cm
c) 8,0 cm
d) 9,0 cm

98. (PUC-MG) Certo desenhista faz dois modelos de ladrilho: um desses modelos é um quadrado de 64 cm² e outro, um retângulo cujo comprimento tem 2 cm a mais e cuja largura tem 2 cm a menos que a medida do lado do quadrado. Nessas condições, pode-se afirmar que a medida da área do modelo retangular, em centímetros quadrados, é igual a:

a) 60   b) 64   c) 72   d) 80

99. (PUC-RJ) Uma reta paralela ao lado BC de um triângulo ABC intercepta os lados AB e AC do triângulo em P e Q, respectivamente, onde AQ = 4, PB = 9 e AP = QC. Então o comprimento de AP é:

a) 5   b) 6   c) 8   d) 2   e) 1

100. (Fuvest-SP) A figura representa um quadrado ABCD de lado 1. O ponto F está em $\overline{BC}$, $\overline{BF}$ mede $\frac{\sqrt{5}}{4}$, o ponto E está em $\overline{CD}$ e $\overline{AF}$ é bissetriz do ângulo BÂE. Nessas condições, o segmento $\overline{DE}$ mede

a) $\dfrac{3\sqrt{5}}{40}$

b) $\dfrac{7\sqrt{5}}{40}$

c) $\dfrac{9\sqrt{5}}{40}$

d) $\dfrac{11\sqrt{5}}{40}$

e) $\dfrac{13\sqrt{5}}{40}$

101. (Fuvest-SP) Na figura, tem-se $\overline{AE}$ paralelo a $\overline{CD}$, $\overline{BC}$ paralelo a $\overline{DE}$, $AE = 2$, $\alpha = 45°$ e $\beta = 75°$. Nessas condições, a distância do ponto E ao segmento $\overline{AB}$ é igual a:

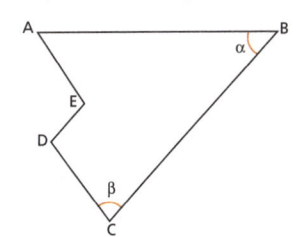

a) $\sqrt{3}$

b) $\sqrt{2}$

c) $\dfrac{\sqrt{3}}{2}$

d) $\dfrac{\sqrt{2}}{2}$

e) $\dfrac{\sqrt{2}}{4}$

102. (PUC-MG) O terreno, representado na figura pelo quadrilátero ABCD, deve ser dividido em dois sítios de áreas equivalentes por meio da cerca MN, que é paralela ao lado CD. Sabe-se que $\overline{AB} = 4$ km, $\overline{AD} = 6$ km e med($B\hat{A}D$) = 60°. Além disso, o segmento CD é perpendicular aos segmentos AD e BC. Então, é correto afirmar que o comprimento do segmento MC, em quilômetros, é:

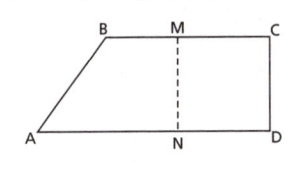

a) 2,0   b) 2,5   c) 3,0   d) 3,5

103. (Mackenzie-SP) A figura abaixo representa uma estrutura de construção chamada tesoura de telhado. Sua inclinação é tal que, a cada metro deslocado na horizontal, há um deslocamento de 40 cm na vertical. Se o comprimento da viga AB é 5 m, das alternativas abaixo, a que melhor aproxima o valor do comprimento da viga AC, em metros, é

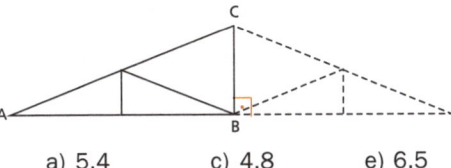

a) 5,4   c) 4,8   e) 6,5
b) 6,7   d) 5,9

104. (FGV-SP) No teodolito indicado, cada volta completa da manivela aumenta em 0,5° o ângulo de observação em relação à horizontal.

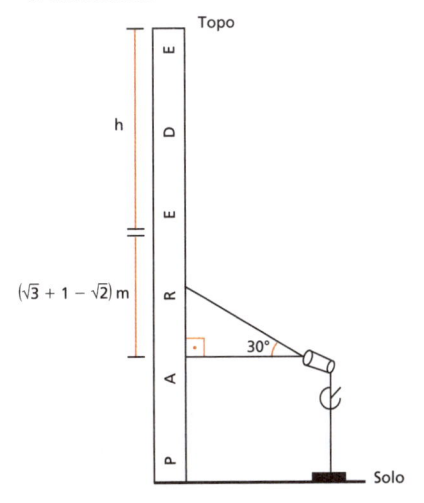

Se a partir da situação descrita na figura são necessárias mais 45 voltas completas da manivela para que o teodolito aponte para o topo da parede, a medida de h, em metros, é igual a:

a) $0,75(\sqrt{3}+1-\sqrt{2})$ d) $2\sqrt{6}-3$

b) $2(\sqrt{3}-1)$ e) $\sqrt{3}+\sqrt{2}-1$

c) $4(\sqrt{2}-1)$

QUESTÕES DE VESTIBULARES

105. (Unicamp-SP) Para construir uma curva "floco de neve", divide-se um segmento de reta (Figura 1) em três partes iguais. Em seguida, o segmento central sofre uma rotação de 60°, e acrescenta-se um novo segmento de mesmo comprimento dos demais, como o que aparece tracejado na Figura 2. Nas etapas seguintes, o mesmo procedimento é aplicado a cada segmento da linha poligonal, como está ilustrado nas Figuras 3 e 4.

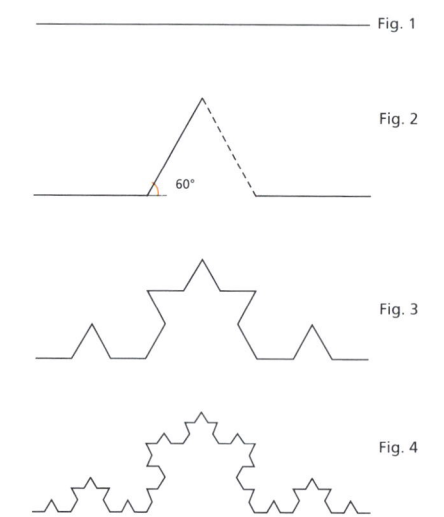

Fig. 1

Fig. 2

Fig. 3

Fig. 4

Se o segmento inicial mede 1 cm, o comprimento da curva obtida na sexta figura é igual a:

a) $\left(\dfrac{6!}{4!3!}\right)$ cm

b) $\left(\dfrac{5!}{4!3!}\right)$ cm

c) $\left(\dfrac{4}{3}\right)^5$ cm

d) $\left(\dfrac{4}{3}\right)^6$ cm

106. (Enem-MEC) O polígono que dá forma à calçada a seguir é invariante por rotações, em torno de seu centro, de:

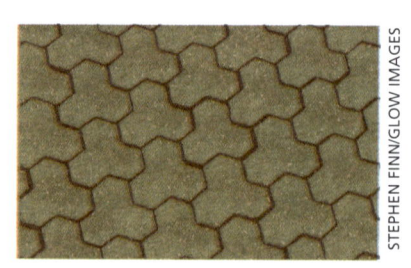

Disponível em: <http://www.diaadia.pr.gov.br>.
Acesso em: 28 abr. 2010.

a) 45°
b) 60°
c) 90°
d) 120°
e) 180°

107. (FGV-SP) A, B e C são quadrados congruentes de lado igual a 1 em um mesmo plano. Na situação inicial, os três quadrados estão dispostos de forma que dois adjacentes possuem um lado em comum e outro sobre a reta r. Na situação final, os quadrados A e C permanecem na mesma posição inicial, e o quadrado B é reposicionado, conforme indica a figura.

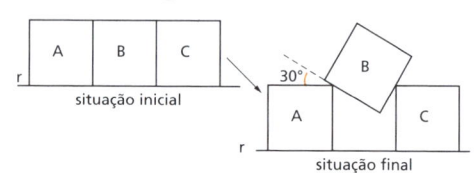

A menor distância da reta r a um vértice do quadrado B é:

a) $\dfrac{2-\sqrt{3}}{4}$

b) $\dfrac{3-\sqrt{3}}{4}$

c) $\dfrac{4-\sqrt{3}}{4}$

d) $\dfrac{3-\sqrt{3}}{2}$

e) $\dfrac{4-\sqrt{3}}{2}$

108. (Unifesp-SP) Tem-se um triângulo equilátero em que cada lado mede 6 cm. O raio do círculo circunscrito a esse triângulo, em centímetros, mede:

a) $\sqrt{3}$
b) $2\sqrt{3}$
c) 4
d) $3\sqrt{2}$
e) $3\sqrt{3}$

109. (U.F. São Carlos-SP) Os números reais positivos a, b e c, nesta ordem, são medidas, em cm, dos lados de um triângulo e estão em progressão geométrica. Sabendo-se que a · c = 144, e que a razão da P.G. é $\frac{3}{2}$, pode-se concluir que o perímetro desse triângulo, em cm, é igual a:
a) 46 b) 44 c) 42 d) 40 e) 38

110. (U.F. Juiz de Fora-MG) Seja o triângulo de base igual a 10 m e altura igual a 5 m com um quadrado inscrito, tendo um lado contido na base do triângulo. O lado do quadrado é, em metros, igual a:
a) $\frac{10}{3}$ c) $\frac{20}{7}$ e) $\frac{15}{2}$
b) $\frac{5}{2}$ d) $\frac{15}{4}$

111. (ITA-SP) Um triângulo ABC tem lados com medidas $a = \frac{\sqrt{3}}{2}$ cm, b = 1 cm e $c = \frac{1}{2}$ cm. Uma circunferência é tangente ao lado a e também aos prolongamentos dos outros dois lados do triângulo, ou seja, a circunferência é ex-inscrita ao triângulo. Então, o raio da circunferência, em cm, é igual a
a) $\frac{\sqrt{3}+1}{4}$ d) $\frac{\sqrt{3}}{2}$
b) $\frac{\sqrt{3}}{4}$ e) $\frac{\sqrt{3}+2}{4}$
c) $\frac{\sqrt{3}+1}{3}$

112. (Unesp-SP) A figura a seguir representa uma chapa de alumínio de formato triangular de massa 1 250 gramas. Deseja-se cortá-la por uma reta r paralela ao lado $\overline{BC}$ e que intercepta o lado $\overline{AB}$ em D e o lado $\overline{AC}$ em E, de modo que o trapézio BCED tenha 700 gramas de massa. A espessura e a densidade do material da chapa são uniformes. Determine o valor percentual da razão de $\overline{AD}$ por $\overline{AB}$.
Dado: $\sqrt{11} \approx 3,32$.

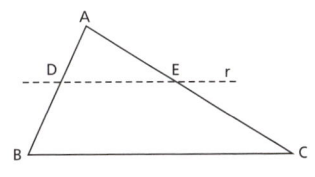

a) 88,6 c) 74,8 e) 44,0
b) 81,2 d) 66,4

113. (UF-BA) Na figura abaixo, tem-se:
BÂC = 45°
BD̂C = 60°
$\overline{AD}$ = 5 u.c.
$\overline{DC}$ = 10 u.c.
Com base nesses dados, calcule $\overline{BC}$.

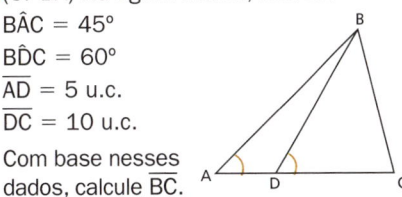

114. (FEI-SP) O triângulo ACD é retângulo em C, o ângulo CÂD é 30°, o ângulo CB̂D é 60° e a medida do segmento AD é de 60 unidades de comprimento. Nestas condições, a medida de BC é:

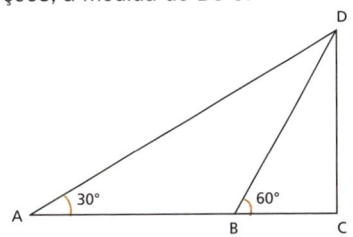

a) $10\sqrt{2}$ u.c. d) $15\sqrt{2}$ u.c.
b) $10\sqrt{3}$ u.c. e) $\frac{10\sqrt{2}}{3}$ u.c.
c) $30\sqrt{2}$ u.c.

115. (FEI-SP) Um objeto é lançado de um avião que está a 5 km de altitude. Devido à velocidade do avião e à ação do vento, o objeto cai segundo uma reta que forma um ângulo de 30° com a ver-

QUESTÕES DE VESTIBULARES

tical, conforme ilustrado a seguir. Que distância d este objeto percorreu até atingir o solo?

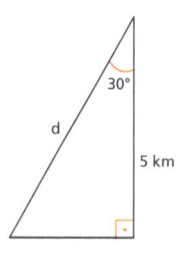

a) $10\sqrt{3}$ km
b) 10 km
c) $\dfrac{3\sqrt{3}}{5}$ km
d) $\dfrac{10\sqrt{3}}{3}$ km
e) $\dfrac{3\sqrt{2}}{5}$ km

116. (UE-CE) Uma sala tem a forma de um triângulo equilátero de lado 10 m. Para pavimentá-la foi escolhida uma lajota na forma de um triângulo equilátero de lado 40 cm. O número de lajotas necessárias para o piso da sala é:

a) 1 250
b) 625
c) 1 025
d) 1 000
e) 325

117. (UF-PE) Na ilustração a seguir, os segmentos BC e DE são paralelos.

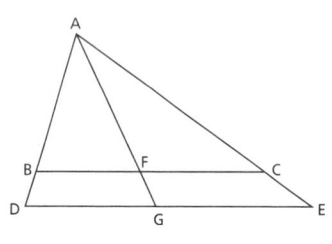

Se BC = 12, DG = 7 e GE = 8, quanto mede FC?

a) 6,2
b) 6,3
c) 6,4
d) 6,5
e) 6,6

118. (FGV-SP) Cada lado congruente de um triângulo isósceles mede 10 cm, e o ângulo agudo definido por esses lados mede α graus. Se sen α = 3 cos α, a área desse triângulo, em cm², é igual a:

a) $15\sqrt{10}$
b) $12\sqrt{10}$
c) $9\sqrt{10}$
d) $15\sqrt{3}$
e) $12\sqrt{3}$

119. (Mackenzie-SP) Na figura, tg β é igual a:

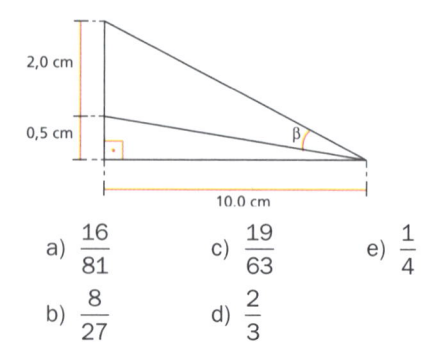

a) $\dfrac{16}{81}$
b) $\dfrac{8}{27}$
c) $\dfrac{19}{63}$
d) $\dfrac{2}{3}$
e) $\dfrac{1}{4}$

120. (UF-PE) Quais formas poligonais podem ser construídas tendo como um dos seus ângulos a figura abaixo?

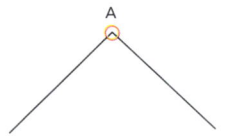

0-0) Trapézio isósceles, quadrado e retângulo.
1-1) Triângulo equilátero, pentágono regular e quadrado.
2-2) Figura estrelada de oito pontas, triângulo retângulo e trapézio.
3-3) Polígono regular não convexo (côncavo) de seis pontas, losango ou triângulo.
4-4) Octógono regular, trapézio escaleno e retângulo.

121. (Enem-MEC) A rampa de um hospital tem na sua parte mais elevada uma altura de 2,2 metros. Um paciente ao caminhar sobre a rampa percebe que se deslocou 3,2 metros e alcançou uma altura de 0,8 metro.

A distância em metros que o paciente ainda deve caminhar para atingir o ponto mais alto da rampa é:

a) 1,16 metro
b) 3,0 metros
c) 5,4 metros
d) 5,6 metros
e) 7,04 metros

122. (UE-CE) Após um naufrágio, um sobrevivente se vê na situação de ter que atravessar um rio de águas calmas. Prudente, decide só atravessá-lo depois de ter estimado a largura do rio. Improvisou então uma trena métrica e um transferidor rústicos e, para calcular a distância entre duas árvores, digamos uma árvore A, situada na margem em que se encontrava, e uma árvore B, situada na margem oposta, procedeu da seguinte forma:

- postando-se ao lado da árvore A e usando o transferidor construído, aferiu o ângulo entre a visada para a árvore B e para uma árvore C, situada na mesma margem em que se encontrava, obtendo o valor 105°;
- caminhou até a árvore C e, usando a trena métrica, estimou em 300 metros a distância entre esta e a árvore A;
- estando então junto à árvore C, mediu o ângulo entre as visadas para a árvore A e a árvore B, obtendo o valor 30°.

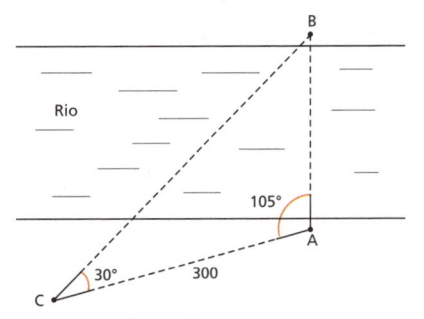

Após os procedimentos descritos, as informações obtidas foram reunidas e foi estimada corretamente a distância entre a árvore A e a árvore B, obtendo o valor de, aproximadamente:
a) 150 metros   d) 212 metros
b) 175 metros   e) 250 metros
c) 189 metros
(considerar $\sqrt{2} = 1,41$ e $\sqrt{3} = 1,73$)

123. (PUC-SP) Abílio (A) e Gioconda (G) estão sobre uma superfície plana de uma mesma praia e, num dado instante, veem sob respectivos ângulos de 30° e 45° um pássaro (P) voando, conforme é representado na planificação abaixo.

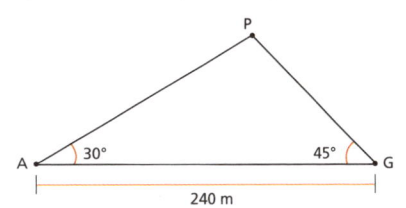

Considerando desprezíveis as medidas das alturas de Abílio e Gioconda e sabendo que, naquele instante, a distância entre A e G era de 240 m, então a quantos metros de altura o pássaro distava da superfície da praia?

a) $60(\sqrt{3}+1)$ d) $180(\sqrt{3}-1)$

b) $120(\sqrt{3}-1)$ e) $180(\sqrt{3}+1)$

c) $120(\sqrt{3}+1)$

124. (UF-PI) Conforme ilustrado na figura abaixo, um trem saiu da cidade A com destino à cidade B, deslocando-se com a mesma velocidade com que um outro trem ia da cidade C para a cidade D. Sabendo-se que a distância do ponto M às cidades C e A é a mesma, e que, por um atraso, as locomotivas partiram no mesmo instante, é correto afirmar que:

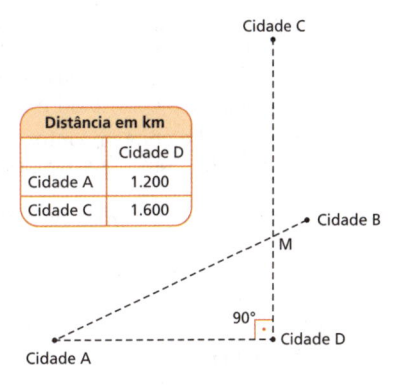

Distância em km	
	Cidade D
Cidade A	1.200
Cidade C	1.600

a) a distância da cidade D ao ponto M é 350 km.
b) a distância da cidade C ao ponto M é 336 km.
c) a distância da cidade A ao ponto M é 500 km.
d) a distância da cidade C à cidade A é 1 200 km.
e) não haverá o choque dos trens.

125. (UF-PI) Sejam a, b e c as medidas dos lados de um triângulo ABC. Considere a função f: $\mathbb{R} \to \mathbb{R}$ dada por $f(x) = b^2x^2 + (b^2 + c^2 - a^2)x + c^2$.
Analise as afirmativas abaixo e assinale V (verdadeira) ou F (falsa).
a) ( ) $f(-1) < 0$
b) ( ) f possui raízes reais.
c) ( ) O valor mínimo de f é menor ou igual a c^2.
d) ( ) $f(x) > 0$, para todo número real x.

126. (Cefet-MG) A questão refere-se ao trecho de duas ruas paralelas, onde João e Pedro decidem apostar uma corrida, desenvolvendo a mesma velocidade. As dimensões, na figura, estão representadas em metros.

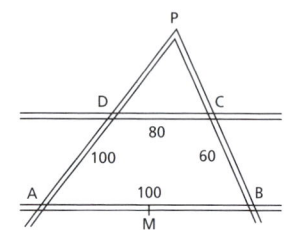

João partirá do ponto médio M do quarteirão AB, fazendo o trajeto MBCDP, enquanto Pedro percorrerá MADCP. Nessas circunstâncias, é correto afirmar que:

a) João e Pedro chegam juntos.
b) João ganha com mais de 100 m de vantagem.
c) Pedro ganha com mais de 100 m de vantagem.
d) João ganha com menos de 100 m de vantagem.
e) Pedro ganha com menos de 100 m de vantagem.

127. (ITA-SP) Considere: um retângulo cujos lados medem B e H, um triângulo isósceles em que a base e a altura medem, respectivamente, B e H, e o círculo inscrito neste triângulo. Se as áreas do retângulo, do triângulo e do círculo, nesta ordem, formam uma progressão geométrica, então $\dfrac{B}{H}$ é uma raiz do polinômio

a) $\pi^3x^3 + \pi^2x^2 + \pi x - 2 = 0$
b) $\pi^2x^3 + \pi^3x^2 + x + 1 = 0$
c) $\pi^3x^3 - \pi^2x^2 + \pi x + 2 = 0$
d) $\pi x^3 - \pi^2x^2 + 2\pi x - 1 = 0$
e) $x^3 - \pi^2x^2 + \pi x - 1 = 0$

128. (U.E. Londrina-PR) Sobre propriedades de triângulos, considere as afirmativas a seguir:

I. Todo triângulo possui pelo menos dois ângulos internos agudos.
II. Dados dois triângulos ABC e EFG se $AB \cong EF$, $\hat{A} \cong \hat{E}$ e $\hat{B} \cong \hat{F}$, então o triângulo ABC é congruente ao triângulo EFG.
III. Se dois triângulos têm os três ângulos correspondentes congruentes, então os triângulos são congruentes.
IV. Sejam ABC e A'B'C' dois triângulos retângulos cujos ângulos retos são $\hat{C}$ e $\hat{C}'$. Se $AB \cong A'B'$ e $\hat{A} \cong \hat{A}'$ então os triângulos são congruentes.

Estão corretas apenas as afirmativas:

a) I e II.
b) II e III.
c) III e IV.
d) I, II e IV.
e) I, III e IV.

129. (UF-MT) Seja T um triângulo equilátero e P um ponto no interior de T. Se d_1, d_2 e d_3 são as medidas das distâncias de P aos lados de T, então $d_1 + d_2 + d_3$ é igual à medida:

a) do perímetro de T.
b) do lado de T.
c) do diâmetro do círculo inscrito em T.
d) da altura de T.
e) do diâmetro do círculo circunscrito a T.

130. (Unesp-SP) Uma pessoa se encontra no ponto A de uma planície, às margens de um rio, e vê, do outro lado do rio, o topo do mastro de uma bandeira, ponto B. Com o objetivo de determinar a altura h do mastro, ela anda, em linha reta, 50 m para a direita do ponto em que se encontrava e marca o ponto C. Sendo D o pé do mastro, avalia que os ângulos $B\hat{A}C$ e $B\hat{C}D$ valem 30°, e o ângulo $A\hat{C}B$ vale 105°, como mostra a figura.

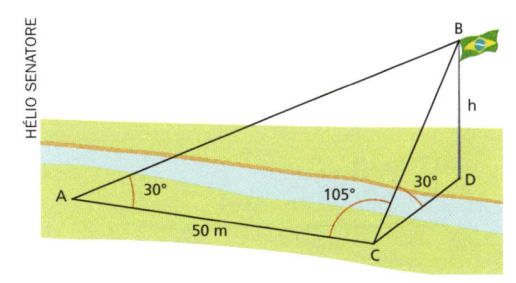

A altura h do mastro da bandeira, em metros, é:

a) 12,5
b) $12,5\sqrt{2}$
c) 25,0
d) $25,0\sqrt{2}$
e) 35,0

131. (UF-PE) Em perspectiva, o tamanho aparente de um segmento AB, visto por um observador no ponto O, depende do ângulo $A\hat{O}B$.

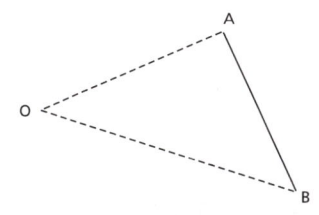

Imagine um edifício de base quadrangular. Contornando tal prédio, um observador terá, em vários pontos, a sensação de que são iguais dois dos lados consecutivos dessa base.
Isso é verdadeiro para quais quadriláteros?

0-0) Quadrados.
1-1) Losangos.
2-2) Retângulos.
3-3) Trapézios.
4-4) Em qualquer tipo de quadrilátero.

132. (Fuvest-SP) Uma folha de papel ABCD de formato retangular é dobrada em torno do segmento $\overline{EF}$, de maneira que o ponto A ocupe a posição G, como mostra a figura.

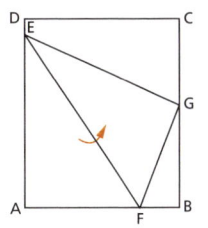

Se AE = 3 e BG = 1, então a medida do segmento $\overline{AF}$ é igual a:

a) $\dfrac{3\sqrt{5}}{2}$
b) $\dfrac{7\sqrt{5}}{8}$
c) $\dfrac{3\sqrt{5}}{4}$
d) $\dfrac{3\sqrt{5}}{5}$
e) $\dfrac{\sqrt{5}}{3}$

133. (UE-CE) Se, na figura, os triângulos VWS e URT são equiláteros, a medida, em graus, do ângulo α é igual a:

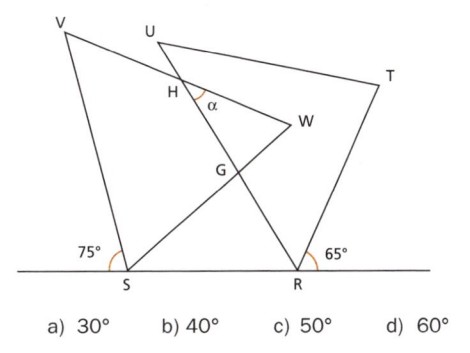

a) 30°
b) 40°
c) 50°
d) 60°

134. (UF-PE) Um triângulo de lados (x), (y) e (z) tem (a_x), (a_y) e (a_z) como as alturas relativas a esses lados, respectivamente.

Para a sua construção, sendo conhecidos o lado (x) e as alturas (a_x) e (a_y), podemos afirmar que:

0-0) Se as alturas (a_x) e (a_y) forem iguais, o triângulo será retângulo.
1-1) Se as alturas (a_x) e (a_y) forem iguais ao lado (x), o triângulo será isósceles.
2-2) Se a altura (a_y) for maior que a altura (a_x), o triângulo será obtusângulo.
3-3) Se a altura (a_y) for maior que a altura (a_x), o triângulo será órtico.
4-4) Para qualquer medida de (a_x), o triângulo será acutângulo se (a_y) for maior que (x).

135. (UF-RS) Os lados de um terreno triangular têm medidas diferentes, as quais, em certa ordem, formam uma progressão geométrica crescente. O conjunto dos possíveis valores da razão dessa progressão é o intervalo:

a) $\left(\dfrac{-\sqrt{5}+1}{2}, \dfrac{\sqrt{5}+1}{2}\right)$ d) $\left(1, \dfrac{\sqrt{5}}{2}\right)$

b) $\left(\dfrac{\sqrt{5}-1}{2}, \dfrac{\sqrt{5}+1}{2}\right)$ e) $\left(1, \dfrac{\sqrt{5}+1}{2}\right)$

c) $\left(1, \dfrac{2\sqrt{5}-1}{2}\right)$

136. (Fuvest-SP) No triângulo acutângulo ABC, ilustrado na figura, o comprimento do lado $\overline{BC}$ mede $\dfrac{\sqrt{15}}{5}$, o ângulo interno de vértice C mede α, e o ângulo interno de vértice β mede $\dfrac{\alpha}{2}$. Sabe-se, também, que $2\cos(2\alpha) + 3\cos\alpha + 1 = 0$.

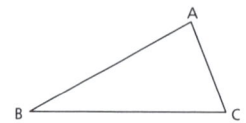

Nessas condições, calcule:
a) o valor de sen α;
b) o comprimento do lado $\overline{AC}$.

137. (UF-GO) O sinal de PARE, pintado horizontalmente na rua, é visto de frente por um motorista a 10 metros de distância sob um ângulo θ, sendo que o comprimento das letras é de 2 metros e o olho do motorista está a 1,2 metro do chão, conforme ilustrado abaixo. Para que uma placa vertical de altura H, também a 10 metros de distância, seja vista sob o mesmo ângulo θ, qual deve ser o valor de H?

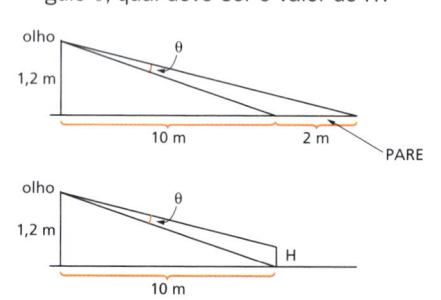

138. (U.F. Pelotas-RS) A geometria métrica, através de suas relações, proporciona que possamos descobrir medidas desconhecidas.
Usando as relações convenientes, é correto afirmar que o perímetro do triângulo ABC, abaixo, equivale a:

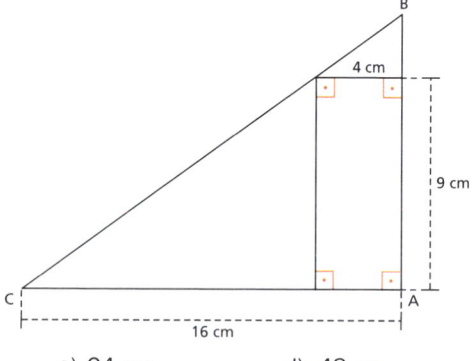

a) 24 cm   d) 48 cm
b) 34 cm   e) 45 cm
c) 35 cm   f) I.R.

139. (FGV-SP) No triângulo ABC, AB = 8, BC = 7, AC = 6 e o lado $\overline{BC}$ foi prolongado, como mostra a figura, até o ponto P, formando-se o triângulo PAB, semelhante ao triângulo PCA.

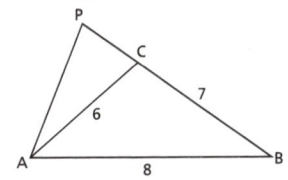

O comprimento do segmento $\overline{PC}$ é:

a) 7   b) 8   c) 9   d) 10   e) 11

140. (FGV-SP) Os pontos A, B, C, D, E e F estão em $\overline{AF}$ e dividem esse segmento em 5 partes congruentes. O ponto G está fora de $\overline{AF}$, e os pontos H e J estão em $\overline{GD}$ e $\overline{GF}$, respectivamente.

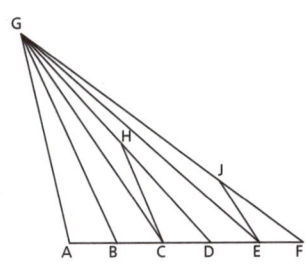

Se $\overline{GA}$, $\overline{HC}$ e $\overline{JE}$ são paralelos, então a razão $\dfrac{HC}{JE}$ é:

a) $\dfrac{5}{3}$ b) $\dfrac{3}{2}$ c) $\dfrac{4}{3}$ d) $\dfrac{5}{4}$ e) $\dfrac{6}{5}$

141. (UF-PE) Qual a menor distância possível entre um ponto da reta com equação $y = -\dfrac{3x}{4} + 6$, esboçada a seguir, e a origem do sistema cartesiano?

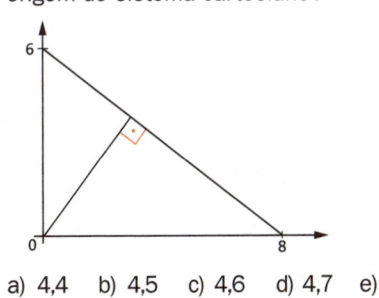

a) 4,4   b) 4,5   c) 4,6   d) 4,7   e) 4,8

142. (UF-PE) Uma pessoa viaja do ponto C ao ponto A, passando pelo ponto B, cada trecho percorrido em linha reta, como ilustrado na figura abaixo. A distância CA é de 40 km, a distância CB é de 60 km, e o ângulo ACB mede 60°. Se a pessoa viajasse de C até A, em linha reta, sem passar por B, quanto economizaria na distância percorrida, em km? Indique o valor inteiro mais próximo. Dado: use a aproximação $\sqrt{7} \approx 2,6$.

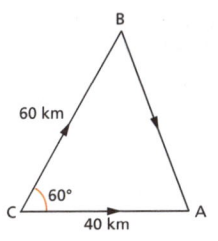

a) 70 km   c) 74 km   e) 78 km
b) 72 km   d) 76 km

143. (ITA-SP) Considere um triângulo isósceles ABC, retângulo em B. Sobre o lado $\overline{BC}$, considere, a partir de B, os pontos D e E, tais que os comprimentos dos segmentos $\overline{BC}$, $\overline{BD}$, $\overline{DE}$, $\overline{EC}$, nesta ordem, formem uma progressão geométrica decrescente. Se β for o ângulo EÂD, determine tg β em função da razão r da progressão.

144. (Fuvest-SP) Na figura abaixo, tem-se AC = 3, AB = 4 e CB = 6. O valor de CD é:

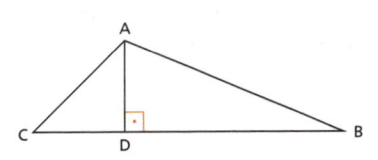

a) $\dfrac{17}{12}$ c) $\dfrac{23}{12}$ e) $\dfrac{29}{12}$

b) $\dfrac{19}{12}$ d) $\dfrac{25}{12}$

QUESTÕES DE VESTIBULARES

145. (FGV-SP) No triângulo ABC, AB = 13, BC = 14, CA = 15, M é ponto médio de $\overline{AB}$, e H é o pé da altura do triângulo ABC do vértice A até a base $\overline{BC}$.

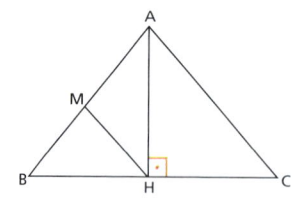

Nas condições dadas, o perímetro do triângulo BMH é igual a:

a) 16   b) 17   c) 18   d) 19   e) 20

146. (UF-PE) Na figura abaixo AB = AD = 25, BC = 15 e DE = 7. Os ângulos DÊA, BĈA e BF̂A são retos. Determine e assinale AF.

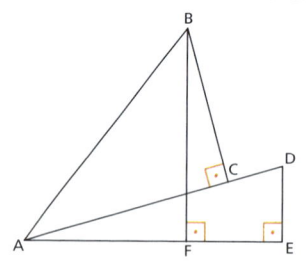

147. (UF-PE) Na ilustração abaixo, a casa situada no ponto B deve ser ligada com um cabo subterrâneo de energia elétrica, saindo do ponto A. Para calcular a distância AB, são medidos a distância e os ângulos a partir de dois pontos O e P, situados na margem oposta do rio, sendo O, A e B colineares. Se OP̂A = 30°, PÔA = 30°, OP̂B = 45° e OP = $(3+\sqrt{3})$ km, calcule AB em hectômetros.

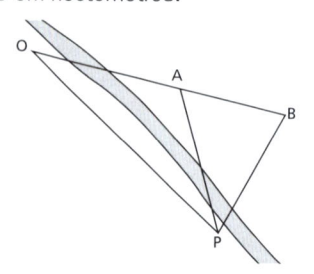

148. (Unicamp-SP) Uma ponte levadiça, com 50 metros de comprimento, estende-se sobre um rio. Para dar passagem a algumas embarcações, pode-se abrir a ponte a partir do seu centro, criando um vão $\overline{AB}$, conforme mostra a figura abaixo.

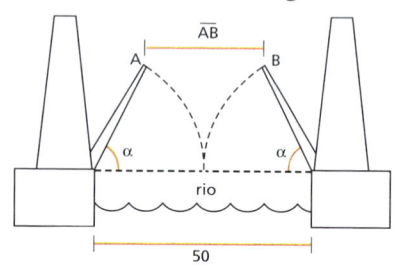

Considerando que os pontos A e B têm alturas iguais, não importando a posição da ponte, responda às questões abaixo.

a) Se o tempo gasto para girar a ponte em 1° equivale a 30 segundos, qual será o tempo necessário para elevar os pontos A e B a uma altura de 12,5 m, com relação à posição destes quando a ponte está abaixada?

b) Se α = 75°, quanto mede $\overline{AB}$?

149. (Unicamp-SP) Considere uma gangorra composta por uma tábua de 240 cm de comprimento, equilibrada, em seu ponto central, sobre uma estrutura na forma de um prisma cuja base é um triângulo equilátero de altura igual a 60 cm, como mostra a figura. Suponha que a gangorra esteja instalada sobre um piso perfeitamente horizontal.

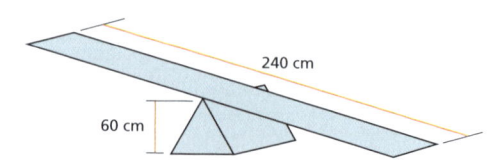

a) Desprezando a espessura da tábua e supondo que a extremidade direita da gangorra está a 20 cm do chão, determine a altura da extremidade esquerda.

b) Supondo, agora, que a extremidade direita da tábua toca o chão, determine o ângulo α formado entre a tábua e a lateral mais próxima do prisma, como mostra a vista lateral da gangorra, exibida abaixo.

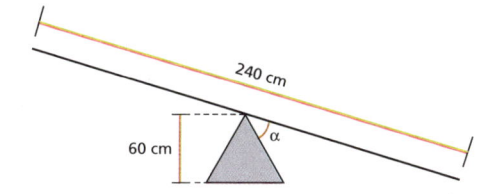

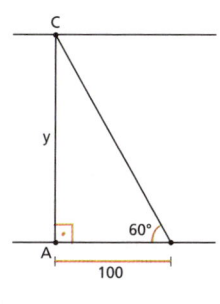

a) $\dfrac{100\sqrt{3}}{3}$

b) $\dfrac{100\sqrt{3}}{2}$

c) $100\sqrt{3}$

d) $\dfrac{50\sqrt{3}}{3}$

e) 200

152. (Cefet-MG) Na figura, o valor de NA do triângulo equilátero ABC, de lado x, é:

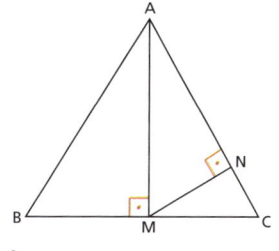

a) $\dfrac{x^3}{4}$

b) $\dfrac{x^2}{2}$

c) $\dfrac{2x}{3}$

d) $\dfrac{3x}{4}$

e) $\dfrac{x}{2}$

150. (Unifesp-SP) Na figura, o ângulo C é reto, D é ponto médio de $\overline{AB}$, $\overline{DE}$ é perpendicular a $\overline{AB}$, AB = 20 cm e AC = 12 cm.

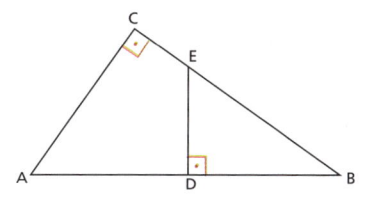

A área do quadrilátero ADEC, em centímetros quadrados, é:

a) 96
b) 75
c) 58,5
d) 48
e) 37,5

153. (UF-PI) A área da figura abaixo é:

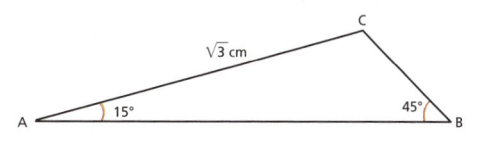

a) $\dfrac{1}{16}\left(\sqrt{2-\sqrt{3}}\right)$ cm²

b) $\dfrac{1}{16}\left(\sqrt{12-\sqrt{3}}\right)$ cm²

c) $\dfrac{1}{6}\left(\sqrt{2-\sqrt{3}}\right)$ cm²

d) $\dfrac{3}{8}\left(\sqrt{12-6\sqrt{3}}\right)$ cm²

e) $\dfrac{1}{4}\left(\sqrt{12-\sqrt{18}}\right)$ cm²

151. (PUC-RS) Em uma aula prática de Topografia, os alunos aprendiam a trabalhar com o teodolito, instrumento usado para medir ângulos. Com o auxílio desse instrumento, é possível medir a largura y de um rio. De um ponto A, o observador desloca-se 100 metros na direção do percurso do rio, e então visualiza uma árvore no ponto C, localizada na margem oposta sob um ângulo de 60°, conforme a figura ao lado. Nessas condições, conclui-se que a largura do rio, em metros, é:

154. (Mackenzie-SP) Na figura AC = 5, AB = 4 e PR = 1,2. O valor de RQ é:

QUESTÕES DE VESTIBULARES

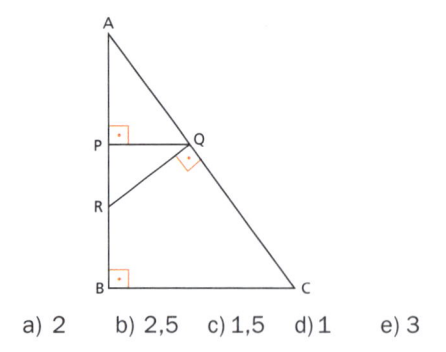

a) 2   b) 2,5   c) 1,5   d) 1   e) 3

155. (UF-RN) A figura abaixo representa uma torre de altura H equilibrada por dois cabos de comprimentos L_1 e L_2, fixados nos pontos C e D, respectivamente.

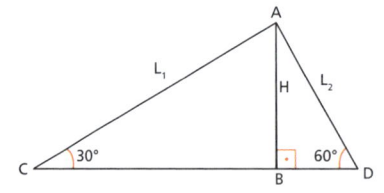

Entre os pontos B e C passa um rio, dificultando a medição das distâncias entre esses pontos. Apenas com as medidas dos ângulos C e D e a distância entre B e D, um engenheiro calculou a quantidade de cabo ($L_1 + L_2$) que usou para fixar a torre.
O valor encontrado, usando $\sqrt{3} = 1,73$ e $\overline{BD} = 10$ m, é:

a) 54,6 m   c) 62,5 m
b) 44,8 m   d) 48,6 m

156. (Unicamp-SP) Na execução da cobertura de uma casa, optou-se pela construção de uma estrutura, composta por barras de madeira, com o formato indicado na figura abaixo.

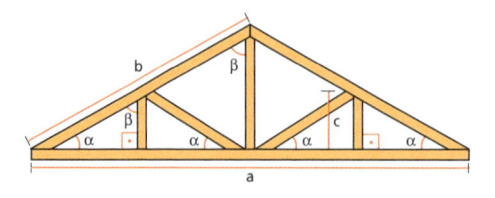

Resolva as questões abaixo supondo que $\alpha = 15°$. Despreze a espessura das barras de madeira e não use aproximações nos seus cálculos.

a) Calcule os comprimentos b e c em função de a, que corresponde ao comprimento da barra da base da estrutura.
b) Assumindo, agora, que $a = 10$ m, determine o comprimento total da madeira necessária para construir a estrutura.

157. (UE-CE) A medida da área de um triângulo equilátero inscrito em uma circunferência cuja medida do raio é igual a 1 m é:

a) $\dfrac{3\sqrt{3}}{4}$ m^2 c) $2\sqrt{3}$ m^2

b) $\dfrac{3\sqrt{3}}{2}$ m^2 d) $\sqrt{3}$ m^2

158. (UF-BA) Na figura abaixo, todos os triângulos são retângulos isósceles, e ABCD é um quadrado.

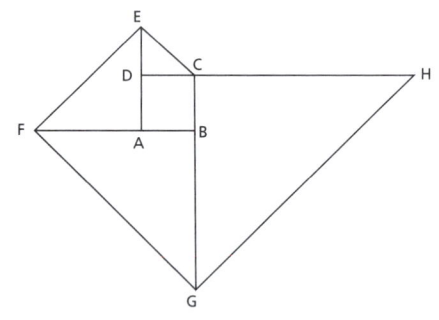

Nessas condições, determine o quociente $\dfrac{GH}{CE}$.

159. (PUC-MG) Na figura, está a planta de um lago poligonal de lados AB = 2CD, BC = 6 m e AD = $2\sqrt{21}$ m. Os ângulos internos de vértices B e D são retos. A medida do segmento $\overline{AC}$, em metros, é:

a) 10   b) 12   c) 14   d) 16

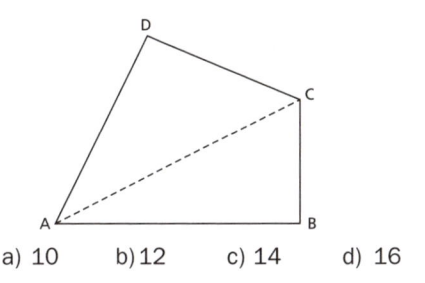

160. (UF-PE) Uma moeda circular precisa ser cunhada contendo na sua face todo o quadrilátero (ABCD).

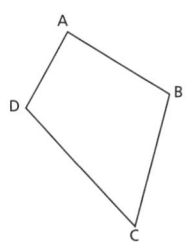

A respeito da menor moeda possível que contenha a figura, podemos afirmar:

0-0) A, B e C são pontos da sua circunferência.
1-1) Três dos vértices do quadrilátero são pontos da sua circunferência.
2-2) Os quatro vértices são pontos da sua circunferência.
3-3) A e C são pontos da sua circunferência.
4-4) Uma das diagonais de (ABCD) é diâmetro da moeda.

161. (Enem-MEC) Em 2010, um caos aéreo afetou o continente europeu, devido à quantidade de fumaça expelida por um vulcão na Islândia, o que levou ao cancelamento de inúmeros voos.
Cinco dias após o início desse caos, todo o espaço aéreo europeu acima de 6 000 metros estava liberado, com exceção do espaço aéreo da Finlândia. Lá, apenas voos internacionais acima de 31 mil pés estavam liberados.

Disponível em: <http://www1.folha.uol.com.br>. Acesso em: 21 abr. 2010 (adaptado).

Considere que 1 metro equivale a aproximadamente 3,3 pés.
Qual a diferença, em pés, entre as altitudes liberadas na Finlândia e no restante do continente europeu cinco dias após o início do caos?

a) 3 390 pés.   d) 19 800 pés.
b) 9 390 pés.   e) 50 800 pés.
c) 11 200 pés.

162. (UF-RJ) Seja abcde o pentágono regular inscrito no retângulo ABCD, como mostra a figura a seguir.

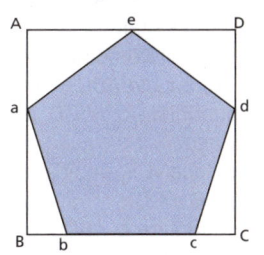

ABCD é um quadrado?

163. (UF-AC) Considere um polígono regular no plano. Se o número de diagonais desse polígono é igual a duas vezes o número de seus lados, ele é:

a) um hexágono.   d) um pentágono.
b) um quadrado.   e) um octógono.
c) um heptágono.

164. (PUC-RJ) Seja um hexágono regular ABCDEF. A razão entre os comprimentos dos segmentos $\overline{AC}$ e $\overline{AB}$ é igual a:

a) $\sqrt{2}$ c) $\dfrac{1+\sqrt{5}}{2}$ e) 2

b) $\dfrac{3}{2}$ d) $\sqrt{3}$

165. (UF-PR) A tela de uma TV está no formato *widescreen*, no qual a largura e a altura estão na proporção de 16 para 9. Sabendo que a diagonal dessa tela mede 37 polegadas, qual é sua largura e a sua altura, em centímetros?

(Para simplificar os cálculos, use as aproximações $\sqrt{337} \approx 18{,}5$ e 1 polegada $\approx$
$\approx 2{,}5$ cm.)

166. (UF-PE) ABCD é um quadrilátero, tal que os pontos A, B, C e D são seus vértices, nomeados consecutivamente e no sentido horário. O lado BC é paralelo ao lado DA, o vértice D é equidistante dos lados AB e BC, os lados AB e CD são congruentes e o ângulo entre o lado BC e a diagonal BD é 30°. Sobre o quadrilátero ABCD podemos afirmar que:

0-0) O quadrilátero ABCD pode ser um trapézio escaleno.
1-1) A diagonal BD coincide com a bissetriz do ângulo $A\hat{B}C$.
2-2) O quadrilátero ABCD pode ser um losango.
3-3) O vértice A é equidistante aos lados BC e CD.
4-4) O quadrilátero ABCD pode ser um paralelogramo.

167. (UF-PE) Na figura abaixo, (l) é a distância entre os vértices (A) e (B) de um polígono regular estrelado, inscritível em uma circunferência de raio (r). Qual o lado (l') do pentágono regular do qual pode ser recortado um polígono estrelado semelhante?

0-0) $r = \dfrac{2l}{\sqrt{4-l^2}}$

1-1) $r = \dfrac{1}{2}\sqrt{4r^2 - l^2}$

2-2) $r = \dfrac{2lr}{\sqrt{4r^2 - l^2}}$

3-3) $r = \dfrac{lr}{\dfrac{1}{2}\sqrt{4r^2 - l^2}}$

4-4) $r = \dfrac{lr}{s}$ (Onde (s) é a apótema do polígono regular circunscrito ao polígono estrelado.)

168. (UF-MG) Nesta figura, estão representadas três circunferências, tangentes duas a duas, e uma reta tangente às três circunferências:

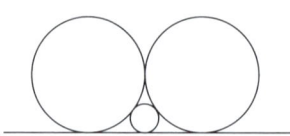

Sabe-se que o raio de cada uma das duas circunferências maiores mede 1 cm. Então, é correto afirmar que a medida do raio da circunferência menor é:

a) $\dfrac{1}{3}$ cm

b) $\dfrac{1}{4}$ cm

c) $\dfrac{\sqrt{2}}{2}$ cm

d) $\dfrac{\sqrt{2}}{4}$ cm

169. (FGV-SP) Na figura, a corda $\overline{EF}$ é perpendicular à corda $\overline{BC}$, sendo M o ponto médio de $\overline{BC}$. Entre B e C toma-se U, sendo que o prolongamento de $\overline{EU}$ intercepta a circunferência em A. Em tais condições, para qualquer U distinto de M, o triângulo EUM é semelhante ao triângulo:

a) EFC
b) AUB
c) FUM
d) FCM
e) EFA

170. (FGV-SP) As cordas $\overline{AB}$ e $\overline{CD}$ de um círculo são perpendiculares no ponto P, sendo que AP = 6, PB = 4 e CP = 2. O raio desse círculo mede:

a) 5
b) 6
c) $3\sqrt{3}$
d) $4\sqrt{2}$
e) $5\sqrt{2}$

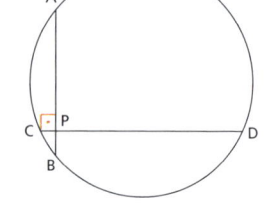

171. (UF-MA) O raio da circunferência circunscrita ao triângulo ABC, indicado a seguir, tem comprimento igual a:

a) 4   b) $4\sqrt{3}$ c) 8   d) $2\sqrt{3}$ e) 6

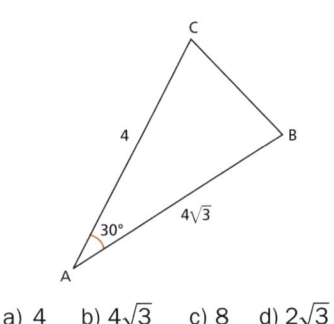

172. (UF-ES) Um grupo de 12 pesquisadores, dentre eles dois brasileiros, José e Eduardo, deverão monitorar os vértices do acelerador de partículas do LNLS. Se cada um dos vértices $V_1, V_2, ..., V_{12}$ do acelerador (veja figura abaixo) deve ser monitorado por exatamente um pesquisador do grupo, o número de possíveis maneiras de alocar esses pesquisadores nos vértices do acelerador, de modo que José e Eduardo não sejam alocados em vértices adjacentes, é:

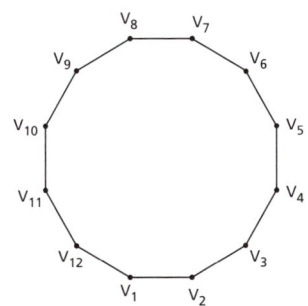

$V_1, V_2, ..., V_{12}$ são os vértices do acelerador

a) $108 \times 10!$ d) $12! - 120$
b) $119 \times 10!$ e) $12! - 66$
c) $120 \times 10!$

173. (UF-PE) O diagrama a seguir representa o número de participantes em uma convenção, separados de acordo com os Estados (Pernambuco, Paraíba, Rio Grande do Norte, Alagoas, Piauí) onde moram. O ângulo central do setor que corresponde a cada Estado é proporcional ao número de participantes do Estado.

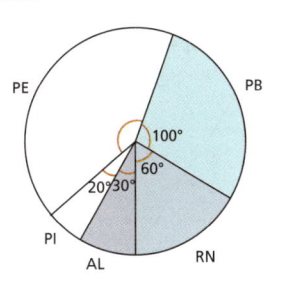

Se o número total de participantes era 540, quantos eram de Pernambuco?

a) 150   c) 200   e) 250
b) 175   d) 225

174. (UFF-RJ) No Japão, numerosos lugares de peregrinação xintoístas e budistas abrigam tabuletas matemáticas chamadas de Sangaku, onde estão registrados belos problemas, quase sempre geométricos, que eram oferecidos aos deuses. A figura a seguir, que é uma variante de um exemplar de Sangaku, é composta por cinco círculos que se tangenciam.

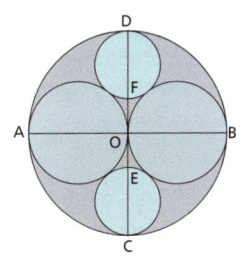

Sabendo que seus diâmetros satisfazem as relações $\overline{AO} = \overline{OB} = \dfrac{\overline{AB}}{2}$ e $\overline{DF} = \overline{EC}$, pode-se concluir que $\dfrac{\overline{DF}}{\overline{OB}}$ é igual a:

a) 0,65   d) 0,7
b) 0,6555...   e) 0,7333...
c) 0,666...

175. (UF-PR) Num projeto hidráulico, um cano com diâmetro externo de 6 cm será en-

QUESTÕES DE VESTIBULARES

caixado no vão triangular de uma superfície, como ilustra a figura abaixo. Que porção x da altura do cano permanecerá acima da superfície?

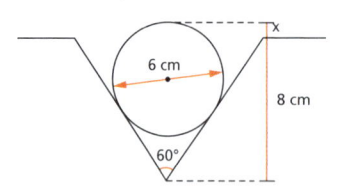

a) $\dfrac{1}{2}$ cm   c) $\dfrac{\sqrt{3}}{2}$ cm   e) 2 cm

b) 1 cm   d) $\dfrac{\pi}{2}$ cm

176. (Unifesp-SP) A figura mostra duas roldanas circulares ligadas por uma correia. A roldana maior, com raio 12 cm, gira fazendo 100 rotações por minuto, e a função da correia é fazer a roldana menor girar. Admita que a correia não escorregue.

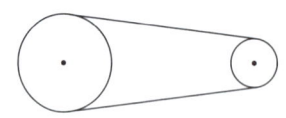

Para que a roldana menor faça 150 rotações por minuto, o seu raio, em centímetros, deve ser:

a) 8   c) 6   e) 4
b) 7   d) 5

177. (UF-RN) A figura abaixo mostra uma circunferência e dois segmentos perpendiculares entre si, AB e BC, de comprimentos iguais a 6 cm e 8 cm, respectivamente.

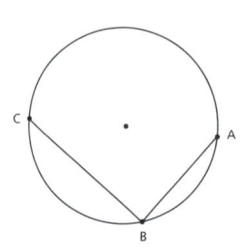

A medida do raio dessa circunferência é:

a) 6 cm   c) 5 cm
b) 8 cm   d) 7 cm

178. (UF-RN) A figura abaixo mostra uma circunferência de raio R = 5 cm e centro em A, e um retângulo ABCD, com o ponto C sobre a circunferência.

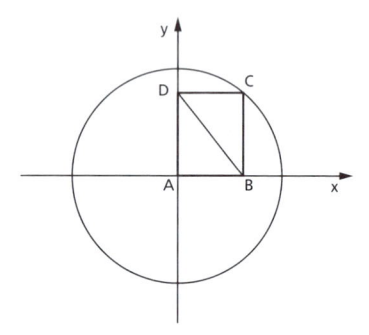

O comprimento da diagonal BD é:

a) 8 cm   c) 10 cm
b) 3 cm   d) 5 cm

179. (Mackenzie-SP) A figura mostra uma semicircunferência com centro na origem. Se o ponto A é $\left(-\sqrt{2},\ 2\right)$, então o ponto B é:

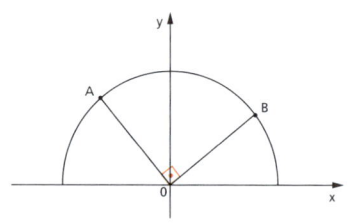

a) $\left(2,\ \sqrt{2}\right)$ d) $\left(\sqrt{5},\ 1\right)$

b) $\left(\sqrt{2},\ 2\right)$ e) $\left(2,\ \sqrt{5}\right)$

c) $\left(1,\ \sqrt{5}\right)$

180. (FEI-SP) Na figura a seguir, o segmento $\overline{PT}$ mede $2\sqrt{21}$ cm e a sua reta suporte é tangente à circunferência γ, cujo raio mede 4 cm. A medida do segmento $\overline{PB}$ é:

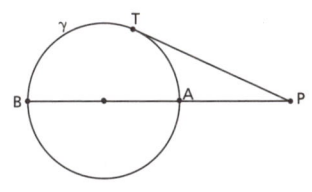

a) 14 cm   d) $\dfrac{\sqrt{21}}{3}$ cm

b) $\sqrt{21}$ cm   e) $\dfrac{\sqrt{21}}{4}$ cm

c) $\dfrac{\sqrt{21}}{2}$ cm

181. (U.F. São Carlos-SP) A sequência de figuras mostra um único giro do ponto A, marcado em uma roda circular, quando ela roda, no plano, sobre a rampa formada pelos segmentos $\overline{RQ}$ e $\overline{QP}$.

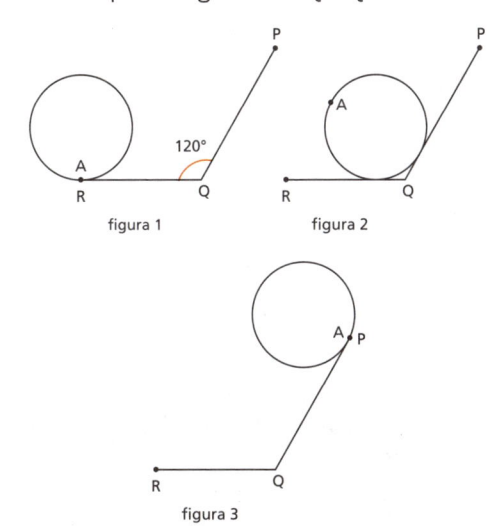

figura 1

figura 2

figura 3

Além do que indicam as figuras, sabe-se que o raio da roda mede 3 cm, e que ela gira sobre a rampa sem deslizar em falso. Sendo assim, o comprimento RQ − QP da rampa, em cm, é igual a:

a) $5\pi + 2\sqrt{3}$ d) $7\pi - \sqrt{3}$

b) $4\pi + 3\sqrt{5}$ e) $8\pi - 3\sqrt{5}$

c) $6\pi + \sqrt{3}$

182. (FGV-SP) Em um círculo de centro O, $\overline{AD}$ é um diâmetro, B pertence a $\overline{AC}$, que é uma corda do círculo, BO = 5 e $m(\widehat{ABO}) = \widehat{CD} = 60°$.

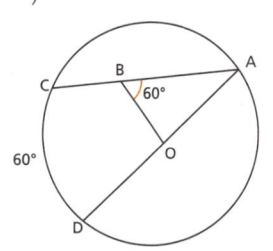

Nas condições dadas, BC é igual a:

a) $\dfrac{10 - \sqrt{3}}{5}$ d) 5

b) 3   e) $\dfrac{12 - \sqrt{3}}{2}$

c) $3 + \sqrt{3}$

183. (UF-GO) A figura abaixo mostra uma circunferência de raio r = 3 cm, inscrita num triângulo retângulo, cuja hipotenusa mede 18 cm.

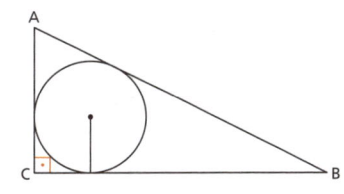

a) Calcule o comprimento da circunferência que circunscreve o triângulo ABC.
b) Calcule o perímetro do triângulo ABC.

184. (FGV-SP) Dado um pentágono regular ABCDE, constrói-se uma circunferência pelos vértices B e E de tal forma que $\overline{BC}$ e $\overline{ED}$ sejam tangentes a essa circunferência, em B e E, respectivamente.

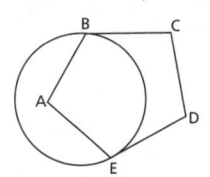

A medida do menor arco BE na circunferência construída é:

a) 72°   c) 120°   e) 144°
b) 108° d) 135°

185. (Fuvest-SP) Na figura, B, C e D são pontos distintos da circunferência de centro O, e o ponto A é exterior a ela.

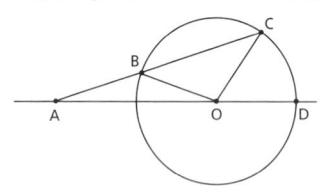

Além disso,

(1) A, B, C e A, O, D são colineares;

(2) AB = OB;

(3) CÔD mede α radianos.

Nessas condições, a medida AÔB, em radianos, é igual a

a) $\pi - \dfrac{\alpha}{4}$ c) $\pi - \dfrac{2\alpha}{3}$ e) $\pi - \dfrac{3\alpha}{2}$

b) $\pi - \dfrac{\alpha}{2}$ d) $\pi - \dfrac{3\alpha}{4}$

186. (UF-RN) Considere a figura abaixo, na qual a circunferência tem raio igual a 1.

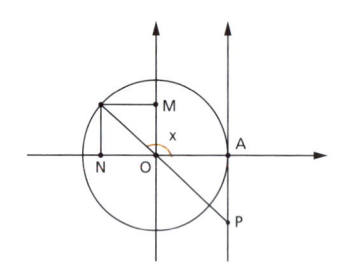

Nesse caso, as medidas dos segmentos $\overline{ON}$, $\overline{OM}$ e $\overline{AP}$ correspondem, respectivamente, a:

a) sen x, sec x e cotg x.
b) cos x, sen x e tg x.
c) cos x, sec x e cossec x.
d) tg x, cossec x e cos x.

187. (Fatec-SP) Na figura tem-se:

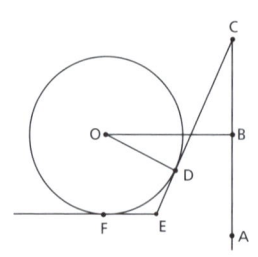

- a circunferência de centro O tangente à reta $\overleftrightarrow{CE}$ e à reta $\overleftrightarrow{EF}$ nos pontos D e F, respectivamente;
- a reta $\overleftrightarrow{OB}$ perpendicular à reta $\overleftrightarrow{AC}$;
- a reta $\overleftrightarrow{EF}$ paralela à reta $\overleftrightarrow{OB}$.

Sabendo que a medida do maior ângulo CÊF é igual a 230°, a medida do ângulo agudo AĈE é igual a:

a) 20°   c) 40°   e) 60°
b) 30°   d) 50°

188. (Fatec-SP) Considere a figura que representa:

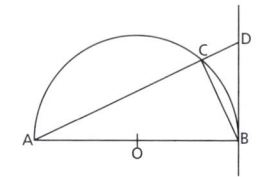

- o triângulo ABC inscrito na semicircunferência de centro O e raio 2;
- o lado $\overline{BC}$, de medida igual a 2;
- o diâmetro $\overline{AB}$ perpendicular à reta $\overleftrightarrow{BD}$;
- o ponto C pertencente à reta $\overleftrightarrow{AD}$.

Nessas condições, no triângulo ABD, a medida do lado $\overline{BD}$ é:

a) $\dfrac{4\sqrt{3}}{3}$ c) $2\sqrt{3}$ e) $3\sqrt{3}$

b) $\dfrac{5\sqrt{3}}{3}$ d) $\dfrac{7\sqrt{3}}{3}$

189. (Unesp-SP) Paulo e Marta estão brincando de jogar dardos. O alvo é um disco circular de centro O. Paulo joga um dardo, que atinge o alvo num ponto, que vamos denotar por P; em seguida, Marta joga outro dardo, que atinge um ponto denotado por M, conforme a figura.

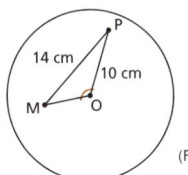

(Figura não está em escala.)

Sabendo-se que a distância do ponto P ao centro O do alvo é $\overline{PO} = 10$ cm, que a distância de P a M é $\overline{PM} = 14$ cm e que o ângulo PÔM mede 120°, a distância, em centímetros, do ponto M ao centro O é:

a) 12 b) 9 c) 8 d) 6 e) 5

190. (UF-ES) O acelerador de partículas do Laboratório Nacional de Luz Síncrotron (LNLS) tem a forma de um dodecágono regular inscrito em um círculo com diâmetro de 30 metros. Em cada um de seus vértices, está instalado um dipolo (eletroímã usado para defletir os elétrons de suas trajetórias nos vértices), conforme figura abaixo. A distância, em metros, entre dois dipolos adjacentes é:

a) $4\sqrt{5 - \sqrt{3}}$

b) $5\sqrt{4 - \sqrt{3}}$

c) $5\sqrt{4 - \sqrt{2}}$

d) $6\sqrt{3 - \sqrt{2}}$

e) $15\sqrt{2 - \sqrt{3}}$

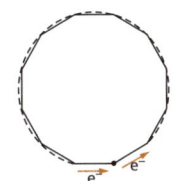

Deflexão dos elétrons num vértice do acelerador

191. (UE-CE) Em uma circunferência cuja medida do raio é 3 m inscreve-se um retângulo XYZW. Os pontos médios dos lados deste retângulo são vértices de um losango cuja medida do perímetro é:

a) 14 m
b) 12 m
c) $6\sqrt{3}$ m
d) $8\sqrt{3}$ m

192. (UE-RJ) Observe a curva AEFB desenhada abaixo.

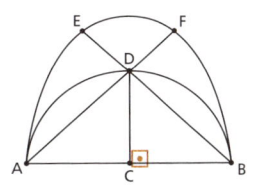

Analise os passos seguidos em sua construção:

1º) traçar um semicírculo de diâmetro $\overline{AB}$ com centro C e raio 2 cm;

2º) traçar o segmento $\overline{CD}$, perpendicular a $\overline{AB}$, partindo do ponto C e encontrando o ponto D, pertencente ao arco AB;

3º) construir o arco circular AE, de raio $\overline{AB}$ e centro B, sendo E a interseção com o prolongamento do segmento $\overline{BD}$, no sentido B para D;

4º) construir o arco circular BF, de raio $\overline{AB}$ e centro A, sendo F a interseção com o prolongamento do segmento $\overline{AD}$, no sentido A para D;

5º) desenhar o arco circular EF com centro D e raio $\overline{DE}$.

Determine o comprimento, em centímetros, da curva AEFB.

193. (U.F. Pelotas-RS) A forma circular aparece constantemente na natureza, nos objetos criados pela tecnologia e até mesmo nas construções e obras de arte.

Na figura abaixo, O é o centro da circunferência que delimita o círculo de área igual a 49π cm², $\overline{OC}$ mede 3 cm e $\overline{OM}$ é a mediatriz da corda $\overline{AB}$.

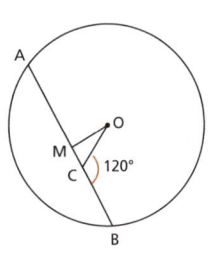

Com base nos textos e em seus conhecimentos, é correto afirmar que a medida da corda $\overline{AB}$ é:

a) 14 cm
b) 12 cm
c) 8 cm
d) 13 cm
e) $6\sqrt{3}$ cm
f) I.R.

194. (Unifesp-SP) A figura exibe cinco configurações que pretendem representar uma circunferência de centro O_1 e perímetro 2π cm e um quadrado de centro O_2 e perímetro 4 cm. Aponte a alternativa que corresponde à configuração descrita.

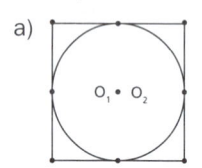

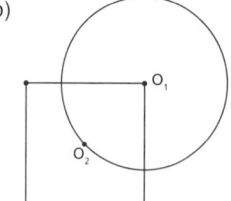

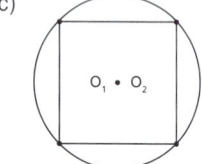

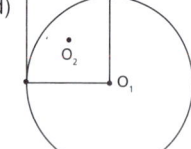

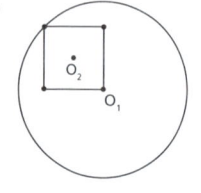

a)
b)
c)
d)
e)

195. (Enem-MEC) O atletismo é um dos esportes que mais se identificam com o espírito olímpico. A figura ilustra uma pista de atletismo. A pista é composta por oito raias e tem largura de 9,76 m. As raias são numeradas do centro da pista para a extremidade e são construídas de segmentos de retas paralelas e arcos de circunferência. Os dois semicírculos da pista são iguais.

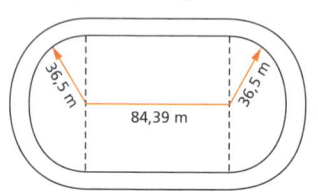

BIEMBENGUT, M. S. *Modelação Matemática como método de ensino-aprendizagem de Matemática em cursos de 1º e 2º graus*. 1990. Dissertação de Mestrado. IGCE/UNESP, Rio Claro, 1990 (adaptado).

Se os atletas partissem do mesmo ponto, dando uma volta completa, em qual das raias o corredor estaria sendo beneficiado?

a) 1   b) 4   c) 5   d) 7   e) 8

196. (UF-PR) O esquema abaixo representa uma das extremidades de uma ponte pênsil sustentada por cordas e cabos de aço. No triângulo retângulo ABC, o cabo de aço AC mede 5 m e mantém firme o poste AB, que possui 3 m de altura. Para aumentar a estabilidade da ponte, um engenheiro sugeriu a instalação de mais um cabo de aço nesta extremidade, unindo o ponto A ao ponto médio M do segmento BC. Qual será o comprimento aproximado do cabo AM após sua instalação?

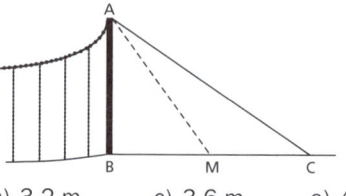

a) 3,2 m
b) 3,4 m
c) 3,6 m
d) 3,8 m
e) 4,0 m

197. (UF-MS) Em corridas de autorama muitas pistas são "ovais", isto é, compostas por duas pistas retas ligadas por pistas em formato de semicircunferência, como na figura a seguir.

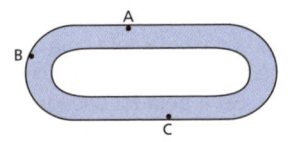

Um carrinho, circulando na pista em sentido anti-horário, em velocidade constante, demora dois quintos de um minuto para dar uma volta completa. São marcadas três tomadas de tempo na pista, nos pontos A, B e C, de forma que o tempo para que o carro percorra as distâncias entre B e C, entre C e A e entre A e B está na razão de 2 para 3 para 1, respectivamente. Após 5 minutos de corrida ininterrupta, o carrinho está no ponto A, então é correto afirmar que, aos 6 minutos de corrida ininterrupta, ele estará:

a) depois do ponto A e antes do ponto B.
b) depois do ponto B e antes do ponto C.
c) depois do ponto C e antes do ponto A.
d) exatamente no ponto B.
e) exatamente no ponto C.

198. (Unesp-SP) Para que alguém, com o olho normal, possa distinguir um ponto separado de outro, é necessário que as imagens desses pontos, que são projetadas em sua retina, estejam separadas uma da outra a uma distância de 0,005 mm.

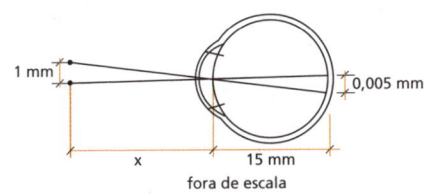

Adotando-se um modelo muito simplificado do olho humano no qual ele possa ser considerado uma esfera cujo diâmetro médio é igual a 15 mm, a maior distância x, em metros, que dois pontos luminosos, distantes 1 mm um do outro, podem estar do observador, para que este os perceba separados, é:
a) 1   b) 2   c) 3   d) 4   e) 5

199. (Enem-MEC) O dono de uma oficina mecânica precisa de um pistão das partes de um motor, de 68 mm de diâmetro, para o conserto de um carro. Para conseguir um, esse dono vai até um ferro-velho e lá encontra pistões com diâmetros iguais a 68,21 mm; 68,102 mm; 68,001 mm; 68,02 mm e 68,012 mm.

Para colocar o pistão no motor que está sendo consertado, o dono da oficina terá de adquirir aquele que tenha o diâmetro mais próximo do que precisa.

Nessa condição, o dono da oficina deverá comprar o pistão de diâmetro:

a) 68,21 mm   d) 68,012 mm
b) 68,102 mm   e) 68,001 mm
c) 68,02 mm

200. (Enem-MEC) Um mecânico de uma equipe de corrida necessita que as seguintes medidas realizadas em um carro sejam obtidas em metros:

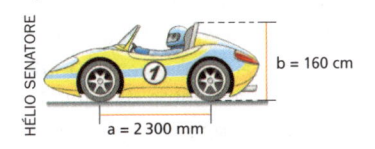

a) distância a entre os eixos dianteiro e traseiro;
b) altura b entre o solo e o encosto do piloto.

Ao optar pelas medidas a e b em metros, obtêm-se, respectivamente,

a) 0,23 e 0,16.   d) 230 e 160.
b) 2,3 e 1,6.   e) 2 300 e 1 600.
c) 23 e 16.

201. (UE-CE) Um inseto parte do ponto (1,0) caminhando sobre o círculo de centro na origem e raio 1 no sentido anti-horário. Após percorrer um ângulo $\frac{\pi}{2}$, caminha na direção do centro do círculo um segmento de comprimento $\frac{1}{2}$. Sobre o círculo de raio $\frac{1}{2}$, caminha novamente um ângulo $\frac{\pi}{2}$ no sentido anti-horário, e depois percorre na direção do centro do círculo um segmento de comprimento $\frac{1}{4}$, e assim sucessivamente, até alcançar o centro, como mostrado na figura abaixo.

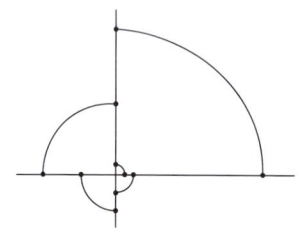

O caminho total percorrido foi de comprimento
a) π
b) $\frac{\pi}{2} + 1$
c) $\pi + 1$
d) $2\pi + 1$
e) $2(\pi + 1)$

202. (Fuvest-SP) Na figura, a circunferência de centro O é tangente à reta $\overleftrightarrow{CD}$ no ponto D, o qual pertence à reta $\overleftrightarrow{AO}$. Além disso, A e B são pontos da circunferência, $AB = 6\sqrt{3}$ e $BC = 2\sqrt{3}$.

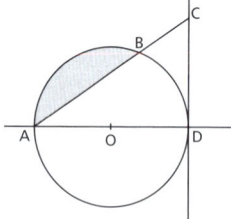

Nessas condições, determine:
a) a medida do segmento $\overline{CD}$;
b) o raio da circunferência;
c) a área do triângulo AOB;
d) a área da região hachurada na figura.

203. (Unesp-SP) Uma bola de tênis é sacada de uma altura de 21 dm, com alta velocidade inicial, e passa rente à rede, a uma altura de 9 dm. Desprezando-se os efeitos do atrito da bola com o ar e do seu movimento parabólico, considere a trajetória descrita pela bola como sendo retilínea e contida num plano ortogonal à rede. Se a bola foi sacada a uma distância de 120 dm da rede, a que distância da mesma, em metros, ela atingirá o outro lado da quadra?

204. (Unifesp-SP) Considere, num sistema ortogonal, conforme a figura, a reta de equação $r \cdot y = kx$ ($k > 0$ um número real), os pontos $A(x_0, 0)$ e $B(x_0, kx_0)$ (com $x_0 > 0$) e o semicírculo de diâmetro AB.

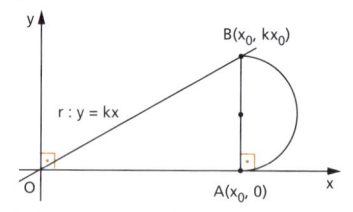

a) Calcule a razão entre a área S, do semicírculo, e a área T, do triângulo OAB, sendo O a origem do sistema de coordenadas.
b) Calcule, se existir, o valor de k que acarrete a igualdade $S = T$, para todo $x_0 > 0$.

205. (UF-PE) Sejam AB e AC cordas da mesma medida em uma circunferência e D um ponto no arco maior BC, conforme ilustração abaixo. Se o ângulo $B\hat{A}C$ mede 150°, assinale a medida, em graus, do ângulo $B\hat{D}A$.

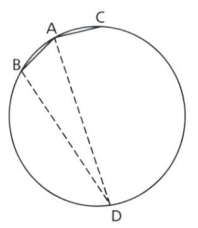

QUESTÕES DE VESTIBULARES

206. (UF-CE) Um triângulo com vértices A, B e C tem comprimentos de lados $\overline{AB} = 8$, $\overline{BC} = 11$ e $\overline{CA} = 15$ (em unidade de comprimento). Para cada vértice, traça-se uma circunferência com centro no vértice de modo que as três circunferências traçadas são tangentes entre si (como na figura). Calcule os raios das circunferências.

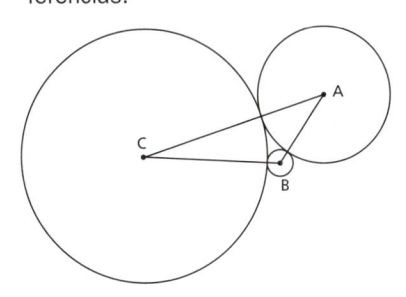

207. (UF-GO) O esquema a seguir representa um método de irrigação em que uma haste, dividida em *n* segmentos de um metro cada, gira em torno de um eixo perpendicular a uma região plana, borrifando água nas coroas circulares varridas pelos segmentos da haste, conforme a figura.

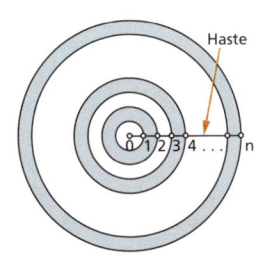

Para a irrigação, os aspersores (borrifadores de água) são distribuídos sobre a haste e cada um borrifa a mesma quantidade de água por minuto. O primeiro segmento da haste, entre 0 e 1 m, tem 3 aspersores e cada coroa circular deve receber água na mesma proporção, por m², que recebe o círculo central varrido pelo primeiro segmento. Para isso, basta controlar a quantidade de aspersores em cada segmento da haste. Com base nestas informações, calcule a:

a) quantidade de aspersores a serem colocados sobre o terceiro segmento da haste, ou seja, entre 2 m e 3 m do centro;

b) quantidade total de aspersores sobre toda a haste em função de *n*.

208. (UF-GO) O conjunto roda/pneu da figura abaixo tem medida 300/75-R22. O número 300 indica a largura L em mm, da banda de rodagem, 75 refere-se à porcentagem que a altura H do pneu representa da banda de rodagem e 22 refere-se ao diâmetro D, em polegadas, da roda.

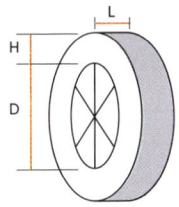

(Use: 1 polegada = 0,025 m; $\pi = 3,14$)
Nessas condições, determine o número de voltas necessárias para que o conjunto roda/pneu descrito acima percorra, sem derrapagem, 3,14 km.

209. (Unicamp-SP) Um artesão precisa recortar um retângulo de couro com 10 cm × 2,5 cm. Os dois retalhos de couro disponíveis para a obtenção dessa tira são mostrados nas figuras abaixo.

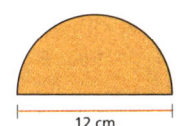

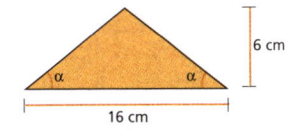

a) O retalho semicircular pode ser usado para a obtenção da tira? Justifique.

b) O retalho triangular pode ser usado para a obtenção da tira? Justifique.

210. (UF-GO) A figura a seguir é o esboço de uma pista de atletismo, com cinco raias de 60 cm de largura cada. As raias são delimitadas por retas e semicircunferências concêntricas, sendo que a raia mais interna circunscreve um campo de futebol de 70 m por 100 m.

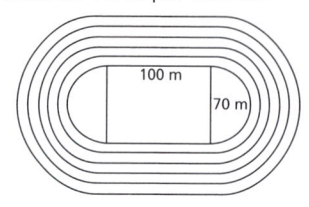

A pista será revestida com material para amortecimento de impactos que custa R$ 15,00 o m². Qual é, aproximadamente, o valor a ser gasto com o material de revestimento da pista?

211. (FGV-SP) O monitor de um *notebook* tem formato retangular com a diagonal medindo d. Um lado do retângulo mede $\frac{3}{4}$ do outro. A área do monitor é dada por:
a) $0{,}50d^2$ c) $0{,}52d^2$ e) $0{,}44d^2$
b) $0{,}46d^2$ d) $0{,}48d^2$

212. (UE-CE) Em um quadrado PQRS, sejam M o ponto médio do lado $\overline{PQ}$ e N o ponto médio do lado $\overline{PS}$. Se os segmentos $\overline{RM}$ e $\overline{QN}$ se cortam no ponto E, a medida do ângulo RÊN é:
a) 120°   b) 110°   c) 90°   d) 60°

213. (Fuvest-SP) O segmento $\overline{AB}$ é lado de um hexágono regular de área $\sqrt{3}$. O ponto P pertence à mediatriz de $\overline{AB}$ de tal modo que a área do triângulo PAB vale $\sqrt{2}$. Então, a distância de P ao segmento $\overline{AB}$ é igual a:
a) $\sqrt{2}$ c) $3\sqrt{2}$ e) $2\sqrt{3}$
b) $2\sqrt{2}$ d) $\sqrt{3}$

214. (UF-ES) Sob um segmento de reta AB é construído um quadrado ABCD. A partir do ponto médio E do lado DA do quadrado ABCD, o segmento de reta EA é prolongado em linha reta até o ponto F, de modo que os segmentos EF e EB sejam congruentes e o ponto A esteja entre os pontos E e F. Utilizando-se o segmento AF, é construído o quadrado AFGH, tendo o ponto H no segmento de reta AB. O lado GH do quadrado AFGH é, então, prolongado em linha reta até o ponto I no lado CD do quadrado ABCD.
a) Faça um esboço da figura descrita acima.
b) Determine o valor numérico da razão entre as áreas do quadrado AFGH e do retângulo HBCI.
c) Determine o valor numérico da razão entre os comprimentos dos segmentos AH e AB.

215. (UF-PE) Um retângulo ABCD é dividido em nove retângulos e o perímetro de cada um de três destes retângulos está indicado em seu interior, como ilustrado na figura abaixo.

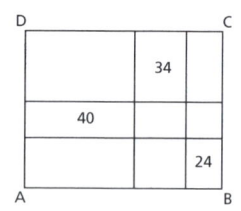

Qual o perímetro do retângulo ABCD?

216. (PUC-MG) A figura representa os possíveis percursos realizados por um robô, programado para andar em frente seguindo os lados de hexágonos. Assim, partindo de A, o robô tem três opções distintas de caminho, e, na sequência, como não pode voltar, só pode escolher dois caminhos. Supondo que esse robô parta de A, assinale a probabilidade de o mesmo se encontrar em B, depois de percorrer exatamente três lados de hexágonos. 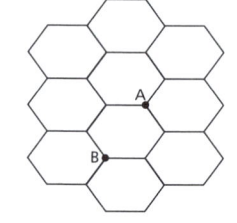
a) $\frac{1}{6}$ c) $\frac{1}{3}$
b) $\frac{1}{4}$ d) $\frac{1}{2}$

QUESTÕES DE VESTIBULARES

217. (Fuvest-SP) Em uma mesa de bilhar, coloca-se uma bola branca na posição B e uma bola vermelha na posição V, conforme o esquema abaixo.

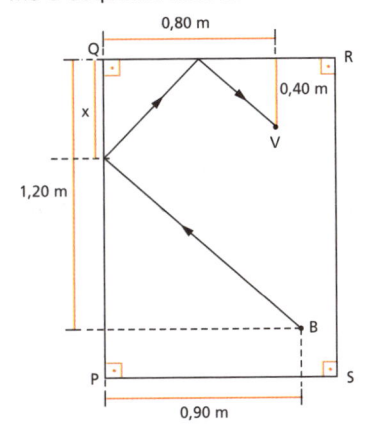

Deve-se jogar a bola branca de modo que ela siga a trajetória indicada na figura e atinja a bola vermelha. Assumindo que, em cada colisão da bola branca com uma das bordas da mesa, os ângulos de incidência e de reflexão são iguais, a que distância x do vértice Q deve-se jogar a bola branca?

218. (U.F. Ouro Preto-MG) Um trapézio isósceles de base média medindo 20 cm está circunscrito a uma circunferência.

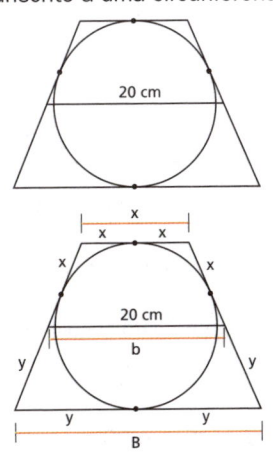

Determine o perímetro deste trapézio.

219. (UFF-RJ) No estudo da distribuição de torres em uma rede de telefonia celular, é comum se encontrar um modelo no qual as torres de transmissão estão localizadas nos centros de hexágonos regulares, congruentes, justapostos e inscritos em círculos, como na figura a seguir.

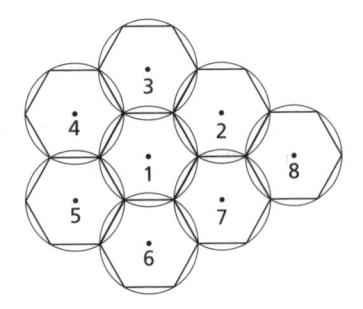

Supondo que, nessa figura, o raio de cada círculo seja igual a 1 km, é correto afirmar que a distância $d_{3,8}$ (entre as torres 3 e 8), a distância $d_{3,5}$ (entre as torres 3 e 5) e a distância $d_{5,8}$ (entre as torres 5 e 8) são, respectivamente, em km, iguais a:

a) $d_{3,8} = 2\sqrt{3}$, $d_{3,5} = 3$, $d_{5,8} = 3 + 2\sqrt{3}$

b) $d_{3,8} = 4$, $d_{3,5} = 3$, $d_{5,8} = 5$

c) $d_{3,8} = 4$, $d_{3,5} = \dfrac{3\sqrt{3}}{2}$, $d_{5,8} = 4 + \dfrac{3\sqrt{3}}{2}$

d) $d_{3,8} = 2\sqrt{3}$, $d_{3,5} = 3$, $d_{5,8} = \sqrt{21}$

e) $d_{3,8} = 4$, $d_{3,5} = \dfrac{3\sqrt{3}}{2}$, $d_{5,8} = \dfrac{9}{2}$

220. (UE-CE) No quadrilátero retangular abaixo estão representados quatro canteiros.

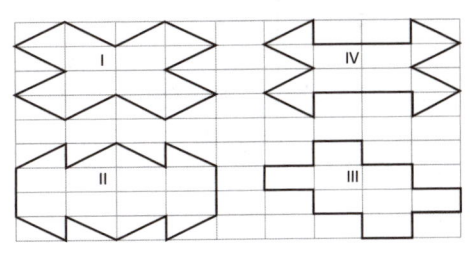

QUESTÕES DE VESTIBULARES

Se os perímetros dos canteiros I, II e III são, respectivamente, 60 m, 64 m e 56 m, então o perímetro do canteiro IV é:
a) 58 m
b) 60 m
c) 62 m
d) 68 m

221. (UF-RN) Dois garotos estavam conversando ao lado de uma piscina, nas posições A e B, como ilustra a figura abaixo. O garoto que estava na posição A observou que o ângulo BÂC era de 90° e que as distâncias BD e AD eram de 1 m e 2 m, respectivamente.

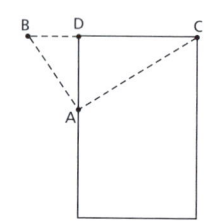

Sabendo que o garoto da posição B gostava de estudar geometria, o da posição A desafiou-o a dizer qual era a largura da piscina.

A resposta, correta, do garoto da posição B deveria ser:
a) 4 m   b) 5 m   c) 3 m   d) 2 m

222. (UF-PE) Na ilustração abaixo, um quadrado de lado 8 e outro de lado 6 estão divididos em cinco regiões que podem ser rearrumadas para formar um terceiro quadrado.

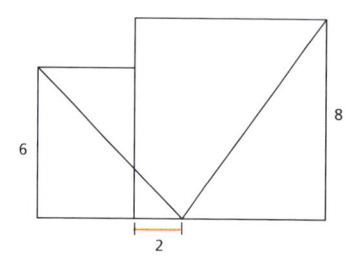

Qual o perímetro do terceiro quadrado?
a) 36
b) 38
c) 40
d) 42
e) 44

223. (Fuvest-SP) No losango ABCD de lado 1, representado na figura, tem-se que M é o ponto médio de $\overline{AB}$, N é o ponto médio de $\overline{BC}$ e MN = $\frac{\sqrt{14}}{4}$. Então, DM é igual a:

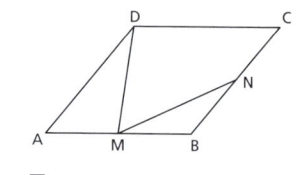

a) $\frac{\sqrt{2}}{4}$ c) $\sqrt{2}$ e) $\frac{5\sqrt{2}}{2}$

b) $\frac{\sqrt{2}}{2}$ d) $\frac{3\sqrt{2}}{2}$

224. (UF-PE) Na figura abaixo ABCD é um quadrado de lado 1, e BCG é um triângulo equilátero.

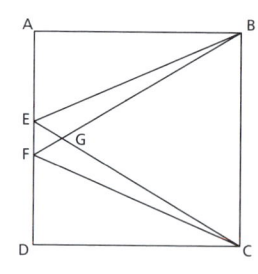

0-0) O ângulo DÊC mede 45°.

1-1) O segmento ED mede $\frac{\sqrt{3}}{3}$.

2-2) A tangente do ângulo AÊB é $\frac{3+\sqrt{3}}{2}$.

3-3) O triângulo EBC é isósceles.

4-4) O segmento EB mede $\frac{1+2\sqrt{3}}{3}$.

225. (UF-PE) A figura abaixo é o contorno de um polígono obtido pelo agrupamento de polígonos regulares, de lados adjacentes dois a dois, em torno de um vértice comum a todos. Quais são estes polígonos?

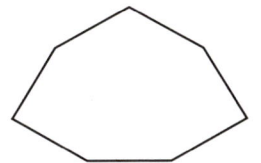

0-0) Um losango, um triângulo e dois quadrados.
1-1) Um pentágono e dois triângulos.
2-2) Um pentágono e dois trapézios.
3-3) Três triângulos e dois quadrados.
4-4) Um triângulo e dois trapézios.

226. (Unicamp-SP) A figura abaixo, à esquerda, mostra um sapo de *origami*, a arte japonesa das dobraduras de papel. A figura à direita mostra o diagrama usado para a confecção do sapo, na qual se utiliza um retângulo de papel com arestas iguais a c e $2c$. As linhas representam as dobras que devem ser feitas. As partes destacadas correspondem à parte superior e à pata direita do sapo, e são objetos das perguntas a seguir.

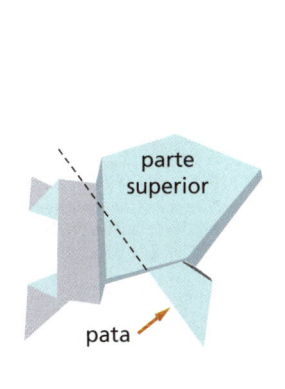

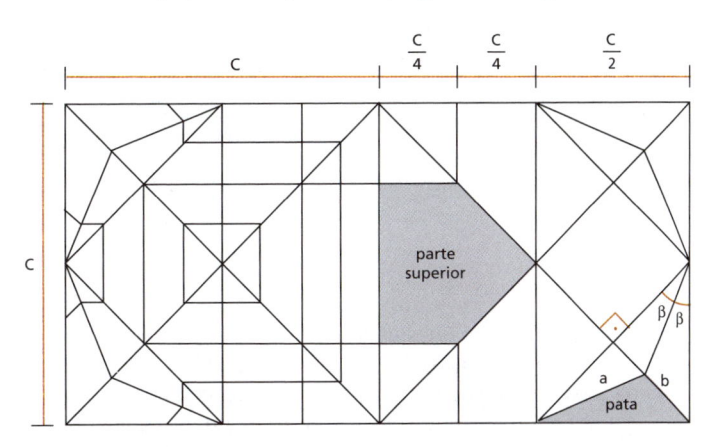

a) Quais devem ser as dimensões, em centímetros, do retângulo de papel usado para confeccionar um sapo cuja parte superior tem área igual a 12 cm²?
b) Qual a razão entre os comprimentos das arestas a e b da pata direita do sapo?

227. (Fatec-SP) O lado de um octógono regular mede 8 cm. A área da superfície desse octógono, em centímetros quadrados, é igual a:

a) $128 \cdot \left(1 + \sqrt{2}\right)$
b) $64 \cdot \left(1 + \sqrt{2}\right)$
c) $32 \cdot \left(1 + \sqrt{2}\right)$
d) $64 + \sqrt{2}$
e) $128 + \sqrt{2}$

QUESTÕES DE VESTIBULARES

228. (Enem-MEC) Rotas aéreas são como pontes que ligam cidades, estados ou países: o mapa a seguir mostra os estados brasileiros e a localização de algumas capitais identificadas pelos números. Considere que a direção seguida por um avião AI que partiu de Brasília-DF, sem escalas, para Belém, no Pará, seja um segmento de reta com extremidades em DF e em 4.

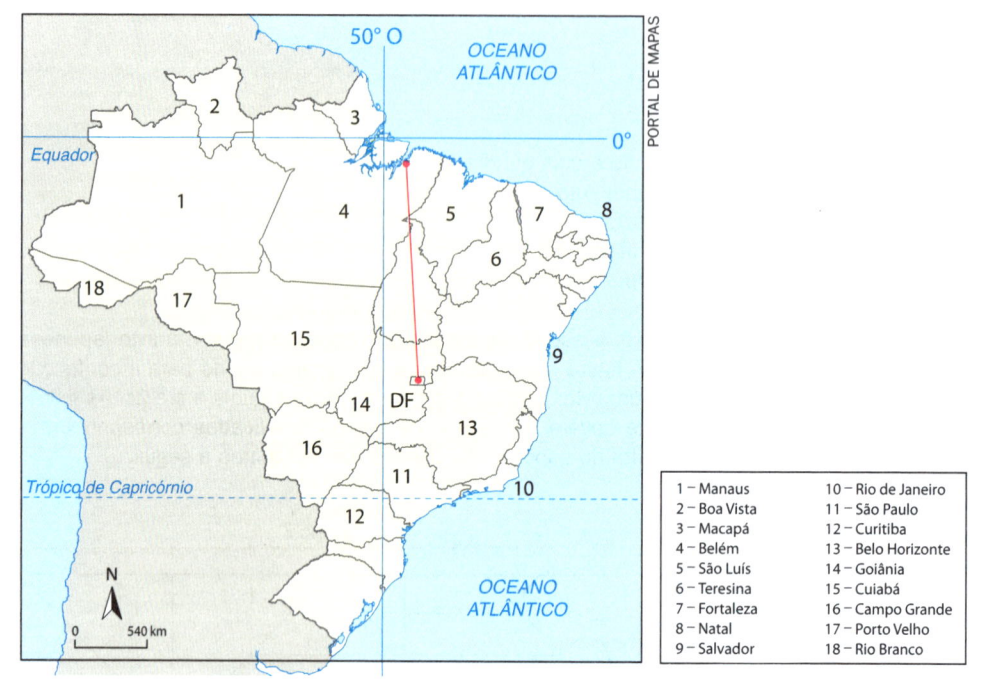

1 – Manaus	10 – Rio de Janeiro
2 – Boa Vista	11 – São Paulo
3 – Macapá	12 – Curitiba
4 – Belém	13 – Belo Horizonte
5 – São Luís	14 – Goiânia
6 – Teresina	15 – Cuiabá
7 – Fortaleza	16 – Campo Grande
8 – Natal	17 – Porto Velho
9 – Salvador	18 – Rio Branco

SIQUEIRA, S. *Brasil Regiões*. Disponível em:
<www.santiagosiqueira.pro.br>.
Acesso em: 28 jul. 2009 (adaptado).

Suponha que um passageiro de nome Carlos pegou um avião AII, que seguiu a direção que forma um ângulo de 135° no sentido horário com a rota Brasília-Belém e pousou em alguma das capitais brasileiras. Ao desembarcar, Carlos fez uma conexão e embarcou em um avião AIII, que seguiu a direção que forma um ângulo reto, no sentido anti-horário, com a direção seguida pelo avião AII ao partir de Brasília-DF. Considerando que a direção seguida por um avião é sempre dada pela semirreta com origem na cidade de partida e que passa pela cidade destino do avião, pela descrição dada, o passageiro Carlos fez uma conexão em:

a) Belo Horizonte, e em seguida embarcou para Curitiba.
b) Belo Horizonte, e em seguida embarcou para Salvador.
c) Boa Vista, e em seguida embarcou para Porto Velho.
d) Goiânia, e em seguida embarcou para o Rio de Janeiro.
e) Goiânia, e em seguida embarcou para Manaus.

QUESTÕES DE VESTIBULARES

229. (Enem-MEC) O mapa abaixo representa um bairro de determinada cidade, no qual as flechas indicam o sentido das mãos do tráfego. Sabe-se que este bairro foi planejado e que cada quadra representada na figura é um terreno quadrado, de lado igual a 200 metros.

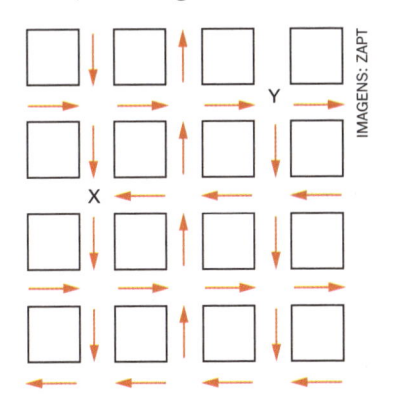

Desconsiderando-se a largura das ruas, qual seria o tempo, em minutos, que um ônibus, em velocidade constante e igual a 40 km/h, partindo do ponto X, demoraria para chegar até o ponto Y?

a) 25 min   c) 2,5 min   e) 0,15 min
b) 15 min   d) 1,5 min

230. (UF-RS) Os 18 retângulos que compõem o quadrado a seguir são todos congruentes.

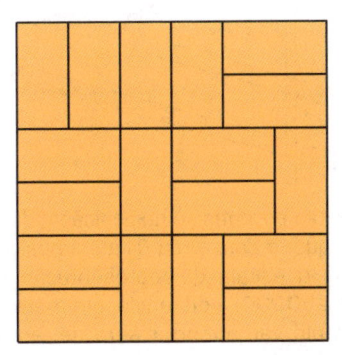

Sabendo que a medida da área do quadrado é 12 cm², determine o perímetro de cada retângulo.

231. (UF-GO) Deseja-se pintar duas fileiras de cinco quadrados num muro retangular de 5 metros de comprimento por 2,2 metros de altura, conforme a figura abaixo.

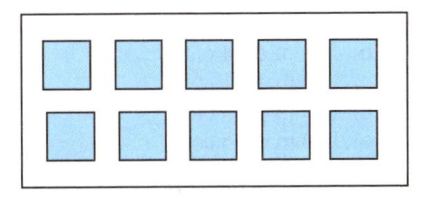

Os lados dos quadrados serão paralelos às laterais do muro e as distâncias entre os quadrados e entre cada quadrado e a borda do muro serão todas iguais. Nessas condições, a medida do lado de cada quadrado, em metros, será:

a) 0,52
b) 0,60
c) 0,64
d) 0,72
e) 0,80

232. (Unesp-SP) O papelão utilizado na fabricação de caixas reforçadas é composto de três folhas de papel, coladas umas nas outras, sendo que as duas folhas das faces são "lisas" e a folha que se intercala entre elas é "sanfonada", conforme mostrado na figura.

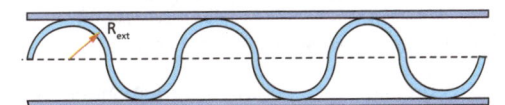

O fabricante desse papelão compra o papel em bobinas, de comprimento variável. Supondo que a folha "sanfonada" descreva uma curva composta por uma sequência de semicircunferências, com concavidades alternadas e de raio externo (R_{ext}) de 1,5 mm, determine qual deve ser a quantidade de papel da bobina que gerará a folha "sanfonada", com precisão de centímetros, para que, no processo de fabricação do papelão,

QUESTÕES DE VESTIBULARES

esta se esgote no mesmo instante das outras duas bobinas de 102 m de comprimento de papel, que produzirão as faces "lisas".

Dado: $\pi \approx 3{,}14$.

a) 160 m e 07 cm.
b) 160 m e 14 cm.
c) 160 m e 21 cm.
d) 160 m e 28 cm.
e) 160 m e 35 cm.

233. (U.F. Pelotas-RS) A Secretaria de Turismo de Pelotas disponibiliza mapas da cidade nos postos de pedágio. O mapa abaixo localiza alguns pontos importantes da cidade de Pelotas.

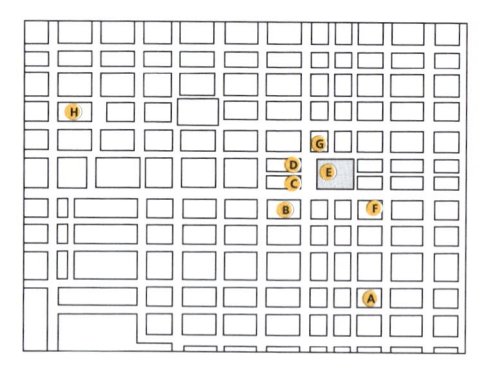

Legenda
- A – UCPel
- B – Mercado Público
- C – Prefeitura Municipal
- D – Biblioteca Municipal
- E – Pça. Cel. Pedro Osório
- F – Teatro Guarany
- G – Teatro Sete de Abril
- H – Santa Casa

Unindo os pontos correspondentes à Universidade Católica de Pelotas (UCPel), à Prefeitura Municipal e à Santa Casa, tem-se uma figura geométrica de vértices A, C e H, onde AC, CH e AH medem, respectivamente, 3, 5 e 7 unidades de comprimento.

De acordo com os textos e seus conhecimentos, é correto afirmar que o ângulo oposto ao maior lado dessa figura mede:

a) 150°
b) 30°
c) 60°
d) 135°
e) 120°
f) I.R.

234. (UF-MA) As abelhas constroem seus favos na forma de recipientes aglomerados de cera que se propagam um ao lado do outro. Depois de vários experimentos em uma colmeia, verificou-se que o corte transversal de um favo apresenta uma das configurações abaixo:

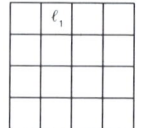

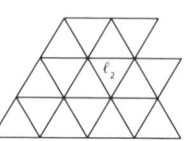

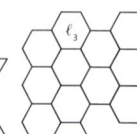

Sabendo que $\dfrac{\ell_1}{\ell_2} = \dfrac{\sqrt[4]{3}}{2}$ e $\dfrac{\ell_2}{\ell_3} = \sqrt{6}$, onde ℓ_1, ℓ_2 e ℓ_3 são, respectivamente, os lados do quadrado, do triângulo equilátero e do hexágono e que $A_{quadrado}$, $A_{triângulo}$ e $A_{hexágono}$ são as áreas dos respectivos polígonos, podemos afirmar que:

a) $A_{triângulo} \neq A_{quadrado} \neq A_{hexágono}$
b) somente $A_{triângulo} = A_{hexágono}$
c) $A_{quadrado} = A_{triângulo} = A_{hexágono}$
d) somente $A_{quadrado} = A_{triângulo}$
e) somente $A_{quadrado} = A_{hexágono}$

235. (UF-RN) A figura abaixo é a representação de seis ruas de uma cidade. As ruas R_1, R_2 e R_3 são paralelas entre si.

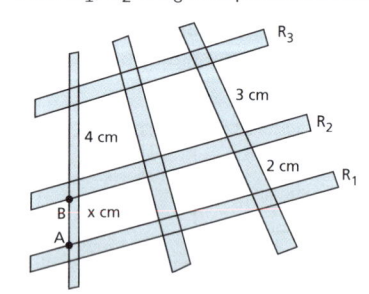

Paulo encontra-se na posição A da rua R_1 e quer ir para a rua R_2 até a posição B. Se a escala de representação for de 1 : 50 000, a distância, em metros, que Paulo vai percorrer será de, aproximadamente,

a) 1 333
b) 750
c) 945
d) 3 000

236. (Unesp-SP) Uma certa propriedade rural tem o formato de um trapézio como na figura. As bases WZ e XY do trapézio medem 9,4 km e 5,7 km, respectivamente, e o lado YZ margeia um rio.

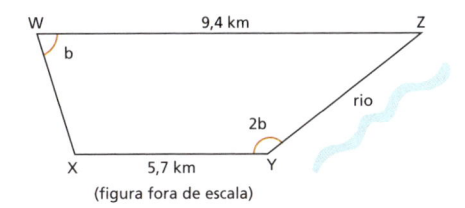

W — 9,4 km — Z
b
2b
rio
X — 5,7 km — Y
(figura fora de escala)

Se o ângulo $X\hat{Y}Z$ é o dobro do ângulo $X\hat{W}Z$, a medida, em km, do lado YZ que fica à margem do rio é:

a) 7,5 c) 4,7 e) 3,7
b) 5,7 d) 4,3

237. (Unicamp-SP) Um engenheiro precisa interligar de forma suave dois trechos paralelos de uma estrada, como mostra a figura abaixo. Para conectar as faixas centrais da estrada, cujos eixos distam d metros um do outro, o engenheiro planeja usar um segmento de reta de comprimento x e dois arcos de circunferência de raio r e ângulo interno α.

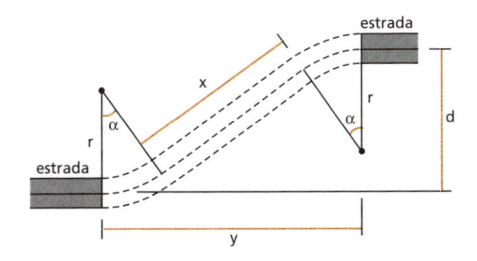

a) Se o engenheiro adotar $\alpha = 45°$, o segmento central medirá $x = d\sqrt{2} - 2r(\sqrt{2} - 1)$. Nesse caso, supondo que $d = 72$ m e $r = 36$ m, determine a distância y entre as extremidades dos trechos a serem interligados.

b) Supondo, agora, que $\alpha = 60°$, $r = 36$ m e $d = 90$ m, determine o valor de x.

238. (UF-PE) Na ilustração abaixo, temos dois retângulos congruentes com base medindo 12 cm e altura 5 cm. Qual o inteiro mais próximo da distância, em cm, do ponto A até a horizontal? Dado: use a aproximação $\sqrt{3} \approx 1,73$.

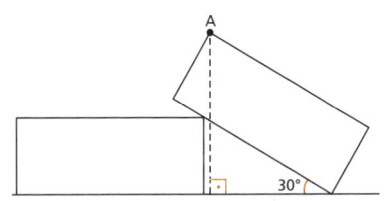

239. (UF-GO) Ao observar problemas de transmissão de dados via linha telefônica, o matemático Benoit Mandelbrot associou a distribuição dos erros de transmissão com o conjunto de Cantor. Para construir o conjunto de Cantor, a partir de um segmento de comprimento m, utiliza-se o seguinte processo:

No 1º passo, divide-se o segmento em três partes iguais e retira-se a parte central; no 2º passo, cada segmento restante do 1º passo é dividido em três partes iguais, retirando-se a parte central de cada um deles; e assim sucessivamente, como mostra a figura abaixo:

Segmento de comprimento m
1º passo
2º passo
3º passo
4º passo

Repetindo-se esse processo indefinidamente, obtém-se o conjunto de Cantor. Com base nesse processo, calcule a soma dos tamanhos de todos os segmentos restantes no 20º passo.

240. (UF-GO) O desenho a seguir, construído na escala 1 : 7 000, representa parte do bairro Água Branca em Goiânia. As ruas R. 1, R. 2 e R. 3 são paralelas à Av. Olinda. O comprimento da Av. B, da esquina com a Av. Olinda até a esquina com a Rua Dores do Indaya, é de 350 m.

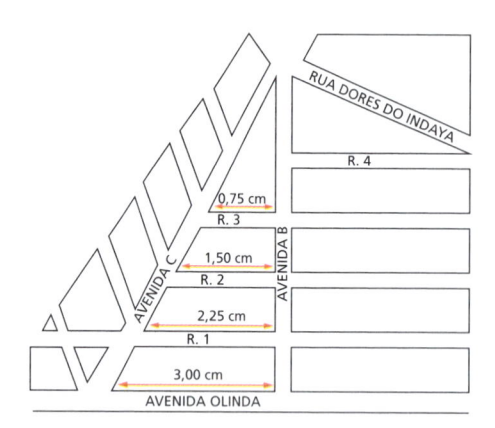

QUESTÕES DE VESTIBULARES

Considerando-se que cada rua mede 7 m de largura, calcule quantos metros um pedestre caminhará na Av. B, partindo da esquina com Av. Olinda, até a esquina com a rua R. 2, sem atravessá-las.

241. (Unicamp-SP) A planta de um cômodo que tem 2,7 m de altura é mostrada abaixo.

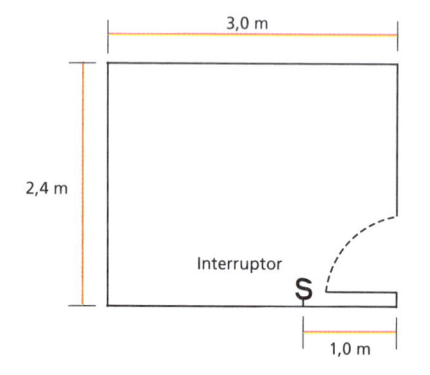

a) Por norma, em cômodos residenciais com área superior a 6 m², deve-se instalar uma tomada para cada 5 m ou fração (de 5 m) de perímetro de parede, incluindo a largura da porta. Determine o número mínimo de tomadas do cômodo representado acima e o espaçamento entre as tomadas, supondo que elas serão distribuídas uniformemente pelo perímetro do cômodo.

b) Um eletricista deseja instalar um fio para conectar uma lâmpada, localizada no centro do teto do cômodo, ao interruptor, situado a 1,0 m do chão, e a 1,0 m do canto do cômodo, como está indicado na figura. Supondo que o fio subirá verticalmente pela parede, e desprezando a espessura da parede e do teto, determine o comprimento mínimo de fio necessário para conectar o interruptor à lâmpada.

242. (Unicamp-SP) Um topógrafo deseja calcular a distância entre pontos situados à margem de um riacho, como mostra a figura a seguir. O topógrafo determinou as distâncias mostradas na figura, bem como os ângulos especificados na tabela abaixo, obtidos com a ajuda de um teodolito.

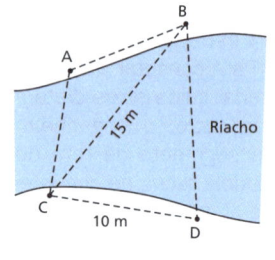

Visada	Ângulo
AĈB	$\dfrac{\pi}{6}$
BĈD	$\dfrac{\pi}{3}$
AB̂C	$\dfrac{\pi}{6}$

a) Calcule a distância entre A e B.
b) Calcule a distância entre B e D.

Equivalência plana – Áreas de superfícies planas

243. (Mackenzie-SP) Um disco de metal, ao ser colocado em um forno, sofre uma dilatação, de modo que o seu raio aumenta de 1,5%. Das alternativas abaixo, o valor mais próximo do aumento percentual da área do disco é:

a) 2,5   b) 1,5   c) 1   d) 2   e) 3

244. (Enem-MEC) Cerca de 20 milhões de brasileiros vivem na região coberta pela caatinga, em quase 800 mil km² de área. Quando não chove, o homem do sertão e sua família precisam caminhar quilômetros em busca da água dos açudes. A irregularidade climática é um dos fatores que mais interferem na vida do sertanejo.

Disponível em: <http://www.wwf.org.br>.
Acesso em: 23 abr. 2010.

Segundo este levantamento, a densidade demográfica da região coberta pela caatinga, em habitantes por km², é de:

a) 250   c) 2,5   e) 0,025
b) 25   d) 0,25

245. (FEI-SP) Se a área de um círculo é igual a 9π cm², então a área do quadrado nele inscrito vale:

a) 9 cm²   d) $9\sqrt{2}$ cm²
b) 36 cm²   e) 18 cm²
c) $3\sqrt{2}$ cm²

246. (UE-CE) Em um plano, os quadrados X e Y são tais que um dos vértices de Y está situado no centro de X. Se a medida do lado de X é 6 m e a medida do lado de Y é 10 m, então a medida, em m², da área da região comum aos dois quadrados é:

a) 6   b) 9   c) 12   d) 18

247. (Unesp-SP) Uma casa tem cômodo retangular de 5 metros de comprimento por 4 metros de largura e 3 metros de altura. O cômodo tem uma porta de 0,9 metro de largura por 2 metros de altura e uma janela de 1,8 metro de largura por 1 metro de altura. Pretende-se pintar suas paredes e o teto. A porta e a janela não serão pintadas. A tinta escolhida pode ser comprada em latas com três quantidades distintas: 1 litro, ao custo de R$ 12,00; 5 litros, ao custo de R$ 50,00 e 15 litros ao custo de R$ 140,00. Sabendo-se que o rendimento da tinta é de 1 litro para cada 6 m², o menor custo possível é de:

a) R$ 118,00   d) R$ 140,00
b) R$ 124,00   e) R$ 144,00
c) R$ 130,00

248. (UF-CE) Um losango possui 24 m² de área e 3 m de distância entre dois lados paralelos. O perímetro do losango mede, em metros:

a) 16   c) 24   e) 32
b) 20   d) 28

249. (UF-MA) Em uma planta residencial, em escala, ao utilizar-se uma régua convencional, nota-se que os lados da sala retangular medem, exatamente, 16 cm e 9 cm. Se a área real da sala em questão é igual a 36 m², então o perímetro real da sala é igual a:

a) 21 m   c) 20 m   e) 22 m
b) 19 m   d) 25 m

250. (FGV-SP) Sejam a, b e c retas paralelas e distintas, com b entre a e c, tais que a distância entre a e b seja 5, e a distância entre b e c seja 7. A área de um quadrado ABCD em que A ∈ a, B ∈ b e C ∈ c é igual a:

a) 35   c) 50   e) 144
b) 42   d) 74

251. (FGV-SP) O perímetro de um triângulo equilátero, em cm, é numericamente igual à área do círculo que o circunscreve, em cm². Assim, o raio do círculo mencionado mede, em cm:

a) $\dfrac{3\sqrt{2}}{\pi}$ c) $\sqrt{3}$ e) $\dfrac{\pi\sqrt{3}}{2}$

b) $\dfrac{3\sqrt{3}}{\pi}$ d) $\dfrac{6}{\pi}$

252. (Cefet-SC) Para cobrir o piso de uma cozinha com 5 m de comprimento por 4 m de largura, serão utilizados pisos de 25 cm × 25 cm. Cada caixa contém 20 pisos. Supondo que nenhum piso se quebrará durante o serviço, quantas cai-

xas são necessárias para cobrir o piso da cozinha?
a) 17 caixas
b) 16 caixas
c) 20 caixas
d) 15 caixas
e) 12 caixas

253. (Unifesp-SP) Se um arco de 60° num círculo I tem o mesmo comprimento de um arco de 40° num círculo II, então, a razão da área do círculo I pela área do círculo II é:

a) $\dfrac{2}{9}$ b) $\dfrac{4}{9}$ c) $\dfrac{2}{3}$ d) $\dfrac{3}{2}$ e) $\dfrac{9}{4}$

254. (FEI-SP) Uma parede retangular tem por dimensões 20 m por 15 m. Sabendo que uma lata de tinta é suficiente para pintar 10 m² desta parede, quantas latas serão necessárias para pintá-la totalmente?
a) 30
b) 20
c) 15
d) 12
e) 18

255. (FGV-SP) Em um mesmo plano estão contidos um quadrado de 9 cm de lado e um círculo de 6 cm de raio, com centro em um dos vértices do quadrado. A área da região do quadrado não interceptada pelo círculo, em cm², é igual a:
a) $9(9 - \pi)$
b) $9(4\pi - 9)$
c) $9(9 - 2\pi)$
d) $3(9 - 2\pi)$
e) $6(3\pi - 9)$

256. (UF-MA) Sobre os lados opostos AB e CD de um retângulo ABCD são marcados, respectivamente, os pontos P e Q. A soma das áreas dos triângulos AQB e CPD resulta exatamente em 240 u.a. Então, a área do retângulo ABCD é igual a:
a) 360 u.a.
b) 120 u.a.
c) 240 u.a.
d) 200 u.a.
e) 300 u.a.

257. (ITA-SP) Considere um triângulo equilátero cujo lado mede $2\sqrt{3}$ cm. No interior deste triângulo existem 4 círculos de mesmo raio r. O centro de um dos círculos coincide com o baricentro do triângulo. Este círculo tangencia externamente os demais e estes, por sua vez, tangenciam 2 lados do triângulo.

a) Determine o valor de r.
b) Calcule a área do triângulo não preenchida pelos círculos.
c) Para cada círculo que tangencia o triângulo, determine a distância do centro ao vértice mais próximo.

258. (Unifesp-SP) Dados $x > 0$, considere o retângulo de base 4 cm e altura x cm. Seja y, em centímetros quadrados, a área desse retângulo menos a área de um quadrado de lado $\dfrac{x}{2}$ cm.

a) Obtenha os valores de x para os quais $y > 0$.
b) Obtenha o valor de x para o qual y assume o maior valor possível, e dê o valor máximo de y.

259. (Fuvest-SP) No triângulo ABC da figura, a mediana $\overline{AM}$, relativa ao lado $\overline{BC}$, é perpendicular ao lado $\overline{AB}$. Sabe-se também que BC = 4 e AM = 1. Se α é a medida do ângulo $A\hat{B}C$, determine:

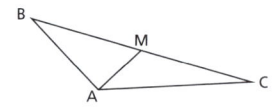

a) sen α;
b) o comprimento AC;
c) a altura do triângulo ABC relativa ao lado $\overline{AB}$;
d) a área do triângulo AMC.

260. (UF-PE) Na ilustração a seguir, ABC é um triângulo retângulo com os catetos AB e AC medindo, respectivamente, 40 e 30. Se M é o ponto médio de AB e N é a intersecção da bissetriz do ângulo $A\hat{C}B$ com o lado AB, qual a área do triângulo CNM?

QUESTÕES DE VESTIBULARES

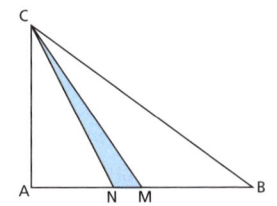

261. (UF-PR) Num triângulo ABC com 18 cm de base e 12 cm de altura, é inscrito um retângulo com a sua base sobre o lado AB, conforme a figura abaixo.

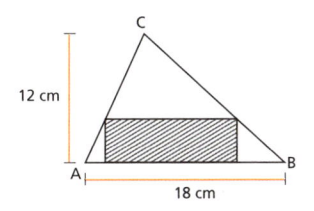

a) Se o retângulo tiver a medida da altura igual a um terço da medida da base, qual é a sua área?
b) Se a medida da base do retângulo inscrito for x, obtenha uma expressão da área do retângulo em função de x.
c) Calcule a maior área possível desses retângulos inscritos.

262. (UF-GO) A figura abaixo representa um triângulo retângulo ABC e um quadrado cujo lado é igual à altura relativa à hipotenusa AB. Admitindo que AB mede 10 cm e que a área do quadrado é a metade da área do triângulo ABC, calcule:

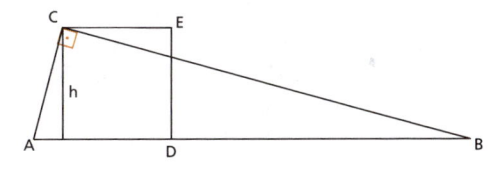

a) o perímetro do quadrado;
b) a área do triângulo BDE.

263. (PUC-RJ) Considere o pentágono ABCDE na figura.

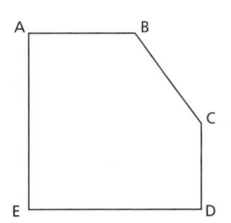

Sabemos que os ângulos $C\hat{D}E$, $D\hat{E}A$ e $E\hat{A}B$ são retos, que $\overline{DE} = \overline{EA} = 8$, $\overline{CD} = 4$ e que $\overline{AB} = \overline{BC}$.
a) Determine o perímetro do pentágono.
b) Determine a área do pentágono.

264. (UF-RS) Um ponto P é aleatoriamente selecionado num retângulo S de dimensões 50 cm por 20 cm. Considere, a partir de S, as seguintes regiões:

Região A — retângulo de dimensões 15 cm por 4 cm com centro no centro de S.

Região B — círculo de raio 4 cm com centro no centro de S.

Suponha que a probabilidade de que o ponto P pertença a uma região contida em S seja proporcional à área da região.

Determine a probabilidade de que P pertença simultaneamente às regiões A e B.

265. (UF-GO) Para confeccionar uma página de internet para um cliente, um *web designer* dividiu a tela retangular, de dimensões a e b, em quatro retângulos, conforme figura abaixo.

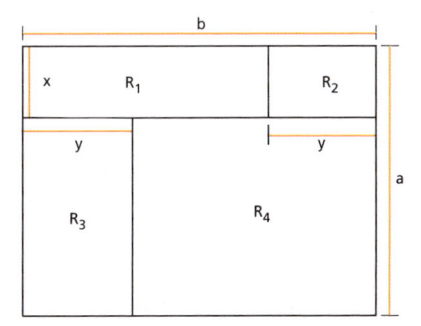

Sabendo que os retângulos R_2 e R_3 ocupam, respectivamente, 6% e 18% da área total da tela, calcule a porcentagem da área ocupada pelo retângulo R_4 em relação à área total da tela.

266. (UF-MS) Um arco ferradura é construído acima do portal da entrada de um museu. Tal arco é construído partindo-se de uma figura desenhada a partir dos seguintes passos:
- traça-se um segmento AB correspondente à medida da largura do portal (figura 1);
- tomando-se o ponto médio M do segmento como centro traça-se uma circunferência de raio medindo a metade do segmento (figura 1);
- encontra-se o ponto P de intersecção entre a mediatriz do segmento e a circunferência traçada anteriormente, que está acima do segmento (figura 1);
- com o centro no ponto P marcado traça-se uma circunferência de raio igual à anterior (figura 1).

O arco ferradura é definido pelo contorno formado por arcos das circunferências e o segmento dado (figura 2).
Sabendo-se que a largura do portal é de 10 metros, determine a área, em metros quadrados, da região interior ao arco ferradura (figura 3).
(Use $\pi = 3$ e $\sqrt{3} = 1{,}7$.)

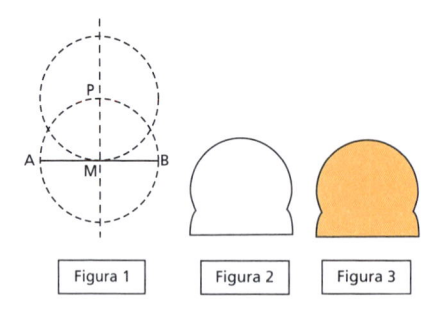

Figura 1 Figura 2 Figura 3

267. (UF-ES) Para irrigar uma região retangular R de dimensões $\ell \times 3\ell$, um irrigador giratório é acoplado a uma bomba hidráulica por meio de um tubo condutor de água. A bomba é instalada em um ponto B. Quando o irrigador é colocado no ponto C, a uma distância $\dfrac{3\ell}{2}$ do ponto B, ele irriga um círculo de centro C e raio 2ℓ (veja figura).

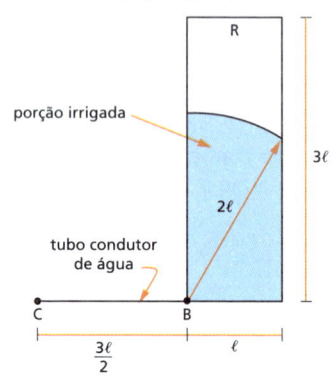

a) Calcule a área da porção irrigada de R quando o irrigador está no ponto C.
b) Admitindo que o raio da região irrigada seja inversamente proporcional à distância do irrigador até a bomba, calcule o raio da região irrigada quando o irrigador é colocado no centro da região retangular R.

268. (UF-BA) Considere um trapézio T, de altura h = 2 u.c., base menor b = 4 u.c. e ângulos da base a = arctg 2 e c = 45°. Determine a área do trapézio T', obtido de T por uma homotetia de razão $\dfrac{3}{2}$ e centro em um ponto qualquer.

269. (PUC-RJ) O hexágono ABCDEF tem lados $\overline{AB}$, $\overline{BC}$, $\overline{DE}$ e $\overline{EF}$ medindo 5 e lados $\overline{CD}$ e $\overline{AF}$ medindo 4. Sabemos ainda que FÂB = CD̂E = 90° e que $\overline{AB}$, $\overline{FC}$ e $\overline{DE}$ são paralelos.

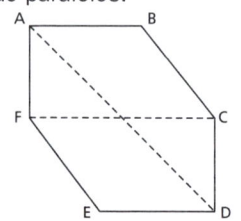

a) Calcule o comprimento do segmento $\overline{FC}$.
b) Calcule a área do hexágono.
c) Calcule o ângulo DÂB.

270. (UF-GO) Uma maneira de se estimar a área de uma região de formato irregular consiste em sobrepor a esta região uma malha quadriculada e ajustar à região um polígono com vértices nos nós da malha (pontos onde as linhas da malha se cruzam), como mostra a figura a seguir.

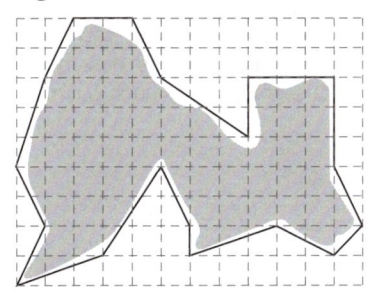

A área exata do polígono pode, então, ser calculada pela fórmula de Pick:

Área $= i + \dfrac{b}{2} - 1$,

em que i é a quantidade de nós da malha no interior do polígono e b, a quantidade de nós sobre o contorno do polígono.

Considerando que os quadrados da malha apresentada tenham lado de 1 cm, determine a área do polígono utilizado para estimar a área da região destacada na figura.

271. (FGV-RJ) A figura a seguir é uma representação plana de certo apartamento, feita na escala 1 : 200, ou seja, 1 cm na representação plana corresponde a 200 cm na realidade.

Vão ser colocados rodapé e carpete no salão. Cada metro de rodapé custa R$ 14,00. O preço do carpete é de R$ 20,00 o metro quadrado. Quanto vai ser gasto no total? O resultado que vai ser obtido é aproximado, devido à presença de, pelo menos, uma porta.

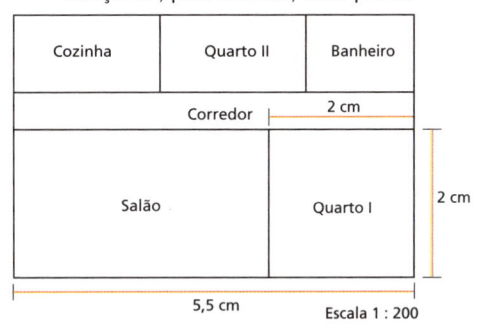

272. (Mackenzie-SP) O retângulo assinalado na figura possui área máxima. Essa área é igual a:
a) 12
b) 10
c) 15
d) 8
e) 14

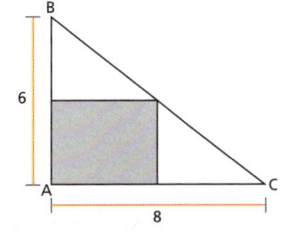

273. (Ibmec-RJ) O triângulo ABC (figura) tem área igual a 36 cm². Os pontos M e N são pontos médios dos lados AC e BC. Assim, a área da região MPNC, em cm², vale:
a) 10
b) 12
c) 14
d) 16
e) 18

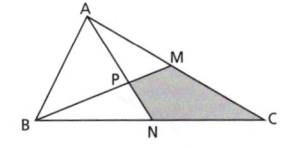

274. (FGV-SP) As medianas $\overline{BD}$ e $\overline{CE}$ do triângulo ABC indicado na figura são perpendiculares, BD = 8 e CE = 12. Assim, a área do triângulo ABC é:
a) 96
b) 64
c) 48
d) 32
e) 24

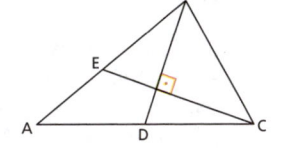

QUESTÕES DE VESTIBULARES

275. (FGV-SP) No triângulo retângulo abaixo, os catetos $\overline{AB}$ e $\overline{AC}$ medem, respectivamente, 2 e 3. A área do quadrado ARST é que porcentagem da área do triângulo ABC?
a) 42%
b) 44%
c) 46%
d) 48%
e) 50%

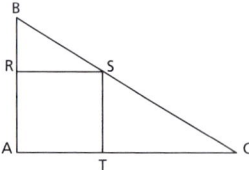

276. (UF-PI) Na figura abaixo, os números reais S_1 e S_2 representam as medidas das áreas das regiões correspondentes. O valor da razão $\dfrac{S_1}{S_2}$ é:
a) $\dfrac{1}{3}$
b) 1
c) 3
d) $\dfrac{2}{7}$
e) $\dfrac{1}{4}$

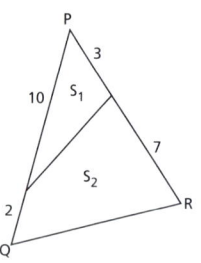

277. (UF-AM) Na figura abaixo, as retas r e s são paralelas e o triângulo ABC é equilátero de lado 4 cm. Se os triângulos ABC e ABF possuem a mesma base AB, então a área do triângulo ABF é igual a:

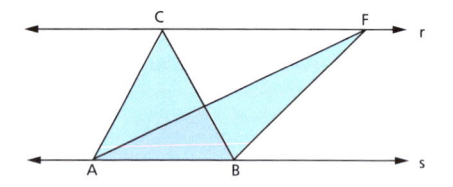

a) $16\sqrt{3}$ cm²
b) $4\sqrt{3}$ cm²
c) 4 cm²
d) $3\sqrt{3}$ cm²
e) $2\sqrt{3}$ cm²

278. (Unifesp-SP) Dois triângulos congruentes ABC e ABD, de ângulos 30°, 60° e 90°, estão colocados como mostra a figura, com as hipotenusas AB coincidentes.

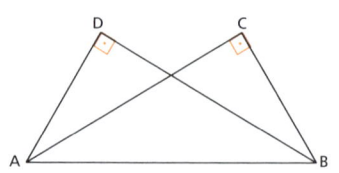

Se AB = 12 cm, a área comum aos dois triângulos, em centímetros quadrados, é igual a:
a) 6
b) $4\sqrt{3}$
c) $6\sqrt{3}$
d) 12
e) $12\sqrt{3}$

279. (Unemat-MT) No triângulo equilátero ABC, os pontos M e N são respectivamente pontos médios dos lados $\overline{AB}$ e $\overline{AC}$. O segmento $\overline{MN}$ mede 6 cm.

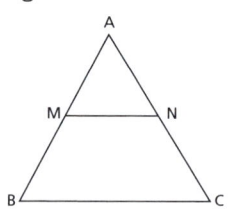

A área do triângulo ABC mede:
a) $18\sqrt{3}$ cm²
b) $24\sqrt{2}$ cm²
c) $30\sqrt{2}$ cm²
d) $30\sqrt{3}$ cm²
e) $36\sqrt{3}$ cm²

280. (Unesp-SP) A figura representa um triângulo retângulo de vértices A, B e C, onde o segmento de reta DE é paralelo ao lado AB do triângulo.
Se AB = 15 cm, AC = 20 cm e AD = 8 cm, a área do trapézio ABED, em cm², é:
a) 84
b) 96
c) 120
d) 150
e) 192

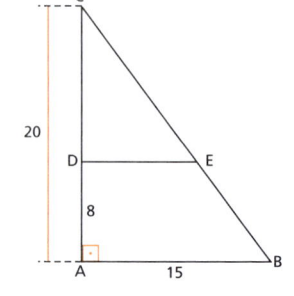

281. (UF-MT) Na figura abaixo, o triângulo ABC é equilátero de lado L.

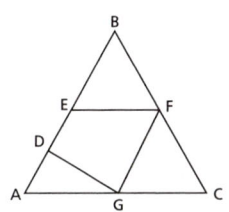

Sendo E, F e G os pontos médios dos lados desse triângulo e D, o ponto médio do segmento $\overline{AE}$, pode-se afirmar que a área do polígono DEFG é:

a) $\dfrac{3\sqrt{3} \cdot L^2}{32}$ d) $\dfrac{\sqrt{2} \cdot L^2}{18}$

b) $\dfrac{\sqrt{3} \cdot L^2}{16}$ e) $\dfrac{2\sqrt{3} \cdot L^2}{9}$

c) $\dfrac{3\sqrt{2} \cdot L^2}{25}$

282. (Fuvest-SP) Na figura, o triângulo ABC é retângulo com catetos BC = 3 e AB = 4. Além disso, o ponto D pertence ao cateto $\overline{AB}$, o ponto E pertence ao cateto $\overline{BC}$ e o ponto F pertence à hipotenusa $\overline{AC}$, de tal forma que DECF seja um paralelogramo. Se $DE = \dfrac{3}{2}$, então a área do paralelogramo DECF vale:

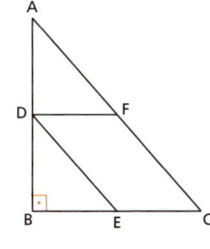

a) $\dfrac{63}{25}$ d) $\dfrac{56}{25}$

b) $\dfrac{12}{5}$ e) $\dfrac{11}{5}$

c) $\dfrac{58}{25}$

283. (UF-GO) Em um sistema de coordenadas cartesianas são dados os pontos A(0, 0), B(0, 2), C(4, 2), D(4, 0) e E(x, 0), onde 0 < x < 4. Considerando os segmentos BD e CE, obtêm-se os triângulos T_1 e T_2, destacados na figura.

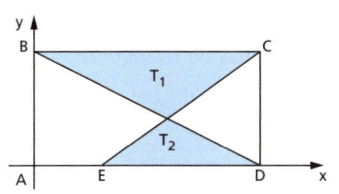

Para que a área do triângulo T_1 seja o dobro da área de T_2, o valor de x é:

a) $2 - \sqrt{2}$ d) $8 - 2\sqrt{2}$

b) $4 - 2\sqrt{2}$ e) $8 - 4\sqrt{2}$

c) $4 - \sqrt{2}$

284. (UF-PE) A figura abaixo ilustra uma região triangular plana ABC. O lado AB foi dividido em quatro segmentos de mesma medida, um dos quais sendo DE, e o lado BC foi dividido em cinco segmentos de mesma medida, sendo F um dos pontos da divisão.

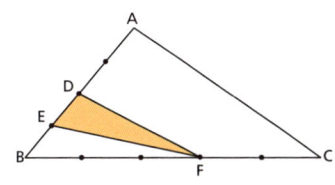

Qual a razão entre as áreas do triângulo ABC e do triângulo DEF?

a) $\dfrac{20}{3}$ c) 6   e) 5

b) 6,5   d) $\dfrac{11}{2}$

285. (Unesp-SP) Seja ABC o triângulo de lados ℓ, ℓ e $\ell\sqrt{2}$. Foram traçadas retas paralelas aos lados, passando pelos pontos que dividem os lados em três partes iguais, conforme ilustra a figura.

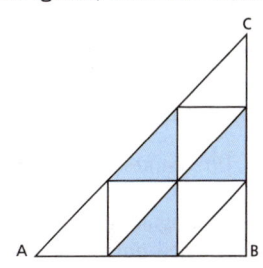

QUESTÕES DE VESTIBULARES

Qual a razão entre a área da figura em azul e a área do triângulo?

a) $\frac{1}{9}$ b) $\frac{1}{6}$ c) $\frac{1}{5}$ d) $\frac{1}{4}$ e) $\frac{1}{3}$

286. (UF-PE) Um terreno tem forma triangular ABC. O lado AB mede 60 m. O vértice C dista 30 m do ponto médio de AB, e a menor distância desse vértice C ao lado AB mede 25 m. Podemos afirmar que:

0-0) ABC é um triângulo retângulo.
1-1) A área do terreno mede 7,5 a.
2-2) O perímetro de ABC é superior a 1,25 hm.
3-3) O circuncentro de ABC se situa no interior do triângulo.
4-4) O ortocentro de ABC é exterior ao triângulo.

287. (FGV-SP) Em um triângulo ABC, o lado $\overline{AC}$ e a mediatriz de $\overline{BC}$ se interceptam no ponto D, sendo que $\overline{BD}$ é bissetriz do ângulo $A\hat{B}C$. Se AD = 9 cm e DC = 7 cm, a área do triângulo ABD, em cm², é:

a) 12 c) 21 e) $14\sqrt{5}$
b) 14 d) 28

288. (Unifesp-SP) Na figura, os triângulos ABD e BCD são isósceles. O triângulo BCD é retângulo, com o ângulo C reto, e A, B, C estão alinhados.

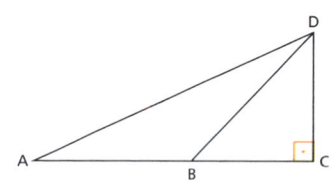

a) Dê a medida do ângulo BÂD em graus.
b) Se BD = x, obtenha a área do triângulo ABD em função de x.

289. (UF-PR) Um canteiro de flores possui 25 m² de área e tem o formato de um triângulo retângulo. Este triângulo foi dividido em cinco partes, por segmentos de reta igualmente espaçados e paralelos a um dos catetos, conforme indica a figura a seguir.

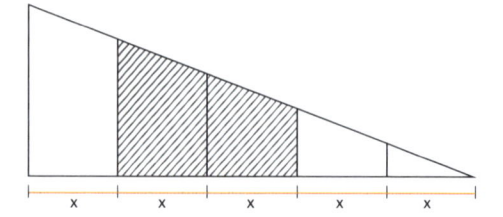

Qual é a área do trapézio hachurado indicado na figura?

290. (Enem-MEC) Em canteiros de obras de construção civil é comum perceber trabalhadores realizando medidas de comprimento e de ângulos e fazendo demarcações por onde a obra deve começar ou se erguer. Em um desses canteiros foram feitas algumas marcas no chão plano. Foi possível perceber que, das seis estacas colocadas, três eram vértices de um triângulo retângulo e as outras três eram os pontos médios dos lados desse triângulo, conforme pode ser visto na figura, em que as estacas foram indicadas por letras.

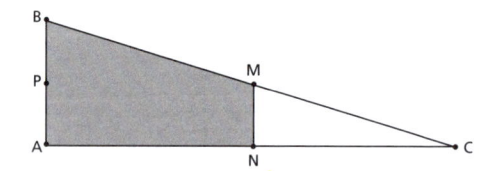

A região demarcada pelas estacas A, B, M e N deveria ser calçada com concreto. Nessas condições, a área a ser calçada corresponde:

a) à mesma área do triângulo AMC.
b) à mesma área do triângulo BNC.
c) à metade da área formada pelo triângulo ABC.
d) ao dobro da área do triângulo MNC.
e) ao triplo da área do triângulo MNC.

291. (Fuvest-SP) Na figura abaixo, os segmentos $\overline{AB}$ e $\overline{CD}$ são paralelos, o ângulo $O\hat{A}B$ mede 120°, $AO = 3$ e $AB = 2$. Sabendo-se ainda que a área do triângulo OCD vale $600\sqrt{3}$,

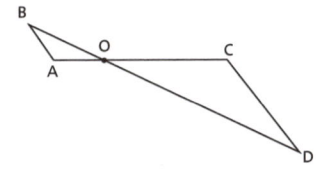

a) calcule a área do triângulo OAB,
b) determine OC e CD.

292. (Fuvest-SP) O triângulo ABC da figura abaixo é equilátero de lado 1. Os pontos E, F e G pertencem, respectivamente, aos lados $\overline{AB}$, $\overline{AC}$ e $\overline{BC}$ do triângulo. Além disso, os ângulos $A\hat{F}E$ e $C\hat{G}F$ são retos e a medida do segmento $\overline{AF}$ é x.

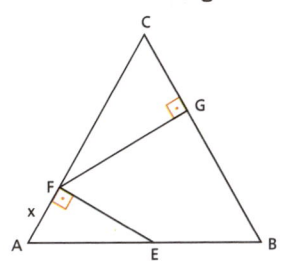

Assim, determine:
a) A área do triângulo AFE em função de x.
b) O valor de x para o qual o ângulo $F\hat{E}G$ também é reto.

293. (Unicamp-SP) Em um triângulo com vértices A, B e C, inscrevemos um círculo de raio r. Sabe-se que o ângulo tem 90° e que o círculo inscrito tangencia o lado BC no ponto P, dividindo esse lado em dois trechos com comprimento $\overline{PB} = 10$ e $\overline{PC} = 3$.
a) Determine r.
b) Determine $\overline{AB}$ e $\overline{AC}$.
c) Determine a área da região que é, ao mesmo tempo, interna ao triângulo e externa ao círculo.

294. (UF-MS) Determine a área, em centímetros quadrados, interior a um triângulo acutângulo de ângulos conhecidos, 60° e 75°, e lado comum adjacente a esses ângulos medindo 35 cm.
(Use: $\cos 30° = 0,8$; $\cos 45° = 0,7$; e $\operatorname{sen} 105° = 0,9$.)

295. (Fuvest-SP) No triângulo ABC, tem-se que $AB > AC$, $AC = 4$ e $\cos \hat{C} = \dfrac{3}{8}$.
Sabendo-se que o ponto R pertence ao segmento $\overline{BC}$ e é tal que $AR = AC$ e $\dfrac{BR}{BC} = \dfrac{4}{7}$, calcule:
a) a altura do triângulo ABC relativa ao lado $\overline{BC}$.
b) a área do triângulo ABR.

296. (UE-CE) Na figura abaixo, o quadrado ABCD e o triângulo equilátero CDE possuem lados com comprimento de mesma medida. Assinale a alternativa que apresenta a razão entre a área do triângulo e a área do quadrado.

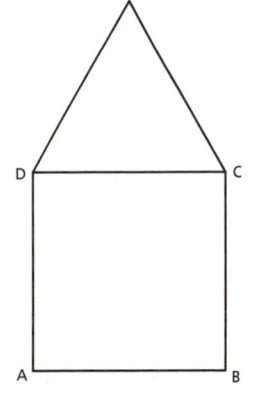

a) $\dfrac{4}{\sqrt{3}}$

b) $\dfrac{\sqrt{3}}{4}$

c) 2

d) $\dfrac{1}{2}$

297. (ESPM-SP) Uma folha de papel retangular foi dobrada como mostra a figura a seguir. De acordo com as medidas fornecidas, a região sombreada, que é a parte visível do verso da folha, tem área igual a:

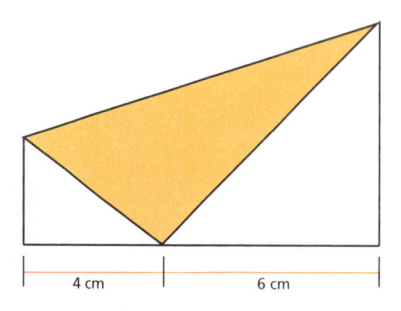

a) 24 cm²
b) 25 cm²
c) 28 cm²
d) 35 cm²
e) 36 cm²

298. (UF-MG) Nesta figura plana, há um triângulo equilátero, ABE, cujo lado mede a, e um quadrado, BCDE, cujo lado também mede a.

Com base nessas informações, é correto afirmar que a área do triângulo ABC é:

a) $\dfrac{a^2}{3}$

b) $\dfrac{a^2}{4}$

c) $\dfrac{\sqrt{3}a^2}{4}$

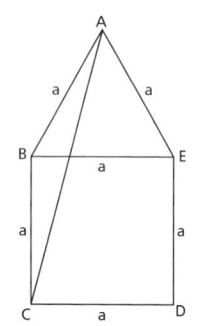

d) $\dfrac{\sqrt{3}a^2}{8}$

299. (PUC-RJ) Um círculo de área A_c e um quadrado de área A_q têm o mesmo perímetro. Logo, a razão $\dfrac{A_c}{A_q}$ vale:

a) $\dfrac{2}{\pi}$ b) $\dfrac{1}{2}$ c) 2   d) 1   e) $\dfrac{4}{\pi}$

300. (Enem-MEC) Em uma certa cidade, os moradores de um bairro carente de espaços de lazer reivindicam à prefeitura municipal a construção de uma praça. A prefeitura concorda com a solicitação e afirma que irá construí-la em formato retangular devido às características técnicas do terreno. Restrições de natureza orçamentária impõem que sejam gastos, no máximo, 180 m de tela para cercar a praça. A prefeitura apresenta aos moradores desse bairro as medidas dos terrenos disponíveis para a construção da praça:

Terreno 1: 55 m por 45 m
Terreno 2: 55 m por 55 m
Terreno 3: 60 m por 30 m
Terreno 4: 70 m por 20 m
Terreno 5: 95 m por 85 m

Para optar pelo terreno de maior área, que atenda às restrições impostas pela prefeitura, os moradores deverão escolher o terreno:

a) 1   b) 2   c) 3   d) 4   e) 5

301. (FEI-SP) Tem-se um terreno retangular com 56 m² de área, conforme a figura. A parte pintada na figura é um quadrado que representa a parte destinada à construção de uma piscina. Nestas condições, 70% da área da parte pintada corresponde a:

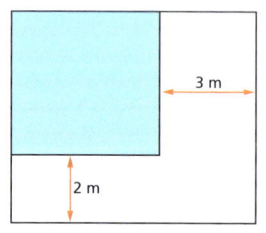

a) 17,50 m²   c) 36 m²   e) 16,20 m²
b) 25 m²   d) 22 m²

302. (UF-GO) No trapézio ABCD abaixo, o segmento AB mede a, o segmento DC mede b, M é o ponto médio de AD e N é o ponto médio de BC.

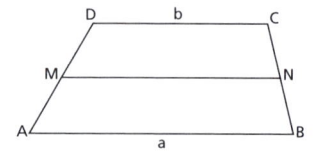

Nestas condições, a razão entre as áreas dos trapézios MNCD e ABNM é igual a:

a) $\dfrac{a+2b}{3a+b}$

b) $\dfrac{a+3b}{2a+b}$

c) $\dfrac{a+2b}{2a+b}$

d) $\dfrac{a+3b}{3a+b}$

e) $\dfrac{3a+2b}{2a+3b}$

303. (PUC-RS) Um jardim de forma retangular com medidas 6 m × 8 m possui dois canteiros em forma de triângulos isósceles e um passeio no centro, como na figura a seguir.

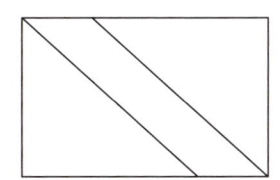

A área do passeio, em metros quadrados, é:

a) 64 b) 36 c) 24 d) 12 e) 2

304. (UF-GO) Uma folha de papel retangular, de lados a e b, com $a > \dfrac{b}{2}$, foi dobrada duas vezes, conforme as figuras abaixo e as seguintes instruções:

- dobre a folha ao longo da linha tracejada, sobrepondo o lado menor, a, ao lado maior, b (fig. 1 e fig. 2);
- dobre o papel ao meio, sobre o lado b, de modo que o ponto P sobreponha-se ao ponto Q (fig. 3).

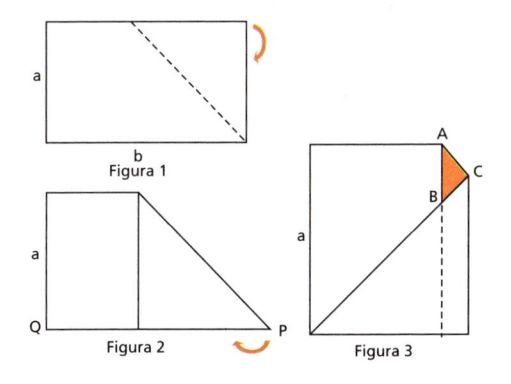

A área do triângulo ABC, destacado na figura 3, em função de a e b, é:

a) $A = -a^2 + 2ab + \dfrac{b^2}{2}$

b) $A = \dfrac{ab}{2}$

c) $A = a^2 - 2ab + b^2$

d) $A = a^2 - \dfrac{b^2}{4}$

e) $A = a^2 - ab + \dfrac{b^2}{4}$

305. (U.F. São Carlos-SP) O losango ABCD, de lado igual a 10 cm, está inscrito no paralelogramo EFGH, cujo lado $\overline{HG}$ mede 16 cm. Se a diagonal $\overline{AC}$ do losango é a altura do paralelogramo, então a área da região sombreada é, em cm², igual a:

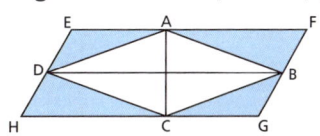

a) 192 c) 128 e) 56
b) 160 d) 96

306. (Fuvest-SP) No retângulo ABCD da figura tem-se CD = ℓ e AD = 2ℓ. Além disso, o ponto E pertence à diagonal $\overline{BD}$, o ponto F pertence ao lado $\overline{BC}$ e $\overline{EF}$ é perpendicular a $\overline{BD}$. Sabendo que a área do retângulo ABCD é cinco vezes a área do triângulo BEF, então $\overline{BF}$ mede:

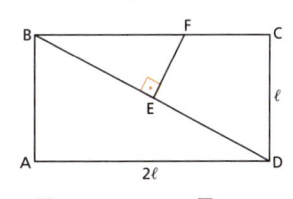

a) $\dfrac{\ell\sqrt{2}}{8}$

b) $\dfrac{\ell\sqrt{2}}{4}$

c) $\dfrac{\ell\sqrt{2}}{2}$

d) $\dfrac{3\ell\sqrt{2}}{4}$

e) $\ell\sqrt{2}$

QUESTÕES DE VESTIBULARES

307. (FEI-SP) Um terreno no formato de um quadrado tem dimensões 12 m por 12 m. Deseja-se construir uma piscina retangular de dimensões 4 m por 8 m neste terreno, conforme a figura abaixo. Na área restante, será feito um jardim. Se X é a área disponível para o jardim, então:
a) X = 60 m²
b) X = 12 m²
c) X = 82 m²
d) X = 78 m²
e) X = 112 m²

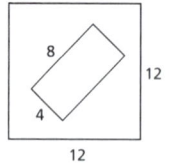

308. (FGV-SP) A área do quadrado ABCD é 4 cm². Sobre os lados $\overline{AB}$ e $\overline{AD}$ do quadrado são tomados dois pontos: M e N, tais que AM + AN = AB.
Desse modo, o maior valor que pode assumir a área do triângulo AMN é:
a) $\frac{1}{4}$ cm²
b) 2 cm²
c) $\frac{1}{2}$ cm²
d) 4 cm²
e) $\frac{1}{8}$ cm²

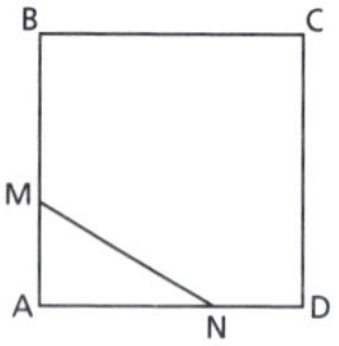

309. (UF-PI) Seis retângulos idênticos estão reunidos para formar um retângulo maior conforme indicado na figura abaixo. Nessas condições, qual é a área do retângulo maior?
a) 588 m² 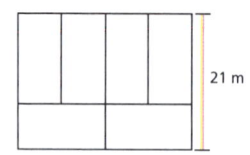
b) 430 m²
c) 380 m²
d) 240 m²
e) 210 m²

310. (UF-RS) No retângulo ABCD da figura a seguir, E é ponto médio de AD, e a medida de FB é igual a um terço da medida de AB.

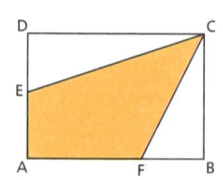

Sabendo-se que a área do quadrilátero AFCE é 7, então a área do retângulo ABCD é:
a) 8   b) 9   c) 10   d) 11   e) 12

311. (Enem-MEC) O governo cedeu terrenos para que famílias construíssem suas residências com a condição de que no mínimo 94% da área do terreno fosse mantida como área de preservação ambiental. Ao receber o terreno retangular ABCD, em que AB = $\frac{BC}{2}$, Antônio demarcou uma área quadrada no vértice A, para a construção de sua residência, de acordo com o desenho, no qual AE = $\frac{AB}{5}$ é lado do quadrado.

Nesse caso, a área definida por Antônio atingiria exatamente o limite determinado pela condição se ele:
a) duplicasse a medida do lado do quadrado.
b) triplicasse a medida do lado do quadrado.
c) triplicasse a área do quadrado.
d) ampliasse a medida do lado do quadrado em 4%.
e) ampliasse a área do quadrado em 4%.

312. (UF-PR) Um cavalo está preso por uma corda do lado de fora de um galpão retangular fechado de 6 metros de comprimento por 4 metros de largura. A corda tem 10 metros de comprimento e está fixada num dos vértices do galpão, conforme ilustra a figura abaixo. Determine a área total da região em que o animal pode se deslocar.

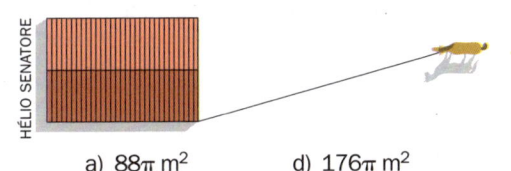

a) 88π m²
b) 20π m²
c) $(75\pi + 24)$ m²
d) 176π m²
e) $(100\pi - 24)$ m²

313. (FGV-RJ) O quadrilátero ABCD é um quadrado e E, F, G e H são os pontos médios dos seus lados. Qual superfície tem maior área: a branca ou a hachurada?

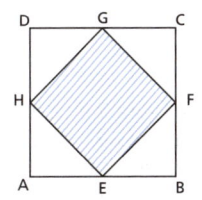

314. (UF-GO) A figura abaixo representa um terreno na forma de um trapézio, com 12 000 m², sendo que $\overline{AB} = 300$ m e $\overline{DC} = 200$ m.

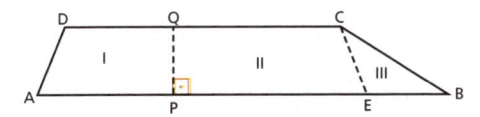

O proprietário do terreno pretende dividi-lo em três partes. A parte III tem área correspondendo a 12% da área total do terreno. O restante do terreno, que tem a forma de um trapézio isósceles, será dividido em duas partes, I e II, cujas áreas estão na proporção de 2 para 3, respectivamente. De acordo com essas informações, calcule a medida do segmento AP.

315. (UF-PR) Um quadrado está sendo preenchido como mostra a sequência de figuras a seguir:

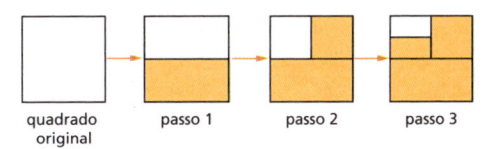

quadrado original — passo 1 — passo 2 — passo 3

No passo 1, metade do quadrado original é preenchido. No passo 2, metade da área não coberta no passo anterior é preenchida. No passo 3, metade da área não coberta nos passos anteriores é preenchida, e assim por diante.

a) No passo 4, que percentual do quadrado original estará preenchido?
b) Qual é o número mínimo de passos necessários para que 99,9% do quadrado original seja preenchido?

316. (PUC-RJ) A figura abaixo mostra um triângulo equilátero ABC de lado BC = 4 e um retângulo BCDE. Sabendo que a área do triângulo ABC é igual à área do retângulo BCDE, responda:

a) Qual é a área do triângulo ABC?
b) Quanto mede a altura do retângulo BCDE?

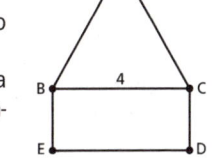

317. (UF-GO) A figura abaixo representa um triângulo retângulo ABC e um quadrado cujo lado é igual à altura relativa à hipotenusa AB. Admitindo que AB mede 10 cm e que a área do quadrado é a metade da área do triângulo ABC, calcule:

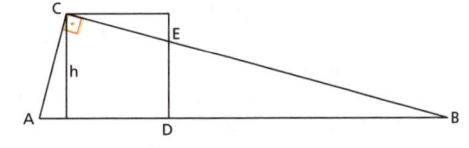

a) o perímetro do quadrado;
b) a área do triângulo BDE.

318. (UF-PE) Se 1 cm² de filme fotográfico de alta resolução armazena $1{,}5 \cdot 10^8$ bits de informação, qual a área de filme ne-

QUESTÕES DE VESTIBULARES

cessária para armazenar uma enciclopédia contendo $9 \cdot 10^{10}$ bits?
a) 60 cm²
b) 6 dm²
c) 600 mm²
d) 6 000 mm²
e) 0,6 m²

319. (ITA-SP) Numa circunferência C_1 de raio $r_1 = 3$ cm está inscrito um hexágono regular H_1; em H_1 está inscrita uma circunferência C_2; em C_2 está inscrito um hexágono regular H_2, e assim sucessivamente. Se A_n (em cm²) é a área do hexágono H_n, então $\sum_{n=1}^{\infty} A_n$ (em cm²) é igual a:
a) $54\sqrt{2}$
b) $54\sqrt{3}$
c) $36(1+\sqrt{3})$
d) $\dfrac{27}{(2-\sqrt{3})}$
e) $30(2+\sqrt{3})$

320. (UF-ES) Uma *pizza* com formato circular tem diâmetro de 40 cm. Recorta-se da *pizza* um pedaço com o formato de um triângulo equilátero, com todos os vértices na borda da *pizza*. A área, em centímetros quadrados, do pedaço recortado é:
a) $240\sqrt{3}$
b) $270\sqrt{3}$
c) $300\sqrt{3}$
d) $320\sqrt{3}$
e) $350\sqrt{3}$

321. (UE-CE) Duas circunferências em um plano, ambas com a medida do raio igual a 3 m, tangenciam-se externamente. Uma reta r, contendo os centros destas circunferências, as intercepta em três pontos P, Q e O, sendo O o ponto de tangência. Duas outras retas, no mesmo plano e perpendiculares à reta r, contendo os centros das circunferências as interceptam, respectivamente, nos pontos R, S e U, V. Com estas hipóteses a medida, em m², da área do hexágono convexo com vértices nos pontos P, R, U, Q, V e S é:
a) 27   b) 54   c) 61   d) 81

322. (Unifesp-SP) Você tem dois pedaços de arame do mesmo comprimento e pequena espessura. Um deles você usa para formar o círculo da figura I, e o outro você corta em 3 partes iguais para formar os três círculos da figura II.

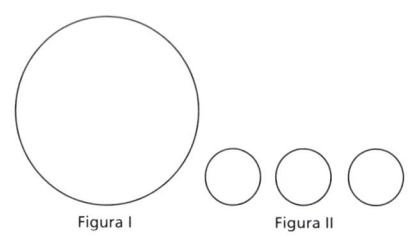

Figura I   Figura II

Se S é a área do círculo maior e s é a área de um dos círculos menores, a relação entre S e s é dada por:
a) S = 3s
b) S = 4s
c) S = 6s
d) S = 8s
e) S = 9s

323. (FGV-SP) A figura indica uma circunferência de diâmetro AB = 8 cm, um triângulo equilátero ABC, e os pontos D e E pertencentes à circunferência, com D em $\overline{AC}$ e E em $\overline{BC}$.
Em cm², a área da região hachurada na figura é igual a:
a) 64
b) 8
c) $8\left(\sqrt{3} - \dfrac{\pi}{3}\right)$
d) $4\left(\sqrt{3} - \dfrac{\pi}{3}\right)$
e) $4\left(\sqrt{3} - \dfrac{\pi}{2}\right)$

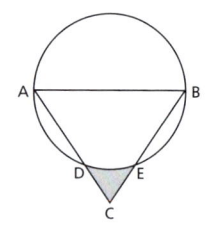

324. (UF-PE) O contorno da figura a seguir é formado por duas semicircunferências de raio 2 e um quarto de circunferência de raio 4. Indique a área da região colorida.
a) $4\pi - 8$
b) $4\pi - 7$
c) $4\pi - 6$
d) $3\pi - 5$
e) $2\pi - 2$

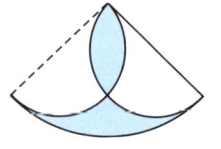

325. (UF-MG) Por razões antropológicas desconhecidas, certa comunidade utilizava uma unidade de área singular, que consistia em um círculo, cujo raio media 1 cm, e a que se dava o nome de anelar.
Adotando-se essa unidade, é correto afirmar que a área de um quadrado, cujo lado mede 1 cm, é:

a) $\dfrac{1}{\pi}$ anelar

b) $\dfrac{1}{2\pi}$ anelar

c) 1 anelar

d) π anelares

326. (Unicamp-SP) Um vulcão que entrou em erupção gerou uma nuvem de cinzas que atingiu rapidamente a cidade de Rio Grande, a 40 km de distância. Os voos com destino a cidades situadas em uma região circular com centro no vulcão e com raio 25% maior que a distância entre o vulcão e Rio Grande foram cancelados. Nesse caso, a área da região que deixou de receber voos é:

a) maior que 10 000 km².
b) menor que 8 000 km².
c) maior que 8 000 km² e menor que 9 000 km².
d) maior que 9 000 km² e menor que 10 000 km².

327. (FGV-SP) Cada um dos 7 círculos menores da figura a seguir tem raio 1 cm. Um círculo pequeno é concêntrico com o círculo grande e tangencia os outros 6 círculos pequenos. Cada um desses 6 outros círculos pequenos tangencia o círculo grande e 3 círculos pequenos.
Na situação descrita, a área da região sombreada na figura, em cm², é igual a:

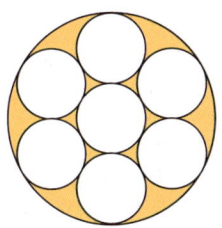

a) π
b) $\dfrac{3\pi}{2}$
c) 2π
d) $\dfrac{5\pi}{2}$
e) 3π

328. (Fuvest-SP) Na figura, OAB é um setor circular com centro em O, ABCD é um retângulo e o segmento $\overline{CD}$ é tangente em X ao arco de extremos A e B do setor circular. Se $AB = 2\sqrt{3}$ e $AD = 1$, então a área do setor OAB é igual a:

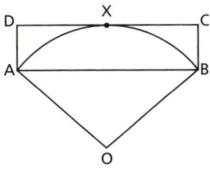

a) $\dfrac{\pi}{3}$
b) $\dfrac{2\pi}{3}$
c) $\dfrac{4\pi}{3}$
d) $\dfrac{5\pi}{3}$
e) $\dfrac{7\pi}{3}$

329. (U.E. Londrina-PR) Uma metalúrgica utiliza chapas de aço quadradas de 8 m × × 8 m para recortar formas circulares de 4 m de diâmetro, como mostrado na figura a seguir.
A área de chapa que resta após a operação é de aproximadamente:
Dado: considere $\pi = 3,14$.

a) 7,45 m²
b) 13,76 m²
c) 26,30 m²
d) 48 m²
e) 56 m²

330. (FGV-SP) Na figura, a reta suporte do lado BC do triângulo ABC passa pelo centro da circunferência λ. Se $\hat{A} = 15°$, $\overline{BC} = 4$ cm, e o raio de λ mede 2 cm, a área sombreada na figura, em cm², é igual a:

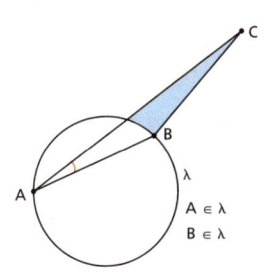

a) $\dfrac{9-\pi}{3}$ d) $\dfrac{3\sqrt{3}-\pi}{3}$

b) $\dfrac{6\sqrt{3}-2\pi}{3}$ e) $\dfrac{2\sqrt{6}-\pi}{3}$

c) $\dfrac{9-2\pi}{3}$

331. (Fuvest-SP) Na figura, os pontos A, B, C pertencem à circunferência de centro O e BC = a. A reta $\overleftrightarrow{OC}$ é perpendicular ao segmento $\overline{AB}$ e o ângulo AÔB mede $\dfrac{\pi}{3}$ radianos. Então, a área do triângulo ABC vale:

a) $\dfrac{a^2}{8}$ d) $\dfrac{3a^2}{4}$

b) $\dfrac{a^2}{4}$ e) a^2

c) $\dfrac{a^2}{2}$

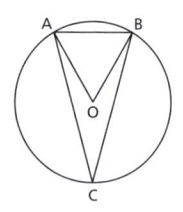

332. (Enem-MEC) Ao morrer, o pai de João, Pedro e José deixou como herança um terreno retangular de 3 km × 2 km que contém uma área de extração de ouro delimitada por um quarto de círculo de raio 1 km a partir do canto inferior esquerdo da propriedade. Dado o maior valor da área de extração de ouro, os irmãos acordaram em repartir a propriedade de modo que cada um ficasse com a terça parte da área de extração, conforme mostra a figura a seguir.

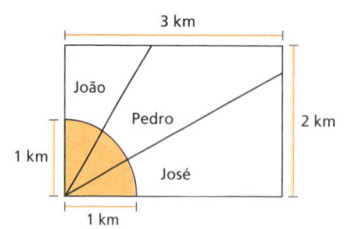

Em relação à partilha proposta, constata-se que a porcentagem da área do terreno que coube a João corresponde, aproximadamente, a:

(considere $\dfrac{\sqrt{3}}{3} = 0{,}58$)

a) 50% c) 37% e) 19%
b) 43% d) 33%

333. (UF-RS) O gráfico abaixo apresenta a distribuição em ouro, prata e bronze das 90 medalhas obtidas pelo Brasil em olimpíadas mundiais desde as Olimpíadas de Atenas de 1896 até as de 2004.

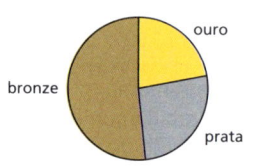

Considerando-se que o ângulo central do setor circular que representa o número de medalhas de prata mede 96°, o número de medalhas desse tipo recebidas pelo Brasil em olimpíadas mundiais, nesse período de tempo, é:

a) 22 b) 24 c) 26 d) 28 e) 30

334. (UF-AM) Considere a região mais escura, no interior do semicírculo de centro O, limitada por semicircunferências, conforme mostra a figura a seguir.

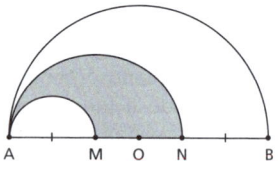

Se a área dessa região é 24π cm² e AM = MN = NB, então a medida AB, em centímetros, é:

a) 9 b) 12 c) 16 d) 18 e) 24

335. (UE-RJ) Considere um setor circular AOC, cujo ângulo central θ é medido em radianos. A reta que tangencia o círculo no extremo P do diâmetro CP encontra o prolongamento do diâmetro AB em um ponto Q, como ilustra a figura.

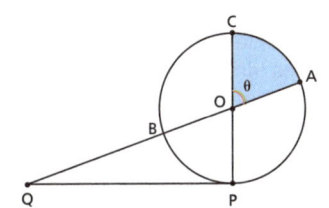

Sabendo que o ângulo θ satisfaz a igualdade tg θ = 2θ, calcule a razão entre a área do setor AOC e a área do triângulo OPQ.

336. (UF-PE) Na ilustração a seguir, temos três circunferências tangentes duas a duas e com centros nos vértices de um triângulo com lados medindo 6 cm, 8 cm e 10 cm.

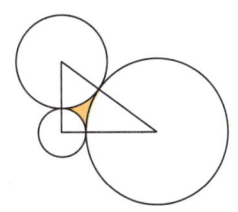

Calcule a área A da região do triângulo, em cm², limitada pelas três circunferências e indique 10A.

Dado: Use as aproximações π ≈ 3,14 e arctg 0,75 ≈ 0,64.

337. (Mackenzie-SP) Na figura, a circunferência de raio 6 é tangente às retas r e s nos pontos P e Q. A área da região sombreada é:

a) $8\sqrt{2}$
b) $6\sqrt{2} + 2$
c) $6\sqrt{3}$
d) $8\sqrt{3} - 4$
e) $4\sqrt{3} + 4$

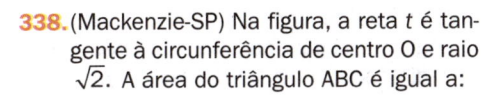

338. (Mackenzie-SP) Na figura, a reta t é tangente à circunferência de centro O e raio $\sqrt{2}$. A área do triângulo ABC é igual a:

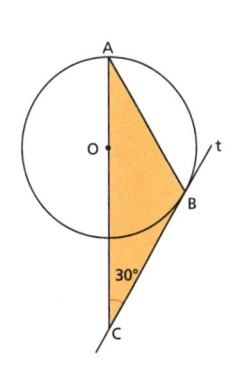

a) $\dfrac{4\sqrt{2}}{3}$
b) $\dfrac{3\sqrt{2}}{2}$
c) $\dfrac{5\sqrt{3}}{3}$
d) $\dfrac{3\sqrt{3}}{2}$
e) $\dfrac{5\sqrt{2}}{3}$

339. (Fuvest-SP) O círculo C, de raio R, está inscrito no triângulo equilátero DEF. Um círculo de raio r está no interior do triângulo DEF e é tangente externamente a C e a dois lados do triângulo, conforme a figura.
Assim, determine:
a) a razão entre R e r.
b) a área do triângulo DEF em função de r.

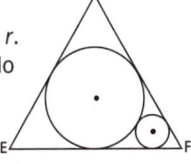

340. (ITA-SP) As retas r_1 e r_2 são concorrentes no ponto P, exterior a um círculo ω. A reta r_1 tangencia ω no ponto A e a reta r_2 intercepta ω nos pontos B e C diametralmente opostos. A medida do arco $\widehat{AC}$ é 60° e $\overline{PA}$ mede $\sqrt{2}$ cm. Determine a área do setor menor de ω definido pelo arco $\widehat{AB}$.

341. (Fuvest-SP) A figura representa um trapézio ABCD de bases $\overline{AB}$ e $\overline{CD}$, inscrito em uma circunferência cujo centro O está no interior do trapézio.
Sabe-se que AB = 4, CD = 2 e AC = $3\sqrt{2}$.
a) Determine a altura do trapézio.
b) Calcule o raio da circunferência na qual ele está inscrito.

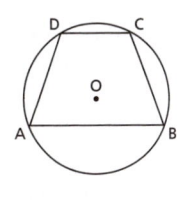

c) Calcule a área da região exterior ao trapézio e delimitada pela circunferência.

342. (UF-BA) Na figura, considere os pontos A (4, 0), B (4, 2), C (4, 3) e D (3, 3) e a reta r que passa pela origem do sistema de coordenadas e pelo ponto B.

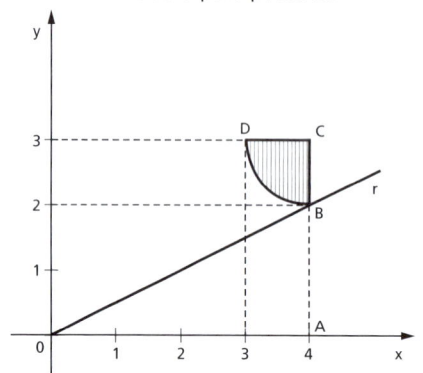

Com base nessa informação, pode-se afirmar:

(01) O triângulo BCD é equilátero.
(02) A área do setor circular hachurado é igual a $\frac{\pi}{4}$ u.a.
(04) A equação $y = \frac{x}{2}$ representa a reta r.
(08) O ângulo entre o eixo Ox, no sentido positivo, e a reta r mede 30°.
(16) A imagem do ponto C pela reflexão em relação à reta r é o ponto de coordenadas (4, 1).
(32) A imagem do triângulo OAB pela homotetia de razão $\frac{1}{3}$ é um triângulo de área $\frac{4}{3}$ u.a.
(64) A imagem do ponto D pela rotação de 45° em torno da origem do sistema, no sentido positivo, é o ponto de coordenadas (0, 3).

343. (Udesc-SC) Uma circunferência intercepta um triângulo equilátero nos pontos médios de dois de seus lados, conforme mostra a figura, sendo que um dos vértices do triângulo é o centro da circunferência.

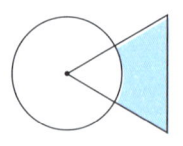

Se o lado do triângulo mede 6 cm, a área da região destacada na figura é:

a) $9\left[(2\sqrt{3}) - \left(\frac{\pi}{6}\right)\right] cm^2$

b) $9\left[(\sqrt{3}) - \left(\frac{\pi}{18}\right)\right] cm^2$

c) $9\left[(\sqrt{3}) - \pi\right] cm^2$

d) $9\left[(\sqrt{3}) - \left(\frac{\pi}{3}\right)\right] cm^2$

e) $9\left[(\sqrt{3}) - \left(\frac{\pi}{6}\right)\right] cm^2$

344. (UF-MT) A figura abaixo apresenta uma circunferência de raio 2 e centro em O. Admitindo que a área da região delimitada pelo menor arco AB e pelo segmento de reta que une os pontos A e B é dada por uma função f que depende do ângulo θ, $0 < \theta < \pi$, é correto afirmar que o valor de $3 \cdot f\left(\frac{\pi}{6}\right)$ é:

a) $\pi - 2$
b) $\pi - 1$
c) $\pi - \frac{1}{2}$
d) $\pi - \frac{1}{3}$
e) $\pi - 3$

345. (Unicamp-SP) Uma curva em formato espiral, composta por arcos de circunferência, pode ser construída a partir de dois pontos A e B, que se alternam como centros dos arcos. Esses arcos, por sua vez, são semicircunferências que concordam sequencialmente nos pontos de transição, como ilustra a figura a seguir, na qual supomos que a distância entre A e B mede 1 cm.

QUESTÕES DE VESTIBULARES

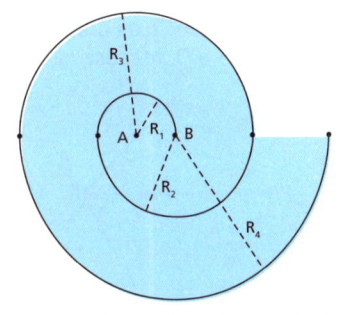

a) Determine a área da região destacada (em azul) na figura.
b) Determine o comprimento da curva composta pelos primeiros 20 arcos de circunferência.

346. (UF-GO) Seguindo as instruções de uma planta residencial, um mestre de obras construiu um jardim em formato de setor circular, representado por ACD na figura a seguir.

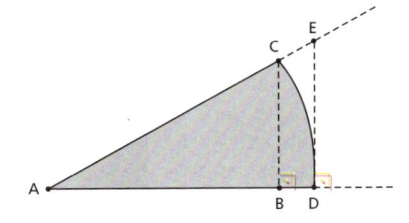

Considere que o raio AD mede 4 m e o ângulo central Â mede 30°. Como precisava calcular a área do jardim, o mestre de obras utilizou uma aproximação por meio do seguinte processo: construiu dois triângulos, ABC e ADE, como mostra a figura, e calculou a média aritmética de suas áreas.
Considerando os dados apresentados, calcule, em m², a diferença entre a área do setor circular ACD e a aproximação encontrada pelo mestre de obras.
Dados: $\pi = 3{,}14$; $\sqrt{3} = 1{,}73$.

347. (Unesp-SP) Considere uma circunferência de diâmetro L e centro C, conforme figura.

Calcule a razão entre a área do círculo e a área da região sombreada.

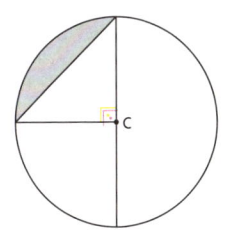

348. (CP2-MEC-RJ) Na figura abaixo, os quatro círculos são tangentes dois a dois. Os raios dos círculos menores medem 4 cm cada um. A altura do trapézio ABCD mede 12 cm.

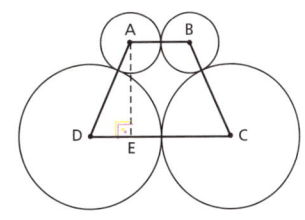

a) Simbolizando o raio de circunferência maior por x, determine esse valor, aplicando o Teorema de Pitágoras aos lados do triângulo ADE.
b) Calcule a medida da área do trapézio ABCD.

349. (UF-MS) Determine a área, em metros quadrados, da parte preta da figura abaixo, composta por:

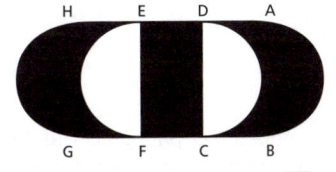

- dois segmentos paralelos $\overline{AH}$ (contendo os pontos D e E) e $\overline{BG}$ (contendo os pontos C e F) medindo 6 metros cada um;
- um retângulo CDEF de 2 metros de largura por 6 metros de comprimento;
- dois arcos; um limitado entre os segmentos $\overline{AD}$ e $\overline{BC}$ e as semicircunferências AB e CD, de raio 3 m cada uma, e o outro formado entre os segmentos

EH e FG e as semicircunferências EF e GH, de raio 3 m cada uma.
a) 36 m²
b) 24 m²
c) (36 · π) m²
d) (24 · π) m²
e) (14 · π) m²

350. (Unesp-SP) Uma foto de satélite de uma região da floresta amazônica (foto 1) mostra uma área desmatada na forma de um círculo. Outra foto da mesma região, tirada após algum tempo (foto 2), mostrou que a área desmatada havia aumentado.

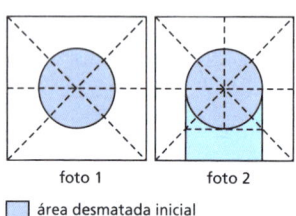

foto 1   foto 2
■ área desmatada inicial
□ nova área desmatada

Suponha que as fotos, tiradas ortogonalmente ao centro da região e a partir de uma mesma posição, sejam quadrados de lado ℓ, que o centro do círculo e do quadrado coincidam e que o raio do círculo é $\frac{\ell}{4}$. Usando a aproximação $\pi = 3$, a porcentagem de aumento da área desmatada, da foto 1 para a foto 2, é aproximadamente:
a) 16,7
b) 33,3
c) 66,7
d) 75,3
e) 83,3

351. (Unicamp-SP) O papagaio (também conhecido como pipa, pandorga ou arraia) é um brinquedo muito comum no Brasil. A figura a seguir mostra as dimensões de um papagaio simples, confeccionado com uma folha de papel que tem o formato do quadrilátero ABCD, duas varetas de bambu (indicadas em azul) e um pedaço de linha. Uma das varetas é reta e liga os vértices A e C da folha de papel. A outra, que liga os vértices B e D, tem o formato de um arco de circun-

ferência e tangencia as arestas AB e AD nos pontos B e D, respectivamente.

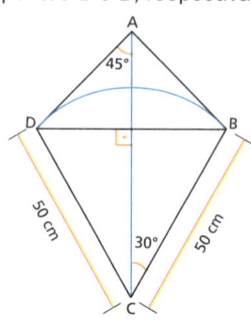

a) Calcule a área do quadrilátero de papel que forma o papagaio.
b) Calcule o comprimento da vareta de bambu que liga os pontos B e D.

352. (UF-PE) Na ilustração ao lado, ABC é um triângulo equilátero, e o lado AB contém o centro O da circunferência. Se a circunferência tem raio 6, qual o inteiro mais próximo da área da região sombreada (interior ao triângulo e exterior à circunferência)?

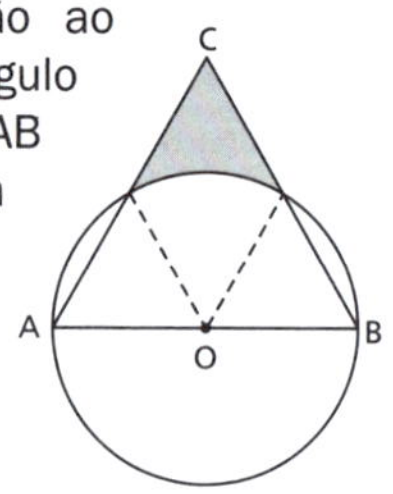

353. (Fuvest-SP) Na figura, estão representadas a circunferência C, de centro O e raio 2, e os pontos A, B, P e Q, de tal modo que:
1. O ponto O pertence ao segmento $\overline{PQ}$. 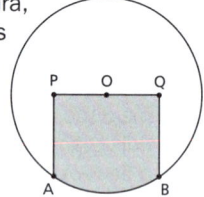
2. $OP = 1$, $OQ = \sqrt{2}$.
3. A e B são pontos da circunferência $\overline{AP} \perp \overline{PQ}$ e $\overline{BQ} \perp \overline{PQ}$.
Assim sendo, determine:
a) A área do triângulo APO.
b) Os comprimentos dos arcos determinados por A e B em C.
c) A área da região hachurada.

354. (Fuvest-SP) A figura representa sete hexágonos regulares de lado 1 e um hexágono maior, cujos vértices coincidem com os centros de seis dos hexágonos menores. Então, a área do pentágono hachurado é igual a:

a) $3\sqrt{3}$
b) $2\sqrt{3}$
c) $\dfrac{3\sqrt{3}}{2}$
d) $\sqrt{3}$
e) $\dfrac{\sqrt{3}}{2}$

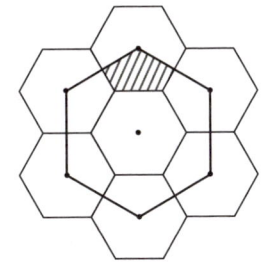

355. (Fuvest-SP) Na figura, o triângulo ABC é equilátero de lado 1, e ACDE, AFGB e BHIC são quadrados. A área do polígono DEFGHI vale:

a) $1+\sqrt{3}$
b) $2+\sqrt{3}$
c) $3+\sqrt{3}$
d) $3+2\sqrt{3}$
e) $3+3\sqrt{3}$

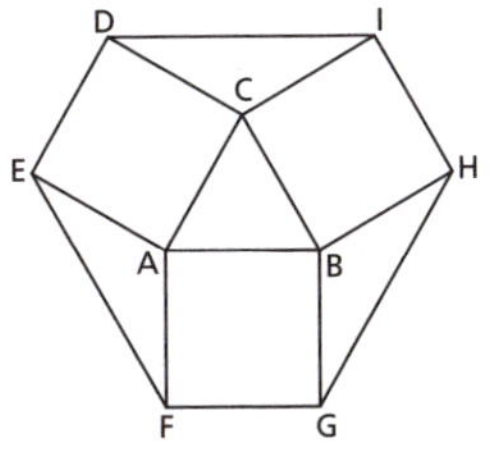

356. (UF-PE) O mapa do Rio Grande do Norte está desenhado em escala 1/3 200 000. Usando seus instrumentos de desenho, você pode concluir que:

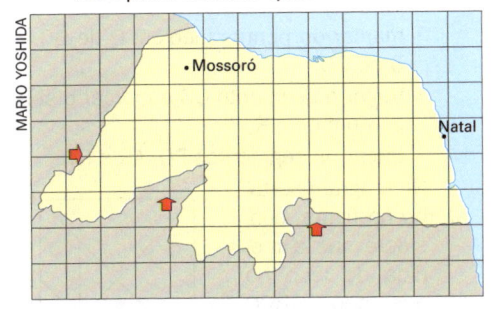

0-0) A área daquele estado é superior a 60 000 km².
1-1) O perímetro de seu litoral é menor que a extensão da sua divisa com a Paraíba.
2-2) Na direção leste-oeste seus pontos mais afastados distam de aproximadamente 400 km.
3-3) Na direção norte-sul seus pontos mais próximos distam de 200 km.
4-4) Em linha reta, as cidades de Natal e Mossoró distam entre si, aproximadamente, 150 km.

357. (Enem-MEC) O jornal de certa cidade publicou em uma página inteira a seguinte divulgação de seu caderno de classificados.

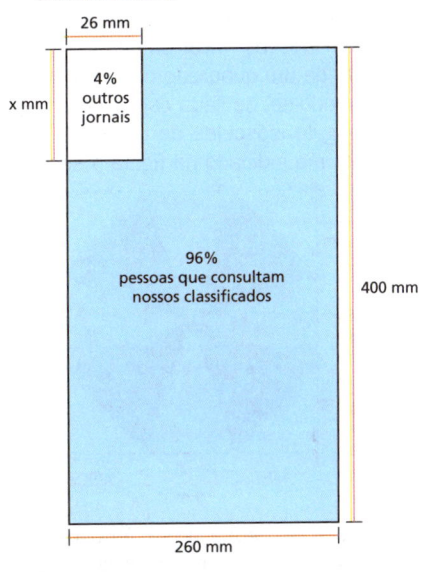

Para que a propaganda seja fidedigna à porcentagem da área que aparece na divulgação, a medida do lado do retângulo que representa os 4% deve ser de aproximadamente:

a) 1 mm
b) 10 mm
c) 17 mm
d) 160 mm
e) 167 mm

358. (UF-PR) O retângulo ABCD foi dividido em nove quadrados, como ilustra a figura a seguir. Se a área do quadrado preto é 81 unidades e a do quadrado cinza 64 unidades, a área do retângulo ABCD será de:

QUESTÕES DE VESTIBULARES

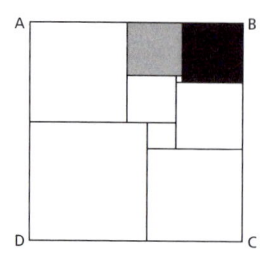

a) 860 unidades   d) 1 056 unidades
b) 990 unidades   e) 1 281 unidades
c) 1 024 unidades

359. (UF-GO) Um vidraceiro propõe a um cliente um tipo de vitral octogonal obtido a partir de um quadrado com 9 m de lado, retirando-se, de cada canto, um triângulo retângulo isósceles de cateto com 3 m, conforme indicado na figura a seguir.

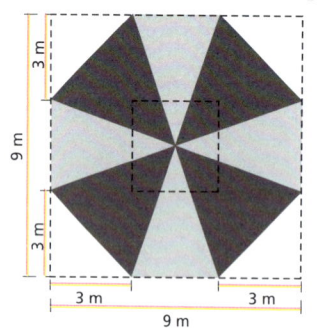

O vitral octogonal será feito com dois tipos de vidro: fumê (em cinza escuro na figura) e transparente (em cinza claro na figura). A razão entre a área da região preenchida com vidro transparente e a preenchida com vidro fumê, nesta ordem, é:

a) $\dfrac{1}{3}$ b) $\dfrac{2}{3}$ c) $\dfrac{3}{4}$ d) 1   e) $\dfrac{3}{2}$

360. (UF-RN) A figura a seguir representa uma área quadrada, no jardim de uma residência. Nessa área, as regiões sombreadas são formadas por quatro triângulos cujos lados menores medem 3 m e 4 m, onde será plantada grama. Na parte branca, será colocado um piso de cerâmica.

O proprietário vai ao comércio comprar esses dois produtos e, perguntado sobre a quantidade de cada um, responde:

a) 24 m² de grama e 25 m² de cerâmica.
b) 24 m² de grama e 24 m² de cerâmica.
c) 49 m² de grama e 25 m² de cerâmica.
d) 49 m² de grama e 24 m² de cerâmica.

361. (Fatec-SP) O tangram é um quebra-cabeça composto por um quadrado dividido em sete peças: cinco triângulos retângulos, um quadrado e um paralelogramo. Utilizando todas as peças, podem-se formar milhares de figuras de modo que as peças devem se tocar, mas não podem se sobrepor.

Para a obtenção das peças do tangram, deve-se, no quadrado ABCD,

- traçar a diagonal $\overline{BD}$ e marcar o seu ponto médio O;
- marcar os pontos médios, P de $\overline{BO}$ e T de $\overline{OD}$;
- marcar os pontos médios, Q de $\overline{BC}$ e S de $\overline{DC}$;
- traçar o segmento $\overline{QS}$ e marcar o seu ponto médio R;
- traçar os segmentos $\overline{PQ}$, $\overline{AR}$ e $\overline{RT}$.

No tangram cortado na figura, considere que a medida do lado do quadrado ABCD é 6. Nessas condições, a área do quadrado OPQR é:

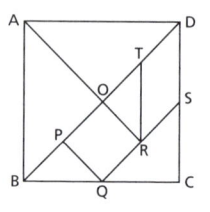

a) 7   b) 6   c) $\dfrac{11}{2}$ d) 5   e) $\dfrac{9}{2}$

444 Fundamentos de Matemática Elementar | 9

362. (UF-RS) O tangram é um jogo chinês formado por uma peça quadrada, uma peça em forma de paralelogramo e cinco peças triangulares, todas obtidas a partir de um quadrado de lado ℓ, como indica a figura abaixo.

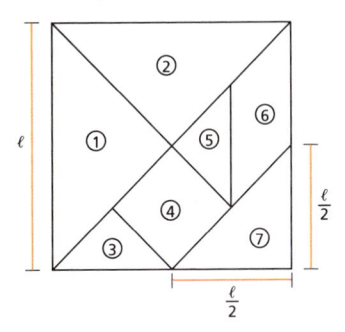

Três peças do tangram possuem a mesma área. Essa área é:

a) $\dfrac{\ell^2}{16}$ b) $\dfrac{\ell^2}{12}$ c) $\dfrac{\ell^2}{8}$ d) $\dfrac{\ell^2}{6}$ e) $\dfrac{\ell^2}{4}$

363. (UF-PE) Em um loteamento urbano, o pentágono ABCDE representa a planta de um terreno plano cujo lado AB mede 10 m.

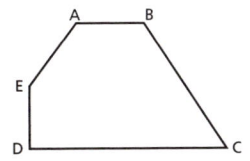

Sobre esse lote, podemos afirmar:
0-0) A planta está desenhada numa escala cujo título está entre 1 : 300 e 1 : 400.
1-1) Sua área é superior a 3 ares.
2-2) Seu perímetro é menor que 1 hm.
3-3) O maior ângulo interno é o do vértice B.
4-4) O maior círculo inscrito no pentágono não tem área maior que 300 m².

364. (UF-PE) Uma placa metálica quadrada (ABCD), de lado medindo 1 m, deve ser recortada para formar uma pirâmide quadrangular regular de base EFGH, dobrando-se os triângulos isósceles AEF, BFG, CGH e DEH para juntar A, B, C e D no vértice da pirâmide. Toda a área hachurada da placa será desperdiçada.

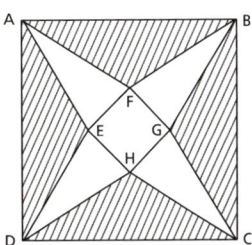

Nesse contexto, podemos afirmar que:
0-0) A escala da figura é de 1/20.
1-1) É possível diminuir o desperdício aumentando o tamanho da base EFGH da pirâmide. O aproveitamento da placa pode chegar a 100%.
2-2) O volume da pirâmide armada é constante, qualquer que seja a área da base.
3-3) Se a pirâmide ocupar toda a área da placa ABCD, o volume será máximo.
4-4) As faces laterais da pirâmide deverão ser sempre triângulos isósceles acutângulos.

365. (UE-CE) No retângulo PQRS as medidas dos lados PQ e PS são, respectivamente, 15 m e 10 m. Pelo ponto médio, F, do lado PS traça-se o segmento FR dividindo o retângulo em duas partes. Se E é o ponto do lado PQ tal que a medida do segmento EQ é 5 m, traça-se por E uma perpendicular a FR determinando o ponto G em FR. Nestas condições, a medida da área, em metros quadrados, do quadrilátero PFGE é:

a) 50,25   b) 53,25   c) 56,25   d) 59,25

366. (UC-MG) De uma placa quadrada de 16 cm², foi recortada uma peça conforme indicado na figura a seguir. A medida da área da peça recortada, em centímetros quadrados, é:

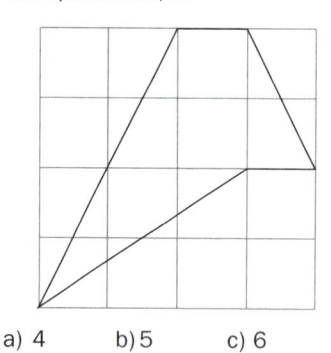

a) 4   b) 5   c) 6   d) 7

367. (Unifesp-SP) O hexágono cujo interior aparece destacado em cinza na figura é regular e origina-se da sobreposição de dois triângulos equiláteros.

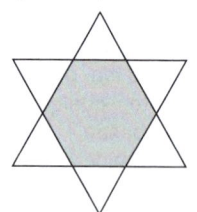

Se k é a área do hexágono, a soma das áreas desses dois triângulos é igual a:

a) k   b) 2k   c) 3k   d) 4k   e) 5k

368. (Unifesp-SP) De um cartão retangular de base 14 cm e altura 12 cm, deseja-se recortar um quadrado de lado x e um trapézio isósceles, conforme a figura, onde a parte hachurada será retirada.

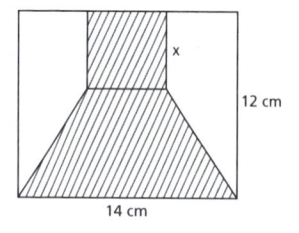

O valor de x em centímetros, para que a área total removida seja mínima, é:

a) 3   b) 2   c) 1,5   d) 1   e) 0,5

369. (Mackenzie-SP) Na figura, ABCDEF é um hexágono regular e a distância do vértice D à diagonal FB é 3. A área do triângulo assinalado é:

a) $\sqrt{3}$
b) $2\sqrt{3}$
c) $4\sqrt{3}$
d) 3
e) 6

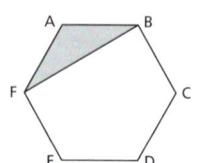

370. (Fatec-SP) Na figura abaixo tem-se o quadrado ABCD, cujo lado mede 30 cm. As retas verticais dividem os lados $\overline{AB}$ e $\overline{CD}$ em 6 partes iguais; as retas horizontais dividem os lados $\overline{AD}$ e $\overline{BC}$ em 4 partes iguais.

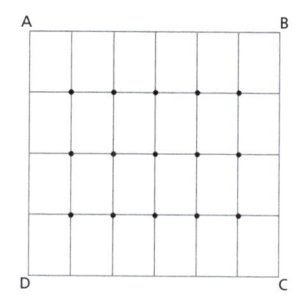

Considere o maior número possível de círculos que podem ser construídos com centros nos pontos assinalados, raios medindo 5 cm e sem pontos internos comuns.

Se do quadrado forem retirados todos esses círculos, a área da região remanescente, em centímetros quadrados, será igual a:

a) $150 \cdot (6 - \pi)$
b) $160 \cdot (4 - \pi)$
c) $180 \cdot (5 - \pi)$
d) $180 \cdot (4 - \pi)$
e) $300 \cdot (3 - \pi)$

371. (UF-PE) A letra V da figura a seguir está em um retângulo com 10 cm de largura e 12 cm de altura. Qual a área ocupada pela letra V?

QUESTÕES DE VESTIBULARES

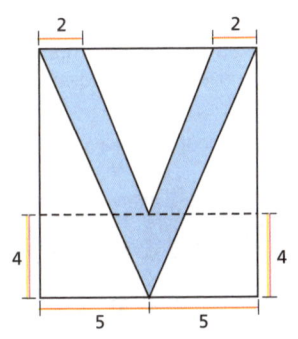

a) 30 cm²   c) 38 cm²   e) 42 cm²
b) 36 cm²   d) 40 cm²

372. (Unesp-SP) Considere um quadrado subdividido em quadrinhos idênticos, todos de lado 1, conforme a figura. Dentro do quadrado encontram-se 4 figuras geométricas, destacadas em cinza.

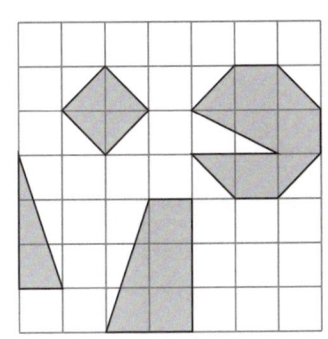

A razão entre a área do quadrado e a soma das áreas das 4 figuras é:

a) 3   b) 3,5   c) 4   d) 4,5   e) 5

373. (UF-PR) A soma das áreas dos três quadrados a seguir é igual a 83 cm². Qual é a área do quadrado maior?

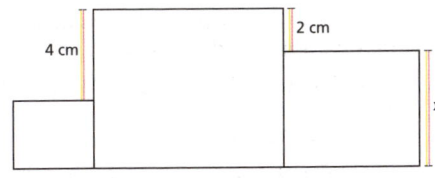

a) 36 cm²   c) 49 cm²   e) 64 cm²
b) 20 cm²   d) 42 cm²

374. (UFF-RJ) Tentando desenhar um cachorro, uma criança esboçou em uma folha quadriculada o seguinte polígono (figura 1).

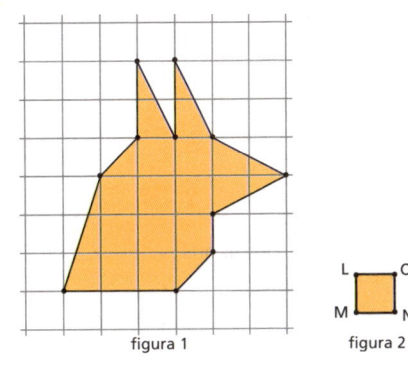

figura 1   figura 2

Considerando que todos os quadrados que compõem a folha quadriculada são congruentes ao quadrado LMNO (figura 2), que tem 1 cm² de área, pode-se concluir que o "cachorro" desenhado pela criança tem área igual a:

a) 16 cm²   d) 17,5 cm²
b) 16,5 cm²   e) 18 cm²
c) 17 cm²

375. (UF-MG) O octógono regular de vértices ABCDEFGH, cujos lados medem 1 dm cada um, está inscrito no quadrado de vértices PQRS, conforme mostrado na figura ao lado:

Então, é CORRETO afirmar que a área do quadrado PQRS é:

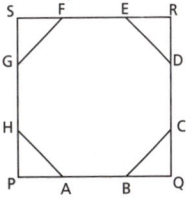

a) $1 + 2\sqrt{2}$ dm²   c) $3 + 2\sqrt{2}$ dm²
b) $1 + \sqrt{2}$ dm²   d) $3 + \sqrt{2}$ dm²

376. (UF-PE) Um terreno plano, na forma de um trapézio ABCD, com lados paralelos medindo DA = 16 km e BC = 20 km, e altura medindo 24 km, deve ser divi-

QUESTÕES DE VESTIBULARES

dido em duas regiões de mesma área através de um segmento EF, como ilustrado abaixo.

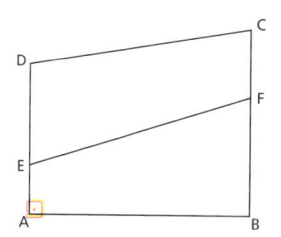

Se o ângulo no vértice A é reto, e AE = 5,5 km, qual a medida de EF?

a) 21 km   c) 23 km   e) 25 km
b) 22 km   d) 24 km

377. (FGV-SP) Na figura, ABCD e BFDE são losangos semelhantes, em um mesmo plano, sendo que a área de ABCD é 24, e α = 60°.

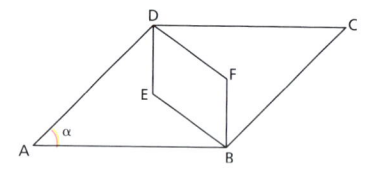

A área do losango BFDE é:

a) 6   c) 8   e) $6\sqrt{3}$
b) $4\sqrt{3}$ d) 9

378. (Fuvest-SP) A figura representa um retângulo ABCD, com AB = 5 e AD = 3. O ponto E está no segmento $\overline{CD}$ de maneira que CE = 1, e F é o ponto de intersecção da diagonal $\overline{AC}$ com o segmento $\overline{BE}$. Então a área do triângulo BCF vale:

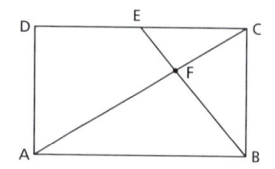

a) $\dfrac{6}{5}$ b) $\dfrac{5}{4}$ c) $\dfrac{4}{3}$ d) $\dfrac{7}{5}$ e) $\dfrac{3}{2}$

379. (UF-GO) As imagens a seguir são representativas de períodos históricos e, em cada uma delas, foi destacado um par de medidas.

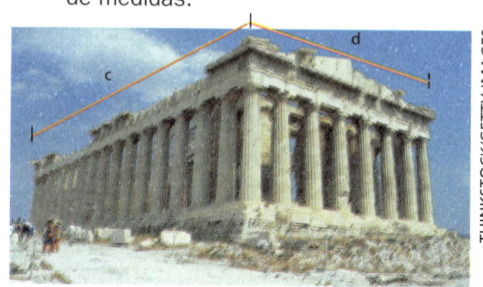

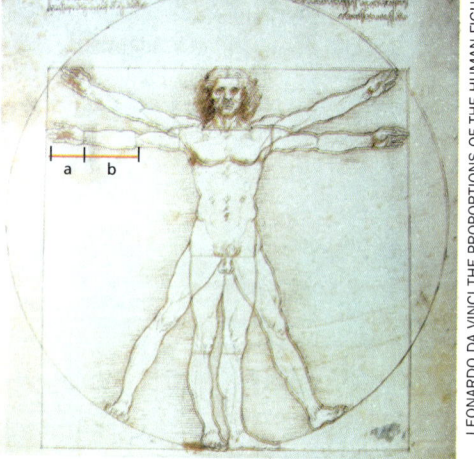

Em oposição a mitos históricos sobre o uso da razão áurea, esses dois exemplos mostram o uso de proporções vindas de números racionais. As medidas destacadas na obra da antiguidade clássica estão na proporção 4 : 9, enquanto as da obra renascentista, na proporção 2 : 3.

Tendo por base estas informações e considerando os períodos históricos a que pertence cada obra, os valores de $\dfrac{b}{a}$ e $\dfrac{c}{d}$, com aproximação até a segunda casa decimal, são, respectivamente,

a) 0,44 e 0,67.   d) 1,50 e 2,25.
b) 0,67 e 0,44.   e) 2,25 e 1,50.
c) 1,25 e 2,50.

380. (UF-ES) Admita que a área da região originalmente ocupada pela mata Atlântica corresponda a 19% da área de todo o território brasileiro. Podemos considerar o território brasileiro como um triângulo equilátero de igual área, e a região originalmente ocupada pela mata Atlântica como um trapézio de área equivalente (veja figura abaixo). Se ℓ é o lado do triângulo, então a altura h do trapézio é:

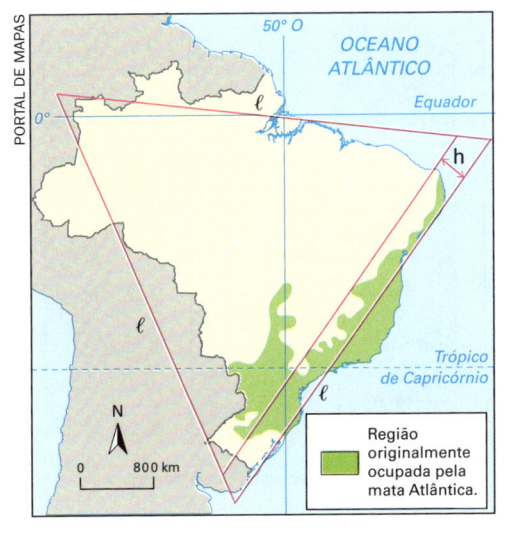

a) $\dfrac{\sqrt{2}}{20}\ell$ c) $\dfrac{\sqrt{3}}{20}\ell$ e) $\dfrac{\sqrt{3}}{10}\ell$

b) $\dfrac{\sqrt{2}}{19}\ell$ d) $\dfrac{\sqrt{3}}{19}\ell$

381. (UF-GO) O mapa a seguir, representado num plano quadriculado, mostra a dominação espanhola, holandesa e portuguesa, na América do Sul, no século XVI.

As regiões destacadas no mapa com a mesma cor representam a área geográfica colonizada por determinado país europeu. Calculando-se, aproximadamente, com base na malha quadriculada, a área das regiões indicadas no mapa, conclui-se que a área da região de colonização

a) espanhola é menor que treze vezes a área de colonização holandesa.
b) espanhola é maior que cinco vezes a área de colonização portuguesa.
c) portuguesa é maior que a metade da área de colonização espanhola.
d) holandesa é maior que um décimo da área de colonização espanhola.
e) holandesa é menor que um quinto da área de colonização portuguesa.

382. (UF-PR) A bandeira do Brasil, hasteada na Praça dos Três Poderes, em Brasília, é uma das maiores bandeiras hasteadas do mundo. A figura abaixo indica as suas medidas de acordo com as normas oficiais.

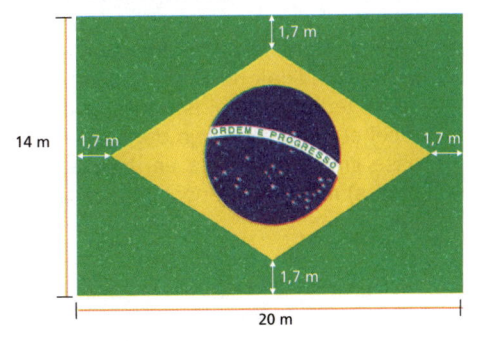

a) Sabendo-se que o raio do círculo azul da bandeira da Praça dos Três Poderes mede 3,5 m, quanto mede a área da região amarela visível dessa bandeira? Sugestão: use $\pi = 3,14$.
b) Deseja-se construir uma bandeira do Brasil com o lado maior do retângulo medindo 2 m e nas mesmas proporções da bandeira da Praça dos Três Poderes. Qual será a medida da região amarela visível dessa outra bandeira?

383. (UE-RJ) Um tabuleiro retangular com pregos dispostos em linhas e colunas igualmente espaçadas foi usado em uma aula sobre área de polígonos.

A figura abaixo representa o tabuleiro com um elástico fixado em quatro pregos indicados pelos pontos A, B, C e D.

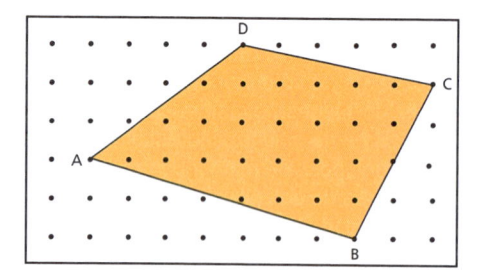

Considere u a unidade de área equivalente ao menor quadrado que pode ser construído com vértices em quatro pregos do tabuleiro.

Calcule, em u, a área do quadrilátero ABCD formado pelo elástico.

384. (UF-GO) A grama-esmeralda é uma das mais difundidas no Brasil, usada para cobrir terrenos, jardins, campos de futebol etc. Em certa loja de jardinagem, essa grama é vendida em tapetes (ou placas) naturais retangulares, cada um com 0,40 m de largura por 1,25 m de comprimento, ao preço de R$ 1,50. Para o plantio, recomenda-se que cada tapete dessa grama seja colocado no terreno mantendo-se uma distância de 2 cm entre um tapete de grama e outro, em toda a volta do tapete. E, em relação às margens do terreno, recomenda-se que haja uma distância de 1 cm entre a placa e a margem, conforme a figura abaixo.

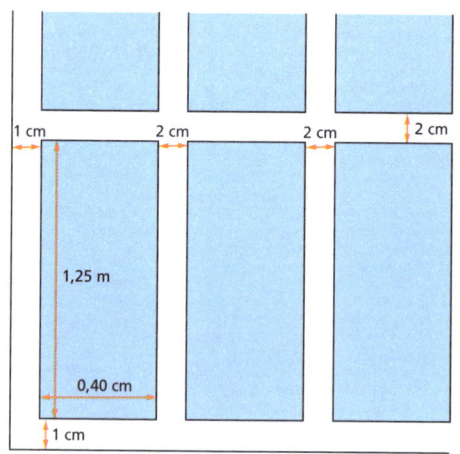

Plantio dos tapetes segundo as recomendações

O dono de uma chácara procurou a referida loja para cobrir com grama-esmeralda seu terreno retangular, com dimensões de 52,5 m por 25,4 m. Sabendo que cada tapete será plantado inteiro, ou seja, sem ser cortado e seguindo as recomendações acima, qual será o custo total com os tapetes de grama-esmeralda?

385. (UF-BA) Considerem-se, no plano cartesiano, os subconjuntos $A = \{(x, y) \in \mathbb{R}^2;\ x^2 + y^2 \leq 4\}$, $B = \{(x, y) \in \mathbb{R}^2;\ y \leq \sqrt{3}|x|\}$ e $C = \{(x, y) \in \mathbb{R}^2;\ y \geq -\sqrt{2}\}$. Calcule a área da região definida por $A \cap B \cap C$.

Respostas das questões de vestibulares

1. b
2. d
3. c
4. d
5. e
6. e
7. 26
8. d
9. V; V; F; F; V.
10. e
11. d
12. a
13. b
14. c
15. b
16. a
17. F; V; F; F; V.
18. d
19. Sim
20. d
21. a
22. d
23. a) 2 000 km
    b) $\alpha = 105°$
24. a) 70 s
    b) O mais rápido completou a prova em 1 650 s. Nesse período, o mais lento percorreu aproximadamente 9 428,57 m.
25. c
26. c
27. b
28. a
29. b
30. d
31. b
32. b
33. e
34. b
35. d
36. d
37. b
38. c
39. b
40. c
41. b
42. d
43. F; V; F; F; V.
44. c
45. c
46. c
47. d
48. V; V; F; V; V.
49. c
50. F; V; V; V; V.
51. b
52. e
53. d
54. a
55. d
56. d
57. Um deles dá 5 voltas e o outro 4 voltas.
58. d
59. $2 + \sqrt{2}$
60. $\dfrac{R_1 - R_2}{h} = \dfrac{2}{9}$
61. b
62. F; V; F; V; V.
63. e
64. e
65. d
66. a) 18π cm
    b) 42 cm
67. a
68. d
69. b
70. b
71. e
72. c
73. c
74. c
75. a
76. d
77. d
78. d
79. a
80. c
81. d
82. c

RESPOSTAS DAS QUESTÕES DE VESTIBULARES

83. a
84. b
85. a
86. c
87. a
88. 103 000 km/h
89. F; F; F; V; V.
90. d
91. F; F; F; V; V.
92. a
93. PA · QA = 24 cm²
94. 5
95. c
96. c
97. c
98. a
99. b
100. d
101. a
102. b
103. a
104. c
105. c
106. d
107. c
108. b
109. e
110. a
111. a
112. d
113. $\overline{BC} = 5\sqrt{6}$ u.c.
114. b
115. d
116. b
117. c
118. a
119. a
120. F; F; V; F; F.
121. d
122. d
123. b
124. a
125. F; F; V; V.
126. c
127. d
128. d
129. d
130. b
131. V; V; V; V; V.
132. d
133. b
134. F; V; F; F; F.
135. e
136. a) $\operatorname{sen}\alpha = \dfrac{\sqrt{15}}{4}$

   b) $AC = 2\dfrac{\sqrt{15}}{15}$
137. H = 0,2 m
138. d
139. c
140. a
141. e
142. b
143. $\operatorname{tg}\beta = \dfrac{r^2}{2-r}$
144. e
145. c
146. 15
147. 20
148. a) 15 minutos

   b) $AB = \dfrac{25(4+\sqrt{2}-\sqrt{6})}{2}$ m
149. a) 100 cm
   b) 30°
150. c
151. c
152. d
153. d
154. a
155. a
156. a) $b = \dfrac{a}{2}(\sqrt{6}-\sqrt{2})$ m; $c = \dfrac{a}{4}(2-\sqrt{3})$ m

   b) $5(6+3\sqrt{6}-2\sqrt{3}-3\sqrt{2})$ m
157. a
158. 4
159. a
160. F; F; F; V; V.

161. c
162. Não
163. c
164. d
165. 45 cm e 80 cm
166. F; V; F; V; F.
167. F; F; V; V; V.
168. b
169. e
170. e
171. a
172. a
173. d
174. c
175. b
176. a
177. c
178. d
179. a
180. a
181. a
182. d
183. a) 18π cm
   b) 42 cm
184. e
185. c
186. b
187. c
188. a
189. d
190. e
191. b
192. $\pi(4-\sqrt{2})$ cm
193. d
194. d
195. a
196. c
197. e
198. c
199. e
200. b
201. c
202. a) $CD = 4\sqrt{3}$
   b) 6
   c) $A_{AOB} = 9\sqrt{3}$
   d) $A_{segmento} = 3(4\pi - 3\sqrt{3})$

203. 90
204. a) $\dfrac{S}{T} = \dfrac{\pi k}{4}$
   b) $k = \dfrac{4}{\pi}$
205. 15
206. 9, 6 e 2
207. a) 15
   b) $3n^2$
208. 1 000 voltas
209. a) Sim. Demonstração
   b) Não. Demonstração
210. R$ 19 315,00
211. d
212. c
213. e
214. a) Um esboço da figura descrita no problema é o seguinte:
   b) 1
   c) $\dfrac{\sqrt{5}-1}{2}$
215. 98
216. a
217. $x = \dfrac{6}{17}$
218. 80 cm
219. d
220. d

221. a
222. c
223. b
224. F; V; V; F; F.
225. F; F; F; V; F.
226. a) 8 cm e 16 cm
   b) $\sqrt{2+\sqrt{2}}$
227. a
228. b
229. d
230. $2\sqrt{3}$ cm
231. b
232. b
233. e
234. c
235. a
236. e
237. a) $72\sqrt{2}$ m
   b) $36\sqrt{3}$ m
238. 10
239. $\left(\dfrac{2}{3}\right)^{20}$ m
240. 168 m
241. a) 3 tomadas e a distância entre elas é de 3,6 m.
   b) 3,0 m
242. a) $5\sqrt{3}$ m
   b) $5\sqrt{7}$ m
243. e
244. b
245. e
246. b
247. b
248. e
249. d
250. e
251. b
252. b
253. b
254. a
255. a
256. c

RESPOSTAS DAS QUESTÕES DE VESTIBULARES

257. a) $\frac{1}{2}$ cm

b) $(3\sqrt{3} - \pi)$ cm²

c) 1 cm

258. a) $0 < x < 16$

b) $x = 8, y = 16$

259. a) 30°

b) $\sqrt{7}$

c) 2

d) $\frac{\sqrt{3}}{2}$

260. 75

261. a) A = 48 cm²

b) $A(x) = x\left(12 - \frac{2}{3}x\right)$

c) 54

262. a) 10 cm

b) $\frac{25}{4}$ cm²

263. a) 30

b) 58

264. $\frac{16\pi + 24\sqrt{3}}{3\,000}$

265. 57%

266. 335

267. a) $\frac{\ell^2}{6} \cdot (3\sqrt{3} + 2\pi)$

b) $R = \frac{6\ell}{5}$

268. $\frac{99}{4}$ u.a.

269. a) FC = 8

b) 52

c) 45°

270. 61 cm²

271. R$ 868,00

272. a

273. b

274. b

275. d

276. a

277. b

278. e

279. e

280. b

281. a

282. a

283. b

284. a

285. e

286. V; V; V; F; F.

287. e

288. a) 22,5°

b) $\frac{x^2\sqrt{2}}{4}$ u.a.

289. 12 m²

290. e

291. a) $\frac{3\sqrt{3}}{2}$ u.a.

b) CO = 60 u.c.
CD = 40 u.c.

292. a) $\frac{x^2\sqrt{3}}{2}$

b) $\frac{1}{5}$

293. a) r = 2

b) AB = 12 e AC = 5

c) área $(30 - 4\pi)$ u.a.

294. 630 cm²

295. a) $\frac{\sqrt{55}}{2}$ u.c.

b) $\sqrt{55}$ u.a.

296. b

297. b

298. b

299. e

300. c

301. a

302. d

303. d

304. e

305. d

306. e

307. e

308. c

309. a

310. e

311. c

312. a

313. As duas superfícies têm áreas iguais.

314. 98 m

315. a) 93,75%

b) 10

316. a) $4\sqrt{3}$

b) $\sqrt{3}$

317. a) 10 cm b) $\frac{25}{4}$ cm²

318. b

319. b

320. c

321. b

322. e

323. c

324. a

325. a

326. b

327. c

328. c

329. b

330. a

331. b

332. e

333. b

334. e

335. $\frac{1}{2}$

336. 19

337. c

338. d

339. a) 3

b) $27\sqrt{3}r^2$

340. $\frac{2\pi}{9}$ cm²

RESPOSTAS DAS QUESTÕES DE VESTIBULARES

341. a) h = 3
b) $r = \sqrt{5}$
c) $S = 5\pi - 9$

342. 02 + 04 = 06

343. e

344. e

345. a) $\dfrac{25\pi}{2}$ cm²
b) 210π cm

346. 0,15 m²

347. $\dfrac{4\pi}{\pi - 2}$

348. a) x = 9
b) 156 cm²

349. a

350. e

351. a) $625(\sqrt{3}+1)$ cm²
b) $\dfrac{25\pi\sqrt{2}}{2}$ cm

352. 12

353. a) $\dfrac{\sqrt{3}}{2}$
b) $\dfrac{5\pi}{6}$ e $\dfrac{19\pi}{6}$
c) $\dfrac{3\sqrt{3}+6+5\pi}{6}$

354. e

355. c

356. F; V; V; V; V.

357. d

358. d

359. c

360. a

361. e

362. c

363. F; V; V; F; V.

364. F; F; F; F; V.

365. c

366. c

367. c

368. d

369. a

370. a

371. b

372. b

373. c

374. b

375. c

376. e

377. c

378. b

379. d

380. c

381. e

382. a) 49,515 m²
b) 0,49515 m²

383. 25,5 u²

384. R$ 3 750,00

385. $\dfrac{6+7\pi}{3}$ u.a.

Significado das siglas de vestibulares

Cefet-MG — Centro Federal de Educação Tecnológica de Minas Gerais

Cefet-PR — Centro Federal de Educação Tecnológica do Paraná

Cefet-SC — Centro Federal de Educação Tecnológica de Santa Catarina

CP2-MEC-RJ — Colégio Pedro II do Rio de Janeiro

Enem-MEC — Exame Nacional do Ensino Médio, Ministério da Educação

ESPM-SP — Escola Superior de Propaganda e Marketing, São Paulo

Fatec-SP — Faculdade de Tecnologia de São Paulo

FEI-SP — Faculdade de Engenharia Industrial, São Paulo

FGV-SP — Fundação Getúlio Vargas, São Paulo

FGV-RJ — Fundação Getúlio Vargas, Rio de Janeiro

Fuvest-SP — Fundação para o Vestibular da Universidade de São Paulo

Ibmec-RJ — Instituto Brasileiro de Mercado de Capitais, Rio de Janeiro

ITA-SP — Instituto Tecnológico de Aeronáutica, São Paulo

Mackenzie-SP — Universidade Presbiteriana Mackenzie de São Paulo

PUC-MG — Pontifícia Universidade Católica de Minas Gerais

PUC-RJ — Pontifícia Universidade Católica do Rio de Janeiro

PUC-RS — Pontifícia Universidade Católica do Rio Grande do Sul

PUC-SP — Pontifícia Universidade Católica de São Paulo

Udesc-SC — Universidade do Estado de Santa Catarina

U.E. Londrina-PR — Universidade Estadual de Londrina, Paraná

U.F. Juiz de Fora-MG — Universidade Federal de Juiz de Fora, Minas Gerais

U.F. Pelotas-RS — Universidade Federal de Pelotas, Rio Grande do Sul

U.F. São Carlos-SP — Universidade Federal de São Carlos, São Paulo

UC-MG — Universidade Católica de Minas Gerais

UE-CE — Universidade Estadual do Ceará

UE-RJ — Universidade do Estado do Rio de Janeiro

UF-AM — Universidade Federal do Amazonas

UF-BA — Universidade Federal da Bahia

UF-CE — Universidade Federal do Ceará

UF-ES — Universidade Federal do Espírito Santo

UF-MA — Universidade Federal do Maranhão

UF-MG — Universidade Federal de Minas Gerais

UF-MS — Universidade Federal de Mato Grosso do Sul

UF-MT — Universidade Federal do Mato Grosso

UF-GO — Universidade Federal de Goiás

UF-PA — Universidade Federal do Pará

UF-PB — Universidade Federal da Paraíba

UF-PE — Universidade Federal de Pernambuco

UF-PI — Universidade Federal do Piauí

UF-PR — Universidade Federal do Paraná

UF-RJ — Universidade Federal do Rio de Janeiro

UF-RN — Universidade Federal do Rio Grande do Norte

UF-RR — Universidade Federal de Roraima

UF-RS — Universidade Federal do Rio Grande do Sul

UFF-RJ — Universidade Federal Fluminense, Rio de Janeiro

Unesp-SP — Universidade Estadual Paulista, São Paulo

Unicamp-SP — Universidade Estadual de Campinas, São Paulo

Unemat-MT — Universidade do Estado de Mato Grosso

Unifesp-SP — Universidade Federal de São Paulo

Unifor-CE — Universidade de Fortaleza, Ceará